Data Center

数据中心

网络布线系统工程应用技术

张 宜◎主编

Application Technology of

Data Center Cabling System

上海交通大学出版社
SHANGHAI JIAO TONG UNIVERSITY PRESS

内容提要

本书以数据中心网络与布线系统方向为切入点,重点从工程应用技术的角度作了详尽阐述,全书包括了行业的发展的现状展望、标准体系、系统设计、工程实施、测试验收、运维管理等,全方位对数据中心网络与布线系统进行解读与剖析。

本书集合了国内行业内的主流专家群体的智慧,部分编者是国际标准 ISO / IEC 以及国家标准 GB 的编写专家。通过专家团队对国内外标准的分析与整合,使本书由浅入深,便于读者掌握更全面的行业知识。本书适合于从事计算机网络、网络工程、综合布线相关的企业、设计院、研究机构、系统集成公司等作为培训与参考材料。

图书在版编目(CIP)数据

数据中心网络布线系统工程应用技术/ 张宜主编
. —上海: 上海交通大学出版社,2021.12
ISBN 978 - 7 - 313 - 25777 - 2

Ⅰ.①数… Ⅱ.①张… Ⅲ.①计算机中心—计算机网络—布线 Ⅳ.①TP393.03

中国版本图书馆 CIP 数据核字(2021)第 238052 号

数据中心网络布线系统工程应用技术
SHUJU ZHONGXIN WANGLUO BUXIAN XITONG GONGCHENG YINGYONG JISHU

主　　编:张　宜
出版发行:上海交通大学出版社　　　　　　　地　　址:上海市番禺路 951 号
邮政编码:200030　　　　　　　　　　　　　电　　话:021 - 64071208
印　　制:常熟市文化印刷有限公司　　　　　经　　销:全国新华书店
开　　本:787 mm×1092 mm　1/16　　　　　印　　张:29.75
字　　数:718 千字
版　　次:2021 年 12 月第 1 版　　　　　　　印　　次:2021 年 12 月第 1 次印刷
书　　号:ISBN 978 - 7 - 313 - 25777 - 2
定　　价:89.00 元

本书编写组

主　　编　张　宜

编　　者　曾松鸣　孙慧永　陈凤霞　陈晓峰　陈宇通　程新生
　　　　　　冯　岭　戈林君　黄词超　姜惠芬　金海涛　陆栋磊
　　　　　　李　磊　黎镜锋　饶丹曙　任长宁　孙凤军　陶　樱
　　　　　　涂　虹　万志康　王君原　王　为　兴　嘎　许　楠
　　　　　　肖必龙　周　炜　房　毅　吴　键　吴　俊　叶俊浩
　　　　　　尹　岗　常大钊　单　通　张　霞

支持单位　全国信息技术标准化技术委员会通用布缆标准工作组
　　　　　　中国电子节能协会绿色信息集成技术委员会
　　　　　　千家网
　　　　　　浙江三东祥科技有限公司

前言

回顾智能建筑走过的近30年的历程,综合布线系统作为基础设施在其中所起的作用是任何一个其他的弱电子系统所不能够取代的。而随着信息化与工业化的发展,人们的生活已经与"信息"息息相关,综合布线系统作为信息网络的"神经"与"血脉",又有谁能够与之比拟呢?

然而,信息技术的飞速发展,我们将会从整个新基建的角度来看待综合布线系统。作为信息设施的基础设施,传输介质已经成为解决信息与供电的一种主要手段,推出"布线系统"这一个理念,将全方位对"布线"加以展开,以适应信息时代的"新型创新"需要,造福于人类。

20年来,无论是20世纪90年代初提出的智能建筑、智能家居,还是国家倡导的智慧城市、智慧社区、物联网、大数据、云计算、"互联网+"等战略目标,都离不开布线系统。布线系统在市场、产品、标准、应用、运行、维护、营销诸方面正跟随着信息化时代的发展宏图,踏着坚定的步伐向前迈进!

布线系统在新思维、新理念、新技术、新应用的推动下,极大地提升了智能建筑的功能应用内涵,在工程的不断实践中造就了一大批智能建筑领域的技术人才,已成了智能建筑与信息化技术的骨干,他们在社会各界及广大用户中受到认可和重视,并且不断地实现布线应用的技术延伸与新领域的拓展,自身也在强化智能化管理的建设,为新的行业产业化的产生与推动新局面的创造中做出了贡献。

面临新的形势,综合布线系统正在智慧城市与布线智能管理、公用建筑与建筑群、智能家居与智慧社区、智慧生产与新型工业环境、大数据与数据中心、万物互联与人工智能等各个领域寻找着新的契机。

布线行业的一些陈旧的理念已无法适应信息时代的变迁,无法满足现实工程中的应用需要。鉴于此,在新形势的激励之下,根据市场行业与社会的需要,我们组织了近30位布线行业与企业的技术领头人,怀着满腔的热情投入本书的编写工作中,大家的辛勤劳动所结出的硕果将会是对布线行业做出的重要贡献,也将会为布线领域的技术应用与工程建设注入新鲜血液。

本书吸取与整合了大量的相关国家标准与行业标准的规定,参照了国际与国外的最新研究内容,收集了大量在实践过程中积累的经验与收获,参考了可以借鉴和使用的相关资料编著而成。全书以数据中心综合布线工程的设计、施工、安装调试、测试验收等全过程为主要内容,系统地介绍了布线系统必要的基本知识、工程实施的过程要点与应用实例及布线产品选用等一整套布线系统工程应用技术。

本书的最大特点是以综合布线系统为主线,以数据中心布线系统与网络基础架构为主题,以工程应用优化方案为主讲,以工程施工安装为实例,以产品应用为主体,以系统维护管理为目标。围绕布线工程的设计与施工技术展开,全书共分综合布线系统介绍、数据中心综合布线系统工程设计、数据中心综合布线系统工程施工、工程测试与工程验收、工程实施、综合布线工程监理、布线工程运维和热点问题分析八大章节及附录。

全书对从布线基础知识到当前最新的布线系统架构,从布线基本概念到布线的详尽施工技术均做了全面详细的论述,使读者不但可以掌握综合布线的基础知识,而且知道怎样设计、怎样安装施工、怎样进行测试验收,怎样在项目的实践过程中进行招投标、工程监理、造价控制、工程管理等工作。这应该是目前国内布线系统技术理念最前沿,内容相对最为完整,使用价值较高的技术书籍。本书具体内容特点如下:

(1) 基础知识的内容主要包含综合布线系统和布线特点及发展,通过对这些基础知识的系统学习,掌握系统、产品、标准方面的相关概念和知识,对从事该领域的工作人员进行启蒙,能为非专业的业余读者了解与理解布线系统的整个技术打下良好的基础。

(2) 布线设计部分的内容主要为数据中心空间(各功能配线区、独立机房、设备间、电信间、进线间)布局、网络结构与布线架构、用户需求与规划、系统线缆长度要求、系统配置、产品选用、电气防护接地与防火、布线系统智能管理、布线环境监控。通过这一内容的学习使读者能够独立进行方案设计。

(3) 施工技术部分介绍了设备安装设计、施工基本要求、施工技术准备、施工前检查、线槽安装、线缆敷设、线缆终接、标识与标记、改造工程实施方案。使读者能够全面掌握综合布线工程施工相关技能,利于独立操作。

(4) 书中还对工程测试与工程验收,工程实施中各种设计、招投标、概预算、监理文件格式、运维解决方案、工程热点问题分析等重要工作进行了详尽介绍。

本书的最大的特点,是以国家标准《综合布线系统工程设计规范》(GB 50311)和《综合布线系统工程验收规范》(GB/T 50312)内容为主线展开,以国家布线系列标准《信息技术 用户建筑群通用布缆》(GB/T 18232)的第1部分到第6部分(等同于国际标准 ISO/IEC 11801 1-6)为主要参考内容进行编写,具有很高的可读性、实用性和可操作性。

本书得到了行业各方人士的大力支持,在此表示感谢。全书凝结了行业精英们的丰富学识与工程建设经验,方便广大的读者参考借鉴。

由于布线技术的发展日新月异,而编著者水平有限,因此本书不可避免存在对新技术理解不深、文笔不妥等问题,敬请读者能一如既往给予指正,提出宝贵意见。

编 者

目录

第 1 章

综合布线系统的概述及发展现状

1.1　概述

综合布线系统是一种模块化的、具有较高灵活性的、可"即插即用"的建筑物内与建筑群之间的信息传输通道,既能使语音、数据、图像、多媒体等信息终端设备、信息交换设备及信息管理系统彼此相互连接,又能与外部和公用通信网络连接,实现交互通信,还包括建筑物外部配线网络或电信接入网络系统与建筑物内部每一个功能区的应用系统设备之间的所有线缆及相关的连接部件。综合布线系统由不同类型和规格的部件组成,主要包括传输介质、连接器件(如配线架、连接器、插座)及电气保护装置等。通过这些部件延伸,综合布线产业还可以涵盖机柜、配线箱及线缆桥架等。这些部件可用来构建各配线子系统。它们都有各自的应用场合,不仅易于实施安装,还能随用户业务的需求和信息终端设备的变化平稳升级。

既然本书讲述的是数据中心综合布线系统,为什么还要介绍广义上的楼宇综合布线系统呢? 因为综合布线系统是以楼宇综合布线系统为基础的,没有楼宇综合布线系统的发展历程,就不会出现数据中心综合布线系统的特定应用环境。如果不了解楼宇综合布线系统的基本理念和应用技术,也就无法理解并做好数据中心综合布线系统工程。由于数据中心机房的建筑物包含了许多非机房功能区域,因此楼宇综合布线系统和数据中心综合布线系统不仅有相通的共性,还有各自的特点。下面结合国家标准《综合布线系统工程设计规范》(GB 50311)的内容了解和认识综合布线系统。

1.1.1　综合布线系统的特点

与传统布线相比,综合布线系统的许多优越性是传统布线无法相比的,主要表现为兼容性、开放性、灵活性、可靠性、安全性、先进性及经济性,施工和维护方便,可智能化管理。

《智能建筑设计标准》(GB/T 50314)的整体思路和理念充分指出"信息化"在建筑中的应用主导地位,提出智能建筑"信息设施系统"的概念。智能建筑与"信息化"相关的各个子系统的硬件部分归结在"信息设施系统"中,包括通信系统、计算机网络系统及通信管线等;软件部分归结在"信息化应用系统"中。综合布线系统不再以独立的内容单独提出,而是作为信息通信基础设施合并在"信息设施系统"中进行描述,充分体现了综合布线系统是智能建筑弱电系统的一个重要组成部分,在信息化建设中具有重要地位。

在国家标准中,综合布线系统已经形成了自身的布线标准体系,其完整地规范了在布线工程建设中需要执行的技术条款,这意味着《智能建筑设计标准》已经将"信息化"提高到一定的高度和标准,涉及范围相当广泛,综合布线系统已经成为新基建的一个重要组成部分。另外,《智能建筑设计标准》是一种技术导向标准,是建筑智能化建设的纲领性技术标准,不需要对综合布线系统进行过于细化的描述。

综合布线系统的特性如下:

1) 兼容性

综合布线系统的首要特点是具有兼容性。所谓兼容性,是指综合布线系统的自身是完全独立的,与应用终端无关,可以适用于多种应用系统。而当一幢建筑物或一个建筑群采用传统的布线方式构建语音或数据业务线路时,会根据不同的业务而采用不同的布线架构,使用不同类型的线缆、连接器件及配线模块等,配线设备彼此互不相容。一旦因业务变更而需要改变终端设备或设备的位置时,就必须另外立项建设新的布线系统。

目前,一幢建筑物或一个建筑群在设置弱电系统时可以采用综合布线系统,经过统一规划和设计,采用通用的配线设施将语音、数据、图像、多媒体及建筑智能化弱电系统等信号综合在一套标准化的布线系统中进行传送。由此可见,相比传统布线系统,综合布线系统可节约大量的资金,并减少工程实施的时间和对房屋空间的占有。

2) 灵活性

传统的布线方式是封闭的,其体系结构也是固定的。若要迁移设备位置或增加设备数量则相当困难,甚至是不可能的。综合布线系统采用符合标准规定的传输线缆和相关连接器件进行模块化设计,组成的传输通道是通用的。所有设备的开通和更改均不需要改变布线设施。

3) 可靠性

综合布线系统采用高品质的器件组合构成一套标准化的完整信息传输通道。所选产品均经过 ISO 标准和中国相应产品检测机构的认证及应用许可,每条链路都采用专用的仪器测试,可保证电气和传输性能。在应用过程中,任何一条信息传输通道故障均不影响其他信息传输通道的正常运行,为系统运行维护和故障诊断检修提供了方便,而且各配线子系统之间采用互为备用的传输路由设计,更加提高了系统的冗余度和可靠性。

4) 经济性

传统的布线系统因经常需要改造,会造成资金投入和时间的不断消耗。综合布线系统可适应相当长时间的业务变更需求,满足几代网络的提升和发展要求,避免因布线系统的改变而造成的重大损失。

5) 安全性

综合布线系统利用布线电缆的对绞状态以及屏蔽布线与光纤的特性,加之产品在生产过程中高水平的制造工艺与全面的质量控制,可有效防止信息泄露和提高抵御外部电场、磁场干扰源影响信息安全的能力,为网络安全性打下物理基础。

1.1.2　综合布线系统的现状要求

1. 优化方案

在综合布线系统的实施方案中,雷同的设计是相当普遍的,其实应该采用适合各类建筑物功能需求的优化方案,尤其是数据中心综合布线系统要与楼宇综合布线系统区分开来,在系统的配置上,应该充分体现各种不同功能类型的建筑物或数据中心的个性化特点,提高中标项目的机会。

2. 绿色节能

数据中心作为企业应用和运营的核心,其能耗问题已经越来越受到服务商和企业的关注,如何降低建设成本、能耗成本、运行成本已经成为绿色建筑的研究主题。建筑节能涉及电源系统、空调系统、机柜系统、布线系统、网络系统及运维系统等,这是一个完整的系统工程。绿色建筑和绿色数据中心在布线领域中会有更多的节能理念和产品推出。特别需要提出的是,综合布线系统应从满足阻燃、低烟、无毒的性能出发来选择相应等级的阻燃线缆,这需要行业正确引导和推广应用。

3. 光纤至用户

利用光纤宽带接入采用光纤传输介质将通信业务从业务中心延伸至园区、路边、建筑物、用户直至终端,已初步建成了适应经济社会发展需要的下一代国家信息基础设施。利用光纤到户、光纤到楼等技术方式进行入网建设和改造,公用建筑完成了光纤到用户单元通信设施工程的建设要求,这已经成为我国宽带网络的技术路线。无论在我国的《民用建筑电气设计规范》,还是建筑智能化的相关规范中,都明确地指出,应将不少于3家电信业务经营者敷设的光缆引入每一个建筑物安装的入口设施部位(进线间)或建筑物的其他相关部位。

4. 升级改造

在楼宇智能化系统中,万兆网络的应用已经十分普遍。在数据中心的建设中,25G/40G/100G/400G的网络设备已经被应用。另外,需要特别引起重视的是,原来数据中心的布线绝大多数都采用在架空的地板下敷设线缆的方式,大概有50%的空调系统故障和能源消耗都由此造成,无论对信息的传输质量和传输带宽的影响,还是对新型数据中心的建设,都已不符合工程的实际应用状况。

5. 业务与技术的综合

1) 综合范围及其要求

基于上述原因,综合布线系统不能与智能建筑内的其他弱电系统线缆完全融合和综合使用,根据目前我国国情和管理体制,综合范围及其要求如下:

(1) 以综合通信系统和计算机系统为主;

(2) 允许传送低电压或小电流的信号合用线路;

(3) 根据具体情况采取线路的分段或全程综合。

2) 无法完全综合的原因

综合布线系统是智能建筑的基础设施,具有高度的可靠性、兼容性、通用性及灵活性。从理论上讲,综合布线系统应该是可以综合各个弱电系统的上层管理部分,即涉及的信息网络系统,但会受到以下方面的应用限制:

(1) 建设综合布线系统的投资较高;

(2) 是否需要安装具有灵活性;

(3) 各个系统采用不同的网络;

(4) 政策法规的要求;我国主营部门的要求不同,如针对消防通信或安保系统的信息传输系统,有较高的安全和防火要求,不允许与其他系统合用传输媒介,以保证消防通信和安保等系统能够正常运行。例如,《建筑设计防火规范》(GB 50016)、《火灾自动报警系统设计规范》(GB 50116)、《火灾自动报警系统施工验收规范》(GB 50166)、《汽车库、修车库、停车场设计防火规范》(GB 50067)及《民用建筑电气设计规范》(GB 51348)等明确规定,要求火灾报警和消防专用的传输信号控制线路必须单独设置和自行组网,不得与建筑自动化各个系统的低压信号线路合用,也不允许与通信系统的线路混合组网。同样,安全保卫系统也有类似的要求。所以,综合布线系统不应纳入这些系统的通信传输线路,避免相互影响和彼此干扰,产生不应有的(如误报等)障碍或事故,避免工程验收不能通过的情况出现。

(5) 管理与运维的差异。

1.2 综合布线系统的发展动态

1.2.1 综述

虽然综合布线系统只是一个配线系统,但是从原来的电话对绞电缆配线系统到今天的结构化综合布线系统对建筑智能化建设的影响很大,而且目前正在向智慧型居住区、社区、城市延伸,尤其是布线系统的高端产品在数据中心的建设中得到广泛的应用,是智能化系统中最基本的组成系统,是不可缺少的信息通信基础设施,是一切智能的"神经枢纽"。

1. 我国综合布线系统的现状

随着云计算、大数据、互联网＋的兴起,无论个人还是企业,对网络设备的需求日益增长,综合布线系统已经与照明、暖通及电力一样,变成了建筑物的基础建设项目之一。近几年,综合布线系统的市场规模一直稳步增长。

我国综合布线系统的市场一直伴随着智能建筑的发展而推进。按照《中国智能建筑行业发展报告》(2013—2018 年)提供的资料,在"十一五"期间,我国的建筑业一直保持 20% 以上的增长,每年在建筑智能化方面的投资约为 4 000 亿元。从综合布线系统的发展报告中可以看到,近几年,综合布线系统的年均总体规模约为 50 亿元,年复合平均增长率为 10%～15%,呈现稳步增长的势态。

近年来,我国综合布线系统的市场呈现"百花齐放"的景象,正面临着前所未有的繁荣。据统计,目前进入我国市场的国外布线厂家有 30 多家。这些厂家主要以生产和销售具有高性能、先进性的高端产品著称,在行业内有很高的品牌知名度和行业认知度。同时,我国港台的一些布线厂家也非常活跃。它们生产的产品具有良好的性价比,在价格上要比国外品牌的产品低一些,主要产品介于高端与低端之间。

面临市场的激烈竞争,我国的布线厂家正在打造国内布线知名品牌,而且已经进入国际市场,包括为国外的布线厂家配套加工生产布线产品。另外,我国布线厂家的产品趋于多元化,能将布线产品与智能化产品紧密结合,并提供整体智能化解决方案。在国家、行业的扶持下,市场占有份额逐步上升,已形成了良好的发展势态,所生产的线缆可以达到通用性、适用性、实用性的国际标准。我国布线厂家产品的最大市场竞争优势在于价格较低、性价比较高。

综合布线系统已广泛应用在建筑物、建筑群及各个小区的配线网络中,同时,在工业项目中也有着广泛的应用,包括生产线、实验室等。综合布线系统作为一种基础设施,在智能化系统工程中成为不可或缺的重要组成部分。

2. 综合布线系统的技术趋势热点

（1）万兆网络的出现。一般情况下，6 类、6A 类、7 类、7A 类、8.1 类、8.2 类布线的应用都支持万兆～几十万兆网络的传输需求。

（2）光纤配线系统的发展。光纤有 OM3/OM4/OM5 多模光纤和 OS1/OS2 单模光纤，具有安全性好、速度快、抗干扰能力强、传输速度快、传输质量高等优点。在住宅小区，光纤与光纤接入系统配合可构成多业务平台，为宽带信息的接入提供基础条件。光纤配线系统随着用户设置的网络架构及对业务和带宽的需求而发展。

（3）从信息安全方面考虑，屏蔽布线系统的应用比较多。如一些对安全要求比较高的政府、银行及机要部门等通常都会用到屏蔽布线系统。另外，在敷设过程中，屏蔽布线系统的线缆在承受拉力、减少与其他敷设线缆之间的间距等方面具有优势。

（4）布线管理方式的简化。电子配线架主要用于直接对端口进行实时管理，通过硬件和软件随时记录使用情况，可保证网络的安全，节省运营维护量，使维护费用大大降低，提高工作效率。另外，行业内采用的二维码与其他简化的一些布线管理方式已被认可。

（5）很多的布线厂家都从建筑电气的角度做整体服务。端到端的解决方案就是把一个工作区的信息端口连接到另一个工作区的信息端口或与外部网络，以提供全面的解决方案，方便工程的实施。其中，OM3/OM4/OM5 多模光纤、单模光纤及 6A/7A/8.1/8.2 类铜缆布线系统得到应用。

（6）关注不同布线环境的不同需求。机房和数据中心的布线与办公布线的要求是不一样的，特别是区域配线，对产品选用的等级较高，需要因地制宜。

（7）高密度器件的采用。如光/电接插器件模块体积的缩小、安装密度的提升、制造工艺水平的提高、占用空间的减少，尤其在数据中心布线工程中的应用具有优势。

（8）线对的利用。电力布线系统利用综合布线系统的线对，既可传输信号，又可提供电源。供电方式有两种：一种是两对线供电，两对线传输信号；另一种是传输信号和供电在线对中同时完成。网络的终端设备和智能终端设备采用 TCP/IP 协议时的应用是非常有利的，可以大量减少强电的电源插座，还可以提高低压供电方式的安全性。

（9）工业级布线产品的重要性。在恶劣的环境下，工业级的布线产品可以保证信息的正常传送，如在室外条件下工矿企业的生产场地，对接插器件在防水、防灰等方面提出了更高的要求，为信息网络在工业生产中的应用提供了基础条件。

（10）高阻燃线缆的应用。虽然高阻燃线缆的成本高，但它可以随意布放，有利于维护和系统扩容。在防火等级的选用时，高阻燃线缆不完全取决于材料，符合相应的防火测试标准即可。目前，高阻燃线缆在超高层建筑、机场、医院等一些特殊场所应用得比较多。

（11）家居布线的引入。家居布线系统有两种概念：一种是只完成配线与管理功能；另一种是既完成配线管理功能，又可与各种信息进行存储、处理、交换、转换通信协议及互联互通。家居布线系统对信息网络的融合和住宅配线管线的集成起到积极的作用，符合国家法规政策的要求，有一定的发展前景。

（12）高精度工程测试仪表和标识的采用。随着综合布线系统等级的提高，对检测布线信道和链路仪表精度的要求越来越高，记录文档也提出了汉化要求。在工程中，标识内容的正确表示和材质的选用可为工程的正常运维提供保障。

随着技术的不断发展，更多的技术热点将会被市场认可。

3. 市场驱动力的分析

(1) 关于政策方面。2012年,国家推进"宽带中国"战略的执行,包括发改委等八部委联合研究的"宽带中国战略"实施方案,如《住宅区和住宅建筑内光纤到户通信设施工程设计规范》(GB 50846)和《住宅区和住宅建筑内光纤到户通信设施工程施工及验收规范》(GB 50847)两项强制性国家标准的编制、推广和贯彻执行,以及《综合布线系统工程设计规范》(GB 50311)第四章条款内容的增加,使"光纤到户"和"光纤到用户单元"得到实施,光纤的应用迎来新一轮迅速发展的机遇。

(2) 关于标准方面。国家标准《综合布线系统工程设计标准》(GB 50311)和《综合布线系统工程验收标准》(GB 50312)的实施,国家标准《信息技术 用户建筑群通用布缆 第1部分》(GB/T 18233.1)～《信息技术 用户建筑群通用布缆 第6部分》(GB/T 18233.6)、《商业建筑通用布线标准》(TIA-568-C)、《通信基础设施管理标准》(TIA-606-B)及《数据中心基础设施标准》(TIA-942-A)的再版与发布,以及由综合布线工作组组织编写的系列《布线系统应用技术白皮书》都极大地推动了综合布线系统产业的发展。

(3) 在大数据方面的应用。从数据中心布线工程项目角度来看,万兆以上的大型项目已经占约20%。所谓大数据,其实就是一种通过新处理模式使海量数据具有更大价值的信息资产。其背后涉及的技术对于综合布线市场来说既是机遇,也是挑战。它意味着综合布线产品需要满足高速率、智能化、可管理、节能等要求,以符合大数据对应的网络虚拟化、云计算及模块化的发展趋势。

如前所述,综合布线系统展现出结构化布线的特征已成为现代建筑内部各子系统之间、内部系统与外界之间进行信息交换的硬件基础。目前,综合布线产品的应用场所主要可划分为智能化楼宇和数据中心两大类。

1.2.2 中国数据中心建设的基本情况

1. 数据中心的建设规模和布线市场

数据中心有很多类型,主要分为企业级数据中心(EDC)和互联网数据中心(IDC)。在中国,约有60%的数据中心以"企业自建"的方式满足相关需求,约有25%的数据中心租用数据中心环境进行设备托管,约有15%的数据中心利用IDC设备实现数据中心的建设。自建数据中心占多数,这充分说明了企业级数据中心的重要地位。随着电信业数据类业务的大幅增加,未来几年,数据中心投资规模的复合增长率约为20%。

根据对数据中心进行的网络调查显示,作为数据中心的基础设施,数据中心布线的规模占整个布线市场的比例约为21%,并且呈现出逐年增长的趋势。这充分说明了数据中心布线项目对于综合布线市场的强大推动力量。

从行业角度看,作为信息化建设的核心内容,数据中心始终是互联网、金融、能源及交通等行业的投入重点。伴随电信行业的转型和移动互联网的发展,IDC也成为电信行业的重点投资领域。

2. 数据中心综合布线系统的特点

数据中心的基本定义是设置计算机房和支持区域的功能性建筑物区域、某一幢建筑物或建筑群,是与信息流进行传送、存储、计算、交换并提供各种信息的服务中心与应用环境。它自身又是一个需要安全运行和智能管理的IT基础设施。

　　数据中心的机房不同于电信运管商的数据通信机房、企业的计算机机房、智能建筑信息机房等。按国际标准的分类,数据中心综合布线系统是一个相对独立的布线系统。它既要满足机房网络设施的正常运行,又要支持诸如办公区、网管中心、呼叫中心、机电设备机房等场所对信息传送的需要。因此,对于占有一幢建筑物或一个建筑群的数据中心综合布线系统来说,在整体规划和设计时,应该考虑楼宇布线和机房布线的独立性和融合性。这两套综合布线系统之间又存在互通的关系。数据中心综合布线系统的建设需要充分考虑以下几个方面的特点:

　　(1) 综合布线系统的规模需求。综合布线系统的规模需要满足不同规模(大、中、小)的数据中心、不同机房等级(A、B、C)及数据中心网络架构的需要。

　　(2) 综合布线系统各子系统的设置需要满足机房布局、功能区的应用及弱电系统。数据中心的综合布线系统实际上包括楼宇综合布线系统和机房综合布线系统两大布线系统。楼宇综合布线系统按照配线子系统、干线子系统及建筑群子系统的架构搭建。机房综合布线系统由区域配线区、中间配线区、主干配线区及网络接入布线组成。两大布线系统之间又建立了互通的路由。整个数据中心的综合布线系统又可以根据物业管理网络的需要建立一套弱电系统使用的配线系统。

　　(3) 综合布线系统选用的等级需要满足网络的传输带宽。基于云计算数据中心的综合布线系统普遍采用网络虚拟化应用技术,采用更多的虚拟机将提高每台服务器的工作负荷,以承载更大的数据流量。数据中心的网络演进具有十分清晰的方向。为了减少网络的延时,提高数据中心网络的响应速度,云计算数据中心更为普遍地采用"核心＋接入层"两层网络架构替代传统"核心＋汇聚＋接入"的三层方式。核心网络采用 40G/100G/400G 网络端口,接入层网络与服务器采用 10G/25G/50G/100G 端口。相比传统数据中心,服务器的数据流量将会得到成倍的增长。数据流量的传输要求使布线系统不断提高等级,以支持高速网络的应用。

3. 数据中心应用技术

　　机房综合布线系统工程包括通信机房、广播媒体机房、楼宇弱电机房等综合布线系统的建设。机房综合布线系统本身不是孤立的,是与机房的建筑结构、空间的布局、装修效果、照明系统、综合(包括综合布线线缆、电力线缆、照明线缆、弱电系统线缆等)管路、空调气流组织、供电系统的构成、机柜(架)的选用、线缆桥架的选用与设置、环境监测、网络架构等方面的设计密切相关的。

　　ISO/IEC 11801－5 和 TIA－942 标准是全球数据中心综合布线系统技术的进步和发展的基础保障。数据中心综合布线系统对产品有独特的要求,包括灵活性、扩展性、高密度、快速布局及模块化设计和管理。

　　影响数据中心综合布线系统的应用技术包括以下几个方面:

　　(1) 不间断的长期工作要求:新的工作负载、用户和数据及对 IT 资源需求的不断增加,服务器负载的年平均增长率(AAGR)为 10%,电力需求为 20%,网络带宽需求为 35%,存储方面的年增长率高达惊人的 50%。数据中心综合布线系统的设计者必须考虑并遵循利用率和增长率,合理规划容量,确保有足够的资源来满足服务器性能与用户的使用需求。

　　(2) 物联网:嵌入式网络传感器和物联网的连接设备对数据业务传输流量的需求趋势正在不断上升。数据中心综合布线系统将面临处理、存储、控制及分析大量数据信息的新挑战。

（3）软件定义：如今使用软件定义存储、软件定义网络及软件定义数据中心等是一种新的自动化及运维方式。在开放标准下，软件定义可以对网络架构重新配置，并可以灵活地增强工作的负载性能。采用自动化软件定义基础设施可以查阅数据和进行周期性的更新，但需要注意变更计算需求时所遭遇的风险或无效的自动化操作。

（4）集成系统：集成基础设施数据中心通常被称为融合基础设施（CI），几乎是全新的概念。CI带来了系统级的方案，包括所提供的服务器、存储及网络组件的预捆绑。CI平台不断发展的目标在于提供更好的性能、更高的电源效率，以及使设备更具有可管理性，这需要更多的高级管理人员深度参与。

（5）分类系统：传统数据中心的硬件是以完整的子系统方式存在的。例如，一台服务器须包含电源、处理器、内存等器件，并通过专用的电路板连接。如果需要对系统进行升级和扩容，则可能需要购买更多与服务器相配置的组件。分类系统的概念是模块化计算资源，根据需求横向扩展，将模块通过高速共享连接。因此，机柜和机架的设计需要发生改变。为了将直流电（DC）输送到计算设备、降低电源故障点的发生、减少交流电（AC）到DC的转换而带来的能源消耗，可以使用开放的服务器来充分利用机架分布式直流供电，使分类系统不断发展。

（6）主动型基础设施：为了更好地分析数据中心的计算资源，对数据中心资源的利用率和增长率做出及时决策，需要数据中心在运行过程中对基础设施实现主动的自动化管理。

（7）IT服务持续性：业务连续性（BC）和灾难恢复（DR）通常被认为是两种截然不同的功能，但现在已经被合并为单一的集成功能，称其为IT服务连续性。业务连续性可以预测潜在的中断和停机，并动态地迁移工作负载位置，这在大型数据中心的应用中易被接受。

（8）双模式运行：要使得IT业务运作稳定，需要探索新的技术来加固业务。这完全可以通过监管过程和流程来确保运营模式的合规性，同时可以通过敏捷的实验来实现目标，以确保全方位的独立运作，并避免触发IT人员在运维时产生失误。此时，IT需要"公有云"对流程和过程进行管理。

1.2.3 综合布线系统的现行标准体系及发展动态

随着综合布线系统产品和应用技术的不断发展，与其相关的国内和国际标准、国外地区标准更加系列化、规范化、标准化及开放化。国际标准化组织和国内标准化组织都在努力制定更新的标准以满足技术和市场的需求。完善标准才会使市场更加规范化。

同样地，数据中心综合布线系统的标准需要体现数据中心的环保和节能设计内容，应该对以下13个主题进行深入的调查研究。

（1）选址和建设规模；

（2）功能区划分和业务需求；

（3）网络结构和产品的性能；

（4）配线列头柜的功能和设置位置；

（5）布线产品的等级确定；

（6）线缆长度的规定；

（7）配线系统配置容量的确定；

　　(8) 机柜(架)的选用;

　　(9) 线缆敷设方式和线缆间距的要求;

　　(10) 电磁兼容的要求;

　　(11) 线缆防火和接地的要求;

　　(12) 标签标识的要求;

　　(13) 工程检测和验收的要求。

　　1. 综合布线系统的国外标准化组织和机构

　　(1) 美国国家标准协会(American National Standards Institute, ANSI);

　　(2) 国际建筑业咨询服务协会(Building Industry Consulting Service International, BICSI);

　　(3) 国际电报和电话协商委员会(Consultative Committee on International Telegraph and Telephone, CCITT);

　　(4) 电子工业协会(Electronic Industries Association, EIA);

　　(5) 绝缘电缆工程师协会(Insulated Cable Engineers Association, ICEA);

　　(6) 国际电工委员会(International Electrotechnical Commission, IEC);

　　(7) 美国电气与电子工程师协会(Institute of Electrical and Electronics Engineers, IEEE);

　　(8) 国际标准化组织(International Organization for Standardization, ISO);

　　(9) 国际电信联盟——电信标准化分部(International Telecommunications Union-Telecommunications Standardization Section, ITU‐TSS);

　　(10) 国家电气制造商协会(National Electrical Manufacturers Association, NEMA);

　　(11) 国家防火协会(National Fire Protection Association, NFPA);

　　(12) 电信行业协会(Telecommunications Industry Association, TIA);

　　(13) 安全实验室(Underwriters Laboratories, UL);

　　(14) 电子测试实验室(Electronic Testing Laboratories, ETL);

　　(15) 美国联邦电信委员会[Federal Communications Commission(U.S.), FCC];

　　(16) 国家电气规范[National Electrical Code(issued by the NFPA in the U. S.), NEC]。

　　2. 综合布线系统的主要国内、外标准

　　目前,我国布线行业主要参照国际标准、北美标准、欧洲标准、国家标准、国内行业标准及相应的地方标准进行布线工程的整体实施。主要布线标准汇总如下。

　　1) 国内标准

　　(1)《综合布线系统工程设计规范》(GB 50311);

　　(2)《综合布线系统工程验收规范》(GB 50312);

　　(3)《电子信息系统房设计规范》(GB 50174);

　　(4)《电子信息系统机房施工及验收规范》(GB 50462);

　　(5)《信息技术　用户建筑群通用布缆　第一部分: 通用要求》(GB/T 18233.1);

　　(6)《信息技术　用户建筑群通用布缆　第二部分: 办公场所》(GB/T 18233.2);

　　(7)《信息技术　用户建筑群通用布缆　第三部分: 工业建筑群》(GB/T 18233.3);

　　(8)《信息技术　用户建筑群通用布缆　第四部分: 住宅》(GB/T 18233.4);

　　(9)《信息技术　用户建筑群通用布缆　第五部分: 数据中心》(GB/T 18233.5);

　　(10)《信息技术　用户建筑群通用布缆　第六部分: 分布式楼宇设施》(GB/T 18233.6);

(11)《大楼通信综合布线系统 第一部分：总规范》(YD/T 926.1)；

(12)《大楼通信综合布线系统(线缆部分)》(YD/T 926.2)；

(13)《大楼通信综合布线系统(连接器件部分)》(YD/T 926.3)。

2) ISO/IEC 国际标准

图 1-1 所示为 ISO/IEC JTC 1/SC 25 制定的通用布缆标准间的关系，即 ISO/IEC 11801 系列标准中的布缆设计、安装、操作、管理标准及已安装布缆的测试标准。

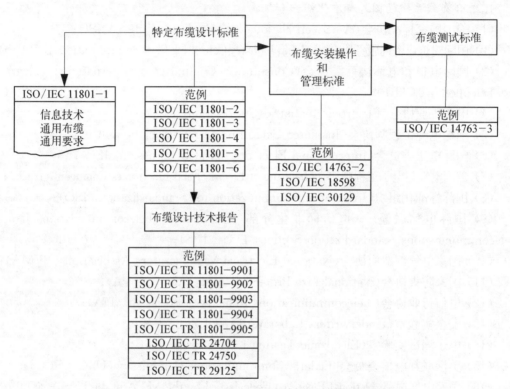

图 1-1 ISO/IEC JTC 1/SC 25 制定的通用布缆标准间的关系

以下这些标准的内容与一个园区的数据中心建设密切相关：

(1)《版本 2.2：信息技术-用户楼宇通用布线》(ISO/IEC 11801)；

(2)《版本 1.0：信息技术-家用通用布线》(ISO/IEC 15018)；

(3)《版本 1.0：信息技术-工业楼宇通用布线》(ISO/IEC 24702)；

(4)《版本 1.0：信息技术-数据中心通用布线》(ISO/IEC 24764)；

(5)《版本 1.0：信息技术-用户建筑群布缆的实施和操作-第 2 部分：设计和安装》(ISO/IEC 14763-2)；

(6)《版本 1.1：用户建筑群布缆的实现和操作-第 3 部分：光缆布线的测试》(ISO/IEC 14763-3)；

(7)《信息技术-用户基础布缆系统路由及空间》(ISO/IEC 18010)；

(8)《自动化基础设施管理》(ISO/IEC 18598)。

3) 北美标准

(1)《商业建筑通信布线标准》(TIA-568)；

(2)《商业建筑电信布线路径和空间标准》(TIA-569)；

(3)《居住和轻型商业建筑标准》(TIA-570)；

(4)《商业建筑电信布线基础设施管理标准》(TIA-606)；

(5)《商业建筑中电信布线接地及连接要求》(TIA-607)；

(6)《数据中心通用布线》(TIA-942-A)；

(7)《平衡对绞线的现场测试仪器和测量值要求》(TIA-1152-2009)。

4）欧洲标准

EN 50173系列　信息技术-通用布线系统：

(1)《信息技术-通用布线系统-第1部分：一般要求》(EN 50173-1)；

(2)《信息技术-通用布线系统-第2部分：办公环境》(EN 50173-2)；

(3)《信息技术-通用布线系统-第3部分：工业厂房》(EN 50173-3)；

(4)《信息技术-通用布线系统-第4部分：住宅》(EN 50173-4)；

(5)《信息技术-通用布线系统-第5部分：数据中心》(EN 50173-5)；

(6)《信息技术-通用布线系统-第6部分：分布式建设服务》(EN 50173-6)；

EN 50174系列　信息技术-布线安装：

(1)《信息技术-布线安装-第一部分：安装规范和质量保证》(EN 50174-1)；

(2)《信息技术-布线安装-第二部分：建筑物内部安装规划和实践》(EN 50174-2)；

(3)《安装技术-布线安装-第三部分：建筑物外部安装规划和实践》(EN 50174-3)。

3. 国内的其他标准与技术文件

国外的布线标准基本为国际ISO/IEC标准、欧洲EN标准系列、北美TIA标准系列。除比较完整的系统标准，还会不断地根据技术、产品、市场应用的发展和需要随时编制相关的技术草案，因此标准的内容是相当丰富的。国外标准化组织的成员大都为厂家代表，具有对标准技术条款的表决权，标准体系具有规范化和系列化。国外标准条款的技术要求较高，如果直接在布线工程中应用，则会变得难以操作，工程投资会加大。所以，我国是在原则上引用国外标准，在具体操作时需要根据相关国家标准的要求和工程的实际情况编制技术要求。目前，国内的布线标准基本上都是对国际标准的内容进行消化、吸收、判断后加以等同采用和转化。如果从工程的角度出发，则会结合国内的实际情况，偏重于应用技术。

1）协会标准

中国工程建设标准化协会在1995年颁布了《建筑与建筑群综合布线系统工程设计规范》(CECS 72：95)，在很大程度上参考了北美的综合布线系统标准EIA/TIA 568，是我国编制的第一本关于综合布线系统的标准。

经过几年的实践和经验总结，并广泛征求建设部、原邮电部及原广电部等主管部门和专家的意见后，中国工程建设标准化协会在1997年颁布了新版《建筑与建筑群综合布线系统工程设计规范》(CECS 72：97)和《建筑与建筑群综合布线系统工程施工及验收规范》(CECS 89：97)。该规范积极采用国际先进经验，与国际标准ISO/IEC 11801：1995(E)接轨，增加了抗干扰、防噪声污染、防火及防毒等方面的内容，与旧版有很大区别。

2）通信行业标准

1997年9月9日，我国通信行业标准《大楼通信综合布线系统》(YD/T 926)正式发布，并于 1998 年 1 月 1 日起正式实施。

2001 年 10 月 19 日,我国信息产业部发布了中华人民共和国通信行业标准《大楼通信综合布线系统》(YD/T 926—2001)第二版,并于 2001 年 11 月 1 日起正式实施。

另外,我国信息产业部还编写了布线产品的系列标准,如 YD/T 926、YD/T 838 系列标准。

3) 其他相关标准

(1) 防火标准。

线缆是综合布线系统用于防火的重要部件。在国际上,综合布线系统对绞线缆的防火测试标准有 UL 910 和 IEC 60332。其中,加拿大、日本、墨西哥及美国使用UL 910。UL 910 等同于美国消防协会的 NFPA 262—1999,其标准高于 IEC 60332 - 1 和 IEC 60332 - 3 标准。

此外,建筑物综合布线系统涉及的防火方面的设计标准还应依照国内的相关标准:《建筑设计防火规范》(GB 50016)和《建筑室内装修设计防火规范》(GB5 0222—95)。

2014 年,我国国家标准《电缆及光缆燃烧性能分级》(GB 31247)第一次对我国的通信线缆阻燃性能提出了分级要求。该标准将对绞电缆和光缆燃烧性能等级划分为以下:

(a) A 级:不燃对绞电缆(光缆);

(b) B1 级:阻燃 1 级对绞电缆(光缆);

(c) B2 级:阻燃 2 级对绞电缆(光缆);

(d) B3 级:普通对绞电缆(光缆)。

其中,A 级的试验方法符合《建筑材料及制品的燃烧性能燃烧热值的测定》(GB/T 14402—2007);B1 级的试验方法符合《电缆或光缆在受火条件下火焰蔓延、热释放和产烟特性的试验方法》(GB/T 31248—2014)、《电缆或光缆在特定条件下燃烧的烟密度测定 第 2 部分:试验步骤和要求》(GB/T 17651.2—1998)和《电缆和光缆在火焰条件下的燃烧试验 第 12 部分:单根绝缘电线电缆火焰垂直蔓延试验 1 kW 预混合型火焰试验方法》(GB/T 18380.12—2008),并等同于采用 IEC 60332 - 1 - 2 - 2004 标准;B2 级的试验方法符合GB/T 31248、GB/T 17651.2 和 GB/T 18380.12;未达到 B2 级的,都属于 B3 级的试验方法。

(2) 机房和防雷接地标准的相关文件如下:

(a)《建筑物电子信息系统技术规范》(GB 50343—2012);

(b)《电子计算机机房设计规定》(GB 50174);

(c)《计算机场地技术要求》(GB 2887);

(d)《计算机场站安全要求》(GB 9361);

(e)《商业建筑电信接地和接线要求》(J - STD - 607 - A)。

其中,J - STD - 607 - A 标准推出的目的在于帮助技术人员与安装人员完整地了解接地系统的规划、设计、安装的技术要求与方法,还提供了接地和天线的安装建议,支持不同行业用户、不同产品设备的应用环境。

(3) 智能建筑的相关标准。

综合布线系统可应用于建筑物、建筑群、家居及工业生产等场合。综合布线系统项目与智能楼宇集成项目、网络集成项目及智能小区集成项目密切相关。集成人员需要了解智能建筑和智能小区方面的最新标准与规范。目前,信息产业部、建设部都在加快这方面标准的起草和制定工作,已经出台或正在制定中的标准与规范如下:

(a)《智能建筑设计标准》(GB 50314);

(b)《智能建筑弱电工程设计施工图集(上、下)》(97X700);

(c)《综合布线系统工程设计与施工图集》(08X101-3);

(d)《城市居住区规划设计规范》(GB 50180);

(e)《住宅设计规范》(GB 50096);

(f)《接入网工程设计规范》(YD/T 5039);

(g)《民用建筑电气设计规范》(GB 51348)。

为了保证工程建设的质量,全国各地都十分注重地区标准的编制工作,相继出台多个标准并参照执行,在内容上结合本地的具体情况,内容更加细化和具体,可操作性更强。

我国综合布线系统标准的完善及系列化需要布线厂家、政府主管部门、国内的标准化组织及各方面的人士加以重视和共同努力。一旦新的标准发布以后,应该由媒体加大宣传力度,相关单位组织做好宣传贯彻工作,使标准的布线服务和规范的布线市场能有效确保布线工程的质量。

4) 相关布线的技术文件

面临布线行业技术与数据中心建设迅速发展的情况,为了弥补国家标准编写周期过长带来的技术弊端,编写技术白皮书是一种比较好的技术应用和推广方式,可及时将国外标准的相关内容推向市场,是我国数据中心综合布线系统市场的规范化发展和技术革新的指导性技术文件。相关的白皮书如下:

(a)《数据中心布线系统设计与施工技术》白皮书;

(b)《万兆对绞电缆系统工程设计、施工与检测技术》白皮书;

(c)《智能布线系统设计与安装技术》白皮书;

(d)《综合布线系统的管理与运行维护技术》白皮书;

(e)《屏蔽布线系统的设计与施工检测技术》白皮书;

(f)《综合布线安装与施工》白皮书;

(g)《光纤配线系统工程的设计与施工检测技术》白皮书;

(h)《数据中心网络规划设计》白皮书;

(i)《数据中心安全线缆使用》白皮书;

(j)《机柜应用技术》白皮书。

1.3 综合布线系统简介及技术要求

设计数据中心综合布线系统时,设计者首先要了解综合布线系统的基础技术要求。一个数据中心的建筑物包括机房、办公及支持功能区。办公和支持功能区应该按照传统楼宇综合布线系统的要求制订方案,与机房综合布线系统之间保持应有的互通。本书对这部分的内容不作为重点进行描述,只是结合最新修订的《综合布线系统工程设计规范》(GB 50311)提出的要求解析重点条款。

综合布线系统是开放式的星形拓扑结构,能够支持电话、数据、图像及多媒体等通信业务的需要。随着建筑智能化弱电系统数字化、网络化、宽带化的发展,综合布线系统的应用会不断得到拓展。依据国际标准,综合布线系统的应用主要体现在办公楼宇、住宅建筑、工业环境、数据中心及系统运维管理等几个方面。

本节将重点介绍通用综合布线系统和楼宇综合布线系统的技术要求。

1. 综合布线系统的总架构

本书为了帮助读者更多地了解综合布线系统的整体技术要求,以下将参照 ISO/IEC 11801-1 中的部分内容进行介绍。

1) 布缆设计标准中规定的通用布缆

布缆设计标准中规定的通用布缆包括如图 1-2 所示的功能元素。

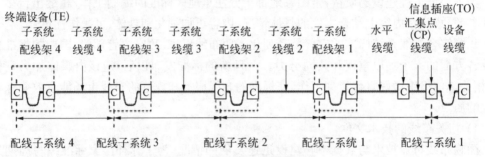

图 1-2 部分或全部功能元素

图中,综合布线系统的功能元素如下:

(1) 终端设备(TE)插座;

(2) 汇集点(CP);

(3) 子系统线缆 1(汇集点存在时,分为线缆 Y 和线缆 Z);

(4) 子系统线缆 2、子系统线缆 3、子系统线缆 4;

(5) 子系统配线架 1、子系统配线架 2、子系统配线架 3、子系统配线架 4;

(6) 信息插座(TO);

(7) 设备跳线和快接跳线。

将多组功能元素连接在一起便可形成通用布缆子系统。

通用布缆的设备接口位于每个子系统的末端。任何配线架都可在配线设备的端口处采用互连或交叉的连接方式通过跳线与外部服务的设备互通。汇集点不提供配线架设备。

2) 信道和永久链路

信道是 LAN 交换机/集线器(EQP)等设备与终端设备之间的传输通路。典型的信道由水平子系统及其工作区的设备跳线构成。对于更长的延伸服务,信道由两个或更多的子系统(包括工作区设备跳线)构成。信道不包括特定应用设备的连接。

永久链路是包括已安装的线缆和线缆端点连接硬件的子系统传输通路。在水平布缆子系统中,永久链路由信息点插座、水平线缆、可选 CP 及楼层配线架处水平线缆终端点的配线构成。

图 1-3 所示为两个连接点的主干链路和子系统 1 的永久链路架构,C 为连接点。图中,两个连接点的布缆系统可以在由布缆设计标准定义的主干网或特定的布缆子系统(永久链路 PL)中。TE 的指定取决于适用的布缆子系统。

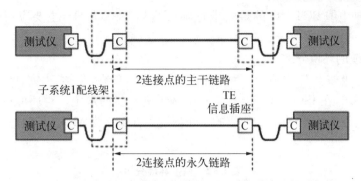

图1-3 两个连接点的主干链路和子系统1的永久链路架构

图1-4所示为子系统1中3个连接点的永久链路架构,C为连接点。3个连接点的永久链路布缆性能不支持Ⅰ类或Ⅱ类通道的3连接应用。

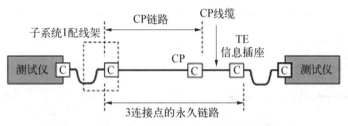

图1-4 子系统1中3个连接点的永久链路架构

3)平衡电缆布线系统的分级与类别

平衡电缆布线系统的分级与类别如表1-1所示。

表1-1 平衡电缆布线系统的分级与类别

系统分级	系统产品类别	支持的最高带宽/Hz	支持的应用器件	
			电 缆	连接硬件
A	—	100 K	—	—
B	—	1 M	—	—
C	3类(大对数)	16 M	3类	3类
D	5类(屏蔽和非屏蔽)	100 M	5类	5类
E	6类(屏蔽和非屏蔽)	250 M	6类	6类
E_A	6A类(屏蔽和非屏蔽)	500 M	6A类	6A类
F	7类(屏蔽)	600 M	7类	7类
F_A	7A类(屏蔽)	1 000 M	7A类	7A类
Ⅰ	8.1类(屏蔽)	2 000 M	8.1类	8.1类
Ⅱ	8.2类(屏蔽)	2 000 M	8.2类	8.2类

针对表1-1的内容,国际标准对布线系统分级还提出了在广播和通信系统技术中使用的音/视频电缆规范。对于2个4线对绞BCT-B平衡电缆布线系统的等级带宽应达到

1 000 MHz,同轴电缆 BCT‑C 的传输带宽则可达到 3 000 MHz,主要应用于有线电视和 CATV。

4) 通用布缆的环境分类

信道环境分级如表1‑2所示。对于某些特殊环境(如核、化学、火灾、爆炸、损害动物的风险、烟雾)的要求,在 ISO/IEC TR 29106 中做了进一步的规定。对环境指定的某一环境等级应满足比它级别低的应用,如信道的工作环境条件定义为 M_2 时,同时应满足环境 M_1 级的应用。

表1‑2 信道环境分级

分　　级	1	2	3
机械等级	M_1	M_2	M_3
侵入等级	I_1	I_2	I_3
气候等级	C_1	C_2	C_3
电磁等级	E_1	E_2	E_3

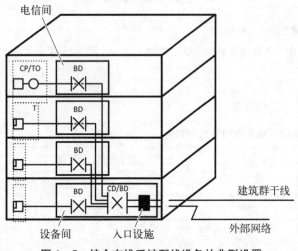

图1‑5 综合布线系统配线设备的典型设置

2. 楼宇综合布线系统

图1‑5所示为综合布线系统配线设备的典型设置。对一幢楼宇来说,不管是用作办公,还是几个楼层或整幢建筑物用作数据中心的机房,甚至一个园区的多幢建筑物都用作数据中心的机房,其综合布线系统均为星形网络拓扑结构,基本与网络设备的设置架构相适应,由接入、汇聚、骨干3级组成。在工作区、电信间(楼层)、设备间(于建筑物的底层或中间层)中分别安装信息插座和配线模块,入口设施可以安装在设备间或进线间(建筑物的地下一层)。

进线间是建筑物外部通信和信息管线的入口部位,设置情况比较复杂,主要作为多家电信业务经营者和建筑物综合布线系统安装入口设施的共用空间。其场地需要考虑多家电信业务经营者(至少3家)的光缆引入和配线模块的安装,并满足室外电、光缆引入楼内成端与分支及光缆盘长空间的需要。由于光缆至大楼(FTTB)、至用户(FTTH)、至桌面(FTTO)的应用会使光纤的容量日益增多,因此进线间就显得尤为重要。同时,进线间的环境条件应符合入口设施的安装工艺要求。

如果建筑物不具备设置单独的进线间或引入建筑物内的电、光缆数量、容量较小时,则也可以将电、光缆引入建筑物的适当部位,采用挖地沟或使用较小的空间完成电、光缆的成端与盘长。入口设施(配线设备)可以安装在设备间。但如果经营多家电信业务,入口设施(配线设备)应该设置单独的场地,以便在功能和管理上进行分区。

1）综合布线系统的基本构成

图1-6所示为综合布线系统的基本构成。综合布线系统采用开放式的星形拓扑结构，每个子系统都是相对独立的单元，对每个单元进行改动都不影响其他的配线子系统，即只要改变节点连接就可使网络在星形、总线、环形等各种类型的网络拓扑间进行转换。

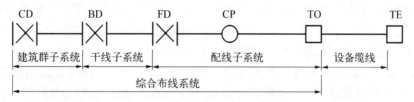

图1-6 综合布线系统的基本构成

图中，配线子系统线缆的路由可以设置集合点（CP），也可以不设置集合点。

2）综合布线系统子系统之间的构成

综合布线系统子系统的构成如图1-7所示。图中，实线部分体现一个建筑群综合布线系统三级配线网络的构成：第1级为配线子系统，由信息插座通过水平线缆连接至楼层的配线设备（FD）；第2级为干线子系统，由楼层的配线设备（FD）通过主干线缆连接至设备间

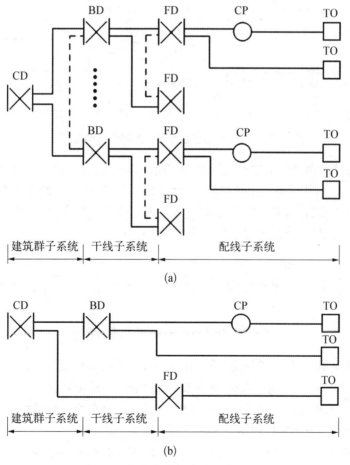

图1-7 综合布线系统子系统的构成

的配线设备(BD);第3级为建筑群子系统,由各设备间的配线设备(BD)通过主干线缆连接至某一幢建筑物设备间所安装的配线设备(CD)。

当由多个建筑物构成配线系统时,为了使综合布线系统能够安全正常地工作,需要对布线路由进行冗余设计。图1-7中的虚线表示同一级建筑物的配线设备(BD)之间、楼层配线设备(FD)之间可以设置备份的主干线缆路由。尤其是当建筑物的楼层平面面积较大时,可以设置多个电信间用于安装配线设备(FD)。如果在同层或不同层的配线设备(FD)之间设置直达路由,则会利于同级线路的调度和路由的备份。

根据业务的需要,建筑物各楼层配线设备(FD)可以经过主干线缆直接连接至建筑群的配线设备(CD),信息插座(TO)也可以经过水平线缆直接连接至建筑物的配线设备(BD)。因为对绞电缆布线链路受90 m长度的限制,线缆的路由可跳过一级配线设备实现互联,更多地适用于光缆布线系统,这种方案主要应用于光纤到桌面的情况。

综合布线系统各子系统之间可以通过线缆建立冗余的、可靠的直达路由。直达路由可以更快地输送信息流。备份的路由可以使网络实现物理上的安全,保障通信畅通,并可以随时实现对线路进行有效调配。

对放置了设备间的建筑物,设备间所在楼层的配线设备(FD)可以与设备间中的建筑物配线设备(BD)/建筑群配线设备(CD)和入口设施安装在同一场地,如图1-8所示。

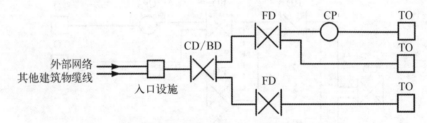

图1-8 综合布线系统引入部分的构成

综合布线系统的典型应用架构如图1-9所示。在楼层配线设备(FD)和建筑群配线设备(CD)部位安装的网络设备与配线模块之间可以采用互连或交叉的连接方式,当然从综合布线系统管理的角度出发,采用交叉的连接方式更为有利。图中,建筑物配线设备(BD)处的光纤配线设备可以只起到对光纤端口进行互联的作用。

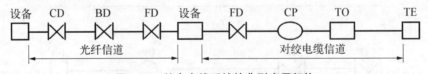

图1-9 综合布线系统的典型应用架构

在实际工程应用时,配线子系统在楼层设置中,一般采用对绞电缆就可以满足链路传输距离90 m的要求。对于干线子系统,考虑到传输距离、传输带宽及与外部公用网光纤网络的互通需要,可以采用光纤信道满足工程需要。所以,综合布线系统的架构需要从系统架构和应用架构两个方面分别加以理解。

关于综合布线系统工程究竟应该由几个子系统组成?目前,从工程的设计文件来看,其描述较为多样,没有统一的认识。实际上,不同地区的规范和规定是这样的:按照北美的标准,综合布线系统包括工作区子系统、配线子系统、干线子系统、电信间、设备间及管理6个子系统;按照欧洲和国际标准,综合布线系统划分为配线子系统、建筑物干线子系统及建筑群子系统;按照我国的标准,从工程建设的角度出发,综合布线系统工程设计的内容可包括配线(水平)子系统、干线(垂直)子系统、建筑群子系统、工作区、设备间、进线间和管理7个部分。当然,建筑物配线系统还须考虑外部线缆的引入及入口设施的安装设计。各标准对综合布线系统所包括的组成部分有不同的描述,如表1-3所示。

表1-3　各标准对综合布线系统所包括的组成部分的不同描述

标准	11801.1（总技术要求）	11801.2(楼宇综合布线系统)	11801.5(数据中心综合布线系统)
		GB 50311	GB 50174
综合布线系统	第一级子系统	配线子系统	区域配线子系统
	第二级子系统	中间/干线子系统	中间配线子系统
	第三级子系统	干线/建筑群子系统	主配线子系统
	第四级子系统	建筑群子系统/无	网络接入布缆子系统
	—	工作区	服务器机柜
	—	进线间	进线间
	—	设备间	主配线区
	管理	管理	管理

3) 综合布线系统各部分的设计要点

(1) 工作区。

一个工作区就是一个独立的、需要设置终端设备(TE)的区域。工作区包括从配线子系统的信息插座模块(TO)延伸到终端设备处的连接线缆(工作区设备线缆)和各种功能的适配器(耦合器)。虽然信息插座模块(TO)安装在工作区,但它不属于工作区的范畴。适配器(耦合器)是指安装在终端设备之外的各种功能设施,如阻抗变换器、通信协议转换器、光/电转换器、器件种类转换器等。如果终端设备本身带有转换功能的模块,那就不属于工作区应该考虑的内容了。

对于一般的办公楼,一个工作区的服务面积按$5\sim10$ m²估算,可以按建筑物不同的应用场合及功能需求进行调整。根据GB 50311的规定,工作区面积的划分如表1-4所示。

表1-4　工作区面积的划分

建筑物的类型及功能	工作区的面积/m²
网管中心、呼叫中心、信息中心	3～5
办公区	5～10
会议、会展	10～60
商场、生产机房、娱乐场所	20～60

（续表）

建筑物的类型及功能	工作区的面积/m²
体育场馆、候机室、公共设施区	20~100
工业生产区	60~200

注：（1）对于应用场合，如终端设备的安装位置和数量无法确定时，或使用场地被大客户租用并考虑自设置计算机网络时，工作区的面积可按区域（租用场地）面积确定。

（2）对于IDC机房（数据通信托管业务机房或数据中心机房），可按生产机房每个机架的设置区域考虑工作区的面积。

每个工作区至少设置两个信息插座。每一个信息插座均应支持电话机、计算机、数据终端及人工智能终端等设备的应用。

（2）配线子系统。

配线子系统由工作区内的信息插座模块、信息插座模块连接至楼层电信间安装的配线设备（FD）之间的对绞电缆和光缆、配线设备（FD）及设备线缆和跳线等组成。水平线缆的路由可以设置一个集合点（CP）。这是一个任选的配线设施，主要起到区域配线线缆汇集的作用。该集合点只连接线缆，不存在跳线和管理功能。

（a）配线子系统采用4对对绞电缆，在需要时也可以采用光缆。水平线缆在配线设备（FD）处采用交叉或互联的方式连接，该连接方式同样适合主干线缆和BD、CD配线设备之间的连接方式。

电话交换系统对绞电缆与配线设备之间的连接方式如图1-10所示。图中，FD（BD、CD）可以通过电话跳线进行管理，当信息插座处的终端设备由语音改变为数据业务或其他业务时，水平侧配线设备、水平对绞电缆、信息插座模块均不需要进行更换，只需要对跳线和干线侧配线设备进行重新配置，以符合以太网交换机的连接方式即可。这种连接方式具有很大的灵活性，非常适合电话交换系统在采用IP电话交换方式时应用。

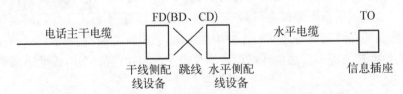

图1-10 电话交换系统对绞电缆与配线设备之间的连接方式

在工程中，如用户对电话业务实现的方案（非IP电话交换机）较为明确，需要采用独立的电话配线设计时，则从电话交换机到终端的电话插座应全部采用电话配线的线缆和连接器件，而不要与综合布线系统的设计要求混淆在一起。目前，虽然这样连接方式节省模块投资，但不利于业务终端设备的变化，在工程中一般很少采用。

电话业务水平侧配线设备一般选用RJ45型配线模块。干线侧配线设备（包括BD、CD）一般选用用于连接大对数对绞电缆的110型配线模块。支持电话业务的配线模块之间也可以选用双芯跳线或3类1对对绞电缆互通。

计算机网络设备（以太网交换机）与配线设备的交叉连接方式（经跳线连接）如图1-11所示，在FD（BD、CD）处可以通过数据跳线（电或光）进行交叉管理，即对水平侧配线设备和干线侧配线设备都进行管理。这种连接方式具有很好的灵活性和兼容性,在工程应用中推荐采用该连接方式。

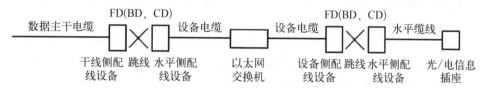

图 1-11　计算机网络设备(以太网交换机)与配线设备的交叉连接方式(经跳线连接)

计算机网络设备(以太网交换机)与配线设备互连的连接方式(经设备线缆连接)如图 1-12 所示,在 FD(BD、CD)处不具备交叉管理功能。这种连接方式使用设备线缆取代跳线,虽然不易管理较大容量的配线系统,但可以节省近 50% 的配线架。目前,在很多工程中,用户为了节省投资,普遍在网络交换机和配线模块之间采用该种方式。

图 1-12　计算机网络设备(以太网交换机)与配线设备互连的连接方式(经设备线缆连接)

针对数据业务,水平线缆主要为 4 对对绞电缆和单模或多模光缆;配线设备交叉连接的跳线应选用综合布线专用的插接软跳线和光纤跳线;FD(BD、CD)均采用 RJ45 型线缆或 LC 的光纤配线模块。

(b) 配线子系统永久链路的水平对绞电缆或水平光缆长度不应超过 90 m,信道的长度不应超过 100 m。

如果在工程的实际应用中,为解决个别永久链路水平对绞电缆超长的问题,使用高等级的布线产品去支持低等级的链路或信道的应用,在能保证链路性能的前提下,水平对绞电缆距离可适当加长,并在布线设计文档中加以记录。但是,此方法不能解决因线缆超长引起的信号传送时延超过指标的问题,工程中如碰到此种情况时,布线文档中应做记录。另外需要说明的是,配线子系统水平线缆如采用光纤时,应该根据网络类型、网络架构及光纤的类型确定光纤的应用传输距离,一般不会受到 100 m 长度的限制。

配线子系统的器件选用应保持信息插座、水平线缆、配线模块、跳线、设备线缆等级的一致性,以保证整个链路或信道的传输特性。

楼层电信间是以太网络接入层交换机和配线设备(FD)及配线设备之间的线缆互通管理场地,主要安装楼层配线设备、以太网交换机。如果将电信间作为楼层弱电间使用时,它还会安装视频监控系统的接入交换机、楼宇自控系统的 DDC 现场控制模块、无线覆盖系统汇聚设备、光纤到用户单元配线箱等各弱电系统的接入设施。因此电信间位置及所需面积应根据设备的类型、数量、规模综合考虑确定。

(3) 干线子系统。

干线子系统由设备间(BD)至电信间(FD)的干线对绞电缆和光缆、安装在设备间的建筑物配线设备(BD)及设备线缆和跳线组成。干线子系统的主干线缆主要为光缆。

（4）建筑群子系统。

建筑群子系统由连接多个建筑物之间的主干对绞电缆和光缆、建筑群配线设备（CD）及设备线缆和跳线组成。建筑群子系统的主干线缆主要为光缆。电话业务采用大对数电缆。

（5）设备间。

设备间是在每幢建筑物的适当地点进行网络管理和信息交换的场地。综合布线系统的设备间主要安装建筑物的配线设备、建筑群的配线设备和以太网交换机。电话交换机、计算机网络设备及入口设施也可安装在设备间。

设备间内的所有总配线设备应用色标区别各类用途的配线区。设备间的位置和大小应根据设备的数量、规模及最佳网络中心等因素综合考虑确定。

（6）进线间。

进线间是建筑物外部通信和信息管线的入口部位，可作为入口设施的安装场地。

（7）管理。

管理应对工作区、电信间、设备间、进线间、布线路径环境中的配线设备、线缆、信息插座模块等设施按一定的模式进行标识和记录。

第 2 章

数据中心综合布线系统的工程设计

数据中心的综合布线系统无论按照何种方式实施都有以下三类基本的原则。

1. 管理性

为用户构建一个高性能的网络并非是一味追求复杂和高成本,管理性是最基本的设计要素。没有管理性,基础布线网络也只能短期应付数据中心的需要。如果需要增强控制和管理数据中心的基础网络,那么就必须建成结构化的综合布线系统,避免一个存在大量难以识别的线路设计的无序管理环境。

2. 灵活性和可扩展性

由于基础布线的灵活性和可扩展性,经营者可以对布线系统进行实时的管理,且不会对数据中心的整体架构产生较大的影响,这也就降低了未来因布线新的技术应用所带来的运行风险。数据中心的可扩展性对于网络系统未来传输带宽的升级和业务拓展非常重要。因此关注网络拓扑各环节中的布线器件的标准化可以有效地提升网络运行效率,节约时间和降低运行成本。

3. 网络效率

由于数据中心规模的增长和网络持续演进,并朝着 100G 的以太网发展,未来网络的关注点为提高信息传输的带宽。为了应对数据中心愈发增长的业务工作量,网络系统的设计需要更加简单,通过对基础布线系统进行合理布局,可以最大化地利用空间和有效降低安装时间。

一个规划良好的基础布线系统,应在实施后的 15～20 年中,能够适应数代的网络系统带宽与设备更换升级。

2.1 综述

2.1.1 数据中心的功能

数据中心可由一个建筑群、建筑物或建筑物的几个楼层或一部分区域组成。在通常情况下,数据中心包括计算机机房及其支持空间,是电子信息存储、加工及流转中心,内置核心的数据处理设备,是全面、集中、主动地进行有效管理和优化 IT 的基础架构,可达到信息系统较高水平的管理性、可用性、可靠性及可扩展性,可保障业务的顺畅运行和服务的及时提供。

建设一个完善的、符合现在使用及将来业务发展需要的高标准数据中心应满足以下基本功能要求:

(1) 可进行传输、计算、安全存储数据及互通公用通信网的设施安装场地;

(2) 为所有设备运转提供所需的电力保障;

(3) 在满足设备技术参数的要求下,为运转的设备提供一个温度受控的环境;

(4) 为数据中心内部和外部及公用网的设备提供安全可靠的网络连接;

(5) 不会对周边环境产生各种危害;

(6) 具有足够坚固的安全防范设施和防灾设施。

目前,大部分企业的 IT 支出都已投入云计算中,并通过统一的资源池平台提供服务。企业数据中心服务水平的提升,使得数据中心的建设正在融入众多行业。当今,基于云的网络可以管理任何事物,从个体消费者对各类信息数据的访问和存储,到实现全球信息的共享。此外,电信运营商还通过无线通信的技术路线来部署"边缘云",为终端用户提供宽带业务的服务。

在网络的虚拟化应用推进下,数据中心需要更加优良的布线基础设施来连接"云"模型所依存的物理层设备。迄今为止,行业大多数的注意力都已切实投入云计算发展所需的架构变化上,其中包括各种管理系统和服务平台的更新与完善。

2.1.2 数据中心系统的组成

一个完整的数据中心包含各种类型的功能区域,如主机区、服务器区、存储区、网络区、控制室、操作员室、测试机房、设备间、电信间、进线间、资料室、备品备件室、办公室、会议室及休息室等。

数据中心的空间分隔如表 2-1 所示。

表 2-1 数据中心的空间分隔

建筑群	建筑物	非机房区	办公区	
			楼层电信间	
			楼宇进线间	
		机房区	计算机机房	
			支持空间	行政管理区
				进线间
				辅助区
				电信间
				支持区

其中,机房区是数据中心运行的基础空间。

1. 计算机机房

计算机机房是主要用于安装、运行和维护电子信息处理、存储、交换及传输设备的建筑空间,包括安装服务器设备(也可以是主机或小型机)、存储区域网络(SAN)的服务器机房,安装网络连接存储(NAS)设备、磁带备份系统、网络交换机及机柜/机架、线缆、配线设备的网络机房以及安装走线通道的存储机房等功能区域。

2. 支持空间

支持空间是计算机机房外部专用于支持数据中心运行设施的安装和工作的空间,其中包括进线间、电信间、行政管理区、辅助区及支持区。

2.1.3　数据中心的等级及分类要求

数据中心综合布线系统是数据中心网络的一个重要组成部分,支撑着整个网络的连接、互通和运行。综合布线系统通常由对绞电缆、光缆、连接器件及各类配线设备等组成,可在满足未来使用时期内的带宽需求情况下兼顾性价比。能够满足和适应将来更高传输速率需要的数据中心综合布线系统是至关重要的。

1. 国内、外机房的等级

(1) 按照中国标准《数据中心设计规范》(GB 50174),数据中心可根据机房的选址、建筑的结构、机房的环境、安全管理、机房的使用性质,以及由于场地设备故障导致电子信息系统运行中断在经济和社会中造成的损失或影响程度,分为 A、B、C 三级。

设计时,应根据数据中心的使用性质、数据丢失或网络中断在经济上造成的损失或在社会中影响程度确定所属级别。

(a) A 级为容错型:在系统需要运行期间,其场地设备不应因操作失误、设备故障、外电源中断、维护和检修而导致电子信息系统运行中断。电子信息系统运行中断将造成重大的经济损失和公共秩序的严重混乱。

(b) B 级为冗余型:在系统需要运行期间,其场地设备在冗余能力范围内,不应因设备故障而导致电子信息系统运行中断。电子信息系统运行中断将造成较大的经济损失和公共场所的秩序混乱。

(c) C 级为基本型:不属于 A 级或 B 级的数据中心应为 C 级,在场地设备正常运行的情况下,应保证电子信息系统运行不中断。

(2) 北美 TIA 942 标准按照数据中心支持的正常运行时间,将数据中心分为 4 个等级。不同的等级,数据中心内的设施要求也不同,级别越高,要求越严格。

(a) T1 数据中心:基本型,使用单一路径,没有冗余设计。

(b) T2 数据中心:组件冗余,使用单一路径,增加部件冗余。

(c) T3 数据中心:在线维护,拥有多路路径,设备是单路。T3 机房应可以方便地升级为 T4 机房。

(d) T4 数据中心:容错系统,拥有多路有源路径,容错能力增强。

4 个不同等级的定义包含对建筑结构、电气、接地、防火保护及电信基础设施安全性等的不同要求。表 2-2 列出了 TIA 942 标准下不同等级数据中心的可用性指标。

(3) 通过对数据中心可用性和冗余数量的比较,可在国内、外标准中所描述的不同等级数据中心之间建立可参考的对应关系,如表 2-3 所示。

表 2-2　TIA 942 标准下不同等级数据中心的可用性指标

级　别	一　级	二　级	三　级	四　级
可用性/%	99.671	99.749	99.982	99.995
年宕机时间/h	28.8	22.0	1.6	0.4

表 2-3　国内、外数据中心分级对应关系

GB 50174	TIA 942	性　能　要　求
A 级	四级	场地设施按容错系统配置,在系统运行期间,场地设施不应因操作失误、设备故障、外电源中断、维护和检修而导致电子信息系统运行中断
	三级	场地设施按同时可维修的需求配置,系统能够进行有计划的运行,不会因任何计划性动作导致电子信息系统运行中断
B 级	二级	场地设施按冗余要求配置,在系统运行期间,场地设施在冗余范围内,不应因设备故障而导致电子信息系统运行中断
C 级	一级	场地设施按基本需求配置,在场地设施正常运行情况下,应保证电子信息系统运行不中断

2. 数据中心的分类

数据中心根据所有性质或服务的对象可以分为互联网数据中心(IDC)和企业数据中心(EDC)。

(1) 互联网数据中心(IDC)由电信业务经营者、互联网服务提供商和商业电信业务经营者共同拥有和运营。电信业务经营者利用已有的互联网通信线路、带宽资源建立标准化的电信专业级机房环境,提供互联网连接访问的外包信息技术服务、互联网接入、Web 或应用托管、主机代管及受控服务器和存储网络,并通过互联网向客户提供大规模、高质量、安全可靠的专业化服务器托管、空间租用、网络批发带宽及 ASP、EC 等服务业务。通过使用 IDC 服务,企业或政府单位不需要再建立自己的专门机房、铺设昂贵的通信线路,也不需要建立专门的网络工程师队伍。

(2) 企业数据中心(EDC)由具有独立法人资格的公司、机构或政府拥有和运营,具备企业数据运算、存储和交换的核心计算环境,可为机构、单位、人员提供支持内网、互联网的数据处理和数据访问面向 Web 的服务,运行维护由内部 IT 部门完成。对信息系统、数据安全、保密或者其他有特殊要求的行业或企业,可建设自己管理运行的数据中心,如银行、保险、政府及大型企业等。

2.2　术语

2.2.1　通用术语和缩略语

1. 通用术语

(1) 布线(布缆)(cabling)。布线(布缆)是由各种能够支持电子信息设备相连的缆线、跳线、接插软线及连接器件组成的系统。

(2) 通用布缆(generic cabling)。通用布缆是能够支持应用范围广泛的结构化电信布缆系统。通用布缆系统的安装不必事先了解所需应用。特定应用硬件不是通用布缆的一部分。

(3) 建筑群(园区)(campus)。建筑群(园区)是包括一个或多个建筑物的园区。

(4) 建筑群子系统(campus subsystem)。建筑群子系统由配线设备、建筑物之间的干线线缆、设备线缆及跳线等组成。

(5) 电信间(telecommunications room)。电信间是用于放置电信设备、线缆终接配线设备进行线缆交接的空间。

(6) 工作区(work area)。工作区是需要设置终端设备的独立区域。

(7) 信息插座(信息点)(telecommunications outlet，TO)。信息插座(信息点)是线缆终接的信息插座模块。信息插座用于提供与工作区布缆相连的接口。

(8) 接口(interface)。接口是用来连接通用布缆的点。

(9) 大楼入口设施(entrance facility)。入口设施用于提供符合相关规范的机械与电气特性的连接器件,将外部网络线缆引入建筑物内。

(10) 信道(channel)。信道是连接两个应用设备端到端的传输通道。设备和工作区跳线包括在信道内,但不包括进入特定应用设备的连接硬件。

(11) 链路(link)。链路是一个 CP 链路或一个永久链路。

(12) 永久链路(permanent link)。永久链路是信息点与楼层配线设备之间的传输线路,不包括工作区线缆和连接楼层配线设备的设备线缆、跳线,但可以包括一个 CP 链路。

(13) CP 链路(CP link)。CP 链路是楼层配线设备与集合点(CP)之间,包括两端连接器件在内的永久性链路。

(14) 交叉连接(cross-connect)。交叉连接是通过跳线(快速跳线或压接跳线)使线缆采用交叉连接终接的装置。

(15) 互连(interconnect)。互连是在不使用配线跳线(快速跳线或压接跳线)的情况下,使用设备跳线与布缆子系统连接的技术。

(16) 接合(splice)。接合是导线之间或光纤之间的连接,通常具有分开的护套。

(17) 线缆(cable)。线缆是电缆和光缆的统称。

(18) 线缆元素(cable element)。线缆元素是线缆中的最小构成单元,如线对、四线组或单根光纤。线缆元素可以有屏蔽层。

(19) 线缆单元(cable unit)。线缆单元是同一类型或类别的一个或多个线缆元素的单个装配。线缆单元可以有屏蔽层。线扎组就是线缆单元的例子。

(20) 线对(pair)。线对是由两个相互绝缘的导体对绞组成的线缆元素,通常是一个对绞线对。

(21) 对绞电缆(平衡线缆)(balanced cable)。对绞电缆(平衡线缆)是由一个或多个金属导体线对组成的对称电缆。

(22) 对绞线(twisted pair)。对绞线(双绞线)是由两个以确定方式扭绞在一起所形成的平衡传输线路绝缘导线构成的线缆元素。

(23) 四线组(quad)。四线组是由四个相互绝缘导体扭绞在一起组成的线缆元素,两个径向面对的导线形成传输线对。

(24) 屏蔽对绞电缆(screened balanced cable)。屏蔽对绞电缆含有总屏蔽层和/或每线对屏蔽层的对绞电缆。

(25) 非屏蔽对绞电缆(unscreened balanced cable)。非屏蔽对绞电缆是不带有任何屏蔽物的对绞电缆。

(26) 建筑群(园区)主干线缆(campus backbone cable)。建筑群(园区)主干线缆是用在建筑群内连接建筑群配线设备与建筑物配线设备的线缆。

(27) 建筑物(楼宇)主干线缆(building backbone cable)。建筑物(楼宇)主干线缆是入口设施至建筑物配线设备、建筑物配线设备至楼层配线设备、建筑物内楼层配线设备之间相连接的线缆。

(28) 水平线缆(horizontal cable)。水平线缆是楼层配线设备至信息点之间的连接线缆。

(29) CP线缆(CP cable)。CP线缆是集合点(CP)至工作区信息点的连接线缆。

(30) 光纤线缆(optical fibre cable)。光纤线缆(或光缆)是由一个或多个光纤线缆元素组成的线缆。

(31) 混合线缆(hybrid cable)。混合线缆是整体护套内的两种或多种不同类型或类别的线缆单元和/或线缆的组合。组合可包括总体屏蔽层。

(32) 连接(connection)。连接是已配合器件或器件的组合,包括用来将线缆或线缆元素连接到其他线缆、线缆元素或特定应用设备的终接。

(33) 连接硬件(connecting hardware)。连接硬件是用于连接电缆线对和光缆光纤的一个器件或一组器件。

(34) 锁键(keying)。锁键是连接器系统的机械特性,可保证正确的连接方向或防止连接到不兼容插座或光纤适配器。

(35) 配线架(distributor)。配线架为连接线缆的组件集合。

(36) 多用户信息插座(multi-user telecommunications outlet)。多用户信息插座是工作区内若干信息插座模块的组合装置。

(37) 集合点(consolidation point,CP)。集合点是楼层配线设备与工作区信息点之间水平线缆路由中的连接点。

(38) 建筑群(园区)配线设备(campus distributor)。建筑群(园区)配线设备是终接建筑群主干线缆的配线设备。

(39) 建筑物(楼宇)配线设备(配线架)(building distributor)。建筑物(楼宇)配线设备(配线架)是建筑物主干线缆或建筑群主干线缆终接的配线设备。

(40) 楼层配线设备(floor distributor)。楼层配线设备是终接水平线缆和其他布线子系统线缆的配线设备。

(41) 光纤适配器(optical fibre adapter)。光纤适配器是让光纤连接器实现光学连接的器件。

(42) 跳线(patch cord/jumper)。跳线是不带连接器件或带连接器件的电缆线对与带连接器件的光纤,用于配线设备之间的连接。

(43) 快接跳线(patch cord)。快接跳线是用于在配线模块上建立连接所用的、带有连接器的线缆、线缆单元或线缆元素。

（44）压接跳线（jumper）。压接跳线是用于在交叉连接上进行连接的无连接器的线缆、线缆单元或线缆元素。

（45）设备跳线（equipment cord）。设备跳线是连接到设备的跳线。

（46）接插软线（patch cord）。接插软线是一端或两端带有连接器件的软电缆。

（47）满注入（overfilled launch）。满注入是一种受控的发射，用于测试光纤相对于模拟LED发射的角度和位置是满的。

（48）用户接入点（the subscriber access point）。用户接入点是多家电信业务经营者共同接入电信业务的部位，是电信业务经营者和建筑建设方的工程界面。

（49）用户单元（subscriber unit）。用户单元是在建筑物内占有一定的空间，其使用者或使用业务会发生变化的，需要直接与公用电信网互联互通的用户区域。

（50）光纤到用户单元通信设施（fiber to the subscriber unit communication facilities）。光纤到用户单元通信设施是在光纤到用户单元工程中，建筑规划用地红线内的地下通信管道、建筑内的管槽和通信光缆、光配线设备、用户单元信息配线箱及预留的设备间等。

（51）配线光缆（wiring optical cable）。配线光缆是用户接入点至园区或建筑群光缆的汇聚配线设备之间，或用户接入点至建筑规划用地红线范围内与公用通信管道互通的人（手）孔之间的互通光缆。

（52）用户光缆（subscriber optical cable）。用户光缆是连接用户接入点配线设备和建筑物内用户单元信息配线箱的光缆。

（53）户内线缆（indoor cable）。户内线缆是连接用户单元信息配线箱和用户区域内信息插座模块的线缆。

（54）信息配线箱（information distribution box）。信息配线箱是安装在用户单元区域内完成信息互通与通信业务接入的配线箱体。

（55）配线区（distribution area）。配线区是根据建筑物的类型、规模、用户单元的密度，由单栋或若干栋建筑物的用户单元组成的配线区域。

（56）配线管网（distribution pipeline network）。配线管网是由建筑物外线引入管、建筑物内的竖井、管、桥架等组成的管网。

（57）桥架（cable tray）。桥架是梯架、托盘及槽盒的统称。

（58）衰减（attenuation）。衰减是在点间传输中信号功率减少的幅值，用于表示线缆上的总损耗，用输出功率与输入功率之比表示。

（59）耦合衰减（coupling attenuation）。为通过导体传输的功率和被激励共模电流感应与产生的最大辐射峰值功率之比的关系。

（60）插入损耗（insertion loss）。插入损耗是将接插件插入传输系统所产生的损耗，是在插入接插件前传送到该接插件的功率与插入接插件后传送到该接插件的功率之比，插入损耗用分贝表示。

（61）插入损耗偏差（insertion loss deviation）。插入损耗偏差是所测得的该级联组件的插入损耗值与所有的组件插入损耗值之和间的差值。

（62）纵向转换损耗（longitudinal conversion loss）。纵向转换损耗是平衡线对的近端共模注入信号与近端合成的差分信号的对数比，用分贝表示。

(63) 纵向转换传送损耗(longitudinal conversion transfer loss)。纵向转换传送损耗是平衡线对的近端共模注入信号与远端合成的差分信号的对数比,用分贝表示。

2. 缩略语

(1) AACR-F,远端衰减与外部串扰比(attenuation to alien crosstalk ratio at the far-end)

(2) AC,交流电(alternating current)

(3) ACR,衰减与串扰比(attenuation to crosstalk ratio)

(4) ACR-F,远端衰减与串扰比(attenuation to crosstalk ratio at the far-end)

(5) ACR-N,近端衰减与串扰比(attenuation to crosstalk ratio at the near-end)

(6) AFEXT,远端外部串扰损耗[alien far-end crosstalk (loss)]

(7) ANEXT,近端外部串扰损耗[alien near-end crosstalk (loss)]

(8) AO,应用插座(application outlet)

(9) APC,成角度物理接触(angled physical contact)

(10) ATM,异步传输模式(asynchronous transfer mode)

(11) BCT,广播和通信技术,有时称为 HEM [broadcast and communications technologies, sometimes referred to as HEM (home entertainment & multimedia)]

(12) BEF,楼宇入口设施(building entrance facility)

(13) B-ISDN,宽带-ISDN(broadband ISDN)

(14) BO,广播插座(broadcast outlet)

(15) CP,汇集点(consolidation point)

(16) CSMA/CD,带碰撞检测的载波侦听多址访问(carrier sense multiple access with collision detection)

(17) DC,直流电(direct current)

(18) DCE,数据电路终端设备(data circuit terminating equipment)

(19) DTE,数据终端设备(data terminal equipment)

(20) DRL,分布式回波损耗(distributed return loss)

(21) ELFEXT,等电平远端串扰衰减(损耗)(equal level FEXT)

(22) ELTCTL,等电平横向转换传送损耗(equal level TCTL)

(23) EMC,电磁兼容性(electromagnetic compatibility)

(24) EO,设备插座(equipment outlet)

(25) EQP,设备(equipment)

(26) FDDI,光纤分布数据接口(fibre distributed data interface)

(27) FEXT,远端串扰衰减(损耗)(far end crosstalk attenuation (loss))

(28) f.f.s.,待研究(for further study)

(29) FOIRL,光纤中继器间链路(fibre optic inter-repeater link)

(30) IC,集成电路(integrated circuit)

(31) ICT,信息和通信技术(information and communications technology)

(32) IDC,绝缘位移连接(insulation displacement connection)

(33) IEC,国际电工技术委员会(International Electrotechnical Commission)

(34) IL,插入损耗(insertion loss)

(35) ILD,插入损耗偏差(insertion loss deviation)

(36) IPC,绝缘刺穿连接(insulation piercing connection)

(37) ISDN,综合业务数字网(integrated services digital network)

(38) ISO,国际标准化组织(International Organization for Standardization)

(39) IT,信息技术(information technology)

(40) JTC,联合技术委员会(Joint Technical Committee)

(41) LAN,局域网(local area network)

(42) LDP,局部配线点(local distribution point)

(43) LCL,纵向差分转换损耗(longitudinal to differential conversion loss)

(44) LCTL,纵向差分转换传送损耗(longitudinal to differential conversion transfer loss)

(45) Min.,最小(minimum)

(46) MUTO,多用户电信插座(muti-user telecommunication's outlet)

(47) N/A,不适用(not applicable)

(48) NEXT,近端串扰衰减(损耗)[near end crosstalk attenuation (loss)]

(49) OF,光纤(optical fibre)

(50) PC,物理接触(physical contact)

(51) PL,永久链路(permanent link)

(52) PMD,物理层相关媒体(physical layer media dependent)

(53) PS AACR - F,远端外部衰减串扰比功率和(power sum attenuation to alien crosstalk ratio at the far-end)

(54) PS AACR - F Avg,远端外部衰减串扰比平均功率和(average power sum attenuation to alien crosstalk ratio at the far-end)

(55) PS ACR,衰减串扰比功率和(power sum ACR)

(56) PS ACR - F,远端衰减串扰比功率和(power sum attenuation to crosstalk ratio at the far-end)

(57) PS ACR - N,近端衰减串扰比功率和(power sum attenuation to crosstalk ratio at the near-end)

(58) PS AFEXT,远端外部串扰功率和[power sum alien far-end crosstalk (loss)]

(59) PS AFEXT - Norm,标准远端外部串扰功率和(normalized power sum alien far-end crosstalk (loss))

(60) PS ANEXT,近端外部串扰功率和[power sum alien near-end crosstalk (loss)]

(61) PS ANEXT - Avg,近端外部串扰平均功率和[average power sum alien near-end crosstalk (loss)]

(62) PS ELFEXT,等效远端串扰功率和(power sum ELFEXT)

(63) PS FEXT,远端串扰功率和[power sum FEXT (loss)]

(64) PS NEXT,近端串扰功率和[power sum NEXT (loss)]

(65) PVC,聚氯乙烯(polyvinyl chloride)

(66) RL,回波损耗(return loss)

(67) SC,用户连接器(光纤连接器)(subscriber connector (optical fibre connector))

(68) SCP,服务汇集点(service concentration point)

(69) SO,服务插座(service outlet)

(70) TCL,横向转换损耗(transverse conversion loss)

(71) TCTL,横向转换传送损耗(transverse conversion transfer loss)

(72) TE,终端设备(terminal equipment)

(73) TO,电信插座(telecommunication's outlet)

(74) TP‐PMD,双绞线物理层相关媒介(twisted pair physical medium dependent)

2.2.2 数据中心的术语和缩略语

1. 术语

(1) 机房(computer room)。机房是专门用于安放布缆系统及数据存储、数据处理和联网等设备的一个或多个空间。

(2) 机房空间(computer room space)。机房空间是数据中心用于容纳数据处理、数据存储及通信等主要功能设备的区域。

(3) 设备插座(equipment outlet)。设备插座是端接区域配线布缆系统,并为设备跳线提供接口的固定连接装置。

(4) 固定区域配线线缆(fixed zone distribution cable)。固定区域配线线缆是连接区域配线架到设备插座或本地配线点(如果存在)的线缆。

(5) 中间配线线缆(intermediate distribution cable)。中间配线线缆是连接中间配线架到区域配线架的线缆。

(6) 中间配线架(intermediate distributor)。中间配线架是用于在主配线布缆子系统、中间配线布缆子系统、网络接入布缆子系统及在 ISO/IEC 11801‐1:2017 中规定的布缆子系统、有源设备之间建立连接的配线架。

(7) 本地配线点(local distribution point)。本地配线点是在区域配线布缆子系统中区域配线架和设备插座之间的连接点。

(8) 本地配线点线缆(local distribution point cable)。本地配线点线缆是连接本地配线点到设备插座的线缆。

(9) 本地配线点链路(local distribution point link)。本地配线点链路是本地配线点与固定区域配线线缆另一端接口(包括各端的连接硬件)之间的传输路径。

(10) 主配线线缆(main distribution cable)。主配线线缆是连接主配线架到中间或区域配线架的线缆。

(11) 主配线架(main distributor)。主配线架是用于在主配线布缆子系统、网络接入布缆子系统及在 ISO/IEC 11801‐1:2017 中规定的布缆子系统、有源设备之间建立连接的配线架。

(12) 网络接入线缆(network access cable)。网络接入线缆是连接外部网络接口(或在 ISO/IEC 11801‐1 系列标准中的其他配线架)到主配线架、中间配线架或区域配线架的线缆。

(13) 过渡配件(transition assembly)。过渡配件是装配光缆和连接器的配件:一端是系列连接器;另一端是单工或双工连接器。

(14) 区域配线线缆(zone distribution cable)。区域配线线缆是连接区域配线架到设备插座或本地配线点的线缆。

(15) 区域配线架(zone distributor)。区域配线架是用于主配线布缆子系统、中间配线布缆子系统、区域配线布缆子系统、网络接入布缆子系统及在 ISO/IEC 11801 - 1：2017 中规定的布缆子系统、有源设备之间建立连接的配线架。

2. 缩略语

(1) AIM 自动化基础设施管理(automated infrastructure management)

(2) AOC 有源光跳线(active optical cable)

(3) APC 一种斜角式光纤连接器端面类型(angled physical contact)

(4) AUI 连接设备接口(attachment unit interface)

(5) BEF 建筑物入口设施(building entrance facility)

(6) BER 比特出错概率(bit error ratio)

(7) BiDi 一种双向传输的双波长的收发器(bi-directional)

(8) C2M 芯片与机器通信(chip to machine)

(9) CDR 数据时钟回复(clock data recovery)

(10) CFP8 一种光收发器封装形式(centum form factor pluggable 8)

(11) OBO 联盟(consortium for on-board optics)

(12) CS 一种连接器类型

(13) CuC 铜线布缆(copper cabling)

(14) CWDM 稀疏波分复用(coarse wavelength division multiplexing)

(15) DAC 直连铜缆(direct attach cable)

(16) DCI 数据中心互联(data center interconnect)

(17) DSP 数字信号处理(digital signal processing)

(18) DWDM 密集型光波复用(dense wavelength division multiplexing)

(19) EF 环形通量(encircle flux)

(20) EMB 有效模式带宽(effective modal bandwidth)

(21) ENI 外部网络接口(external network interface)

(22) EO 设备插座(equipment outlet)

(23) EQP 设备(equipment)

(24) FEC 前向纠错码(forward error correction)

(25) IEC 国际电工委员会(international electrotechnical commission)

(26) ID 中间配线架(intermediate distributor)

(27) IDC 互联网数据中心(internet data center)

(28) ITU 国际电信同盟(international telecommunications union)

(29) IoT 物联网(internet of things)

(30) LC 一种连接器类型

(31) LDP 本地配线点(local distribution point)

(32) MAC 介质访问控制(media access control)

(33) MD 主配线架(main distributor)

(34) MDC 一种连接器类型

(35) MMF 多模光纤(multi-mode fibre)

(36) MPO/MTP 一种连接器类型(multi-fiber pull off)

(37) MTTFFA 平均失效帧发生时间

(38) MSA 多方协议(multi-source agreement)

(39) NRZ 不归零码(non-return to zero)

(40) OFC 光纤布缆(optical fibre cabling)

(41) PAM-4 四电平脉冲幅度调制(pulse amplitude modulation)

(42) PMD 物理介质关联层接口(physical media dependent)

(43) PHY 物理层(physical)

(44) POD 一种数据中心网络架构(point of duplication)

(45) PUE 电源使用效率(power usage effectiveness)

(46) QSFP 一种四通道小型插拔接头封装形式(quad small form-factor pluggable)

(47) QSFP56 一种四通道小型插拔接头封装形式(quad small form-factor pluggable 56G)

(48) QSFP-DD 一种两倍密度的四通道小型插拔接头封装形式(quad small form-factor pluggable double density)

(49) OSFP 一种八进制小型插拔接头封装形式(octal small form factor pluggable)

(50) OTDR 光时域反射仪(optical time domain reflectometer)

(51) OTN 光传送网(optical transport network)

(52) SAN 存储区域网络(storage area network)

(53) SERDES 串行器／解串器（SERializer/DESerializer）

(54) SFP 一种小型插拔接头封装形式(quad small form-factor pluggable)

(55) SMF 单模光纤(single-mode fibre)

(56) Spine-Leaf 脊-叶架构,一种数据中心网络架构

(57) SWDM 短波复用(shortwave wavelength division multiplexing)

(58) TI 测试接口(test interface)

(59) UPC 一种光纤连接器端面类型(ultra physical contact)

(60) VCSEL 垂直腔面发射激光器(vertical cavity surface emitting laser)

(61) WDM 波复用(wavelength division multiplexing)

(62) ZD 区域配线架(zone distributor)

(63) 外部网络接口(ENI)——ISO/IEC 11801-1：2017 中没有定义；

(64) 网络接入线缆——ISO/IEC 11801-1：2017 中没有定义；

(65) 主配线架(MD)——等同于 ISO/IEC 11801-1：2017 中配线架 3；

(66) 主配线线缆——等同于 ISO/IEC 11801-1：2017 中子系统线缆 3；

(67) 中间配线架(ID)——等同于 ISO/IEC 11801-1：2017 中配线架 2；

(68) 中间配线线缆——等同于 ISO/IEC 11801-1：2017 中子系统线缆 2；

(69) 区域配线架(ZD)——等同于 ISO/IEC 11801-1：2017 中配线架 1；

(70) 区域配线线缆——等同于 ISO/IEC 11801-1：2017 中子系统线缆 1；

（71）本地配线点（LDP）——等同于 ISO/IEC 11801-1：2017 中聚合点；

（72）本地配线点线缆（LDP 线缆）——等同于 ISO/IEC 11801-1：2017 中 Y 线缆；

（73）设备插座（EO）——等同于 ISO/IEC 11801-1：2017 中 TE 插座。

2.2.3　国内相关资料中的数据中心术语和缩略语

1. 术语

（1）数据中心（data center）。数据中心是一个建筑群、建筑物或建筑物中的一个部分，主要用于设置计算机机房及其支持空间。

（2）进线间（entrance room）。进线间是外部线缆引入和电信业务经营者安装通信设施的空间

（3）次进线间（secondary entrance room）。次进线间是作为主进线间的扩充与备份，要求电信业务经营者的外部线路从不同的路由和入口进入次进线间，当主进线间的空间不够用或计算机机房需要设置独立的进线空间时可增加次进线间。

（4）计算机机房（computer room）。计算机机房是用于电子信息处理、存储、交换和传输设备的安装、运行及维护的建筑空间。

（5）支持空间（support room）。支持空间是计算机机房的外部专用放置支持数据中心运行设施的空间和工作空间。

（6）主干交叉连接（main cross-connect）。主干交叉连接是入口线缆与主干线缆之间的交叉连接。

（7）水平交叉连接（horizontal cross-connect）。水平交叉连接是水平线缆与其他线缆之间的交叉连接，如主干线缆、设备线缆。

（8）中间交叉连接（intermediate cross-connect）。中间交叉连接是在第一级和第二级主干线缆之间的交叉连接。

（9）主配线区（main distribution area）。主配线区是在计算机机房内设置主干交叉连接的空间。

（10）水平配线区（horizontal distribution area）。水平配线区是在计算机机房内设置水平交叉连接的空间。

（11）中间配线区（intermediate distribution area）。中间配线区是在计算机机房内设置中间交叉连接的空间。

（12）设备配线区（equipment distribution area）。设备配线区是计算机机房内设备机架或机柜占用的空间。

（13）区域配线区（zone distribution area）。区域配线区是计算机机房内设置区域插座或集合点的空间。

（14）电信间（telecommunications room）。电信间是数据中心内支持计算机机房并在计算机机房以外的布线空间，包括行政管理区、辅助区及支持区。

（15）行政管理区（administrative district）。行政管理区是用于办公、卫生等目的的场所。

（16）辅助区（auxiliary area）。辅助区是用于电子信息设备及软件的安装、调试、维护、运行监控和管理的场所。

（17）支持区（support area）。支持区是支持并保障完成信息处理过程及必要的技术作

业场所。

（18）机柜（cabinet）。机柜是配线设备、仪器设备进行线缆终接和引入的容器装置。

（19）设备软线（equipment cord）。设备软线是设备与设备引出插座之间的连线。

（20）机架（frame）。机架是装有配线与网络设备，引入线路进行线缆终接的开放式框架装置。

（21）预连接系统（pre-terminated system）。预连接系统是由工厂预先定制固定长度的光缆或对绞电缆连接系统，包含多芯/根线缆、多个模块化插座/插头或单个多芯数接头。

（22）设备软线（equipment cord）。设备软线是设备与设备引出插座之间的连线。

（23）背向散射（backscatter）。背向散射是由于玻璃的构造，沿着光信号前进的反方向回到光源的一部分光信号。

（24）光时域反射仪（optical time domain reflectometer，OTDR）。光时域反射仪是进行光纤系统测量的仪器。利用基于空分复用的并行光学，将相关传输的信元分为不同空间，在两个以上的光纤通路同时传输信息。

（25）带宽（bandwidth）。带宽是光纤在指定的波长内的用于衡量光纤承载信息的能力（测量单位为 MHz·km）。带宽越高，光纤的性能越好（注：多模光纤通常使用规定的标准化模式带宽）。对于对绞电缆而言，带宽是指电缆的每一对线承载信息量的能力，用 Hz 衡量。

（26）光纤通道（fiber channel）。光纤通道是网络系统设计的接口技术，利用专用设备进行数据高速传输的一种网络标准，目前主要应用在服务器至存储设备的光纤通道。

（27）级别（level）。定义光纤通道运行的模型，包含 5 个级别，用来体现物理介质、编码方案、帧结构构成及服务映射的不同。

（28）缓冲层（fiber buffer）。缓冲层是一种包裹在涂覆光纤上用于保护光纤的材料（紧包层），是在着色光纤包裹的挤塑形成的套管上用来隔离光缆中的加强部件（缓冲套管）。

2. 缩略语

主配线区	MDA
中间配线区	IDA
水平配线区	HDA
设备配线区	EDA
区域配线区	ZDA
主交叉连接	MC
中间交叉连接	IC
水平交叉连接	HC
键盘鼠标显示	KVM
光纤通道协议（fibre channel）	FC
电信传输单位：分贝	dB
取 1 mW 作为基准值，以分贝表示的绝对功率电平	dBm
系统接入点（point of presence）	PoP

（续表）

光纤测试程序,在 TIA 中定义	FOTP
发光二极管(light-emitting diode)	LED
激光优化多模光纤	LOMMF
移动、增减和改变,通常与数据中心关联	MACs
满注入发射(over filled launch)	OFL
光时域反射仪(optical time domain reflectometer)	OTDR
850 nm 波长的带宽被优化支持超过 1 Gb/s 运行的激光优化 50/125 μm 多模光纤	LOMMF
可视故障定位器,二类可视红光激光器,波长通常为 630～670 nm,用于检查短链路,如尾纤和跳线断裂等	VFL
异步传输模式,数字传输交换格式的一种网络通信协议标准,一种面向连接的技术和支持语音,是数据和视频等宽带综合业务网的通信技术	ATM
基于以太网传输的广光纤通道,是在服务器将光纤通道帧打包封装在以太网帧中的传输方式	FCoE
受限模式带宽,多模光纤激光带宽的一种测试方法,定义在 TIA - 455 - 204(FOTP - 204)中,被用于模拟 1 GbE 系统的发射特性	RML 带宽
垂直腔面发射激光器(vertical cavity surface emitting laser)	VCSEL
可视故障定位器(visual fault locator)	VFL
有效模式带宽(effective modal bandwidth)	EMB
融合增强型以太网(converged enhanced ethernet)	CEE
带宽(bandwidth)	BW
差分模式时延(differential modal delay)	DMD
扣压式镀锌薄壁电线管	KBG
紧定式镀锌薄壁电线管	JDG
电源分配器	PUD
接地主干导线	TBB
局部等电位连接端子板	TGB
总等电位连接端子板	TMGB
共用等电位接地网络	MCBN

2.3　数据中心综合布线系统的设计

2.3.1　数据中心的规划

1. 数据中心综合布线系统的构成

目前,数据中心综合布线系统可以参照的通用标准主要有国家标准 GB 50174、国家标准 GB/T 18233.5、国际标准 ISO/IEC 11801 - 5 2017、欧洲标准 EN 50173.5/1—2007 及美国标准 TIA 942—2005。

国外标准对数据中心综合布线系统构成部分的命名和拓扑结构在内容上略有差异,在原则上是一致的。其中,欧洲标准 EN 50173.5/1—2007 和国际标准 ISO/IEC 11801 - 5 2017 的名词术语完全一致;国标 GB/T 18233.5 的内容是国际标准 ISO/IEC 11801 - 5 2017 的等同引用。除了上面列出的标准,数据中心非机房部分综合布线系统的架构可参照国家标准 GB 50311 和 GB 50312 中的技术规定。

表 2 - 4 列出在各标准中构成数据中心综合布线系统的名称对应关系。表中的内容可以用来理解拓扑结构图。

表 2 - 4　在各标准中构成数据中心综合布线系统的名称对应关系

TIA 北美标准	ISO/IEC 国际标准(EN 欧标)
跳线	跳线
设备线缆	设备跳线
主干线缆(入口设施- MC)	网络接入线缆(ENI - MD)
主干线缆(MC - IC)	主干线缆(MD - ID)
主干线缆(IC - HC)	中间配线线缆(ID - ZD)
水平线缆(HC - CP)	区域配线线缆(ZD - LDP)
CP 线缆(CP - EO)	本地配线点线缆(LDP - EO)
水平配线区(HDA)	区域配线布缆子系统
中间配线区(IDA)	中间配线布缆子系统
主配线区(MDA)	主配线布缆子系统
	网络接入布缆子系统
设备配线区(EDA)	设备插座(EO)
集合点(CP)	本地配线点(LDP)
水平配线架(HC)	区域配线架(ZD)
中间配线架(IC)	中间线架(ID)
主干配线架(MC)	主配线架(MD)
进线室入口设施	外部网络接口(ENI)

数据中心综合布线系统包括机房综合布线系统和支持空间综合布线系统。

在 ISO 11801 - 5 标准中,机房综合布线系统的构成如图 2 - 1 所示。

数据中心机房综合布线系统包括区域配线布缆子系统、中间配线布缆子系统、主配线布缆子系统及网络接入布缆子系统四个子系统。在图 2 - 1 中,设备跳线不属于子系统范畴;ISO/IEC 11801 其他部分的配线架是指非生产配线架(生产配线架主要为交换机、服务器、存储器的服务使用),一般设置在机房外的场地。

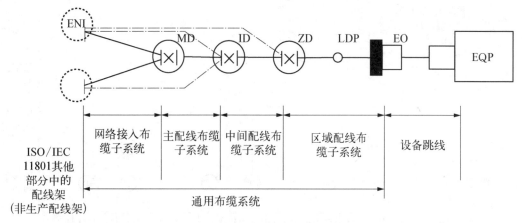

图 2-1 机房综合布线系统的构成

在图 2-1 中,MD、ID、ZD、LDP 配线设备安装在数据中心内永久固定的位置,ENI 可以设置在进线间,各配线子系统配线架之间的线缆可以直接通过模块或应用设备采用交叉或互连的方式相连接,外部网络接口(ENI)和设备插座(EO)与应用设备之间只采用互连的方式相连接。

各布缆子系统包括的内容如下:

(1) 网络接入布缆子系统是从 MD 或 ID 或 ZD 延伸到 ENI 或楼宇及非生产使用的配线设备这一部分,包括网络接入线缆 ENI 处及 MD、ID、ZD 或其他楼宇配线架相连接的配线模块。

(2) 主配线布缆子系统是从 MD 延伸到与它连接的 ID 或 ZD 这一部分,包括主配线线缆、主配线线缆与 MD、ID 相连接的配线模块及 ID 处的跳线(快接和/或压接跳线)。

(3) 中间配线布缆子系统是从 ID 延伸到与它连接的 ZD 这一部分,包括中间配线线缆、中间配线线缆与 ID、ZD 相连接的配线模块及 MD 处的跳线(快接和/或压接跳线)。

(4) 区域配线布缆子系统是从 ZD 延伸到与它连接的 EO 这一部分,包括区域配线线缆、LDP 线缆(可选)、区域配线线缆与 ZD 相连接的配线模块及 ZD 处的跳线(快接和/或压接跳线)、设备插座 EO 及本地配线点 LDP(可选)。

区域配线线缆的路由除已设置本地配线点,否则,从 ZD 到 EO 应是连续无节点的路由。

在 ISO/IEC 11801 标准中,数据中心通用布缆采用分层星形拓扑架构,如图 2-2 所示。

在图 2-2 中,数据中心同级配线架之间可以直接相通,虽然不同的配线架可以进行功能组合,但至少设置一个主配线架 MD。

根据数据中心业务关键性的不同,标准建议应在设计时考虑通用布缆系统的冗余性,通过增加额外的配线区、通道路由、冗余线缆可以有效减少由布线路由、火灾、外部网络中断所引起的单点故障。通用布缆系统的冗余路由架构如图 2-3 所示。

在图 2-3 中,为了提高数据中心的恢复能力,需要对入口设施(建筑物外部网络线缆引入建筑物内终端的配线设施)、ENI、MD/ID/ZD 配线架、配线架之间的连接线缆、配线架之间的互通路由进行冗余设置和物理隔离。

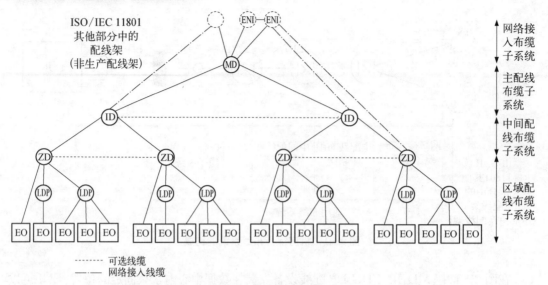

图 2-2 ISO/IEC 数据中心通用布缆的分层星形拓扑架构

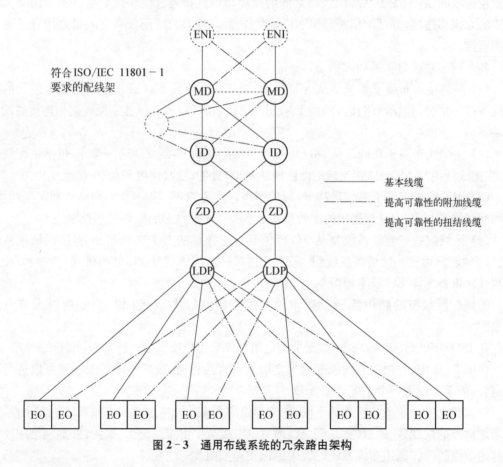

图 2-3 通用布线系统的冗余路由架构

2. 数据中心综合布线系统组成的作用

为了帮助读者理解,下面将从工程的实施情况和技术要点出发,以 ISO/IEC 11801 为主,结合 TIA 942 标准中所描述的内容,来介绍数据中心综合布线系统组成的作用。

1) 机房内的综合布线系统

(1) 主配线区。

主配线区可安装交叉连接的主配线架设备(MD),也就是数据中心综合布线系统的中心配线点。当设备区中的设备直接连接到主配线区[包括交叉连接区域配线架(ZD)的配线设备]时,可以在数据中心网络核心路由器和交换机、存储区网络交换设备和 PBX 设备的支持下,为数据中心内部设置的一个或多个不同地点的中间配线区、水平配线区或设备配线区及外部的各个电信间提供服务,并为办公区域、操作中心及其他一些外部支持区域提供服务和支持。有时,接入电信业务经营者的通信设备(如通信的传输设施)也被放置在主配线区,可避免超出规定的线缆传输距离,或考虑数据中心综合布线系统及通信设备可直接与安装于进线间电信业务经营者的通信业务接入设施实现互通。主配线区位于计算机机房内部。为提高安全性,也可以将主配线区设置在计算机机房内的一个专属空间内。每一个数据中心应该至少有一个主配线区。

(2) 中间配线区。

可选的中间配线区用于支持交叉连接的中间配线架设备(ID),常见于横跨多个建筑物、多个楼层或多个机房的大型数据中心。每个房间、每个楼层甚至每幢建筑物可以有一个或多个中间配线区,可为一个或多个水平配线区和设备配线区及计算机机房以外的电信间提供服务。作为第二级主干,交叉连接的配线设备位于主配线区和水平配线区之间。

中间配线区可包含有源设备。

(3) 水平配线区。

水平配线区可为不直接连接主配线区的区域配线架设备(ZD)提供服务,主要包括配线设备、为终端设备服务的局域网交换机、存储区域网络交换机及 KVM 交换机。小型的数据中心可以不设置水平配线区,而由主配线区来支持。一个数据中心可以有设置于各个楼层的计算机机房,每一层至少含有一个水平配线区,如果设备配线区的设备水平配线距离超过水平线缆长度限制的要求,可以设置多个水平配线区。

水平配线区给位于设备配线区的终端设备提供网络连接,连接数量取决于连接设备的端口数量和线槽通道的空间容量,设计时应该为日后的发展预留空间。

(4) 区域配线区。

为了获得在水平配线区与终端设备之间更高的配置灵活性,大型计算机机房的水平布线系统可以包含一个可选择的对接点,称为区域配线区的本地配线点(LDP)。区域配线区位于设备经常移动或变化的区域,可以通过 LDP 点的配线设施完成线缆的连接,也可以设置区域插座连接多个相邻区域的设备。区域配线区的 LDP 点不能使用交叉连接的方式,在同一个水平线缆布放的路由中不得超过一个 LDP 点。区域配线区中不可使用有源设备。

(5) 设备配线区。

设备配线区是分配给安装终端设备的空间。这些终端设备包含各类服务器、存储设备及小、中、大型计算机和相关的外围设备等。设备配线区的水平线缆终接在固定于机柜或机架的连接硬件设备插座上。每个设备配线区的机柜需要设置足够数量的电源插座和设备插座,使设备线缆和电源线的长度减少至最短距离。

2) 支持空间的综合布线系统

数据中心支持空间(计算机机房外)的综合布线系统包含进线间、电信间、行政管理区、辅助区及支持区。进线间可设置与外部配线网络相连接的入口设施；电信间则配置满足水平线缆连接的楼层配线模块(FD)；FD处可采用交叉或互连的方式完成设备之间的互通。

（1）进线间。

进线间是数据中心综合布线系统与外部配线和公用网络之间的接口和互通交接场地，主要用于电信线缆的接入及电信业务经营者通信设备和数据中心自身所需数据通信接入设备或入口设施的放置。这些用于分界的连接硬件设施在进线间内经过通信线缆交叉转接，再接入数据中心内。进线间可以设置在计算机机房内部或机房外部的永久性空间位置。

进线间应满足多家接入电信业务经营者的需要。

基于安全的目的，进线间最好设置在机房之外。根据冗余级别或层次要求的不同，进线间可设置多个，在数据中心面积非常大的情况下，次进线间就显得非常必要，可使得进线间尽量与机房设备靠近，从而满足设备之间连接线缆的长度不超过线路最大传输距离的要求。

如果数据中心只占一幢建筑物中的若干区域，则建筑物的进线间、数据中心的主进线间及可选的次进线间的互通关系如图2-4所示。若建筑物只有一处外线进口，则数据中心主进线间的进线也可经由建筑物进线间引入。

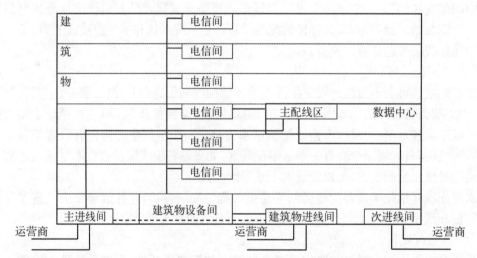

图2-4 进线间、数据中心的主进线间及次进线间的互通关系

（2）电信间。

电信间是数据中心支持计算机机房以外的布线空间，包括行政管理区、辅助区及支持区。电信间用于安置为数据中心正常运行和操作、维护、提供本地数据、视频、弱电、物联和语音通信服务的各种设备，一般位于计算机机房的外部。如果需要，也可以与主配线区或水平配线区合并。

虽然电信间与建筑物电信间的功能相同，但服务对象不同。建筑物电信间的主要服务对象是楼层的配线设施。

（3）行政管理区。

行政管理区是办公、卫生等的公用场所，包括工作人员的办公室、门厅、值班室、盥洗室及更衣间等，可根据服务人员工位的数量设置数据和语音信息点。

（4）辅助区。

辅助区是用于电子信息设备和软件的安装、调试、维护、运行监控和管理的场所,包括测试机房、监控中心、备件库、打印室、维修室、装卸室及用户工作室等区域。辅助区可根据工位的数量和设备的应用需要设置数据和语音信息点,并且通过水平线缆连至电信间。

（5）支持区。

支持区是支持并保障完成信息处理过程和必要的技术作业场所,包括变配电室、柴油发电机房、UPS室、电池室、空调机房、动力站房、消防设施用房、消防及安防控制室等。

支持区可以整个空间和安装场地的设备机柜(架)或单个设备(台)或控制模块为单位,设置相应的数据和语音信息点,并且通过水平线缆连至电信间。

3. 数据中心综合布线系统的构成范例

数据中心的规模取决于业务的开放、网络的架构、设备的容量及计算机机房的布局和面积,可以包含若干或全部数据中心综合布线系统的各个子系统。数据中心的规模和构成模式不一定是固定的搭配方式,可以采用多种模式共存的混合模式。

1）小型数据中心综合布线系统的构成

小型数据中心的综合布线系统往往省略主干子系统,所有的网络设备均位于主配线区域,水平交叉连接点都集中在一个或几个主配线区域的机架或机柜中。机房外部支持空间和电信接入网络之间的交叉连接也可以集中在主配线区域,能大大简化综合布线系统的拓扑结构,如图 2-5 所示。

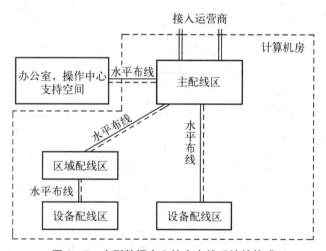

图 2-5　小型数据中心综合布线系统的构成

2）中型数据中心综合布线系统的构成

中型数据中心的综合布线系统一般由一个进线间、电信间、主配线区及多个水平配线区组成,占一个房间或一个楼层,在水平配线区和设备配线区之间可以设置区域配线区,如图 2-6所示。

3）大型数据中心综合布线系统的构成

大型数据中心的综合布线系统占多个楼层或多个房间,需要在每个楼层或每个房间中设置中间配线区作为网络的汇聚中心,有多个电信间用于连接独立的办公和支持空间,如图 2-7所示。超大型数据中心的综合布线系统需要增设次进线间,线缆可直接连至中间配

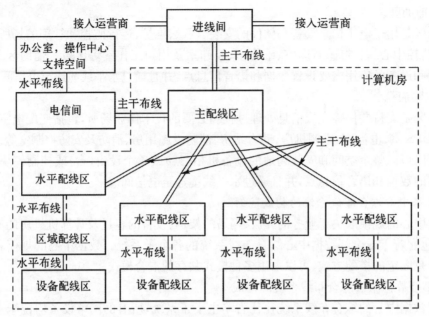

图 2-6　中型数据中心综合布线系统的构成

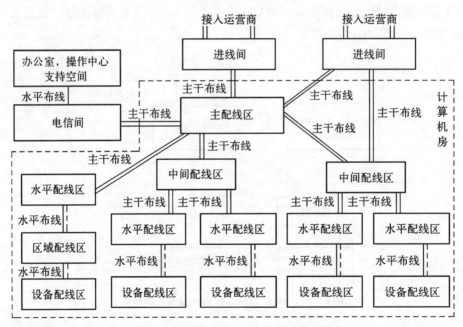

图 2-7　大型数据中心综合布线系统的构成

线区或水平配线区以解决线路的超长问题。

　　数据中心的效率依赖优化的设计。其优化的方向涉及建筑、机械、电气及通信等各个方面,并直接影响初期的空间、设备、人员、供水及能耗是否能合理使用,更重要的是会影响运营阶段节能和增效的成果。

　　4. 数据中心综合布线系统的规划要点

　　数据中心综合布线系统设计的目的是实现系统的模块化架构,做到简单灵活、可操作、实用,并使设施适应公用通信网业务发展的需求。经验表明,数据中心综合布线系统是否具有足够的扩充空间对后期附加设备和服务设施的安装至关重要。现有技术应用的提升,数据中心综合布线系统可通过简单的"即插即用"连接添加或更改配线设备,减少宕机时间和人工成本,并充分做到冗余的设计。

1) 规划步骤

在规划和设计数据中心时,设计者应对整体有一个了解,需要较早和全面地考虑综合布线系统与建筑物之间的关联作用,以及机房综合布线系统与所关联的建筑类型、电气强/弱电综合管路规划、楼宇布线架构、机房设备平面布置、供暖通风及空调方式、环境安全、消防措施、照明方式等之间的关系。

数据中心综合布线系统的规划思路如下:

(1) 确定机房的级别,明确不同级别的信息机房功能需求、设备配置原则及用户的特殊需求。

(2) 评估设备长期工作时的机房环境温/湿度及设备的冷却方式要求,并考虑目前和预估将来的空调实施方案。

(3) 提出对场地房屋净高、楼板荷载、环境温/湿度及有关建筑的结构、机电设备的安装、安全、消防、电气(如电源、接地、漏电保护)、照明、环境的电磁干扰、装修等方面的要求,针对操作中心、装卸区、储藏区、中转区及其他区域提出相关设备安装工艺的基本要求。

(4) 结合建筑土建工程建设给出数据中心综合布线系统各功能区的初步规划。

(5) 提供建筑平面图,包括进线间、电信间、主配线区、水平配线区、设备配线区及主要布线通道的所在位置和所占面积。

(6) 为相关专业的设计人员提供近、远期的计划供电方式、种类及功耗。

(7) 将配线和网络设备机柜、供电设备和线缆管槽的安装位置及要求体现在数据中心综合布线系统的平面图中,并考虑冷/热通道的设置。

(8) 结合网络交换机、服务器、存储设备、KVM设备等之间的拓扑关系,传输带宽、端口容量及线缆长度,机柜等设备的功能确定数据中心综合布线系统的等级、冗余备份及防火阻燃等级,制订机房综合布线系统的整体方案。

(9) 确定生产业务综合布线系统和非生产业务综合布线系统包含的配线架及其安装位置。

2) 信道和链路

数据中心综合布线系统的重点是需要考虑信道的组成、链路连接点的数量及线缆的长度。这将直接影响综合布线系统的相关传输性能,如衰耗、回损、时延及不平衡电阻的产生等。

(1) 信道。信道是指数据中心交换机、服务器及存储器等设备之间的传输路径。典型的数据中心信道包括区域配线布缆子系统的线缆、配线架模块及其各端的设备跳线(设备线缆)。为支持更远的服务,信道可由两个或两个以上的子系统配线架组成(包括快接跳线和设备跳线),如图2-8(a)所示。信道可以采用网络接入布缆、主配线布缆、中间配线布缆、区域配线布缆四个子系统的任意组合。

主配线布缆MD或中间配线布缆ID处的设备可通过两个信道与EO处的设备相连,如图2-8(b)所示。主配线布缆或中间配线布缆形成一个光纤布缆信道。区域配线布缆则组成一个平衡布缆信道。平衡布缆信道和光纤信道两端各有一个接口。整个信道共有4个接口。光电中间通过设备转接与互通。

Ⅰ级和Ⅱ级信道最多有两个连接口,并且要与EO互通。

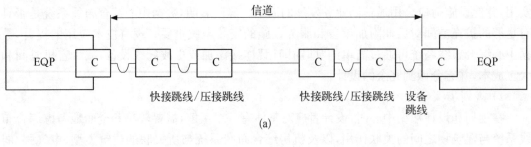

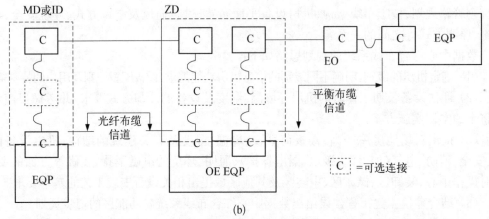

图 2-8 信道组合

(a) 4 连接信道示例；(b) 布缆接口位置系统示例

（2）永久链路。永久链路是已安装布缆子系统的传输路径，包括与已安装线缆端口相连接的硬件。在数据中心区域配线布缆子系统中，永久链路由 EO、可选的 LDP 线缆、可选的 LDP 点、区域配线线缆及区域配线架组成。

平衡电缆链路可以用两条或更多条的链路形成一个信道，如图 2-9 所示。

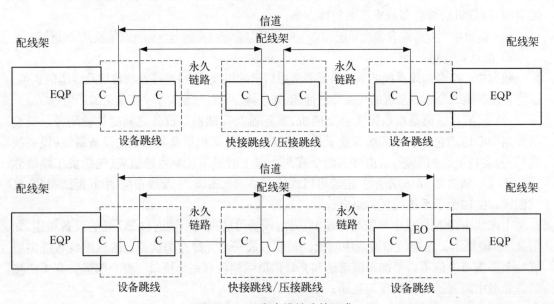

图 2-9 平衡电缆链路的组成

3）平衡电缆布线器件

平衡电缆布线器件选用的等级如表 2-5 所示。

表 2-5　平衡电缆布线器件选用的等级

电缆布线器件等级	性　　能
5	D
6	E
6A 或 8.1	E_A
7	F
7A 或 8.2	F_A
8.1	为互连的 EO 提供 I 类平衡电缆性能,并且只能够向下兼容,不支持 F/F_A/II 类平衡电缆性能的应用
8.2	为互连的 EO 提供 II 类平衡电缆的性能

采用交叉或互连方式时区域配线架 ZD 与设备之间的线缆模型如图 2-10 所示。

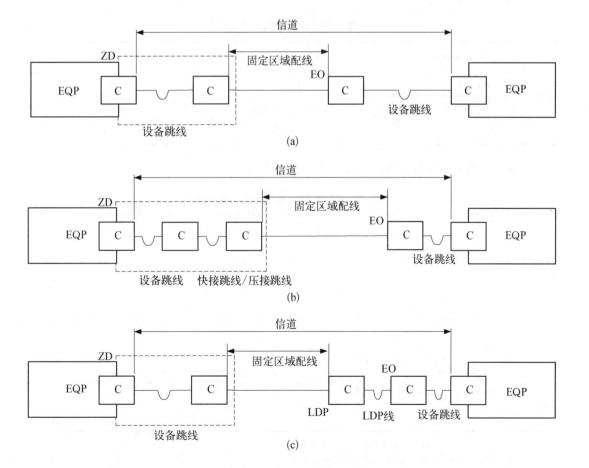

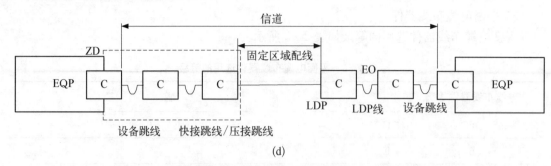

(d)

图 2 - 10 区域配线架 ZD 与设备采用交叉或互连方式时的线缆组成

(a) 互连 EO 模型；(b) 交叉连接 EO 模型；(c) 互连 - LDP - EO 模型；(d) 交叉连接 - LDP - EO 模型

如图 2 - 10(a)(b)所示,在没有设置 LDP 点时,区域配线架 ZD 采用交叉或互连方式时的线缆组成和连接关系;图 2 - 10(c)(d)为存在 LDP 点时,区域配线架 ZD 采用交叉或互连方式时的线缆组成和连接关系。

区域配线子系统各段线缆的具体长度如下：

(1) 信道线缆的长度如表 2 - 6 所示。

在表 2 - 6 中,E_A 级、F 级和 F_A 级固定区域配线线缆的物理长度不应超过 90 m,与 LDP 线缆有关。

表 2 - 6 信道线缆的长度

线缆的等级	类 型	长度/m
E_A/F/F_A	信 道	100
E_A/F/F_A	区域配线线缆	90
Ⅰ/Ⅱ	信 道	30

(2) E_A - F_A 级平衡电缆的假定长度如表 2 - 7 所示。

表 2 - 7 E_A - F_A 级平衡电缆的假定长度

项 目	长度/m	
	最小值	最大值
ZD - LDP	15	85
LDP - EO	5	—
ZD - EO(没有 LDP)	15	90
EO 处的设备跳线	2[1]	5
快接跳线	2	—
ZD 处的设备跳线	2[2]	5
所有跳线	—	10

注：(1) 如果没有 LDP,则设备跳线的最小长度为 1 m。
(2) 如果没有交叉连接,则设备跳线的最小长度为 1 m。

（3）Ⅰ类-Ⅱ级平衡电缆的假定长度如表2-8所示。

表2-8 Ⅰ类-Ⅱ级平衡布缆的假定长度

项　　目	长度/m	
	最小值	最大值
ZD-EO	5	26
EO处的设备跳线	1	2
ZD处的设备跳线	1	2
所有跳线	—	4

（4）信道长度的计算公式如表2-9所示。

表2-9 信道长度的计算公式

连接模型	参照图号	公　　式		
		E_A级	F级和F_A级	Ⅰ级和Ⅱ级
互连-EO	图2-10(a)	$l_z = 104 - l_aX$	$l_z = 105 - l_aX$	$l_z = 32 - l_aX$
交叉连接-EO	图2-10(b)	$l_z = 103 - l_aX$	$l_z = 103 - l_aX$	—
互连-LDP-EO	图2-10(c)	$l_z = 103 - l_aX - l_lY$	$l_z = 103 - l_aX - l_lY$	
交叉连接-LDP-EO	图2-10(d)	$l_z = 102 - l_aX - l_lY$	$l_z = 102 - l_aX - l_lY$	

当工作温度大于20℃时，对于屏蔽线缆，l_z应减少0.2%/℃；对于非屏蔽线，l_z应减少0.4%/℃（20～40℃）和减少0.6%/℃（40～60℃）。

注：l_z为固定区域配线线缆的最大长度(m)；l_a为快接跳线、压接跳线及设备跳线的长度(m)；l_l为LDP线缆的长度；X为设备跳线和快接跳线/压接跳线的插入损耗(db/m)与区域配线电缆的插入损耗(db/m)之比；Y为LDP电缆的插入损耗(db/m)与区域配线电缆的插入损耗(db/m)之比

4）配线架之间的布缆

（1）平衡电缆布线器件选用的等级如表2-5所示。

（2）配线架(MD/ID/ZD)之间线缆的组成。

在MD、ID和ZD处，网络设备连接到配线架之间的布缆同样可采用互连或交叉或互连的连接方式，包括配线架模块及模块与设备之间的连接快接跳线或设备跳线。压接跳线（电缆直接卡接在模块端子）可以代替快接跳线（电缆端接连接器的线缆）用作连接跳线。

图2-11、图2-12代表了主干配线信道的全部配置组成。在图2-11中，E_A和F_A级配

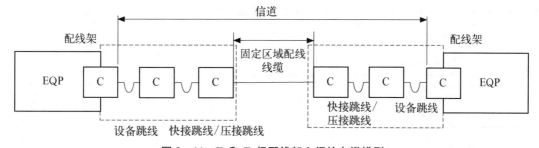

图2-11 E_A和F_A级配线架之间的布缆模型

线系统的配线架与线缆和设备之间采用交叉的布缆模型。在图 2-12 中,I 级和 II 级配线架
处采用互连的布缆模型。

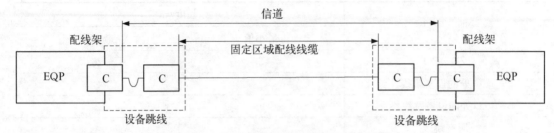

图 2-12 I 级和 II 级配线架之间的布缆模型

(3) 配线架之间线缆的长度。

(a) 信道和链路物理的长度。信道线缆的长度如表 2-6 所示。

(b) $E_A \sim F_A$ 级平衡电缆配线架之间布缆的假定长度如表 2-10 所示。

表 2-10 $E_A \sim F_A$ 级平衡电缆配线架之间布缆的假定长度

项　　目	长度/m	
	最小值	最大值
MD-ID 或 ZD	15	90
MD 处的设备跳线	2[1]	5
ID 处的设备跳线	2[2]	5
快接跳线	2	—
所有跳线	—	10

注: (1) 如果 MD 处不采用交叉连接时,MD 处的设备跳线最小长度是 1 m。
　　(2) 如果 ID 处不采用交叉连接时,ID 处的设备跳线最小长度是 1 m。

(c) I 类、II 级平衡电缆配线架之间布缆的假定长度如表 2-11 所示。

表 2-11 I 类、II 级平衡电缆配线架之间布缆的假定长度

项　　目	长度/m	
	最小值	最大值
ZD-EO	5	26
EO 处的设备跳线	1	2
ZD 处的设备跳线	1	2
所有跳线	—	4

(d) 配线架之间线缆长度的计算公式如表 2-12 所示。

表 2-12 配线架间线缆长度的计算公式

连 接 模 型	公 式		
	E_A 级	F 级和 F_A 级	Ⅰ级和Ⅱ级
互连-互连	$l_m = 104 - l_a X$	$l_m = 105 - l_a X$	$l_m = 32 - l_a X$
互连-交叉连接	$l_m = 103 - l_a X$	$l_m = 103 - l_a X$	—
交叉连接-交叉连接	$l_m = 102 - l_a X$	$l_m = 102 - l_a X$	—

当工作温度大于 20℃时,对于屏蔽线缆,l_m 应减少 0.2%/℃;对于非屏蔽线,l_m 应减少 0.4%/℃(在 20~40℃范围时)和 0.6%/℃(在 40~60℃范围时)

注:(1) l_m 为固定配线线缆的最大长度(m);
(2) l_a 为快接跳线、压接跳线及设备跳线的组合长度(m);
(3) X 为设备跳线和快接跳线/压接跳线的插入损耗(db/m)与固定区域配线插入损耗(db/m)之比。

5) 网络接入布缆

(1) 平衡电缆布线器件选用的等级如表 2-5 所示。

(2) 网络接入布缆模型。

在如图 2-13 所示的模型中,图(b)表示 MD 或 ID 和符合非机房楼宇配线架之间网络接入布缆信道最差的参数配置。图(a)中 ENI 和 MD、ID 或 ZD 之间的信道包括 ENI 的互连,即快接跳线和设备跳线。压接跳线可以代替快接跳线用作连接跳线。

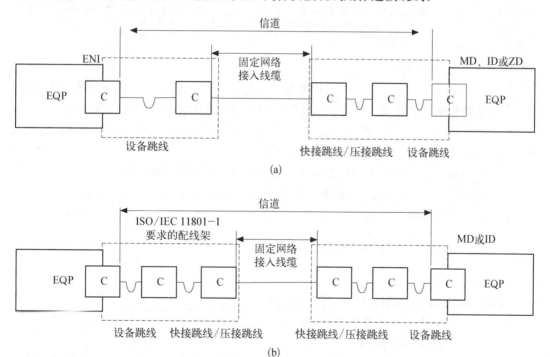

图 2-13 网络接入布缆模型

(a) 从 ENI 到 MD、ID 或 ZD 的网络接入布缆;(b) 非机房配线架到 MD 或 ID 的网络接入布缆

当与 ENI 相连的 EQP 位于数据中心所在建筑群的外部时,互连跳线功能通常由固定布缆和跳线组合提供,不在图 2-13 范围内。在这种情况下,与 EQP 的连接可能无法提供一

个测试的接口 TI。

（3）网络接入布缆线缆的长度。

（a）信道和链路物理长度。信道线缆的长度如表 2-6 所示。

（b）网络接入布缆信道长度的计算公式如表 2-13 所示。

表 2-13　网络接入布缆信道长度的计算公式

组件类别	布线系统等级与计算公式							
	A级	B级	C级	D级	E级	E$_A$级	F级	F$_A$级
5	2000	$l_n = 250 - l_a X$	$l_n = 170 - l_a X$	$l_n = 105 - l_a X$	—			
6	2000	$l_n = 260 - l_a X$	$l_n = 185 - l_a X$	$l_n = 111 - l_a X$	$l_n = 102 - l_a X$			
6A 或 8.1	2000	$l_n = 260 - l_a X$	$l_n = 185 - l_a X$	$l_n = 111 - l_a X$	$l_n = 102 - l_a X$	$l_n = 102 - l_a X$		
7	2000	$l_n = 260 - l_a X$	$l_n = 190 - l_a X$	$l_n = 115 - l_a X$	$l_n = 104 - l_a X$	$l_n = 104 - l_a X$	$l_n = 102 - l_a X$	
7A 或 8.2	2000	$l_n = 260 - l_a X$	$l_n = 190 - l_a X$	$l_n = 115 - l_a X$	$l_n = 104 - l_a X$	$l_n = 104 - l_a X$	$l_n = 102 - l_a X$	$l_n = 102 - l_a X$

注：l_n 为固定区域主干线缆的长度（m）；l_a 为快接跳线、压接跳线及设备跳线的组合长度（m）；X 为跳线插入损耗（db/m）与固定网络接入线缆插入损耗（db/m）之比。当公式计算信道超过 100 m，由于传播时延的限制，应用将受限。

说明：（1）当信道包含的连接点数与表 2-13 所示不同时，线缆敷设的长度应减少或增加。减少或增加线缆长度的原则如下：对于 5 类电缆，按每个连接点对应的长度 2 m 计；对于 6 类、6A 类和 7 类电缆，按每个连接点对应长度为 1 m 计。

（2）当变化长度以后，宜对 NEXT、RL 和 ACR-F 指标予以验证。若为 5 类和 6 类组件，当工作温度大于 20℃时，屏蔽线缆的 l_n 宜减少 0.2%/℃；非屏蔽线的 l_n 宜减少 0.4%/℃（20～40℃）和 0.6%/℃（40～60℃）。

6）光纤信道

图 2-11、图 2-12 及图 2-13 给出的模型同样适用于光纤布缆的区域配线布缆、配线架间的布缆及网络接入布缆。信道长度受限于所采用光纤的类型。信道长度应用限值可参照 ISO/IEC 11801-1：2017 附录 E 内容。需要指出的是，用来端接固定光纤布缆的连接系统可包括光纤适配器（耦合器）和光纤的熔接点。

信道内连接点数量的增加通常需要减少信道的总长度以抵消额外的衰减。

每个布缆信道的光纤应具有相同的物理结构，且类型应相同，当类型不同时，应标记布缆子系统以便识别每种线缆的类型。

2.3.2　数据中心综合布线系统的互通关系和网络架构

1. SAN 网络布线

数据中心的网络设备遵循自身的网络通信与传输协议，光纤通道为以太网提供了用户和计算机网络之间的局域网连接及服务器和存储设备之间的连接，从而构成了存储区网络（SAN）。

1）SAN 存储网传输信息量

数据中心网络所采用的传输协议主要是基于 TCP/IP 以太网和 FC SAN 存储网。组成 SAN 存储网的 FCoE 以太网采用光纤作为传输通道。

依据以太网和 FC 光纤通道标准的规划，将规模采用 400G 网络互联，以太网实现 10G、40G、100G、400G/1.6T 信息流的延续升级。对于 SAN，应用 8 GFC、16 GFC、32 GFC 和 128 GFC（4×32 GFC）的光纤通道，其 FC 光纤通道的传输信息量已经发展到 256 Gbit/s。

　　FC 光纤通道的存储网络标准由 INCITS T11 标准定义。根据光纤通道工业委员会 (FCIA)提供的信息,FC 光纤通道的速率路线仍然按照 2 的幂数增长。其中,FC - PI - 7 项目使用 PAM - 4 的编码方式,传输速率达到 64 Gbit/s 和 128 Gbit/s,FCoE 在传输速率方面增加了 25G/50G/200G 模式,与以太网的发展路径一致。

　　FC/FCoE 光纤通道的演进,均应向下兼容原有低传输速率的设备端口,可对用户的基础设施投资加以保护。FC/FCoE 光纤通道传输速率与线速度的演进如表 2 - 14、表 2 - 15 所示。

表 2 - 14　FC 光纤通道传输速率和线速度

产品命名	传输速率(Mbit/s)	线速度(Gbaud)
8 GFC	1 600	8.5 NRZ
16 GFC	3 200	14.025 NRZ
32 GFC	6 400	28.05 NRZ
64 GFC	12 800	28.9 PAM - 4
128 GFC	24 850	56.1 PAM - 4
256 GFC	TBD	TBD
512 GFC	TBD	TBD
1 TFC	TBD	TBD

表 2 - 15　FCoE 光纤通道传输速率和线速度

产品命名	传输速率(Mbit/s)	线速度(Gbaud)
10 GFCoE	2 400	10.312 5 NRZ
25 GFCoE	6 000	25.781 25 NRZ
40 GFCoE	9 600	4×10.312 5 NRZ
50 GFCoE	12 000	2×25.781 25 NRZ
50 GFCoE	12 000	26.562 5 PAM - 4
100 GFCoE	24 000	4×25.781 25 NRZ
200 GFCoE	48 000	4×26.562 5 PAM - 4
400 GFCoE	96 000	8×26.562 5 PAM - 4

2) SAN 网络发展过程

　　随着企业网络应用的时间增加和应用数据量的加大,数据的存储主流技术也随之不断发展,其经过了 DAS、NAS 到 SAN 的发展过程。

　　开放系统的直连式存储(direct attached storage,DAS)是最早采用的技术,如同 PC 机的结构,把外部的数据存储设备都直接挂在服务器内部的总线上,方式简单,适用于一些小型网络应用中。网络附属存储(network attached storage,NAS)改进了 DAS 技术,通过标准的拓扑结构连接,可以无须服务器直接与企业网络连接。由于上述两种数据存储方式解决不了数据存储快速、安全和可扩展性,存储局域网络(storage area network,SAN)存储方式就产生了。

SAN 与 NAS 在技术上有所不同，它不是把所有存储设备集中安装在一个服务器中，而是将这些设备单独通过光纤交换机连接起来，形成一个存储网络，然后再与企业局域网进行互通。这种技术可以结合高性能的存储系统和宽带网络，降低系统的构建成本和升级的复杂程度。在 SAN 环境下，所有的存储空间整合到一个存储池内，共享所有的资源，用户可根据服务器的实际需求来分配资源。而且，用户还可以扩大逻辑分区的容量大小，为应用程序分配一个临时的磁盘分区，等任务结束之后，再将这部分资源重新收回来，归还存储池。

当然，部署一个 FC SAN 的成本非常昂贵，因此现在的趋势是发展基于以太网的 IP SAN，主要技术有 iSCSI 和 FCoE(fiber channel over ethernet)。由于 FC SAN 已经被广泛应用，且其网络系统与企业的 LAN 相互独立，且网络更加复杂。因此我们主要探讨在复杂的 IT 环境中，数据中心的应用需求。

数据中心结构化布线主要必须考虑可升级性、可管理性和传输距离要求。其中，可升级性要求 SAN 网络布线结构首先要满足 TIA-942A 或其他相关国际标准规定，采用高密度小型化的连接器件方案，如 MPO 多芯连接器技术，需要为将来 FC SAN 升级到上万芯的通道的可能性留有足够的空间；可管理性是指采用结构化和模块化的布线解决方案，对每一个端口的移动、增加或改变时，应能很容易做到重新布置，以提高运维过程中故障处理的效率。SAN 网络的发展情况如表 2-16 所示。

表 2-16　SAN 网络的发展

SAN 发展	年份	SAN 支持的 FC 端口数	典型数据中心面积/m²	速率/giaabit fiber channel,GFC)
一代	1998	10	100	1 GFC
二代	2002	100	1 000	2 GFC
三代	2005	1 000	10 000	4/10 GFC
四代	2008	>10 000	10 000	8/10 GFC
五代	2011	>100 000	10 000	16 GFC/10 GFCoE
六代	2013	>100 000	10 000	32 GFC/40 GFCoE

从表中可以看到，SAN 网络在传输距离、连接性能要求和传输速率方面都在逐步提升，最初为 1 GFC SAN 网络的实施，由于端口数不多，一般都会采用点到点互连的方式。但随着 8 GFC 和 16 GFC 的应用成为主流，端口数增加到几千甚至上万时，就必须采用结构化布线的方案。首先要建立主配线区 MD，这样才能解决 SAN 和数据中心布线的可管理性。因此在布线方案的设计中要重点考虑以下两个方面因素：

第一个方面是采用的传输介质，由于 SAN 网络对传输速率的要求增长迅速，为了方便商业产品的快速实施，系统规划是以 2 的倍速度增长。由于单模系统的设备非常昂贵，因此对光纤的选用，首先采用的是 OM3、OM4 多模光纤。只有当多模光纤在传输速率和距离上不能满足工程的应用需要(如针对 8 GFC 系统，链路插损要求 1.5 dB，传输距离超过 210 m)时，才会选择单模光纤的布线系统。

第二个方面是性能指标，在布线系统设计中，必须考虑布线系统链路总的插入损耗值，它包括链路中传输线缆和所有连接点损耗的总和。只有采用低插入损耗的布线器件，才能支持更高的传输速率和更长的传输距离。

（1）LAN 与 SAN 网络。

数据中心网络有两类：一类是基于传统的网络接口控制器（network interface controller，NIC），遵循以太网 IP 协议传输的 LAN 网络。另一类是基于存储的主机总线适配器（host bus adapter，HBA），采用光纤通道 FC 协议的 SAN 网络。

以太网标准由国际标准组织 IEEE 802.3 制定，是目前全球应用最广泛的局域网数据传输技术，通常被应用于核心路由器、接入交换机、服务器（NIC）网络之间数据包（非块状数据）的传输。FC 光纤通道是由光纤通道 T11 技术委员会制定的传输协议，是一种高性能、低延迟的双路光纤和串行链路的应用，通常用于 SAN 网络：为主机总线适配器（耦合器）HBA、储存交换机和存储设备之间的块状数据传输。

在早期的 SAN 存储网络系统中，服务器/主机/小型机通过 FC 光纤通道与存储交换机之间进行块状数据的传输（称为 FC‐SAN），与 LAN 网络的 IP 协议之间不兼容。对于数据中心的设备和布线系统而言，多样的网络使得日常运行和管理维护变得更加复杂。为解决这一问题，T11 技术委员会与 IEEE 数据中心联合定义了合二为一的统一标准架构，即基于以太网的光纤通道 FCoE（称为 IP‐SAN），FCoE 是在服务器/主机/小型机在发送信号之前将 FC 帧装入以太网帧结构内部，并在收到 FCoE 帧后提取出 FC 帧。

（2）FC‐SAN 网络布线方案。

在共享存储的数据中心系统架构下，采用 FC 光纤通道协议、由服务器下行到存储网络交换机与存储设备的数据传输通道所组成的网络，属于 SAN 的网络范畴。

传统的 SAN 网络结构对于 SAN 区域的布线网络宜采用集中式的配线管理方式。配线区域放置 SAN 交换设备，服务器直接汇聚到配线区，而不采用传统的列头柜方式。每个通道的连接点可以控制在 4 个以下，以减少通道的整体衰减，也更有利于实现该区域配线的管理。

集中式 SAN 配线管理由于 SAN 网络配线相对独立，并非一定要将 SAN 网络的配线区与 LAN 的主配线架设备放置在一起。独立设置 SAN 的配线架的好处是除了减少该区域光缆的平均长度以外，更重要的是可以减轻 LAN 的主配线架与线槽路由的压力，使得配线更清晰，更易管理与维护及减少布线投资和适应今后的扩展。

在规划 FC‐SAN 类型的数据中心布线系统时，由于 LAN 网络的以太网传输协议与 SAN 网络的 FC 协议之间是相互独立的，综合布线系统必须能同时分别支持 LAN 和 SAN 网络的应用，即需要规划两套完整的布线系统以便分别支持 LAN 和 SAN 网络。FC‐SAN 数据中心典型的网络架构如图 2‐14 所示。

在这种网络架构下，服务器/主机/小型机等网络设备既要处理通过 IP 协议传输的 LAN 数据包，又要处理通过 FC 协议在存储应用之间传输的块状数据。因此布线系统的设计需要考虑上行至核心交换机，下行至存储交换机的 SAN 网络。

在分析 FC‐SAN 网络架构下的 SAN 综合布线之前，首先整理一下基于 IP 传输的 LAN 网络链路连接状况。LAN 网络链路主要是用于解决核心交换机、接入交换机和服务器/小型机/主机等之间的连接。在核心交换机主干配线（MD）到接入交换机区域配线（ZD）之间主要部署预连接光缆作为数据主干。为满足备份、管理等非数据业务的应用需求，也可在 MD‐ZD 之间部署少量的对绞电缆作为补充路由。但在接入的区域配线（ZD）到服务器

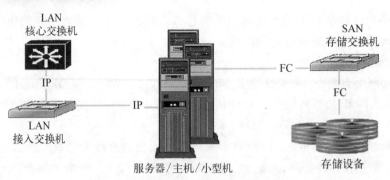

图 2-14 FC-SAN 数据中心网络架构

设备 EO 之间则主要采用对绞电缆作为传输介质。随着万兆以太网技术的不断成熟和推广，以及各类数据业务的需求发展，接入交换机到服务器设备之间也将越来越多地采用万兆 OM3/OM4 多模光缆布线系统。

在 FC-SAN 网络架构下，SAN 网络采用 FC 光纤通道传输协议，目前市场产品有 2 倍速率的 1 GFC、2 GFC、4 GFC、8 GFC、16 GFC 以及 10 倍速率的 10 GFC。根据光纤通道工业协会(FCIA)关于光纤通道速率发展的评判，2 倍速率的光纤通道(4 GFC 及以上)因其至少能兼容上两代网络的传输速率，可以实现对用户投资的保护，应用将更为广泛。而 10 倍速率 10 GFC 由于采用了一种全新的体系架构，在电气接口方面与 2 GFC 和 1 GFC 不能兼容。

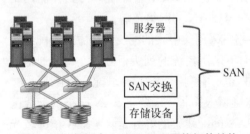

图 2-15 数据中心 FC-SAN 网络拓扑结构

如果所需的升级成本太过昂贵，早期 SAN 网络将主要应用于 ISL(光纤通道交换机互联)，核心交换机连接以及其他更高带宽需求的场合。数据中心 FC-SAN 网络拓扑结构如图 2-15 所示。

FC 光纤通道不仅可以采用光纤作为传输介质，也可以采用对绞电缆和同轴电缆作为传输介质。由于光纤具有对噪声不敏感的特点，因此大多数采用光纤支持 FC 光纤通道的传输。

然而在小型 FC 光纤通道磁盘驱动器的连接上，也会部分采用对绞电缆作为传输介质，对绞电缆主要用于 100 m 以下的低速率网络，应用传输的距离约为 60 m。当采用屏蔽对绞电缆，接头为 DB9 时，其中 1、6 端子用于发送信号，5、9 端子用于接收信号，其余端子为空闲；当采用同轴电缆时，BNC 为发送，TNC 为接收。在 SAN 网络的综合布线中，应当拥有完全独立于 LAN 网络的主配线架 MD 和区域配线架 ZD 等布线单元。

因此对应的服务器应考虑服务器上行至 LAN 网络的连接线缆(多数采用对绞电缆)和下行到 SAN 网络的连接线缆(多数采用光缆)。由于 SAN 网络连接的设备移动较少，因此在设计布线系统时应与 LAN 网络稍有差异，采用 ZD 集中布线将更利于 SAN 网络的管理。

(3) FCoE 的网络布线方案。

数据中心采用的典型网络有基于 TCP/IP 的以太网 LAN 和基于 FC 的存储网 SAN。面对简化数据中心在各种并行网络运行和维护管理过程中的复杂性时，基于以太网的光纤通道 FCoE 应用有明显的技术优势，FCoE 不仅可以降低数据中心的总体成本、增强其运行的灵活度,且因其对以太网和 FC 之间的兼容性,可以更好地保护用户的前期投资。

FCoE 网络部署:FCoE 服务器的 I/O 整合 NIC 卡和 HBA 卡成一个降低服务器布线和配电/制冷需要的汇聚适配器(耦合器)。当前,以太网帧是在以太网接入交换机被移除后再使用光纤通道帧并传送到 SAN 交换机。

对于 FCoE 而言,以太网传输要求被更新以确保帧/数据包在不使用 TCP/IP 协议时是无损的。这样的融合增强型以太网标准(CEE)由 IEEE 802.1 以太网连接工作组完成,10G FCoE 使用串行双工光纤系统传输,40/100G 速率要求用并行光的传送来实现。

FCoE 网络与布线规划应该分阶段进行部署,其部署大致可以分为三个阶段。

第一阶段:接入层 FCoE,实现服务器 I/O 整合。这一阶段的 FCoE 关注于接入交换机和服务器功能的变更,服务器上多种传统的 I/O 端口整合成单一端口。具备 FCoE 功能的服务器将 FCoE 帧传输到接入层 FCoE 交换机,接入交换机再将 FCoE 帧分别通过 TCP/IP 和 FC 传输协议连接到 LAN 和 SAN。

虽然接入层涉及的服务器适配器(耦合器)网卡、交换机端口以及布线链路数量相当多,但通过服务器 I/O 整合后,接入层服务器端的布线系统得到了简化,将原来上行到 LAN 和下行到 SAN 的两套布线系统合并为一套,大大降低了服务器端的布线链路以及相应的服务器适配器(耦合器)接口卡和交换机端口数量。

以太网 OM3 或 OM4 光纤上行线路将接受具备 FCoE 功能的交换机,然后连接至服务器 CAN。替代互联对绞电缆的是具备低功耗和低延时性能的 SFP+互连双轴对绞电缆,双轴对绞电缆将用于支持 7～10 m 的传输距离,当超出这个距离,将使用低成本 SFP+模块和 OM3 或 OM4 光纤系统。这样可以降低至少 50%数量的服务器互联布线和适配器(耦合器)卡。

原来核心交换到接入交换之间的主干链路则可以保持不变,接入交换与存储交换之间的、以万兆多模 OM3/OM4 预连接光缆为主要传输介质的主干链路,其典型的网络架构如图 2-16 所示。

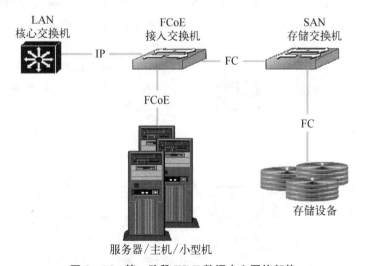

图 2-16　第一阶段 FCoE 数据中心网络架构

第二阶段:核心层 FCoE 实现主干链路整合。本阶段将促使 FCoE 应用范围的继续延伸,主要关注于核心交换机、存储交换机功能的提升。当核心网络与接入网络实现 FCoE 功能后,FCoE 帧通过融合后的接入/存储交换机、分别遵循相应的 TCP/IP 和 FC 传输协议连接到 LAN 和 SAN。

交换机与存储交换机的融合,实现了 LAN 与 SAN 网络主干链路的整合。第二阶段的 FCoE 进一步提高了数据中心业务和网络的灵活性,简化了数据中心的日常维护与管理。这种架构的解决方案减少了光纤通道 HBA 到 SAN 的主干光缆。

在传输介质方面,核心交换到接入/存储交换之间部署以万兆多模 OM3/OM4 预连接光缆为主要传输介质的主干链路,服务器与接入交换机之间、存储设备与存储交换机之间的链路则继续采用第一阶段的 FCoE/FC 链路,第二阶段 FCoE 部署的典型网络架构如图 2-17 所示。

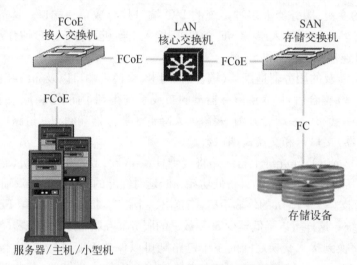

图 2-17 第二阶段 FCoE 数据中心网络架构

第三阶段:核心层 FCoE 实现端到端网络。随着存储交换机与接入交换机的融合,本阶段将重点关注存储设备端口的功能提升,在存储设备端口逐渐实现支持 FCoE 功能后,端到端的 FCoE 网络将得以实现。这一网络架构下的 FCoE 帧存储数据直接在存储设备和核心交换网络之间进行传输,SAN 存储网络与 LAN 网络至此实现完全融合。

第三阶段的网络布线可进一步简化,核心交换机到服务器端的网络传输介质无须变更,原先的 SAN 网络可简化成只需要在核心交换机到存储设备之间部署万兆多模 OM3/OM4 预连接光缆作为主要传输介质,这极大提高了数据存储的效率,同样可以减少光纤通道 HBA 到 SAN 和核心交换机与 SAN 导向器之间的主干光缆。FCoE 提升了低成本以太网设备的利用率。典型网络架构如图 2-18 所示。

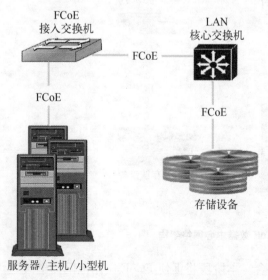

图 2-18 第三阶段 FCoE 数据中心网络架构

2. 数据中心综合布线系统的互通关系示例

数据中心综合布线系统与网络设备架构进行融合设计时,服务器和存储设备互联的交换机和配线架设备可安装在机柜内。该机柜在列柜中设置的位置至关重要。下面结合 ISO 标准提出的多种方案,重点介绍列头(EoR)、列中(MoR)及顶部(ToR)。

根据网络交换机和配线架设备设置的位置不同,列头柜可以设置在列头(EoR)、列中(MoR)及顶部(ToR)。具体位置主要取决于服务器的种类、数量及网络架构。

ISO 标准的具体方案如图 2-14、图 2-18、图 2-20、图 2-22 所示。图中符号表示的内容如表 2-17 所示。

表 2-17　图形符号表示的内容

图　　形	意　　义
———————	固定铜缆
Cu	铜缆
CuC接口	铜缆接口
- - - - - - - - -	固定光纤 SAN 线缆
– – – – – –	固定光纤网络线缆
OF	光纤
OFC接口	光纤接口
CPL	中心配线区

为了加深读者对 ISO 标准内容的理解,下面配合相应的示例图加以描述。

1) 基本配置

一个数据中心由装配在机柜内的服务器、存储设备的配线架、设置存储空间的机柜组成。服务器和存储设备之间采用快接跳线直接连接的方式存在于应用中,并对快接跳线或直连缆线(DAC)加以标注,但在布线工程中不推荐此种布线结构。如图 2-19 所示。

基本配置可以看作是主干系统的配置。数据中心的主干系统是指主配线架(MD)到区域配线架(ZD)之间的骨干布线系统。如果数据中心包含中间配线架(ID),则主配线架到中间配线架、中间配线架到区域配线架之间的布线系统也被定义为主干系统。主干系统好比数据中心的大动脉,对整个数据中心来说至关重要,在某种程度上决定了数据中心的规模和扩容的能力。主干系统一般在设计之初就需要留有一定的余量,不论是系统的容量还是系统占用的空间都要给将来升级留足余量,以保证最大限度地平滑升级。

存储区域网络(SAN)是一个由存储设备和系统部件构成的网络,存储区域网络(SAN)是连接存储设备和服务器的专用光纤通道网络(与以太网不同),与以太网有类似的架构,由

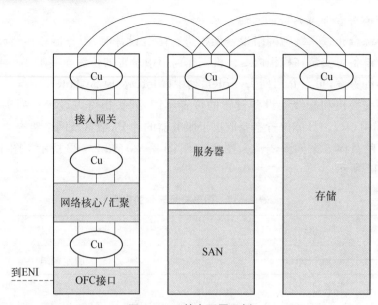

图 2-19 基本配置示例

支持光纤通道的服务器、光纤通道卡（网卡）、光纤通道集线器/交换机及光纤通道存储装置组成。存储区域网络 SAN 最重要的三个组成部分为设备接口（如 scsi、光纤通道及 escon 等）、连接设备（交换机、网关、路由器及 hub 等）及通信控制协议（如 ip 和 scsi 等）。这三个组成部分再加上附加的存储设备和服务器即可构成一个存储区域网络（SAN）系统。所有的信息互通都可在这个光纤通道网络中完成，实现了集中和共享存储资源。存储区域网络（SAN）不仅提供了数据设备的高速备份和高性能连接，还考虑了对存储系统互通的冗余路由。

SAN 和 LAN 合用主配线区的网络构成如图 2-20 所示。

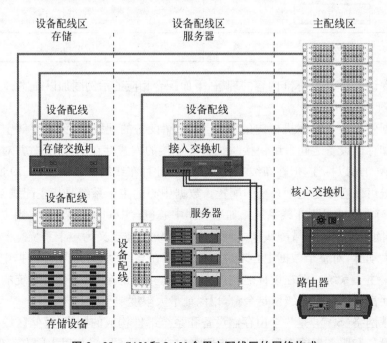

图 2-20 SAN 和 LAN 合用主配线区的网络构成

主配线区被认为是数据中心的核心,一般设置在计算机机房的中心或者比较靠近中心位置,可以尽量缩短到各配线架之间的距离。在设计之初,主配线架机柜一般至少保留50%以上的空间用于将来的升级。推荐光纤和电子配线架分放在不同的机柜内。主配线架推荐采用高密度的配线产品,尽可能减少对空间的占用。某些应用场合还需要考虑机柜的走线和理线空间是否能够满足容量的要求。

(1) 方案一。

方案一是把所有的主配线架(主干)、区域配线架(水平)及设备配线 EO(设备)的光、电端口都通过光缆和对绞电缆连接到一个集中交叉连接的配线设备上,所有的设备机柜都可以保持锁定状态,任何时候都没有必要打开一个设备机柜,除非有硬件的变化。集中配线设备也可以实施智能配线功能,通过自动监测、跟踪、添加及变更来提高系统的安全性。

另外,所有的有源设备端口都可以通过划分,归属于相应的网络,得到充分的利用。

集中设置方案的连接方式如图 2 – 21 所示。

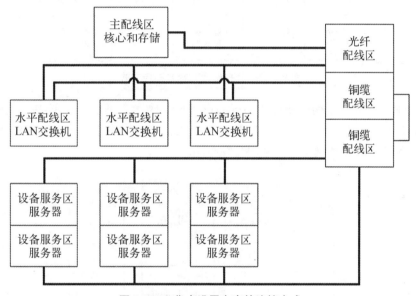

图 2 – 21　集中设置方案的连接方式

(2) 方案二。

方案二是在主配线架和区域配线架分别设置独立的配线机柜,配线设备采用交叉连接方式。区域配线架机柜设置 LAN 交换机和配线机柜,通过区域配线线缆连至设备机柜服务器;主配线架设置核心网络交换、存储交换设备机柜及配线机柜,通过主干线缆连至区域配线架。配线设备按照交换设备的容量确定端口数量。分布设置方案的连接方式如图 2 – 22 所示。

与方案一相比,方案二减少了线缆的总量,虽然有一些闲置的设备端口存在,但在 ISP 或其他环境下为不断变化的需求提供了灵活的调整性,可以随着时间的推移,实现扩大或缩减存储/网络的要求。

2) 列柜的设置

列柜是指布缆分布从主配线架或中间配线架到位于设备机柜某列的列头柜分布状况,是区域配线架的一种布缆概念。设备插座模块(EO)通常是在服务器或存储设备机柜的顶

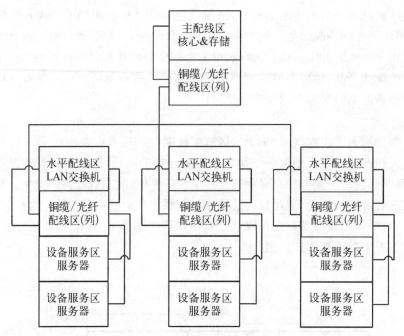

图 2-22　分布设置方案的连接方式

部或底部(见图 2-23),平衡布缆配线系统的设备 EO 放置在机柜的顶部,光纤布缆系统的设备 EO 则放置在机柜的底部。从区域配线架到设备 EO 采用平衡布缆,从主配线架或中间配线架到区域配线架和设备 EO 采用光纤布缆。

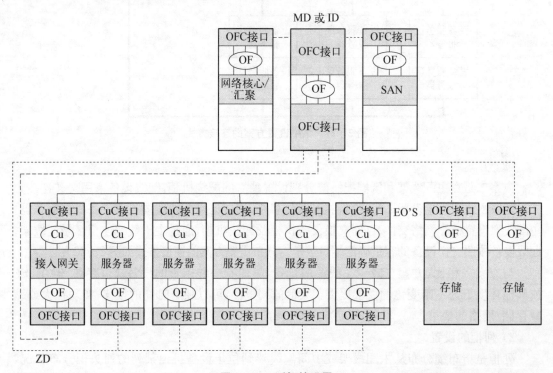

图 2-23　列柜的设置

列头柜设置在机柜列一端(EoR)是最传统的设计方法,接入交换机集中安装在一列机柜端部的机柜内,通过区域配线线缆以永久链路方式连接设备 EO 柜内的主机/服务器/小型机设备。EoR 需要敷设大量的区域配线线缆连接到交换机,布线成本会随之提高,而且在布线通道中敷设大量的线缆也会降低空调冷却的通风量。列头柜设置的连接关系如图 2-24 所示。

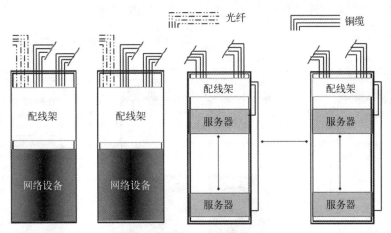

图 2-24　列头柜设置的连接关系

3) 中间列柜的设置

中间列柜的设置是指布缆分布在主配线架或中间配线架到位于设备机柜列柜中间的位置设置区域配线架的一种布缆概念。设备插座位于转接面板上,通常在服务器或存储设备机柜的顶部或底部(见图 2-25)。同样的将平衡布缆配线设备(EO)放置在机柜的顶部,光纤模块(EO)则放置在机柜的底部。从区域配线架到 EO 采用平衡布缆,从主配线架或中间配线架到区域配线架和 EO 采用光纤布缆。

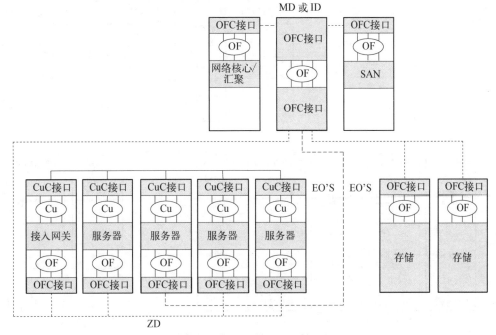

图 2-25　中间层的配置示例

　　列头柜设置在机柜列的中间部位(MoR)与 EoR 的设计概念是一样的,都是采用交换机集中支持多个机柜设备的接入。由如图 2 – 26 可以看出,两者的主要区别是摆放列头机柜的位置。MoR 是将列头机柜放在每一列机柜的中间,从中间位置的列柜向两端布放线缆,可降低线缆在布线通道出入口的拥堵现象,缩短线缆的平均长度,适合实施定制长度的预连接系统,对布线机柜内配线设备的交叉连接和管理比 EoR 方便。

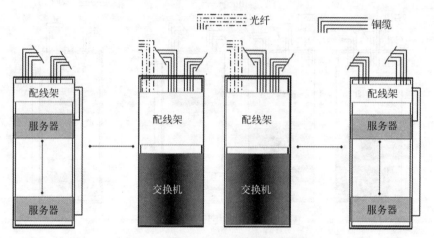

图 2 – 26　MoR 设置方案的连接关系

4) 配线架与交换机顶部的设置

　　顶部的设置是指布缆分布从主配线架或中间配线架到放置 EO 的设备机柜的分布。该 EO 配线模块通常是在服务器或存储设备机柜的顶部或底部,如图 2 – 27 所示。服务器光纤配线设备(EO)放置在机柜的顶部,SAN 光纤配线设备(EO)可放置在机柜的底部。从 EO

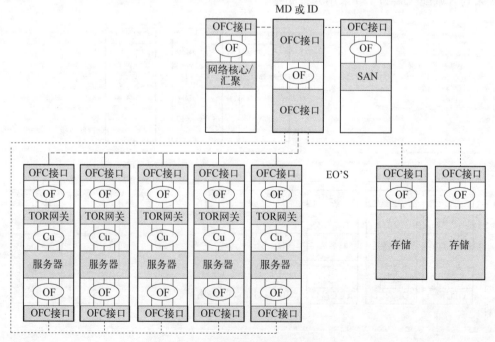

图 2 – 27　设备机柜顶部的设置示例

到设备采用平衡布缆,从主配线架或中间配线架到EO采用光纤布缆。

(1) ToR 应用技术。

数据中心 ToR 架构的布局是一种非常成熟的数据中心系统解决方案。在云计算、虚拟化等技术的大规模应用下,ToR 架构的高密度、易管理等特性得到充分发挥,已经被越来越多的数据中心采用。传统架构因为受到单机柜配电负荷、机柜散热能力的影响,在单个机柜内可安装服务器的数量受到一定的限制。在服务器数量受限的情况下,如果采用 ToR 架构,则会浪费大量的交换机端口。目前,随着机柜散热技术的不断提高和单机柜配电能力的增强,制约单机柜内服务器数量的因素正在逐步得到解决。在 40G/100G/400G 已经逐步商用的情况下,因为对光纤的大量使用,骨干链路的传输能力得到了很大的提高,运算节点到接入层交换机之间可以支持更高速率的网络,如图 2‑28 所示。每一个机柜内设置了接入交换机。此时,列头柜已经不存在了,接入交换机可以与汇聚交换机建立直达路由。

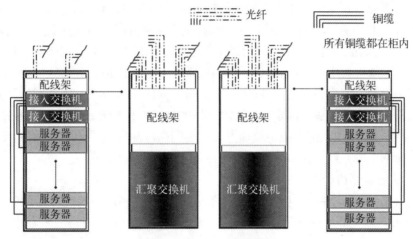

图 2‑28 ToR 应用技术

(2) 结构化布线与 ToR 布线的比较。

(a) 管理。管理与布线的架构和运维密切相关。对于结构化布线,设备区机柜内的服务器上传端口通过机柜的配线架经永久链路连接到一个或多个区域配线架(MD)。区域配线架设置的机柜一般位于一列服务器机柜的中间或末端,通过跳线以适应设备的移动、增加或位置改变。永久链路为不变更的一个部分。在 ToR 方案中,机柜顶部的交换机与机柜内的服务器直接连接。ToR 方案虽然会大量减少设备 EO 服务器机柜到区域配线架机柜的大量布线,但是设备的移动、增加及位置的改变方案会比较复杂,尤其是在大型数据中心中,交换机和服务器不能被分开管理,否则过程会更加复杂。

(b) 升级和扩容。数据中心的布线方案需要考虑日后的升级和扩容情况。在结构化布线系统中,升级一台交换机可以提升不同机柜中服务器的连接速度,使交换机的每个端口都能够根据连接的设备端口类型自适应 1 G～10 Gbit/s 或更高的连接速度。另外,布线系统的设计应考虑向下的兼容性,能够支持设备端口速率的变化。在 ToR 方案中,升级一台交换机就可使与其端口连接的所有服务器同步升级,一次性升级成本的投入很大。

(c) 维护、设备及线缆成本。虽然 ToR 布线方式比结构化布线所需的容量更少,可以降低布线系统的投资,但是 ToR 交换机需要的互连线缆成本高昂。从维护、设备成本的总体分析结果可以看出,ToR布线方式的总投资是结构化布线成本的2倍。从成本角度来看,ToR的方案将会增加服务器成本,因为配置对绞电缆网卡的服务器一般都比"SFP+"或者QSFP光网卡的服务器要便宜。如果考虑系统产品与工程的质保期,采用结构化布线的方式要优于ToR方案。

(d)节能。调查显示,数据中心平均一个服务器机柜的能耗大约为5 kW。每一台机柜中的服务器数量大概为14个。这个数量大幅低于由ToR交换机提供的端口数量。经过统计,采用结构化布线时,所有端口的使用率可以达到80%以上;在ToR方案中,端口的使用率只约为50%。因此,在选用ToR配置的情况下,需要关注最大化实施端口的使用率问题。结构化布线能够最大限度地利用交换机端口,可使系统需要配置的交换机和冗余供电设备的数量减少一大半,不仅能够节省能源开支,还有利于电源升至高效能的电源供给设施。需要强调的是,即使端口处于空闲状态,也仍然产生能耗。这将造成不可预知的潜在能耗。不同型号、不同品牌交换机的能耗均不相同,无论数据中心采用哪种配置和技术,均需要通过对实际端口的能耗进行监测后才能准确计算出电源使用效率(PUE)的值。

ToR交换机设备普遍被放置在机柜的顶部,从降温和故障率方面进行考虑,根据相关机构的调查,放置在机柜顶部三分之一部位的设备故障率是放置在中、下部设备故障率的3倍。在结构化布线配置中,无源组件(配线架)通常被安装在机柜的上部区域,机柜中温度较低的区域用于设置有源设备。由于ToR方案受到预端接互连线缆可用长度的限制,因此有源设备在机柜中的摆放位置是固定的,缺少安装的灵活性,使设备无法安装在最适合降温的地方,从而导致一个热源点的形成。该热点会波及同一冷却区域中的相邻设备,使该区域设备的潜在故障率上升。结构化布线系统则可以避免这些问题的产生。

5)刀片式服务器机柜交换机的设置

为了降低出线量,往往会在服务器的内部设置交换机,利用刀片服务器的整合能力[如以太网(Ethernet)、光纤通道(Fiber Channel)、无限宽带(InfiniBand)]汇聚刀片服务器的线缆,可大量减少对绞电缆的数量。目前能够支持整合刀片服务器的交换机不是很多,选择余地较少。如果以采用虚拟化的服务器(servers virtualization)作为取向,则网络的复杂性会大大提高,设计和管理成本也会提高。刀片式服务器整合方案的连接关系如图2-29所示。

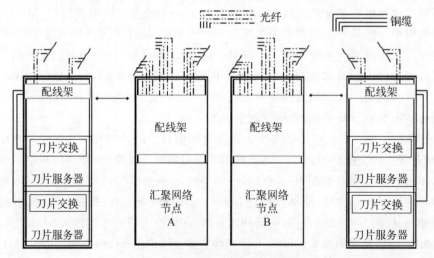

图2-29 刀片式服务器整合方案的连接关系

6）模块化 POD 方案

模块化 POD 方案是一组多功能的机柜，可优化供电、冷却及布线技术的效能。模块化 POD 方案的设计可根据需求进行缩放，并能够进行方便的重复。典型的模块化 POD 单元如图 2 - 30 所示。

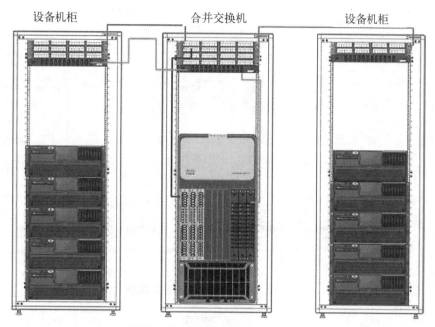

图 2 - 30　典型的模块化 POD 单元

模块化 POD 方案的布线一般采用 ToR 结构，在服务器和机柜顶部的交换机之间采用 RJ45 铜跳线或 LC 光纤跳线支持单元内的输入/输出连接，在机柜内或服务器机柜组内仅需要用少量的光纤延伸到汇聚层。这种设计有助于减少交换机的数量，可节省数据中心的机架空间，降低基建成本和运营成本。

以上几种组网方式的区域配线区至设备 EO 区域的配线布缆子系统所采用的器件和线缆数量都不相同，首先需要确定交换机的设置位置，然后决定系统的设计方案。

7）具有冗余路由设置的设计

（1）底层和中间层的概念。

在图 2 - 23 和图 2 - 25 布线基础结构上添加一个通信基础设施的备份系统，即可提供一个冗余途径。具有冗余的底层配置示例如图 2 - 31 所示。图中，服务器列头柜和存储设备机柜至主配线架 ZD 或中间配线架 ID 的汇聚交换机或 SAN 设备均设有冗余的线缆路由。如果采用 MoR 设计时，则服务器列头柜应设置在机柜列的中间位置。

（2）具有冗余的顶层概念。

在图 2 - 27 的基础结构上添加一个通信基础设施备份系统即可提供一个冗余途径（见图 2 - 32）。图中，每一个服务器机柜和存储设备机柜顶部设置的交换机或配线设备至主配线架 ZD 或中间配线架 ID 的汇聚交换机或 SAN 设备均设有冗余的光纤路由互通，如同 ToR 设计。

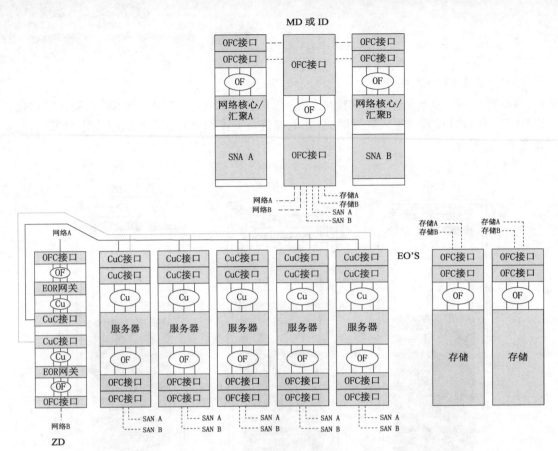

图 2-31　具有冗余的底层配置示例

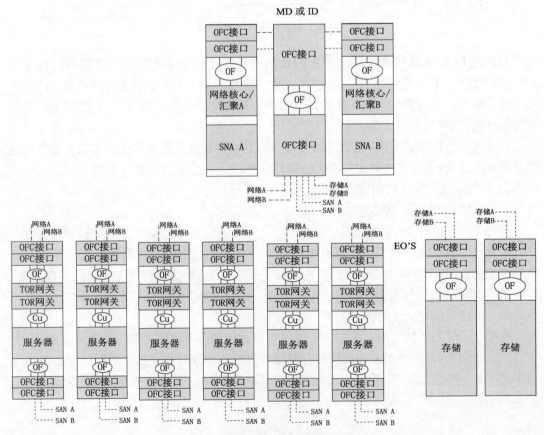

图 2-32　具有冗余 ToR 的配置示例

（3）具有完整冗余的底层概念。

在图 2-31 的基础结构上添加一个通信基础设施备份系统即可提供一个冗余途径，如图 2-33 所示。图中，服务器列头柜和存储设备机柜至两个主配线架 ZD 或中间配线架 ID 的汇聚交换机或 SAN 设备均设有冗余的线缆路由互通。图中还显示了以下的冗余设计：

（a）每一列机柜的两端各设置 1 个电缆和 1 个光缆的配线柜，并分别通过线缆连接至服务器机柜。

（b）在机柜列中的两个列头柜之间、每一个服务器机柜之间可以建立电缆通路。

（c）在两个主配线架或中间配线架之间和两个核心/SAN 设备机柜之间通过冗余的光缆路由互通。

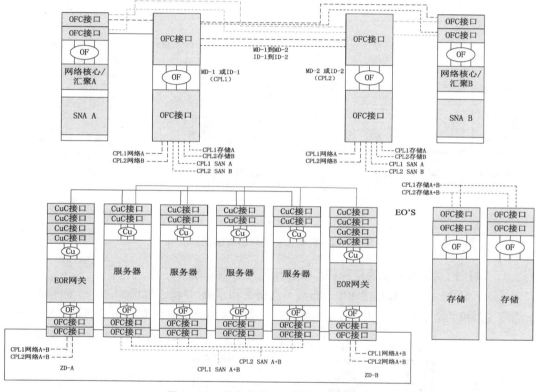

图 2-33　具有完整冗余的底层配置示例

（4）具有完整冗余的顶层概念。

在图 2-32 的基础结构上添加一个通信基础设施备份系统即可提供一个冗余途径（见图 2-34）。图中，每一个服务器机柜和存储设备机柜至两个主配线架 ZD 或中间配线架 ID 的汇聚交换机或 SAN 设备均设有冗余的光纤路由互通。图中还显示了以下冗余设计：

（a）在每个服务器机柜之间可以通过光纤互通。

（b）在两个主配线架或中间配线架之间和两个核心/SAN 设备机柜之间通过冗余的光缆路由互通。

3. 数据中心各类网络架构特点

（1）对 3 层网络架构的南北信息流进行东西流量的优化，使得原有的网络虚拟化后变为了 2 层网络架构。

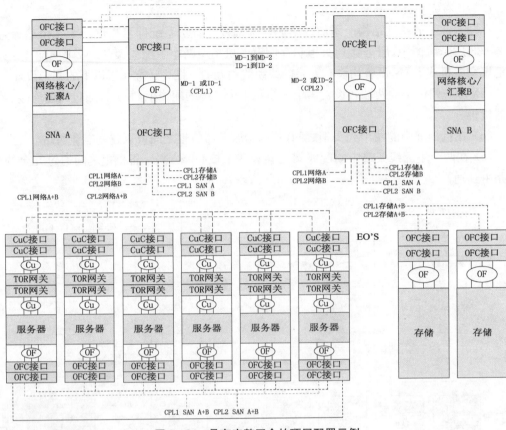

图 2 - 34 具有完整冗余的顶层配置示例

（2）2层树状网络的交换矩阵将广泛使用光纤布线系统。

（3）EoR/MoR使区域布线和主干布线不会交叉和重叠，并便于管理。ToR改变网络结构，增加了交换机的数量，使集中式布线变为点到点布线，采用光缆布线的方式，从服务器机柜的顶部设置的预连接光缆，直接连接至汇聚交换机机柜。

（4）应用趋势。

（a）主流采用多模光纤以单通道10G/25G/50G组合的并行传输方案，以支持40G/100G/400G的网络带宽；

（b）网络采用扁平化（spine-leaf）架构和ToR布线方式；

（c）采用高密度、超高密度光纤配线架，节约机柜部署空间；

（d）采用多模光纤布线，以支持100G/400G网络应用；

（e）布线基础设施实现集中式智能化运行管理（AIM/DCIM）。

下面将对3层网络架构进行详细介绍。

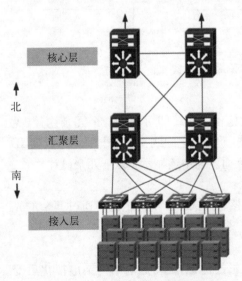

图 2 - 35 典型的3层网络架构

图 2-35 为典型的 3 层网络架构。接入层交换机用于将客户端(服务器)设备接入网络。汇聚层交换机将分散接入的交换机在某一区域场地汇聚和集中,并上联至核心交换机。核心层交换机采用双机备份冗余的方式,用于汇聚交换机的上联路由的汇集,同时核心交换机之间及与公用通信网络之间建立可靠的互通路由。3 层网络架构的特点如表 2-18 所示。

表 2-18　3 层网络架构的特点

核心层	核心层用于提供数据中心和园区网络的高速连接。通常是指多路与互联网服务提供商互通的区域
汇聚层	汇聚层用于提供与所有服务器设备共享的基础设施,如防火墙、高速缓存、负载均衡及其他增值服务的连接点,同时支持多路高速通路连接至交换机
接入层	接入层用于连接汇聚层共享的服务或服务器群,要求有 3 类不同的区域: 前端:包括网络服务器、域名服务器、FTP 及其他商业应用服务器 应用:提供前端服务器和后端服务器之间的连接 后端:提供与数据库服务器与存储区网络的连接
存　储	存储层包括了光纤通道交换机和磁盘/磁带等存储设备

3 层网络架构要求布线系统和数据中心的网络拓扑架构是相同的。3 层网络架构的同一个网段的主机通常连接到同一台交换机上直接相互通信,而主机与网络中其他网段主机的通信则需要通过较长的路径到达目的地。这非常适合早期的数据中心模式,即大多数网络信息流都是纵向(也称南北向,north-south)传输的,服务器面向外部用户,很少有横向(也称东西向,east-west)的信息通信。

当 3 层网络架构核心层与接入层之间信息以南北向流量为主时,网络核心路由器容量限制了整体网络系统的容量,如需增加网络容量,运营商必须添加更多的扇出汇聚交换机,这就需要增加更多的核心路由器。

数据中心网络系统的架构会直接对综合布线系统的组成产生影响,它们是相辅相成的一对。数据中心网络架构通常会包括接入层交换、汇聚层交换、核心层交换及路由等,上行端口则采用 TCP/IP 的协议进行数据传输,统称为 LAN 网络。传统网络和现代网络的体系结构都可通过使用一个或多个布缆拓扑来实现。

下面介绍一下 ISO/IEC 11801-5 国际标准描述的数据中心网络架构内容。

(1) 胖树结构。

网络信息流量模式已经不是单纯的不同网段之间的通信,网络收敛和虚拟化的出现,使得网络环境发生了质的变化。存储网络和通信网络存在于同一个物理网络中,主机与阵列之间的数据通过存储网络进行传输,在逻辑拓扑上就像直接连接一样,如 ISCSI 等。

虚拟化可将物理客户端向虚拟客户端转化,多个物理服务器协同向客户提供服务。各物理服务器之间的地位是均等的,可方便灵活地增加、移动或移除。虚拟化服务器是未来发展的主流和趋势,可使网络节点的移动变得非常简单。

胖树交换体系结构(也称叶子和脊柱交换架构)如图 2-36 所示。图中,在任何两台接入交换机(叶子)之间只须通过一台互连交换机(脊柱)互通,就可以无阻塞地为每个接入交换机向互连交换机提供足够的传输带宽。

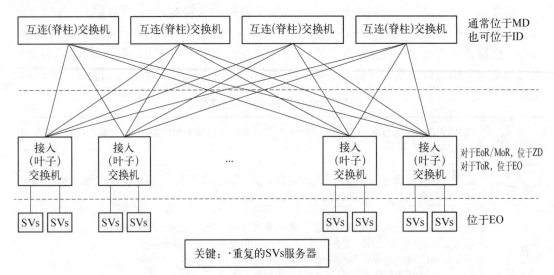

图2-36 胖树交换体系结构(也称叶子和脊柱交换架构)的示例

在图2-36中,网络趋于扁平化。2层网络对网络的紧缩,显著地将接入层和汇聚层合并在一起,简化了数据的信息流动过程。每一台互连交换机(脊柱)均通过 MD/ID 配线架与所有的接入交换机相连。互连交换机之间不需要建立路由互通,通常位于同一个或多个 MD 中。如果数据中心的交换结构只为一个或多个 ID 支持的某一个子集系统提供服务时,则互连交换机可位于 ID 处。各交换机所连接对应的配线架设备安装在列柜或机柜的相应部位。

互连交换机(脊柱)可用端口的数量确定网络规模的大小。为此,大型数据中心胖树结构的典型应用通常将接入交换机设置在 ZD 的安装位置。

随着网络传输的信息流量不断增长,网络的虚拟化架构需要服务器之间具备更高的传输带宽。为此,网络的东西向信息流虚拟化又可解决网络延时的问题,以降低网络的建设成本。

(2) 全网状结构。

图2-37所示为交换机全网状体系结构。在该结构中,服务器分别接入相应的结构交换机。任何两台结构交换机(接入交换机)之间的互通都不存在由其他交换机进行的转接,并且通常是无阻塞的。在全网状体系结构中,每台结构交换机的接入服务器端口带宽的总和宜小于或等于该交换机到其他交换机端口的带宽之和,以避免通信阻塞。

由于每台结构交换机需要连接到所有的其他结构交换机上,因此全网状结构不能很好地扩展。结构交换机通常位于 MD/ID/ZD 处。小型数据中心的结构交换机可以设置在设备(EO)机柜中。

(3) 互连结构。

随着数据中心大量采用虚拟化技术,LAN 网络层出现了新的架构。虚拟化 I/O 技术的发展较好地改善了网络节点的延时问题,而低延时的网络是云计算发展的基本要求。因此,越来越多的数据中心采用 Fabric 类型的2层网络架构。数据中心配线设备密度的增加,使采用 ToR 架构模式下的 ZD 和 EO 两个配线区域已经被融合在一起了,这样将使各个网络设备之间的连接关系变得更加复杂。

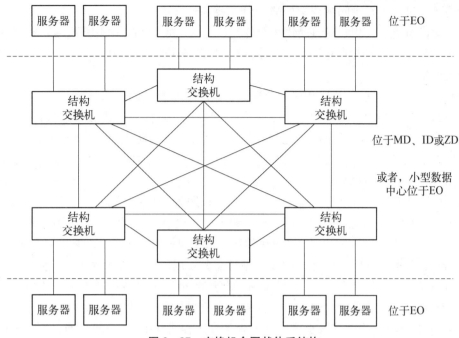

图 2-37　交换机全网状体系结构

　　图 2-38 所示为互连网络交换体系结构。通常,该结构一个吊舱(交换机群范围)内的接入交换机之间可进行无阻塞的通信,但在吊舱之间交换机的互通可能就不是无阻塞的状况了。图中,一个吊舱内的结构就是一个完整的网络,还可能包括全部相关应用程序的专用系统。

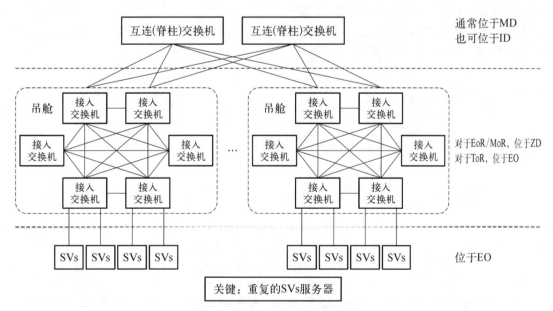

图 2-38　互连网络交换体系结构

　　将不同吊舱内的任意 2 台接入交换机实现之间互通,需要经过 1~3 台设置在不同配线架处的交换机的转接。如果 1 台互连交换机(脊柱)需要连接所有吊舱内的接入交换机时,也可能需要经过设置在中间配线架处的1台交换机进行转接。

互连交换机通常可以设置在 MD 或 ID 处。接入交换机可以采用 EoR 或 MoR 的方式设置在 ZD 或 LDP 处，或采用 ToR 的方式设置在设备 EO 的机柜中。ZD 可以为单个或多个机柜提供服务。

通常，在互连网络的工程应用中，LAN/SAN/网络拓扑与综合布线系统构成对应关系。一个典型的数据中心的网络架构通常由几个元素构成：设置一个或多个进线间，采用冗余的引入线路路由将通信业务连接至通信设施和安全设备(如防火墙等安全设备)，并下联核心交换层直至汇聚层和接入层交换机设备。交换机设备接入主机/服务器/小型机设备便构成了数据中心的 LAN 网络。

构成存储网络 SAN 的元素较简单，主要由主机/服务器/小型机设备、SAN 交换设备及存储设备构成。主机/服务器/小型机设备下联 SAN 交换机设备后，再进一步下联存储设备。

对于数据中心 LAN 和 SAN 共存的网络，其布线规划可以采用两种方案：方案一，LAN 和 SAN 各自组建主配线架，服务器的布线系统需要采用两个路由，配线管理清晰。方案二，SAN 与 LAN 网络共用一个主配线架，主机/服务器/小型机设备所在的设备 EO 向一个主配线架布线，设备 EO 连接至 SAN 和 LAN 布线的数量可以相互调配，以提高布线的利用率。在布线的管理上，方案二没有方案一清晰。在工程实践中，采用的组网方案要根据数据中心的规模并加以比较后再进行选择。如果数据中心主机/服务器/小型机设备的数量较大，如大于 25 台时，则建议 SAN 设置单独的主配线架；反之则采用 SAN 与 LAN 布线合用同一主配线架的方案。

(4) 集中式结构。

图 2-39 所示为集中式交换体系结构。该结构设置的一台或多台结构交换机的路由可做冗余设计，信息互通由结构交换机的背板端口实现。集中式交换体系结构是无阻塞的，不存在交换机之间的传输延时问题。通过集中式交换体系结构，所有的计算和存储服务器均可连接到所有交换矩阵的交换机上，并且所有连接的端口均可处于工作状态。

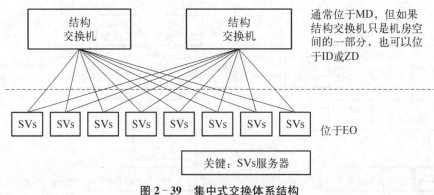

图 2-39 集中式交换体系结构

交换机可以位于线缆终端的任何配线架处，通常位于 MD。如果交换机只支持数据中心的部分区域，则可位于 ID 或 ZD。

集中式交换体系结构简单，具有非常低的延时，但不能进行很好的扩展，因为集中式交换体系结构只能支持与单台交换机可用端口相同数量的服务器。

（5）虚拟交换机。

图 2 - 40 为虚拟交换体系结构。虚拟交换体系结构与集中式交换机体系结构类似。

集中式交换机使用多台交换机互连形成一台大型的虚拟交换机。接入交换机可以使用堆叠的方式,并通过电缆连接互通(单台交换机可以单独运行,也可以与其他可堆叠的交换机一起组成单个较大的虚拟交换机一起运行),也可采用高速以太网连接或其他方案运行。服务器可以连接多台虚拟交换机实现冗余。如果虚拟交换机的背板带宽大于或等于服务器连接的总带宽,则虚拟交换体系结构是无阻塞的。如果虚拟交换由多台菊花链式互通的交换机组成,则交换机之间的延时可以高于采用其他互通方式相连接的交换机延时指标。

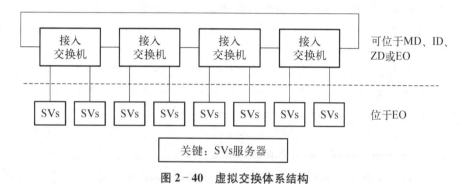

图 2 - 40　虚拟交换体系结构

与集中式交换机体系结构一样,虚拟交换体系结构除非在虚拟交换机之间采用胖树或全网状网络结构,否则不能进行很好的扩展。

虚拟交换体系结构的交换机可以位于任何配线架处(MD、ID、ZD)或 LDP 中。

新版《数据中心设计规范》(GB 50174—2017)增加了对网络系统的定义,同样符合国际标准对网络架构的描述。

数据中心的网络包含互联网络、前端网络、后端网络及运管网络,具体定义如下:

（1）互联网络负责数据中心与外部互联网和企业内部局域网的连接。前端网络就是通常所说的数据中心局域网,可用于数据中心的数据交换。传统前端网络采用 3 层结构,包含核心层、汇聚层及接入层。传统 3 层结构的结构清晰,其分层模式易于基于物理位置的扩展,收敛比随层数的增加而递减,适用于一般企业的网络数据中心和东西向信息流量不大的网络模型。

（2）后端网络也就是存储网络,通过光纤通道可实现服务器和存储设备之间的高速互联。存储网络对延时和网络的可靠性要求较高,通常要求路由尽量减少中间节点。存储网FCoE 技术采用基于以太网的光纤通道,其目标是将前端网络和后端网络统一为一个平台,可简化网络的结构和减少设备的数量。

（3）运管网络包括带内管理网络和带外管理网络。其区别在于网管数据是否采用与业务数据共用的网络通道和接口。A 级数据中心应部署带外运管网络。

A 级数据中心的核心网络设备应采用容错配置,相互备用的核心网络设备宜进行物理隔离,可保证在出现意外事故后或单设备维护检修时电子信息系统仍能正常运行。

（4）虚拟化和虚拟迁移等技术在数据中心的广泛部署对服务器节点之间的通信延时和

带宽有更高的要求。网络架构向扁平化的方向发展。其目标是实现在任意两点之间尽量减少网络架构的数目。2 层的 Spine+Leaf 架构适用于东西向流量密集访问的网络模型,易于横向扩展,适用于互联网、大数据及云计算等应用类型。

4. SDN 网络

数据中心最重要的是要完善和建设 10G、40G,甚至是 100G 以太网的设施基础。

软件定义网络(SDN)一直都是网络领域里的热门话题。SDN 的最大优势是有可能节约网络的总拥有成本,并使网络基础设施能够弹性、灵活地支持业务。

SDN 将这种传统的、离散方法转变成一种新的全局方法。SDN 是一种网络架构,它能够通过动态编程网络设备来控制或"界定"网络流量、安全策略或网络拓扑。编程功能集中托管于一台或少量几台称作 SDN 控制器的标准服务器。简而言之,SDN 控制器就是 SDN 的大脑。SDN 仍处于早期使用阶段。服务提供商或云提供商将 SDN 与其云集成,以更好地控制和塑造网络功能。

SDN 在很大程度上依赖于高带宽和高性能的物理层基础设施。SDN 实质上是网络的虚拟化,而物理网络设备可通过多个虚拟网络共享。为了确保云性能达到服务级别协议(SLA)要求,构建可实现 SDN 的基础设施,关注以下两个要素:

要素一:有多种 SDN 定义和规范,如供应商特定规范、开源规范等。它们有可能无法互操作,客户必须全面评估哪一种适合其业务需求。

要素二:SDN 架构允许通过虚拟化覆盖到网络基础设施上运行,与服务器虚拟化一样,这意味着可以让多个虚拟网络设备运行在物理网络硬件(如一个物理交换机或路由器)。

SDN 的架构设计使其可通过大量物理交换机、路由器、防火墙和负载均衡器操作虚拟网络的多个层级。因此,必须配备提供高速网络连接(10G、40G 甚至是 100G)的物理网络硬件。并能提供实现网络所需的低延时性能。底层物理网络的容量和速度使网络基础设施能够弹性、灵活地支持业务。

SDN 架构支持面向业务的应用或服务,向 SDN 控制器传达其要求或需求。SDN 控制器是以软件方式实现并安装在一台或多台服务器上的一组网络功能。然后,SDN 控制器根据业务需求动态编程网络流量和/或虚拟网络基础设施的拓扑结构。

此外,虚拟网络覆盖是由动态编程创建的,可根据应用需求随时间改变。建议为物理网络硬件提供足够高的带宽容量。

2.3.3 数据中心布线的应用技术

数据中心的核心业务是电子信息数据的计算、传输及存储。高速网络的发展对数据中心的布线基础设施也提出了更高的要求。《数据中心设计规范》GB 50174—2017 在网络布线章节中明确 A 级、B 级数据中心承担数据业务的铜缆等级应为 Class E_A/Cat.6A 及以上。多模光缆的等级应达到 OM3/OM4 及以上。这一提升不仅可保证数据中心稳定可靠运行 10G、40G、100G 及 400G 网络的能力,也符合国际标准 ISO 11801 - 5 的定义。另外,标准推荐采用永久链路方式,在机柜之间通过配线设备实施布线连接和管理的原则,而不是设备之间点到点的直接连线,这利于数据中心的运维和日后的扩展。

光纤在数据中心领域的应用发展迅速,传统的 2 芯多模光纤单通道方式很难适应高带宽光纤网络的需求。基于光波复用技术,采用多通道并行传输和多芯 MPO/MTP 预连接系统在数据中心项目中已经被用户普遍接受与采用。

信息安全也是在数据中心建设中需要重点考虑的问题,在电磁环境未达标,生产网络有保密要求及安装场地不能满足强/弱电间距的要求时,都应采用屏蔽铜缆或光缆系统。

数据中心综合布线系统与本地公用电信网络互联互通时,需要考虑用户对电信运营商的选择和系统出口对带宽的需求及保障信息的安全。在线路互通接口的设置上,标准要求 A 级数据中心应至少满足两家以上电信运营商光缆线路接入的需要。

1. 布线和节能

随着信息化的持续快速发展,全球数据中心的建设步伐明显加快,其总量已超过 300 万个或更高,耗电量占全球总耗电量的 1.1%～1.5%。根据工信部披露的信息,我国数据中心总量已超过 40 万个,年耗电量约超过全社会用电量的 1.5%。我国已经提出数据中心的 PUE 值应在 1.2～1.5。因此,节能是数据中心建设过程和运行中必须要考核的指标。根据《国家绿色数据中心试点工作方案》的要求,我国数据中心能效平均需提高 8% 以上。

无源器件的布线系统与数据中心的节能有什么关系呢? 如何规划布线系统,实现数据中心提高能耗效益和降低 PUE 值,是评测良好节能数据中心的关键。

1) 网络设计结构化

通过对数据中心用电量的统计结果分析,大致用电比例如下: 服务器的用电量占比为 46%;空调制冷的耗电量占比为 31%(我国数据中心这一比例可能达到 50%);UPS 损耗占比为 8%,照明的用电量占比为 4%;其他设施用电量占比为 11%。从中可以看出,空调制冷系统的用电量占数据中心总耗电量近三分之一,是影响机房能耗的关键指标。因此,如何提高空调制冷系统的效率是降低数据中心 PUE 值的关键。

数据中心布线系统采用分级的管理布线方式后,在服务器端口与接入层交换机之间采用水平线缆+配线架进行布线,接入交换机与核心/汇聚交换机之间采用主干光缆+配线架进行连接,通过跳线连接配线架至交换机端口和设备端口。相比点到点的网络结构,网络的结构化布线可以大大节省线缆,尤其是主干线缆和跳线的数量,从而节省了大量的管槽等配线设施在建筑物中占有的空间。这些空间的节省将有利于冷风的流通,进而提高空调系统的制冷效率。据相关数据统计,良好的综合布线网络结构可使数据中心的耗电量降低 2%～3%。

2) 网络应用功耗

随着虚拟化技术的发展及新的网络设计,如 FABRIC、LEAF-SPINE 等网络结构的提出,网络端口的传输速率逐步提升。以 10G 为例说明不同的网络端口与功耗的关系,如表 2-19 所示。

表 2-19　常见 10 GBase-T 网络端口的功耗

连接器类型	线缆类型	传输距离/m	端口功耗/W	传输延时/μs	标　准
SFF+CU	Twinax	<10	1.5	0.1	SFF 8431
X2CX4copper	Twinax	<15	4	0.1	IEEE 802.3ax
SFP+SR MMF	MM OM3	300	1	0	IEEE 802.3ae

连接器类型	线缆类型	传输距离/m	端口功耗/W	传输延时/μs	标　准
RJ45 10 GBase‑T	Cat6A/7A	100	4	2.5	IEEE 802.3an
	Cat6A/7A	30	3	1.5	
	Cat6A/7A	10	1.5	1.5	

10 GBase‑T 的初衷是在 100 m 信道范围内支持 10G 的传输。根据大量已建数据中心链路长度的数据分析，数据中心内传输链路的长度一般在 30 m 之内。如在满足信道为 100 m 时，要达到 10 W 的功率将存在外部串扰问题。IEEE 针对短距离、低能耗的传输模式（10 GBase‑T SRM30），提出了布线链路较短时，在保持接收端信号水平不变的情况下，降低发射端的功率以减小线缆外部串扰影响。以此模式传输的 10 GBase‑T 网络可节省近 1 W 的功率，当传输距离为 10 m 时，端口功率会下降到 1.5 W 左右。10 m 的短距离可以满足基本所有 ToR 的下行应用和相邻两个机柜之间的传输距离。另外，由于交换设备对散热的需求降低，可以省去设备风扇安装产生的额外空间。

对于数据中心机柜的排列，考虑到柜内与柜间互连的线缆长度，使大部分的传输链路控制在 30 m 之内，即可以覆盖符合 TIA 942 和 ISO/IEC 24704 规定的 EoR 和 MoR 布线网络结构中的机柜列长度，这样可大大降低 10 GBase‑T 端口的传输功率。

(1) 端口的利用率和功耗。

数据中心 10 GBase‑T 的两种传输模式：

第一种为 10 GBase‑T SR30：30 m 传输功率为 3～4 W，适用于 EoR/MoR 结构；第二种为 10 GBase‑T SR10：10 m 传输功率为 1.5 W，适用于 ToR 结构。

ToR 架构应用时，交换机和配线架设置于机柜内顶部，会产生交换机的端口闲置和使用率较低的问题。因此，高密度配线模块（2 U 空间提供 96 端口）的应用被提出来，虽然机柜内安装的交换机端口数增加了，可是交换机风扇、背板等资源没有增加，设备的使用率得到了提升，起到了节能的作用。

(2) 配线架的设置位置和节能。

目前，40 GE 以太网布线系统可选的解决方案通常为 QSFP＋，但针对 4 对对绞电缆的 40G 传输方案已经成型。该方案与 10 GBase‑T 相仿，也会考虑不同传输长度与功率之间的联系，并针对 ToR 和 EoR/MoR 结构提出两种传输模型：

第一种为 40 GBase‑T SR30：30 m 传输功率为 6～9 W，适用于 EoR/MoR 结构；第二种为 40 GBase‑T SR10：10 m 传输功率为 1～2 W，适用于 ToR 结构。

3) 端口功耗和节能

(1) 端口功耗的降低：当以传输设备的单位能耗作为考量时不难发现，采用高等级传输链路时，提升了网络端口的应用带宽，但是单位端口传输能耗却明显地降低。如 1 GE 网络的传输功率通常为 0.5～1 W/端口，而 10 GE 网络的传输功率却降至 0.5～1.5 W/端口。

据统计，网络设备每一个端口若下降 1 W 的电能消耗，整体机房中的空调制冷设备、配电 UPS 设备等运行对每一个端口所需的电力可节省 2～2.8 W 的功耗，这对安装了上万台服务器的数据中心来说,电费成本的节约是十分可观的。

（2）端口利用率的提高:采用10G网络的单位能耗只相当于1G网络传输能耗的1/4。对40G网络传输采用的4X10G或2X20G通道,在128 I/O 3.2T设备背板上只能达到47.5%和85%的利用率。但IEEE已确认的25 Glit/s的传输速率却可获得128 I/O的3.2T设备背板百分之百的利用率。

数据中心采用虚拟化技术,使端口带宽与利用率增加,对单位数据量的电能消耗下降起到了比较大的作用。

（3）网卡功耗的降低:数据中心端口能耗将直接影响长期的运维成本。对10G端口应用所对应的网卡,其能耗与网络延时是评估的重要指标。

表2-20中的数据从整体成本来看,10 GBase-T采用对绞电缆,支持100 m的传输距离时,功耗相对要大。如果考虑到数据中心的应用中,传输链路（短链路）为30 m以下的长度占大多数时,则功耗就可以大幅下降。如采用了屏蔽线缆时,网卡DSP芯片的实际功率会大幅度的减少,相比非屏蔽布线系统又可以节约1.5 W左右的功耗。

表2-20 性价比比较表

通信协议	传输介质等级	网卡功耗/W	网络延时/μs
10 GBase-T	6A及以上	6~9	4~6
10 GBase-SR	OM3及以上	3~4	2~4
10 GBase-SFP+DAC	双轴平行对绞电缆	3.5~4.5	2~4

4）布线管理与节能

DCIM概念的提出,将数据中心内的基础设施（如供电、暖通系统）、IT设备（如服务器、交换机、存储设备）和布线系统的管理统筹到一个平台上,实现数据中心整体的节能和管理。通过即将成为标准的AIM系统,对端口利用率实时监控及数据分析,可以减少数据中心内大量存在的被占用,而又未被使用的“僵尸”端口的数量。据统计,每个未利用的端口所产生的额外的费用（设备、电力、人力）接近100美元/年（行业调查数据）。因此合理有效地对端口的使用情况进行管理,可以节约大量的运行费用。

5）机房走线网格化

在数据中心,不规范的走线不仅会影响美观及维护,同时还会带来通信线缆本身的信号串扰以及遭受其他信号源干扰等问题,尤其还会降低空调制冷效率。数据中心布线系统通常采用架空防静电地板下或机柜顶部上走线的方式,但必须考虑成本、维护、机房升级等因素。

数据中心机房的规模不断升级,对于空调系统,基本都采用下送风制冷方式。但采用下走线方式,地板下的空间内挤满了通信线缆及各类电力电缆。当需要增减线缆时,被闲置的线缆由于很难移除而被留在了原地,以导致强弱电线缆将没有足够的空间来保持间距的要求,易产生信号干扰。对于空调系统,基本都采用下送风制冷方式。即便为预留了冷风通道充足的空间,但通道线缆的积累与增加造成气流路径的受阻,降低了送风效率,使得设备能耗升高,最终导致数据中心内部“热区”的形成。而且线缆穿过地板时,也会造成冷风的泄漏,并与热风发生混合。

无论是"上走线"还是"下走线"的方式,采用网格式(或其他如梯形)桥架都可以为冷风通道预留专用的送风通道。采用下走线方式时,必须确保地板下具有足够的空间,一般要求地板下净高不小于 600 mm,有的机房设计甚至提出净高为 1 000 mm 的要求。

数据中心布线要求强电、弱电物理空间分离,多采用强电电缆地板下敷设,弱电线缆"上走线"的方式,使地板下方线缆占用空间减少。采用上走线方式既能节约能源,同时还可以提高线缆的可维护性。

图 2-41 和图 2-42 为典型的采用敞开式桥架"上、下走线"的布线效果。

图 2-41 网格地板下布线

图 2-42 机柜上部布线

2. 光纤网络和光纤布线系统

目前,数据中心主干数据传输速率以 40G/100G 为主,即便对传输速率发展快速的以太网,也只有少部分超大规模数据中心和云数据中心的主干网络升级到了 200G/400G。因此,数据中心网络结构的规划不仅需要考虑未来 5～10 年网络升级的需求,更应优先考虑满足当前网络传输的需求。

虽然基于铜缆传输的 40 GBase-T 标准已经发布,但由于铜缆技术本身的发展瓶颈,因此无论是以太网或是光纤通道,光纤将作为高速网络(40 Gb/s 及以上)的主要传输介质。

1) 以太网的发展

在过去的 40 年中,以太网一直以 10 为倍数进行跨越式的向前发展,从 10 Mb/s 发展到 100 Gb/s,400 Gb/s,网络的速度提高了 40 000 倍。从技术上来讲,以太网以 10 为倍数向前推进是可行的,但是以投资成本的角度来看,功耗和价格都会很高。因此,未来以太网服务器会以 2 为倍数,网络主干以 4 为倍数向前发展的技术路线会对以太网的发展注入新的活力。

IEEE 开发的以太网络标准:2.5 Gb/s、5 Gb/s 以太网主要应用于无线网络接入点;25 Gb/s、40 Gb/s、50 Gb/s 以太网则应用于服务器;100 Gb/s、200 Gb/s 以太网主要应用于数据中心主干网络;400 Gb/s 以太网则主要应用于超大规模数据中心。

数据中心的建设应参考当前及未来以太网标准的发展趋势,根据自身的条件及未来潜在的需求选择具备一定前瞻性的综合布线方案。在由 IEEE 802.3 以太网联盟编写,传输速率为 10 Gb/s 及以上的以太网传输标准中,已经完成的相关标准如表 2-21 所示。

表 2 - 21   IEEE802.3 相关标准

应用	标准	IEEE 编号	传输介质	传输速率	目标距离
10 Gb/s 以太网	10 GBase - SR	802.3ae	MMF	10 Gb/s	33 m/OM1～550 m/OM4
	10 GBase - LR		SMF		10 km
	10 GBase - LX4		MMF		300 m
	10 GBase - ER		SMF		40 km
	10 GBase - LRM	802.3aq	MMF		220 m/OM1&OM2～300 m/OM3
40 Gb/s 以太网	40 GBase - SR4	802.3ba	MMF	40 Gb/s	100 m/OM3,150 m/OM4
	40 GBase - LR4		SMF		10 km
	40 GBase - FR	802.3bg	SMF		2 km
	40 GBase - ER4	802.3bm	SMF		40 km
100 Gb/s 以太网	100 GBase - SR10	802.3ba	MMF	100 Gb/s	100 m/OM3,150 m/OM4
	100 GBase - LR4		SMF		10 km
	100 GBase - ER4		SMF		40 km
	100 GBase - SR4	802.3bm	MMF		70 m/OM3,100 m/OM4
10 Gb/s 以太网	10 GBase - T	802.3an	Cat6A/Cat6	10 Gb/s	Cat6A/100 m,Cat6/37 m
	10 GBase - CX4	802.3ak	Twinax 铜缆		15 m
40 Gb/s 以太网	40 GBase - T	802.3bq	Cat8.1/8.2	40 Gb/s	30 m
	40 GBase - CR4	802.3bq	Twinax 铜缆		7 m
	40 GBase - KR4		背板		1 m
100 Gb/s 以太网	100 GBase - CR4	802.3bj	Twinax 铜缆	100 Gb/s	5 m
	100 GBase - KR4		背板		1 m
	100 GBase - KR4		背板		1 m
	100 GBase - CR10	802.3ba	Twinax 铜缆		7 m

　　为应对未来网络对传输速率的更高要求,基于 100 Gb/s 的传输速率已经难以满足数据中心主干网络的需要。以太网联盟编写的 200 Gb/s、400 Gb/s 传输速率和基于 50 Gb/s 串行传输模式进行传输的标准,可大大节省数据中心用于物理布线的空间,其 IEEE802.3 标准的相关协议如表 2 - 22 所示。

　　2) 光纤网络

　　光纤网络可适应不同网络的传输需要,是在不同网络传输速率下采用的主要物理链路传输模式。用户需要清晰地了解在不同传输速率下的数据中心物理链路结构,从而选择适合自身数据中心综合布线系统建设的发展规划和设计方案。数据中心的各种设备,如主机、服务器、存储设备及网络设备等都需要通过对绞电缆和光缆互联互通,以实现信息的存储、处理及传输。

表 2−22　IEEE802.3 标准的相关协议

应　用	标　准	IEEEE编号	传输介质	传输速率	目标距离
25 Gb/s 以太网	25 GBase-SR	802.3by	MMF	25 Gb/s	70 m/OM3,100 m/OM4
50 Gb/s、100 Gb/s、200 Gb/s 以太网	50 GBase-SR	802.3cd	MMF	50 Gb/s	100 m/OM4
	50 GBase-FR		SMF		2 km
	50 GBase-LR		SMF		10 km
	100 GBase-SR2		MMF	100 Gb/s	100 m/OM4
	100 GBase-DR2		SMF		500 m
	100 GBase-FR2		SMF		2 km
	200 GBase-SR4		MMF	200 Gb/s	100 m/OM4
200 Gb/s 以太网	200 GBase-DR4		SMF		500 m
	200 GBase-FR4		SMF		2 km
	200 GBase-LR4		SMF		10 km
400 Gb/s 以太网	400 GBase-SR16	802.3bs	MMF	400 Gb/s	70 m/OM3,100 m/OM4
	400 GBase-DR4		SMF		500 m
	400 GBase-FR8		SMF		2 km
	400 GBase-LR8		SMF		10 km
	400 GBase-SR8	802.3cm	MMF		70 m/OM3,100 m/OM4
	400 GBase-SR4.2		MMF		70 m/OM3,100 m/OM4,150 m/OM5
	400 GBase-FR4	802.3cu	SMF		2 km
	400 GBase-LR4		SMF		10 km
	400 GBase-ER8	802.3cn	SMF		40 km
	400 GBase-ZR	802.3ct	SMF		80 km

数据中心作为集中的计算资源,硬件设备通常都采用冗余、备份甚至容错的方式进行工作。与传统楼宇/园区的光纤系统相比,数据中心光纤布线系统作为连接各系统的信息通道,对其组件(线缆、连接器及跳线等)及其组合后的可靠性显得非常重要。

(1) 光纤系统的应用特点如下。

(a) 可靠性:光纤系统与网络硬件一样,采用冗余、备份等保证手段。

(b) 高带宽:数据中心建设,以高带宽的布线系统作为主干(25G/40G/100G/200G/400G)。

(c) 高密度与可维护性:数据中心核心配线区、存储网络区等光纤数量非常密集,所选用的光纤预端接系统应具有高性能、低衰耗、易扩展及快速安装的特点。

(d) 较高的阻燃级别:机房空气强对流的空间要求光缆外皮材质具有较高的燃烧等级(LSZH、OFNR、OFNP)。

(e) 适用的布线拓扑结构设计：随着不同应用的需求，数据中心要求部署更为优化的布线拓扑结构与路由设计，如 ToR、EoR 及 MoR 等。

(2) 光纤布线系统管理。

随着光纤端口在数据中心中应用比例的增加，数据中心光纤网络的拓扑结构也发生了很大的变化，同样需要满足不同类型(大、中、小)通用性数据中心网络拓扑结构的要求。

数据中心的运行中，可能会经常进行配线架构的调整。如在数据中心中，机柜内安装的服务器从一个机柜搬移到另一个机柜；区域配中的设备机柜 EO 不再连接到列头柜，而是把所有线路直接连接到另外一个配线区进行汇聚；主配线架(MD)至区域配线架(ZD)、从区域配线架(ZD)至设备插座(EO)，甚至从主配线架(MD)连接到设备(EO)与设备机柜(EO)之间，将直接通过跳线完成互通等。因此，在光纤系统交叉连接的主配线架、中间配线架、区域配线架、入口设施部位，通过预连接器件集中地对主干光缆、配线架模块、跳线进行管理是非常必要的。

3) 多模光纤技术应用

(1) 多模光纤技术的发展。

数据中心快速增长的网络(如核心层网络、汇聚层网络及 SAN 存储网络)采用光纤传输可以为不断发掘带宽潜力提供保障。与单模光纤相比，多模光纤技术具有较低的有源＋无源综合成本，在大/中型数据中心的应用中占有绝对的优势。

多模光缆凭借能够使用低成本 LED 光源(850 nm VCSE)的优势，在支持用户电话交换机(PBX)、数据多路复用器及 LAN 等多种应用的企业网络中找到了自己的位置。随着以太网和光纤通道应用的增长，LAN 和存储区域网络(SAN)开始推行，数据的传输速率超过了 100 Mbit/s，这又使得光纤的芯直径从 62.5 μm(OM1)转换为 50 μm(OM2)。

随着千兆位时代的来临，带宽测量技术的局限性开始凸显，对于 VCSEL 未满注入的光纤集中发射光源的情况下，将无法提供可靠的数据，这就会考虑采用标准化的差模延迟(DMD)测量方法(采用多种不同的激光发射，以提取最小的激光带宽)来提高光纤的传输带宽特性。

(2) OM3/OM4 多模光纤。

OM3 和 OM4 是以太网和光纤通道应用的主要光纤介质，多模光纤的传输性能如表 2 - 23 所示。

(3) OM5 光纤介质的选择。

OM5 多模光纤通过增加短波窗口的方式来减少光纤链路的数量，借助多模并行传输技术＋短波分复用技术，以提高光纤的传输容量。采用 4 对光纤工作在 4 个短波(850 nm、880 nm、910 nm、940 nm)窗口，以支持 SWDM(短波分复用)技术，即可实现 400 GE 网络传输。

总结上述内容，通过分析比较未来网络传输速率的变化、收发器的类型以及数据中心物理链路模型等信息，我们可以获得以下几点内容：

(a) 数据量的激增推动了网络升级的必要性。

(b) 无论是以太网还是光纤通道，未来网络速率的发展方向均将达到并超过 1 Tb/s。

(c) 光收发器已经可以支持 400 GE 的应用。

(d) 市场选择了 QSFP＋和 QSFP28 作为 40 GE/100 GE 的主要连接器件。

(e) 主干链路采用 MPO - MPO 的预端接方案将有利于未来的网络升级。

(f) OM5 光纤应用将满足网络升级的需要。

表 2‑23　多模光纤类型

ISO 标准 类别	最大光纤衰减 /(dB/km)			最小模式带宽/(MHz-km)					标准类别	
				满溢带宽 OLB			有效模式 带宽 EMB			
	850 nm	953 nm	1 300 nm	850 nm	953 nm	1 300 nm	850 nm	953 nm	TIA 标准	IEC 标准
OM3 50/125 μm	2.5	N/A	0.8	1 500	N/A	500	2 000	N/A	TIA‑492 AAAC	IEC 60793‑2‑10 A1‑OM3
OM4 50/125 μm	2.5	N/A	0.8	3 500	N/A	500	4 700	N/A	TIA‑492 AAAD	IEC 60793‑2‑10 A1‑OM4
OM5 50/125 μm	2.5	1.8	0.8	3 500	1850	500	4 700	2 470	TIA‑492 AAAE	IEC 60793‑2‑10 A1‑OM5

（4）光通道并行传输。

采用 8 芯多模光纤可组成 4 个通道的并行传输。多模 OM3 和多模 OM4 光纤采用 12 芯 MPO 接口均支持 100G 的应用。其中,中间 4 芯光纤不启用,每个通道均支持 25G 网络, 传输模型与 IEEE802.3ba 中的 40 GBase‑SR4 完全一致,收发器采用 QSFP28。100G Base‑SR4 传输模型与接口外形如图 2‑43 所示。

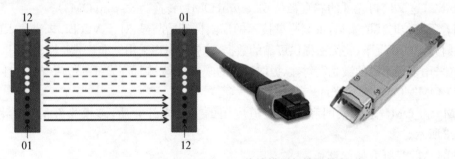

图 2‑43　100G Base‑SR4 传输模型与接口外形

（a）100 GBase‑SR4:接口模型与 40 GBase‑SR4 完全一致,与 QSFP28 光模块上采用 的 MTP/MPO 光纤连接器对接。原 MTP/MPO 的物理光纤链路可以直接升级为 100G 的 应用。100G Base‑SR4 传输模型采用常规的 OM3 多模光纤和 OM4 多模光纤分别支持 100G 应用的 70 m 和 100 m 的距离。

值得关注的是,在推动 100 GBase‑eSR4 传输模型时,部分主流光收发器厂家采用加大 发光功率的方法,使 OM4 多模光纤的传输距离达到 200 m,可满足绝大部分数据中心主干 应用长度覆盖范围,eSR4 标准解决了并行多模光纤传输距离的瓶颈,很大程度提升了 SR4 光接口的可用性。

（b）SWDM4:短波段波分复用技术(short wavelength division multiplexing, SWDM) 可在 1 芯多模光纤上传输 4 个波段的光信号。SWDM 是由 SWDM 联盟的几家成员公司推动的,基于 SWDM 100G 的光模块将优先采用小型化 QSFP28 接口来支持交换机面板更高的密度。

在多模光纤中,BiDi 采用在 1 个光通路传输两个光波(每个光通路携带 10 GBps 数据,全双工传输实现 40 GE 的应用。SWDM4 是在一对光纤中有 4 个不同的光波进行数据传输。每个光波携带 10 GB/s 的数据量,相当于是将并行传输的 4 条光纤链路换成 4 个不同的光波在同一条光纤链路上传输,已获得标准认可支持 SWDM 应用的光纤类型为 OM5。SWDM 技术同样可以采用 OM4 光纤作为传输介质,只是传输距离要进行相应的缩减。OM5 在传统 850 nm 光波外又增加 880 nm、910 nm 及 940 nm 三个短波窗口。

850～940 nm 的光波以窗口中心 30 nm 为间隔分成 4 个光波窗口进行 4 路通道的传输方式。光波窗口分配如表 2 - 24 所示。

表 2 - 24　光波窗口分配

通　道	窗口中心波长/nm	窗口波长范围/nm	收/发通道
L0	850	844～858	Tx0,Rx0
L1	880	874～888	Tx1,Rx1
L2	910	904～918	Tx2,Rx2
L3	940	934～948	Tx3,Rx3

波分复用原理与单模上的 CWDM 类似。SWDM 是首次将波分复用技术应用在多模光纤短波段上的。100G Base - SWDM4 传输原理如图 2 - 44 所示。

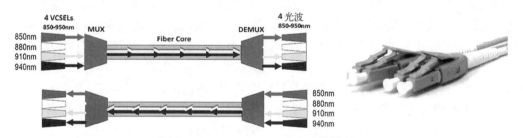

图 2 - 44　100G Base - SWDM4 传输原理

传统 OM3 多模光纤和 OM4 多模光纤的主要传输窗口定义在 850 nm,多模宽带光纤(wideband multimode fiber, WBMMF)的带宽将有新的提升,传输性能的最佳点处在 880 nm 波段附近,模式带宽可以达到 14 000 MHz/km。SWDM 技术采用性价比高的 VCSEL 垂直腔面发射激光器作为光源。WBMMF 多模光纤可以与 OM3 多模光纤和 OM4 多模光纤向下兼容。

100 GBase - SWDM4 的总体特点:SWDM4 的 QSFP28 光模块光纤接口采用多模双工 LC 接口仅需要 2 芯光纤。WBMMF 多模光纤支持 100G 应用的传输距离可达到 300 m,即便采用常用的 OM4 多模光纤,也可以支持 100G 的应用达到至少 100 m 的距离。

多模光纤的 SWDM 技术,使得 12 芯 MPO/MTP 连接器在 40G 网络升级至 400G 网络时,仍能够被得到使用。

(5) 时延和传输距离。

制约多模多通道传输距离的一个非常重要的原因是通道的延时偏差。在同一根光缆内部,光纤存在的长度差异所产生的传输延时偏差会影响光信号的传输性能,尤其在光信号传输的速率达到 10 Gbit/s 时,哪怕是非常小的延时偏差也会给信号带来非常严重的失步。所以,多模光纤的并行传输一般都限制在非常短的传输距离内。采用 SWDM 技术后,在单根光纤内传输 4 路信号极大地改善了传输延时偏差的问题,具有更好的同步性能,以支持更长的传输距离。40G/100G SWDM 的传输距离如表 2-25 所示。

受到光源和光纤结构的影响,多模光纤在 850 nm 窗口下,虽然可以实现 10 000 MHz/km 的带宽,但是在采用 NRZ 的编码方式下,如扣除安全余量,则在 300~400 m 范围内能够实现的传输速率约为 25 Gb/s,如果采用物理间隔并行传输的方式,则还要考虑通道间传输延时偏差的影响,应用传输的距离为 100~150 m。

表 2-25 40G/100G SWDM 的传输距离

光纤类型	传输距离/m	
	100G SWDM	40G SWDM
OM3	2~75	2~240
OM4	2~100	2~350
OM5	2~150	2~440

(6) PAM 的编码方式。

在单通道速率达到 50 Gb/s 以后,受光纤带宽的限制,多模光纤将无法再继续使用 NRZ 的编码方式,而会采用 PAM 的编码方式实现更高速率的传输。相比 NRZ 的编码方式,PAM 的编码方式将光信号的强度分为不同的等级。例如,最有可能在 100G 单通道标准中采用的 PAM4 编码方式,就是将光信号的强度分为 4 个等级。4 个等级分别可以代表 00、01、10、11 信号,在同一个信号采样点位上,可以通过 2 个 bit 来表达内容,在没有提高信号带宽的情况下,提高了数字信息的传输能力。其实,PAM 的编码方式早在 1 000Bast-T 中就被应用于对绞线的信号传输。100G 单通道传输标准基于 PAM4 更复杂的解码方式,也会导致解码信号所需要的能力的提高,PAM4 编码方式的眼图(eye mask)如图 2-45 所示。

4) 单模光纤技术的应用

实际上,100G 网络为了将来升级的考虑,应用采用的会是单模光纤链路。相比之下,单模光纤单通道传输速率可达到 50 Gb/s,并采用单对光纤波分传输技术和 MTP/MPO 12 芯连接器,实现物理隔离并行传输的模式。在 40G/100G 标准中,单模光纤单通道速率达到 25 Gb/s,通道仍然采用 2 芯单模光纤,在设备上采用并行接口,也就是在光信号转换为电信号以后,采用并行多通道的方式将信号传输给设备的处理芯片,处理芯片再将并行信号整合起来变为单路的 40G/100G 信号,对 40G 网络采用了 QSFP+接口,100G 网络则为 CFP、QSFP28 等接口。

经过研究,数据中心 97% 的链路都不超过 150 m,单模光纤的长距离传输优势不能完全得到发挥,出现单模光纤 100G 传输成本较高的问题。如果借鉴多模光纤的物理分隔方式,采用 MPO/MTP 连接器实现对信号的并行传输,诸如 100 GBase-PSM4 网络所针对短距离(500~1 000 m)的低成本单模光纤方案,即采用 4 收、4 发,4 通道,8 芯光纤的布局方式。

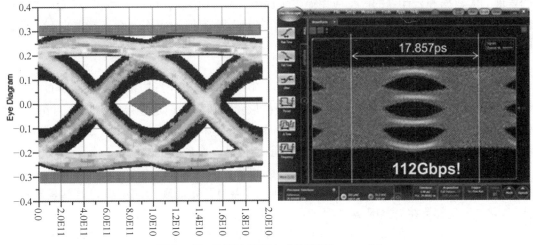

图 2 - 45　PAM4 编码方式的眼图(eye mask)

这样成本增加不明显,但在传输距离方面比多模光纤提高了一个等级。下面对单模光纤网络应用的特点做一个介绍。

(1) 100 GBase - PSM4。

基于单模光纤并行传输模式,传输模型类似于 100 GBase - SR4。100G 网络均采用 8 芯单模光纤构成 4 个独立的通道,每个通道均传输 25 Gbit/s 的信息流,采用 12 芯的 MPO 接口(中间 4 芯光纤不启用)。PSM4 单模光纤的激光光源采用 1 310 nm 的波长,收发器为小型化接口 QSFP28,连接器采用 MTP/MPO 单模 APC。

本模型采用常规 OS2 单模光纤可以支持的传输距离达到 500 m。

(2) 100 GBase - CWDM4。

基于单模光纤粗波分复用技术的 100G 传输模式,其光纤收发器采用单模激光光源,采用 LC 双工连接器。每芯光纤均支持 4 个长波段的信号传输,长波段分别为 1 271 nm、1 291 nm、1 311 nm 及 1 331 nm,每个波段均传输 25 Gb/s 信息流,同样采用 QSFP28 小型化收发器。

100 GBase - CWDM4 光纤传输距离可以达到 2 km。100 GBase - CWDM4 的传输模型如图 2 - 46 所示。

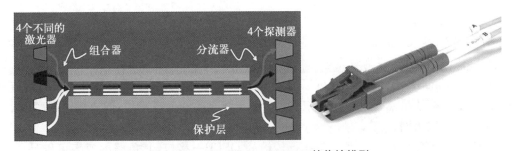

图 2 - 46　100 GBase - CWDM 的传输模型

5) 光纤连接器和光纤收发器

根据 IEEE 802.3 以太网联盟和 FCIA 光纤通道工业委员会提供的信息,以太网高速率的发展为大数据和云计算的广泛应用提供了保障。MSA协议针对以太网和FC光纤通道的传输速率需求制定了各种类型的光纤收发器,并且对所支持的应用光纤连接器也有了明确的定义。

(1) 连接器应用的主流技术。

在布线系统中,连接器的演变与发展速度较快,针对多模光纤应用被广泛采用的ST光纤连接器为单芯形态,内置2.5 mm直径的圆柱形套圈和卡口锁定连接机构。20世纪90年代,ST光纤连接器被具备推拉式机构和能够固定在一起构成双纤(双工)的SC连接器取代。随后,各种各样的小型化双工连接器相继出现,连接密度实现翻倍的增长。

双工LC连接器配备1.25 mm直径的套圈和薄片卡口锁定机构,它成为目前主流的连接器。在双工连接器被广泛应用的同时,阵列连接器也开始涌现,其中MPO连接器被市场认可,它首先是部署在公共网络中,用于接合带状光缆(包含8~12根光纤)。MPO体积小,采用长方形套圈,可在原双工LC连接器占用的空间中端接12芯,甚至更多的光纤。MPO的高密度可简化光纤连接器的安装流程。

符合400 GBase-SR16标准的MPO-16阵列连接器,可以使每行的光纤数量从12芯增加到16芯。它不仅可与"-SR16"完美搭配,还能够提供更简单、更高效的布线匹配。

数据中心为了能降低运营成本,势必会在机柜内考虑安装更多的设备。对于网络设备,则会对端口的连接设备提出更小的体积和更高传输速率的要求。

因此,数据中心在连接器件选择时,需要了解数据中心的物理链路结构和未来的业务需求,从多种的技术路径中确定出最经济、最便捷、最可靠、可升级的物理传输手段。下面从各种以太网的应用,对连接器的选择加以描述。

(a) 10/25G以太网。

根据MSA定义的光纤收发器类型,支持10G以太网的常用光纤收发器和网络连接器均为SFP+,其体积小、功耗低,应用非常广泛。SFP+是从SFP接口发展而来的,为了适应新一代25G单通道网络,出现了商用化的支持25G以太网应用的SFP28接口,每一个单通道均支持25G信号的传输。SFP28的产品已经成熟并且商用化了。

10/25G和8/16/32 GFC传输速率的网络应选择与SFP+和SFP28两种光纤收发器两端相适应的双工LC型光纤连接器。在实验室中,SFP接口已经成功实现了56G信号的传输,为下一代50G单通道的应用铺平了道路,基于100G应用的SPF接口也正处研究阶段。

(b) 40G以太网。

根据MSA定义,支持40G应用的光纤收发器的类型有QSFP+和CFP两种。其中小型化QSFP+模块已经成为收发器市场的主导产品,QSFP+光模块主要采用BiDi(Cisco)和SWDM4(Finisar)两种技术,并可以通过双工LC型光纤连接器与MPO-12光纤连接器互连。CFP模块虽然也可以使用双工LC型光纤连接器进行连接,但市场使用率很小。

(c) 100G以太网。

40G及以上网络采用通用4路并行传输的QSFP+接口,其单路的速率可以是10G/25G/50G。10路并行的CFP和CXP以及16路的CPD接口虽然传输速率更高,但是因为通用性问题所导致的成本较高,只在部分需要的链路上会有所使用。

目前常用100G光纤收发器的类型有CFP、CFP2、CFP4、CXP及QSFP28。下一代

100G 光纤收发器的模块则为 CFP4 和 QSFP28。其中,QSFP28 光纤收发器的模块不仅可以支持 100 GE(4×25G),同时还能支持 128 GFC(4×32 GFC)。市场已经选择 QSFP28 作为 100G 传输的主要模块。

100G 光纤收发器的模块应用所对应的光纤连接器类型也是多样化的,CFPx 系列的光纤收发器对应市场上几乎所有的光纤连接器。作为 100G 传输的主要模块 QSFP28 也有 LC 双工和 MPO‐12 两种方案,在规划设计 100G 的物理链路时,可选择的方案非常多,需要用户在规划前期综合考虑,以适应未来网络升级的需要。

(d) 200G/400G 以太网。

对于 400G 以太网,CDFP 收发器已经发布了 3.0 版本,为了应对一系列应用带来的大量数据聚合,不断扩展的以太网和新的电气/光信号技术的开发正在同步进行。

以太网对 400G I/O 接口的主要目标是在 1 U 的面板配线架上安放尽可能多的端口。接口规格对传输信号的完整性和通信质量及兼容性会带来的技术和成本问题,外形规格也关系到是否能够提供足够的封装体积和是否有足够的开放气流穿孔,以保持系统的可靠性等。因此,要求应用于 400G 网络的 CFP8、OSFP、QSFP‐DD 及 COBO 模块的外形规格应能满足各种需求和使用环境。

(2) 光纤收发器类型。

光纤收发器是一种可以通过光纤进行发射和接收信号的光电设备,将两个光纤收发器分置在两端,中间采用无源光纤布线,即可构成一个网络的光通道。光纤收发器的类型由多源协议(MSA)指定,MSA 是指由多家制造商就制造可应用的光纤收发器所达成的一项协议。为保证操作的互换性,IEEE 和 T11 定义了最低的性能要求,MSA 则据此要求对指定的光纤收发器和基于非标准的光纤收发器提出设施标准。

常用光纤收发器的类型包括支持 10G 应用的 XFP、SFP+,支持 25 GE 应用的 SFP28,支持 40G 应用的 QSFP+,支持 100G 应用的 QSFP28、CXP、CFP 系列、CPAK、CDFP 等类型。MSA 常用光纤收发器的类型和应用如表 2‐26 所示。

表 2‐26　MSA 常用光纤收发器的类型和应用

类　型	规　格	应　用
XFP	XFP MSA	10 GE
SFP+	SFF‐8431, SFF‐8432, SFF 委员会	10 GE,8/10/16/32G FC
SFP28	SFF‐8402, SFF‐8432, SFF‐8472	25 GE
QSFP+	SFF‐8436, SFF 委员会	40 GE
QSFP28	SFF‐8665, SFF 委员会	100 GE,4×25 GE,128 GFC,4×32 GFC＊ ＊:128 GFC 和 32 GFC 基于 28 Gb/s/通道运行
QSFP‐DD	QSFP‐DD MSA	400 GE,8＊50G,4＊100G
OSFP	OSFP MSA	400 GE,8＊50G,4＊100G
CXP	IBTA 的 CXP(InfiniBand 行业协会)	10×10 GE,12×10 GE,100 GE,3×40 GE
CFP	CFP MSA	100 GE,40 GE

(续表)

类 型	规 格	应 用
CFP2	CFP MSA CFP2 硬件规范	100 GE
CFP4	CFP MSA CFP4 硬件规范	100 GE
CPAK	Cisco 专利	100 GE
CDFP	CDFP-MSA	400 GE，16×25 GE
CFP8 *	CFP MSA	400 GE，4×100 GE

（3）光纤收发器与连接器的对应关系。

不同类型光纤收发器对应的连接器不同。同一种光纤收发器因采用不同的编码方式，也会对应多种连接类型。表 2-27 为光纤收发器与连接器的对应关系。

表 2-27 光纤收发器对应的连接器

类型	2芯 LC SMF	2芯 LC MMF	2芯 SC SMF	2芯 SC MMF	12芯 MPO SMF	12芯 MPO MMF	24芯 MPO SMF	24芯 MPO MMF	MPO-16 SMF	MPO-16 MMF
XFP	√	√								
SFP+	√	√								
SFP28	√	√								
QSFP+	√	√			√	√				
QSFP28	√	√				√				
CXP								√		
CPAK™			√	√			√	√		
CFP	√		√	√		√				
CFP2	√							√		
CFP4	√					√				
CDFP	√									√
OSFP	√	√			√	√			√	√
QSFP-DD	√	√			√	√			√	√

注：MPO-16 分为 16 芯和 32 芯两种。

（4）单/多模连接器技术的融合。

从标准和应用的角度，未来网络传输速率的大幅提升必然是通过多通道并行传输来实现的。并行的方式可以是物理隔离，也可以是光波长隔离。前期单模连接器和多模连接器所采取的技术方式是截然不同的，但随着应用成本和技术发展的考虑，对于 12 芯 MPO/MTP 连接器，单模/多模连接器技术路线的相互融合，既可采用分纤方式变为 2 芯双工连接器，也可采用并行连接器的方式形成多通道的高速率传输。

（a）多模光纤传输协议和连接器的类型如表 2-28 所示。

表 2-28　多模光纤传输协议和连接器的类型

传输协议	标准	发布时间	有源设备接口	连接器类型	光纤资源（芯）	支持距离
40 GBase-SR4	802.3ba	2010	QSFP	MPO8/12	8	150 m(OM4)
100 GBase-SR10	802.3ba	2010	CFP/CXP	MPO24	20	150 m(OM4)
40 GBase-SR4	802.3ba	2010	QSFP	MPO8/12	8	150 m(OM4)
40 G-SR-BiDi	Cisco	2013	QSFP	LC	2	100 m(OM4)
100 GBase-SR4	802.3bm	2015	QSFP+	MPO8/12	8	100 m(OM4)
25 GBase-SR	802.3by	2016	SFP+	LC	2	100 m(OM4)
40 G-UNIV	Arista	2017	QSFP+	LC	2	150 m(OM4)
40 GBase-SWDM4	SWDM	2017	QSFP+	LC	2	440 m(OM5)
100 GBase-SWDM4	SWDM	2017	QSFP+	LC	2	150 m(OM5)
400 GBase-SR16	802.3bs	2018	CDP	MPO-32	32	100 m(OM4)
400 GBase-SR8	802.3cm	2019	QSFP DD、OSFP	MPO-16	16	100 m(OM4)
400 GBase-SR4.2	802.3cm	2019	QSFP DD、OSFP	MPO8/12	8	100 m(OM4) 150 m(OM5)
50 GBase-SR	802.3cd	2018	SFP+	LC	2	100 m(OM4)
100 GBase-SR2	802.3cd	2018	QSFP+	MPO8/12	4	100 m(OM4)
200 GBase-SR4	802.3cd	2018	QSFP+	MPO8/12	8	100 m(OM4)

（b）单模光纤传输协议和连接器的类型如表 2-29 所示。

表 2-29　单模光纤传输协议和连接器的类型

传输协议	标准	发布时间	有源设备接口	连接器类型	光纤资源/芯	支持距离
40 GBase-LR4	802.3ba	2010	QSFP	LC	2	10 km
100 GBase-LR10	802.3ba	2010	CXP	LC/SC	2	10 km
100 GBase-ER10	802.3ba	2010	CXP	LC/SC	2	40 km
100 GBase-LR4	802.3ba	2010	QSFP/CXP	LC/SC	2	10 km
100 GBase-ER4	802.3ba	2010	QSFP/CXP	LC/SC	2	40 km
40 GBase-LRL4	802.3ba	2012	QSFP	LC	2	2 km
40 GBase-PLRL4	802.3ba	2012	QSFP	MPO8/12	8	1 km
100 GBase-PSM4	PSM4	2012	QSFP/CXP	MPO8/12	8	500 m
100 GBase-CWDM4	CWDM4	2014	QSFP+	LC	2	2 km
40 GBase-ER4	802.3bm	2015	QSFP	LC	2	40 km

（续表）

传输协议	标准	发布时间	有源设备接口	连接器类型	光纤资源/芯	支持距离
50 GBase-LR	802.3cd	2018	SFP+	LC	2	10 km
100 GBase-DR2	802.3cd	2018	QSFP+	MPO8/12	4	500 m
100 GBase-FR2	802.3cd	2018	QSFP+	LC	2	2 km
100 GBase-LR2	802.3cd	2018	QSFP+	LC	2	10 km
200 GBase-DR4	802.3cd	2018	QSFP+	MPO8/12	8	500 m
200 GBase-FR4	802.3cd	2018	QSFP+	LC	2	2 km
200 GBase-LR4	802.3cd	2018	QSFP+	LC	2	10 km
200 GBase-FR4	802.3cd	2018	QSFP+	LC	2	2 km
400 GBase-FR8	802.3bs	2018	QSFP DD、OSFP	LC	2	2 km
400 GBase-FR4	802.3cu	2020	QSFP DD、OSFP	LC	2	2 km
400 GBase-DR4	802.3bs	2018	QSFP DD、OSFP	MPO8/12	8	500 m
400 GBase-LR4	802.3cu	2020	QSFP DD、OSFP	LC	2	10 km
400 GBase-ER8	802.3cn	2020	QSFP DD、OSFP	LC	2	40 km
400 GBase-ZR	802.3cn	2020	QSFP DD	LC	2	80 km

3. 万兆对绞电缆布线

1）铜缆以太网

1 000Base-T符合IEEE 802.3ab铜缆千兆以太网标准。每段1 000Base-T网络4对电缆传输线路最长为100 m，必须提供最低D级信道的传输性能。

数据中心布线标准针对铜缆系统定义的最低性能类别要求达到6A类/E_A级，可向后兼容支持D类性能。

铜缆10 GBase-T符合标准IEEE 802.3an。由于E级/6类UTP布线系统在10G网络应用中，链路长度限制为37 m，因此布线系统通过等级的提升（E_A类及以上），来保证线缆的传输距离达到100 m，这也是北美TIA-942A标准和ISO 24764标准对数据中心布线系统的最低等级要求。

ISO/IEC TR 11801-9905提出的布线Class FA，Class I和Class II等级要求，表明7A类布线可满足25G网络的应用需求，对于8.1类（Class I）、8.2类（Class II）布线系统需要考虑向下兼容6A和7A类布线系统的应用。下面列出网络传输的速率对应于平衡电缆能够支持的传输带宽，如表2-30所示。

表2-30 传输速率与传输带宽的对应关系

传输速率/(Gb/s)	传输带宽/MHz
40	1 600
25	1 000

（续表）

传输速率/(Gb/s)	传输带宽/MHz
10	400
5	200
2.5	100

2) 10 GBase‐T 的应用

10 GBase‐T 传输将利用脉冲调幅（PAM）技术，类似于已经被普遍用于千兆以太网的1 000 Base‐T 模式。1000 Base‐T 模式利用 PAM 技术使用 PAM‐5 进行编码，每一对线双工传输速率为 250 Mbit/s，信息流经过网卡压缩编码处理后的工作带宽大约为 80 MHz。

10G Base‐T 则建议利用 PAM‐5 或者 PAM‐10 技术进行编码，实现每一对线的双工传输速率为 2.5 Gb/s，达到每一对线需要大约 625 MHz 的工作带宽。综合布线标准TIA‐568‐B.2‐10 中定义了新型的电缆类别 Cat.6A，要求每一对线的传输带宽为600 MHz，用于满足 100 m 信道长度。

(1) 香农定律。

针对 10 GBase‐T 的对绞电缆传输，国际标准采用香农定律（Shannon's law）来衡量10 GBase‐T 的信道传输能量。

$$C = B \times \log_2[1 + (S\text{-}IL/AXT + BN)]$$

式中，C 为可达到的信道容量；B 为传输带宽；S 为信号输入；IL 为线路插入损耗；AXT 为外部串扰；BN 为外界噪声干扰。

屏蔽布线系统相对非屏蔽布线系统，公式中的 AXT＋BN 的值会更小，因此可以提供更高的信道传输信息流量。如图 2‐47 所示。

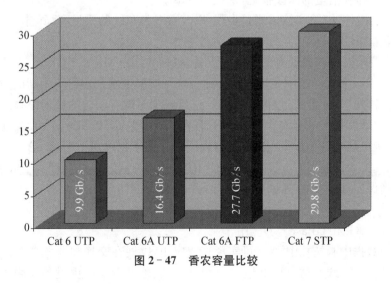

图 2‐47 香农容量比较

(2) 10 GBase‐T 以太网应用。

在万兆网络中，6 类布线系统电缆传输的距离仅能达到 37 m，很难满足水平布线电缆的传输距离(信道 100 m)要求,因此不适作为万兆以太网的物理传输介质。

对 7 类及以上等级的布线系统而言,电缆的终接采用 RJ45 或非 RJ45 的连接方式,并且在使用中需要考虑连接器件的兼容性,带来了工程应用的复杂性。相比之下,6A 类布线系统保持了布线的通用性,并可充分满足数据中心 EoR、ToR 等不同网络架构需求。是当前 10 GBase - T 最为理想的传输介质。

3) 8 类布线

在 ISO/IEC/JTC1/SC25/WG3 制订的通用布线标准中,Class II 和 Class I 等级信道可通过使用 8.2 类和 8.1 类组件实现信息传输,并且要求分别兼容 E_A 级和 F_A 级布线系统的应用。

8 类布线系统的每一对线传输带宽为 2 000 MHz。8.1 类组件被规定成向前兼容 6A 类,以支持 8 针的 IEC 60603 - 7 - 81(RJ45 接口)连接头。IEEE 25G/40 GBase - T 标准提出采用 8 类布线,并将 RJ45 连接头作为设备接口连接头模块(MDI 连接头),可确保 25G/40 GBase - T 能通过自动协商与之前的 IEEE BASE - T 应用(包括 10 GBase - T、1 000 BASE - T、100BASE - TX)进行互操作。除了经济优势,还具有升级过程中自动协商的便利性和灵活性,这也是使用对绞电缆布线系统广泛应用于以太网的关键原因。

(1) 8 类布线拓扑结构。

25G/40 GBase - T 的主要应用领域是数据中心内服务器至接入交换机。最多使用两个连接头实现 30 m 的最大信道长度,该配置可用作列头柜(EoR)接入交换机配置和机架顶部(ToR)接入交换机配置,并将继续为网络提供便捷的移动、添加和更改。

已公布的 TIA - 568 - C.2 - 1 标准包括以下主要条款:

(a) 单设备接口采用 IEC 60603 - 7 - 81 RJ45 型连接头;

(b) 适用于机架顶部(ToR)接入交换机配置的直连布线规范;

(c) 长度缩放模型,可计算不同长度的传输参数;

(d) 改进链路和信道的回波损耗,最低为 8 dB;

(e) 完整的组件、链路和信道测量步骤,以改善 8 类布线的质量和稳健性。

(2) 向下兼容性。

8 类布线要求向下兼容现有的布线和设备,以便在 100 Mb/s、1 Gb/s、10 Gb/s、25 Gb/s 和 40 GBase - T 以太网应用中实现自动协商。这可使局域网在运行不中断的情况下逐步升级到更高的传输速率,使升级过程经济高效,并且减少对现有运行的数据中心的破坏。

8 类包含了 6A 指定的全套参数。向下兼容 6A 可支持 10 GBase - T 及其他低速应用(使用四条连接可延长到 100 m),这种兼容性同样存在于物理层。可将 6A 设备线缆插到 8 类插座中,以支持 8 针的 IEC 60603 - 7 - 81(RJ45 接口)连接头,从而产生不低于 6A 的连接性能。这可确保即插即用的机械互操作性,并确保 8 类完全向下兼容以往所有的标准化应用。

(3) IEEE 25G/40 GBase - T 应用。

在传统的数据中心拓扑中,8 类可实现高速应用,以便在交换机与服务器之间使用中跨和端跨放置结构化布线。这可更好地利用端口,并能更灵活地变更设备及服务器。由于布线与网络设备相互独立,因此该布线拓扑可支持多种类型和多代设备及机房中的多种应用场景,可实现更高的吞吐量。这包括新的数据中心矩阵架构,如分支-骨干、全网状和互联网状等在有源设备之间有多个连接的矩阵架构。在数据中心高速度、高密度连接方案中,8类布线是一种可行且经济的选择。

TIA工程小组委员会TR42.7发布了TIA TSB-5019应用,描述了8类在数据中心和企业网络中的不同应用案例。以下内容摘自TIA TSB-5019,用于显示8类布线应用案例。从本质上讲,25 GBase-T和40 GBase-T在数据中心内可支持30 m距离内任意连接,包括以下各项:

(a) 三层次架构中的任意位置;

(b) 胖树(fat-tree)、分支-骨干(leaf-spine)和互联的胖树(fat-tree)矩阵架构;

(c) 全网状、互联网状和集中交换机或虚拟交换机。

(4) 性能指标的提高。

与6A相比,8类布线信道综合外部近端串扰(PSANEXT)与综合外部远端串扰比(PSAACRF)提升了20 dB,这使收发器收到的外部串扰比背景噪声还要低。由于没有简便的方法来消除外部串扰,这对于支持10 GBase-T以上的应用来说是一项极为关键的改进。信道耦合衰减(coupling attenuation)相比6A类的F/UTP,耦合衰减(用于量化线缆周围屏蔽层的有效性)提升了10 dB,这可以更好地抵御外部噪声源。

(5) 8类布线系统应用目标。

IEEE 802.3bq工作小组制定IEEE 40 GBase-T以太网标准,确立了以下目标:

(a) 只支持全双工操作;

(b) 保留使用802.3 MAC的以太网帧格式和标准的最小和最大帧;

(c) 在MAC/PLS服务接口支持等于或小于10~12的误码率(BER);

(d) 支持自动协商;

(e) 在局域网结构化布线拓扑上支持点对点连接,包括直接连接;

(f) 满足FCC和CISPR EMC的要求;

(g) 在MAC/PLS服务接口处支持40 Gb/s的数据速率。

基于ISO/IEC/JTC1/SC25/WG3工作组和TIA TR42.7子委员会指定的铜介质定义符合以下特征的信道模型:

(a) 4对平衡对绞线铜缆布线;

(b) 最多两个连接头组成的信道;

(c) 最大30 m的信道长度;

(d) 支持40 Gb/s PHY信道模型的定义,双连接的30 m信道拓扑服务器、交换机。

4. 屏蔽布线系统

屏蔽是指在铜缆系统中,使用导电材料将电磁波隔离在外。

1) 屏蔽原理

简单地说,法拉第笼原理就是用金属材料(屏蔽层)将物体全部封闭起来,并通过屏蔽层接地,这种结构称为"法拉第笼"。根据电磁屏蔽理论,法拉第笼的作用如下:

(1) 当屏蔽层不接地时,屏蔽可以防止外界电磁场侵袭被屏蔽的物体。

(2) 对于布线系统意味着外部电磁干扰已经不能影响信息传输的质量,但由电磁辐射引起的信号泄漏现象仍然有可能出现。

(3) 当屏蔽层接地时,屏蔽可以切断外界电磁场与被屏蔽物体之间的电磁耦合。

依据上述结论,电缆的屏蔽层必须接地。可以判定带屏蔽层的非线对屏蔽的对绞电缆(如 SF/UTP)或使用屏蔽线对的对绞电缆(如 U/FTP)＋非屏蔽模块(即屏蔽层不接地)的综合布线工程相对非屏蔽对绞电缆,在对于外部干扰的抑制能力有了明显的提高,但对线缆上因电磁辐射而可能形成的泄密情况毫无帮助。

2) 屏蔽布线系统的基本概念

在电子学中,线缆最基本的抗电磁干扰手段有三个,即线对的对绞状态、阻抗匹配和屏蔽。

(1) 线对的对绞状态。

对绞电缆实现长距离传输和改善信噪比采用的一种方法是线对的对绞。

对绞电缆的原理是从明线电话传输系统中"交叉"的概念发展起来的。所谓"交叉",就是每隔一定距离在电线杆上将平行传输线的位置颠倒。这样,将每对明线构成的回路分割成若干个小的回路,每个回路中感生的串扰和干扰能够相互抵消一部分,从而达到较好的语音的听觉效果。

4 对 8 芯非屏蔽对绞电缆(UTP)中包含有 4 个线对,每个线对的绞距都不相同,对绞电缆芯线的绞距越紧密、越均匀,各对芯线之间的应力越平衡,其性能就越好。对绞电缆的对绞原理可以抑制磁场干扰,但对电场干扰作用不大。

线对的对绞构造使得两根芯线上感应到的信号强度基本相同,并转化成共模电压,同时利用网络设备中的电子电路进行抵消,称为电路的"共模抑制比",其值通常可以达到 90 dB以上。

以最为常见的计算机以太网为例,对绞抗干扰的原理大致如下:

在以太网设备中,对绞电缆两端的连接器件为平衡变压器。平衡变压器分为初级绕组和次级绕组,在初级绕组的中部有一个中心抽头,该抽头接地。

当对绞电缆所在空间中含有电磁波时,由于对绞电缆的绞距作用,外界电磁波会在每个线对的两根芯线上形成大小相等,相位相同的干扰电流,该电流与信号电流一起被传输到两端网络设备中的平衡变压器上。

平衡变压器采用这种中心抽头接地方式,使两根芯线上的干扰电流彼此抵消(电子学中称为"共模信号"),而让信号电流(大小相等、相位相反,电子学中称为"差模信号")进入传输放大器中进行放大、整形和处理,最终还原成为所需的数字信号。

同样,位于同一根对绞电缆内的 4 个线对之间也存在着电磁干扰,由于各线对的绞距均不相同,使它们能够在传输过程中得以抵消,而抵消的能力用"近端串扰"(NEXT)等参数予以评价。如图 2-48 所示,

(2) 阻抗匹配。

在电信技术中,传输线在阻抗匹配时,信信噪比可以达到最佳。在网络系统中,要求对绞电缆中每对芯线和网络设备的接口特性阻抗均为 100 Ω,以满足阻抗匹配的要求。当随意排列 8 芯对绞电缆的芯线时,因阻抗匹配的不佳会产生 10 M 以太网的传输距离缩短、电话出现串音等现象。

3) 屏蔽布线保护信息传输的安全

如图 2-49 所示,环境中的电磁/射频干扰信号会透过对绞电缆的外护套及导体绝缘层,和正常的传输信号一起通过导体传送至网络设备端口,并被接收。如果电磁干扰信号的

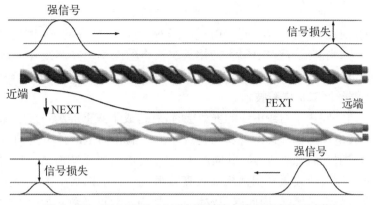

图 2-48　10 M/100 M 以太网对绞电缆近端串扰示意图

能量超过了正常传输信号的能量时,将造成网络传输出现故障。屏蔽布线系统由于有金属屏蔽层的保护,干扰的能量一部分会被屏蔽层反射出去,即使是累积在屏蔽层上,干扰能量也会被接地体导入地下。

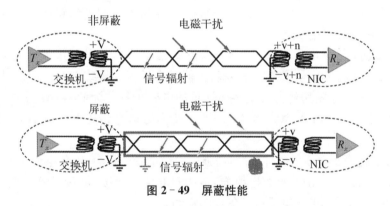

图 2-49　屏蔽性能

　　另外一方面,高频的信号传输使得对绞电缆会像天线一样将信号向外辐射,如果在一定的范围内使用还原装置就可以窃取传输的数据信号,金属屏蔽层则可以阻挡信号向外辐射的能量,提高系统的安全性。

　　4) 屏蔽层采用技术

　　(1) 丝网屏蔽。

　　采用铜网编织层可在无法采用实体材料作为屏蔽层的情况下,用来制造屏蔽电缆。优点是成缆与芯线制造无关,且线缆重量轻。

　　丝网屏蔽的特点是柔软易弯曲,不易断裂,万一折断一根或数根,不会影响总体的传输性能,它弥补了铝箔在受到尖锐利器时易开裂,使其有效防护面积有所下降的缺点,因此双重屏蔽在机械性能上可以实现互补。丝网屏蔽层的不足则是有孔隙,让人感觉电磁波会有入侵的现象存在。根据电磁理论,孔洞的存在形成了内、外部的耦合,影响了屏蔽效果。但由于丝网中孔洞的直径远远小于波长(如 7 类对绞电缆的物理带宽为 600 MHz,对应的波长约为 500 mm;即使是 8 类对绞电缆的物理带宽达到了 2 GHz,它对应的波长也达 125 mm 左右,而孔洞的尺寸却不到 0.5 mm),因此孔洞对屏蔽效果的影响仍然可以忽略不计。但是如果为了提高防护的性能而将屏蔽丝网的密度提高,则会加大线缆的外径,造成安装的难度。

仅含有丝网屏蔽的综合布线用对绞电缆已经看不到了,现在的丝网大多与铝箔共同使用。在制造过程中,当芯线群绞完毕后,使用编织机将丝网编织在芯线外层,铜丝网的线径约为 9～10 μm。它通过编织形成了单层或多层铜网,使丝网的覆盖率可以调整。

(2) 铝箔+铜丝网双重屏蔽技术。

当丝网和铝箔共同用于对绞电缆的屏蔽层时,就构成了双重屏蔽对绞电缆。

双重屏蔽对绞电缆由铜和铝两种材料构成。由于铜和铝是两种不同的电磁介质,使得电磁屏蔽效果由反射衰减和吸收衰减共同产生,双重屏蔽反射衰减由三个反射衰减值组成,吸收衰减则由铜丝网吸收衰减和铝箔层吸收衰减组成。鉴于铝箔层仍然保持原有厚度,反射衰减和吸收衰减都有所增强,因此屏蔽效果也会加强。双重屏蔽对绞电缆中,铜具有远高于铝的导电特性,意味着由残留电压引起的二次辐射影响将会明显减少。

从机械性能上看,铜丝网具有很好的柔韧性,当铝箔发生了横向断裂时,铜丝网可以起到导电的作用,完全避免了接地通道出现故障的可能。在电缆终接时,可以仅进行丝网的模块接地,利用丝网中的金属丝实现全方位屏蔽,丝网由于编织造成相互叠加,电缆外径比较大,电缆终接于模块施工时,需特别注意避免铜丝引起芯线信号的短路现象发生。

5) 屏蔽布线系统应用要点

国际上公认的 15 种电磁干扰源中,IT 设备及 IT 设备配套的风扇都是电磁干扰源。可以想象,一台 IT 设备产生的电磁干扰并不大,但一个机柜如果装有 20 台服务器,那一列或多列服务器机柜安装于机房将会产生多么严重的电磁干扰。为此,在数据中心内,对屏蔽布线系统的使用价值需要考虑诸多的因素,尤其作为信息传输介质而言,它具有独特的效果:

(1) 屏蔽层提高了电缆的整体强度,增强了电缆承受的拉力,以免电缆在施工中受损。

(2) 对 6 类及以上类别的对绞电缆而言,相对非屏蔽电缆,屏蔽对绞电缆尺寸略小,在电缆桥架中布放时,比非屏蔽电缆占有更少的空间。

(3) 屏蔽层是很好的导热材料,即使外部温度升高或内部发热(铜导线在传输电信号的同时,必然会有一部分能量因电阻而转化成热能)时,对绞电缆的传输距离下降趋势远小于非屏蔽对绞电缆。

(4) 利用屏蔽层的特性,在非屏蔽布线系统的应用中,出现了客户要求采用屏蔽对绞电缆配以非屏蔽模块和非屏蔽跳线的应用实例。

按照国际标准 ISO 11801 中建议,布线系统中的水平子系统采用平衡电缆。

由于早期的数据中心区域配线系统的水平线缆大量地应用于 1G/10G 以太网,所以对 6 类/6A 类非屏蔽布线系统会有需求,当网络上升到 40G 或更高带宽时,8.1 类/8.2 类屏蔽布线系统和光纤布线系统会成为主体。

对于一个能够进行非屏蔽布线系统设计的工程师而言,要简单地掌握屏蔽布线系统的设计十分轻松。首先将系统按非屏蔽完成设计,然后将其中的"非屏蔽"字样全部替换成"屏蔽",填入对应的屏蔽产品型号并添加等电位连接导体(接地导线)即可完成。对于 6A 类以上等级的水平对绞电缆而言,采用屏蔽布线结构对于设计、施工和运维方面是比较理想的。在工程中,即使是对于仅仅只进行过非屏蔽施工的施工人员而言,只要进行了简单的培训,就能迅速地掌握屏蔽布线施工要领。从总体看,屏蔽布线施工的总时间并不会比非屏蔽布线系统更长。

（1）屏蔽对绞电缆中屏蔽层破损的影响。

屏蔽对绞电缆是利用屏蔽层接地将感应电动势转换成感应电流，顺着屏蔽层的接地端泄放到大地，所以屏蔽层需要两端接地以形成接地回路。对于具有铜丝网的屏蔽对绞电缆而言，铜网能够确保整根对绞电缆的导通始终保持良好。对于仅有铝箔的屏蔽对绞电缆而言，常规的铝箔具有断裂的可能，如果是纵向（顺着对绞电缆的长度方向）断裂，不会影响接地回路，所以仅仅是裂缝处有电磁干扰进入，对整根对绞电缆的抗电磁干扰性能不会有大的影响；但是如果因为扭曲等原因发生了横向断裂（即顺着对绞电缆周长方向的断裂，就有可能使接地回路在断裂处中断，导致感应电流对包裹在屏蔽层内的芯线进行"二次干扰"，由于屏蔽层上的感应电动势相对比较均匀，所以芯线上的对绞状态能够充分发挥作用，使屏蔽对绞电缆在接地不良好时的电磁波抑制能力仍然优于非屏蔽对绞电缆，但明显低于双端接地的屏蔽对绞电缆。

为了使铝箔屏蔽对绞电缆（包括 F/UTP、U/FTP 和 F/FTP）的屏蔽效果能够充分发挥，在制造铝箔屏蔽对绞电缆时，同时采用了两种方法：

（a）屏蔽铝箔的一面贴有塑料薄膜，能够使铝箔也不容易被撕裂。

（b）在对绞电缆的护套内嵌有接地导线。

在全铝箔屏蔽的对绞电缆中，在铝箔的导电面上都嵌有一根接地导线，它在平时起到减小接地阻抗的作用，在屏蔽层出现横向断裂时，将断裂面两端的铝箔依靠接地导线构成接地通道，使感应电动势能够泄放到大地中去。

（2）屏蔽布线系统的施工难度分析。

屏蔽布线系统的施工很难吗？对于电缆的布放而言，在 TIA 568C-2 已经明确屏蔽对绞电缆的弯曲半径与非屏蔽对绞电缆完全一样，都是缆径的 4 倍。由于屏蔽对绞电缆护套的厚度与非屏蔽对绞电缆相同，且高品质的铝箔屏蔽层都衬有防撕裂的尼龙薄膜，加上丝网本身的强度，所以屏蔽对绞电缆穿线时的抗拉强度参数与非屏蔽对绞电缆是一样的。

由于 6A 类以上等级的屏蔽对绞电缆缆径并不会大于非屏蔽对绞电缆，所以电缆的布放手法和力度基本相同。

对于电缆终接而言，屏蔽布线系统的施工十分简单，它只是增加了两道工序，将对绞电缆屏蔽层与对绞芯线分开以及使用尼龙扎带将对绞电缆屏蔽层与模块屏蔽层对接。

（3）接地导线的作用和注意事项。

接地导线的作用是将屏蔽层上感应到的电荷泄放到大地，将对绞电缆芯线与外部电磁场（包括其他线对的电磁场）彻底隔离，以改善传输线路上的信噪比，达到提高传输能力的作用。

接地导线宜选用截面积为 6 mm² 的铜导线，以求具有较为理想的接地电阻。由于对绞电缆的物理带宽已经远超 100 MHz，所以高频电磁波在接地导线上会沿导线的表面传输，如果想要达到最佳的高频接地效果，就得增大导线的表面积。而网状编织导线因为它的铜丝非常细，表面接触面积大，导电性能优于单股硬导线、多股软导线，已经成为接地导体的最佳选择。

（4）屏蔽布线与外部串扰。

随着传输频率和速率的提升，对绞电缆之间或配线架端口之间的干扰也成为影响网络信号正常传输的因素，其测试参数被定义为外部串扰（Alien NEXT），如图 2-50 所示。

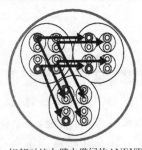

相邻对绞电缆电缆间的ANEXT　　　　　　　相邻配线架端口的ANEXT

图 2-50　电缆间与端口间干扰

　　实际上,单根 4 对对绞电缆线对之间的干扰可以通过信道末端网络电子设备复杂的数字信号处理技术(DSP)进行控制,但却无法消除线外串扰(ANEXT)的影响。实验室测试证实了外部串扰 ANEXT 是 10G BASE-T 传输带宽受到限制的主要因素。虽然非屏蔽和屏蔽 6A 布线系统都可以支持 100 m 的万兆信道长度,但是因为非屏蔽布线系统即使在电缆的敷设路由中和汇聚处,通过增加线缆外皮厚度和加大信息模块在配线架上安

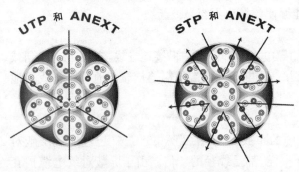

图 2-51　两种对应的外部串扰

装的间距,仍将无法保证在所有的频率点上都能够通过性能指标测试,所以非屏蔽 6A 布线系统在 10G 网络应用时需要考虑外部串扰的测试,可对于屏蔽布线系统而言则可忽略。以下是两种系统对应外部串扰的图示(见图 2-51)。针对 ANEXT 标准的极限值,屏蔽布线系统比非屏蔽布线系统有了更多的余量,

　　(5)线缆外径与空间占用。

　　屏蔽电缆的外径比非屏蔽电缆外径要大的规律在 6A 类对绞电缆上发生了改变,原因还是因为外部串扰的问题。

　　非屏蔽 6A 类系统解决外部串扰的唯一的方法就是将电缆外皮增厚,加大缆间距以减小外部串扰的影响。因此,原有的屏蔽系统电缆要比非屏蔽电缆外径大的规律被打破。通常情况下,6A 类屏蔽电缆的外径是 7.2 mm,而 6A 类非屏蔽电缆的外径可能会达到 8~9 mm。电缆外径的增大,相应地会降低管槽的利用率,加大管槽和辅材及施工的投入成本。例如,我们常用的 20 mm 的金属管,放两根 6A 屏蔽线空间还有余量,但放两根较粗的 6A 非屏蔽电缆时,在施工牵引时就会有些困难,会因线缆的敷设拉力过大而伤及电缆,尤其在线缆路由有弯曲的情况下。6A 类电缆结构如图 2-52 所示。

　　(6)6A 屏蔽布线测试与施工优势。

　　一束 6A 类非屏蔽对绞电缆,在 6 包 1 的情况下,最中心位置的那根对绞电缆的内部传输线对,会受到其外部包裹的 6 根对绞电缆总的传输线对外部串扰影响。但是工程中通常在管槽中敷设的电缆都会以 24 根电缆捆绑为一束,那就需要有更多种的 6 包 1 的组合情况出现。这样就需要花费较多的时间用于多种组合的外部串扰的测试,增加了测试的成本和时间。电缆 6 包 1 构成如图 2-53 所示。

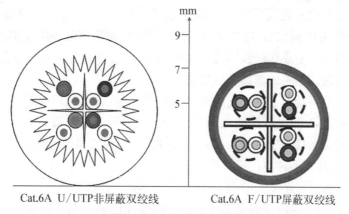

Cat.6A　U/UTP非屏蔽双绞线　　　　Cat.6A　F/UTP屏蔽双绞线

图 2 - 52　6A 类电缆结构

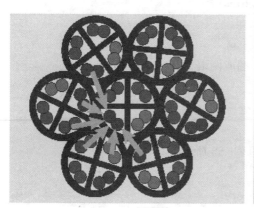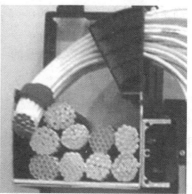

图 2 - 53　电缆 6 包 1 构成

屏蔽布线由于对绞电缆的屏蔽层结构,电缆之间不会受到外部串扰的影响,因此就免去了测试的时间和费用。

5. 高密度与预端接布线系统

在大型数据中心各配线区域,汇集了上行、下行的大量光纤,尤其是主配线架 MD 作为整个数据中心的核心与布线系统的中心分布点,数据机房所有的主干光缆都将连接到 MD 进行交叉配线,因此该区域需要管理的光纤数量多,且密度大。

预连接电缆作为数据中心的主干光缆敷设在机房的主干桥架,一旦部署完成将不会轻易移动与改变。但预连接光纤两端所连接的模块与配线系统,将随着应用的升级而经常产生变更。

目前 MPO - 16 使每行的光纤数量从 12 根增加到 16 根(这个数字有可能还会发生变化)。IEEE 正式批准 802.3ba 标准,定义了 100 m 之内的每通道 10G 带宽,40 GBase - SR4 和 125 m 之内的 100 GBase - SR10 的技术要求,并指定了传输介质和连接器件,即激光优化的多模光纤 OM3/OM4 以及多芯光纤连接头 MPO 等内容。

当前的数据中心主干更多的是应用 10 GbE 的网络,采用 LC 类型的光纤连接器件,但将来采用 40G 与 100G 网络时,可能更多的会采用 MTP/MPO 的接口方式。如何使布线系统能够适应这样的变化呢? 在主配线架机柜内的配线模块与区域配线列头柜内的配线模块之间部署低损耗的 MPO/MTP - MPO/MTP 多芯预连接光缆进行连接,再通过配置的万兆光纤跳线将核心交换机与接入交换机连接起来,作为支持当前万兆网络应用的物理链路。当网络需要从 10G 升级到 40G/100G 时,只需将预连接光缆两端的配线架 10G 模块及设备跳线更换成 40G/100G 模块和跳线即可。这样,不仅可以快速实现网络的升级,而且可以节省大量的因网络升级而带来的布线系统投资。

数据中心的布线系统对于光纤配线最为集中的主配线架 MD 区域,配线架将不会仅仅追求越来越高的密度,MD 光纤配线架的可维护性也是同等的重要。新一代数据中心的配线系统发展方向将是布线高密度与布线系统可维护性两者之间可达到的最佳平衡。

1)高密度光纤连接器件应用设置的位置

(1)多芯光纤的相互连接;

(2)集束双工光纤跳线(于设备 EO 处)大密度的相互连接处;

(3)经由转接器件或扇面出口跳线的相互连接;

(4)高密度交换机的交换刀片;

(5)使用平行光收发器的设备;

(6)位于配线架设备线缆与跳线的一端或两端;

(7)区域配线点(LDP)处;

(8)替换设备双工 EO 连接器的接口处。

2)多于两个连接的示例

多于两个连接的例子如图 2-54 和图 2-55 所示。

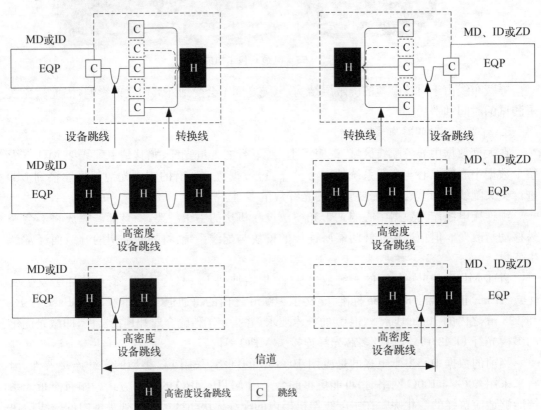

图 2-54　主配线布缆和中间配线布缆的高密度连接硬件示例

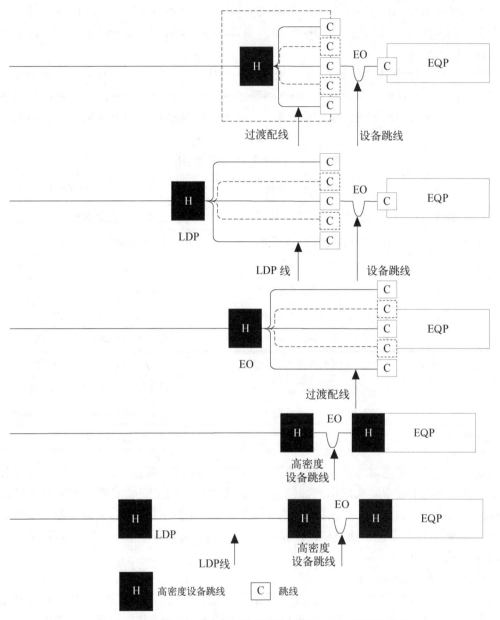

图 2-55 区域配线布缆中 LDP 和 EO 的高密度连接硬件示例

3) 光纤预端接

预连接光缆就是在现有普通光缆的基础上,由厂家在产品出厂前就在光纤的两端预先安装好客户需要的各种类型连接器,同时增加高强度的保护附件,只有对光缆和连接器都有足够的保护,光纤才不会在运输或者安装过程中断纤。产品出厂前连接器带有保护装置,具有良好的抗压、抗拉以及防潮等功能,现场使用时只需要即插即可而无须熔纤。

(1) 预端接的优势。

统计数据表明,一个数据中心如需敷设 105 根 48 芯的主干光缆,平均长度为 150 ft $(1\ \mathrm{ft}=3.048\times10^{-1}\ \mathrm{mm})$。采用现场熔纤方式安装和测试约需要 800 个人力小时。如使用预连接光缆系统,光缆终接在工厂完成,现场安装耗时不到 200 个人力小时。另外,光缆由工厂完成终接,可保证最小的接头插入损耗,减少废料和重复施工的概率,比现场安装节省 10% 的材料。

此外,预端接光缆可提供更高的安装密度,一般比熔纤式配线架终接的密度高出至少三分之一。预端接光纤连接系统是数据中心实现高带宽、高可靠性、高密度和高灵活扩展性最理想的解决方案。与传统光纤熔接相比较,预端接光纤技术具有如下非常明显的特点。如表 2-31 所示。

表 2-31 熔接与预端接技术对比表

项 目	传统光纤熔接技术	预端接光纤技术
光纤插入损耗	损耗高,有熔接损耗	损耗低,无熔接损耗
安装效率	低,每芯光纤需现场熔接	高,即插即用
可靠性	熔接质量因人而异	工厂保证质量
光纤极性管理	需要现场调整尾纤极性	无须调整,工厂已定义
系统灾难恢复	恢复效率低,光纤需重新熔接	恢复效率高,现场即插即用
安装密度	低,通常 1 HU 安装 24 芯左右	高,1 HU 空间可达 96 芯以上
安装难易程度	较难,需要专业人员与设备	容易,无须专业人员与设备
重复利用率	不可以重复利用	可根据需要移动后重复利用
管理空间	空间占用大,尾纤需专门管理	空间占用小,分支无须特殊管理
防潮性能	低,只能达到 IP65	高,可以达到 IP67

数据中心的高密度多芯光纤预连接系统的使用相比传统铜缆布线系统,该系统可节省大量的线缆路由安装空间和机柜内部使用空间,减少现场施工安装时间及安装对传输性能产生的不确定影响的概率。应该说,该系统符合高速网络发展的趋势,同时也颠覆了传统布线的设计理念,具备了包括预先精确计算链路长度、转移终接环节、减少施工步骤、节省部署时间、性能保障等优势。

(2) 低损耗预连接光缆。

预连接光缆依据客户的要求,由工厂定制产品,所有的技术指标遵守 IEC、TIA 及相关的标准规定,因此技术指标远远超越现场磨接形成的连接器。同时,为保证光缆拥有足够的机械性能,采用的光缆的结构是 12 芯到 144 芯的中心束管式或多束管层绞式室内或室外光缆,室外的充油结构也保证了光缆的环境和阻水特性。在光缆成端部分,没有在现场进行采用熔接或其他机械连接方式的施工操作,消除了因存在的光纤接点可能导致的不良后果。到场使用的是测试指标达到了规定的、无任何不良附加因素的光缆产品,使网络的设计或施工变得更加易于控制。预连接光缆方案在数据中心布线中有多种连接方式,应用比较广泛的主要由 3 种主流应用:

(a) MTP/MPO 到 MTP/MPO 预连接光缆整体配套,光缆两端内含 MPO-LC 分支预连接模块;

(b) MTP/MPO 到 LC 预连接光缆整体配套,在一端的成端内含 MPO-LC 分支的预

连接模块,另一端直接配套 LC 适配器(耦合器)面板;

(c) LC 到 LC 预连接光缆整体配套,两端直接连接 LC 适配器(耦合器)面板。

数据中心的光纤主干配线子系统采用 OM3、OM4 光纤,形成 MTP/MPO 到 MTP/MPO 的光纤预连接将成为首选方案。

支持 10G 应用的 MTP/MPO 连接方式,OM3 整体光纤通道衰减的要求为 2.6 dB,如果支持 40G/100G 的网络的应用,在不同的传输协议要求下,整体通道衰减需控制在 1.9 dB 或 1.5 dB 以内。对 10G 应用的 MTP/MPO,单个连接损耗通常只控制在 0.75 dB 以内,显然这样的性能如在支持 40G/100G 的应用时,通道的衰减指标将会达不到标准要求,将会产生有效链路长度减短的问题。因此,采用低损耗的连接器,单个 MTP/MPO 连接点的衰减值要小于 0.5 dB,才能满足 40G/100G 通道最长传输距离的要求。

另外,由于预连接采用特殊的光缆分支组件,其插拔式结构可以将光缆紧固在机架上。同时,矩形的卡接端口可以防止光缆使用过程中的应力释放,使两端连接器之间的光纤链路始终处于游离、松弛状态,避免了因为光缆外皮受到挤压、拉伸或扭转而影响光纤的性能指标,最大限度地保证了光纤网络和业主投资的安全性。

另外,预安装所用的光纤连接器类型是可变的,主要依据设计和客户的需求而定,采用多芯 MTP 连接器完全消除了以往多芯光纤连接中的种种不利因素的影响,让用户达到理想的应用效果。预连接光缆采用 MPO/MTP 连接器,是一种多芯的光纤连接器,IEC 61754-7、TIA 568C.3 等标准中都有 MPO 连接器的规定。数据中心采用 MPO 的好处在于高密度,相对空间安装的光纤器件至少是普通 LC 连接器的 3 倍以上。

以下总结出预连接光缆应用方面的几个特点:

(a) 预连接光缆必须定制,对集成商的前期和实际现场勘察设计提出更高要求,对光缆使用长度的准确性显得十分重要,为的是避免材料浪费和增加项目投资的风险。

(b) 免去光纤成端熔接过程中需要的设备、耗材及工时,从总体上看,采用预连接的光缆不会增加额外的成本。

(c) "即插即用"的应用,操作简便、易于安装、减少了安装时间,降低施工费用。

(d) 预连接光缆在工厂已经通过 100% 测试,质量稳定,使用可靠。

(e) 预连接光缆具有良好的保护措施,不会产生老化、接头断裂等现象。

(f) 预连接光缆的分支器的机械性能良好,维护或操作过程简单。

(3) 抗弯曲光纤。

当光纤配线架端口密度越高,跳线的管理相对也就不再容易,光纤跳线如果弯曲半径过小将直接导致光纤整体通道衰减增加;如果弯折严重,衰减过大,则有可能导致该通道通信中断。对于大中型数据中心来说,在高密度配线区域中跳线数量成千上万条,很难保证每根跳线的管理都能保证其在标准要求的,不小于光缆直径 10 倍以上的弯曲半径。

抗弯曲的光纤与传统跳线不一样,当光纤在半径为 7.5 mm 的圆柱上,缠绕 2~3 圈,衰减可以不超过 0.1 dB。在同等条件下,如果采用普通光纤制作的跳线,衰减可能已经超过 0.6 dB。跳线是布线系统管理、移动、变更的关键部件,采用弯曲不敏感光纤后将会使整体光纤信道的可靠性增加一个等级。

(4) 高密度多芯预连接系统产品。

高密度多芯预连接系统的产品构成非常简单,主要包括预连接多芯主干光缆、预连接用光纤配线架(箱)以及相应的跳线。

(a) 预连接多芯主干光缆。

根据光纤芯数分类,预连接多芯主干光缆常用有室内 12、24、48、72 芯,相应的光纤接头主要选用 12 芯、24 芯 MPO(MTP)接头,也有采用 LC 接头的。目前 48/72 芯数的 MPO(MTP)接头预连难度相对较大,而且应用非常少,现在最新的有 16 芯和 32 芯 MPO(MTP)接头开发出来。根据主干光缆采用的光纤类型分类,常用有多模 OM3,OM4,也有采用单模 OS1,OS2 的。典型主干光缆如图 2-56 和图 2-57 所示。

图 2-56　多模 2X12 芯 MPO(MTP)主干光缆　　图 2-57　单模 16 芯 LC-LC 主干光缆

(b) 高密度预连接光纤配线架(箱)。

配线系统除了满足网络升级应用的要求以外,追求高密度布线始终为数据中心对光配线系统的一个重要衡量指标。

预连接光缆一般不会轻易移动或改变,但是终接于光缆两端的光纤模块会随着应用的升级而更换,需考虑产品在不同使用期的兼容性,可以将当前支持 10G 应用的 OM3、OM4 MTP/MPO 转换为 LC 形式,以支持 40G 应用。为提高主干光纤利用率,采用 2×12 芯 MTP/MPO 的端口转换为 3×8 芯 MTP/MPO,此模块应用在 40G 时可增加 50% 的主干光纤利用率。当网络升级到 100G 时,将直接采用 MTP/MPO 适配器(耦合器)面板对配线系统进行升级,采用 MTP/MPO 跳线插接于适配器(耦合器)面板与设备端口。

预连接光缆配线架由 6 个模块组成,每个模块 12 芯;每 1 U 高密度 LC 光纤配线架可容纳 72~144 芯,4 U 高密度光纤配线架则可容纳 288 芯预连接光缆。目前 1 U 高密度光纤配线架可达 96 芯,4 U 可达 384 芯的产品也已问世。随着设备带宽需求的增加,光纤抗弯曲能力的增强,超高密度的光纤配线架已逐步开始应用。

通常高密度光纤配线架 1 U 可以配置 48 端口的 LC 光纤连接器。预连接用光纤配线架(箱)按安装高度分类,常用的有 19 英寸(in,1 in=2.54 cm)1 U、2 U、4 U 光纤配线架(箱)。1 U 光纤配线架常用有 72 芯和 96 芯,采用双芯适配器(耦合器);144 芯、216 芯和 432 芯,采用 12 芯和 24 芯适配器(耦合器)。2 U 光纤配线架常用有 144 芯和 192 芯,采用双芯适配器(耦合器);432 芯和 864 芯,采用 12 芯、24 芯适配器(耦合器)。4 U 光纤配线箱常用有 288 芯,采用双芯适配器(耦合器);864 芯和 1728 芯,采用 12 芯和 24 芯适配器(耦合器)。图 2-58 为 4 U 864 芯光纤配线箱。

一般而言,数据中心的高密度多芯光纤预连接系统在 10G 及 10G 以下的应用主要会采用 MTP-LC 模块式光纤配线架,图 2-59 为 1 U 72 口 MTP-LC 模块式光纤配线架。

40G 应用既可采用 MTP-MTP 模块式光纤配线架也可采用 MTP 面板式光纤配线架,而 100G 应用主要采用 MTP 面板式光纤配线架。图 2-60 为 MTP-MTP 模块式光纤配线架,图 2-61 为 MTP 面板式光纤配线架。

图 2-58　4 U 864 MTP 芯面板式光纤配线箱

图 2-59　1 U 72 口 MTP-LC 模块式配线架

图 2-60　1 U 144 芯 MTP-MTP 模块式光纤配线架

图 2-61　1 U 216 芯 MTP 面板式光纤配线架

(c) 成型光纤跳线。

在高密度多芯预连接系统中成型光纤跳线类型主要用到以下三种:MTP-MTP 多芯跳线、LC-LC 双工跳线及 MTP-LC 扇形跳线。根据光纤类型分,常用多模 OM3、OM4,单模 OS1、OS2 光纤,如图 2-62、图 2-63 和图 2-64 所示。

图 2-62　MTP-MTP 多芯跳线

图 2-63　LC-LC 双工跳线

图 2-64　MTP-LC 扇形跳线

4) 多芯预连接系统的配置

高密度多芯预连接系统的配置非常多样化,根据应用速率的不同可以非常灵活和方便地进行配置。以下以多模 10G、40G 和 100G 应用为例进行举例说明,图中均表示为端至端的连接。

(1) 10G 应用。

在数据中心 10G 应用中,目前普遍采用多模 OM3 光纤高密度多芯预连接系统。

(a) 配置 1:由 12 芯或 24 芯 MTP—MTP 主干光缆、19 in 宽 1 U 或 2 U 或 4 U MTP—LC 模块式光纤配线架以及 LC-LC 双工跳线组成完整的光纤信道,如图 2-65 所示。

(b) 配置 2:由 12 芯或 24 芯 MTP—MTP 主干光缆、19 in 宽 1 U 或 2 U 或 4 U MTP 面板式光纤配线架以及 MTP-LC 扇形跳线组成完整的光纤信道,如图 2-66 所示。

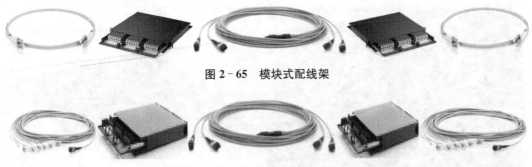

图 2‑65　模块式配线架

图 2‑66　面板式配线架

（2）40G 应用。

在数据中心 40G 应用中，目前采用多模 OM3 或者 OM4 光纤高密度多芯预连接系统。

（a）配置 1：由 12 芯或 24 芯 MTP—MTP 主干光缆、19 in 宽 1 U、2 U 或 4 U MTP—MTP 模块式光纤配线架以及 MTP‑MTP 多芯跳线组成完整的光纤信道，如图 2‑67 所示。

图 2‑67　多芯跳线信道

（b）配置 2：由 24 芯 MTP—MTP 主干光缆、19 in 宽 1 U、2 U 或 4 U MTP—MTP 面板式式光纤配线架以及 24‑3×8 芯 MTP‑MTP 多芯扇形跳线组成完整的光纤信道，如图 2‑68 所示。

图 2‑68　多芯扇形跳线信道

（3）100G 应用。

在数据中心 100G 应用中，目前普遍采用多模 OM3、OM4 光纤，当前国际上也有几个厂商联盟正在定义采用 OS2 单模光纤。

（a）配置 1：由 24 芯 MTP—MTP 多模主干光缆、19 in 宽 1 U、2 U 或 4 U MTP—MTP 面板式光纤配线架以及 24 芯 MTP‑MTP 多芯跳线组成完整的光纤信道，如图 2‑69 所示。

图 2‑69　多芯跳线完整信道

(b) 配置 2：由 12 芯或 24 芯 MTP—MTP 主干单模光缆、19 in 宽 1 U、2 U 或 4 U MTP—LC 模块式式光纤配线架以及 2 芯 LC - LC 双芯跳线组成完整的光纤信道，如图 2 - 70 所示。

图 2 - 70 MTP - MTP/LC - LC 双芯跳线信道

(c) 配置 3：由 12 芯或 24 芯 LC 束状主干单模 OS2 光缆、19 in 宽 1 U、2 U 或 4 U LC—LC 面板式光纤配线架以及 2 芯 LC - LC 双芯跳线组成完整的光纤信道，如图 2 - 71 所示。

图 2 - 71 LC - LC 双芯跳线

5）高密度多芯预连接系统主干光缆的长度

高密度多芯预连接系统在设计阶段、现场勘查阶段、施工安装阶段，其中每个信息链接点的长度精确计算非常重要。设计阶段就需要确定每个机柜位置并计算出每条预端接光缆的精确长度，以便工厂预定生产。其实这也是改变我们传统布线估算思维模式的一个契机。只有设计阶段的长度精确计算，这样预制出来的每一条预端接光缆就可以和相应的信息点一一对应。

每条预端接光缆的长度由预制光缆所经过的路由来决定的，主要包括路由中的桥架水平长度，桥架到相应机柜垂直长度以及机柜内部到设备或光纤配线架的长度。长度的短缺会带来致命的错误，长度的冗余也会带来机柜空间的拥挤和杂乱。现在有经验的工程人员建议可开发适当的装置将冗余的长度置放在桥架上。

6）高密度多芯预连接系统极性

高密度多芯预连接系统由于两端采用 12 芯或者 24 芯的 MPO 连接头，根据应用的不同，各标准均定义了三种极性连接方法，即 A 极性、B 极性和 C 极性。每种极性的连接方法如图 2 - 72、图 2 - 73 和图 2 - 74 所示。

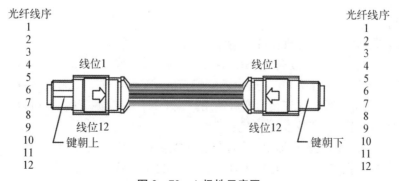

图 2 - 72 A 极性示意图

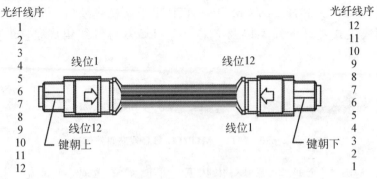

图 2-73 B 极性示意图

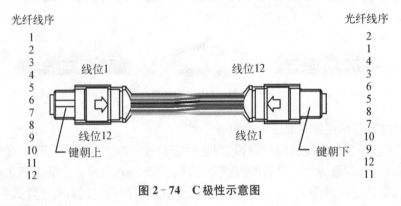

图 2-74 C 极性示意图

7) 预端接制造流程和性能保障

(1) 布线工程的性能取决于四大要素：即前期设计、产品性能、安装工艺及项目环境。在一个传统的非预连接的布线系统项目中,首先工厂要符合 ISO 9000 等一系列质量管理体系认证,同时生产工艺和产品性能还要符合严格的光纤连接组件生产的标准认证,比如 GR 326 和 GR 1435 标准。生产流程中的下料、剥纤、穿纤、固化、研磨、一次端检、二次端检、性能测试、成品包装等各环节均对性能和品质有潜在的影响。

(2) 多芯光纤预连接系统的保护、清洁和安装。

高密度多芯预连接系统的产品：预连接多芯主干光缆、预连接用光纤转换模块以及相应的各类跳线均在工厂装配、测试、包装完成,并加以不同保护方式,如采用光缆的拉手护套保护等。产品在项目现场可以即拆即用,MPO 头若有多次插拔,建议采用专业的清洁工具进行清洁。

8) 预端接铜缆

在中大型数据中心,每排机柜的布线结构、布线产品基本相同,其线缆长度分组后可以形成完整的长度系列。预端接铜缆产品的特点和预端接光缆一样,是已做到长度固定,两端连接件(铜缆的模块或水晶头)在工厂中已经终接完毕,且经过工厂测试合格后的综合布线产品,到现场仅需进行敷设和安装后即可使用。预端接产品起源于跳线,所以也可以认为预端接产品是跳线在根数/芯数上的扩充。

预端接铜缆根据两端连接器的不同,分有两大类：一类是在单股对绞线的两端终接了模块,称为"预端接铜缆"；另一类是在多股对绞线的两端终接了 RJ45 水晶头,称为"集束跳线"。

（1）预端接铜缆形式。

预端接铜缆是由多根对绞电缆组合后，根据一定的长度截断，并在两端终接 RJ45 型模块（或非 RJ45 型模块）所形成。其根数通常为 6～12 根，最多不会超过 24 根。当两端的模块插入常规的 RJ45 型空配线架后，形成了完整的铜缆链路，适合于从网络列头柜（ZD：区域配线架）至服务器机柜/存储机柜（EO：设备 EO 机柜）之间的电信号传输通道。

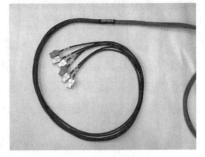

图 2‑75　预端接铜缆的一端

预端接铜缆的为常规的 4 对 8 芯水平对电缆和两端终接的 RJ45 型模块。如果数据中心选择了 8 类屏蔽对绞电缆时，则两端的模块需采用带宽更高的非 RJ45 型模块，如 TERA 等模块，如图 2‑75 所示。

预端接铜缆的另一种架构是两端均采用 RJ45 模块盒，如图 2‑76 所示。它可以将 6 根/束的预端接铜缆安装在一个模块盒内，这时的现场安装将更为简洁，仅需将模块盒插入模块盒式配线架即可完成。由于预端接光缆也有模块盒式配线架结构，所以这种方式也可以实现光/铜混合，以节省配线架空间。

图 2‑76　预端接铜缆之模块盒

图 2‑77　模块盒式配线架

如图 2‑77 所示，是一个 1U 的模块盒式配线架，它具有 8 个槽口，可以安装 8 个模块盒（安装了 3 个预端接光纤模块盒、2 个预端接铜缆模块盒，还空有 3 个槽口作为备份）。如果全部安装预端接铜缆模块盒，则最多可以容纳 96 个 RJ45 模块数。

集束型预端接铜缆中的对绞线大多是屏蔽对绞线，以防止对绞线之间的线间串扰。

预端接的特点是便捷，但它的缺点也十分明显：相比人工理线而言，美观度比较差。如果是人工理线，圆形理线可以做到横平竖直，方型理线可以叠加成方形，而预端接铜缆采用的是群绞方式将多根对绞线集束，线束上明显带有斜纹而不是横平竖直，所以它所形成的线束在桥架上的美观度不如现场理线。但当桥架上全部都是预端接铜缆，斜纹保持一致时，美观度还是会再次形成，再加上预端接铜缆的便捷性，使预端接的亮点得以充分发挥。

（2）集束跳线。

集束跳线可以理解为多根跳线集束而成。在数据中心工程中，它大多用于跨机柜跳线，即网络机柜与配线机柜并排放置，彼此之间使用大量的跳线连接。

当数百根跳线从一个机柜敷设到另一个机柜时，要想将跳线整理整齐是一件费时且不容易完成的工作。但如果使用集束跳线，这项工作就变得省时而又简单，因为线束减少了，施工自然就快捷便利了，还收到线路美观的效果。

与预端接铜缆相同，每束集束跳线中具有 4～12 根跳线，从结构上来说，集束跳线可以在工地自制,但相比工厂制作而言费时较多,而且长跳线容易沾染灰尘。

集束跳线两端的 RJ45 水晶头附近的对绞线护套上,印有线束内的跳线编号,使施工时跳线不易出错,配以跳线标签,可以使跳线的管理更为简洁、方便。

9)预端接光纤与光纤模块

在高速网络的数据中心,光纤光缆正以 2/8/12/16/24 多芯预连接的方式取代铜缆作为数据传输的基础架构,并得到大量部署和使用。当前 10G、25G、40G、100G 网络速度和网络流量以 1～2 年就翻倍的状况,要求对网络的基础架构形式做出选择。网络设备之间互联将普遍采用多芯光纤预连接方案,支持计算、存储、交换、路由等以光信号形式来传输的物理平台。

从相关国际标准化组织的规划中可以看出,未来数据中心 200G、400G 网络会继续采用单、多模方式的单、多芯端口。至于这些单多芯端口是如何与网络设备内部各功能单元相连接,即光纤进入模块、板卡内部,直至光纤直接进入芯片等相关主体成为大家关注的内容,如图 2-78 所示。

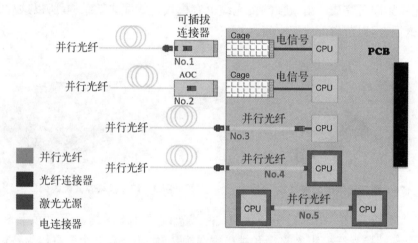

图 2-78 光纤进入模块、板卡内部架构

光模块从接口可以分为单、双端口和多芯端口。单、双端口的模块主要通过 ROSA 的形式与模块内部相连接,而多芯端口通过耦合的方式和光源阵列或者 PD 光探测器相连接。至于多芯端口通过哪种耦合的方式与光源相连接并没有统一的具体规定,光通信行业内的不少研究机构、产品开发公司均对此做研究和优化,主要根据光源类别、耦合方式、耦合效率、性能指标、输出功率、工艺实现、网络类型等因素推出各种解决方案。

(1)多芯端口的芯数。

主要根据具体的网络类型(如以太网、Infiniband、Fiber channel 和各类 CWDM 等)以及速率(如 10G、25G、40G、50G、100G、200G、400G 以及更高)确定。早期主要采用 12 芯、24 芯光纤通过耦合的方式与光源阵列相连接。现在随着光通信科技的不断发展,单芯单波长的传输能力从 10G 提高到 25G,导致以太网联盟以及其他网络行业组织开始采用 4 芯、8 芯、16 芯的光纤通过耦合的方式和光源阵列相连接。

基于网络带宽密度、设备端口密度以及布线高密度的要求,所有多芯传输方案的模块均采用单端口(MPO 端口)的方式。

（2）MT 插芯耦合方式，如图 2-79 所示。

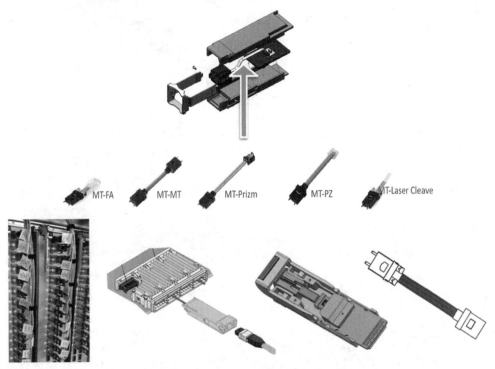

图 2-79 MT 插芯耦合方式

总体上来说，数据中心在网络设备侧部署的大量高速光模块，对作为基础设施的光纤布线系统架构如 EoR、ToR、leaf-spin 没有影响，对由主干光缆、配线架以及光纤跳线组成的布线系统的信道也影响不大，唯一改变的是光纤端接已从单双芯光纤连接方式转变成多芯光纤连接的方式，并由工厂制作，取代了传统的现场尾纤熔接的施工做法、

（3）有源光缆。

由于出现了开放计算和白盒的一种技术趋势，在产品方面也出现一些创新，比如 AOC 产品的出现，打破了光纤布线系统的一些固有观念。AOC 是一种有源光缆，它把无源的光纤光缆和有源光模块有机结合在一起，如图 2-80 所示。它的出现使得无源产品和有源产品的界限不再明显，由此也影响数据中心的布线系统结构。

图 2-80 有源光缆

有源光缆将光纤光缆直接与光模块内部的光源阵列和 PD 光探测器进行耦合。也就是说将多芯光纤光缆和 MT 插芯、F_A 光纤阵列、裸光纤、PRIZM 以及有源厂商和无源厂商根据自己模块的特殊性开发的接头 PZ 等组装成整体。如图 2-81 所示为 AOC 光缆和 F_A 接头组成的无源产品。

图 2-81　无源 AOC 光缆

　　无源的 AOC 光缆的光纤接头通过耦合的方式与光源阵列及 PD 光探测器进行连接。单独的光模块内部一般采用 4/8/12/16 并带裸纤,而 AOC 则采用带外皮的圆形光缆或者扁平光缆,因此对工艺的要求会有所不同。AOC 是光纤进入光模块内部应用的典型案例,如图 2-82 所示。

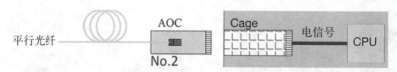

图 2-82　　AOC 光纤进入光模块应用

　　(4) 光进板卡。

　　光缆在设备端已经进入板卡,即光模块和 AOC 不再是光传输网络设备侧的唯一选择,甚至在高速网络下面临被淘汰的状况。COBO 国际组织推动以"光进板卡"在超级计算机、超高速计算、交换、存储网络设备中加以应用,图 2-83 是光进板卡的示例图。

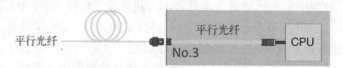

图 2-83　　光板卡应用示意图

　　光进板卡将使 MPO/MTP 多芯接口重新以一种新的方式回归到各种网络设备的边缘,而不是采用透过光模块和外壳笼子(cage)及 AOC 的方式和设备内部实行计算、交换和存储等技术。这样网络设备的 MPO/MTP 端口布局可以与以前的 RJ45 电信号交换机一样密集。新型的高速光网络设备端口外观上看似接近电信号端口,但它实际上大大提高了端口的密度,增加了设备的带宽和容量。单个端口可以轻易部署于 25G、40G、100G、400G 的网络,以至于整个交换机可以达到 1.6T、3.2T、4.8T 的信息量。如图 2-84 所示。

图 2-84　光板卡

这里需要注意一点的是,目前"光进板卡"采用圆状或者带装的光缆的形式,这样在板卡上面就会出现"飞线"形式的光缆出现。特别在端口多且密集的情形下,这就需要在设备内部进行有序的光纤路由设计。

在数据中心中,光纤互联在板卡级别的应用于"背板(backplane)",所谓的背板就是刀片式服务器、交换机、路由器等网络设备的板卡盲插的场所。传统的背板采用电信号接口,如图 2 - 85 所示。

随着网络设备的速率的提升,现在开始采用单芯的 LC 和多芯的 MT 作为光通讯背板的接口,使得背板接口的容量大大得到提高,如图例所示。

图 2 - 85　传统背板电
信号接口

6. 硅光子

硅光子是以硅作为光学介质的光子系统,使用现有的半导体制造技术来制造硅光子器件。因为硅已经被用作大多数集成电路的衬底,所以可以创建其中光学和电子元件集成到单个微芯片上的混合器件。通过在微芯片内使用光学互连来提供更快的数据传输。

1) 消除带宽瓶颈

硅光子技术可以克服传统收发器技术在高速传输网络中的局限性,以支持数据中心之间更快的互连。性能上的下一个门槛是芯片口片与处理器之间的连接。这个概念涉及激光和硅光技术在同一芯片上的结合。硅光子技术基于红外光束,具有更大的可用带宽和更高的传输速度。

硅光芯片上直接可以将光耦合于硅光芯片的镜片叫 Prizm,它可直接将光纤带上的光信号以 90°角反射到硅光芯片表面。硅光芯片的数据带宽扩容是非常方便的,可以分成横向与纵向两个方面:横向扩容可以在芯片表面增加传输通道即增加光路,如果每通道为 25G 信息流传输,总传输量为 25G×N 通道;纵向可以升级每个硅光通道的数据传输量,即将每通道从 25G 升到 50G 或 100G 等,使带宽的增加不再受到传统的设备内 PCB 电路,或光纤收发器以及数据信号处理 DSP 芯片方面技术的限制。所有大容量数据传输是基于光纤与芯片间的传输。

2) 降低功耗

由于硅光子技术是基于芯片间的光传输,去除了大量传统技术中光路先经过收发器光转电,再经过数字信号处理过程到芯片内。传统技术在这转化与处理过程中会产生较多的功耗,而硅光的传输路径无须多次转化,整体功耗将会有明显下降。相比传统光收发器的接口技术,相同传输容量下,硅光子技术的功耗只有传统技术的约 30%,对数据中心来说,IT 设备的功耗大幅度下降是对整体机房最大效率的利用。以下分别列出传输光收发器模块、光引擎模块以及与硅光子芯片之前的功耗对比,如图 2 - 86 所示。

最新的趋势是采用自带透镜的,防尘能力大大提高的高达 64 芯的 MXC 接口作为光通讯背板的端口,单个 MXC 接口的容量理论值达到 1.6T,这样进一步提高了背板传输性能,可满足板卡之间超大容量传输的需要,如图 2 - 87 所示。

图 2-86 功率对比图

图中文字：
每个100G端口系统级的功率损耗
(1) 传统光收发器
(2) 光引擎模块
(3) 硅光子芯片

图 2-87 MXC 接口

光纤互联在板卡级别的应用场合还包括超级计算机（HPC），目前光纤互联在超级计算机中主要以混洗的方式呈现。图 2-88 是 MTP 和 MXC 混洗的图片。

图 2-88 MTP 和 MXC 混洗图片

它看似多头多芯主干光缆，其实它的极性与传统的多芯光纤预连接 A、B、C 的极性完全不同，功能也不同。图 2-89 为混洗内部线序图。

随着光通信技术不断发展，光纤连接将会进入芯片级，即芯片和芯片之间由传统的铜线的印刷电路演变为光纤的印刷光路，目前硅光技术（SiP）的大力发展有助于这种目标的实现。图 2-90 是光纤印刷线路板示意图。可以看到光纤互联进入芯片级，并辅以硅光技术，全光计算的预言将会成为现实。

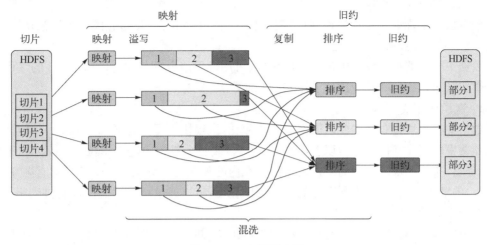

图 2-89 内部线序图

图 2-90 光纤印刷电路板

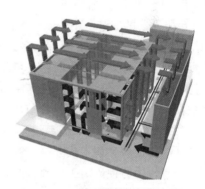

图 2-91 冷通道封闭系统的原理

7. 模块化数据中心布线

传统数据中心的建筑及基础设施与 IT 规划之间具有紧密的内在关系。以往的数据中心,模块的特征并不明显,只将空调、UPS、机柜的配置组合打包,在物理基础架构上,模块的特征并不明显,往往还需要共用架空地板下的空间及 UPS 系统,因此其发展速度受到了制约。

模块化数据中心(modular data center,MDC)对传统的数据中心场地进行模块化划分(POD),即把整个数据中心分为若干独立区域,各区域的规模、功率负载、配置等均按照统一标准进行设计,并随着业务需求的增长不断增加独立的模块,从而实现快速建设。模块化数据中心首先根据数据中心功能区对其建筑物理空间进行划分,每个功能区都根据业务的扩展计划,分成若干模块,每个模块对应配置相应的功能区,如 IT 机房区(包括服务器区、存储区、网络交换区、测试区、机房空调区等)、供电设备区(包括高低压配电区、UPS 区、电池区、备用发电机区等)、制冷设备区(包括制冷机组区、水泵区、室外机组区等)、辅助区(办公区、监控区、消防设备区)等,并配置和安装相应容量的设备,如图 2-91 所示为冷通道封闭系统原理。

由此延伸,将传统机房的机柜、强弱电走线槽、气流再分配、综合布线、供配电、照明及动环监控管理等系统集成为一个整体,采用模块化的部件和统一的标准接口实现数据中心的快速、灵活部署以及后期的扩建。

数据中心中的每个模块可按相应可靠性、可用性等级分期建设,如 TIA 942 的 TIER1、TIER2、TIER3 和 TIER4 或国标 GB 50174 的 C、B、A 级。

1) 微模块布线

数据中心模块化布线主要以微模块方式存在,微模块又可分为网络微模块、计算微模块和存储微模块等。微模块是指以若干机柜(机列)或一个机柜为基本单位,其中包含网络设备、服务器、布线模块、供电、消防以及监控等在内的独立运行单元。每个模块具有独立的功能、统一的输入输出接口,不同区域的模块可以相互备份,通过相关功能模块的排列组合、形成一个完整的数据中心。

组成数据中心的微模块全部组件可在工厂预制,并可灵活拆卸、即插即用。微模块根据业务类型划分有计算、存储、网络等三大类。

(1) 计算微模块:主要将关注点集中在密度上,如计算微模块采用高密度配置,每个模块(机列)包含 12 个机柜,每一机柜负荷为 5~10 kW,机列总负荷达 120 kW,最多可以支持960 台服务器的安装。中密度配置的微模块总负载大致是高密配置的 60% 左右。由于核心网络设备来自各个不同的厂商,各厂家设备的进风方式、功耗等也不尽相同,采用网络微模块则可以很好地解决这个问题。目前微模块数据中心采用比较多的下送风冷池或列间送风冷池方式。由于可灵活实现按需制冷,在制冷效果方面比传统数据中心更加高效,有助于降低数据中心的 PUE 值,而提升节能的指标。

(2) 布线微模块:布线系统是一套从设计、安装都严格按照模块化要求进行。各个配线区之间均为模块化积木式连接,各个元器件均可简单地插入或拔出,使系统的搬迁、扩展和重新安置极为方便。由工厂预制终接、经过测试的、符合标准的模块化布线连接解决方案,完全满足即插即用的需求。

微模块由配线架、配线模块和经过预连接的铜缆和光缆组成。预连接线缆两端既可以是插座连接,也可以是插头连接,且两端可以是不同类型的接口。模块化预连接系统的特点使得铜缆和光缆组成的传输链路或信道可以具备良好的传输性能。基于模块化设计的系统在安装时可快速便捷地连接系统部件,实现铜缆和光缆的即插即用,降低系统的安装成本,当移动大数量的线缆时,模块化预连接系统可以减少变更所带来的风险;模块化预连接系统在接口、外径尺寸等方面具有高密度优点又节省了大量的安装空间,在网络连接上具有很大的灵活性,使系统的管理和操作都非常方便。模块化光纤预连接组合器件能够保障光纤相连时的极性准确性。

当数据中心选择模块化建设时,传统综合布线的分子系统的配线构架的设置,在模块化数据中心设备的生产过程中得到简化与融合并预先部署在模块内部。ToR 网络架构将成为模块化数据中心的主要布线方案。各机柜选择交换机置顶的方式,从而节省了大量从传统布线方案 ZD 到设备 EO 之间的水平线缆,将网络维护从配线区的交换机与配线架之间的跳线连接转移到设备区机柜内交换机与服务器设备之间的互连。这对于连接跳线的质量要求更高。以对绞电缆跳线为例,选择通过标准测试的铜缆跳线将更有利于网络的可靠性。模块化数据中心现场将只需要部署主干链路,从核心交换到接入交换之间,无论采用 ToR 还是 EoR 的网络架构,部署工厂制作的预端接光缆可以节省宝贵的机柜空间,加快模块化数据中心的交付,并为数据中心升级到下一代网络传输打好基础。

(1) 机柜微模块。机柜微模块主要由 19 in 服务器柜和网络柜组成,均采用前后风道。为方便设备就近连接,减少线缆凌乱,增加气流的流通;网络柜前部左右设计垂直走线套件,方便跳接,且可选 0 U 弱电配线架,节省宝贵机柜空间,同时方便设备跳接。

(2) 柜间水平走线微模块。柜间水平走线微模块是采用机柜顶部走线(贴顶式上走线)的方式,具体分布为后部布置弱电线槽、中部布置强电线槽、针对网络柜,前部还可配置一跳线线槽;柜间水平走线微模块作为机柜微模块的子模块可以紧密集成,通过产品化来规划走线的细部环节,合理建立强电弱电专属通道以及行间通道,柜间水平走线微模块一般设计为不带顶盖的半开放结构,当然也可根据用户要求设计为带顶盖的封闭式结构,保证了线缆的易用性、安全性和易管理性,如图 2-92 所示。贴顶式上走线同时可满足在层高不足的条件下应用,如图 2-93 所示。

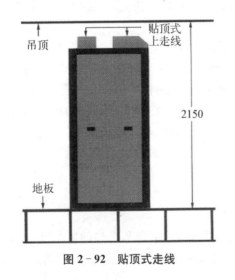

图 2-92　贴顶式走线

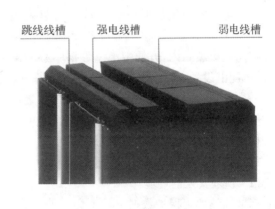

图 2-93　走线微模块

2) 智能照明微模块

机房建设中,照明系统也是一重要因素,既要满足使用要求,又要实现节能需求,机柜系统可分为三级照明:机房照明、提供机房整体环境的照明;行间照明、提供通道内照明,并根据人员的进出情况自动开闭照明;柜内照明、提供机柜前后补充照明,并根据柜门开合自动启闭。

智能照明微模块是采用耗电量低的 LED 照明,达到传统灯泡同等的发光亮度时,耗电量约传统灯泡的十分之一。

8. 集装箱数据中心布线

数据中心如何以低成本扩容,并使其更加具有可用性成为大家的关注重点。

集装箱数据中心具有单箱独立运行、安装便捷、运抵即用的特点。同时箱体具有优良的密封性、表面覆盖阳光反射涂层、外壳加装了保温隔热材料,因此不仅适合室内设备的运行,也可以很好地适应风雨侵蚀、光阳暴晒等室外恶劣环境。

业务或信息的快速增长对数据中心的空间、IT 设备、制冷设备、供电设备等基础设施提出了新的要求。由于服务器、交换机等IT设备的物理尺寸小、单体容量小,供电、制冷接口简单,因而其对应的业务需求和增长幅度小,但频度高,其发展的总趋势和业务的增长相近。

为了降低数据中心基础设施系统投资及后期运营成本,有效利用数据中心基础设施,对数据中心采用模块化的建设思路,即将数据中心各个功能子系统按增长的需求,以模块的方式建设。

1) 集装箱式模块化数据中心发展与应用

借鉴物流行业对集装箱的应用,将集装箱和模块化数据中心结合,并部署设备在集装箱内的合理安装,使之成为一种新型的数据中心。集装箱式模块化数据中心在集装箱内安装一定数量机柜,承载满足基本业务需求的服务器、交换机等IT设备。设备运行所需环境制冷、供电、监控管理和消防等设备也都设置在集装箱内的相应位置。集装箱式模块化数据中心对外只有简单的网络、供电及制冷接口,内部安装的设备基本为工厂预装调试完毕,只需要现场组装和系统调测即可。整个项目工程量小,采购简单,物流快捷,安装投产速度快,适应业务快速发展和变化的要求。

集装箱式模块化数据中心通常采用集装箱的标准尺寸40英尺和20英尺(ft,1 ft= 3.048×10^{-1} mm)。模块中IT设备较少时,可将服务器、交换机等IT设备与供电、制冷设备布置在同一集装箱内,方便中小型数据中心的部署应用;也有的将供电设备(不间断供电电源、低压配电设备、备用发电机等)、制冷设备(机房精密空调、制冷机组、水泵等)单独布置在另外一个集装箱内,构成供电集装箱和制冷集装箱,并可根据需要在现场将箱体灵活组合,以方便中大型数据中心的部署。集装箱数据中心可以作为远程数据中心、临时数据中心、移动数据中心、拓展与冗余数据中心使用。

2) 集装箱数据中心布线系统特点

(1) 物理安全的环境。

集装箱隔离可保护数据中心不会受外界温度、湿度、烟雾、灰尘和火势的影响及电磁干扰(EMI),在任何天气条件下都能确保持续运行。加之工业级布线连接器件与光缆的选用,能够进一步保护数据中心运营环境与降低维护成本。除了环境隔离需求外,每个集装箱数据中心都必须确保自身的安全,对环境的监控成为重要的设计内容,需设置相适应的摄像机,了解集装箱出入口以及集装箱内部情况,使得监控点没有盲点。

(2) 冗余与备份。

集装箱数据中心为了避免使用的风扇、制冷单元、UPS模块等组件发生故障,而造成数据中心运行的中断。将数据中心基础设施的架构与每个组件都设计为 $N+1$、$2N$ 或 $2(N+1)$ 冗余的配置。

(3) 箱体布线设计。

布线解决方案需要满足箱体的组合情况。集装箱数据中心箱体的尺寸是标准的,通常会采用20 ft、40 ft、53 ft标准柜作为外箱体。箱体的标准化,使得运输、安装、运行相当便利。集装箱箱体一般分成单箱体和多箱体2种类型,单箱体就是将IT设备、空调、配电、电源等设备安装在一个集装箱内;多箱体会根据设备的不同,配有专用的IT设备箱用于网络、存储和服务设备安装,配套设备箱则设置空调、电源等系统。单箱体的布线系统只存在于箱体内部,而多箱体的布线系统涉及本箱内和箱间的布线设计。

采用集装箱箱体,构建了一个高度集成、快速部署、灵活扩建、高效节能的集装箱式数据中心,箱内的布线系统是基于开放式架构,具备产品的完好性与兼容性。因为集装箱标准内宽不会超过 2 m,所以基本上为安装网络、存储和服务器设施考虑。在 20 ft 的箱体内横向布置一排 5 个标准 19 in 机柜;如果全部是 IT 设备,则可以部署 8 个 19 in 机柜;40 ft 柜则分别设置 8 个和 18 个 19 in 机柜。箱内的布线系统一般采用上走线的方式,线缆在机柜间的长度和配线模块在机柜内的安装位置基本固定。

由于标准集装箱的宽度大约为 3.4 m,集装箱式模块化数据中心的 IT 集装箱,通常采用单列机柜或双列机柜的排布方式。

(a) 单列机柜:目前标准机架式服务器深度大约为 700 mm,相应的服务器机柜深度需要 1.1～1.2 m。考虑到维护空间等,如采用标准机架式服务器,集装箱内只能排布一列服务器机柜。

(b) 双列机柜:如采用高密度方式的布置,服务器深度大约为 300 mm,相应的服务器机柜深度只需要 0.4～0.6 m。考虑到维护空间等,集装箱内可以排布两列机柜。

也可根据上述不同类型的服务器产品,在集装箱内单列、双列混合布置。

(c) 节约型集装箱布线。

集装箱式数据中心内部位置相对固定,就可以将预连接布线系统作为标准件生产,并在工厂内完成测试,在保证了产品的性能指标下,可节省大量的现场测试时间。

柜内的布线系统设施需要能够快速安装,采用即插即用的预连接系统比传统的连接方式可以省掉 80% 以上的安装时间。

集装箱内部空间与净高小,单个机柜的安装设备的数量是十分有限的,因此无法采用地板下设置冷风通道的方式,现场只能使用特殊的散热方式,以提高散热的效率和 IT 设备的安装密度。单机柜最大可以支持 30～40 kW 的功耗。高密度预连接的 1 HU 高度空间能够安装 96 芯光纤的配线架比传统的要省掉 50% 左右的空间。另外,集装箱式数据中心内多采用敞开式机架,以便于后期的维护和管理。

集装箱会通过卡车陆路运输、海运甚至空运。在运输过程中,不可避免地会经受震动和颠簸,对于光纤布线,预连接光纤采用灌胶的连接方式,则可提升产品的可靠性。

为了解决现场狭小带来的设施维护和管理产生的问题。集装箱内往往对每个机柜的下方安装导轨,在需要时,前后可以滑动,以提供人员的施工维护空间。所以对上部桥架到机柜的线缆需要采用特殊的装置进行保护,防止在机柜移动的过程中对线缆造成损坏。

在采用多箱体布线解决方案的时,还会产生线缆在户外进行连接的场合。户外的布线系统主要考虑的是安全、可靠,必须做到防水、防灰,且具有较强的抗拉和抗压能力。比如对光纤布线,采用符合 IP68 防护级别的 MTP/MPO 预连接系统就可以同时兼顾配线的密度和安全性。

(4) 箱体布置。

集装箱内集成了所需的全部基础设施,只需将其接入市电和电信业务经营者网络,即可投入使用。产品包括一体化功能箱、IT 箱(设备箱)、支持箱(也称配套设施箱),是模块化的高度体现。

以带发电机的 40 ft 一体化功能箱为例,通常配备 5～6 个 45 U 高度的标准网络机柜,每个机柜的 IT 负载功率可达到 10 kW 以上,可以容纳约 250 台 1 U 高度的服务器,满足大多数政府和企事业单位等中小型数据中心建设的要求,如图 2-94 所示。

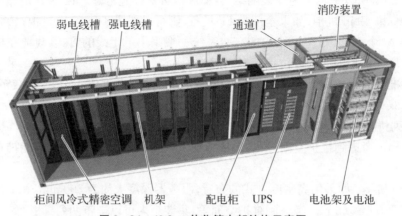

图 2-94　40 ft 一体化箱内部结构示意图

随着集装箱数据中心技术的不断发展和进步,除了采用 20/40 ft 标准集装箱作为数据中心基础设施的安装空间外,为了满足不同规模数据中心建设的需要,市场上也出现了一些其他非标准规格的集装箱数据中心。产品将组成数据中心的所有元素:IT 核心网络设备、供配电系统、监控系统、环境空调系统、线缆管理系统等全部安装在一个箱体内,如同一些厂商提出的"ITSolution 易睿解决方案",可以看作是一体化集装箱数据中心的微型版,也正成为中小型数据中心的一个建设模式。

对于一些特殊应用场合,如油气勘探、海洋科考、军用及受灾地区等,其数据中心应用的场景环境更加恶劣。为确保其能适应野外恶劣的使用环境,不仅要求可以频繁移动、快速部署,还需要在抗震、减震、耐腐蚀以及维护保养方面提出更高的要求。

9. POE 布线

智能楼宇的各种应用网络正在不断扩大,也在变得越来越复杂和多样化。无线接入点(WAP)、安全防范系统摄像机、楼宇自动化和控制系统 DDC 控制模块、IP 语音(VoIP)电话等设备广泛得到应用。随着智能化与物联网智能终端设施越来越多,设备的数量和安装位置已经难以确定,尤其是它们的就地供电问题越来越突出,如何依托布线基础设施进行信号传输与供电的方案变得更具吸引力。

以太网供电(power over ethernet,POE)是指在现有以太网布线基础上,为基于 IP 的终端设备(如 IP 电话机、无线局域网接入点 AP、网络摄像机等)传输数据信号并为其提供直流供电的技术。POE 也称为基于局域网的供电系统(power over LAN,POL)或有源以太网(active Ethernet)。

应用可实现为 IEEE802.3 10Base-T,100Base-T 以及 1 000Base-T 设备提供远程电源。这种应用的实例包括 IP 电话、网络摄像、无线 AP 接入点、楼宇自控、视频监控、门禁、照明控制等。随着这些连接到局域网的低功率设备的需求的迅速扩大,促使了 IEEE 802.3af 项目的发展。

几乎所有设备都同时要求数据连接和电源。如人们非常熟悉的一个实例是,电话由电话交换局通过承载语音的同一条对绞电缆供电。现在,我们可以对以太网设备实现同样的功能。

1) POE 应用特点

(1) 设备只需使用一根对绞电缆,简化了安装过程,节约了空间。

(2) 不需支付昂贵的电气施工费用,不受电气人员的时间安排,从而节约了时间和资金。

(3) 设备可以简便地移动到任何地方,并且可同时满足信息与电源端口的提供,对工作空间的影响达到最小。

(4) 更加安全,不再到处都有密集的市电插座。

(5) 即使在市电失效时,如设备装有 UPS,仍能保证设备供电。

(6) 除可以在设备之间传送数据外,还可以使用 SNMP 网络管理设施,监测和控制设备供电情形。

(7) 可以远程关断或复位设备,不需复位按钮或电源开关。

(8) 在无线局域网系统中,简化了 RF 勘测工作,因为可以简便地移动和布线接入点。

2) 供电方式特点

在 POE 系统中,提供电源的设备称为供电设备(power sourcing equipment,PSE),使用电源的设备称为受电设备(powered device,PD)。

标准同时也规定,电缆信道直流电阻不平衡应为 3%,与 ISO/IEC IS 11801：2002(版本 2) 中的规定相一致。IEC 11801：2002 中所规定的最小布线信道规格要求为 5e 类。所以并不是所有厂家的综合布线系统均可以支持 PoE 应用,必须考虑到连接硬件和输出口连接头的连续电流操作能力。

根据现有产品的成本测算,针对迅速崛起的低功率供电应用,若采用传统电力线安装,则每端口的成本与 Mid-Span PoE 相比,大约可达到 20 倍。由此可见,采用 Mid-Span PoE 将是安装迅速、成本低、性价比高的供电方案。有了安全可靠的 PoE 设备,不需要对每个场所布放分开的电力线,对每个 PD 也减少了 AC 到 DC 的电源适配器(耦合器);另外,符合 IEEE 标准的 PoE 的使用,改善了不同国家间的设备便携性和互操作性,加速了很多应用如楼控系统和安全系统的以太网实施。

PoE 更可支持 1 000 Mb/s 应用,提供基于 Web 的供电设备远端管理功能。有的 PoE 系统为用户提供了能够支持 6 个连接点的解决方案。

3) 技术应用业务

在数据中心中,利用弱电专用以太网,采用 POE 技术,对监控摄像头、门禁、防盗报警甚至机柜 LED 照明灯等设施进行供电与信号的传送,可以提高供电安全等级,简化机房内的电源插座设置。市场上已提供了此类产品。通过以太网供电技术,列出下列可应用的终端设备:

(1) VoIP(互联网协议承载的语音)电话;

(2) IEEE802.3af 无线局域网接入点;

(3) 蓝牙接入点;

(4) 网络摄像机;

(5) 智能标牌/网上标牌;

(6) 售货机;

(7) 游戏机;

(8) 影音自动点唱机;

(9) 资讯信息零售点;

(10) EPOS 系统;

(11) 楼宇门禁系统;

(12) 考勤系统;

(13) 手机和 PDA 充电器;

(14) 电子音乐器械。

4) PoE 基础构成

PoE 为使用标准的 3 类、5 类、6 类和 6A 类对绞电缆向远程设备安全传输电力及数据的系统。PoE 设计以避免以太网的数据和电源信号相互干扰,由此实现同步传输,而不会出现信号中断。PoE 的工作原理是将市电电源转换成低压电源,然后通过综合布线将电力传输至启用 PoE 的设备 PD。

PoE 系统由提供电力的供电设备(PSE)和接收电力的受电设备(PD)组成:

(1) PSE 类型。

PSE 负责将电源注入以太网线,并实施功率的规划和管理,目前有两种类型的 PSE。

(a) Endpoint PSE:为由网络设备的端口完成供电,包括以太网交换机、路由器、集线器或其他网络交换设备等。

(b) mid-span PSE 是一种设备,专门的电源管理设备。跨接在不具备 POE 功能的交换机与 POE 受电设备之间,每个端口对应有两个 RJ45 插孔,一个连接至交换机、另一个连接远端设备。

规范不允许同时使用两种导线供电方案,要求必须做出选择。供电设备(PSE)只为其中一种方案导线供电。被供电设备(PD)必须能够从这两种选项中接收功率。为了不影响布线信道的 NEXT、PSNEXT、ELFEXT、PSELFEXT 和 Return Loss 的性能,标准建议配线架之间不进行交叉连接而只进行内部互连,保证整个信道不超过 4 个连接。

(2) 电压与电流。

标准同时还提供了需电源设备(PDs)的电源分类,这将允许 PSE 对它们的电源要求进行分类。此标准可允许在双对线上向电缆一端的需电源设备(PD)传输最大值为 12.95 W 的功率。该标准同时规定了 PSE 输出端口(见表 2-32)和 PD 输入端口(见表 2-33)的连续电压及电流规格要求。

表 2-32 输出端口电气规格要求

参　　数	最小值	最大值
输出电压/Vdc	44	57
普通模式输出电流/mAdc	350	—
输出电流,起动电流/mAdc—50 ms	400	450
输出过冲峰值电流/A—1 ms	—	5

注:连接硬件必须能承受 5 A 的过冲电流和 450 mA 的起动电流。

表 2 - 33　电源限制要求

参　　数	最小值	最大值
输出电压/Vdc	36	57
输入平均功率/W	—	12.95
输入电流,普通模式/mAdc	—	350
输入电流,起动电流/mAdc—50 ms		400
输出过冲峰值电流/A—1 ms	—	5

注:连接硬件必须能承受 400 mA 的起动电流。

　　PD 位于 PoE 配线系统的接收端,使用低电压直流(dc)电工作。许多 PD 还具有集成式 PoE 分离器,可以分离电流和数据,并将其重新分配给其他设备。当用于 VoIP、无线 LAN 和 IP 安全应用时,PoE 系统无须安装单独的电气布线和电源插座,可以节约高达 50% 的总安装成本。随着不间断电源(UPS)集成到了大多数 LAN 中,使用端跨 PSE 的 PoE 系统也能在发生电源故障时保证设备的连续运转。

　　(3)端跨与中跨。

　　(a)配线设备(FD)的配线模块之间采用交叉连接方式时,电源设备可采用端跨的方式,即以太网交换机内置电源设备,连接方式如图 2 - 95 所示。

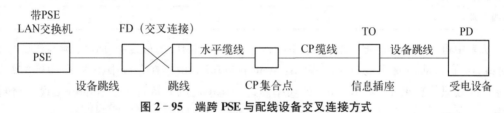

图 2 - 95　端跨 PSE 与配线设备交叉连接方式

　　(b)配线设备的配线模块与设备之间采用互连方式时,电源设备可采用端跨的方式,即以太网交换机内置电源设备,连接方式如图 2 - 96 所示。

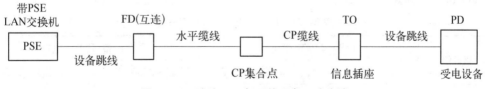

图 2 - 96　端跨 PSE 与配线设备互连方式

　　(c)电源设备采用中跨插入的方式设置,取代 FD 设备侧的配线模块,位于不具备 PoE 功能的交换机与受电设备之间。连接方式如图 2 - 97 所示,并应符合以下规定。

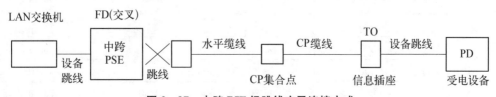

图 2 - 97　中跨 PSE 经跳线交叉连接方式

（4）POE 标准。

2003 年 6 月 IEEE 正式批准了 802.3af 标准，该标准定义的 PSE 端口最大输出功率为 15.4 W、PD 终端接受功率为 12.95 W，IEEE 802.3af 允许两种线对极性的使用。

随着双波段接入、视频电话、PTZ 视频监控系统等高功率 PD 应用的出现，13 W 的供电功率已不能满足应用需求。2009 年 IEEE 批准的 IEEE 802.3at 新 POEP（power over ethernet plus）标准，应大功率 PD 终端的需求而诞生，它定义的 PSE 输出功率为 30 W，PD 接受功率为 25.5 W，并向下兼容 802.3af，其相关参数对比如表 2-34 所示。

表 2-34　POE 标准参数对比表

标　　准	IEEE802.3af 15 W	IEEE802.3at 30 W POE+	CiscoUPOE 60 W	IEEE802.3bt 60～100 W 4PP POE+
年份/年	2003	2009	2011 非标	2016
最大电流/(mAdc)	350	600	1 200	1 920
直流电压(Vdc)	44～57	42.5～57	42.5～57	42.5～57
PD 功率/(W/100 m)	12.95	25.5	51	74.55
PSE 功率/W	15.4	30	60	99.9
使用线对数/对	2	2	4	4
导体直流环路电阻/(Ω/100 m)	40	25		25
线缆要求	普通	5e	5e	6

从表中可以看到，IEEE 802.3af～IEEE 802.3bt 标准中，在布线中使用 4 对对绞线中的 2 对线，可在 PSE 处提供最高 15.4 W/30 W 的直流功率，由于在布线中损失了一些功率，因此在 PD 处只能提供 12.95 W/25.5 的功率。这一功率足以支持各种各样的网络设备，包括 VoIP 电话、简单的网络安全摄像机、WAP、数字时钟以及楼宇和门禁控制设备。

同样在 4 对线应用时，也会存在上述描述的功率的损耗问题。

以太网供电（POE）的功率等级为 1～8 级，电源设备（PES）和受电设备（PD）的功率分配要求如表 2-35 所示的要求。

表 2-35　PES 和 PD 设备功率分配

功率等级	电源设备（PES）供电功率		受电设备（PD）受电功率	
	标称功率/W	峰值功率/W	标称功率/W	峰值功率/W
1	4.00	5.47	3.84	5.00
2	6.70	8.87	6.49	8.36
3	14.00	16.07	13.00	14.40
4	30.00	34.12	25.50	28.30
5	45.00	47.68	40.00	42.00
6	60.00	63.62	51.00	53.50
7	75.00	79.83	62.00	65.10
8	90.00	96.36	71.30	74.90

5）POE 的两种供电方式

标准 5 类以太网电缆有 4 个对绞电缆对,但只有两个线对用于 10BASE - T 和 100BASE - T。规范允许通过两种方案使用这些电缆供电,如图 2 - 98、图 2 - 99 所示。

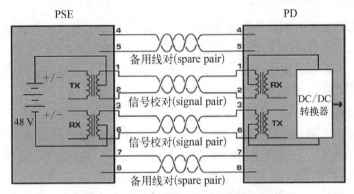

图 2 - 98　通过电缆上的数据线对供电

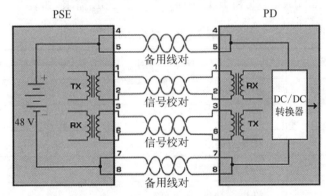

图 2 - 99　通过电缆上的备用线对供电

（1）模式一:带 PSE 的网络交换机,配线架采用交叉连接,通过信号对(线对 2 和 3)供电。使用数据线对。由于以太网线对是在每一端经过变压器耦合,因此可以由隔离变压器的中心分接点提供 DC 功率,而不会扰乱数据传送。在这种工作模式下,针脚 3 和针脚 6 上的线对及针脚 1 和针脚 2 上的线对可以为任一极性。

（2）模式二:带 PSE 的配线架内部跳线互连,通过备用对(线对 1 和 4)供电。使用备用线对。针脚 4 和针脚 5 上的线对连接在一起,构成正极,针脚 7 和针脚 8 上的线对连接在一起,构成负极。电源与信号线对分别设置。

6）电阻与功耗及温度产生的影响

网络布线的对绞电缆本身存在一定的电阻,在传输 DC 电流时将会产生一定的热量,这些热量将导致传输链路以及 PD 终端的温度升高,温度升高对数据传输的性能指标具有非常大的影响,线缆工作温度的控制也不容忽视。

随着 IEEE802.3at 和 IEEE802.3bt 标准的正式发布,大功率 PD 终端得到了广泛的应用,标准定义的 PSE 输出功率为 30 W/99.9 W,PD 接受功率为 25.5/74.55 W,这一参数表明我们需要尽可能降低对绞电线缆的电阻值,市场上除标准的 5e 类(导体采用 AWG24 线规 0.511 mm 的无氧圆铜线)、6 类(导体采用 AWG23 线规 0.573 mm 的无氧圆铜线)对绞电缆产品外,还有诸多非标准对绞电缆产品,如细导体 5e 类(导体直径 0.48 mm)、6 类(导体直径 0.52~0.53 mm)以及采用铜包铝、镁铝合金作为对绞电缆产品的导体等,这类产品的线电阻相比标准产品要高出很多,当设计具有 POE 功能的综合布线传输链路时,对于传输介质的类别以及材质、结构等都需要慎重考虑。

新标准将规定线对间电阻不平衡为 7% 左右,从而可以支持大多数已安装的 5e 类和更高等级的布线,采用 6 类和 6A 类作为传输介质将更有利于实现 POE 技术。

标准为着重 POE 系统提供更高功率和效率,并为 10 Gb/s 连接提供支持。IEEE 802.3bt 标准允许同时使用四对 POE 的应用,还可减少传输时的功耗。

7) 应用与功耗

现有的大量 POE 设备驱使供应商希望从底层基础设施中获得更高功率,从而丰富 POE 设备的应用种类。在提供更高功率的同时,提高效率。某些设备(例如 IEEE 802.11ac WAP)将提供超过千兆以太网的能力。另外,标准还需要适应在更高带宽链路(如 2.5 GBase‐T、5 GBase‐T 和 10 GBase‐T)上提供 PoE 的需求。

2.5 GBase‐T、5 GBase‐T 和 10 GBase‐T 提供 PoE 需求,如表 2‐36 所示。

表 2‐36　终端功耗

行　业	应　用	典型功耗/W
医疗保健	护士呼叫系统	50
零售	销售点设备	30~60
银行/金融	IP 服务终端	45
楼宇自控	各类控制器	40~50
酒店	POE 交换机	45~60
建筑安全防范	摄像头等终端设备	30~60
工业环境	驱动和控制模块	>30
企业	数字标牌	>30
	无线 AP 点	>30
	瘦客户端和虚拟桌面终端设备	50

通常情况下,市场需求的发展速度要快于标准的制定速度。如今,新一代的 PoE 设备所需的功率,为在判断 4 对线的 PoE 网络是否适合当前环境时,网络管理者应考虑众多因素,如总体网络架构、信道需求、对热限制和容量限制的影响、布线和部署策略等等。

8) 网络和信道设计

四对 POE 的网络和信道设计考量将与 POE 和 POE+的现有设计考量相同。关于信道拓扑,四对 POE 标准通过具有最多四个对绞线并且长度最长为 100 m 的现有线缆类型,为 PD 提供电力。有关四对 POE 的各种拓扑结构的详细支持信息,请参见 ISO/IEC 11801 "客户楼宇通用布线"、ANSI/TIA‐568‐C.2"平衡对绞线电信布线和组件标准"以及"信息技术通用布线系统"的 CENELEC EN 50173 系列。

(1) 布线建议等级：根据四对 POE 的当前讨论范围，所有布线必须至少满足 5e 类布线在 100 m 信道上的性能要求，包括存在四个连接的最差条件情况下也是如此。应当注意，5e 类布线仅能提供所需的最低性能水平。因此，建议使用 6 类或 6A 类布线。

ISO/IEC 14763-2 和 TIA-TSB-184-A 布线安装标准的最新草案推荐使用具有 24 条或更少电缆的电缆束，以便应对导线线规、供电和安装条件下的最差条件。

(2) POE 信息点设置：桌面之外的端接点在典型的办公环境中，大多数布线终端点位于工作区域中最终用户桌面附近的位置。随着布线供电能力的不断增强，POE 设备不仅变得越来越普遍，而且其应用也变得越来越多样化。当下的 POE 设备包括电动监控摄像头、视频电话、高清显示器和低功率智能楼宇设备（如控制器、传感器和执行器）。需考虑以下一些 POE 应用的位置：

(a) 零售店业务点（POS）；

(b) 视频会议终端点；

(c) 公共区域通信终端；；

(d) 用于监视安全区域的 IP 视频监控点；

(e) 门禁控制读取器位置；

(f) 楼宇控制器和传感器设置位置；

(g) 数字标牌位置；

(h) 多通道无线 AP 设置位置；

(i) 智能终端设备设置位置。

这些设备可能连接到，也可能不连接到传统的墙装式桌面电信插座（TO）。这些设备的连接点越来越多地出现在天花板、门或入口附近的空间的上部突出的墙壁位置，以及在建筑的外部和（或）偏远的角落。这些非常规的插座位置提出了全新的需求。例如，对于设置额外布线的能力、路由管理以及对于防火和（或）阻燃部件的特殊要求。解决这些问题需要在安装前进行规划，以确保所有需要 POE 的位置都能标准化地使用平衡对绞线布线。

(3) 四对 POE 集合点应用。

在传统的网络布线拓扑中，用于 POE 的电信插座通过水平电缆直接连接到楼层电信间中的配线架。对于许多涉及四对 POE 的安装情况，TIA-862-B 和 CENELEC EN 50173-6 标准都专注于非用户特定的应用情况。可以通过简化电缆布线，提供更大的灵活性。凭借 UCG 设计理念，将 PD 简单地连接到分区配线设备（CP），轻松适应移动、添加和更改，以节约人力和材料，降低初始安装资本支出和持续运营支出。

UCG 模型，使用从机房到特定"楼宇区域"的电缆敷设方式。每个区域内的集合点（CP）将固定布线线缆延伸到每个 PD 的信息插座 TO。这种方法可为从 CP 到每个单元中的第一个 TO 的布线提供额外的灵活性，并可根据需要为额外的 TO 提供备用容量。这种策略对于新安装是极为理想的，尤其方便布线路径的变更。合理放置集合点，解决长距离的水平电缆束布放于情况复杂的布线路径中，更加灵活地对 CP 到 TO 的电缆进行布线和延伸，包括对数据 PD 和智能楼宇设备的安装。

9) 直流电流对电缆温度的影响

为了最小化散热成本，尽可能延长布线基础设施的可用寿命，必须考虑布线上的热负载。

当在平衡电缆中应用远程供电时,电缆的温度将由于铜导线中生成的热量而升高。例如某一试验结果中,5e 类 6 类 6A 类 26 AWG 电缆束中的电流达到 1 000 mA 时,温度上升 6~10℃。IEEE 802.3bt 四对 PoE 标准预计,在一根个由 37 电缆组成的电缆束内,如果对所有四个线对通电时,对于工作温度范围为 -20~ 60℃ 的电缆,环境温度不应超过 50℃。因此,使用具有更低直流电阻和更强散热能力的更高类别电缆有助于降低温度升高。

因此,在四对 POE 应用中使用 6A 类和屏蔽布线系统。由于增加的热负载也可能会提高插入损耗,所以根据 ANSI/TIA - 568 - C.2"平衡对绞线电信布线和组件标准",或者 ISO/IEC 11801 标准和 CENELEC EN 50173 系列标准,最大电缆长度应根据温度的升高降低额定值。

802.3bt 标准拟订的最大允许电流,线缆和连接器必须满足要求另外,还应考虑连续电流处理能力。在正常模式下,由 PSE 提供的最大连续输出直流电流为 1 920 mA,通过每根对绞线的最大连续输出直流电流为 480 mA。

10) IEEE 802.3bt 标准

IEEE 802.3bt 研究组目标旨在最大限度地利用已安装的布线基础,并尽量减少对现有 POE 标准的更改,以保持向后兼容性。具体包括以下几点:

(a) 使用所有四对平衡对绞线布线;

(b) 采用 10 GBase - T 规范,为 PD 提供至少 49 W 的功率;

(c) 符合有关分离电路或安全特低电压(SELV)电路的 ISO/IEC 60950 标准;

(d) 支持 5e 类或更高类的电缆。

(2) 四对 POE 标准是与 IEEE 定义关联的关键指标。

(a) 市场潜力:根据 POE 市场分析师估计,目前 POE 设备的全球市场规模为 1 亿台。

(b) 兼容性:对于现有 POE 标准的所有改进将与 10BASE - T、100BASE - TX、1000 BASE - T 和 10 GBase - T 网络兼容,无须对接口进行任何更改。

(c) 独特性:IEEE 802.3bt 规定使用所有的 4 个线对时,在 PSE 和 PD 之间交换的信息可用于增强功率的管理,并满足更高功率和更高效供电系统的应用需求。

(d) 技术可行性:四对 POE 已经具有了较高的可靠性,许多系统和芯片的制造已经超过了 25.5 W 的限制。

(e) 经济可行性:利用线对供电可增加效率和传输的功率,但无须额外的布线成本。

针对目前 POE 在国内市场中的应用,可以关注以下方面:

(1) 6A 类布线应用。为了提高热性能和能效。

(2) 使用区域布线(设置 CP 点)架构。为了适应未来的容量升级并确保电力传输的多样性,建议为每个受电设备 PD 安排至少两根至区域配线设备的电缆。这样一来,每个设备可由两个不同的区域配线设备来保障供电。

(3) 布线系统连接器在负载的情况下拔出,则会在连接器内产生感应电流,可能会在一个或多个接触表面产生火花,进而导致插针表面的腐蚀。建议使用 IEC 60512 - 99 - 001 中的测试计划,确保连接硬件支持 POE 四对线应用。

10. 灾备布线

对于金融行业中的银行、保险公司,公共服务领域的政府机关,IT 电信业务经营者、互联网平台以及能源交通等领域的用户,日常运作几乎完全依靠信息平台。数据的安全性、可靠性被视为企业的生命,这类用户对于数据中心的灾备与路由冗余具有更高的要求。为了应对各种自然灾难(火灾、水灾、地震等)和人为灾难(误操作、野蛮施工、病毒等)对企业数据安全带来的冲击,灾备数据中心的建设对这类用户是十分必要的。

一个典型的容灾备份系统由灾备中心基础设施、网络通信系统、数据备份系统、灾难恢复计划等组成。灾备数据中心的容灾备份评价指标包含两个关键参数:第一个为 RPO(recovery point objective),其恢复点目标是指灾难发生后,系统和数据必须恢复到的时间点要求,用来衡量容灾系统的数据冗余备份能力;第二个为 RTO(recovery time objective),其恢复时间目标是指灾难发生后,信息系统或业务功能从停顿到必须恢复的时间要求,用来衡量容灾系统的业务恢复能力。国家标准《GB/T 20988 - 2007 信息安全技术信息系统灾难恢复规范》对灾备数据中心 RPO 与 RTO 两项参数指标分成了 6 个相应的灾难恢复能力等级,如表 2 - 37 所示。

表 2 - 37　RTO/RPO 与灾难恢复能力等级的关系

灾难恢复能力等级	RTO 恢复时间目标	RPO 恢复点目标
1	2 天以上	1 天至 7 天
2	24 小时以上	1 天至 7 天
3	12 小时以上	数小时至 1 天
4	数小时至 2 天	数小时至 1 天
5	数分钟至 2 天	0 至 10 分钟
6	数分钟	0

随着灾难恢复能力等级的提升,RTO 与 RPO 对应的持续时间越短,灾难恢复等级的要求也就越高,目标的实现需要各个系统,如基础设施、网络通信系统、服务器系统、存储系统、应用系统等的协调升级才能达成。在灾难恢复能力等级提升的余量较少时,由于数据中心在建设时都考虑了各系统一定的冗余,所以可通过在原灾备系统内增加设备来实现,其升级相对便利和快速。如冗余无法满足升级需求时,基础设施则通过升级和改造来实现,这一方案的实施过程难度较大,且投资周期长。因此在灾备数据中心的建设初期,应尽可能思考该灾备数据中心今后发展可能需要达到的灾备等级,以支持较长时期内容灾能力持续升级要求达到的对应 RTO 与 RPO 指标参数。

1)基础设施建设

灾备中心基础设施建设应重点考虑以下因素:

(1)灾备数据中心的选址,应避免建设在洪水高发的平原、有地震危险的区域、气候恶劣区域或政治动荡的地区,也应尽可能避免选择在军事目标区域,同时具备便利的交通与网络是非常有利的。周边环境对数据中心的影响也需要加以考虑,比如与具有高电力功耗的企业接近,可能存在着电力供应或电气干扰方面的问题,因此在选址上与医院在同一供电路由上是有好处的,因为停电后在恢复电力供应时,对医疗事业单位是优先考虑的,另外需要注意的是,与雷达站或微波站接近的话,可能会受到电磁波的干扰,而且要注意到建筑不能够阻挡无线的通信通道。

(2) 灾难备份中心与生产中心之间距离合理,交通便利,应避免灾难备份中心与生产中心同时遭受同类风险。

(3) 综合考虑电信网络接入的便利性与多样性,以及灾难备份中心所处地的业务与技术支持能力、电信资源、地理地质环境、公共资源与服务配套能力等外部支持条件。

(4) 灾备数据中心的基础条件中,机房环境的各项建筑基础环境(如防雷、防火、防静电、承重、分区隔离等)、供配电环境、温湿度空调环境、消防和监控安全环境等,都应参照生产数据中心机房环境设计,至少达到其所属等级要求。考虑到灾备恢复情况下额外的外部技术支援,灾备中心在工作人员的配备方面应作适当考虑,以保证有足够空间容纳一定数量的技术人员集中协同办公。

2) 基础网络架构选择

灾备模式主要有"同城灾备""异地灾备"以及"同城-异地灾备"三种主要方式。同城灾备,是指灾备中心与生产中心处于同一城市内,可同时采用同步备份与异步备份技术,其具有最低的投资成本和最快的灾难数据恢复与保障速度,但无法应对区域性的灾难风险;异地灾备是指灾备中心与生产中心在不同的城市,一般只能实现异步备份,其投资成本较高,灾难恢复速度与数据保障能力略低,但可应付广泛的灾难风险;同城-异地灾备则是两者的结合,投资成本最高,但同时具有前两者的优点。

灾备数据中心相对来说,传输距离较远,网络传输主要采用基于单模光纤组成的专用光网络,可采用 DWDM 密集型光波分复用技术,以提高光网络的传速效率;或租用电信业务经营者光纤骨干网的资源方式。根据灾备中心的传输距离,尽量使用不同的光网络,如同城备份可采用光纤接入网的方式,异地灾备距离较远,则可使用光纤城域主干网互通。

灾备模式的网络架构分析如下:

(1) 同城灾备网络。

同城灾备直接可以采用 SAN 的 FICON 的通道对数据进行镜像与复制,存储到灾备数据中心,实现同步或异步的备份,快速实现数据的备份可以不用占用服务器的资源,不会影响现有生产网络的运行,相对投置比较节约。

(2) 异地灾备网络。

异地灾备数据中心相对安全性较高,由于距离较远,需要采用 WAN 广域光传输网技术架构的支持,可采用 DWDM 密集波光波分复用技术,以提高 WAN 的传输效率。由于相互间的传输通信协议需要转换,且会占用部分生产数据中心的服务器资源。备份抗风险能力相对同城备份更强,但投置大于同城备份。

(3) 同城-异地灾备网络。

同城-异地灾备方式是对数据可靠性与灾难恢复最好的方式之一,同时具备了同城与异地灾备的优势,相对投资最大。同城-异地模式也可通过两种实现,一种是首先建立同城灾备中心,然后异地灾备中心实现对同城灾备中心的备份;另一种方式是同城灾备中心与异地灾备中心分别独立为数据中心实施备份。

11. 通信业务与光纤引入

数据中心机房和办公部分的所有信息设施都需要与公用通信网建立信息的互通关系，目前主要有以下几种方式：

(1) 光纤到建筑的用户单元(区域)以用户接入点光纤配线设施作为互联互通的设备；

(2) 综合布线系统以建筑物或建筑群配线设备(入口设施)与公用光纤配线网络实现互联互通；

(3) 计算机以太网交换机和路由器可以根据用户网络对信息量的带宽需求、电信运营商提供的传输手段及和电信资费的大小决定互通互联的方式。

(a) 通过光纤接入系统的光网络终端设备(ONU)100 M/1 000 M IP 端口互联互通；

(b) 通过光纤同步传输系统(SDH)155 Mb/s、622 Mb/s 的光接口互联互通；

(c) 通过光纤同轴混合网络(HFC)接入机顶盒 100 M/1 000 M 以太网端口互联互通；

(d) 通过光纤直接与电信的网络交换机 100 M/1 000 M 以太网端口互联互通；

(e) 通过电信业务经营者提供的各种专线互通。

以上为各信息通信系统具有代表性的接入互联互通方式，随着通信技术的发展，可以根据公用电信网络能够提供的通信手段，用户自主网络对信息量的带宽需求，电信资费的大小与服务水平决定互通互联的实施方案。目前，宽带光纤接入与无源光网络技术的应用已经成为"互联互通"的主流市场。

电信业务经营者通信业务接入的配线系统设计如下：

(1) 进线间和引入管道路由的冗余。

首先应当考虑至少三家电信业务经营者的接入。多个引入管道路由可以减少电信业务经营者接入大楼的故障点，减少对数据中心运营所产生的影响。在有至少两个电信进线间的数据中心，每一个电信业务经营者通常要求敷设两条引入光缆。其中，1 条引入至第一个主进线间，另外 1 条则引入至第二个次进线间，两个进线间的引入管道(人孔或手孔)和多个进线间之间应可以互通，以提供布放线缆的路由调配的灵活性。数据中心非机房使用的进线间还需要单独设置。

(2) 电信业务经营者服务的冗余。

为了保障用户的通信畅通和自由选择经营者的权益，数据中心可引入多家(不少于 3 家)电信业务经营者的通信业务，将多个电信业务经营者提供的引入光缆通过不同的路径引至数据中心综合布线系统的入口设施。这样，当一个电信业务经营者提供的通信业务中断时，仍然能够确保另一个电信业务经营者通信业务配线网络的畅通。这些不同路由应该被物理分开。

(3) 进线间的冗余。

大型数据中心至少设置 2 个进线间来支持接入的冗余，而且不能够和办公布线使用的进线间合用。多个电进线间增加了冗余，但是管理复杂。两个进线间的位置应该至少分开 20 m，而且是处于独立的防火分区中。两个进线间不能共用配电装置或空调设备。

针对不同应用，电信业务经营者接入的电信业务需符合相应的等级要求，如表 2-38 所示。

表 2-38 接入电信业务经营者等级要求

级别1	电信基础设施应该至少满足级别1的要求 设有1个进线间和引入管道。电信业务经营者的引入线缆将被终结于1个进线间内的入口设施,并通过1个单一的路径引至各子系统的配线架
级别2	电信基础设施应该满足级别1的要求,关键的电信设备应该有冗余组件 系统应该有两个由用户拥有的引入管道。两个冗余入口路径将被终结于一个电信进线间的入口设施,推荐将从冗余管道至电信进线间的路由分开
级别3	电信基础设施应该满足级别2的要求,数据中心应该至少由两个电信业务经者提供服务 从电信业务经营者来自不同路由的引入管线间应至少保持20 m的间距。应设置2个电信进线间,两个房间之间至少保持物理的距离20 m。并且使用独立的消防、配电和空调设施
级别4	电信基础设施应该满足级别3的要求 两个电信进线间之间的线缆应敷设在不同路由的管道。所有的关键的电信设备、接入设备等都应该是自动的备份。传输/连接应能自动地切换到备用设备上

2.3.4 用户需求与规划

1. 用户需求分析

布线规划设计必须基于详细准确的用户需求信息。最终用户由于缺乏对于数据中心的全面专业认识,提供不出完整的数据中心布线系统设计要求。由布线设计单位通过以下设计思路,填写详细的需求分析表,可以帮助用户逐步建立对于构建数据中心结构化布线网络的感性认识,从而为今后的深化设计打下良好的基础。数据中心布线系统设计应考虑以下方面。

(1) 符合标准的开放系统,并满足网络架构与工程的实际情况;

(2) 系统综合考虑升级与扩容需求,预留充分的扩展备用空间;

(3) 基于支持10G/25G或更高传输速率(40G/100G/400G)的网络应用;

(4) 支持新型存储设备的网络架构和通信协议;

(5) 提高安装空间的利用率,采用高容量和高密度连接器件;

(6) 满足设备移动和增减的变化需要;

(7) 配线设备之间采用交叉连接的模式,通过跳线完成管理维护的原则;

(8) 布线系统配置的量化性。

2. 需求分析表

进行布线系统的规划与设计以前,应提交用户工程需求与现状调查表,使得设计方案更加合理与贴近工程应用。以下提供用户需求分析如表2-39所示,IT设备数据如表2-40所示的格式与内容要求。

在进行规划与设计的工作以前,向用户的基建和IT部门提交上述基础数据调查表,主要用于了解业务需求、网络架构、设备数量等方面的内容,以便整体考虑布线系统的构成与建设规模。

表 2-39　数据中心基础数据调查

项目基础数据			用户回复	备注
项目名称				
建设单位				
项目规划资料				
园区规划	规划红线范围建筑分布平面图			
	规划红线范围建筑分布平面图			
	通信管道路由图			
	单模光纤	OS1		
		OS2		
	3 类/5 类大对数电缆(用于语音)			
	其他类型电缆(同轴电缆等)			
安全要求	屏蔽			
	非屏蔽			
网络分类				
(1)	内网(涉密要求)			
(2)	专用网(涉密要求)			
(3)	涉密网			
(4)	外网			
(5)	生产网			
(6)	智能化网			
机房设置状况				
(1)	建筑物(选置)周边环境情况			
	机房所处建筑物及楼层位置			
(2)	机房层高及楼板荷载			
(3)	房屋净高			
	架空地板下净高			
	吊顶内净空			
	平面布置图(包括支持空间等)			
(4)	各功能区(机房和非机房区域)面积			
(5)	建筑物弱电间、电信间、设备间、进线间、电力室、空调室、消防气体灭火室、线缆竖井等位置与平面布置图			
(6)	等电位联结端子板位置			
(7)	各房屋预留电源插座与信息插座位置			

（续表）

	项目基础数据		用户回复	备注
(8)	标注 POE 信息插座			
(9)	外部线缆引入口位置及管孔分配状况	电力线		
		通信线缆		
		接地线		
		弱电线缆		
(10)	外部引入线缆敷设路由及管道间的间距			
	水管、暖气管、消防管、弱电管等管线安装位置、敷设路由			
楼宇布线系统				
(1)	建筑物进线间、电信间、设备间位置与平面布置			
(2)	布线系统图			
(3)	FD、BD 与 CD 机柜设置排列图			
(4)	是否设置用户单元区域			
(5)	产品的选用情况（线缆与配线模块品牌等）			
(a)	RJ45 配线架（端口数、屏蔽/非屏蔽、高密度）			
(b)	光纤配线架（SC/LC 端口数、高密度）			
(c)	其他型式配线架			
(d)	工作区光/电信息插座（RJ45 屏蔽/非屏蔽、SC/LC）			
(e)	其他类型信息插座			
(6)	线缆			
(a)	铜缆布线系统	5 类		
(b)		6 类		
(c)		6A 类		
(d)		7 类		
(e)		7A 类		
(f)		8.1 类		
(g)		8.2 类		
(a)	多模光缆	OM3		
(b)		OM4		
(c)		OM5		
(a)	单模光缆	OS1		
(b)		OS2		
......				

（续表）

项目基础数据		用户回复	备 注
计算机网络系统			
（1）	网络结构图（大楼与机房两部分）		
（2）	网络设备安装场地平面布置图		
（3）	列头柜设置位置		
	……		
机房内信息通信等设施（电话交换机、以太网交换机、通信终端、控制模块等）			
（1）	规模和数量（近期与远期）		
（2）	设备种类与清单		
（3）	机柜（机架）选用类型与尺寸及数量		
（4）	机柜（机架）安装及加固方式及位置		
（5）	机房空调设备的安装位置		
（6）	机房供电设备安装位置		
（7）	机房活动地板板块尺寸		
（8）	机房接地系统构成情况		
（9）	局部等电位联结端子板的位置		
	……		
机房内线缆布放方式及路由情况			
（1）	架空地板下		
（2）	梁下或吊顶下		
（3）	密闭线槽或敞开线槽布放		
（4）	管、槽敷设路由		
	……		

表 2 - 40　IT 设备数据收集

工程名称：

主管部门：

网络类型（内网、专用网、涉密网、外网、生产网、智能网等）：

项 目	数据内容	调 查 数 据	结果记录
	通信接入与互通方式	EPON	
		以太网＋光纤	
		以太网	
		专线（E1）	
		其他方式	

（续表）

项　目	数据内容	调　查　数　据		结果记录
	互通带宽（b/s）			
	端口数量	电端口		
		光端口	单模	
			多模	
		其他		
	接口类型	电端口（RJ45）		
		光端口（LC/SC/MPO 等）		
		其他		
	工程界面	MDF 用户总配线架		
		DDF 数字配线架		
		ODF 光纤配线架		
		其他		
	接入电信经营者	中国电信		
		中国联通		
		中国移动		
		其他		
网络、存储、服务器设备	以太网交换机	品牌、型号、数量		
		端口速率（1G/10G/40G/100G/400G）		
		功耗（W）		
		端口数量（电、光）		
		尺寸		
	服务器	品牌、型号、数量		
		类型（标准、机架、刀片）		
		功耗（W）		
		端口数量（电、光）		
		尺寸		
	存储	品牌、型号、数量		
		类型（硬盘、阵列）		
		功耗（W）		
		端口数量（电、光）		
		尺寸（占 U 的高度）		

（续表）

项　　目	数据内容	调　查　数　据	结果记录
网络、存储、服务器设备	KVM	品牌、型号、数量	
		功耗(W)	
		端口数量(电、光)	
		尺寸	
	路由器	端口数量、接口类型与传输速率	
	防火墙	品牌、型号、数量与接口类型	
通信系统	用户交换机系统	容量、中继方式	
	接入网设备	设备类型、接口类型与数量	
	传输系统	接口类型与数量	
	通信入口设施	配线架类型和容量	
	其他系统		

3. 设计规划表

在获得了以上的用户需求调查结果后，我们可以通过填写表 2-41 来帮助完成数据中心布线系统的深化设计或作为编写招标书的依据。

表 2-41　数据中心布线系统规划与设计确认数据表

项　　目	内　　　　容	规划与设计	备　注
数据中心级别			
(1)	分级选择		
接入电信业务经营者及进线间			
(1)	是否多电信业务经营者业务和线路接入		
(2)	接入线路是否有冗余		
(3)	是否有多个进线间		
(4)	进线间是否设在计算机房内		
(5)	进线是否经由建筑物布线的进线间互通		
(6)	线缆引入建筑物人(手)孔与引入管数量及位置		
(7)	线缆引入部位等电位联结端子板位置		
……			
机房空间			
(1)	数据中心有几个功能分区(楼、层、房屋)		
(2)	分区之间的连接线路种类和配置数量		
(3)	主配线架位置		

(续表)

项 目	内　容	规划与设计	备　注
(4)	主配线架连接方式(交叉或互连)与配置数量		
(5)	中间配线架位置		
(6)	中间配线架连接方式(交叉或互连)与配置数量		
(7)	区域配线架位置		
(8)	区域配线架连接方式(交叉或互连)与配置数量		
(9)	设备配线区位置		
(10)	设备配线设备连接方式(交叉或互连)与配置数量		
(11)	LDP 集合点设置位置和配置容量		
(12)	电信间位置及支持的配线区		
(13)	电信间配线设备连接方式与配置数量		
(14)	各支持空间位置		
(15)	各支持空间配线设备连接方式与配置数量		
(16)	各支持空间信息点位置与配置数量		
	……		
土建条件			
(1)	防静电地板网格尺寸		
(2)	防静电地板下净高度		
(3)	房静电地板面至楼顶板高度		
(4)	天花板吊顶内高度		
(5)	机柜顶部空间		
(6)	等电位联结端子板位置与接地导线选择		
	……		
机架和机柜			
(1)	进线间使用机架/机柜数量及排列方式		
(2)	进线间机架/机柜内安装设备类型及数量		
(3)	主配线区使用机架/机柜数量及排列方式		
(4)	主配线区机架/机柜内安装设备类型及数量		
(5)	中间配线区使用机架/机柜数量及排列方式		
(6)	中间配线区机架/机柜内安装设备类型及数量		
(7)	区域配线区使用机架/机柜数量及排列方式		
(8)	区域配线区机架/机柜内安装设备类型及数量		
(9)	设备配线区使用机架/机柜数量及排列方式		

(续表)

项　目	内　　　容	规划与设计	备　注
(10)	设备配线区机架/机柜内安装设备类型及数量		
(11)	机柜规格		
(12)	机架规格		
(13)	机架/机柜前后通道宽度		
(14)	机架/机柜特殊散热方式考虑		
(15)	机架/机柜行两端及中间走道的宽度		
(16)	机架/机柜接地方式		
(17)	机架/机柜抗震加固方式		
(18)	机架/机柜 PDU 容量		
(19)	列头柜设置位置、安装设备类型及数量		
(20)	机架/机柜排列是否满足气流组织要求		
(21)	是否采用冷通道或热通道的模块化机柜设置位置		
	……		
走线通道			
(1)	上/下走线方式		
(2)	走线通道设置位置		
(3)	走线通道选型及尺寸		
(4)	走线通道间隔		
(5)	走线通道路由		
(6)	走线通道层数		
	走线通道采用的线槽类型		
	……		
布线系统			
(1)	是否有主干配线子系统		
(2)	主干配线是否有双线路冗余		
(3)	主干线缆类型(铜)		
(4)	主干线缆类型(光)		
(5)	是否有区域配线子系统		
(6)	区域配线是否有双线路冗余		
(7)	区域配线线缆类型(铜)		
(8)	区域配线线缆类型(光)		
(9)	相邻行的列头柜之间是否有互连		

（续表）

项　目	内　　　容	规划与设计	备　注
(10)	是否有集合点 LDP		
(11)	集合点互连的配线设备类型及数量（铜）		
(12)	集合点互连的配线设备类型及数量（光）		
(13)	是否有中间配线子系统		
(14)	中间配线是否有双线路冗余		
(15)	中间配线线缆类型（铜）		
(16)	中间配线线缆类型（光）		
(17)	设备区设备之间是否有点到点互连		
(18)	是否设置光纤到用户单元光缆配线系统		
(19)	各类跳线类型和数量		
(20)	机柜机箱设置类型和数量		
	……		
布线测试			
(1)	测试连接模型（铜、光）		
(2)	测试仪表选用		
(3)	测试方法		
(4)	测试项目及性能指标		
(5)	布线质量评判原则		
(6)	测试文档要求		
	……		
布线管理			
(1)	ID 编码方式		
(2)	线缆/跳线标识内容		
(3)	连接硬件标识内容		
(4)	是否标签类型与材质		
(5)	文档管理方式		
(6)	是否使用实时电子智能管理系统		
(7)	采用管理软件		
	……		
其他			
	……		

4. 支持区规划

数据中心内分有信息机房、支持区、辅助区和行政办公区等几个相互关联的组成部分，其中信息机房的综合布线系统是最为关键也是最受重视的，现在这一部分称为"网络布线"。但数据中心作为一个完整的整体，支持区、辅助区和行政办公区的综合布线系统也是非常重要的，它的设计是否合理，直接决定了数据中心运维工程师的工作难易程度。

1）监控中心

监控中心属于支持区的某一区域，它的作用是形成数据中心的控制和管理中心，将数据中心内外的运维信息集中显示在管理人员面前，将信息机房内的网络管理、智能配线管理、环境监控管理的控制权集中于管理人员，并允许系统管理员在监控中心内通过 KVM 系统远程操作设备的工作状态。

监控中心是综合布线系统设计的关键区域之一。在监控中心内，综合布线系统需要面对音视频（大屏显示、视频监控、声光报警等）、各种控制系统（KVM 系统、网络管理系统、智能布线管理系统、环境监控系统、消防报警等）以及门禁、广播、视频点播等系统，而且对信息点数量的分析也与常规情况不一致。

监控中心内可以分成显示区、控制台和领导席区（讨论决策区）三部分，即以监控区为中心，前方是显示区，后方设领导座席（讨论决策区）。

（1）控制台。

控制台是系统管理员值班时工作的区域，在监控区内会设若干个管理席位，当班的系统管理员坐在席位中，进行着自己的管理工作。根据管理员的多少，控制台会设置设一排或多排座席。

系统管理员在当班时，需要打电话、上数据中心管理内网、查看各控制系统的信息（如网管、布线管理、环境监控、视频监控、门禁管理、消防报警等）、通过 KVM 系统对信息机房内的某一台服务器（或存储设备、小型机、中型机、大型机）进行人工操作……为此，需要在管理员座席上设置各种业务网络的信息点。由于每个座席的宽度有限，放了太多的设备，所以宜设置 4～6 个通用信息点，其中电话和管理内网为常设的 2 个信息点，根据座席的布局分别设置，其他信息点为备用信息点。所有这些信息点的设置切换全部在监控中心配线架及次常用的传输配线架上。系统管理员的席位宜根据管理权限的分布进行适当分组，而不是为每位系统管理员设一个座位。

由于控制台上的所有信息点均用于各种管理系统、应用系统、控制系统的终端/客户机连接，所以其传输等级并不需要太高，但由于控制台的桌面和下方的储藏柜内都随时有可能被人为触碰，直接采用光纤连接将存在故障率较高的可能性。所以，控制台宜采用对绞电缆连接，其产品等级可以考虑与数据中心信息机房内的布线电缆等级保持一致，以简化数据中心内的产品品种。

（2）显示区。

在管理席位的正面，会建立大型的显示屏，它可以是若干个大屏拼接而组成，也可以采用显示组件形成一块大屏。在显示屏上，可以采用视频分配器、画面分割器、视频矩阵、视频合成器（或合成软件）等设备将多路视频或单路视频投影到屏幕上，供监控中心内的人员观看。

由于视频设备较多，所以设备之间除了连接互通，还会经常做临时的线路调度。在显示屏后侧往往将视频设备安装在设备机柜内，以观察设备上的指示灯、插拔跳线、开关电源、添加/移走设备等。

由于显示区的动态图像传输多于控制台，且各种文字、数据、图片、视频都可能会被显示，所以显示区的信息传输流量、传输等级及性能需求会远大于控制台。

因此，有必要在显示区设立综合布线系统的配线架，并使用单模光缆与数据中心主配线架连接。至于显示屏、视频设备所对应的综合布线系统，则可以根据其机柜数量，分别采用预端接线缆和各种长度跳线予以连接，以求达到使用便捷、易于理解的目的。

（3）领导席位。

在系统管理员的控制下，数据中心会保持正常的运行状态。但在异常情况发生时，事先准备好的应急预案将会发挥作用，领导者和应用系统的负责人也会出现在监控中心内，以应对和处理各种突发事件。

通常，各位领导会分工负责不同的岗位，一旦异常事件涉及多个岗位时，领导会通过交流和讨论，形成统一、有效的命令和解决方案。所以，在监控中心内，往往会在控制台后侧设立领导席位。

领导席位的综合布线系统一般会与控制台保持同一等级，但布线系统较为简单，信息点数会少于控制台，因为他们重点是处理某一特定事件，显示区的大屏显示已经将相关的信息放大显示，而命令经控制台的系统管理员执行。如果领导席位构成视频会议系统时，则布线系统应充分满足视频会议室的需求。

综上所述，监控中心的综合布线系统架构与商业建筑的布线系统基本一致，在信息点密度和传输等级上与信息机房内的综合布线产品相当。至于监控中心配线架则可考虑单独设立，并安装在显示区背后的设备区域内。其数据主干线缆连接到主配线区，语音主干则连接到该楼层的弱电间配线架。通过该监控中心专用配线架，将显示区、控制台和领导席位的设备和信息点结合成一个整体，以求达到最佳的管理境界和最便捷的操控效果。

对于数据中心的各种控制系统的控制信息和各种设备说明书/操作视频的存储服务器，宜设在信息机房内，以免因人为因素导致其中的信息丢失。

所以说，监控中心是整个数据中心的灵魂，它的工作状态直接影响整个数据中心的管理效率，综合布线系统在监控中心的运行中会发挥重大作用，为此监控中心的综合布线系统布局、等级和品质是至关重要的。

数据中心的信息机房完全隐藏，但监控中心往往位于数据中心中参观效果最好的区域，以便于客户、同行和上级浏览监控中心的全貌，以此形成对数据中心的感性认识。而处于此种环境中布线产品，尤其是插座面板和配线架、箱体、机柜等，其外观应显示其高品质。

2）测试机房

测试机房用于对数据中心刚购进的 IT 设备进行测试的场所，通过测试以确保这些 IT 设备中没有病毒、黑客、电源短路等有可能导致数据中心系统瘫痪或信息流失的隐患。

可以推理，为了进行这样的测试，测试机房内的网络结构、电源、接地等环节都与数据中心信息机房的真实环境类似。对于综合布线系统而言，则需要考虑以下因素：

（1）传输等级。

测试机房内的测试台应具备信息机房内铜/光缆的各种传输等级或者更高等级的布线端口，其目的是在必要时进行各种试验，以确定未来进行信息机房整改或局部调整时的策略。

（2）测试机房的信息点布局。

在测试机房内，一般会有多种测试环境，如机柜环境、测试台环境和临时搭建的环境等。所以,各类信息点会安装在配线架(机柜安装)、测试台、墙面和地面等部位。无论是哪一种,采用了使用、备用和预留空间等多种信息点的设置方式,以满足测试机房中测试条件发生变化的需求。

当测试台上安装有信息点时,为了保证台面上有足够多的空间能够摆放 IT 设备,所以电源插座和综合布线系统的信息点宜安装在台面下方,其中 4 个双口综合布线面板中,2 个面板安装了 4 组模块/光纤连接器,另 2 个面板则为预留。需要注意的是,控制台下方的电源插座往往距综合布线面板的距离不超过 150 mm。这时,为了确保综合布线系统不受电源干扰,需选用金属底座的测试台(台面可以是非金属材料),并将测试台进行接地连接。

(3) 测试机房主配线架。

测试机房应设立自己的服务器、网络系统和综合布线系统的配线架,这些设备将安装在测试机房内的机柜阵列中。

在机柜阵列中,包含测试使用的和测试机房内使用的主配线架。

测试机房数据布线主配线架自成体系,并与数据中心主配线架、监控中心配线架、进线间入口设施配线架之间均应有线路连接,但是否需要通过网络设备互联,则根据测试要求进行分析。语音部分则引自楼层的建筑物综合布线系统楼层配线架,为测试机房内的电话系统提供有效的语音业务。

(4) 电话系统。

测试机房内根据测试需求设置电话信息点,例如在每个测试台和机柜旁的位置。但是,这些部位的电话业务并不是一直需要的,所以测试机房的电话接入线数量可以远少于测试台,需要时通过测试机房主配线架跳接即可。

当然,测试机房内也可以大量使用手机或移动电话,但是语音主配线架上还是必不可少,因为有些设备会使用电话线(包括 ISDN、DDN、T1/E1 等)作为数据或语音系统的接口。

总之,测试机房布线系统与信息机房布线系统结构基本相同,但规模要小很多。测试机房内装有主配线架,它与数据中心主配线区之间的数据传输采用光纤连接,而语音系统的主干对绞电缆则引自该楼层的弱电间。

3) 高低压配电机房

高低压配电机房是数据中心内必然存在的辅助区设备机房之一,它们对于数据中心的作用至关重要,为此有关它们的信息(电压、电流、相位、功率、功率因素、谐波、设备温度、环境温度等)需要实时地传递到运维管理人员面前,并对其中的异常现象进行声光报警,提请管理人员高度警惕。

高低压配电机房往往是电磁干扰的"重灾区",各种配电设备所产生的电磁干扰远强于其他区域,有时甚至距配电设备 6 m 外还能检测到极强的电磁干扰。在这样的环境中,电磁干扰会叠加在对绞电缆的有效信号上,造成信噪比变差。它使得电话产生杂音,计算机网络的误码率上升。最为担心的是,如果这些电磁干扰随着对绞电缆进入数据中心的主配线架,就存在这些电磁波"窜入"网络区主网络设备的可能。

为了避免高低压配电机房的电磁干扰"顺着"对绞电缆传输到数据中心的网络区主配线架,宜在高低压配电机房内安装光纤配线架,它与弱电间/主配线区之间的传输采用光缆连接,采用光电隔离的方式让高低压配电机房形成"电磁孤岛",将可能产生的强电磁干扰封闭在配电机房内。而配电机房应采用 IP 电话通过光纤传输。

配电机房内的弱电桥架不但应采用金属桥架,而且接地应按规范进行,确保桥架能够作为线缆的外部电磁防护层,削弱对绞电缆上电磁干扰的强度。当然,由于铁制桥架的超高频性能并不理想,所以它所抑制的电磁干扰频段属于工频及相应的高频谐波。

2.3.5 应用业务与线缆传输距离

线缆的长度在布线系统体现于两个方面,一方面是布线系统各个子系统对线缆长度的限制。其中的线缆包括对绞电缆、同轴电缆和光缆。另一方面是从工程的应用角度出发,提出了不同类型的线缆在不同的通信和计算机网络的应用中,能够支持的最大传输距离。以下各表的内容基本参照了各标准对于线缆在应用中的支持传输距离。当然在前面的有关章节中也提到了一些光纤传输距离的要求。

1. 对绞电缆应用业务

平衡布缆支持的应用业务如表 2 - 42 所示。

表 2 - 42 使用平衡布缆的应用

应　　用	规 范 引 用	日期	辅 助 名 称
A 类(定义频率至 0.1 MHz)			
PBX	国家要求		
X.21	ITU-T Rec.X.21	1992	
V.11	ITU-T Rec.X.21	1996	
B 类(定义频率至 1 MHz)			
S0-Bus(extended)	ITU-T Rec. I.430	1993	ISDN Basic Access (Physical Layer)
S0 点对点	ITU-T Rec. I.430	1993	ISD2 Basic Access (Physical Layer)
S1/S2	ITU-T Rec. I.430	1993	ISDN Primary Access (Physical Layer)
C 类(定义频率至 16 MHz)			
以太网 10 BASE-T	ISO/IEC/IEEE 8802 - 3:2017,Clause 14[a]	2005	10 M 双绞线以太网
D 类 1995(定义频率至 100 MHz)			
以太网 100 BASE-TX[a,b]	ISO/IEC/IEEE 8802 - 3:2017,Clause 25[a]	2005	100 M 双绞线以太网
POE Type 1	ISO/IEC/IEEE 8802 - 3:2017,Clause 33[b]	2015	POE
D 类 2002(定义频率至 100 MHz)			
以太网 1000 BASE-T	ISO/IEC/IEEE 8802 - 3:2017,Clause 40[a]	2005	千兆双绞线以太网
光纤通道 1 Gbit/s	ISO/IEC 14165 - 115	2007	对绞线光纤通道 1G
火线 100 Mbit/s	IEEE 1394b	2002	火线/Cat5
POE Type 2	ISO/IEC/IEEE 8802 - 3:2017,Clause 33[b]	2015	POE

（续表）

应 用	规 范 引 用	日期	辅 助 名 称
POE Type 3	IEEE 802.3bt：2018，Clause 33[b]	2018	POE, IEEE 802.3bt
POE Type 4	IEEE 802.3bt：2018，Clause 33[b]	2018	POE, IEEE 802.3bt
E 类 2002（定义频率至 250 MHz）			
E_A 2008 类（定义频率至 500 MHz）			
以太网 2.5 GBase-T	IEEE 802.3bz：2016，Clause 126[a]	2016	2.5G 双绞线以太网，IEEE 802.3bz
以太网 5 GBase-T	IEEE 802.3bz：2016，Clause 126[a]	2016	5G 双绞线以太网，IEEE 802.3bz
以太网 10 GBase-T	ISO/IEC/IEEE 8802 - 3：2017，Clause 55[a]	2006	10G 双绞线以太网
光纤通道 2 Gbit/s	INCITS 435	2007	对绞线光纤通道 2G-FCBASE-T
光纤通道 4 Gbit/s	INCITS 435	2007	对绞线光纤通道 4G-FCBASE-T
F 类 2002（定义频率至 600 MHz）			
FC 100 MByte/s	ISO/IEC 14165 - 114	2005	FC - 100-DF-EL-S
F_A 2008 类（定义频率至达 1 000 MHz）			
I 类 20XX（定义频率至 2 000 MHz）			
以太网 25 GBase-T	IEEE 802.3bq：2016，Clause 113	2016	25G 双绞线以太网，IEEE 802.3bq
以太网 40 GBase-T	IEEE 802.3bq：2016，Clause 113	2016	40G 双绞线以太网，IEEE 802.3bq
II 类 20XX（定义频率至 2 000 MHz）			
以太网 25 GBase-T	IEEE 802.3bq：2016，Clause 113	2016	25G 双绞线以太网，IEEE 802.3bq
以太网 40 GBase-T	IEEE 802.3bq：2016，Clause 113	2016	40G 双绞线以太网，IEEE 802.3bq

注：最低性能的 E 类和 F 类信道不足以支持 10 GBase-T，当由 6 类或 7 类组件组成的信道满足 ISO/IEC TR 24750 的额外要求时，可以支持 10 GBase-T。此类支持可能需要降低并仅限于短于 100 m 的信道。对于全新安装，建议采用 E_A 类或更高等级。

最低性能的 D 类 2002 信道不足以支持 2.5 GBase-T 或者 5 GBase-T，当由 5 类 2002 组件组成的信道满足 ISO/IEC TR 11801 - 9904 的额外要求时，可以支持 2.5 GBase-T 和 5 GBase-T。此类支持可能需要降低并仅限于短于 100 m 的信道。对于全新安装，建议采用 E_A 类或更高等级。

最低性能的 E 类 2002 信道不足以支持 5 GBase-T，当由 6 类 2002 组件组成的信道满足 ISO/IEC TR 11801 - 9904 的额外要求时，可以支持 5 GBase-T。此类支持可能需要降低并仅限于短于 100 m 的信道。对于全新安装，建议采用 E_A 类或更高等级。

由 6A、7、7A 组件组成最低性能的信道不足以支持 30 米 2 连接 25 GBase-T，当由 6A（ffs：进一步研究），7（ffs）或 7A 组件组成的信道满足 ISO/IEC TR 11801 - 9905 的额外要求时，可以支持 25 GBase-T。此类支持可能需要降低并仅限于短于 30 m 的信道。对于全新安装，建议采用 I 类或 II 类布线。

由指定类别支持的应用也兼容更高类别的支持。如果特定信道满足应用程序的性能标准，一些应用程序可以运行在较低的类别上。

[a] 包括对 ISO/IEC/IEEE 8802 - 3：2017 第 33 条（Types 1 和 2）和 IEEE802.3bt：2018（Types 3 和 4）定义的远程供电支持。

[b] 需要支持远程供电应用的信道，参考 ISO/IEC TS 29125。

[c] 10 GBase-T 远程供电要求由 IEEE802.3bt：2018 定义。

2. 各类对绞电缆在网络应用中的传输距离

如表 2-43 所示的内容(引用自标准 ANSI/TIA-568.0-D)。

表 2-43　平衡双绞线支持的最大传输距离

应　　用	介　　质	最大距离(m)	备　　注
以太网 10 BASE-T	Cat 3, 5e, 6, 6A	100	
以太网 100 BASE-TX	Cat 5e, 6, 6A	100	
以太网 1000 BASE-T	Cat 5e, 6, 6A	100	
以太网 10 GBase-T	Cat 6A	100	
IEEE Std 802.3™ Type 1 PoE	Cat 5e, 6, 6A	100	
IEEE Std 802.3™ Type 2 PoE	Cat 5e, 6, 6A	100	
IEEE Std 802.3™ Type 3 PoE	Cat 5e, 6, 6A	100	正在开发中[a]
IEEE Std 802.3™ Type 4 PoE	Cat 5e, 6, 6A	100	正在开发中[a]
HDBaseT	Cat 6A	100	
ADSL	Cat 3, 5e, 6, 6A	5 000	1.5 Mb/s 到 9 Mb/s
VDSL	Cat 3, 5e, 6, 6A	5 000	12.9 Mb/s 为 1 500 米; 52.8 Mb/s 为 300 米
Analog Phone	Cat 3, 5e, 6, 6A	800	
FAX	Cat 3, 5e, 6, 6A	5 000	
ATM 25.6	Cat 3, 5e, 6, 6A	100	
ATM 51.84	Cat 3, 5e, 6, 6A	100	
ATM 155.52	Cat 5e, 6, 6A	100	
ATM 1.2G	Cat 6, 6A	100	
ISDN BRI	Cat 3, 5e, 6, 6A	5 000	128 kb/s
ISDN PRI	Cat 3, 5e, 6, 6A	5 000	1.472 Mb/s

[a]　IEEE Std 802.3bt™-2018 标准已经正式发布

根据 ANSI/TIA-PN-942-B 标准要求：数据中心水平铜缆布线的长度应满足 ANSI/TIA-568.0-D 的要求(见上表),平衡双绞线在支持 25 Gb/s 及更高速率时,水平布线最大长度为 30 米(假定永久链路 26 米,跳线 6 米,插入损耗降额因数为 1.2)。

3. 光纤传输的应用业务

指定为 OM3 和 OM4 的有缆光纤类别使用多模、渐变折射率光纤波导来实现,该光纤具有标称为 50/125 μm 的芯/包层直径和数值孔径,分别符合 IEC 60793-2-10 的 A1a.2a 和 A1a.3a 光纤。

指定为 OS1a 和 OS2 的成缆光纤类别使用符合 IEC 60793-2-50 的 B1.3 或 B6 的单模光纤来实现。规定了两种线缆设计,一种用于室内使用(OS1a),一种用于户外使用(OS2)。

光纤布缆支持的应用如表 2-44 所示。

表 2-44　各种应用的光纤布线最大链路衰减

网　络　应　用	最大信道衰减(dB)		单　模
	多　模		
	850 nm	1 300 nm	1 310 nm
ISO/IEC/IEEE 8802-3：2017，Clause 9：FOIRL	6.8	—	—
ISO/IEC/IEEE 8802-3：2017，Clauses 15-18：10BASE-FLand FB	6.8	—	—
ISO/IEC/IEEE 8802-3：2017，Clause 38：1000BASE-SX [a]	4.0	—	—
ISO/IEC/IEEE 8802-3：2017，Clause 38：1000BASE-LX [a]	3.56	2.35	4.56
ISO/IEC/IEEE 8802-3：2017，Clause 26：100BASE-FX	—	6.0	—
ISO/IEC/IEEE 8802-3：2017，Clause 53：10 GBase-LX4 [a]	—	2.00	6.20
ISO/IEC/IEEE 8802-3：2017，Clause 68：10 GBase-LRM [a]	—	1.9	—
ISO/IEC/IEEE 8802-3：2017，Clause 52：10 GBase-ER	—	—	10.9
ISO/IEC/IEEE 8802-3：2017，Clause 52：10 GBase-SR [a]	2,60 (OM3) 2,90 (OM4)	—	—
ISO/IEC/IEEE 8802-3：2017，Clause 52：10 GBase-LR	—	—	6.20
ISO/IEC/IEEE 8802-3：2017，Clause 86：40 GBase-SR4 [a, b]	1,9 (OM3) 1,5 (OM4)	—	—
ISO/IEC/IEEE 8802-3：2017，Clause 87：40 GBase-LR4	—	—	6.7
ISO/IEC/IEEE 8802-3：2017，Clause 89：40 GBase-FR	—	—	4.0
ISO/IEC/IEEE 8802-3：2017，Clause 95：100 GBase-SR4 [a, b]	1,8 (OM3) 1,9 (OM4)	—	—
ISO/IEC/IEEE 8802-3：2017，Clause 86：100 GBase-SR10 [a, b]	1,9 (OM3) 1,5 (OM4)	—	—
ISO/IEC/IEEE 8802-3：2017，Clause 88：100 GBase-LR4	—	—	6.3
ISO/IEC/IEEE 8802-3：2017，Clause 88：100 GBase-ER4	—	—	18.0
1 Gbit/s FC (1.062 5 GBd) [a]	2,62 (OM3)	—	7.8
2 Gbit/s FC (2.125 GBd) [a]	3,31 (OM3)	—	7.8
4 Gbit/s FC (4.25 GBd) [a]	2,88 (OM3) 2,95 (OM4)	—	4.8
8 Gbit/s FC (8.5 GBd) [a]	2,04 (OM3) 2,19 (OM4)	—	6.4
16 Gbit/s FC (14.025 GBd) [a]	1,86 (OM3) 1,95 (OM4)	—	6.4
32 Gbit/s FC [a]	1,75 (OM3) 1,86 (OM4)	—	6.4

[a]　各种应用的链路距离受带宽限制，不推荐采用低损耗组件来支持超长的信道距离

[b]　如果端到端提供信道传输的所有光缆和跳线为同种光纤，通过设计可满足多芯光纤应用和传输延迟偏移的要求

4. 光纤在网络应用中的传输距离

(1) 多模光纤信道最大距离如表 2−45 所示。

表 2−45 多模光纤支持的最大信道距离

网 络 应 用	标称传输波长 nm	最大信道距离/m
		50/125 μm 光纤
ISO/IEC/IEEE 8802−3：2017，Clause 9：FOIRL	850	514
ISO/IEC/IEEE 8802−3：2017，Clauses 15−18：10BASE-FL & FB	850	1 514
ISO/IEC/IEEE 8802−3：2017，Clause 38：1000BASE-SX [b]	850	550
ISO/IEC/IEEE 8802−3：2017，Clause 52：10 GBase-SR [b]	850	300 [a]，400 [c]
ISO/IEC/IEEE 8802−3：2017，Clause 86：40 GBase-SR4 [b, e]	850	100 [a]，150 [d]
ISO/IEC/IEEE 8802−3：2017，Clause 95：100 GBase-SR4 [b, e]	850	70[a]，100 [d]
ISO/IEC/IEEE 8802−3：2017，Clause 86：100 GBase-SR10 [b, e]	850	100 [a]，150 [d]
1 Gbit/s FC (1.062 5 GBd) [b]	850	500
2 Gbit/s FC (2.125 GBd) [b]	850	300
4 Gbit/s FC (4.25 GBd) [b]	850	380 [a]，400 [c]
8 Gbit/s FC (8.5 GBd) [b]	850	150 [a]，190 [c]
16 Gbit/s FC (14.025 GBd) [b]	850	100 [a]，125 [c]
32 Gbit/s FC [b]	850	70 [a]，100 [c]
ISO/IEC/IEEE 8802−3：2017，Clause 26：100BASE-FX	1 300	2 000
ISO/IEC/IEEE 8802−3：2017，Clause 38：1000BASE-LX [b]	1 300	550
ISO/IEC/IEEE 8802−3：2017，Clause 53：10 GBase-LX4 [b]	1 300	300
ISO/IEC/IEEE 8802−3：2017，Clause 68：10 GBase-LRM [b]	1 300	220

[a] 定义最低级别的光缆光纤是 OM3。
[b] 各种应用的信道距离受带宽限制,不推荐使用更低损耗组件来支持超长的信道距离。
[c] 定义最低级别的光缆光纤是 OM4。
[d] 定义最低级别的光缆光纤是 OM4(连接器件的总损耗不超过 1.0 dB)。
[e] 如果端到端提供信道传输的所有光缆和跳线为同种光纤,通过设计可满足多芯光纤应用和传输延迟偏移的要求。

(2) 单模光纤最大信道距离如表 2−46 所示。

表 2−46 单模光纤支持的最大信道距离

网 络 应 用	标称传输波长/nm	最大信道距离/m
ISO/IEC/IEEE 8802−3：2017，Clause 38：1000BASE-LX	1 310	2 000
ISO/IEC/IEEE 8802−3：2017，Clause 87：40 GBase-LR4	1 310	2 000
ISO/IEC/IEEE 8802−3：2017，Clause 88：100 GBase-LR4	1 310	2 000
1 Gbit/s/s FC (1.062 5 GBd)	1 310	2 000

（续表）

网 络 应 用	标称传输波长/nm	最大信道距离/m
2 Gbit/s/s FC (2.125 GBd)	1 310	2 000
4 Gbit/s/s FC (4.25 GBd)	1 310	2 000
8 Gbit/s/s (8.5 GBd)	1 310	2 000
16 Gbit/s/s (14.025 GBd)	1 310	2 000
32 Gbit/s/s (28.05 Gbd)	1 310	2 000
10 Gbit/s/s FC (10.518 75 Gbd)	1 310	2 000
ISO/IEC/IEEE 8802 - 3：2017，Clause 52：10 GBase-LR/LW	1 310	2 000
1 Gbit/s/s FC	1 550	2 000
2 Gbit/s/s FC	1 550	2 000
ISO/IEC/IEEE 8802 - 3：2017，Clause 52：10 GBase-ER/EW	1 550	2 000
ISO/IEC/IEEE 8802 - 3：2017，Clause 88：100 GBase-ER4	1 550	2 000
ISO/IEC/IEEE 8802 - 3：2017，Clause 89：40 GBase-FR	1 550	2 000

关于数据中心高速率数据传输需要高带宽的介质，如表 2 - 47 所示，列出了 OM3/OM4 光纤对当前和未来以太网和光纤通道应用支持的传输距离。

表 2 - 47　850 nm 多模光纤在以太网和信道中传输距离

以太网		1G		10G		40G		100G
光纤信道			4G		8G		16G	
多模光纤/m	OM3	1 000	380	300	150	100	100	100
	OM4	1 000	480	550	190	150	125	150

FC 多模光纤 OM2/OM3/OM4 支持 4G/8G/16G FC 协议的通道衰减与距离如表 2 - 48 所示。

表 2 - 48　FC 协议的通道衰减与距离

	FC - 0	400 - M5 - SN - 1	800 - M5 - SN - 5	1600 - M5 - SN - S
OM2	数据速率/(MB/s)	400	800	1600
	运行距离/m	0.5—150	0.5—50	0.5—35
	损耗预算/dB	2.06	1.68	1.63
	FC - 0	400 - M5 - SN - 1	800 - M5 - SN - 1	1600 - M5 - SN - 1
OM3	数据速率/(MB/s)	400	800	1 600
	运行距离/m	0.5—380	0.5—150	0.5—100
	损耗预算/dB	2.88	2.04	1.86

(续表)

FC - 0		400 - M5 - SN - 1	800 - M5 - SN - 5	1600 - M5 - SN - S
OM4	运行距离/m	0.5—400	0.5—190	0.5—125
	损耗预算/dB	2.95	2.19	1.95

2.3.6 系统配置

数据中心布线系统配置设计,机房应符合 GB 50174 的规定外,辅助区、支持区和行政管理区布线系统的设计尚应符合现行国家标准《综合布线系统工程设计规范》GB 50311 的有关规定。

数据中心布线系统应根据网络架构进行设计。设计范围应包括主机房、辅助区支持区和行政管理区。主机房宜设置主配线区、中间配线区、区域配线区和设备配线区,也可在区域配线区设置集合点。主配线区可设置在主机房的一个专属区域内,占据多个房间或多个楼层的数据中心可在每个房间或每个楼层设置中间配线区,区域配线区可设置在一列或几列机柜的端头或中间位置。

1. 配置原则(GB50174)

1) 网络系统

数据中心网络系统应根据用户需求和技术发展状况进行规划和设计。数据中心网络应包括互联网络、前端网络、后端网络和运管网络。前端网络可采用三层、二层和一层架构。

A 级数据中心的核心网络设备应采用容错系统,并应具有可扩展性,相互备用的核心网络设备宜布置在不同的物理隔间内。

2) 布线系统

(1) 承担数据业务的主干和区域配线子系统应采用 OM3/OM4 多模光缆、单模光缆或 6A 类及以上对绞电缆。传输介质各组成部分的等级应保持一致,并应采用冗余配置。

(2) 主机房布线系统中,所有屏蔽和非屏蔽对绞线缆宜两端各终接在一个信息模块上,光缆则连接到单芯或多芯光纤适配器,同时将光/电模块固定在配线架面板上。

(3) 主机房布线系统中 12 芯及以上的主干或水平光缆布线系统宜采用多芯光缆 MPO/MTP 预连接器件,存储网络布线系统宜采用多芯 MPO/MTP 预连接系统。

(4) A 级数据中心宜采用智能布线管理系统对布线系统进行实时智能管理。

(5) 数据中心布线系统所有线缆的两端、配线架和信息插座应有清晰耐磨的标签。

(6) 数据中心存在下列情况之一时,应采用屏蔽布线系统、光缆布线系统或采取其他相应的防护措施:

(a) 环境要求存在干扰源,并且达到一定的强度时;

(b) 网络安全保密要求时;

(c) 安装场地不能满足非屏蔽布线系统与其他系统管线或设备的间距要求时。

(7) 数据中心布线系统与公用电信业务网络互联时,接口配线设备的端口数量和缆线的敷设路由应根据数据中心的等级,并在保证网络出口安全的前提下确定,与公用电信业务经营者之间设置络接口可为 2 个或 2 个以上。

（8）在隐蔽通风空间敷设的通信线缆应采用 CMP 级或低烟无卤阻燃电缆，OFNP 或 OFCP 级光缆。也可采用同等级的其他电缆或光缆。

（9）进线间不少于 2 个。

（10）设置智能配线、环境和设备监控系统。

2. **办公及楼宇布线系统配置**（按照 GB 50311 要求）

此部分内容仍然以非机房区的布线架构进行设计。

1）配线布缆子系统（水平）配置

（1）配置原则。

（a）一个给定的综合布线系统设计可采用多种类型的信息插座。

（b）配线子系统线缆长度应在 90 m 以内。

（c）配线电缆可选用普通的综合布线铜芯对绞电缆，在必要时应选用阻燃、低烟、低毒等电缆。

（d）信息插座应采用 8 位模块式通用插座或光缆插座。

（e）配线设备交叉连接的跳线应选用综合布线专用的插接软跳线，在电话应用时也可选用双芯跳线或 3 类 1 对电缆。

（f）1 条 4 对对绞电缆应全部固定终接在 1 个信息插座上。不允许将 1 条 4 对对绞电缆终接在 2 个或 2 个以上信息插座上。

（2）信息插座数量确定。

对于工作区信息插座配置时应根据建筑物每一层房屋的功能和用户的实际需求进行，而不是硬行地采用某种固定的模式。

每个工作区至少设置 2 个信息插座，每一个信息插座均应支持电话机、计算机等各类信息终端设备的设置和安装。对于不同的功能区信息点的数量如表 2-49 所示内容。

表 2-49　信息点数量配置

建筑物功能区	信息点数量（每一工作区）			备　注
	电　话	数　据	光纤（双工端口）	
办公区（基本配置）	1 个	1 个	—	—
办公区（高配置）	1 个	2 个	1 个	对数据信息有较大的需求
出租或大客户区域	2 个或 2 个以上	2 个或 2 个以上	1 个或 1 个以上	指整个区域的配置量
办公区（政务工程）	2～5 个	2～5 个	1 个或 1 个以上	涉及内、外网络时

注：对出租的用户单元区域可设置信息配线箱，工作区的用户业务终端通过电信业务经营者提供的 ONU 设备直接与公用电信网互通。大客户区域也可以为公共实施的场地，如商场、会议中心、会展中心等。

工作区的信息模块设计的数量可以根据工位的性质、开放业务、涉及的网络（内部办公、涉密网、物业网）等确定，一般每一个工作区配置 2 个信息插座模块，信息插座应采用 8 位模块式通用插座（RJ45 或非 RJ45），或光纤插座（LC）。并且需要考虑以下的因素：① 根据工程用户需求提出近期和远期的业务终端设备要求；② 每层需要安装的信息插座的数量及其位置;③ 终端将来可能产生移动、修改和重新安排的预测情况;④ 一次性建设或分期建设的方案。

(a) 基本配置:

为每一个工作区设置 2 个或 2 个以上的 8 位模块式通用插座,通常考虑 1 个插座支持语音的应用,另一个插座应用于计算机网络。但是对于某些工程在插座的配置时应有较大的余地。比如,有的高档写字楼,在计算机应用时每个工作区同时设置了固定工作与笔记本电脑的连接插座,加上语音的应用,则每个工作区需要配置 3 个 8 位插座;目前较为普遍的政务工程应涉及计算机网络的内、外网设置和信息的安全保密问题,语音和计算机的信息插座往往高达每个工作区 8~10 个;对于会议中心、会展中心、体育场馆等工作区面积的划分较大的情况下,又可采用综合布线与无线局域网络相结合的配置方案。所以基本配置有较大的灵活性,完全取决于用户性质与投资情况。

(b) 综合配置:

规定为在综合配置的基础上增加光纤至桌面(fiber to the office,FTTO)的光插座。此种配置适用于工程等级较高或用户对于信息量、信息保密、网络安全与信息资源开放等有需求的场地,主要归纳成以下几种情况。

(Ⅰ)布线的环境中存在着干扰源(电场与磁场),在采用屏蔽的布线系统自然无法解决问题时;

(Ⅱ)某些大客户(如企业与公司)自建的计算机企业网需要对公用网直接互通时;

(Ⅲ)对一些工作区的位置无法确定,需采用区域配线和多媒体综合设施加以解决时;

(Ⅳ)对于布线的现场安装条件不能满足综合布线对绞电缆与电力电缆及弱电系统电缆的间距要求时;

(Ⅴ)用户对信息安全有需求时。

当电和光的信息插座计算出来以后,再根据 86 底盒面板的孔数得出插座底盒的数量。如采用单孔面板时,一个信息插座需要由一个底盒进行安装,选用双孔面板时则一个插座底盒可以支持两个信息插座的安装空间。以此可以统计出总的底盒数量。

在信息插座数量的确定,支持业务的应用和产品的选用时要特别注意网络的传输与通信质量是否能得到保证,还得考虑到用户终端和业务的变化对于线对数量的需求是否能适应网络的长期发展。

需要说明的是,在布线规范中明确定规定,"1 条 4 对对绞电缆应全部固定终接在 1 个信息插座上,不允许将 1 条 4 对对绞电缆终接在 2 个或 2 个以上信息插座上"。因为在此种情况下,水平电缆在终接部位的对绞状态遭到破坏,整体链路的传输特性必然会恶化而达不到设计的技术要求。

(3) 水平电线缆的配置。

原则上每一根 4 对的对绞水平电缆或 2 芯水平光缆(也有的工程中考虑到光纤的冗余而采用 4 芯光缆,其中备用 2 芯光纤)连接至 1 个信息插座(光或电端口);在电信间一侧则连接至 FD 的相应配线端子。

(a) 语音水平电缆选用。

(Ⅰ)5 类电缆:可以支持语音和 1 Gb/s 以太网的应用。

(Ⅱ)6 类电缆:可以支持语音及 1G~n 个 Gb/s 以大网络应用,能适应终端设备的变化。

(b) 数据水平电缆选用：为全 6A 类产品以支持计算机网络 10 Gb/s 的应用。

上述语音电缆的选用时不要将市话配线与综合布线系统的设计理念加以混淆，而使系统变得不伦不类。如果为综合布线系统设计则全部应采用综合布线的产品。

(4) 电信间配线设备 (FD) 配置。

电信间 FD 的配线模块可以分为水平侧、设备侧和干线侧几类模块，模块可以采用 IDC 连接模块 (以卡接方式连接线对的模块) 和快速插接模块 (RJ45)。FD 在配置时应按业务种类分别加以考虑。

(a) 语音模块选择。

(Ⅰ) 110 型。一般容量为 100 对至几百对卡接端子，此模块卡接水平电缆和插入跳线插头的位置均在正面。但水平电缆与跳线之间的 IDC 模块有 4 对与 5 对端子的区分。如采用 4 对 IDC 模块，则 1 个 100 对模块可以连接 24 根水平电缆；当采用 5 对 IDC 模块时则只能连接 20 根水平电缆。此种模块在 6 类布线系统中，端子容量减少以拉开端子间的距离以减弱串音的影响。对语音通信通常采用此类模块。

(Ⅱ) 25 对卡接式模块。此种模块呈长条形，具有 25 对卡线端子。卡接水平电缆与插接跳线的端子处于正、反两个部位，每个 25 对模块可卡接 5 根水平电缆。

(Ⅲ) 回线式 (8 回线与 10 回线) 终接模块。该模块的容量有 8 回线和 10 回线两种，每回线包括 2 对卡线端子、1 对端子卡接进线，1 对端子卡接出线称为 1 回线。此种模块按照两排卡线端子之间的连接方式可以分为断开型、连通型和可插入型三种。在综合布线系统中断开型的模块使用在 CD 配线设备中，当有室外的电缆引入楼内时可以在模块内安装过压过流保护装置以防止雷电或外部高压和大电流进入配线网。连通型的模块因为两排卡接端子本身是常连通的状态，则可使用于开放型办公室的布线工程中作为 CP 连接器件使用。

IDC 模块有 3 类、5 类和 6 类产品可以用来支持语音和数据通信网络的应用。各生产厂家所生产模块的容量会有所区别，在选用时应加以注意。

(Ⅳ) 数据 RJ45 配线架模块。配线架以 12 口、24 口、48 口为单元组合，通常以 24 口为一个单元。由于 RJ45 端口有利于跳线的位置变更，因此经常使用在数据网络中。该模块有 5 类、6 类、6A 类及以上类别的产品。

IDC 模式和 RJ45 模块使用在水平侧与水平电缆相连接可以适用于不同的通信业务。经常将 IDC 型的 110 模块支持语音应用，而 RJ45 模块则支持数据应用。这种配置方案既能满足业务的管理特点，工程的设备价位也相对适中。

(b) 语音模块配置。

如图 2 - 100 所示，以某楼层设置 100 个 RJ45 信息插座为例。

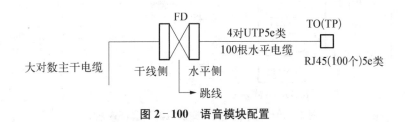

图 2 - 100　语音模块配置

水平侧模块如采用 110 型(100 对及 IDC4 对连接器)按水平电缆数量 100 根考虑,则需要配置 5 个 5 类 100 对 110 型模块,而且可以有充足的冗余量。

(Ⅰ)主干语音电缆配置。主干电缆的对数与水平电缆的配比原则上按 1∶4 考虑,即每一根 4 对的语音水平电缆对应的语音主干电缆需要 1 对线支持。本例子则需配置大对数主干电缆的总对数为 100 对。如果考虑增加 10%~20%的备用线对(取 10%),总线对数量为 110 对。

按照大对数主干电缆的规格与造价,建议采用 3 类大对数主干电缆(可以为 25 对、50 对和 100 对组成)。如本例子中选用 25 对的 3 类大对数电缆,则需配置 5 根 25 对的 3 类大对数电缆。

(Ⅱ)语音跳线配置。根据目前的产品情况与标准要求及节省工程造价考虑,可以采用市话双色跳线或 3 类 1 对对绞电缆作为语音跳线,每根跳线的长度可按 2 m 左右计算。本例子中,100 个语音信息点需要的总跳线长度为 200 m,可折合为 1 箱(305 m)3 类 1 对电缆。

按照电话交换系统的设计思想,只需要在设备间设置一级配线的管理,因此在 FD 中可以不设跳线,而将大对数电缆直接卡接在水平侧 110 模块的 1DC 连接器件上。但这种方式不利于将来业务终端发生变化时,FD 处配线模块的升级,因此工程中很少采用。

(Ⅲ)干线侧模块配置。干线侧模块的等级和容量应与语音大对数主干电缆保持一致。本例则需配置 2 个 3 类 100 对 110 型模块。

如果语言水平侧模块采用 RJ45 类型,干线侧模块采用 110 型时,则 FD 中的语音跳线一端采用 RJ45 插头,另一端直接卡接在干线侧的模块部位。跳线可采用 3 类 1 对电缆。

(c)数据模块配置。

以某层设置 100 个 RJ45 信息插座为例。

数据的配置较为复杂和多样,数据网络的配线设计应与网络设计的规律相结合。否则配置的结果适应不了实际的应用,或配置量过大而导致投资的加大。往往布线系统和网络设计是各自独立的单项工程,并由不同的设计人员去完成。因此综合布线系统设计也应遵循网络设计的规定要求进行,以达到合理和优化,并可按以下几个要点来指导设计。

(Ⅰ)任意两个网络设备在采用对绞电缆作为传输介质时,信道的总长度应≤100 m;

(Ⅱ)在智能大楼的计算机局域网(LAN)一般由接入与骨干二级组成,在电信间和设备间均设置网络交换机(SW)。网络设备的端口数一般按 24 口,布线系统因此为基数进行设计;

同样以某层设置了 100 个数据信息插座来分析配线子系统与建筑物干线子系统之间的配置关系。具体连接如图 2-101 和图 2-102 所示。

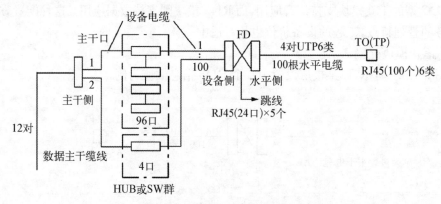

图 2-101 数据模块按交换机群配置(SW 群)

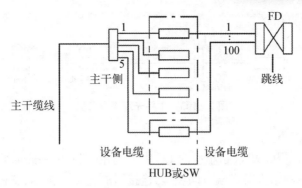

图 2-102　数据模块按单台交换机配置(单个 SW)

以交换机群为组合的方式目前在工程中使用的很少,本书不做介绍。重点讲解按照单台交换机主干端口的数量来确定模块数量的配置方法。

(d) 电缆设施配置。

图 2-103 中,FD 水平侧的配线模块以连接 100 根水平对绞电缆的容量配置,如采每一个 RJ45 模块配线架为 24 个端口,则需要配置 5 台。

(Ⅰ) 在最大量配置时,相当于每台以太网交换机(SW)设置 1 个主干端口,本例子中共需设置 5 个主干电端口,如考虑每一台交换机再备份 1 个主干端口,则需要 5 个备份主干端口,总计为 10 个主干端口。主干侧采用 1 台 24 口 RJ45 模块配线架(实际使用了 5 个 RJ45 端口),可以满足需求。

(Ⅱ) 对于主干电缆的选用,每一个主干端口采用 1 根 4 对对绞电缆,则共需要 10 根 6A 类及以上类别的 4 对对绞电缆作为主干电缆使用。

(e) 光缆设施配置。

如果 FD 至 BD 之间采用主干电缆的传输距离大于 100 m 或交换机采用光端口时,则应采用光缆。主干光缆中不包括光纤至桌面(FTTD)光纤的需求容量。

当主干线缆采用光缆时,以太网交换机(SW)的主干端口则为光端口,本例子中 5 台以太网交换机需要 5 个主干光端口,如果考虑到每一台以太网交换机 1 个备份主干光端口,总计需要 10 个主干光端口。以每一个主干光端口 2 芯光纤配置,总数为 20 芯光纤。此时,可选用 1 根 24 芯光缆作为本层主干光缆。并根据主干光缆光纤的芯数配备 1 个主干侧的 24 端口(实际使用了 5 个双工光纤连接器件)光纤模块配线架。

在上述情况下,主干侧为光配线设备。光配线模块与 SW 的光端口之间采用设备光缆连接,数量由光端口数决定。如果 SW 仍为电端口,则需经过光/电转换设备进行转换连接。

2) 光纤至桌面(FTTO)配置

光纤至桌面,即办公区的配置是在基本配置的基础上完成的。关于布线工作区光纤的应用,光插应可以支持单个终端采用光口时的应用,也可以满足某一工作区域组成的计算机网络(如企业网络)主干端口对外部网络的连接使用。如果光纤布放至工作区的信息配线箱(网络设备和配线设备的组合箱体)的接入,可为末端大客户的用户提供一种全程的网络解决方案,具有一定的应用前景。光纤的路由形成大致有以下几种方式,如图 2-103~图 2-106 所示。

(1) 水平光缆至办公区。

图 2-103　水平光缆至办公区

（a）工作区光插座配置。

工作区光插座可以从 SC 或超小型的 LC 中去选用。目前标准推荐使用 LC 连接器件。连接器选用应考虑到网络设备光端口的类型、连接器的光损耗指标、支持应用网络的传输速率等要求及产品的造价等因素。

光插座（适配器）与光纤的连接器应配套使用，并根据产品的构造及所连接光纤的芯数分成单工与双工。一般从网络设备光端口的工作状态考虑，可采用双口光插座，连接 2 芯光纤，完成光信号的收/发，如果考虑光口的备份与发展也可按 2 个双口光插座配置。

（b）水平光缆与光跳线配置。

水平光缆的芯数可以根据工作区光信息插座的容量确定为 2 芯或 4 芯光缆。在建筑物内水平光缆一般情况下采用多模光缆，如果工作区的终端设备或自建的局域网跳过大楼的计算机网络而直接与外部的 Internet 网进行互通时，为避免多/单模光纤相连时的转换，也可采用单模光缆，如图 2-104 所示。

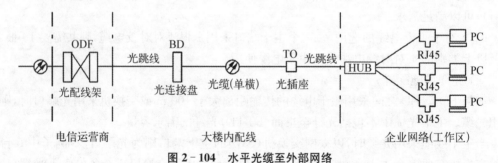

图 2-104　水平光缆至外部网络

上述图中为工作区企业网络的网络设备直接通过单模光缆连至电信业务经营者光配线架（ODF）或相应通信设施完成宽带信息业务的接入。当然也可采用多模光缆经过大楼的计算机局域网及配线网络与外部配线网络连接，如图 2-105 所示。

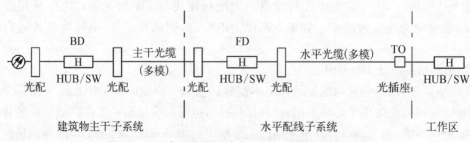

图 2-105　水平光缆经楼宇 FD/BD 网络至外部网络

由于光纤在网络中的应用传输距离远远大于对绞电缆，因此水平光缆（多模）也可以直接连接至大楼的 BD 光配线设备，通过网络设备与外部通信网络建立通信，如图 2-106 所示。

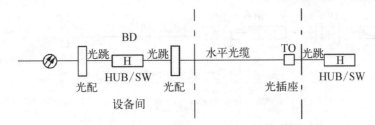

图 2 - 106　水平光缆经楼宇 BD 网络至外部网络

（2）光跳线主要起到将网络设备的光端口与光配线架中的光适配器进行连接的作用，以构成光的整个通路。光跳线连接器（光插头）的产品类型应和光适配器及网络设备光端口的连接器件类型保持一致，否则无法连通。如果网络设备的端口为电端口时，光跳线则需经过光/电转换设备完成连接。

3）干线子系统配置

（1）设置原则。

在确定干线子系统所需要的电缆总对数之前，必须确定话音和数据业务共享资源的原则，结合配线子系统及网络的组成和应用情况完成配置。

如果电话交换机与计算机机房处于不同地点的设备间内时，需要把话音主干电缆和数据主干电缆分别连至相应机房。

干线子系统中语音选用大多数对绞电缆，数据业务主干线缆采用光缆予以满足。干线子系统电话应用可采用大对数 3 类对绞电缆，其容量可按配线子系统中的外线侧模块容量确定；数据业务以光缆应用为主，容量按照配线子系统中的外线侧光纤模块计算。

语音干线大对数电缆宜采用点对点终接，也可采用分支递减终接的方式，但是点对点终接是最简单、最直接的接合方法。分支递减终接是指 1 根大对数干线电缆经过电缆接头保护箱分为若干根小容量电缆，分别延伸到每个楼层电信间语音配线架，并终接于连接硬件。分支递减终接的方式基本上已经不采用。

设备间连线设备的数据跳线应选用专用的插接软跳线（芯线为多股线），在电话应用时也可选用双芯跳线或 3 类 1 对电缆。

（2）建筑物干线子系统配线互通关系，如图 2 - 107 所示。

主干线缆属于建筑物干线子系统的范畴，包括了语音大对数对绞电缆、数据 4 对对绞电缆及光缆。它们的两端分别连至 FD 与 BD 干线侧的模块，线缆与模块的配置等级与容量应该保持一致。

BD 模块在设备侧应与设备的端口容量相等，也可考虑少量冗余量，并可根据支持的业务种类选择相应连接方式的配线模块（可以为 IDC 或 RJ45 模块）。数据和语音模块应分别设定配置方案，并参照配线子系统 FD 处的配置思路完成。

跳线和设备线缆应考虑设备端口的形式、线缆的类型及长度和配置数量。

BD 在与电信业务经营者之间互联互通时应注意相互间业务界面的划分，以避免造成漏项和重复配置的现象出现。由图 2 - 107 可以看出，大楼内的语音信息点用户可以直接通过配线设备连至电信业务经营者设置的电话远端模块局（RSU）的电话交换设备，也可以通过建筑物内设置的程控用户电话交换机（PBX），再经过数字 PCM 传输设备和光传输设备通过通信光缆与电信业务经营者设置的电话局电话交换机设备互通。数据业务则经过大楼内以

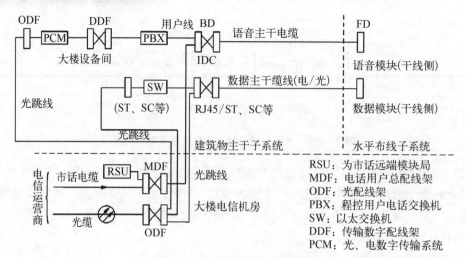

图 2-107　干线子系统配置图

太网交换机和光缆直接连至公用计算机互联网,实现数据业务的互联互通。

4) 建筑群子系统配置

建筑群主干线缆连接楼与楼之间 BD 与 BD 及 BD 与 CD 配线设备,建筑群配线设备 CD 引入楼外电缆的配线模块应具有加装线路浪涌保护器,即只能采用 8 回线、10 回线的断开型 IDC 连接模块。如果语音主干电缆采用电信业务经营者市话大对数室外电缆从市话端局引入大楼设备间时,需经过电信业务经营者所提供的市话总配线设备(MDF)转接,此时线路浪涌保护器装置安装在 MDF 的直列模块中。所有引入楼内的电缆和光缆的金属部件在入口处应就近接地。连接方式如图 2-108 所示。

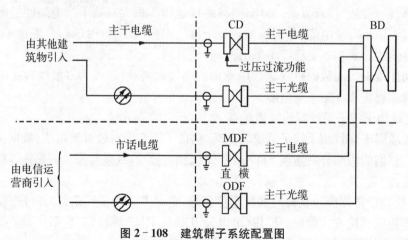

图 2-108　建筑群子系统配置图

2. 机房布线配置

1) 支持空间信息点设置

GB50174 标准要求 A、B 级数据中心的支持区中每个工作区有 4 个以上信息点,C 级数据中心的支持区中每个工作区有 2 个以上信息点。支持空间各个区域信息插座数量可根据各自空间的功能和应用特点确定,如图 2-109 内容。

对支持空间可参照 GB 50311 中规定,设置以下区域的数据/语音信息点数量。

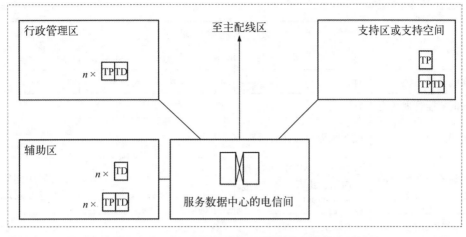

图 2‑109 支持空间各个区域信息插座分布

TP 为语音信息点，TD 为数据信息点。

（1）对行政管理区可根据服务人员数量，按一般办公区配置设置。

（2）辅助区中的监控中心可按重要办公区配置设置，并考虑安装支持大量的墙挂或悬吊式显示屏设备的数据网络接口。辅助区的测试机房、监控控制台和打印室会需要比标准办公环境工作区配置更多的信息插座，可依据房屋功能、用户工位的分布情况、终端设备的种类来确定具体的信息点数量。

（3）设备机房（如配电室、柴油发动机房、UPS 室、空调机房等）内至少需要设置一个电话信息点，并根据设备管理系统（或环境监控系统）的布局设置相应的数据网络接口。

（4）其他区域空间可按照一般办公区配置设置。

2）机房布线系统配置标准原则要求

机柜与机架内配线设备的容量确定为机房布线工程的难点问题。因为网络架构的多样性，网络设备的类型、结构、尺寸、端口的数量、耗电量、采用的传输介质等各不相同，另外网络本身也在不断发展中，因此很难做到有一个规范化的明确的定量设计。

（1）系统配置的方案的优化与满足工程的应用可以合理地进行投资。在 GB 50174 中列出了不同等级数据中心对布线系统的配置要求。但这只是系统配置的原则，在设计时还应该根据工程的实际情况进行调整。如表 2‑50 所示，列出不同等级的数据中心对布线及相关系统的技术要求。

表 2‑50 数据中心布线系统配置要求

项 目	技 术 要 求			备 注
	A 级	B 级	C 级	
承担数据业务的主干和区域配线子系统	OM3/OM4 多模光缆、单模光缆或 6A 类以上对绞电缆，主干和区域子系统均应冗余	OM3/OM4 多模光缆、单模光缆或 6A 类以上对绞电缆，主干子系统应冗余		
进线间	不少于 2 个	不少于 1 个	1 个	

（续表）

项 目	技 术 要 求			备 注
	A 级	B 级	C 级	
智能布线管理系统	宜	可		
采用实时智能管理系统	宜	可		
线缆标识系统	应在线缆两端打上标签			配电电缆宜采用线缆标识系统
在隐蔽通风空间敷设的通信缆线防火要求	应采用 CMP 级或低烟无卤阻燃电缆，OFNP 或 OFCP 级光缆。			也可采用同等级的其他电缆或光缆
公用电信配线网络接口	2 个以上	2 个	1 个	

表格中的信息点数量是最低要求，实际使用中可以根据对服务器等数据中心设备的规格、数量等情况综合分析后，确定信息点数量。

（2）北美的 TIA942 标准针对数据中心的分级，对布线系统需要达到的条件与指标提出了具体的要求，如表 2-51 所示。

表 2-51 不同等级数据中心布线系统分级指标（TIA942）

内 容	分 级			
	一级	二级	三级	四级
线缆、机架、机柜和通道满足 TIA 标准	是	是	是	是
电信引入管线和入口管孔间隔 20 m 以上	否	是	是	是
冗余接入电信业务经营者网络	否	否	是	是
设置次进线室	否	否	是	是
设置次配线区	否	否	否	可
主干路由冗余	否	否	是	是
水平布线系统线路冗余	否	否	否	可选
路由器和交换机有冗余电源和处理器	否	是	是	是
业务接入路由器和交换机的配线端口具有多个冗余	否	否	是	是
对机柜和机架（前后方）、配线架、插座和线缆按照标准要求进行标识	是	是	是	是
跳线两端的标识内容与插座上标识内容一致	否	否	是	是
对配线架和跳线按照标准要求编制文档	否	否	是	是

3）主配线子系统配置

（1）线缆配置。

作为连接核心交换网络和汇聚交换网络及接入交换网络的主干子系统，建议采用 6A 及以上级别的布线系统支持网络传输。当采用对绞电缆布线支持数据网络时，两个配线区之间的线缆链路长度不应超过 90 m。

支持当前主流的 10G 以太网,并考虑面向未来的 40G/100G 应用,采用激光优化 OM3/OM4 多模光缆或 OS2 零水峰单模光缆。采用 LC 或高密度 MPO/MTP 接口。

(2) 主配线区机柜光、电配线架模块端口容量计算。

主配线区汇聚其他配线区连接过来的主干和区域配线线缆,所以端口容量的计算应该满足线缆芯线的全部终接。如果楼宇内的网络也需要由数据中心支持,还需要将楼层电信间上行的光/电配线数量考虑在内。

主配线区的光/电端口数量可能会包含如下部分:

(a) 所有中间配线区、区域配线区的上联端口;

(b) 各主配线区之间的连接端口;

(c) 核心交换机/路由器与配线设备之间的交叉连接端口;

(d) 支持空间内的电信间互通端口;

(e) 大楼楼层电信间互通端口;

(f) 上述连接的冗余备份端口。

以下列举一些常见的主配线区交换机端口模型供参考。

(a) 如核心网络交换机有多种型号,对机柜的占有空间可能会达到 4 U、5 U、12 U、15 U、20 U 机架单元,每块接口卡可支持 48 个 RJ45 铜端口或 48 个 LC 光纤端口。

(b) SAN 导向器,占 14 U 高度,最多可连接 384 个光纤端口。

(3) 主配线区网络与配线柜间的连接关系。

为了提高数据中心的网络设备的稳定性,尽可能地减少网络设备端跳线的插拔,建议将网络交换设备区域的交换机、路由器端口通过配线设备进行交叉连接。

(a) 由进线室引入的光缆终接在主配线区的光配线架上,经交叉连接至路由器输入口;

(b) 路由器输出口设备线缆连接至光配线或铜配线架上,经交叉连接后连接至核心交换机;

(c) 核心交换机通过设备线缆连接至光配线架或铜配线架上,经交叉连接后连至主干线缆。

(4) 主干线缆数量配置。

主干线缆包括主配线区到区域配线区和中间配线区、主配线区到电信间、主配线区到进线间以及主配线区到楼层电信间配线架之间的线缆。它们可根据区域配线区、电信间、进线室、楼层配线架的端口数确定主干线缆的数量。以下为可参考的主干线缆数量配置:

(a) 主配线区与普通 PC 服务器或刀片服务器的区域配线区之间,采用 24 芯 OM3/OM4 多模或单模光缆与 12 根对绞电缆。

(b) 主配线区与小型机区域区域配线区之间,采用 48 芯或者更高的 72 芯,甚至 96 芯 OM3/OM4 多模或单模光缆。如果 SAN/LAN 整合,数量可能会高达 768 芯 OM3/OM4 多模或单模光缆。同时配置 12 根对绞电缆作为备份与管理通道。

(c) 主配线区与进信间之间,采用 72 芯单模光缆和少量对绞电缆。

(d) 主配线区与电信间之间,采用 24 芯 OM3/OM4 多模光缆和少量对绞电缆。

4) 区域配线子系统配置

区域配线区是数据中心的水平管理区域,一般位于每列机柜的一端或两端,所以也常可称为列头柜。为了合理分配预连接线缆长度,也可将列头柜置于每列机柜中部。区域配线区包含局域网交换机,区域配线架等,一般各区域配线区管理的设备配线柜不超过 15 个,如果超过 15 个设备柜,需要设置多个水平配线区。

(1) 线缆配置。

(a) 区域配线光缆:支持当前主流的 10G 以太网,采用激光优化 OM3 多模光缆和 OS1 单模光缆。采用 LC 或高密度 MPO/MTP 接口。

(b) 区域对绞电缆:建议采用 6A 及以上级别的布线系统支持网络传输。

(c) 支持 40G/100G/400G 以太网时光/电缆的选用等级应提高,并且符合相关标准要求。

(2) 区域配线区和设备配线区机柜内配线模块端口容量计算。

区域配线区根据所服务的设备配线区内主机/服务器小型机、存储设备、交换机、KVM 总的出、入端口需求,并考虑预留适当的备用端口,以计算光、铜配线模块端口的数量。

设备配线区机柜主要安装以下设备:

(a) PC 服务器。

如果采用 EoR/MoR 方式,推荐一个 PC 服务器机柜配置 24 根对绞电缆和 12 芯 OM3/OM4/OM5 多模光缆,如果采用液冷或者强制风冷时,可以考虑把线缆数量提高 2~3 倍。

如果采用 ToR 的方式,推荐一个 PC 服务器机柜配置 4 根对绞电缆和 12 芯 OM3/OM4/OM5 光缆。

(b) 小型机/存储。

推荐:标准小型机机柜配置 36 芯光缆、12 根对绞电缆;非标准小型机机柜配置 48 芯光缆、12 根对绞电缆;存储设备机柜配置 72 芯光缆、12 根对绞电缆。

(3) 区域线缆数量配置。

(a) 区域配线区网络、配线柜和设备配线区设备柜之间的连接关系:为了提高数据中心的网络设备的稳定性,尽可能地减少网络设备端跳线的插拔,建议将区域配线区的网络交换机端口与配线设备端口,通过交叉连接方式互通。

(b) 主干线缆连接至区域配线区的光配线或铜配线架,经交叉连接后连接至接入层交换机。

(c) 交换机下行端口通过设备线缆连接至配线架上,经交叉连接后至水平线缆。

(d) 水平线缆接入设备配线区机柜,终接至光/电配线架,通过设备线缆连接主机/服务器、小型机设备。

(e) 水平系统对绞电缆和光纤的配线数量,需要考虑包括从设备配线区上行过来的所有配线以及上行去主配线区/中间配线区的主干配线数量。

5) 进线间入口设施机柜端口数量、种类及长度

数据中心常用线路数量要求如表 2-52 所示。

表 2-52　ISP 线路端口使用情况

编号	线 路 类 型	数据中心等级/使用线路		
		A 级	B 级	C 级
1	T1 数字电路	2 路及以上	2 路	1 路
2	E1 数字电路	2 路及以上	2 路	1 路

（续表）

编号	线路类型	数据中心等级/使用线路		
		A 级	B 级	C 级
3	T3 数字电路	2 路及以上	2 路	1 路
4	E3 数字电路	2 路及以上	2 路	1 路
5	T1/E1/T3/E3 线路跳线	2 路及以上	2 路	1 路
6	EIA/TIA-232-F & EIA/TIA-561/562 控制线缆(20 kb/s)	2 路及以上	2 路	1 路
7	EIA/TIA-232-F & EIA/TIA-561/562 控制线缆(64 kb/s)	2 路及以上	2 路	1 路
8	到主干线路的交叉跳线	2 路及以上	2 路	1 路
9	到语音设备的连接线(如 PBX)	2 路及以上	2 路	1 路
10	Internet 接入线路	2 路及以上	2 路	1 路

6) 机房布线系统配置步骤

取得基础数据：

（1）网络架构图与布线系统图。

（2）UPS 供电系统对每一个机柜的供电负荷量。

（3）每一台设备（服务器、交换机、存储器、KVM 等设备）的耗电量、尺寸、安装方式、输入/输出电与光的端口数量。

（4）机柜的高度及 U 数量。

（5）按照（1）~（4）的数据确定设备区每一个机柜内安装的设备类型、组合情况与数量。

（a）服务器（或存储器等）＋配线模块；

（b）服务器（或存储器等）＋KVM 设备＋配线模块；

（c）服务器（或存储器等）＋KVM 设备＋以太交换机＋配线模块；

（d）服务器（或存储器等）＋以太交换机＋配线模块。

配线模块也可以安装在敞开式桥架部位。

（6）计算机柜内所有设备与业务输出光、电端口的数量及连接对象。

（7）计算电缆、光缆跳线数量。

（8）计算每一个机柜出、入电缆和光缆的数量。

（9）确定每一列列头柜的数量、摆放位置、及安装设备组合情况。

（a）几个机柜设置一个列头柜；

（b）列头柜设置机列的一端或中间部位；

（c）列头柜功能组合：以太交换机＋配线模块；VM 设备＋以太交换机＋配线模块；配线模块。

（10）列头柜出、入线缆数量及连接对象：① 列头柜至列头柜配线模块；② 至主配线区配线柜配线模块；③ 至区域配线区配线柜配线模块；④ 至中间配线区配线模块；⑤ 至设备区配线模块;⑥ 至电信间、进线间配线模块。

(11) 计算列头柜安装配线模块的类型及数量。

(12) 计算列头柜数量。

(13) 计算桥架敷设路由与尺寸。

7) 机柜与模块配置步骤

(1) 取得网络架构图与布线系统图。

(2) 取得 UPS 供电系统对每一个机柜的供电负荷量。

(3) 取得每一台设备(服务器、交换机、存储器、KVM 等设备)的耗电量、尺寸(主要为高度和深度)、安装方式、输入/输出电与光的端口数量。

(4) 机柜的高度及 U 数量。

(5) 确定设备区每一个机柜内安装的设备类型、组合情况与数量(台数)。

(a) 服务器(或存储器等)+配线模块;

(b) 服务器(或存储器等)+KVM 设备+配线模块;

(c) 服务器(或存储器等)+KVM 设备+以太交换机+配线模块;

(d) 服务器(或存储器等)+以太交换机+配线模块。

(6) 确定机柜配线模块安装位置(配线模块也可以安装在敞开式桥架部位)。

(7) 以太网交换机安装位置(机列两端、一端或中间)。

(8) 计算机柜内所有设备与业务输出光、电端口的数量及连接对象。

(9) 计算电缆、光缆跳线数量及长度。

(10) 计算每一个机柜出、入电缆和光缆的数量(近期使用和备份)。

(11) 确定每一列列头柜的数量、摆放位置及安装设备组合情况。

(a) 几个机柜设置一个列头柜;

(b) 列头柜设置机列的一端或中间部位;

(c) 列头柜功能组合:以太交换机+配线模块;KVM 设备+以太交换机+配线模块;配线模块。

(12) 列头柜出、入线缆数量及连接对象。

(a) 列头柜至列头柜配线模块;

(b) 列头柜至主配线区配线柜配线模块;

(c) 列头柜至水平配线区配线柜配线模块;

(d) 列头柜至中间配线区配线模块;

(e) 列头柜至设备区配线模块;

(f) 列头柜至电信间、进线间配线模块。

(13) 计算列头柜安装配线模块的类型及数量。

(14) 计算列头柜数量。

(15) 计算桥架敷设路由与尺寸。

8) 统计列表

下面提供布线系统设备机柜配置统计表,供工程设计参考使用。对于水平配线区、主配线区、中间配线区机柜的配置统计表格式与内容如表 2-53 所示。

表 2‑53　设备机柜配置统计

容量 ＼ 设备	标准服务器/台	机架式服务器/台	刀片式服务器机框/个	KVM 设备/台	存储器/台	交换机/台
每个机柜安装设备/台数						
每台设备电、光端口/个						
每个机柜安装配线设备/架						
每个机柜安装理线架/架						
每台设备占机柜空间总量/U						
设备及理线架占机柜空间总量/U						
19 英寸机柜数量(每一个机柜 42 U)/个						
每个机柜线缆总数量/根						
每一列机柜数量/个						
每一列线缆总数量/根						

9) 光纤芯数的确定

众多的数据中心设计中,设计者将逻辑拓扑转换成结构化布线系统是非常关键的,这些转换将影响结构化布线的主要设计内容,如光纤芯数,硬件和主干线缆路径等。因此第一步是将结构化布线的组成(MD/ID/ZD/EO)转换到逻辑结构的区域(核心层/汇聚层/接入层/存储)。如表 2‑54 所示。

表 2‑54　映射架构

物理架构区域		逻辑架构区域
主配线区(MD)	映射到	核心或汇聚层
区域配线区(ZD)	映射到	汇聚层
区域配线区(ZD)	映射到	接入层和存储层
设备配线区(EO)		

所使用光缆的芯数的选择,会影响当前和未来系统的性能和成本,是非常重要的问题。设计当前的网络也必须充分考虑这些光纤将在后期会提供不同的应用服务。设计需要进行下列分析和考虑:

(1) 数据中心的物理基础网络设计,界定 MDs、IDs、ZDs、EOs 等。

(2) 数据中心的逻辑拓扑,将逻辑拓扑映射到物理基础网络架构。

在这个案例中,我们将使用小型数据中心为例。如图 2‑111 中的逻辑结构映射至机房平面布置图的物理结构进行讨论。

小型数据中心是简化型的数据中心,也就是由 MD,ZD 和 EO 构成。

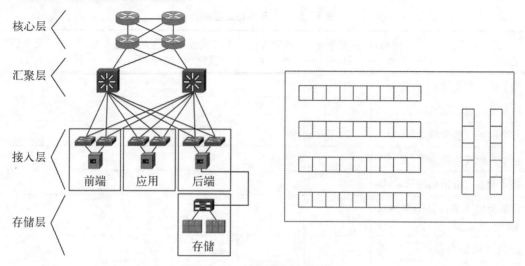

图 2-110　小型数据中心映射

实施这样的结构化布线设计,数据中心应该基于图 2-110 所显示的逻辑拓扑进行空间划分,具体内容如下:

(1) LAN 和 SAN 的核心交换机和汇聚交换机汇集在 MD 区域。

(2) 将接入层划分为 3 个区域(前端,应用和后端)。

(3) 存储区域设置为独立的区域。

(a) MoR。

每一个区域都使用 1 个列中柜(MoR),使区域内部布线系统互连的解决方案。EOs 使用置顶配架(ToRs)互连,EOs 将提供每台机柜内设备的连接,ZDs 提供至每个 EOs 的连接,ZDs 全部通过光缆汇合在 MD 区域,在 MD 实现交叉连接和集中管理,见图 2-111 所示。

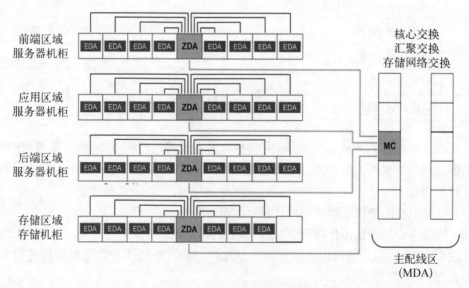

图 2-111　列头柜设置机列中间

接下来是确定实现这样的布线系统需要的光纤的芯数和光缆的数量，设计者必须考虑每一个部分或区域的冗余及网络设计要求。

多数数据中心需要设立冗余路由到达每个区域。当前的基础网络设计中，使用"A"路和"B"路是较为常用的方式。冗余系统将增加到达每一个区域的光纤数量。

网络设计要求也会影响数据中心光纤数量。多数网络配置都要求在每个机柜内使用冗余交换机以降低数据中心的单点故障。设备上联端口与下联端口（收敛比）也会影响光纤数量。

交换机配置如图 2 - 112 所示。这个配置显示了在每台机柜的顶部 EO 安装 2 台交换机，每台交换机满连接 16 台刀片服务器，一共有 32 端口的下联链路，上联端口（连接至 MD）数量将取

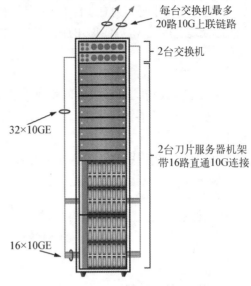

图 2 - 112 设备端口配置

决于网络工程师需要规划什么样的"收敛比"。比如，如使用 1∶1，那么需要 32 口上联，如表 2 - 55 显示了这类配置的光纤数量。

表 2 - 55 10G 的收敛比

每台交换机收敛比	每台交换机10G 上联端口	每台交换机光纤数量	每台机柜光纤数量
8∶1	4	8	24
4∶1	8	16	48
1.6∶1	20	40	96

使用表 2 - 55 中 1.6∶1 收敛比，产生的光纤数量应该如图 2 - 113 所示配置。

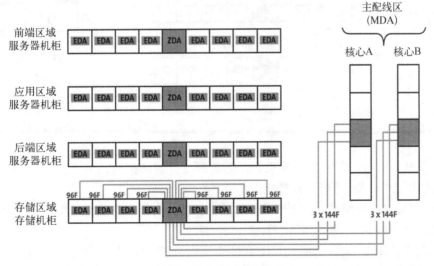

图 2 - 113 光纤配置 1

图 2-114 中每一列有 9 台 EDA(EO)机柜,每台要求 96 芯光纤支持收敛比和冗余,使用 144 芯光缆连接至 MDA(MD)的核心"A"和"B"各为 3 条,这样相同的过程需要在其他的区域重复进行。

(b) 40G/100G 系统。

对于像 40G 和 100G 以太网将要求数千芯的光纤连接,40G 以太网将使用 12 芯 MPO/MTP 连接器作为有源设备接口。40G 交换机基本的配置包括每个端口 12 芯光纤和每个卡板 16 个端口。

如果设计者使用 40G 交换机取代 10G 交换机,光纤数量需要增加,使用此前同样的 32 端口服务器和收敛比,每台机柜光纤的数量如表 2-56 所示内容。

表 2-56 40G 的收敛比

每台交换机 收敛比	每台交换机 10G 上联端口	每台交换机 光纤数量	每台机柜 光纤数量
8∶1	4	48	72
4∶1	8	96	144
1.6∶1	20	240	288

使用表 2-56 中 1.6∶1 的收敛比,将产生如图 2-114 所示的光纤配置。

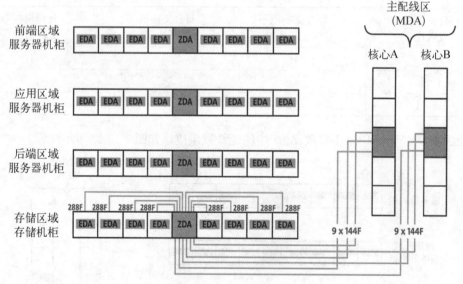

图 2-114 光纤配置 2

每一列 9 台 EDA 机柜,每台要求 288 芯光纤支持收敛比和冗余,使用 144 芯光缆连接至 MDA 的核心"A"和"B"则各需要 9 条。

100G 以太网将使用 24 芯 MPO/MTP 连接器作为有源设备接口。100G 交换机基本的配置包括每个端口 24 芯光纤和每个卡板 16 个端口。

如果设计者使用 100G 交换机取代 10G 交换机,光纤数量需要增加,使用此前同样的 32 端口服务器和收敛比,每台机柜光纤的数量如表 2-57 所示。

表 2-57　100G 的收敛比

每台交换机 收敛比	每台交换机 10G 上联端口	每台交换机 光纤数量	每台机柜 光纤数量
8：1	4	96	144
4：1	8	192	288
1.6：1	20	480	576

同样使用表 2-57 中 1.6：1 的收敛比,将产生如图 2-115 所示的光纤配置。

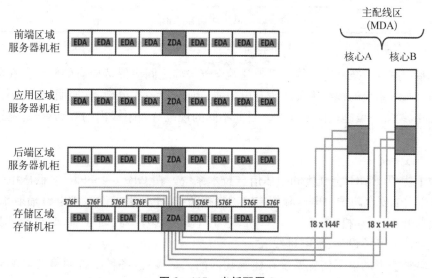

图 2-115　光纤配置 3

每一列 9 台 EDA 机柜,每台要求 576 芯光纤支持收敛比和冗余,使用 144 芯光缆连接至 MDA 的核心"A"和"B"则各需要 18 条。

2.3.7　电气防护、接地与防火

1. 电气防护

1) GB 50311 标准规定

(1) 间距要求。

布线工程中,最需要考虑的是传输线路受到电场和磁场的干扰。在 GB 50311 中明确规定了综合布线电缆与附近可能产生高电平电磁干扰的电动机、电力变压器、射频应用设备等电器设备之间应保持必要的间距,与电力电缆的间距如表 2-58 所示。

表 2-58　综合布线电缆与电力电缆的间距

类　　别	与综合布线接近状况	最小间距/mm
380 V 电力电缆＜2 kV·A	与线缆平行敷设	130
	有一方在接地的金属槽盒或钢管中	70
	双方都在接地的金属槽盒或钢管中	10 注

(续表)

类　别	与综合布线接近状况	最小间距/mm
380 V 电力电缆 2~5 kV·A	与线缆平行敷设	300
	有一方在接地的金属槽盒或钢管中	150
	双方都在接地的金属槽盒或钢管中	80
380 V 电力电缆>5 kV·A	与线缆平行敷设	600
	有一方在接地的金属槽盒或钢管中	300
	双方都在接地的金属槽盒或钢管中	150

注：双方都在接地的槽盒中，系指两个不同的线槽，也可在同一线槽中用金属板隔开。且平行长度≤10 m。

综合布线系统管线和电力线及其他建筑电气设施之间应保持应有的间距。在数据中心机房中综合布线系统的线缆主要考虑与电力线、空调设备、配电设备、照明灯具、摄像机安防线缆、广播线缆等等设施之间的间距。目前不同的规范对间距提出的数据有一些偏差，下面分别列出。

（a）电磁干扰。

电磁干扰源（EMC）会骚扰和损坏信息技术系统。在 GB/T 16895.10《低压电气装置第 4-44 部分：安全防护　电压骚扰与电磁骚扰防护》中列出了潜在的电磁辐射源的设施，如电感负荷开关、电动机、荧光灯、电焊机、电子计算机、整流器、斩波器、变频器/调节器、电梯、变压器、成套开关设备、配电母线。

随着各种类型的电子信息系统在建筑物内的大量设置，各种干扰源将会影响到综合布线对绞电缆的传输质量与安全。表 2-59 列出的射频应用设备，又称为 ISM 设备，我国目前常用的 ISM 设备大约有表列的 15 种。

表 2-59　CISPR 推荐设备及我国常见 ISM 设备一览表

序号	CISPR 推荐设备	序号	我国常见 ISM 设备
1	塑料缝焊机	1	介质加热设备，如热合机等
2	微波加热器	2	微波炉
3	超声波焊接与洗涤设备	3	超声波焊接与洗涤设备
4	非金属干燥器	4	计算机及数控设备
5	木材胶合干燥器	5	电子仪器，如信号发生器
6	塑料预热器	6	超声波探测仪器
7	微波烹饪设备	7	高频感应加热设备，如高频熔炼炉等
8	医用射频设备	8	射频溅射设备、医用射频设备
9	超声波医疗器械	9	超声波医疗器械，如超声波诊断仪等
10	电灼器械、透热疗设备	10	透热疗设备，如超短波理疗机等
11	电火花设备	11	电火花设备

（续表）

序号	CISPR 推荐设备	序号	我国常见 ISM 设备
12	射频引弧弧焊机	12	射频引弧弧焊机
13	火花透热疗法设备	13	高频手术刀
14	摄谱仪	14	摄谱仪用等离子电源
15	塑料表面腐蚀设备	15	高频电火花真空检漏仪

注：国际无线电干扰特别委员会称 CISPR。

（b）环境干扰。

作为楼宇和数据中心安装了许多不同类型的建筑机电设备，尤其在城市公共设施的管线引入建筑物时，综合布线系统管线除了需要与之保持一定的间距以外，还应该从施工作业空间的角度出发留有相应的安全距离。规范中提出了室外墙上敷设的综合布线管线与其他管线的间距的规定，如表 2-60 所示。

表 2-60　综合布线管线与其他管线的间距

其他管线	最小平行净距/mm	最小垂直交叉净距/mm
防雷专设引下线	1 000	300
保护地线	50	20
给水管	150	20
压缩空气管	150	20
热力管（不包封）	500	500
热力管（包封）	300	300
燃气管	300	20

注：（1）采用钢管时，与电力线路允许交叉接近，钢管应接地。
（2）指的是建筑物墙体外从避雷器引至地体的避雷引下线，而非建筑物内柱子中的垂直避雷引下线。如墙壁对绞电缆敷设高度超过 6 000 mm 时，与避雷引下线的交叉间距应按下式计算：$S \geqslant 0.05L$，式中：S 为交叉间距(mm)；L 为交叉处避雷引下线距地面的高度(mm)。

（2）干扰场地布线产品选用。

在 GB 50311 规范中提出，综合布线系统应远离高温和电磁干扰的场地，根据环境条件选用相应的线缆和配线设备或采取防护措施。

（a）当综合布线区域内存在的电磁干扰场强低于 3 V/m 时，宜采用非屏蔽电缆和非屏蔽配线设备。

（b）当综合布线区域内存在的电磁干扰场强高于 3 V/m 时，或用户对电磁兼容性有较高要求时，可采用屏蔽布线系统和光缆布线系统。

（c）当综合布线路由上存在干扰源，且不能满足最小净距要求时，宜采用金属管和金属槽盒敷设，或采用屏蔽布线系统及光缆布线系统。

（d）如果局部地段与电力线等平行敷设，或接近电动机、电力变压器等干扰源，且不能满足最小净距要求时，可采用金属管或金属槽盒等局部措施加以屏蔽处理。

综合布线系统选择线缆和配线设备时,应根据用户要求,并结合建筑物的环境状况进行考虑。当建筑物在建或已建成,但尚未投入运行时,为确定综合布线系统的选型,在需要时可测定建筑物周围环境的干扰场强度。用规范中规定的各项指标要求进行衡量,选择合适的器件和采取相应的措施。

光缆布线具有最佳的防电磁干扰性能,既能防电磁泄漏,也不受外界电磁干扰影响,在电磁干扰较严重的情况下,是比较理想的防电磁干扰布线系统。本着技术先进,经济合理、安全适用的设计原则,在满足电气防护各项指标的前提下,应根据工程的具体情况,进行合理选型及配置。

2) GB/T 16895.10 中提出的间距要求

(1) 电力对绞电缆与通信对绞电缆之间分隔要求。

(a) 电力对绞电缆和信息对绞电缆平行距离不大于 35 m 时,不需要分隔敷设。

(b) 电力对绞电缆和信息对绞电缆平行距离大于 35 m 时,距末段 15 m 以外的全部长度应有分隔间距。

(c) 采用屏蔽对绞电缆,电力对绞电缆和信息对绞电缆平行距离大于 35 m 时,不需要分隔敷设。

(d) 电力对绞电缆和信息对绞电缆与荧光灯、氖灯、荧光高压汞灯(或其他高强气体放电灯)的最小间距应为 130 mm。

(e) 电力布线组件和对绞电缆配线设备之间的安装空间应分隔。

(2) 敷设要求。

电力对绞电缆和信息对绞电缆敷设路由中宜直角交叉,不宜合束布放,线束之间宜做电磁分隔,并应符合以下规定。

(a) 电力对绞电缆和信息对绞电缆、弱电对绞电线缆、敏感回路线缆不应混合随意摆放于同一金属托盘中。

(b) 电力对绞电缆和信息对绞电缆在同一金属托盘中敷设时,应分线束布放,并且保持一定的间距。

(c) 信息对绞电缆和敏感回路(测量或仪表线缆)在同一金属托盘中敷设时,托盘应采用金属隔板做分隔。

(d) 电力对绞电缆和信息对绞电缆、弱对绞电线缆、敏感回路线缆在同一侧采用桥架分层敷设时,最上层应设置电力对绞电缆桥架,其次分别为弱对绞电线缆桥架、信息对绞电缆桥架和敏感回路线缆桥架。

(e) 采用金属托盘敷设信息对绞电缆,托盘两侧的高度应为布放对绞电缆平铺总高度的 2 倍。

3) TIA 569C 标准提出的间距要求

在数据中心机房内存在大量的通信线缆与电力电缆,在敷设路由的设置时,会出现平行与交叉的状况,在它们之间保持规定的距离应当考虑到现场的实施条件,如果受到条件的限制,应当在线缆的选用时,采用屏蔽的电缆或采取相应的防护措施。

屏蔽电力对绞电缆的屏蔽层应为完全包裹的线缆(除非在插座中),并且在敷设时满足接地要求。数据线缆或电力线缆放置在达到以下要求的金属管、槽内时,不需要对分开的距离提要求,只要求如下几点:

(a) 金属管、槽完全密闭线缆,并且通道的段与段之间的连接导通是良好的;

(b) 金属管、槽与屏蔽电力线缆完好接地;

(c) 如果非屏蔽数据线缆是在机架顶部走线,其与荧光灯的距离要保持在 50 mm 以上;

(d) 如果非屏蔽数据线缆走线与电力对绞电缆走线存在交叉,应采用垂直交叉;

如表 2-61 所示,如果电力对绞电缆是非屏蔽的,除非其中任何一种线缆是敷设在焊接接地的金属线槽中,并且相互之间有实心金属挡板隔离,否则提供的分隔距离应当加倍;当电力对绞电缆和对绞电缆安装在不同的金属线槽中,表中的间距要求可以减少 50%。

表 2-61 电力对绞电缆与对绞电缆间距要求

放射状布放电力线数量/根	供电支路:单相 20 A/110/230 V E1(EFT/B=500 V),E2(EFT/B=1 000 V)		
	非网状屏蔽电力电缆与非屏蔽对绞电缆间距/mm	非网状屏蔽电力电缆与屏蔽对绞电缆间距/mm	铠装或网状屏蔽电力对绞电缆与对绞电缆间距/mm
1	50	1①	0
2	50	5	2.5
3	50	10①	5
4	50	12①	6
5~15	50	50	25
16~30	100	100	50
31~60	200	200	100
61~90	300	300	150
>91	600	600	300

注:如果对绞电缆没有捆绑在一起,则间距应为 50 mm。

4) 电力电缆和对绞电缆间距

间距的指南内容是基于 TIA 568 标准执行中的广泛试验和建模得出的。指南适用于 415 Va.c 或更低、且最大为 100 A 的电源电缆。除非另有说明,假设电源电缆为非铠装,当其要求的分隔距离大于指南文本规定的距离时,应优先遵守适用本地或国家安全规则。

例如,在英国,如果数据电缆与电源电缆之间没有机械分隔器,BS 6701 对于低于 600 Va.c 电源需要的最小分隔距离为 50 mm(2 in)。

在美国,NEC 版本 2002 的第 800.52 条对 1 级电路有以下规定,通信电缆和电源电缆应与任何电灯、电源 1 级、非电源限制火灾警报、或中功率的网络供电、宽带通信电路的导体应相隔至少 50 mm(2 in)。

此外,在欧洲,EN 50174-2 规定的分隔要求可能大于或小于指南文件规定的距离,这取决于安装条件以及电力电缆的数量。EN 50174-2 中规定的最低要求在典型的办公环境中并不可行。就供应商要求的符合性问题,应与终端用户进行商讨。对于对绞电缆长度达 90 m(295 ft)的安装,满足以下条件的分支/辐射状电路要求零分隔距离。

（a）仅限于一条 110/240 V/20 A/单相（相位到中性或接地）的电力电缆。

（b）电力电缆或跳线的 Live(L)、Neutral(N) 以及 Earth(E) 的导体必须采用普通护套（即铠装电源电缆）。

（c）如果使用松套（个别）导体作为电力电缆，必须把这些导体捆成一束，或使其保持彼此靠拢，以使电感耦合最小化。

（d）一条环形电路可视作为与两条分支电路的情况相等，例如 40 A 的环形电路与两条 20 A 的分支电路雷同。在这种情况下，指南用于 20 A 电路适用的。

馈电线电路（如为支电路供电）或大型分组（30 条以上电力电缆）分支电路应与开放式框架内的数据电缆和配线架，如图 2-116 所示，保持 600 mm(2 ft) 的最小分隔距离。该情况通常在电源分配器（PDUs）位于通信室/设备室时出现，如图 2-117 所示。

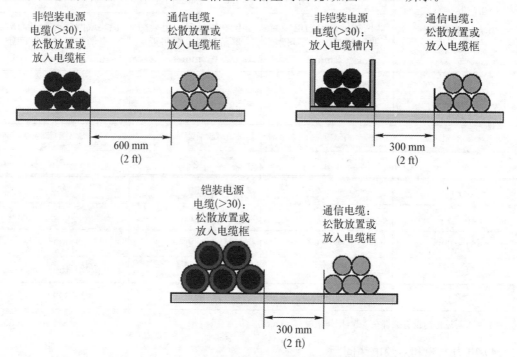

图 2-116 电源电缆与数据电缆之间的分隔要求

600 mm(2 ft) 分隔距离可以减半，例如电力电缆铠装，可保持 300 mm(1 ft) 作为分隔距离。这些电力电缆可以松散地放置或安装在电缆框（网格桥架）内。如果电源电缆以及/或者数据电缆安装在独立的电缆槽内，300 mm(1 ft) 分隔也同样适用，如图 2-118 所示。

如果所有以上条件以及/或分隔距离无法实现，当数据电缆以及/或电力电缆被金属线槽或管道包裹时，允许零分隔距离。所有以下条件适用：

（a）金属线槽/管道必须完全包裹电缆并连续。

（b）金属线槽/管道必须按照适用的本地或国家规定，例如 UK 的 IEE 接线规则（BS 7671）或 USA 的 NEC 正确地连接并接地。

（c）线槽/管道如果采用的低碳钢制造，其厚度必须至少为 1 mm(0.04 in)，如用铝制造则至少为 2 mm(0.08 in)。

（d）如果以上条件无法实现，建议采用光缆。

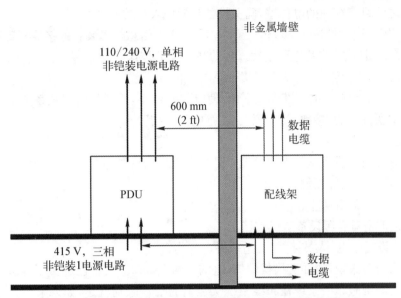

图 2‑117　PDU 电源电缆和数据电缆/配线架之间的分隔要求

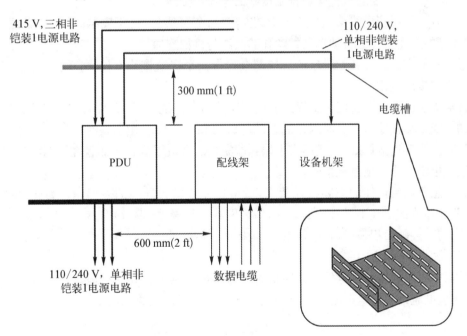

图 2‑118　使用电缆槽的分隔要求

如果使用铠装电源电路,分隔距离可以减少至 300 mm(1 ft)。在这种情况下,可以使用电缆框。

2. 接地

我们应该正确理解接地(grounding/earthing)概念:防雷保护概念中的"接地",是指设备的金属壳体或线路中的某一点接入物理大地(地球本身)。

电磁兼容(EMC)中的"接地",是接至零电位参考面(等电位联结体)。具体讲,指设备金属外壳、导体保护、功能接地的导体等与建筑物内所有的用电气搭接或焊接的方法连接起来,形成一个连续的、可靠的等电位联结网络(bonding network),以防止设备与设备之间、系统与系统之间可能存在的电位差,确保设备和操作人员的安全。

《GB 16895.17－2002(IEC 60364－5－548∶1996) 信息技术装置的接地配置和等电位联结》的附录 B 中列举了"避免电磁干扰入侵的基本技术",其中包括:

(1) 在相关频率范围的设备之间实行等电位联结;

(2) 提供一个低阻抗的基准电位平面,使电位差减小,并提供给屏蔽系统使用(可见,屏蔽布线工程中所提及的"接地"都应理解为"等电位联结")。

1) 接地要求

屏蔽和非屏蔽布线系统都需要接地。是指在机柜内只要存在金属的构件和安装了有源设备,其本身就需要良好接地。

系统接地的目的有两个:

(1) 防止雷击对有源设备造成破坏。

(2) 防止设备带电,人员接触时,造成触电与伤害。

对于网络设备来说,诸如交换机端口,电脑的网卡接口其实都已经做了屏蔽处理和机壳相通。屏蔽与非屏蔽布线系统在布线系统接地上的唯一区别就是,如果采用的是屏蔽布线系统,屏蔽配线架需要与机柜接地排做良好的连通和接地。

一种方法是屏蔽配线架通常会自带花瓣型的金属垫片,机柜安装时,在拧紧螺丝的同时,花瓣型的金属垫片会自动划破螺丝孔的油漆与机柜连通。

另外一种方法是屏蔽配线架的后端都会再带一个屏蔽接线螺柱,可单独连接一条接地线至机柜的接地铜排。

针对楼层机柜至办公区信息插座的楼宇屏蔽布线系统,不必要两端都做接地,只需要在机柜的配线架端接地即可。原因是线缆的屏蔽层和屏蔽模块在安装时连接良好,屏蔽模块又与屏蔽配线架连接良好,已经形成了端到端完整的屏蔽层链路。而且在链路测试时,屏蔽层连通性也已作为一项测试指标。

如果想要达到最佳的高频接地效果,就得想办法增大导线的表面积。为此,单股硬导线、多股软导线都已经不是最佳的选择,但因网状编织导线(铜丝)非常细,所以在同等截面积时,它的表接触面积最大,导电效果好,是接地导体的最佳选择。

(1) 数据中心接地组成。

数据中心内设置的等电位联结网格为机房环境提供了良好的接地条件,可以使得浪涌电流、感应电流以及静电电流等及时释放。机房接地系统组成如图 2－119 所示,并满足以下要求:

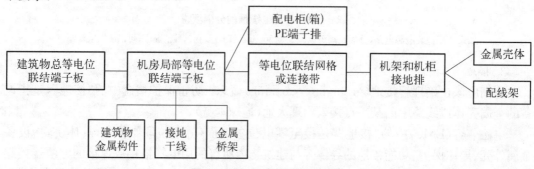

图 2－119 机房接地系统组成

（a）机房内应该设置等电位联结网格；

（b）机房内的功能性接地与保护性接地应该共用一套接地装置；

（c）设备的接地端应以最短的距离分别采用接地线与机柜内的接地装置进行连接；

（d）机房内交流配电线路与数据线路的间距应符合 GB 16895.10 及 IEC 14763-2、GB50311 的规定；

（e）机架和机柜应保持电气连续性，由于机柜和机架带有绝缘喷漆，因此用于连接机架的固定件不宜作为连接接地导体使用，应使用接地专用端子；

（f）机房内所有金属部件都必须进行等电位联结，其中包括线缆金属构件、设备金属外壳、机架、机柜、金属管槽、箱体、地板支架等。

接地系统的设计在满足高可靠性的同时，必须符合以下要求：

（a）符合国家建筑物相关的防雷接地标准及规范；

（b）机房内的接地装置建议采用铜质材料；

（c）接地端子采用双孔固定结构，以加强其紧固性，避免其因震动或受力而脱落；

（d）接地线缆外护套表面应采用黄绿相间色标，以易于辨识；

（e）接地线缆外护套应为防火材料。

（2）布线标准 GB 50311 对布线系统接地要求。

（a）GB 50311 标准中要求在建筑物电信间、设备间、进线间及各楼层信息通信竖井内均应设置局部等电位联结端子板。在土建设计时，布线工艺应提出端子板材质、尺寸、位置、接地电阻值等要求。

（b）综合布线系统应采用建筑物共用接地的接地系统。当必须采取单独设置系统接地体时，其接地电阻不应大于 4 Ω。当布线系统的接地系统中存在两个不同的接地体时，其接地电位差不应大于 1 Vrms。一般在布线工程的设计中，不会提出单独设置地体的要求，而且在建筑物周边的用地范围内，要满足与建筑物的接地体保持 20 m 的间距要求也是很难做到的。

（c）机柜接地要求从机柜内设置的接地端子板应采用两根不等长度，且截面不小于 6 mm² 的绝缘铜导线就近连接至等电位联结端子板。《信息机房设计规范》GB 50174 解释如下："要求每台电子信息设备有两根不同长度的连接导体与等电位联结网格连接的原因是：当连接导体的长度为干扰频率波长的 1/4 或其奇数倍时，其阻抗为无穷大，相当于一根天线，可接收或辐射干扰信号，而采用两根不同长度的连接导体，可以避免其长度为干扰频率波长的 1/4 或其奇数倍，为高频干扰信号提供一个低阻抗的泄放通道。"

对数据中心综合布线系统的超高频传输的接地要求，使接地系统能够保证任何频点的感应电荷都能转化为感应电流，泄放到大地去，以保障信息的安全传送。

（d）屏蔽布线系统的屏蔽层应保持可靠连接、全程屏蔽，在屏蔽配线设备安装的位置应就近与机房等电位联结端子板可靠连接。实际上布线系统工程中，对于屏蔽布线系统的接地做法，一般在配线设备（FD、BD、CD 或 MD、ZD、ID、LDP、EO 处）的安装机柜（架）内设有接地端子，接地端子与屏蔽模块的屏蔽罩相连通，机柜（架）接地端子则经过接地导体连至大楼等电位接地装置。为了保证全程屏蔽效果，工作区屏蔽信息插座的金属罩可通过相应的方式与 TN-S 系统的 PE 线接地，但不属于综合布线系统接地的设计范围。

（e）综合布线的电缆采用金属导管、梯架、托盘、槽盒敷设时，管槽应保持连续的电气联结,并应有不少于两点(两端)的良好的局部等电位联结,当管槽距离大于50 m时,应增加等电位联结点。采用金属托盘敷设对绞电缆时,托盘金属盖板与托盘金属底座之间应选用小于10 cm的金属编织或网状带做不少于两点的联结。

(f) 当线缆从建筑物外引入建筑物时,电缆、光缆的金属护套或金属构件应在入口处就近与等电位联结端子板联结。

(g) 当电缆从建筑物外面进入建筑物时,应选用适配的信号线路浪涌保护器。保护装置应符合设计要求。这是国家标准中的强制性条文,是必须执行的。为防止雷击的瞬间产生的电流与电压通过对绞电缆引入配线入口设施,对配线设备和通信设施产生损害,甚至造成火灾或人员伤亡的事件发生。因此采取相应的保护措施,入口设施应选用能够加装线路浪涌保护器的配线模块。但对于对绞电缆、光缆的金属护套或金属构件的接地导线接至等电位接地端子板的部位不需要设置浪涌保护器。

综合布线系统接地导线截面积可参考如表2-62所示的规定。

表2-62 接地导线选择表

名称	楼层配线设备至建筑等电位接地装置的距离	
	≤30 m	≤100 m
信息点的数量/个	≤75	>75,≤450
选用绝缘铜导线的截面/mm²	6~16	16~50

2) 接地装置

接地装置由接地极、接地极引线和总等电位联结端子板三部分组成,它可实现电气系统与大地相连接的目的。

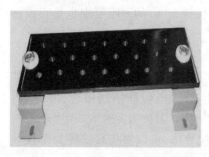

图2-120 总等电位联结端子板

(1) 总等电位联结端子板(见图2-120)。

总接地端子(telecommunications main grounding busbar,TMGB),一般安装在进线间内,一级防雷过压保护器必须连接到TMGB上。

布线系统中等电位联结是为防止设备漏电、静电放电等意外情况对设备和人身的伤害,无论是屏蔽布线系统还是非屏蔽布线系统都需要等电位联结。它可以保证电磁兼容性能(EMC),网络系统在工作时,产生的对外辐射信号可通过接地来释放,保护网络系统与其他信息系统的传输信息安全,降低周围的不良环境对设备的干扰。

(a) TMGB的位置应该考虑尽量减少等电位联结导体的长度,尽量减少等电位联结导体出现拐弯现象。总接地端子(TMGB)应采用带绝缘层的铜导体,其最小截面尺寸为6 mm(厚)×100 mm(宽),长度可视实际需要的接地端子数量而定。联结导体与电源线之间的距离至少保持300 mm。

(b) 总接地端子(TMGB)应尽量采用镀锡以减小接触电阻。如不是电镀,则主接地母线在固定到导线前必须进行清理。

(c) 总等电位联结端子板(TMGB)应当位于进线间或进线区域设置,应该尽量靠近主干布线系统。机房内或其他区域设置局部等电位联结端子板(TGB)。TMGB 与 TGB 之间通过接地母干线 TBB 沟通。

(d) TMGB 应当与建筑物金属构件以及建筑物接地极连接。TGB 也应当与各自区域内的建筑物金属构件以及电气接地装置连接。

(e) 接入建筑物内的线缆为屏蔽或金属铠装结构,金属构件必须联结到 TMGB 上。

(2) 数据中心计算机房应设置等电位联结网格。

电气和电子设备的金属外壳、机柜、机架、金属管槽、屏蔽线缆外层、防静电接地、安全保护接地、电涌保护器(SPD)接地端等均应以最短的距离与等电位联结网格或等电位联结带连接。

用于连接 TMGB 以及 TGB 的接地母干线(TBB)截面积如表 2-63 所示。

表 2-63　TBB 导线要求

TBB 线缆长度/m	TBB 线截面积/mm²	TBB 线缆长度/m	TBB 线截面积/mm²
小于 4	16	10~13	50
4~6	25	13~16	50
6~8	35	16~20	70
8~10	35	>20	95

TBB 在敷设时,应当尽可能平直。当在建筑物内使用不止一条 TBB 时,除了在顶层将所有 TBB 相连外,必须每隔三层做等电位联结。

对于小型数据中心,只包括少量的机架或机柜,可以采用等电位联结导体直接将机柜或机架与 TGB 联结。而大型数据中心,则必须设置等电位联结网格(MCBN)。不同应用所采用的等电位联结导体的规格如表 2-64 所示。

表 2-64　等电位联结导体尺寸

用　　　途	线缆规格/mm²
共用等电位联结网格(上方或架空地板下)	35
PDU 或电气面板的连接导线	电气标准或按照制造厂商要求
HVAC 设备	16
建筑物金属构件	25
线缆桥架	16
金属线槽,水管和其他管路	16

3) 等电位联结导体要求

等电位联结导体(BC)长度应该尽量短,以减少阻抗。等电位联结导体(bonding conductor, BC)可以采用圆形导体、金属条/带或者金属编织网。当传输高频信号时,同样截面积的圆形导体比扁平的金属条/带或者金属编织网的趋肤现象(skin effect)更加明显。因此,对于工作频率高于 10 MHz 高频信号,建议采用扁平的金属条(带)或金属编织网。如果采用

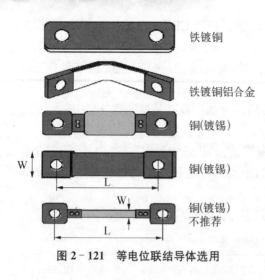

铁镀铜

铁镀铜铝合金

铜（镀锡）

铜（镀锡）

铜（镀锡）
不推荐

图 2-121　等电位联结导体选用

扁平金属条/带，长（L）：宽（W）比值须小于 5：1。下面是常见的等电位联结金属条/带，如图 2-121 所示。

（1）等电位联结导体应为铜质绝缘导线，其截面应不小于 16 mm²，导体直径不小于 4 mm；

（2）等电位联结导体应采用绿色标记的护套；

（3）等电位联结导体应尽可能短，以减少阻抗，一般长度不超过 50 cm，最大长度不可超过 10 m；

（4）等电位联结导体不能采用串联方式联结；

（5）当综合布线的电缆采用穿钢管或金属线槽敷设时，钢管或金属线槽应保持连续的电气联结，并应在两端具有良好的接地；

（6）等电位联结导体须贴有标签，标签应该贴在方便易读的位置。

架空地板下的等电位联结网格需要使用 25 mm² 或更大线规的连接导线将架空地板的支架每间隔一次联结，以成为网格。等电位联结网格与 TGB 使用 50 mm² 或更大线规的联结导线相联结。

4）机柜/机架的接地

（1）如图 2-122 所示，为了保证机柜/机架的导轨的电气连续性，建议使用导线将机柜/机架的前后导轨相连。在机柜/机架后部，为确保机柜/架内的每个设备/配线架接地连续可靠，可以安装一个专用的接地排，接地排可以采用垂直或水平安装方式，每个设备/配线架采用并行联结的方式联结到接地排。

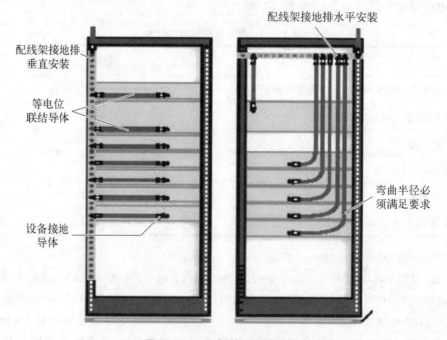

配线架接地排水平安装

配线架接地排
垂直安装

等电位
联结导体

设备接地
导体

弯曲半径必
须满足要求

图 2-122　机柜（架）接地系统

（2）如果机柜/架安装配线架的位置已经去掉绝缘漆并且表面经过防氧化处理，设备/配线架也可以通过导体直接连接到电信间接地端子（TGB）。

如果设备/配线架表面采用绝缘涂层，接地部位绝缘漆必须去掉。等电位联结导体直径至少为 16 mm²，导体应采用绿色绝缘护套。

（3）根据机房等电位联结网格的位置，将机柜/机架内设置的等电位接地排安装在机柜/机架的顶部或底部，采用符合截面积要求的绝缘铜导线，就近与机房等电位联结网格联结。

（4）在机架设备安装导轨的正面和背面距离地面 1.21 m 高度分别安装静电释放（ESD）保护端口。在静电释放保护端口正上方安装相应标识。

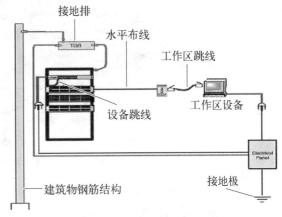

图 2 - 123 屏蔽布线接地系统

5）线缆屏蔽层接地

屏蔽布线系统只需要在机柜/机架的安装场地一端进行接地，工作区一端是通过屏蔽跳线经设备电源的 PE 线接地的。如图 2 - 123 所示。

6）电信间接地

TGB 的设置：建筑物每层楼的电信间必须安装一个电信间接地端子（telecommunication grounding bar，TGB）。机房内所有的带金属外壳的设备包括交流设备接地端子（ACEG）、桥架、水管、机柜必须用绝缘铜导线并行联结到电信间接地排（TGB）上。

（a）对于大形建筑物，每个电信间可以安装多个电信间接地排（TGB）；

（b）TGB 的位置应该尽量靠近网络布线主干通道；

（c）TGB 的位置应该尽量减少等电位联结导体（BC）的长度；

（d）电信间接地排必须预先钻好接线端子安装孔，其最小尺寸应为 6 mm 厚×50 mm 宽，长度视工程实际需要来确定；

（e）接触面应尽量采用镀锡以减少接触电阻，如不是电镀，则在将导线固定到母线之前，须对母线进行清理。

7）设备间/数据中心机房接地

对于设备间/数据中心机房，由于设备比较密集，设备工作频率较高，为了提供一个理想的系统等电位参考电位平面（system reference potential plane，SRPP），设备间/数据中心机房须采用更严格的网状等电位联结网络（MESH - BN）。

通常在设备间/数据中心机房活动地板下安装信号参考网格（signal reference grid，SRG），所有的金属表面的设备如机柜/架、金属线槽/管通过就近联结到信号参考网格（SRG），因而能够保证在高频信号（10 MHz 以上的信号）下所有接地的设备位于同一个电位。

（1）等电位联结网格（SRG）要求。

（a）SRG 须用扁平铜条，宽度至少 5 cm 厚度至少 0.4 mm；

（b）SRG 水平距离应该在 0.6～3 m 之间；

（c）SRG 可以采用裸铜条，建议采用带绝缘层的铜条/带，与设备联结部位须剥除绝缘层。

由于设备间/数据中心机房活动地板下设置等电位联结网格(SRG)的安装成本较高,如果设备间/数据中心机房中安装有带金属底座的防静电活动地板,可以利用活动地板下的金属底座相互联结形成 SRG,一般每 4~6 个金属底座相互联结,网格的水平距离不超过 3 m,等电位联结导体截面积一般至少为 10 mm²。如图 2-124 所示。

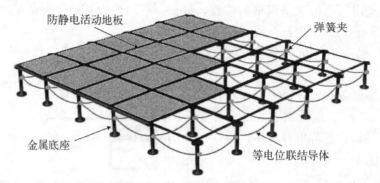

图 2-124 等电位联结网格

(2) 设备间/数据中心机房等电位联结导体(BC)要求。

(a) SRG 到设备(机柜/架、水管、HVAC(采暖通风与空调)、活动地板金属底座等)的等电位联结导体直径至少为 6 mm²。

(b) SRG 到 TGB 的接地导体直径至少为 16 mm² 等电位联结导体(BC)应采用绿色绝缘护套。

(3) 机柜/机架接地。

电信间每个机柜/架都必须分别采用并行方式接到电信间接地端子(TGB)或信号参考网格(SRG)上以确保接地是连续的,可靠的。

如果建筑物没有采用 TN-S 配电系统,机柜/架到电信间接地端子接地导体直径至少为 16 mm²,至等电位联结网格最大长度不超过 4 m,如果长度增加,联结导体直径也需要随之增加。

如果建筑物采用 TN-S 配电系统,机柜/架到电信间接地端子接地导体直径至少为 4 mm,最大长度不超过 4 m,如果长度增加,联结导体直径也需要随之增加。

(4) 楼宇通信设施接地如图 2-125 所示。

(a) 接地主干: 接地主干(telecommunication bonding backbone, TBB),是由总接地排 TMGB 引出,延伸至每个楼层电信间接地端子(TGB),TBB 的主要目的是实现楼层电信间接地端子(TGB)的等电位联结。

建筑物内的水管及金属电缆屏蔽层不能作为接地干线使用。

接地互联主干应为绝缘铜芯导线,最小截面应不小于 16 mm²,导体直径为 36~4 mm 之间。

当在接地干线上,其接地电位差大于 1 V_{rms}(有效值)时,楼层电信间应单独用接地干线接至主接地排。

(b) 接地主干等电位联结导体(TBBIBC)。

当建筑物中使用两个或多个垂直接地互联主干时,为了保证接地主干(TBB)之间电位相等,接地干线之间每隔三层及顶层需用接地互联主干等电位联结导体(telecommunications bonding backbone interconnecting bonding conductor, TBBIBC)相联结。

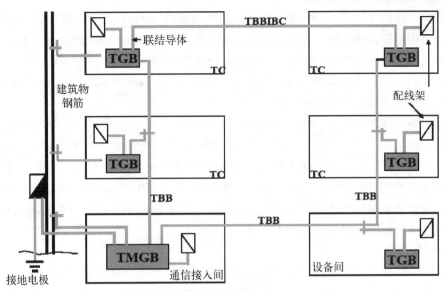

图 2-125　电信间接地构成

接地互联主干等电位联结导体(TBBIBC)的直径须与接地干线(TBB)相同,导体直径介于 4~6 mm 之间。

3. 防火

线缆的防火问题,北美与欧洲布线厂家之间存在的不同观点,这让行业关注。防火线缆在工程中究竟如何选择呢? 焦点在于"CMP 阻燃线缆"与"低烟无卤线缆"的应用。当然还得考虑线缆受火的影响程度及着火以后,火焰在线缆上蔓延的距离、燃烧的时间、热量与烟雾的释放、释放气体的毒性等问题。

数据中心是一个线缆使用密集的场所,线缆的防火安全要求尤其突出。一旦发生火灾,线缆会成为火灾蔓延的一个主要通道;线缆燃烧所产生的热量会使周围温度急剧升高,高温会造成人员的伤亡和设备的损坏;线缆材料燃烧所产生的烟雾会使火场能见度降低,造成人员疏散的困难;所以在数据中心应该更加注意安全线缆的使用。在数据中心中对室内铜缆或光缆的安全性能要求要很严格,以便最大限度地防止火灾中火势的蔓延及对人身安全的危害。它的阻燃性能、发烟浓度以及低烟无毒的性能等就成为极其重要的要求。在选用铜缆或光缆时,要综合考虑这些因素。

数据中心的业主单位已意识到使用防火安全线缆的重要性,但有许多线缆都标称为"安全线缆""阻燃线缆""防火线缆",因此在实际工程中产生和存在着一些概念模糊不清的问题和误解,这样造成了安全线缆的应用情况不尽人意。下面就实际数据中心的应用类型、规模、用途给出合理的推荐的安全线缆级别。

需要解释的是,数据中心内使用的线缆有很多种类,本书探讨的是在数据中心使用的用于数据传输的对绞电缆和光缆。由于线缆结构和线缆材料的选择不同,不包括数据中心使用的其他线缆,如电力电缆,监控电缆,告警电缆等。

1) 线缆防火标准

(1) 国内标准。

国内与防火线缆相关的标准(GA 306、GB/T 19666、GB 50311、GB 50174)非常之多。

对线缆的防火性能主要考虑到线缆的阻燃、耐火、烟密度、烟气毒性和耐腐蚀性,这些指标基本上都是引用国际标准(IEC标准)中的参数和实验方法。线缆除了阻燃,还要考虑到低烟、低毒。即当现场出现火情时,要考虑线缆着火后释放的烟雾与毒气对人们产生的影响及对人员疏散不利。既强调建筑物尤其是高层建筑本身对防火能力的提高,又要避免盲目采用阻燃线缆而造成工程造价的成倍增长。

对缆线测试标准与燃烧性能的分级内容进行同等比较以后,我国国家标准《电缆及光缆燃烧性能分级》GB 31247—2014中建议使用以"标准名+级别名",而不以材料名称的方法来判断缆线的安全特性。标准将电缆及光缆燃烧性能等级划分为A级:不燃电缆(光缆);B1级:阻燃1级电缆(光缆);B2级:阻燃2级电缆(光缆)和B3级:普通电缆(光缆)。等级的划分依据相关的测试规范要求。规范还提出:工程中应根据具有资质的检测机构出具的缆线燃烧性能级别测试报告选用阻燃缆线。

（2）国外标准。

对于通信缆线的燃烧性能分级,北美、欧洲及国际的相应标准中主要包括缆线受火的燃烧程度及着火以后火焰在缆线上蔓延的距离、燃烧的时间、热量与烟雾的释放、释放气体的毒性等指标,通过测试环境模拟缆线燃烧的现场状况实测取得。各标准的燃烧分级要求如表2-65、表2-66所示。

（a）欧盟标准:

表2-65　电缆欧洲测试标准及分级表

欧盟标准(草案)(自高向低排列)	
测 试 标 准	缆线分级
prEN 50399-2-2和EN 50265-2-1	B1
prEN 50399-2-1和EN 50265-2-1	B2
	C
	D
EN 50265-2-1	E

注:参考欧盟EU CPD草案。

（b）北美标准:

表2-66　通信缆线北美测试标准及分级表

测 试 标 准	NEC标准(自高向低排列)	
	电缆分级	光缆分级
UL910(NFPA262)	CMP(阻燃级)	OFNP或OFCP
UL1666	CMR(主干级)	OFNR或OFCR
UL1581	CM、CMG(通用级)	OFN(G)或OFC(G)
VW-1	CMX(住宅级)	—

注:参考现行NEC 2014版。

2）线缆安全特性

在考量线缆的安全特性，可以从阻燃特性、热能释放特性、烟气特性、滴漏特性和毒性 5 个方面来衡量。

（1）阻燃特性。

通信线缆的阻燃主要是指能延缓火焰沿着线缆蔓延，使火灾不致扩大的特性。也就是说，一旦发生火灾，该通信线缆在遇火后本身难以燃烧或者只能缓慢燃烧，而且阻断火源后，在一定延燃距离和时间内，火焰会自动熄灭的特性，以达到阻止火势扩大的目的。线缆的阻燃特性是其安全性最重要的部分，是整根线缆安全性的基础。线缆具备了很好的阻燃特性后，才能阻止燃烧的发生，从而确保其他所有安全性能。通信线缆的阻燃特性和其所用的材料组成密切相关。

（2）燃烧热能释放特征。

燃烧热能释放主要指的是线缆完全燃烧后的最大热释放总量的特性。热能释放是火灾中对人员生命和设备造成伤害和损坏的主要因素。所以线缆热能释放的多少，直接关系到火势的大小、火灾扑灭的难易程度以及对人们生命财产遭到损失的程度。在考虑材料热能释放特性时，还要看其释放热能的时间点及热能释放程度。热能释放得越少，释放得越晚，越有利于火灾的控制。

（3）烟气特性。

火灾中烟气的特性包括了物理层面的高温性、减光性、刺激性腐蚀性、心理恐怖性、烟熏损失，以及化学层面的毒害性、爆炸性及环境污染性。

（4）滴漏特征。

火焰滴漏，即某种材料在燃烧时，尤其是尼龙、塑料等材质，产生熔融现象并携带火源向下滴垂的现象。非阻燃物质燃烧产生的滴漏物质的温度最高可以达到 1 000 ℃，它是火灾中常见的一种情况，也是大火蔓延的另一主因。

（5）毒性特征。

线缆的毒性和烟雾特性是密切相关的，有些有毒物质形成了可见烟雾，或者高温烟雾中的小颗粒物质，它本身就是致人死亡的有毒物质。通信线缆的材料毒性可以从三个方面来考量：材料本身燃烧或分解的产物、材料在燃烧时的耗氧量以及触发材料毒性产生的时间。

3）线缆阻燃性能

以使用最广泛的非屏蔽对绞电缆为例。首先看 PVC 线缆，外护套以 PVC 为基材，再添加一定量的阻燃剂，绝缘层和中间十字骨架为 PE 材料；而阻燃低烟无卤线缆其外护套以 PE 为基材，再在 PE 材料中添加各种阻燃剂，绝缘层和中间"十"字骨架同样为 PE 材料；而通过 UL 阻燃认证的 CMP 线缆，其外护套采用阻燃低烟 PVC，绝缘层和中心十字骨架采用 FEP（氟塑料）材料。在此不做详细的燃烧性能分析，但我们通过一个简单的，如表 2 - 67 所示的内容可以大体知道各自的特性。

表 2 - 67　防火线缆性能

线缆类型	阻燃性	发烟量	毒　性	发热量	滴　漏
阻燃 PVC	低阻燃	燃烧产生大量浓烟	燃烧产生大量毒性气体	燃烧产生热量大	燃烧有滴漏

（续表）

线缆类型	阻燃性	发烟量	毒 性	发热量	滴 漏
阻燃 LSOH	低阻燃	燃烧产生少量烟	燃烧产生少量毒性气体	燃烧产生热量很大	燃烧有滴漏
CMP	高阻燃	燃烧产生少量烟	燃烧产生少量毒性气体	燃烧产生热量少	燃烧无滴漏

从表中可知，PVC 及低烟无卤线缆不仅阻燃性能有限，而且在燃烧的时候会产生大量的热能及滴漏现象，这样的线缆一旦使用，在火灾中就可能成为大火的助燃剂。

（1）CMP 阻燃线缆的应用探讨。

CMP 的概念：CMP 是 communication metallic plenum 的缩写，指敷设在大楼内天花板夹层及高架地板下等通风空间的数据通信线缆。该等级线缆需满足 NFPA262（UL910）测试标准，测试采用斯泰纳风洞大规模燃烧试验装置（UL910），即在斯泰纳风洞装置上水平敷设 50 根线缆，在每分钟送风 7 m³ 的情况下，用 88 kW 煤气火炉燃烧 20 分钟，满足以下指标要求的为 CMP 级线缆：

（a）火焰蔓延距离 1.5 m 以下；

（b）峰值光学烟密度为 0.50 以下；

（c）平均光学烟密度为 0.15 以下。

（2）水平线缆防火等级要求高于垂直主干线缆。

水平线缆防火等级的要求要比垂直线缆高。这是因为通信电缆虽然不会直接成为火源，但其数量巨大以及密集程度越来越高，在火灾中存在的潜在危险性比垂直线缆更为严重。

垂直主干线缆连接上下楼板，其孔洞使用防火材料封堵，因此燃烧空间一般在楼层电信间的范围之内。而水平线缆将楼层各空间串联，一旦发生火灾将形成着火通道，并导致火势蔓延在一个较大的防火分区内。所以，布线标准将水平线缆防火等级规定的比垂直线缆要高。

（3）布线方式。

楼宇布线系统要求线缆布放于密闭的金属管槽中，为线缆的防火起到了良好的作用。但是数据中心机房已经普遍将开放式布线作为机房的主线槽。经过调研和工程的实践，开放式布线有利于施工和系统维护，提高可视性，而且采用吊钩、吊环、梯架等方式，可减少使用的金属材料和线缆易散热，并符合环保节能的要求。

如果周围环境恶劣，不能满足防电磁干扰的要求，则不建议采用开放式布线。

（4）低烟无卤（LSOH）与阻燃线缆的不可比性。

从 NEC 和欧盟草案对线缆防火等级的划分可以看出，阻燃线缆定为 CMP 级或 B1 级电缆（光缆为 OFNP 或 OFCP）。线缆阻燃等级的定义不取决于线缆的材质，而取决于线缆符合哪一个测试标准。

4）数据中心防火线缆选用

数据中心是承载着大量的数据运算、数据交换、数据存储、数据备份的场所，对某个区域乃至整个国家而言都十分重要,一旦发生火灾这样的重大意外灾祸,小则造成人员伤亡,财产损失,大则引起经济动荡。因此布线时需要了解数据中心中线缆的具体布线情况,了解万一火灾发生时火势可能蔓延的过程,才能真正做到防火于未"燃"。

数据中心线缆错综复杂,有汇聚,有分散,并延伸到数据中心的每一个部分。所以,阻燃、防火的通信线缆对数据中心的重要性是不言而喻的。若选择不当,就有可能在火灾发生时,由于通信线缆的火势蔓延,而使得整个数据中心燃烧,造成不可挽回的巨大损失。

数据中心防火线缆选用主要应考虑以下方面:

(1) 符合标准要求。

数据中心则依据 GB 50311—2016 和 GB 50174—2017 中提到对通信线缆的阻燃要求。

(a) 根据建筑物的不同类型与功能、缆线所在的场合(如办公空间、人员密集场所、机房)、采用的安装敷设方式(吊顶内或高架地板下等通风空间、竖井内、密封的金属管槽)等因素,工程中应选用符合相应阻燃等级的缆线。

(b) 工程中应根据具有资质的检测机构出具的缆线燃烧性能级别测试报告选用阻燃缆线。

(c) 对超高层及 250 m 以上高度的建筑应特别考虑其高度的影响因素。

(d) 对 A 级机房应采用 CMP 级或低烟无卤阻燃电缆、OFNP 或 OFCP 级光缆。也可采用同等级的其他电缆或光缆。

(e) 当缆线敷设在隐蔽通风空间(如吊顶内或地板下)时,缆线易受到火灾的威胁或成为火灾的助燃物且不易察觉,故在此情况下,应对缆线采取防火措施。采用具有阻燃性能的缆线是防止缆线着火的有效方法之一。

防火线缆的选用与建筑有关。这其中,"布放方式"指的是线缆在各个部位的敷设方式。我们知道,线缆的敷设目前主要是采用技术线槽或金属暗管密闭、可以开启的线槽、敞开式桥架(梯架、托架、线槽、格栅桥架)等几种方式。"安装场地"指的是电信间、电气竖井、水平空间(吊顶内或活动地板下)、设备间等场所。因此,在不同的场地和采用不同的线缆敷设,对线缆的防火(阻燃和耐火)等级是不一样的。国外标准分析,场地是否有"通风环境"已经不作为选用相应等级阻燃线缆的依据,主要的因素为布线场地空间的大小。

(2) 从《民用建筑电气设计规范》GB 51348 内容来看,对数据中心建筑及机房的通信线缆燃烧性能提出了较高的要求。如在以下条件:

(a) 建筑高度大于或等于 100 m 的公共建筑;

(b) 建筑高度小于 100 m、大于或等于 50 m、且面积超过 100 000 m² 的公共建筑;

(c) B 级及以上数据中心;

(d) 避难层(间)时,弱电线缆和通信电缆/光缆在水平敷设和垂直敷设的情况下,线缆燃烧性能应达到以下指标:对燃烧性能 B1 等级;烟气毒性 t1 等级;燃烧滴落物/微粒 d1 等级;腐蚀性 a2 等级;耐火 750℃/1.5 h 等级。

从标准的角度来看,数据中心已经对布线系统的线缆防火阻燃有了严格的要求,尤其是对于 A、B 级的数据中心,更是要求使用高阻燃等级的线缆。但现实情况是,不仅高阻燃的线缆使用很少,而且行业内对于防火与阻燃的概念往往模糊不清。那数据中心机房应如何选择合适的防火阻燃线缆呢? 主要应根据阻燃等级来选择线缆。

（3）阻燃线缆的选用。

我们在选择线缆的时候，对于各种线缆阻燃特性的好坏，应该是从防火阻燃的测试等级来选择，而不能简单地以线缆的材料来区分，更不能够按照电力电缆的要求去加以选择。在上面表格 2-67 中比较所用的阻燃 PVC 及阻燃 LSOH 都是从材料上来选择，而 CMP 则是从阻燃的等级来选择，在此再次强调。

例如，你想选择使用低烟无卤的阻燃线缆，那就需要说明你所选择的线缆在防火方面所符合的测试标准（为 IEC 60332-1 还是 IEC 60332-3C）。如果你想选择阻燃 PVC 护套的线缆，又需明确为 CMP、CMR、CM 中的哪一种。只有这样，你才会知道你选择的线缆阻燃性能达到了什么级别。避免选择了不符合工程要求的防火线缆产品。

另外各种阻燃线缆在阻燃特性方面也有等级上的差异，其实某些号称阻燃的线缆根本就达不到任何级别的阻燃标准。所以在数据中心这样重要的场所，就要很清楚地了解各种阻燃线缆的阻燃等级及特点。

在选择产品之前，你必须知道你所在的数据中心是属于哪个级别的数据中心，每一个区域的功能是什么？有什么样的特殊要求等，并依据标准来选择线缆的类别。即使为了控制资金投入等原因，也不能够随意降低标准，若选择较低等级的防火阻燃线缆，具体应根据情况，与设计院沟通采取相应的其他措施。

根据消防部门的统计，我国发生的火灾中，因电气引起的灾情占一半左右，而且大部分又是由于电线电缆的老化和过载使用产生的。虽然弱电线缆和通信线缆本身不会引发火灾，但是一旦因外部的原因发生了火灾，由于线缆的绝缘护套材料的可燃性，火势蔓延速度快，火势凶猛，同时还会释放出大量烟雾和有毒气体，将严重威胁人员生命和设备安全。布线的发展，行业关注其安全性将是一个重要趋势。

（4）安全线缆的选用参考模型。

（a）按数据中心的重要性选用；

（b）按数据中心的规模和建筑结构；数据中心机房面积的大小不同（小型数据中心面积小于 300 m²；中型数据中心为 300~1 000 m²；大型数据中心为 1 000~3 000 m²；超大型数据中心一般大于 3 000 m²）及通信线缆及光缆的数量选用。

（c）按机房的建筑结构，如单层或双层建筑结构；同层建筑平面内；水平与楼层间的垂直通道等场合的不同选用。

（d）按数据中心运营模式，如自用型数据中心、商业型数据中心选用。

（e）按数据中心业务领域和用户类型等进行细分（为政府机构级数据中心、高性能计算中心、互联网数据中心、企业数据中心等）选用。

（f）按其他需要使用高安全性通信对绞电缆的环境选用。

2.3.8 布线系统智能化管理

为了适应网络在拓扑结构上复杂、多变的需求，对网络布线系统进行了标准化分割，使系统的组网方式有很大的灵活性，可以根据需要组成星型、环型、总线型、树型等拓扑结构。

布线系统的灵活性会产生大量的接口方面的信息。例如，当一个信道的线路被分隔为两段时，至少要增加五条管理信息用来管理信道。由于布线系统存在的多个子系统，其管理信息量则会产生成倍的增加。

布缆管理是一个管理线缆和连接器件的系统，并分成了不同的级别。布缆管理系统使得布缆器件按照它们的类型、位置、用途和其他准则进行标识，可以使用记录数据库来记录和布缆有关的维护与更新信息。它使用户可以对布缆设施的位置移动、添加和工程的变更进行控制，并且根据布缆系统的运行状态生成报告。标识符和记录的组件为布线的路径、空间、线缆、终接（如信息插座等）、接地等。对这些组件及相关联的系统的对象管理信息如下：

(1) 应用层：计算机、交换机、控制设备；

(2) 建筑：电源、照明、HVAC、安全设施；

(3) 用户：房间号码、电话号码、座椅编码；

(4) 设备：电话家具、终端设备。

除此之外，在实际运维过程中，我们还在不断地修改网络结构，如执行增加、修改、拔除跳线等操作，这些操作不断地改变着系统结构，所产生的大量信息和物理实体的变化需要管理。

布缆管理的文件编制应当基于 GB/T 6988.1 的原则，记录使用的符号应当符合 IEC 60617 要求。对于特定文件中的符号需要进行编制（包括描述），并在每张图或者单独的表中给出。布缆管理中应用的符号应当区别于其他建筑服务（如暖气、通风和空调）文件中应用的符号。

1. 管理等级与分阶

确定最小管理级别的最相关因素是基础设施的规模大小和复杂程度。信息空间（如设备间、电信间和入口设施空间等）的数量能够表明其复杂的程度。

对一些级别系统可以进行扩充，且扩充时不需要对现存的标识符或标签做出修改。对于关键任务系统和超过 7 000 m³ 的建筑，必须对路径、空间和外部布缆元素进行管理。

与选择级别相关性最强的因素，是基础设施的规模大小和复杂程度，可预见的扩充也是管理级别选择中的一个主要因素。1 级系统大多服务于单一电信间内的配线装置，其容量通常支持小于 100 个用户（工作区）的需求。当系统扩充为多个电信间时，则会考虑采用 2 级管理系统。对于 2 级、3 级、4 级管理等级应当设计为可升级且允许扩充，但无须改变现有标识符或标签的管理系统。

1) 等级

(1) 1 级。

1 级管理涉及建筑与建筑群的管理需求，主要由单个设备间提供管理服务。该设备间是唯一需要管理的电信空间，仅管理水平布缆系统。1 级管理通常使用纸质文件或通用电子表格软件来实现。

简单的线缆路径一般很易理解，不需要管理。为了管理线缆路径或阻燃位置，应该使用 2 级或更高级的管理。

(2) 2 级。

2 级管理为单个建筑或单一的使用者提供电信基础设施管理。这种管理为单个建筑内的单个或多个电信间和设备间提供服务。2 级管理包括 1 级管理的所有内容，为再加上主干布缆标识符，多元素接地系统、等电位连接系统以及阻燃设施。对线缆路径的管理则是可选的。2 级管理可以使用纸质文件，通用电子表格软件或专用线缆管理软件来实现。

(3) 3级。

3级管理适用于园区,包括园区内的建筑和外部布缆系统。3级管理包括2级管理的所有内容,再加上建筑和园区布缆的标识符。建议管理建筑路径、空间及外部布缆元素。3级管理可以使用纸质文件,通用电子表格软件或专用线缆管理软件。

(4) 4级。

4级管理适用于多位置系统。4级管理包括3级管理的所有内容,再加上每个位置的标识符和园区间布缆的可选标识符,例如广域网连接。对于关键任务系统,大型建筑,多使用者建筑,必须对路径、空间及外部布缆元素进行管理。4级管理可以使用通用电子表格软件或专用线缆管理软件。

2) 布线管理策略

在布线管理的实际工作中,我们可以根据不同的管理目标,采用不同的管理策略。由于"类"和"级"在布线系统中有特殊的含义,为了便于沟通,我们将管理策略用"阶"区分。管理策略没有高低之分,适合当前系统,满足用户管理要求和成本要求的策略,就是最优策略。

(1) 一阶管理。

一阶管理策略采用纯软件实现,管理对象是描述系统状态的文档和设备连通状态的运行数据、工作过程记录,管理目标是通过使用各个软件控制台,实现文档、图纸、表格的无纸化管理。另外,管理软件还可以通过 SNMP 协议,或间接调用其他非布线管理系统的软件接口达到检测的目的。

一阶管理策略的特征为纯软件实现,除计算机外,无须添置其他设备。它对物理链路的监测是间接的。例如:在 Openstack 云计算系统中,我们可以通过 https 协议,定时获取 keystone 的认证服务。如果工作正常,则意味着相关布线系统的链路是正常的。

管理软件可分为单机版和网络版两大类。网络版包括服务器端软件、客户端软件,可以是 C/S 或 B/S 模式。服务器端软件需安装操作系统、数据库等运行环境。数据库软件可以使用关系型或非关系型的数据结构。通常来讲,B/S 模式的安全性逊于 C/S,此外客户端还可以运行在 IOS,Android 等手机操作系统上。

(2) 二阶管理。

系统在一阶系统的基础上,增加了指示器。指示器用于指引和显示附加信息等,一般采用 LED 或液晶图形显示器。LED 可以用颜色、闪烁频率区分不同信息,图形显示器可以显示图片、文字二维码、条形码,供手机扫描。

二阶策略的管理目标是在现场对端口或跳线的操作进行指引,提高工作单执行的正确率。在二阶管理策略下,系统的管理仍然是开环的。与一阶策略相比,二阶策略增强了基础结构控制台、工作流程控制台的管理功能,增加了端口或跳线指引功能。指引功能解决了最终用户在配线区和管理区寻找故障点位的难题,具有很强的实用性。

(3) 三阶管理。

三阶管理目标是对跳线插、拔、变更等操作产生的事件进行管理。物理层端口实时检测、反馈信息,属于单端监测系统。与二阶策略相比,三阶策略增强了事件中心控制台、工作流程控制台的管理功能。但在工作流程管理方面,由于系统闭环不完全,不能解决跳线工作流"插接乱序"问题,也不能识别断电期间跳线"端口恒定"问题。"插接乱序"是指在执行增减跳线工单时,如果任务在一个以上,工作必须严格按照预定的顺序进行。如果顺序错了,尽管结果是正确的,系统也会不理解或报错。"端口恒定"是指在系统断电期间,改变跳线连接关系时,只要保证这些改变发生在原有的端口上,上电后,布线管理系统不能感知系统的变化而造成错误。

三阶系统的传感器,可使用光、电、磁和其他便于检测的参量,用于判断网络端口是否有连接器插入或拔出。

(4) 四阶管理。

四阶策略的管理目标是对系统中跳线链路的建立、修改、拆除操作产生的事件进行实时检测。实现针对跳线的实时检测功能,增强了事件中心控制台、工作流程控制台的管理功能。工作流程管理完全封闭,解决了"插接乱序","端口恒定"问题。

跳线监测回路的原理比较简单,就是检测两个端口传感器之间是否有物理连通。四阶系统能够准确地检测到跳线两端的连接位置,并提供定位信息。

四阶系统有个致命的缺点:当普通跳线插入配线架端口后,系统是不能直接感知的。因此,与三阶策略相比,四阶策略的信息安全管理是个短板。

(5) 五阶管理。

五阶策略的管理目标是增强布线管理系统的功能,实现端口、链路的同时检测。五阶策略是在一至四阶策略的基础上,增强了事件中心控制台、工作流程控制台的管理功能,强化了跳线管理力度。系统能够识别端口插拔的非法操作,增强了网络系统的安全性。五阶策略综合了三阶、四阶策略的优点。

在五阶系统中,我们根据检测链路的特性,将电子配线架分为两种:

(a) 实电路型。通过物理线路,构成检测回路,如图 2 – 126 所示。

(b) 虚电路型。通过逻辑对应关系,构成检测回路,如图 2 – 127 所示。

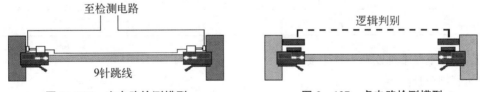

图 2 – 126　实电路检测模型　　　　　图 2 – 127　虚电路检测模型

(6) 六阶管理。

六阶策略的管理目标直接检测信道的可用性。根据管理设备能否检测到信道的全部物理通道,又可将六阶策略分为部分信道监测和全信道监测。

部分信道监测是指能够监测到信道部分物理通道连通性的技术。如利用四对对绞线其中的一根线或多根线进行监测;利用屏蔽结构或附加单独的检测元件来检测永久链路。全信道监测是指能够监测到链路全部物理通道连通性的技术。

六阶系统的管理功能虽然很强大,但是,它降低了系统的可靠性:当管理系统的硬件损坏时,故障有可能扩散到布线系统,影响正常的数据通信。此外,由于六阶系统结构复杂,硬件成本高,实际项目中很少使用。

3) 布线系统生命周期智能管理系统定义

布线系统的全生命周期,可以归纳为立项、初步设计、商务、深化设计、施工、验收、交接、运维、系统拆除九个过程。

对布线全生命周期智能管理系统,是指以结构化布线系统相关标准为依据,基于计算机软件和相关硬件技术,实现对布线系统全生命周期的全部相关信息进行管理的系统,下文简称为布线管理系统。我们讨论最多的,通常是设计和运维阶段的布线管理工作。

在实施智能布线管理系统之前,我们必须先要明确管理的对象和目标。网络是由布线系统和网络设备组成的,为了管理好布线系统,我们的管理范围应当进行适当的扩展,只有这样,才能监测布线系统的实时状态。我们将布线管理的对象抽象地概括为 11 大类、23 种管理对象,如表 2-68 所示。

表 2-68 布线管理分类

序 号	分 类 名 称	简 要 说 明
1	用户需求信息	对业主需求的描述等
2	基础结构信息	静态信息,逻辑层面
3	配置信息	动态信息,物理层面
4	标识信息	物理设备标签和规则
5	工作流程信息	布线管理工作流程
6	事件信息	设备异常、变更
7	组网设备信息	网络设备及其配套设备
8	终端设备信息	工作区设备
9	固定资产信息	设备资产管理
10	财务信息	费用结算
11	管理系统自身信息	维持管理系统正常运行

2. 布线管理系统设计和选型要点

1) 管理分层

布线管理系统是通过一个分层结构实现的,如图 2-128 和图 2-129 所示。用户可以根据自己的管理策略,按照图 2-128 的层次,选择相应的软件和设备,完成布线管理系统的设计。

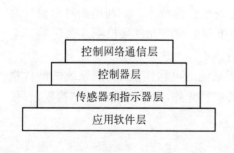

图 2-128 布线管理系统分层结构

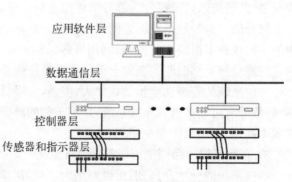

图 2-129 布线管理系统架构

（1）应用软件。

应用软件选型时，要注意软件授权方式、是否支持中文等因素。另外，还要注意运行环境对计算机硬件的要求，尤其是内存容量的要求。

（2）传感器与指示器层。

在传感器和指示器层里，传感器负责监测系统的变化，指示器用于对现场操作进行提示。传感器和指示器通常与布线系统的配线架结合在一起，也就是业内所说的"电子配线架"（市场上的产品，经常把指示器和传感器封装在一起）。电子配线架为二阶和二阶以上布线管理系统的核心元。在设计过程中，务必注意电子配线架的数量，在四阶和五阶系统中，配线架的数量是普通布线系统的 2 倍。为此，机柜中也要预留足够的安装空间。

（3）控制器层。

控制器层为电子配线架提供了电力、网络通信能力。控制器层中的设备，不间断地查询电子配线架端口的状态，并协同多个电子配线架工作，业内通常称之为网络分析仪、扫描仪、主机等。在选型过程中，需要考察系统的响应速度和通信方法，以及控制器的堆叠方式。

（4）控制网络通信层。

控制网络通信层包括线缆和通信设备。例如，可以采用多芯对绞线和 RS485 集线器组成控制网络。在布线管理系统的设计过程中，不要忘记给布线管理系统做布线的设计。网络也可使用标准的 POE 网络交换机作为控制网络通信层。

2）AR 和 AI 技术在布线管理中的应用

通过人工智能（AI）技术，可以完成目标检测，然后，通过增强现实（AR）技术，可以把信息叠加到视频上。管理员可以使用智能手机或带有摄像头的平板电脑，在机房、弱电竖井中，通过基于 AI 和 AR 的应用程序，根据拍摄的视频或图像，实时获取相关信息，排除网络故障。通过 AI 和 AR 技术，我们可以获得更多的系统信息。在二阶管理策略下，就能以极低的成本，获得满意的效果。

可以想象，如果布线系统中重要的物理实体都能够进行标识，并且能够通过物联网提供信息，那么，整个布线系统就是一个可追溯和可了解现有状态的系统，布线管理的问题也会迎刃而解。另外，在布线管理系统中，可以提供虚拟配线间。在管理人员和布线系统距离较远时，可以通过虚拟现实（VR）技术，对网络结构有个大致的了解，也可以通过 VR 技术，完成相关的培训工作。

3. 数据库

管理系统原则建议使用基于计算机的管理系统来实现。对于较小、复杂程度较低的系统，可以使用良好设计的纸质管理系统进行管理。管理的复杂性与基础设施的规模有关。对于小系统，可以使用用户化的商业数据库程序；对于一个大型机构，布缆管理系统可能需要一个完善的数据库、一套有效的数据检索程序以及附加功能。例如，计算机管理软件包，可以直接从 CAD 程序中输入图形，或者向外部软件包输出报告，或者通过电子邮件发送工作指令，并能自动对已完成的工作进行记录更新，也可以作为布缆设计工具使用。基本的管理数据库信息流必须有记录和报告。

与布缆、路径和空间有关的每一个组件都应有标识符。例如，信息插座的标识符可以用唯一的数字来表示。另一种方法是，标识符可以通过一个代码来指出它的位置、类型和其他信息。

1) 级别和相关的标识符

采用唯一的标识符,用以体现基础设施的各相关组成部分,并达到相关等级的记录要求,如表2-69所示。

表2-69 管理级别及电信基础设施采用的标识符要求

标 识 符	标识符的描述	级 别			
		1	2	3	4
ann	水平链路或信道	要求	—	—	—
ft	电信间	—	要求	要求	要求
ft-annn	电信间-水平链路或信道(推荐格式)	—	要求	要求	要求
ft1/ft2c	建筑物内主干线缆	—	要求	要求	要求
ft1/ft2c-n	建筑物内主干线对	—	要求	要求	要求
TMGB	总等电位联结端子板	要求	要求	要求	要求
ft-TGB	局部等电位联结端子板	—	要求	要求	要求
f-FSLn(h)	防火位置,h表示防火时间与等级	—	要求	要求	要求
B1ft1/b2ft2c	建筑物间主干线缆	—	—	要求	要求
B1ft1/b2ft2cnI	建筑物间主干线对	—	—	要求	要求
b	建筑物	—	—	要求	要求
S	所在地建筑物	—	—	—	要求
ft-UUUn(q)	建筑物内水平线缆及主干线缆敷设的管槽部分	—	可选	可选	可选
ft1/ft2-UUUn(q)	建筑物内水平线缆及主干线缆敷设的管槽(两个电信间或区域之间)	—	可选	可选	可选
s-UUUn(q)	户外线缆敷设的引入建筑物的管槽部分	—	—	可选	可选
b1ft1/b2ft2-UUUn(q)	建筑物间的线缆敷设的管槽或配线设施	—	—	可选	可选
WANn	广域网连接	—	—	—	可选
PNLn	专网连接	—	—	—	可选

注(1) 每一级的编码详细规则参见 TIA 606 标准。
　(2) 综合布线的要求可参考 GB50311-2007。

2) 色码标准

(1) 色码。

橙色——用于分界点,连接入口设施与外部网络的配线设备。

绿色——用于建筑物分界点,连接入口设施与建筑群的配线设备。

紫色——用于与信息通信设施 PBX、计算机网络、传输等设备)连接的配线设备。

白色——用于连接建筑物内主干线缆的配线设备(一级主干)。

灰色——用于连接建筑物内主干线缆的配线设备(二级主干)。

棕色——用于连接建筑群主干线缆的配线设备。

蓝色——用于连接水平线缆的配线设备。

黄色——用于报警、安全等其他线路。

红色——预留备用。

（2）色码标准示例如图 2-130 所示。

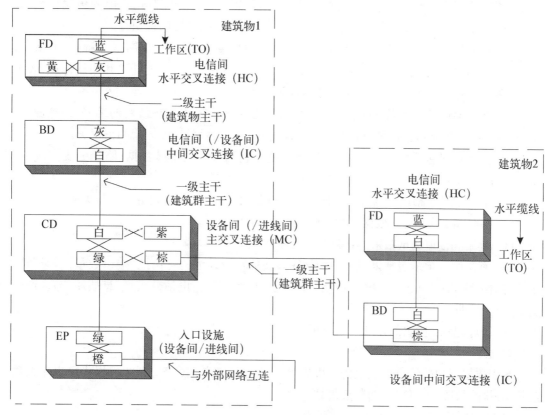

图 2-130 色码标识图例

4. 组件标记与记录

每一个组件应该用标识符标记清楚。标记可靠地把标签固定连接到组件上，或者直接标记到组件之上来实现。标记应有永久性和可读性。

1）记录

记录可以利用基于计算机或基于纸质的管理系统生成并保存。与布缆组件、路径和空间有关的记录应该使用它们的标识符而相互链接，并且可以进一步参照有关电源、供暖、空调、照明等的建筑物记录。

记录应包括安装日期，并且只要布缆基础设施发生变化，就应对记录进行更新。

（1）必需的记录：应提供如下所述的有关布缆基础设施的相关信息。

（a）线缆：端点的位置、类型、产品编号、线对；

（b）信息插座：标识符、类型、位置；

（c）配线架：标识符、名称、类型、位置、连接；

（d）楼层平面图：信息插座、配线架、路径位置。

(2) 可选记录。

当对布缆基础设施,包括布放路径和空间做修改时,可能需要的附加记录。

(a) 线缆记录包括以下内容:光缆或对绞电缆的类型;线缆特征数据(如产品编号、外皮颜色);外皮和内芯标识;制造商;未终接导体号和故障导体号;长度;衰减/串扰等数据;线缆两端及集合点处引线连接的标识;性能等级;接地位置;屏蔽层处理;运行中的传输系统;日期编码;产品编号;标识符;表示与配线架、插座、路径和空间连接的标识符。

(b) 信息插座记录包括以下内容:性能等级;单模或多模光纤;屏蔽或非屏蔽;制造商;在未终接所有的插针孔情况下,终接的数量和布局;产品编号;连接的端口和线缆标识;表示与配线架、插座、路径和空间等相互关联的标识符。

(c) 配线架记录包括以下内容:可用及已用的对绞电缆、光缆或线对的编号;制造商;导体编号;表示与线缆、插座、路径和空间连接的标识符;产品编号;配线架的正视图。

(d) 路径记录包括以下内容:类型;金属或非金属;尺寸、机械数据;路径分支点;制造商;标识;长度;位置;安装在该路径中的线缆记录;接地位置。

(e) 空间记录包括以下内容:位置;尺寸;标识;位于空间中的设备;空间;类型。

(f) 绘图和工作指令:根据工程实际,由用户自行填写。

(g) 链路和信道测试结果:根据工程实际,由用户自行填写。

(h) 有源组件记录包括以下内容:设备类型;型号;线缆的可用性(端口数量);标识符;端口的适配性;端口标识;设备位置;制造商;用户姓名、部门、电话分机;信息插座位置;产品编号、安装日期。

(i) 协议记录:协议的详细信息也可记录。

2) 报告

基于数据库中的信息生成报告。报告可以是列表、表格、图表等形式。报告可以用来确定状态、排除故障,也可以帮助制定规划。

3) 数据库格式

数据库中使用如下标识符字段(以下举例说明):

(1) 字段 1 为通用位置:字段 1 用来定义建筑群中,某一建筑物的位置。

(a) HSE 01 定义建筑物"房屋 01";

(b) AA 005 定义了"房屋 01"在建筑规划设计图样上的平面坐标(AX"为字母"—00X"为数字")位置。

在以上两种情况下,这种标识需要最少 5 位字母和数字。

(2) 字段 2 为特定位置:定义了建筑物内的房间或房间位置。

(a) 01   RO123 指定 01 楼层的房间 0123;

(b) 01   AR021 指定 01 楼层以及设计图样上的平面坐标,图样上标注了房间 123 的位置。在以上两种情况下,这种标识需要最少 7 位字母和数字。

(3) 字段 3 为组件标识符:是网络组件的标识符。

F001 标识 001 号光缆,此标识最少是 4 位,1 位用于标识符,另 3 位用于号码。

字段 4 为端口号码,表示有源组件上的端口号码。

字段 5 为物理数据,定义了组件的特定数据,如表 2-70 所示。

表 2-70 组件特定数据

序号	条 目	说 明
1	位置	建筑物的地址
2	楼层	该表所隶属建筑物的楼层
3	配线架号码	配线架编号。可以是字母数字形式,如 1A
4	外观	
	面板/模块	一个区域中的面板或模块号码
	端口/线对	特定的面板或模块上的独立线对
5	服务类型	语音线路(V)、数据线路(D)、复合的语音数据线路(V/D)即 ISDN、音频/视频(AV)、CCCB(C)
6	外观来源	线路外观的来源(局域网集线器、PABX 端口号码等)
7	交叉连接	
	面板/模块	交叉连接的线路面板或模块
	端口/线对	端口/线对交叉连接的独立插座或线路
8	线缆长度	用于特定端口或线对的线缆长度(以 m 表示)
9	线缆类型	用于本线路的线缆的种类,如 5 类布线系统
10	安装日期	线缆敷设的日期(可选)
11	其他	与特定线路有关的相关元素,如传输测试
12	其他	例如,用户名称、用户领域(会计、销售等)

布缆记录示例如表 2-71 所示。

表 2-71 布缆记录表

位置： 楼层： 配线架号码：

外 观		服务类型	线路来源	交叉连接于		线缆长度(m)	线缆类型	日期	其他
面板模块	端口线对	V 语音,D 数据 V/D 线路、AV 音频 C 视频		面板模块	端口线对				

5. 标识设计

数据中心布线系统设计、实施、验收、管理等几个方面实施系统化管理是相当必要的。定位和标识则是提高布线系统管理效率,避免系统混乱所必须考虑的因素。所以有必要将布线系统的标识当作管理的一个基础组成部分从布线系统设计阶段就予以统筹考虑,并在施工、测试和完成文档环节按规划统一实施,精确的记录和标注每段线缆、每个设备和每个机柜/机架,让标识信息有效地向下一个环节传递。

1) 机柜/机架标识

数据中心中,机柜和机架的摆放和分布位置可根据架空地板的分格来布置和标示,依照 TIA - 606 - A 标准,在数据机房中必须使用两个字母或两个阿拉伯数字来标识每一块 600 mm× 600 mm 的架空地板。在机房平面上建立一个 XY 坐标网格图,以字母标注 X 轴数字标注 Y 轴,确立坐标原点。机架与机柜的位置以其正面在网格图上的坐标标注如图 2 - 131 所示:

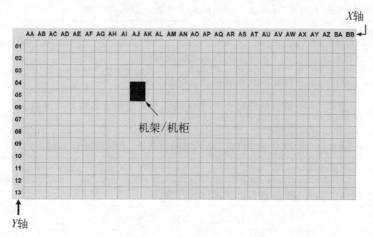

图 2 - 131　坐标标注图

所有机架和机柜应当在正面和背面粘贴标签。每一个机架和机柜应当有一个唯一的基于地板网格坐标编号的标识符。如果机柜在不止一个地板网格上摆放,通过在每一个机柜上相同的拐角(如右前角或左前角)所对应的地板网格坐标编号来识别。

在有多层的数据中心里,楼层的标志数应当作为一个前缀增加到机架和机柜的编号中去。例如,上述在数据中心第三层的 AJ05 地板网格的机柜标为 3AJ05。

一般情况下,机架和机柜的标识符可以为以下格式:

nnXXYY,其中:

　　　　nn = 楼层号;

　　　　XX = 地板网格列号;

　　　　YY = 地板网格行号。

在没有架空地板的机房里,也可以使用行数字和列数字来识别每一机架和机柜。如图 2 - 132 所示。在有些数据中心里,机房被细分到房间中,编号应对应房间名字和房间里面机架和机柜的序号。

图 2 - 132　行列标注图

2）配线架标识

（1）配线架的标识。

配线架的编号方法应当用机架和机柜的编号和该配线架在机架和机柜中的位置来表示。在决定配线架的位置时，水平线缆管理器不计算在内。配线架在机架和机柜中的位置可以自上而下用英文字母表示，如果一个机架或机柜有不止 26 个配线架，需要两个特征来识别。

（2）配线架端口的标识。

用两个或三个特征来指示配线架上的端口号。比如，在机柜 3AJ05（机房地板板块的坐标位置号码）中的第 2 个配线架 B 的第 4 个端口可以被命名为 3AJ05 - B04。

一般情况下，配线架端口的标识符可以为以下格式：

$nnXXYY$ - A - mmm，其中：

$$nn = 楼层号；$$
$$XX = 地板网格列号；$$
$$YY = 地板网格行号；$$
$$A = 配线架号（A \sim Z，从上至下）；$$
$$mmm = 线对/芯纤/端口号；$$

（3）配线架连通性的标识。

配线架连通性管理标识：

$p_1 \sim p_2$，其中：

$$p_1 = 近端机架或机柜、配线架次序和端口数字。$$
$$p_2 = 远端机架或机柜、配线架次序和端口数字。$$

为了简化标识和方便维护，考虑补充使用 TIA - 606 - A 中用序号或者其他标识符表示。例如，连接第 24 根从主配线区到水平配线区 1 的 6 类非屏蔽电缆的第 24 口配线架，标签应该包含的内容："MDA t - HDA 1　6 类非屏蔽（UTP）24"。

例如，图 2 - 133 显示用于有 24 根 6 类电缆从柜子 AJ05 连至 AQ03 的 24 位配线架的标签内容。

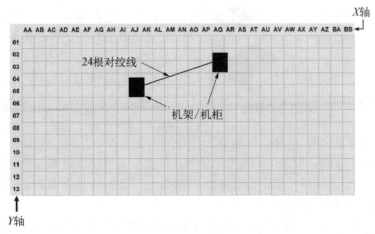

图 2 - 133　采样配线架标签

配线架标签标识配线架的所在机柜/机架占用的 U 的空间位置(A、B、C、D、E、F、……)及端口的顺序号(01~24、01~48、01~96),如图 2-134 所示。

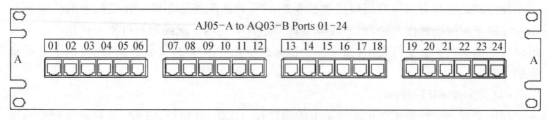

AJ05-A to AQ03-B Ports 01-24

| 01 02 03 04 05 06 | 07 08 09 10 11 12 | 13 14 15 16 17 18 | 19 20 21 22 23 24 |

图 2-134 配线架标签

6. 光纤极性管理

光纤极性是确保设备的发送端口发出的信息被终端设备的接收端口接收的过程。在基础网络布线中,极性的首要目标保证任何端口的发送和接收相对应。以确保末端设备在连接时,可以非常容易地将配线架与设备上的 Tx 和 Rx 进行连接,在没有主动管理主干的极性的时候,只能采用安装光纤跳线时进行修正,如果系统中有大量的跳接和配线时,这种方法就成为一件困难的任务。

要确保在布线系统中的线缆极性是被关注和认真考虑的,TIA-568-C.0 中描述和用三种极性管理的方法,并且能够做到兼容性。并且标准中也明确说明,其他的各种极性管理的方法不能够实现标准化的管理。

大多数光纤系统都是采用一对光纤来进行传输的,一根用于正向的信号传输,而另一根则用于反向的传输。在安装和维护这类系统时,需要特别注意信号是否在相应的光纤上传输,确保始终保持正确的传送接收极性。LAN 电子设备中使用的光收发器具有双工光纤端口,一个用于传送,一个用于接收。由于这些端口在所有光纤 LAN 设备上都十分常见,因此在两个工作站间的布线中应用称为"交叉连接"的技术便至关重要。

双工交叉跳线和配对交叉布线的应用极大地简化了这种光纤网络的布线管理工作。在正确安装后,这些系统将自动确保正确的信号极性,终端用户因此无须担心连接点上信号的传送和接收的一致性。

1) 双工收发器

同一应用系统(如以太网)中的所有双工光电收发器的传送和接收端口位置都是相同的。从收发器插座的键槽(用于帮助确定方向的槽缝)朝上的位置看收发器端口,发送端一般在左侧,接收端在右侧,如图 2-135 所示。

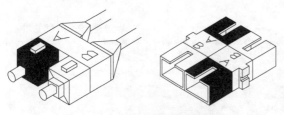

图 2-135 收发器通常的极性

将收发器相互连接时,信号必须是交叉传递的。交叉连接是将一个设备的发送端连接到另一个设备的接收端。信道中的各个元件都应提供交叉连接。信道元件包括配线架间的各个跳线、适配器以及光缆。无论信道是由一条跳线组成的,还是由多条光线和跳线串联而成,信道中的元件数始终是奇数。

奇数的交叉连接实际上等于一条交叉连接,按这样的程序无论何时发送端都会连接到接收端,而接收端亦总是连接到发送端。插头和适配器如何一起工作如图 2-136 所示,图中显示了双工连接插头和适配器。在将凸起键向上放置时正视双工连接头的插头（插入光纤），左边的是 A，右边的是 B。插头上的凸起键和适配器上的键槽使插头只能以一个方向插入适配器，从而确保插头 A 插入适配器的 A 位置，插头 B 插入适配器的 B 位置。

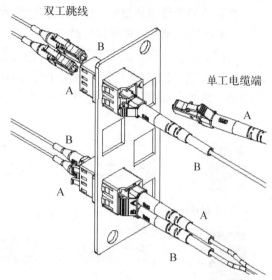

因为适配器前后两端的键槽朝向相同（如向上），所以适配器在两个配对的插头间提供了一个交叉连接。这种结构使适配器前端的右侧位置（标有 A）与面向适配器后端时的左侧位置（标有 B）相匹配。这样，插头上的位置 A 就会与另一个插头上的位置 B 配对，反之亦然，从而在适配器中形成交叉连接。通常插头和适配器上都标明字母 A 和 B 以便于识别。

图 2-136 LC 双工连接头双工适配器

（1）跳线交叉连接。

如图 2-137 所示的双工跳线可以提供交叉连接，原因是光纤一端的插头位置将会连接到另一端的相反的插头位置。为清楚起见，图中以三个不同的方向标示了该交叉跳线。在所有的三个视图中，两根光纤都是一端连接插头位置 A，另一端连接位置 B。连接时应注意连接头上的键槽位置。

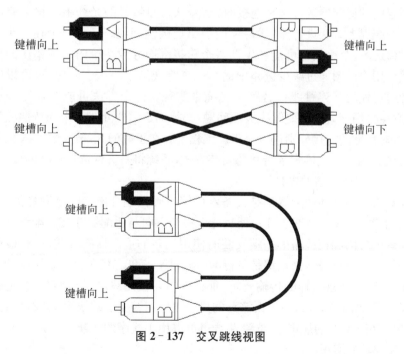

图 2-137 交叉跳线视图

现今的大多数光纤系统如何在一对光纤传输的基础之上，用其中的一条光纤将信号以一个方向进行传播，用另一条光纤实现反向传播。对该系统进行安装和维护时，重点是确保信号在正确的光纤上传播,以使发射-接收极性始终如一。

(2)端到端光纤信道极性管理。

如图 2-138 所示,说明的是使用对称定位方法形成的端到端连接,起点是主要的交叉连接,经过了中间的交叉连接或者水平连接,最后到达信息点端口。对于图中的每一光纤节段和每一跳线,一端将插入适配器 A 位置,另一端将插入 B 位置。

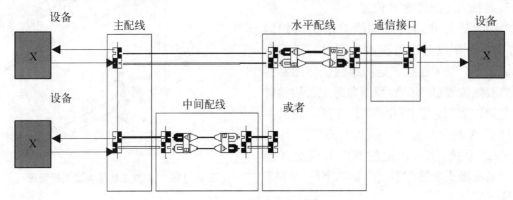

图 2-138 端到端极性管理

两个工作站之间的布线信道内有着多个"跨接"点。固定的光缆节段必须按照各光纤对中的跨接进行安装,使光纤对中的每根光纤的一头插入适配器 A 位置,而另一头插入 B 位置。要完成作业很简单,只需按照两种方法之一来决定适配器的方向并调节配线架中的光纤顺序即可。

当相同定向的适配器进行交叉连接时,信号从奇数编号的光纤中转移至偶数编号的光纤中。没有按照以上方法进行操作时,可能会出现极性问题。任何一个违背了 A-B 的规则的连接,将减少一个跨接并可能产生偶数个跨接继而导致系统内出现错误的极性。有时安装人员或者用户试图通过减少链路中的另一个跨接来解决这个问题,这可以通过使用单工跳线或者通过使用互连跳线代替跨接光缆来实现。这个方法可能导致光纤管理出现问题,所以应避免采用该方法。要解决极性问题,必须确定哪些配线架中未按照极性的规定连接跳线,并对非标准的连接分别进行纠正。工程中。在正确的光纤连接中,A 位置输入的信号将在 B 位置输出。一旦确定了极性的安装方式,系统将一直保持住这样的极性状态。

2)单工和双工连接器的极性

单工和双工连接器和适配器都是具备定位销以确保耦合连接时是同样的方向。因此,这样的定位销确立的单工或双工连接器只能以一个方向与适配器连接。配线面板中极性的管理是用连续的号码和在链路的一端安装时使用反转的适配器的方式,进行极性的修正和设定。在任何一端进行极性修正都是可行的,是 TIA-568-C.0 和 C.3 接受的。既要保持线缆的完整性,还要实现这样的传输要求,那么就需要使用线序反转的方式,也就是发端按照连续的序列号,如 1,2,3,4,……而链路的另一端使用转换后的线序,如 2,1,4,3,……

在 TIA-568-C.3 的规定中,光纤跳线也可以用于线序的转换。

(1)线序反转的实现。

要实现布线系统中线序的反转,应当按照以下的步骤进行。

(a)要依照 TIA-568-C.3 描述的,指定每根光纤一个连续的序列号,如表 2-72 所示。

表 2-72　极性

光纤序号	颜　色	光纤序号	颜　色
1	蓝色	7	红色
2	橘色	8	黑色
3	绿色	9	黄色
4	棕色	10	紫色
5	灰色	11	粉红
6	白色	12	水蓝

（b）在链路的两端安装连接器，如图 2-139 所示。

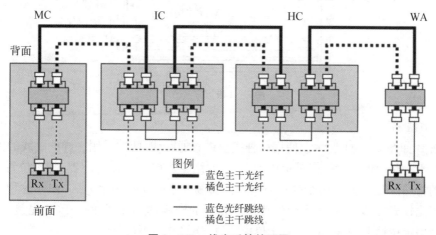

图 2-139　线序反转的配置

在线缆的一端按照序列号安装，如 1,2,3,4,……，在另一端按照反转的线序安装，如 2,1,4,3,……。

（c）位置。

从安装着的视角看，对于每一根光纤链路，一端的 1 号蓝色应该在左边，而另一端则在右边。而 2 号橘色则采用对等的方式，在右边和另一端的左边。反转线序可以在光纤安装连接器或者将连接器与适配器连接的过程中实现。依次被安装在各通道中的线缆（MC 到 IC，IC 到 HC 等），都应当遵循上述的方法。

3）阵列连接器的极性

高密度的数据中心要求使用高密度、阵列型的连接器，如 MPO，MTP© 连接器等，更多的是使用包含这样连接器的预端接光缆。由于光缆两端包含这些多芯连接器，而终端设备通常是采用标准的双工收发端口，预端接光缆需要与工厂预制的分支组件或分支模块连接，将 MPO/MTP 连接器转换为单工或双工连接器/适配器型式。与单/双工连接器一样，MPO/MTP 连接器和适配器也采取定位销的方式以确保耦合连接时正确的方向。MPO/MTP 连接时，定位销的作用是确保适配器中一列光纤的方向，但是却无法保证光纤对的极性是被保持的，因此，便产生了几种用于建立极性管理的方法，下面分别进行说明。

（1）方法 A。

方法 A 如图 2-140 所示。采用平行配线，使用相同的模块，但两端为不同跳线的方式。一端跳线是平行的，另一端跳线采用交叉翻转的形式，链路中所有组件都是定位销上-下结构。标准中没有指明在哪里实现交叉翻转，如何区分两端的交叉和平行跳线，后期极性维护基本上由最终用户进行管理。

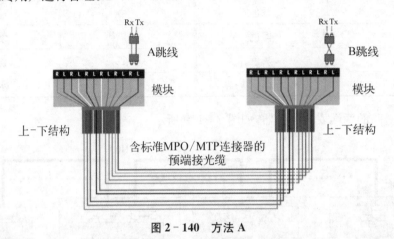

图 2-140 方法 A

（2）方法 B。

方法 B 如图 2-141 所示。使用一种模块内直通配线，两端采用一样的跳线的方式。不同之处在于链路中组件连接都是定位销上-上的结构。按照这样的配置，物理位置♯1 转到另一端的物理位置 ♯12。一个模块逻辑上需要颠倒才可以做到 ♯1 到 ♯1。这种方法要求早期规划比较充分，以便确认不同位置使用相应的模块，保证链路的一致和完整。同时，所有链路使用定位销上-上结构，但对于单模 APC 连接器是不可行的。

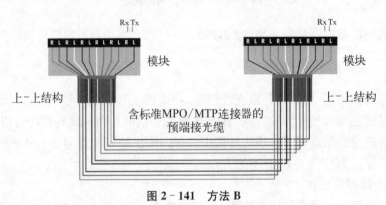

图 2-141 方法 B

（3）方法 C。

方法 C 如图 2-142 所示。用在光缆中使用纤对翻转的方法，进行极性校正。这样确保了两端的模块和跳线都是一致且标准的。由于极性管理在光缆中，如果链路需要扩展时，要认真做极性规划，确保系统可用性。同时，TIA 规范中没有关于基于方法 C 的系统升级的文字描述，如果需要升级到并行光学的应用，需要特殊跳线将光缆中极性的翻转再进行转换。

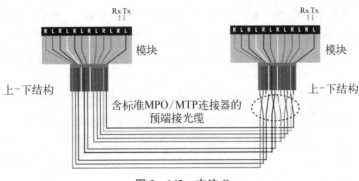

图 2-142 方法 C

（4）通用极性管理方法。

通用极性管理方法如图 2-143 所示。是一种在 TIA-568-C.0 列出的 3 中方法之外的增强型的管理方法，这种方法在链路的两端使用一样的模块和跳线，极性的设定是通过模块内部配线完成的。系统中使用定位销上-下结构适配器，支持单模 MTP-APC 连接器，同样也支持向并行光学应用过渡。

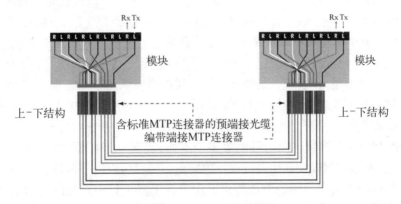

图 2-143 通用极性方法

7．智能配线系统

"智能基础设施管理系统"的概念来自北美通信基础设施管理标准 TIA-606-B，该标准正式提出用智能基础设施管理的概念取代当前市场上为大家所熟知的"智能布线系统""电子配线架"等智能布线产品。

布线系统管理设施的工作状态信息应包括设备和线缆的用途、使用部门、组成局域网的拓扑结构、传输信息速率、终端设备配置状况、占用器件编号、色标、链路与信道的功能和各项主要指标参数及完好状况、故障记录等，还应包括设备位置和线缆走向等内容。

要从采用技术的可靠性、可用性、适用性及投资费用考虑，从用户市场来看，管理的基本单元为电子配线架。管理的基本原理是对配线的端口工作状态进行采集、传送、存储、分析，再通过上层软件完成整个系统管理。多个电子配线架组合在一起加上软件便成为智能布线系统。

智能布线系统是一种将传统布线系统与智能管理联系在一起的系统。通过智能布线系统，将网络连接的架构及其变化自动传给系统管理软件，管理系统将收到的实时信息进行处理,用户通过查询管理系统,便可随时了解布线系统的最新结构。更要从软件的操作与二次开发及开放水平去衡量。通过将管理元素全部电子化管理,可以做到直观、实时和高效的无纸化管理。并且可以通过开放的通信协议,实现和计算机网络管理、机房环境管理做到管理信息的集成。

智能基础架构的管理解决方案旨在为配线、跳线管理提供帮助,能够应对日益增加的网络规模压力,用更少的资源以降低管理成本,缩短故障定位和排错时间。在计算机的参与下,使结构化布线系统可实施可管理、可跟踪,可控制。智能布线系统应该结合布线工程的性质与规模、管理的需要、网络架构、工程的造价与投资回报等方面的因素进行选用。

据统计每年有超过20%的用户连接被移动、添加、改动或中断,所以要求系统改良的可靠性、有效的带宽分配、负载平衡以及吞吐量利用就必须持续不断地优化。在电缆管理方面,用户正逐渐开始关注采用创新的跳线和有效的电子配线管理设备。此类创新设计能够帮助用户整理杂乱无章的接线环境中的线缆或是防止接线环境变得杂乱无章,其特点如下:

(1) 为适应管理范围的增大,降低管理的难度,减少出错的概率,提高管理效率。对于楼宇布线系统也可以依据布线系统支持的业务网络的性质(办公网、生产网、租用网、物业网等)与配线管理场地(电信间、设备间、进线间)确定是否采用电子配线设备。智能布线系统适合应用于大型工程。一般来说,工程项目的信息点在3 000点以上时,应用比较经济合理。

(2) 对信息服务中断造成重大经济损失与社会影响的重要用户网络与涉密网络,需对布线系统加强监管,及时发现、反馈、记录事件的用户;智能配线管理系统弥补了网管系统在物理层管理监测中的不足,使管理人员能够实施7层网络协议的全面管理。在此基础上,智能布线管理与网络管理相融合的趋势也越来越明显。尤其对于数据中心布线系统来说,预连接产品和智能配线管理系统变得越来越不可或缺。智能布线系统可针对数据中心机房的网络连接、安全、IT资产、容量、电源、环境等多个方面,实现"实时"管理。并且完全掌控着数据中心的环境,保障数据以及其他关键设备的安全。同时可以进一步降低运营成本,并且很好地满足了数据中心机房的绿色节能需求。用户在工程项目中产品的选用上,价格仍然是一个主要考虑因素。

(3) 实时检测、故障诊断的功能。电子配线架与传统配线架比较,具有其独特功能,主要是:实现电子跳线功能、端口实时检测功能、故障诊断功能、在线对多个建筑物与建筑群的集成管理。对无人值守的数据中心或弱电机房,维护人员可以通过公用通信网络,充分利用光纤宽带网络和5G移动通信网络资源实现远程管理布线系统,减少维护工作量,降低管理成本,融入云计算管理的模式。当前用户更看重的是电子配线架的端口实时检测功能和故障诊断功能。

值得提出的是,国内品牌布线企业自主研发了多种应用技术合一的智能配线系统,系统采用了独有的全向检测技术,物联网链路端口技术等设计理念。

另外国内推出的利用二维码+网络APP平台及可见光现场管理的应用技术。国内自主创新的配线管理系统,管理简单、可视化、成本低,具有自身的产品应用优势。

1) 智能布线系统应用

(1) 传统配线架管理存在的问题。

传统配线架的管理完全依赖于标签和纸质文档,在当前网络与布线规模越来越大的情况下,使得IT管理人员的网络管理工作日渐复杂,对于基础物理网络的管理变得愈加困难,耗费在资产统计、日常维护、升级等方面的时间将会越来越多。加上正常的人员流动等因素，因为资料移交不全或者不清楚，导致新来的管理人员无法了解和熟悉整个系统，同时也没有办法很好地管理与维护运行的网络。归纳有以下几点。

（a）记录不规范：纸质的标签通过粘贴等方式固定在配线架对应的标签位置。由于纸质质量及颜色各不相同，标签记录有手写、机打以及印刷等多种式样，维护时需打开机柜贴近才能看清。因机房内环境各不相同，在运行一定时间后，因人为磨损、空气潮湿等因素引起的标签字迹模糊、纸张氧化甚至遗失等令日常查找变得更加困难，给管理人员带来诸多不便。

（b）维护不方便：项目完工时要求对所有配线架的端口增加标签、且应确保标签的准确性，工作量相当大。对于纸质标签及记录在日常维护时，如需增加或变更跳线时，首先必须查找竣工时的集成商文档，找到准备跳接的端口位置记录，同时还需要在机柜配线架上找到对应的端口，因时间较长导致贴纸的标签掉落、脏污、陈旧与失效，将给日常的管理维护带来大量人力、时间浪费。

（c）设备利用率低：在传统布线系统中，由于端口标签缺失将导致大量"僵尸服务器"的产生，根据第三方调查机构发布的数据显示：数据中心处理宕机所花费时间的80%是用于查找故障点。超过500台服务器的数据中心中，如果发生宕机事故，至少需要一天时间来找到宕机的服务器。在庞大而臃肿的数据中心，服务器的平均利用率仅为10%～20%。

（d）安全隐患多：由于标识缺失而迫使网络管理人员在添加设备时为安全起见，只好重新敷设新的线缆链路来支持新增设备数据传输需要，日积月累增加的线缆庞杂且缺乏规划，容易堵塞冷热通道，严重影响机房散热和制冷，从而更增加了故障和宕机的可能性。

（2）智能布线系统技术特点。

与传统楼宇内的布线系统相比，数据中心内的布线系具有高度结构化、端口高密度、传输高带宽、运行高可靠、扩容易实现、运维绿色化等显著特点。

数据中心的网络路由非常复杂，与传统楼宇内的布线系统相比大为不同。如果是采用集中式布线架构的小型数据中心，通常情况下其交叉连接区域以及所有的网络设备都可以整合到主配线区域（MD），这个交叉连接区的就是跳接与管理的部位。

采用分布式布线架构的大型数据中心，需要在每个楼层或每个房间设立作为网络的汇聚中心中间配线区域（ID），这个区域位于主配线区域（MD）和区域配线区域（ZD）之间。这三个区域都会有大量的交叉连接区，跳接与管理将会十分的频繁。配线的交叉连接区为布线规划的重点。

网络运行的可靠性中有75%是与物理层的布线有关，因此布线的可靠性尤其重要。与传统楼宇布线有所不同，数据中心的扩容和管理相对来说是比较频繁的。另外由于数据中心的重要性与信息机密的特点，用户不希望经常有许多施工人员在正常运行中的机房内进行施工。

由于数据中心的近些年来专业化程度越来越高，对于管理出现了许多新的应用技术，如高密度、快速升级与拓展、模块化、绿色能耗控制等。当智能布线系统上升到智能基础设施管理系统的时候，管理的专业化程度与管理范围需要进一步提升。

数据中心许多"边缘云"可以设置为无人值守机房，并可采用集中管理的模式，就是中、大型数据中心的运维，也完全可以通过网管中心进行远程的管理。这样可节省大量的人力、物力,降低运营的成本。

智能布线系统在产品的选用上,价格仍然是一个主要考虑因素。随着技术的成熟,如果引入物联网的理念,将电子标签射频技术应用于整个配线系统(线缆、桥架、模块、箱(盒)体、机柜等)的资产管理、工作状态管理,同样能起到节约运维成本,提高收益的作用。

再进一步考虑管理的大集成,融入云计算管理的模式。数据中心许多"边缘云"可以设置为无人值守机房,并可采用集中管理的模式,就是中、大型数据中心的运维,也完全可以通过网管中心进行远程的管理。这样可节省大量的人力、物力,降低运营的成本,提高企业收益。

与传统配线架相比,智能配线将会拥有很强的市场竞争力。60%的被调查用户表示,电子配线架的价格是传统配线架价格的1倍左右时可能优先考虑使用。

(3) 智能布线系统的主体功能。

(a) 基本功能:

对跳线连接通断、端口的位置变更、端口被非法入侵的连接进行实时监测与管理;图形化的直观显示;数据库的信息自动或人工检索;形成资产管理与资产报告;现场集成管理与远程权限管理;系统状态与故障自动报警;工单处理。

(b) 设施功能:

(Ⅰ) 电子化的高效工作单。帮助企业 IT 人员建立标准的网络运维管理流程,对网络设备端口移动添加和更改(MAC)统一由采用软件化界面并由电子化工作单的方式操作,使整体系统管理流程融入电子化工单内,提高管理效率。

(Ⅱ) 图形化操作界面。智能配线管理系统软件界面采用更为直观的图形化界面,使 IT 管理人员只需要登录智能基础设施管理系统软件,可以全局浏览所有的被管理的元素,包括楼层平面 CAD 图、机柜内部的设备实时状态与设备端口占用状态等图形化的表达的界面,实现所见即所得的特性。

(Ⅲ) 智能操作导航。智能配线管理系统的配线架每一个端口带有 LED 灯或管理器上的 LCD 屏显示,电子工作单下发任务后,相应配线架的端口以 LED 灯不同闪动状态或 LCD 上显示端口信息来指导管理人员现场操作。

(Ⅳ) 网络实时监测与报警。管理器对配线架的端口进行不间断的监测或扫描,根据监测过程管理软件实时更新网络连接状态,当有非授权的操作时如端口断开或连接时,管理单元与配线系统现场 LED 灯或蜂鸣器处于报警状态,同时也会把所(有)非法操作的端口信息与物理位置信息实时地以邮件或短信方式发送到管理员,使安全管理更有保障。

(Ⅴ) 实时准确地连接文档。网络管理与维护的过程中的设备连接变更,端口添加,设备移动(MAC),智能配线管理系统软件内的文档自动实时同步更新,用户随时查看到的连接文档信息都是最新的实时状态,使 IT 管理人员从传统纸质文档资料人工维护管理中解脱出来。系统自动更新连接信息杜绝了人工书面记录出错的可能。

(Ⅵ) 可实现网络远程管理。无论管理人员身在何处,都可以通过互联网接入系统,实现远程的系统进行查找、管理与操作。对于有较多分支机构的企业,可以在总部实现集中化的管理,减少人力多地部署提升管理时效性,使各处 IT 系统环境与管理要求完全统一。

2) 智能布线系统基本构成

智能布线管理系统可以将布线网络管理、电源管理和环境管理融为一体,真正意义上帮助客户全面地掌控数据中心与布线网络相关的元素,进行准确的数据分析和做出合理的判断执行,最大限度地减少数据中心的能耗。

智能布线系统由电子配线架、信号接收或采集设备,管理软件三部分组成,通常包括软件和硬件两大部分。

(1) 软件。

管理软件是智能配线管理系统中的必要组成部分。软件通过整合和分析从管理设备传输过来的信息形成数据库,并通过和网络内其他网络设备的通信,最终形成从终端设备到网络设备的完整的网络拓扑结构。布线管理软件数据库将布线系统中的产品属性、系统结构、连接关系、端口的位置等数据加以存储,并用图形的方式显示。网管人员可通过对数据库软件操作,实现数据录入、网络更改、系统查询等功能,使用户随时拥有更新的电子数据文档。

管理系统的软件可以是一套典型的 CLIENT/SERVICE 系统,由服务器端和工作站端构成标准的体系。它的服务器端是构件在 MICROSOFT SQL SERVER7.0 基础上的数据库系统,对各项数据进行标准化的管理。客户端是一般为自行研发的系统,承担着数据库系统与管理员之间的交互式地管理职责。

管理实现以下功能:

(a) 记录数据中心之间布线元素之间的连接关系。

(b) 提供数据库检索功能,可以搜索被管理的元素和工单信息、日志信息和用户信息发现和记录终端和传输设备的存在,以及它们与布线系统的连接。

(c) 报告所监测区域的布线连接的通断。

(d) 当连接发生变化告警并更新数据库信息。

(e) 通过工作单形式管理布线元素和终端设备,包括任何移动、增加和改变的操作,最大限度地减少操作时间和人为错误的可能,并自动跟踪工单的执行。

(f) 集成 CAD 界面,让用户可以轻松地俯视被管理的区域,并在其中进行管理。

(g) 可以追溯设备和网络连接的历史,包括设备何时第一次连接到网络,是否移走过以及执行了该操作,是否从一个物理地址移到另一个物理地址以及何时执行了该操作。

(h) 记录总的机柜空间和已使用机柜空间。

(i) 记录智能配线架端口的数量和有设备或跳线连接的智能配线架的端口的数量。

(j) 记录交换机端口的数量和它们对应的设备的数量。

(k) 实时监测授权和非授权设备的连接。

(2) 硬件。

硬件分为无源硬件和有源硬件两个部分,无源硬件包括配线架和跳线,有源硬件部分包括管理设备。智能布线管理系统的无源硬件一般包括铜和光的智能配线架和智能跳线,是在传统配线架和跳线的基础上进行设计改进,使得其端口或插头可以被智能布线管理系统的有源硬件所探测。

有源硬件识别智能配线架和智能跳线的连接变化,从而形成实时的布线的拓扑结构。

(a) 电子配线架。

(Ⅰ) 智能铜配线架:支持 5 类/6 类及以上类别的非屏蔽和屏蔽系统,安装密度一般为 1 U 24 个 RJ45 端口。每个端口的上方有一块镀金的金属传感器连接片,用于连接智能铜跳线上的第九针。端口传感器和接口电缆连接器用于提供"实时"网络连接信息。

（Ⅱ）智能光缆配线架：支持千兆和万兆的多模及单模光纤应用，安装密度一般为 1 U 24 芯 SC 或 48 芯 LC 接口，支持预连接系统。每两芯光纤接口的下方有一块镀金的金属传感器连接片，用于连接智能光跳线上的第三针。

智能配线架端口集成的金属传感器连接片分别通过内部总线连至背后的控制接口，用于连接控制器/分析仪/管理模块。连接方式有单联和串联。

智能配线架可以集成分布式智能管理部件，具备数据处理和通信的功能，以增强现场操作的能力，减少上联的通信线缆数量和规模。

（b）智能跳线。

实时跳线设计一根第九条导线，这条导线的长度与跳线的长度相同，其每一终接处有一个监视针脚，与实时跳线相连接的实时配线架端口的传感器和扫描仪相连接，并提供电子触点。另外，还有一点需要注意，特殊的跳线需要额外良好的接地系统，以保证第九针与配线架感应片之间有稳定的接触。

（Ⅰ）智能铜跳线：在标准的 4 对 8 芯对绞线的基础上增加了一根附加铜导线。两端的 RJ45 接头护套内集成了带弹性伸缩功能的金属第九针，与附加导线连通。如图 2 - 144 所示。

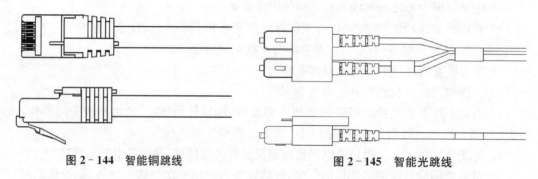

图 2 - 144　智能铜跳线　　　　　　图 2 - 145　智能光跳线

（Ⅱ）智能光跳线在标准的 2 芯护套光纤的基础上增加了一根附加铜导线。两端的双工 SC/LC 接头护套内集成了带弹性伸缩功能的金属第三针，与附加导线连通。如图 2 - 145 所示

（c）系统控制器/分析仪/管理模块。

控制器/分析仪/管理模块是智能布线管理系统的核心构件，它通过 RS485 等串行总线向下连接智能配线架，上行则通过以太网接口接入局域网。系统软件服务器通过 IP 地址来访问此设备，如图 2 - 146 所示。

控制器/分析仪/管理模块与智能配线架的连接拓扑结构有星型、总线型或混合方式等。如图 2 - 148 所示。

控制器/分析仪/管理模块与智能配线架的物理连接方式有模块化 RJ45 接口、IDC 卡接和专用接口等。单个控制器/分析仪/管理模块可管理智能配线架数量从几个至上百个不等，并且可以通过级联的方式扩容，在一个跳接空间内管理数千个智能配线架。

控制器/分析仪/管理模块包括显示和操控组件，便于现场人机交互操作、查找和指导。

链路技术需要较多上层设备构建特有网络组，形成一套管理网络，用来扫描电子配线架，从而建立数据库。如果需要扩展，只增加电子配线架是不够的，必须增加多个层管理和

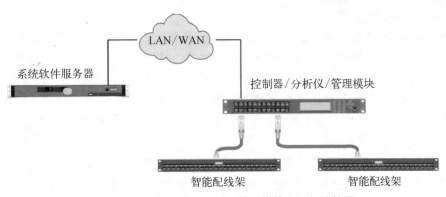

图 2‑146　控制器/分析仪/管理模块上下行连接图

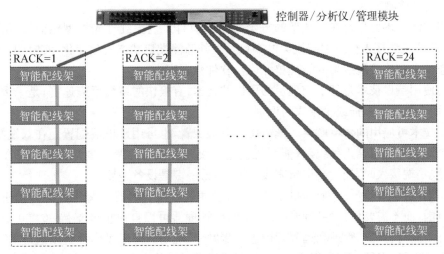

图 2‑147　控制器/分析仪/管理模块连接智能配线架拓扑结构

扫描设备,用户必须对自己的网络和管理点数有较准确的评估,以配备足够多的设备。如果采用特殊跳线的链路方式,尽管可以实现一些功能,但需要许多复杂的上层设备扩展和扫描,不利于扩展和部署。

　　由于智能布线管理系统的无源硬件主要是智能配线架和智能跳线,所以在设计数据中心时可在智能配线架和智能跳线比较集中的区域布置智能布线系统的无源硬件。根据数据中心不同的设计模型,智能布线系统的硬件设计方法也各有不同。

　　当然智能布线也有其他技术,比如传输线路载波技术;改良的链路技术(融入一些端口技术的优点);二维码＋App 技术;端口发光显示等技术的应用,相信智能布线技术在硬件上还会进一步发展。

　　3) 电子配线架系统应用技术

　　目前智能配线系统没有统一的国际标准,所以各公司产品的设计理念也不尽相同,从硬件角度来说,电子配线架采用的成熟的技术主要为端口技术、链路技术、芯片技术。

　　电子配线架智能布线系统是一种将传统布线系统与智能管理联系在一起的系统,可将网络连接的架构及其变化自动传给系统管理软件,管理系统将收到的实时信息进行处理,用户通过查询管理系统,便可随时了解布线系统的最新结构。对管理元素全部电子化,可以做到直观、实时和高效的无纸化管理。

在现有技术中,大部分电子配线系统的跳线侦测功能依赖于跳线上额外增加的铜质导线进行电扫描或低码率通信。这样就造成了扫描的时间周期较长,费时较多,降低了管理与处理的效率,而且电子配线架智能布线系统主要应用于数据中心、中心机房等数据量庞大,数据较机密等重要场所,而叠加在铜跳线上与数据传输无关的电信号会对电子配线架智能布线系统本身的信号传输产生干扰,造成误码影响,严重时甚至会威胁数据中心、中心机房等其他设备信息的可靠性。

为了避免上述问题,已有厂家推出了使用塑料光纤代替第9针的电子配线架方案。预计该类型产品的推出将大大提高数据中心智能化管理的安全性和可靠性,杜绝干扰和误码等不良影响。势将加速电子配线系统进入数据中心市场。

(1) 端口检测技术。

端口检测技术原理是在配线架的每个RJ45端口内,内置红外光微型感应器,采用普通标准RJ45芯跳线接入任一端配线架的端口。红外监测端口状态发生变化,实时记录并发送变更状态信息到连接配线架的管理单元以及软件数据库中。

因为使用端口技术是基于物理层的事件的技术,有极快的系统反应速度,是一个实时性的系统,而不是采用扫描或轮循式的识别方式。

端口技术可应用的环境广泛。既适用于双端配置,也可用于单端配置。在双端配置时,如在两个对应配线架插入跳线,智能系统会记录跳线插入时的两个端口关系。当在单端配置时,跳线一端接入时,配线会记录完成,并显示另一端是设备连接。

采用端口技术可以任意地跨机柜跳线,可以通过机架管理器以菊花链的方式任意地扩展连接范围,而不需要任何特殊配置。一个网络管理器可以自由扩展支持96 000个端口的智能管理。同时将现场管理和远程管理进一步融合,现场的任何操作都可以通过LCD显示屏和LED指示灯引导、跟踪、报警、记录。现场管理对于故障查找和跳线跟踪有着非常重要的意义。

端口技术特点:

(a) 既支持单配线架又支持双配线架;

(b) 系统均使用标准RJ45跳线;

(c) 检测采用中断报告方式,响应时间快;

(d) 由于只是通过端口的微动开关来感知插拔,无法自动发现网络连接,只知道端口中插入了跳线,至于插入的是否为真实使用的跳线,无法判定。

(e) 系统开通过程中,需要设备带电工作的情况下进行跳线的插拔操作,否则无法识别跳线的连接关系。

(f) 端口检测技术无法自动识别跳线插入或拔出的连接关系,所有操作都需要操作人员严格按照要求进行操作,如果出现人为的操作失误,则无法判断,系统纠错性较差。

(2) 链路检测技术(8针/9针/10针)。

采用链路技术的智能配线管理系统的工作原理是在模块化(光/铜)跳线内增加一根检测用铜导线。此导线连通模块化(光/铜)插座集成的金属传感器装置形成回路,跳线的插/拔动作所产生的通断信号经相关信号采集设备收集,并编码后传输给后台数据库软件。系统据此判断现场跳线连接状态的变化,从而实现跳线连接属性变更的实时记录。链路技术的特点是使用特殊跳线,可自动发现跳线,并允许跳线两端不按次序连接。使用链路技术时,一般建议采用双配线架模式。系统只能识别专用跳线的插拔,对于普通 RJ45 跳线进行的非法连接无法识别。

链路技术的通信方式也是独立于应用网络传输,也就是说不会干扰在布线系统上运行的业务网络,智能配线管理系统的开启和关闭都不影响用户网络的正常运行。

与传统的布线安装相比,采用链路技术的智能配线系统必须在跳接配线区域(FD/HC或 BD/MC)使用专用的智能配线架和智能跳线,并搭配一定数量的控制器/分析仪/管理单元。配线方式支持交叉连接和互连连接两种方式。

(a) 链路技术的特点:

只能支持双配线架;必须采用专用 9 芯特殊跳线;能自动发现正确的跳线连接;系统只能识别专用跳线的插拔,对于普通 RJ45 跳线进行的非法连接无法识别;系统采用连续轮询方式,系统响应时间会随网络规模扩大变长;部分厂家的电子配线架通信部分电路和检测部分电路不分离,如果检测部分电路故障,配线架需要重新终接与测试。

(b) 端口与链路技术的比较:

链路和端口技术两种方式的器件结构如图 2-148 和图 2-149 所示。

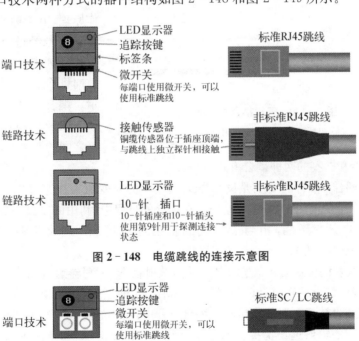

图 2-148　电缆跳线的连接示意图

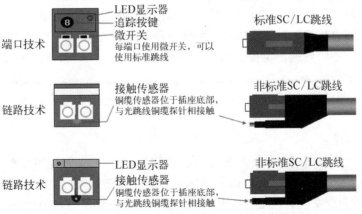

图 2-149　光缆跳线的连接示意图

上述两种技术的共同点是,管理信号与物理层的通信无关,智能布线系统的运行不影响对绞电缆或光缆的物理层通信。通常管理信号通过独立的总线系统和相关信号接收或采集设备完成管理工作,随着项目和信息点数的扩大需要增加信号接收或采信设备的数量。

链路检测技术由于技术因素,只能采用双配线架,这在组网方式上不够灵活,另外系统只能识别专用的九芯智能跳线,无法识别普通跳线的插拔,这会带来网络安全性方面的问题。系统的响应时间会随网络规模的扩大而成倍增加,这会带来大系统响应时间长的问题。加之有的电子配线架检测部分电路中如果设有 LED 灯和其他电子元器件,检测部分电子器件一旦损坏,则需要更换整个配线架,并将配线架后部所有终接好的电缆去除,要用仪表对配线架端口和工作区端口进行性能测试,这就会带来整个网络宕机时间的增加。

(3) RFID 技术。

(a) 采用技术:

射频(radio frequency, RF)是指具有一定波长可用于无线电通信的高频交流变化电磁波的简称。RFID 技术是一种非接触式自动识别技术,以无线通信和存储器技术为核心,利用射频信号及其空间耦合、自动识别静止或移动物品。

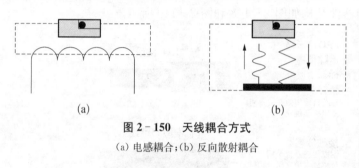

图 2‑150 天线耦合方式
(a) 电感耦合;(b) 反向散射耦合

根据 RFID 系统的基本工作原理,电子标签与读写器之间射频信号经过空间天线的耦合方式分为电感耦合方式和反向散向耦合方式,如图 2‑150 所示。耦合方式是由射频信号的频率以及读写器天线与电子标签之间的距离共同决定的。

采用读写器和标签的两种耦合方式。

(Ⅰ)电感耦合:耦合的实质是读写器天线线圈的交变磁力线穿过电子标签天线的线圈,并在标签天线的线圈中产生感应电压。在耦合的过程中,利用的是读写器天线线圈产生的未辐射出去的交变磁能,相当于天线的辐射近场情况。通常低频(135 k)和高频(13.56 M)为电磁耦合方式。

(Ⅱ)反向散射耦合:完整表述为电磁反向散射耦合,读写器天线与电子标签天线是真正意义上的天线。耦合的实质是读写器天线辐射出的电磁波照射到电子标签天线后形成反射回波,反射回波再被读写器天线接收。耦合过程中,利用的是读写器天线辐射出的交变电磁能,相当于天线的辐射远场情况。通常超高频(UHF, 900 M)和微波 RFID(2.45 GHz 及以上)为反向散射耦合。

读写器向电子标签传送命令与标签向读写器回送数据是分时实现的,系统是以半双工方式工作。

(b) RFID 系统:

RFID 系统是利用智能电子标签来标识各种物品,其核心是智能电子标签,它与读写器通过无线射频信号交换信息。射频识别系统的数据存储在射频标签之中,其能量供应以及与识读器之间的数据交换通过磁场或电磁场。射频识别系统包括射频标签和识读器两个部分。射频标签粘贴或安装在物品上,由射频识读器读取存储于标签中的数据。

一个最基本的 RFID 系统如图 2-151 所示,一般包括载有目标物相关信息的 RFID 标签;在读写器及 RFID 单元间传输 RF 信号的天线;接收从 RFID 单元上返回的 RF 信号并将解码的数据传输到主机系统以供处理的读写器;一个处理解码后信息的计算机系统(主要指软件系统)。电子标签、天线、读写器及计算机系统可局部或全部集成为一个整体,或集成少数的部件。

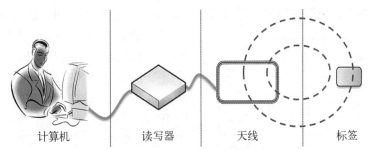

图 2-151　RFID 系统

(c) RFID 电子配线架:

整个 RFID 电子配线架包括三部分:一部分是普通网络配线架,另外两部分是 RFID 识别器和 LED 灯。识别器和 LED 灯嵌入到普通网络配线架内就是电子配线架。构成如图 2-152 所示。

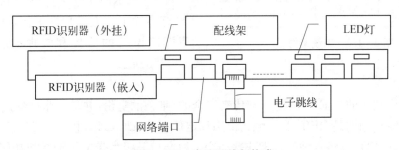

图 2-152　电子配线架构成

普通配线架包括各等级的对绞电缆配线架或光纤配线架。普通配线架的网络端口数可以是 4 口、8 口、12 口、24 口、48 口等。

对非嵌入式,同样可以同时识别配线架端口中的 RFID 电子跳线。一个识别器可以和一个或多个配线架配合使用。

RFID 识别器是一个特殊的 RFID 读写器。该读写器除了具有普通读写器的功能外,还可以控制复杂的天线及天线阵列。读写器的动作方式、指令和数据格式都按照业务逻辑被重新定义。RFID 电子跳线被 RFID 电子配线架识别和定位的原理是 RFID 识别的基本原理。

RFID 电子跳线是在普通跳线二端分别安装一个具有全球唯一身份的 RFID 电子标签,该标签内具有跳线的类型、速度、长度等数据。RFID 电子配线架能识别并定位多个 RFID 电子跳线。当电子跳线插入电子配线架的任意一个端口时,电子跳线上的 RFID 标签就会被识别器(RFID 读写器)识别和定位,识别器还能读取标签内存储的任意数据。

(d) RFID 系统管理:

RFID 电子配线架管理系统主要由 RFID 电子跳线、RFID 电子配线架、控制器和后台管理四大功能模块组成。RFID 电子配线架和 RFID 电子跳线协同工作。

一个控制器和多个 RFID 电子配线架相连接,用于控制电子配线架采集数据、定位跳线、发出告警、引导跳线等。后台计算机管理模块与多个控制器相连,并协同工作。计算机管理模块即可以是一个独立的小软件,也可以是一个庞大而复杂的分布式软件系统,可以是发布在一个独立服务器或云平台上的系统。

简单的网络中管理模块通过局域网或串口线就可以连接并控制控制器;在复杂的网络中,多个控制器可能分布在不同地区、不同网段内。在功能上,后台计算机管理模块是系统的指挥中心,负责整个系统的业务逻辑处理,并通过控制器来控制 RFID 电子配线架和 RFID 电子跳线。现场每个电子配线架的端口正确信息及错误告警都会反馈给控制器,控制器通过语音、文字展示这些信息的同时,将信息发送到后台管理模块,管理模块根据获取到的信息,对不同情况发出不同指示给控制器,控制器收到指示之后,以语音、文字展示信息,同时将这些信息发送给相应的 RFID 电子配线架,RFID 电子配线架配合其上的 LED 灯指导工作人员日常工作。管理模块还负责网络设备的监控和管理。系统架构如图 2-153 所示。

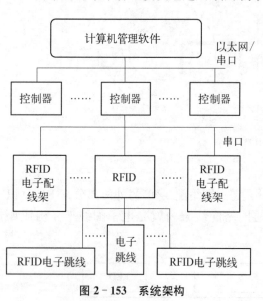

图 2-153 系统架构

(e) 特征:

身份认证利用的是 RFID 标签,它代表安全的、唯一的身份,并具备非接触式识别特征。

平滑升级利用的是 RFID 非接触式识别和定位技术,即 RFID 电子配线架以非接触式识别电子跳线,所以可以将各种配线架或普通交换机端口升级为带电子配线架功能的设施,并适用与单配线架和双配线架,能充分利用现有资源,大大节省布线成本。

(f) 智慧网络与 RFID 电子配线架:

网络中有大量的非智能或半智能设备,如 UPS、空调、机柜、PDU 等。在安全高效的网络中,这些设备也要实现智能化管理。即在集中统一管理的前提下,配合环境参数,相互协调工作,形成一个真正智慧的网络。

以 RFID 电子配线架系统的框架为基础,可以扩展出一个智慧网络的雏形。首先利用 RFID 技术给网络中所有需要管理的非智能或半智能设备一个身份,然后在这些设备出现的地方安装合适的 RFID 读写设备,以识别及对非智能设备定位,还可利用传感器技术和 RFID 技术相结合,获取非智能设备的各种环境参数,如温度、湿度等,实时监控和管理网络环境中的各种非智能设备和智能设备,形成智慧管理的网络。

该系统包括感知引导层设备、子网网关、服务层设备和视图层设备。感知引导层设备根据指令对物联网监控的物品进行控制,并获取数据信息后上传到子网网关;子网网关处理指令,并通过网络和服务层设备交互数据信息;服务层设备根据物联网应用的业务类型,按预定配置处理指令和数据信息,并将处理后的数据信息传送给视图层设备;显示层设备则向服务层设备请求数据以及接收服务层数据,并进行显示。

上述系统还可包括接入层设备,通过通信接口连接在感知引导层设备和子网网关之间,用于转发物联网监控物品的指令和数据信息。该框架可以通过网络的信息集成,搭建各种行业的智能化集成平台,并在此框架上实现业务扩展。

(4) 嵌入式技术。

连接点识别技术(connection point udentification,CPID)又称为连接点标识,是一种全新的网络物理层管理技术。在标准的跳线连接器中植入一个可预先将信息录入到内部的微型 IC 芯片,而这些芯片中包含了与线缆及跳线唯一标识相关的信息,并能够自动检测和记录端口位置、线缆长度、光纤极性、线缆类型、外皮颜色和与生产相关的信息。与 RFID 无线方式不同的是,CPID 方式需要采用芯片上的金手指与端口内的额外增加的触针,在接触时读取数据。

(a) 嵌入微型芯片:

这些芯片中包含了与线缆及跳线唯一标识相关的信息,信息内容如下:制造商;产品编号;制造商产品编号;序列号;生产日期;原产地;工厂编号;唯一的末端标识;线缆类型,包括对绞电缆/光纤;外皮的颜色;跳线类型:类别或级别;屏蔽/非屏蔽;长度;光纤极性;线缆的插入次数;客户定制的信息。

相比较普通的智能配线管理系统只能检测到配线架端口的连接通断,这种微芯片的 CPID 技术能够提供给系统数据库和管理人员更多的物理层管理信息。如光纤跳线的极性信息,并可通过管理系统设置某个光纤端口的极性;一旦极性错误的光纤线缆接入,系统会自动报警。系统数据库能够自动计数连接器的接入次数,一旦超过标准要求的 750 次,系统也会自动报警,并提示给管理人员。用户也可以特殊定制一些信息,事先写入微芯片。

(b) CPID 技术的智能配线管理系统也是为数不多能够有能力同时监测配线架模块的前端和后端的连接,以及交叉连接时配线架到交换机或服务器的连接,能够提供给用户从计算机到交换机端到端的完整的链路追踪的能力。

(c) 配合内嵌微芯片的对绞电缆及光纤连接头,相对应的可管理的配线架和光纤配线架有以下类型:

RJ45 接口的 1 U 24 口、2 U 48 口配线架;提供各类非屏蔽及屏蔽类型配线架;光纤 LC/MPO 接口的 1 U、2 U 和 4 U 光纤配线架及提供多模和单模光纤的 LC - LC、LC - MPO、MPO - MPO 类型接口。如图 2 - 154 所示。

图 2 - 154　配线架类型

(d) 采用 CPID 连接点标识技术的系统配线架主要有以下这些特点:

唯一的 MAC 地址;端口识别的 LED 指示灯;可以检测到三种连接状态:带管理的连接、不带管理的连接和非连接;序列号;配线架编号/名称(位置编号);可通过浏览器方式访问;端口的插入次数;同时,还有可用浏览器方式访问的 CPID 智能配线架,用户可以详细看到端口所插入的可管理跳线的信息:跳线 ID 的唯一编号、等级、连接图(568A/568B)、非屏蔽或屏蔽对绞线、护套颜色等。对端口没有插入跳线以及非管理跳线插入端口的信息及每个端口的连接次数也可以显示。

采用 CPID 连接点标识技术的系统配线架还可提供简体中文界面的 ICM 系统管理软件,能够提供自动、准确和实时的物理层管理信息,能够对物理层的拓扑结构提供实时的图形化显示。系统管理软件可以自动监测、发现和映射所有的网络连接,通过名称识别连接组件,对所有的物理层的布线系统连接提供自动记录和通知,以实现即时响应、提升网络性能和减少宕机时间。例如,如果有人在连接器端口内无意中插入了一条低类别的跳线,这将会导致该信道带宽和传输性能的下降,此时系统会自动发送警告,通知网络和数据中心的管理人员,相应的问题能够被快速地识别定位和报告,而不是需要管理人员花费几个小时或几天的时间去诊断问题。

(e) 系统管理软件提供的主要功能如下:

完全自动的文档记录和实时的监视;提供多用户窗口、不同的颜色架构和直观的菜单机构完全可配置的用户界面;通过 API 和 CSV 数据导入,完全支持第三方管理软件的集成;当有连接发生变化时,系统自动更新数据库;可创建事件日志和数据库报告;自动发现连接跳线和 IP 设备;提供可配置的警报以提升系统安全性;自动的工作流程管理以提供简单的移动、增加和变更;当电力中断和恢复后,提供自动的数据库重新同步更新。

上述 4 种主流技术的比较,如表 2-73 所示。

表 2-73　电子配线架主流技术比较

链路技术 (9 针、10 针)	光铜混合跳线 可实时读取插入状态 可采用 LED 引导跳线管理(双端引导) 可记录管理过程 可检测通断状态 采用双配线架的方式
RFID (电子标签)	跳线两端增加 RFID 可实时读取插入状态 可采用 LED 引导跳线管理(双端引导) 可记录管理过程 采用双配线架的方式
连接点识别 (CPID)	跳线两端增加芯片 可实时读取插入状态 可采用 LED 引导跳线管理(双端引导) 可记录管理过程 采用双配线架的方式
端口感应技术	采用普通跳线 可实时读取插入状态 可采用 LED 引导跳线管理(单端引导) 可记录管理过程 主要采用单配线架的方式

通过上面的分析可以看出：以上提到的四种信息获取的传感技术各有特点，但从智能布线系统的管理功能上来看，采用交叉连接的双配线架结构相对更容易实现完备的智能布线系统的管理功能，也能对管理端口进行端到端的定位与实时管理，减少现场操作失误的可能性，提高安装的便利性，提升管理效率，绝大部分用户已经认同智能布线交叉配线管理的理念。

（5）全向检测技术。

全向检测智能布线系统由主机、扫描仪、配线架、智能跳线和智能管理软件组成。主机是 TCP/IP 设备，每个主机端口可以连接 1 组至多 24 台扫描仪，这 24 台扫描仪之间通过级联的方式连接，扫描仪之间使用 TCP/IP 协议，每台主机共 8 个端口，即每台主机可以连接 8 组即 192 台扫描仪，每台扫描仪至多可以连接 40 台电子配线架，所以每台主机可以支持 $24 \times 40 \times 24 \times 8 = 184\,320$ 个信息点。主机通过 TCP/IP 协议连接到局域网内部，如果系统规模超过每台主机的极限点数，可以通过增加主机的数量解决。主机与扫描仪之间的连接可以通过铜缆方式连接（100 m 之内），如果距离较远，则可以通过光纤收发器进行转换后连接。智能管理软件和相应的数据库软件安装在服务器上，网管人员可以就地或远程在服务器端使用智能网管软件平台。该系统在解决方案和技术上，采用了如下关键技术：

（a）智能化路径探测—自动探测跳线的连接关系；

（b）端口触发和实时检测端口工作状态，可靠性高；

（c）采用模块化技术，将网络电路和扫描监控电路分离，提高可靠性，同一配线架可装不同模块；

（d）柔性拓扑技术可使得任一机柜内的配线架根据用户需要选择，为单配线架或双配线架模式及柜内跳线或柜间跳线；

（e）触发启动扫描技术可降低系统功耗，大大提升检测速度。

全向检测技术是智能布线系统所独有的检测技术，该技术通过在每个配线架的端口内部增加微动开关，同时在配线架每个端口上增加了传感触点，感知到跳线插拔操作，如果使用的是九芯跳线，两端插入端口时，系统能实时检测到相应端口的连接关系，相当于端口技术与链路技术的集合，以起到智能布线系统的功能。

（a）全向检测技术特点。

器件结构如图 2-155 所示。

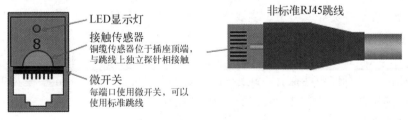

图 2-155 器件结构

其特点主要有，既支持单配线架，又支持双配线架；单配线架使用普通跳线，双配线架使用 9 芯智能跳线；由于采用第 9 芯扫描线，能自动发现正确的跳线连接；每个端口具有微动开关，可以检测所有跳线进行的非法连接；系统采用以触发启动扫描的检测方式，大大提高网络检测速度;配线架采用模块式,通信部分电路和检测部分电路分离,维护方便。

(b) 系统组成。

(Ⅰ)主机:将网管软件下发的电子工单发送到相应的扫描仪,同时全程监控电子工单的完成情况,实时监测扫描仪的检测信号,并与网管软件通信。包含 8 个下行端口,每个下行端口可以连接最多达 24 台扫描仪。

(Ⅱ)扫描仪:监视电子配线架上端口的微动开关状态和端口的连接状态,并上报主机,根据主机下发的电子工单,点亮相应配线架的 LED 灯,引导操作具有液晶显示区域、插座区域和按键区域。

(Ⅲ)铜缆配线架如图 2-156 所示。

图 2-156 铜缆配线架

配线架每个端口具有微动开关和扫描用镀金传感点,配线架每个端口具有 LED 灯,可以引导配线架采用的操作模式。

(Ⅳ)光纤配线架如图 2-157 所示。

图 2-157 光纤配线架

配线架接口为 LC,总光纤芯数为 48 芯,每个 LC 端口内部具有微动开关,LC 端口下部具有镀金扫描传感点,每对 LC 端口具有 LED 灯,可以引导进行操作,配线架可以满足单模、多模等多种应用。

(Ⅴ)铜缆智能跳线。

跳线采用九芯电缆,8 芯传输网络数据,1 芯传输扫描信号,插头上具有伸缩性探针。跳线具有非屏蔽、屏蔽各类等级类型。跳线电气性符合 ISO/IEC 11801、TIA 568 C 标准要求。

(Ⅵ)光纤智能跳线。

跳线采用 2 芯光纤和 1 芯铜缆的复合线缆,其中两芯光纤传输网络数据,一芯铜缆传输扫描信号,插头上具有伸缩性探针。跳线采用 50/125 μm、62.5/125 μm 多模和单模多种类光纤,跳线性能符合 ISO/IEC 11801、TIA 568 C 标准要求。

(Ⅶ)扫描仪连接线。

连接线用于将电子配线架连接到扫描仪上。连接线一端为 26 芯插头,另外一端为 2 个 14 芯插头,每根扫描仪连接线可以连接两个电子配线架。

(Ⅷ)智能网管软件。

采用中文/英文的界面,WEB 登录管理方式(远程管理),微软的 SQL 数据库,工作稳定;自动检测网络链路的连接变化,并对非授权操作进行报警;可以制作并派发电子工作单;由指示灯指导现场操作人员完成工作;具备完善的日志管理、资产管理和报告功能;支持CAD图形介入功能与实时图形化机柜位图显示功能;完善的网络位置和拓扑管理功能。

(c) 网络架构如图 2 - 158 所示。

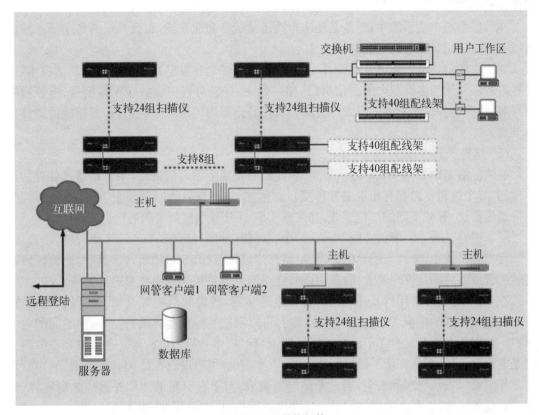

图 2 - 158　网络架构

(6) 物联网技术。

在结构化布线系统中,存在着大量的数字信息和物理实体。可以想象,如果每条数字信息和每个物理实体都能够进行标识,并且,其中相关联的信息能够形成一一映射,那么,整个布线系统就是一个可追溯、可了解现有状态,甚至可以预测未来状态的系统。物联网技术采用了链路端口技术,并且利用物联网探测技术,支持红外、蓝牙、电子标签扫描,同时可以使用测试笔通过无线或有线方式获取管理信息,能够应用于多种场景。

(a) 系统组成。

物联网是由传感器,电子标签及其读写设备、标签定位设备,以及运行在计算机平台上的数据处理、工作流程管理程序组成。

(Ⅰ)传感器:可以感知被监测物体的属性,如物体温度、地理位置等。因为布线管理系统的管理对象都集中在园区或建筑内,基本上不会使用通常意义上的物联网传感器。

(Ⅱ)电子标签:电子标签的种类很多,按照使用方式,电子标签分为接触类电子标签和非接触类电子标签两大类。两大类标签都可以实现只读功能,根据具体技术有些标签还可以写入特定信息,所有的标签都有相应的编码规范或标准。对于只读标签系统,可以通过联网设备,连接到相应的数据管理系统,根据标签的唯一识别号,获取需要的信息。对于可写标签,可以将数据录入标签,离线读取信息。

在物联网系统中,标签的数量和物体信息是海量的,这就需要专门的软件进行管理。软件包括数据库管理系统、应用程序等。软件可以根据需要,部署在移动系统、桌面系统及云操作系统中。

在数据中心布线系统中,无论是楼宇布线还是机房布线系统,布线系统的各个子系统的有线物理信道是最核心的功能部件。

有线物理信道可以通过专用设备进行复用,形成多个物理链路。通过波分复用技术,一根光纤可以复用为多个双向的通信链路,相互独立,并且可以传输数字视频信号、模拟视频信号等,构成各种传输速率的以太网链路。物理链路复用的每一个信道,都有相应的硬件接口装置。

(b) 链路管理。

逻辑链路是指在同一条物理信道上,创建的一条或多条通信链路,主要是通过各种协议实现的,每个逻辑链路都有相应的软件接口。例如,在一条以太网链路上,可以通过不同的软件通信协议,开放不同的端口服务,并按照 OSI 开放互联模型实现通信。

逻辑链路是最小的通信功能单元。一个物理信道可以包含多个逻辑链路。

在布线系统中,物理与逻辑的信道、链路都应该进行标识,以便管理。其中,逻辑链路通过软件管理就可满足管理要求,物理信道和链路则可以采用物联网技术进行管理。

在布线系统中,常用的元件包括各种光电连接器、线缆和机柜等设施。布线管理系统,首先要实现元件的标识。在进行元件标识时,可以根据被标识物体的特点,选用不同的电子标签。常用的电子标签有条形码、二维码、RFID 标签、串行标识芯片等。条形码和二维码采用光电读取设备,配合智能手机进行读取时,成本很低,可以贴在配线架和设备上面;串行识别芯片则可以安装在水晶头上,通过专用电路读取;对于有一定的面积并远离金属物体,便于读写设备工作的,相互间能够保持一定距离的元件,也可采用 RFID 标签标识。

在元件标识完备的基础上,我们就可以进行链路管理了。链路管理是建立虚链路的过程。这是基于物联网技术对布线系统进行管理中最有特点的一个步骤。

虚电路电子配线架的原理和选型如下:

电子标签的种类很多,有相应的编码规范和标准。按照读取方式,电子标签可分为接触类电子标签和非接触类电子标签两大类。这两大类标签,又分为可读写标签和只读标签。只读类电子标签,只能读取标签内预制的信息,不能写入新的信息。对于只读类标签,可以把电子标签的读取设备,连接到布线管理系统,然后,根据标签的唯一识别号,获取相关的信息;对于可读写标签,可以将数据录入标签,以便在需要时,离线读取标签信息。

在五阶管理策略中,提到了虚电路路电子配线架。虚电路电子配线架的跳线是专用跳线。虚电路跳线的水晶头上,安装有电子标签。下面,我们通过跳线的管理,来说明虚电路的概念。如图 2-159 所示,铜缆跳线包括三个元件:水晶头 1,水晶头 2 和一段四对对绞线。根据上文所述,三个元件必须进行标识。如果采用虚电路系统,两个水晶头上都要安装电子标签;根据需要,四对对绞线上也可以贴上条形码或其他电子标签进行标识。每个标签有唯一的 ID 号;我们通过录入元件标识,形成一条唯一的记录,建立两个标签的逻辑连接关系,即虚电路,并需要建立相关的标准数据表。

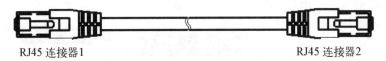

RJ45 连接器1　　　　　　　　　　　　　　　　RJ45 连接器2

图 2 - 159　带有电子标签的跳线

当所有跳线的虚电路都被标识之后,我们还可以通过布线管理系统进行闭环管理。另外,我们可以读取每一根跳线所连接的设备信息;还可以读取工作区的面板信息,确定其连接的配线架等。

通过上面原理分析可知,基于虚电路技术的电子配线架,在使用之前,必须建立虚电路表,这涉及大量信息的录入,使用之前,还要核实跳线信息,增加了管理人员的工作量。

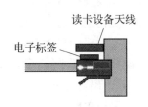

图 2 - 160　带有 RFID 天线的配线架端口

对于非接触式虚电路电子配线架,通常使用 RFID 天线,其结构如图 2 - 160 所示。在配线架的每个模块上,安装有 RFID 天线,用于读取跳线的电子标签信息。当配有电子标签的跳线插拔时,布线管理系统就可以检测到这个变化。当然,普通跳线是无法被识别的,这是虚电路电子配线架的缺陷。

对于基于 RFID 技术的电子配线架,由于读取标签时,需要建立一定强度的电磁场,这势必会造成电磁兼容问题,严重时,还会影响数据通信的正确性,因此选用时需要加以考虑。

为了对布线系统进行实时监测,提高管理水平,在配线架的每个模块上安装 RFID 天线。这样,我们就可以实现监测跳线非授权插拔,提高网络安全性能和实时检网络拓扑结构,提高系统可控性。

当物联网应用于布线管理系统后,可以实现五阶管理目标。当然,引入物联网后,增加了额外的工作量和成本。最终用户可以根据实际需求,确定管理方案。

(c) 管理系统。

全生命周期布线管理系统。布线系统将网络布线系统进行分割,用标准元件形成多个子系统,以获得最大灵活性,并预留了布线管理系统与 IT 管理等系统的接口,保证了系统的可扩展性。

管理策略越复杂,成本越高。由于布线系统的生存周期较长,升级通常只涉及应用软件和固件,较为简单,所以,可扩展性才是重点考虑的问题。布线管理系统提供数据类接口、控制类接口和其他类型接口。在理想情况下,接口应逐层提供与开放。

在实际工作中,可以通过网络和软件提供数据接口和控制接口。如通过数据交换可以向企业内部管理系统提供工作单信息,以便企业管理系统进行 IT 人员的绩效考评,开放了控制接口,可直接控制监控系统,实现报警联动等。其他接口包括短信息平台等,通过这类接口,系统可以得到最大限度的扩展。

4) 电子配线架单配与双配

智能管理系统构可分为单配线架方式(inter connection)和双配线架方式(cross connection),利用电子配线架的目的是为了减少人工误差以及降低网络管理人员的工作压力,通过系统软件化的管理来避免因人员交接造成的数据混乱甚至遗失。以下通过两种配线架方式的工作原理等来比较他们特点,以帮助用户根据项目的实际需要进行选择。

(1) 单配线架方式如图 2-161 所示。

工作区面板　　　　　　　　　　配线架　　　　　　交换机

图 2-161　单配线架连接方式

单配线架方式是指每条物理链路仅包含一个电子配线架端口,当新的跳线插入/拔出对应的配线架端口时,电子配线架通过其内置的检测装置发现连接状态的改变,并将该连接状态的变化信息通过专门的有源设备上传至电子配线架管理系统。由于该跳线的另一端与对应的交换机端口连接,交换机设备检测到的网络连接状态变化信息将通过 SNMP 传递给电子配线架管理系统,管理系统通过对比现有数据库来判断该连接状态的变化是否为授权操作,并给出对应的响应如工作单完成、报警等显示状态。

采用单配线架方式要实现对物理链路的管理,必须借助 SNMP 功能来实现。需要确保交换机设备的 SNMP 功能开放、并对电子配线架管理软件授权运行。由于只有一个电子配线架,因此在下达工单或者出现报警时,仅能通过 LED 等指示灯找到跳线的一端,在交换机端还需要通过对应的标签、文档记录等进行查找,其智能管理的功能具有一定的局限性。

单配线架方式虽然在功能方面具有一定的局限性,但仅需一个电子配线架端口,其投资与普通配线架差异不大,对于预算较少、管理要求不是非常高的项目采用单配线架方式将会比较适合。

(2) 双配线架方式如图 2-162 所示。

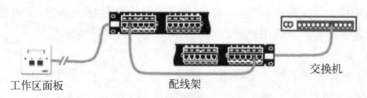

工作区面板　　　　　　　　配线架　　　　　　　交换机

图 2-162　双配线架连接方式

双配线架方式是指每条物理链路上最少包含 2 个电子配线架端口,其中一个端口是水平信息点的延伸,另一个端口是交换机端口的映射,在电子配线架与交换机之间通过标准跳线和模块建立固定的连接,日常的跳线管理和维护仅需在两个电子配线架端口之间采用交叉配线方式连接完成。

双配线架的工作原理是在两个电子配线架端口之间连接一条跳线,通过预先安装在 2 个电子配线架端口内/外的检测装置,将链路连接状态的变化信息通过有源设备上传至管理系统,管理系统通过比对现有数据库后,判断该状态变化是否为授权操作,进而做出相应的确认、报警等响应。由于 2 个电子配线架端口分别对应交换机端口和水平信息点,因此连接状态的确认无须借助交换机等设备的相关功能,可以通过电子配线架本身的检测链路实时监测并完成数据库的更新。

采用双配线架方式对于日常的维护管理更加便利,无论是下发工单还是发出告警以及现场链路查询等状态,分别对应交换机端口和信息点的 2 个电子配线架端口指示灯会同时闪烁,以指导网络维护人员进行正确的跳线插拔操作。所有已完成、待完成的操作都将实时更新在数据库中,不会出现任何因人为操作失误而建立错误的链路记录数据。

与单配线架方式相比,双配线架方式因采用了 2 个电子电子配线架,在成本上将有所上升,比较适合工程预算中已经包括了这部分项目投资的用户。

(3) 单、双电子配线架选择。

采用何种配线架方式,应根据项目的实际需要来确定:如果预算资金紧张则可选择单配线架方式;在预算资金紧张又对管理具有较高要求时,可以根据网络管理要求级别,选择部分采用双配线架的方式;对工程资金充足的用户,则可全部选择双配线架方式。

单从市场上软硬件主流技术上来看,电子配线架智能布线系统仍以双配线架的结构为主。因为智能布线系统主要是为了提高系统的可管理性,双配线架的方式可以让设备端口成为永久链路的组成部分,管理的仅需要在智能配线架的端口之间进行切换即可,只有这样才能做到端到端的智能导航,对于网络设备端(如 VLAN 划分)等高级设置的管理也是十分方便的。

选择电子配线架需要考虑的一个重要问题是投资回报率 ROI,这是一个非常专业的、复杂的问题,需要从不同行业对于 IT 资产的重要程度来分析,正如数据中心需要分 A、B、C 不同等级一样,并建立具有参考意义的行业模型进行分析。同样的智能布线系统对于不同行业的影响力大小是不一样的,这意味着投资回报率也会不相同。根据有关金融行业的报告分析,初期投资一个双配线架结构的智能布线系统端口利用率在 70% 左右,以 5 年做资产折旧来看,大约 36 个月可以回收成本。布线系统通常要支持 10 年以上的应用,在布线寿命周期内一定可以实现良好的使用。

8. 数据中心智能布线管理系统

它同样分为硬件、软件和管理三个部分,因为前面已作了详细介绍,本节不再细说。

1) 硬件设置位置

根据数据中心不同的设计模型,智能布线系统的硬件设计方法也各有不同。

(1) 在采用集中式布线架构的小型数据中心,智能布线系统的硬件可布置于主配线区域(MD)和区域配线区域(ZD)等需要对跳线连接需要集中管理的交叉连接区域中。

(2) 在采用分布式布线架构的大型数据中心,如果是 EoR 和 MoR 方式,智能布线系统的硬件可布置于需要对跳线连接需要集中管理的列头(中)柜和 MD 等连接区域;如果是 ToR 方式,智能布线系统的硬件可布置于需要对跳线连接需要集中管理的 EO 和 MD 等连接区域。

(3) 在区域化构架及混合架构中数据中心,智能布线系统的硬件可布置于任何需要对跳线连接需要集中管理的连接区域中。

2) 软件要求与功能

智能布线管理系统的软件应提供友好的人机操作界面,与智能布线系统的硬件协同工作,为数据中心的管理实现有效的管理。智能布线管理系统可以为数据中心的管理实现以下功能:

(1) 记录数据中心之间布线元素之间的连接关系。

(2) 提供数据库检索功能,可以搜索被管理的元素和工单信息、日志信息和用户信息发现和记录终端和传输设备的存在,以及它们和布线系统的连接。

（3）报告所监测区域的布线连接的通断。

（4）当连接发生变化告警并更新数据库信息。

（5）通过工作单形式管理布线元素和终端设备，包括任何移动、增加和改变的操作，最大限度地减少操作时间和人为错误的可能，并自动跟踪工单的执行。

（6）集成 CAD 界面，让用户可以轻松地俯视被管理的区域，并在其中进行管理。

（7）可以追溯设备和网络连接的历史，包括设备何时第一次连接到网络，是否移走过以及执行了该操作，是否从一个物理地址移到另一个物理地址以及何时执行了该操作。

（8）记录总的机柜空间和已使用机柜空间。

（9）记录智能配线架端口的数量和有设备或跳线连接的智能配线架的端口的数量。

（10）记录交换机端口的数量和它们对应的设备的数量。

（11）实时监测授权和非授权设备的连接。

3）网络架构方式

如图 2-163 所示，数据中心管理网络架构以满足自身数据业务要求、对管理要求以及本身网络重要性要求的需要。

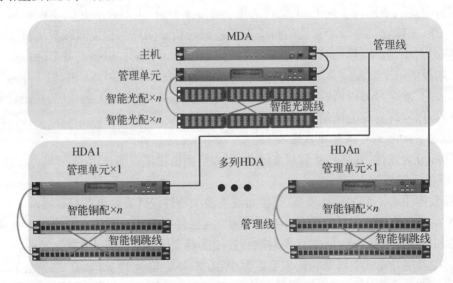

图 2-163　数据中心传统网络架构

数据中心布线系统绝大部分会采用设置配线列头柜的管理方式，会在主要的光/电交叉配线区域，如 MD（主配线区）、ID（中间配线区）ZD（区域配线区）、EO（设备配线区）等区域设置；在 SAN-FC 网络配线区，同样会部署智能光纤配线系统。EO 柜配线通常会采用互连方式，虽然此区域通常不设置智能布线系统，但在智能基础设施管理软件中会将该区域具体信息录入，纳入软件管理范围。

（1）传统架构下的数据中心对于智能基础设施管理系统的要求。

（a）传统型企业自建数据中心或租用托管类的数据中心，他们十分关注机柜密度与利用率，更注重网络应用的安全与可靠性。由于智能基础设施管理系统带有有源设备与器件，大部分质保期限不超过 3 年，如果出现故障，更换时需要中断网络。这对于用户来说，只能接受暂时中断管理功能，但不能够影响数据中心服务器与网络设备之间的正常数据传输。

（b）用户比较关注管理系统的初期工程模式导入的便利性。在项目完工初期，系统集成商将提交给用户大量点位报表、测试报告、平面图纸等信息资料，对管理软件导入的数据可能需要超过半个月的时间。因此，对原始数据快速与便利地导入，如对于超过 3 000 台服务器规模的数据中心用户通常希望 3 天内完成全部数据的导入工作，并快速转为正常运维状态。

（2）虚拟化数据中心的智能基础设施管理方式。

当前数据中心虚拟化技术应用越来越广泛，除了服务器虚拟化外，网络设备也开始采用虚拟化技术，云计算虚拟化数据中心为降低延时，普遍采用二层网络架构，服务器端大量采用 ToR 的网络架构。

云计算数据中心单个机柜的服务器密度在不断地增加，有些定制化的服务器，单个机柜可安装 40～80 台服务器。每个服务器机柜内配置接入层交换机，机柜内部服务器端口直接采用跳线与接入层交换机互连。与传统数据中心的网络架构不同，在 MD 或 ID 区域将由多台互连交换机替代核心交换机，而每台互连交换机与所有的接入层交换机相连接，这将导致在 MD 区域汇集大量的光纤配线设备，而且连接关系与结构十分复杂。

从上述虚拟化数据中心中可以看到，接入层采用跳线直连的方式连接到接入层交换，布线中的 ZD 已经不再存在，但此处还可以通过管理系统的软件系统对内部连接线缆相应的标识进行有效管理。根据机房规划的不同，光连接关系更加复杂，通常布线管理设置在 ID 或 MD 处。虚拟化数据中心管理系统特点，简要归纳以下几点：

（a）虚拟化数据中心对于网络单点故障与传统数据中心相比，可靠性要求反而低，但对于管理密度要求较高。这是由云计算的特点决定的，当某单台设备有故障时，所有计算能力会自动分摊到其他的服务器上去，不会出现正常数据传输与应用程序无法执行的问题。由于虚拟化数据中心的 MD 或 ID 会有数量较大的路由和复杂的光纤需要管理，要求智能光纤配线架采用高密度 MTP/MPO 主干连接方式才能够兼容，至少需要 1 HU‑72 芯以上的 LC 接口智能管理要求。因此智能光纤系统的管理尽可能采用模块化的结构。

（b）云计算数据中心管理端口数量多，对实时性的管理要求更高。当管理的网络端口数规模超过 8 000 以上时，从现场发现问题到管理人员从软件上获得信息的同步时间，通常需要控制在 5 秒钟内得到响应。但是传统智能布线系可能会超过几分钟，这样的反馈时间对于云计算数据中心是不能提受的。因为这将大大降低了现场执行的效率，影响批量处理的电子工单的现场操作时效，无法对出现的破坏性问题在第一时间得到最迅速处理。

4）智能基础设施管理系统应用于数据中心的专业化趋势

虽然 TIA 606‑B 所定义的智能基础设施管理系统并不限定了数据中心的管理，同时也适用于智能楼宇的应用。数据中心只要是基于 IP 平台的基础设施，都是可以通过基础设施管理系统的软件接口进行融合管理。

（1）资产与统计报告：管理系统采用 SNMP 协议与网络设备通信，可以将网络层的报告与智能基础设施管理系统的物理地址管理相结合，可以方便地得到设备的端口利用率与闲置率，且可以快速定位所要查看的设备物理位置等。

（2）实时能耗管理：管理系统软件开放通信接口与智能 PDU 管理融合，可以快速查询与管理到每个机柜及每台设备的实时功耗与电流量状况，可以给 IT 人员快速决策处理机柜空余的 PDU 空间、机柜机架安装空间以及机柜供电能力富余量等,以便于 IT 人员判断后续设备的升级与扩展空间。

(3) 机柜温度实时监控:对于各个机柜内安装的温度传感器回传的温度状况,采用统一的通信协议后,管理系统软件可以读到实时状态数据。当温度达到设定门限时自动报警,管理软件可以快速定位温度过高的机柜便于及时处理。

5) 管理集成

数据中心中安装了大量的机电设备。他们通过安装的各种传感器实现信息的采集、传送、交换、存储和控制。传感器种类及数量繁多,包括温度、湿度、电压、电流、压力、流量、漏水、防入侵等。在这其中,有的通过数字信号直接传送,有的则通过网关设备或数模转换设备将模拟信号变为数字信号传送。数据中心设备管理系统采用 TCP/IP 的通信协议实现监测、控制、管理信息的集成已经成为大势所趋。加之数据中心的弱电各系统朝着网络化和数字化发展,这些智能化设备对数据中心的节能产生了极大的作用。

另外,采用物联网技术,对数据中心的工程建设、运行维护及各种资产的实时管理,可以极大地节约人力成本,为实现数据中心集中网管打下了良好的基础,这也是目前智慧数据中心的建设目标。

因此,如何建设一个独立的建筑设备、机房环境、机房物业管理的计算机网络管理平台是十分重要的,其中布线系统自然成为重要的物理传输基础设施。

对于数据中心存在的楼宇布线系统、楼宇智能化弱电布线系统、机房布线系统的主配线设备之间应建立互通的路由,对智能配线系统管理平台加以融合,形成真正意义上的智慧布线系统。智慧布线系统也可以作为智慧城市的综合管网基础设施的一个组成部分,既独立管理,又可实现管理信息平台的集成,做到资源共享。是真正意义上的智慧城市顶层设计与落地设计的融合。

(1) 管理软件。

智能配线系统的核心包括一套 CAMS 管理软件,可以有效控制和实时发现非授权的任何操作,实现对端口应用的监控,对客户资产有效管理,避免端口的浪费。可以实时观测所有端口(包括配线和网络交换)的运行状况,做到对错误信号的实时检测,并且对运行状态自动生成打印报告单,方便审阅。能查询所有设备的上层信息(IP 地址和 MAC 地址)对所有的设备进行准确定位,并与其物理端口位置相连接,能通过设备的 IP 地址和 MAC 地址查询设备的详细信息,查找所有在终端的非法和无授权的设备,还可支持 ACAD 图形介入,通过图形直观查询终端设备的位置等。

客户端管理界面采用 WEB 方式,能使用 IE 等浏览器方便远程控制和管理。对于位于不同的地点管理将更加方便。服务器端能使用指令自动发送电子工作单,通过现场的控制板做到对系统连接和通断任务的准确操作,任何错误的操作均能立即发现并得到更正。并可在现场通过 LED 灯的显示帮助完成所有转接,避免造成错误和浪费人力,操作完成后可实时无误自动给出中文书面汇报。

(2) 安全防护。

链路安全保护方面,可对有权限控制的站点完成整个链路的安全防范需求,对设定的安全链路(重要的首要的链路)能通过快速确定其是否正常工作,是否有故障,能防止物理链路上的非法拔插。如有非法操作,能迅速通知 IT 管理人员。系统操作平台上也对安全链路授权保护,只有具有授权的管理人员才能执行派发任务操作。

(3) 设备兼容与成本。

对于智能化改造工程,可以选用添加智能配线管理组件方式,在保留原有配线架、保持原接口位置的条件下,把组件镶嵌在配线架外面,达到把原有的无源普通配线架变成智能配线架管理运行,同样采取 CAMS 软件。

智能布线系统模块占整个综合布线系统开支比例较高。一般来讲,整套智能布线系统会比传统布线系统的一次投资的造价高出 50%左右。

从长远来看,网络的运行维护阶段会产生二次投资,其中包括管理费用、维护及维修费用,升级费用,以及大量的人员费用。但智能布线系统可以将二次投资降至最小的程度,完全实现全自动化管理。

"智能配线"在"大智慧"中,仅仅处于一个小小螺丝钉的地位,但它可以服务于整个"智慧平台"。

9. 机房环境监控

环节监控指标与测试仪器要求依据 GB 50462《电子信息系统机房施工及验收规范》规定,其中包括主机房和辅助区内一般照明的照度、温度、相对湿度应满足电子信息设备的使用要求。无特殊要求时,保障温度测试仪表、风量、空气正压、粉尘、噪声、振动、电磁干扰、静电供电电源等质量。

数据中心内的综合布线系统涉及机房各个系统应用,遍布各个角落。其中包含有网络管理、视频监控、门禁管理、消防报警、KVM 系统、环境监控等等。由于这些系统逐渐走上了以太网传输的最佳传输模式,所以综合布线系统也就自然而然地成为这些应用系统得底层传输平台。

机房环境系统可以将各个机电和弱电子系统的集合配线架通过线缆进行汇聚,连至专用的环境监测机柜内配线架,在进行配线管理后与各网络设备互通。当各子系统信息点容量较少时,也可以通过线缆与环境监控专用配线架直接连通。

1) KVM 系统

当每个机柜内安装了服务器或相关的网络设备以后,机柜内的已经没有了计算机、键盘、显示器的安装空间。这时有两种方式解决计算机的操作问题:

(1) 本地操作。

由于机房管理员有限,不可能也没有必要同时对所有管理电脑进行操作,因此配备若干手推流动车,车上配备键盘、显示器和鼠标器等设施,当有需要时,将推车置于需操作的电脑所在位置进行操作。这种方式简单易行,但在实际使用时,消耗的时间会比较长,工作效率低。

(2) 远程操作。

远程操作是将操作设备设置在操作室或监控中心的控制台上,由操作员或系统管理员进行操作。这种方式需要添加相应的 KVM 系统,但操作简单、工作效率高。也可实现同一台机柜内的服务器分别由不同的管理员同时进行操作管理的效果。

KVM 系统也称为主机共享系统,它的功能是将计算机、服务器、存储设备、小型机、大型机本地的键盘(keyboard)、显示器(video)和鼠标器(mouse)远传到操作室或监控中心,由该系统的操作人员或数据中心的系统管理员进行远程遥控操作。

（3）KVM 系统传输模式。

（a）共享网络。

通过管理员在设备中授权，将现场的键盘、显示器和鼠标器信息委托给远处的联网管理者操作。这种方式起源于早年的计算机终端操作模式，为 MS Windows 操作系统中的"远传托管"功能。

在网络传递模式中，KVM 信息传输与该 IT 设备的信息传输共享同一条物理传输线路，但分不同的虚拟网进行隔离。所以这种传输方式的保密等级并不高。

对于综合布线系统而言，这种传输模式不需要添加信息点，仅需将控制台上所有的操作终端全部联网即可。

（b）自建传输平台。

在每台电脑、服务器乃至大型计算机机旁设置一个专用的信息采集器，将该电脑的键盘线、显示器线和鼠标器线连接在采集器的接口上，采集器通过线缆将采用的专门协议传递到 KVM 控制器，KVM 控制器（其输入、输出端口均为 RJ45 端口）通过多级连接，最终连接到操作室或接口中心控制台的 KVM 控制终端上，由操作员或管理员异地进行操作。

自建传输平台模式中，KVM 信息传输与该 IT 设备的信息传输完全独立，不存在客户信息进入管理平台的可能性，所以客户的信息安全性非常高。

对于综合布线而言，需要在机柜的配线架上为每台服务器添加一个铜缆信息点，在网络列头柜中添加 KCM 控制器的安装空间，并注意 KVM 系统的输入端口数为所辖服务器、存储设备、小型机、中型机、大型机的数量之和（输出端口数通常会达到 8 路以上），以便管理员们可以同时操作同一台控制器所辖的不同电脑。

KVM 控制器可以采用对绞线传输，也可以采用光纤光缆传输。根据目前的数据，当使用 6 类及以上等级的对绞电缆时，KVM 系统的最远传输距离可以达到 1 000 m 以上。而 KVM 控制器本身可以实现多级（三级以上）级联，使整个数据中心内使用一套 KVM 系统，以满足监控中心的管理需求。这时，由于每一级 KVM 控制器的设备都是相同的，所以各级 KVM 控制器之间的铜缆传输距离也都可以达到 1 000 m 以上。

与网络系统相同，KVM 系统也可以使用光纤传输。KVM 系统的两种传输模式都有相应的产品，目前共享网络的传输模式比较流行，但随着客户对自身信息的安全关注度越来越高，自建传输平台的模式将会重新抬头，逐步占领市场。

2）环境监控系统

环境监控系统类似于建筑物中的 BA 系统（建筑物设备管理系统），只是环境监控系统是为数据中心量身定制的。环境监控系统可以通过获取数据中心中各种辅助设备的信息，如空调、电源、UPS、电池组、消防报警、机柜等，也可以设置带网络传输功能的采集传感器（如温湿度传感器、粉尘传感器、漏水侦测传感器等），实时地得到数据中心内各种游离在设备之外的各种信息。这些信息通过环境监控系统的计算机网络，汇总到环境监控软件中，对它们分类地进行传输、处理、存储后，最终形成数据中心辅助区所辖范围内所用信息流的汇聚点。它们会以在线显示、数据回放等各种方式，将数据展现在现场管理者和远程管理者面前。一旦出现异常现象，系统也会产生声光报警，将信息和应急预案迅速地传递给指定的决策管理者。

由于环境监控系统面对着所有辅助区设备和各种独立的传感器，所以与之配套的布线系统设计需要根据这些设备、传感器所配套的网络控制器而设定方案，环境监控系统的信息点对于设备监控十分重要,所以信息点的配置应考虑适当冗余(至少为 1 用 1 备)。也可与专业工程师讨论而定。

(1) 机柜之间的电话信息点。

在信息机房内,运维工程师因为硬件等原因需要进机房内工作。它们除了根据事先设定的程序和预案进行操作外,还需要通过打电话的方式与监控中心、供应商、代维公司或客户密切沟通,以确定自己所进行的操作是否达到了预期的目标。

但是,信息机房内安装的是一排排 2 m 高的金属机柜,这些机柜以及机柜内的 IT 设备都会对电磁波形成强大的阻挡,无线通信信号往往会被屏蔽,无法接入无线网络。

如果在每列机柜的中部设有语音信息点,这些语音信息点通过布线系统传递到信息机房外部,与电话交换系统互通。此时机房工程师们通过耳挂式电话机在信息机房内与外部实现通话。由于这些语音信息点仅需在机柜的两侧设置,并且可以在同一个通道中共享,所以信息机房内语音信息点的数量仅为通道数,如此少的信息点极其容易被设计师忽略,但对于运维工程师而言,这是改善运维条件的重要举措之一。

(2) 机柜之间的数据信息点。

在一个大型的数据中心中,由于需求不同、进货时间不同、供应商不同,会同时拥入大量不同型号的 IT 设备。在常规情况下,运维工程师都会将每一种型号的 IT 设备的电子版使用说明书存储在笔记本电脑中,以便进入信息机房后随时可以翻阅。为了避免因说明书的更新带来的运维工作被迫中断的问题发生,如果能在信息机房的机柜通道中设置数据信息点,并将所有的电子版说明书存放在一台服务器中,运维工程师们就可以在现场直接上网,查看自己所需要的资料。当通过这样的虚拟方式查看资料后,笔记本电脑中的电子说明书可以被清除一空,只要网络正常,所查询到的资料将永远是最新版的和最齐全的。

第3章
数据中心综合布线系统工程施工

3.1 安装设计(布线安装工艺对土建要求)

3.1.1 管线

作为数据中心建筑群之间和园区内的线缆布放宜采用多孔塑料管敷设,在特定的场合可以使用钢管。地下通信配线管道的规划应与城市其他管线的规划相适应,并做到同步建设,以避免园区经常开挖地面,影响环境美观,给人们带来不便。室外管线规划时应将通信接入系统、弱电系统(如安防系统、机电设备管理系统、广播、大屏幕显示等)、物业管理网络等的管线与建筑群综合布线系统一并考虑。对于电信业务经营者的宽带引入光缆敷设所需的管道容量应满足不少于 3 家的需要。室外管道的容量还应该留有一定的余量。

除非有特殊的需要,一般情况下,线缆不采用架空和直埋的敷设方式。

1. 室外管道

1) 整体布局

地下通信管道以区域的线缆汇聚点或与外部公用通信管道的衔接人(手)孔及建筑群配线设备安装的建筑物为中心,辐射至每一栋建筑物。并符合下列规定:

(1) 应与光交接箱引上管相衔接。

(2) 应与公用通信网管道互通的人(手)孔相衔接。

(3) 应与电力管、热力管、燃气管、给排水管保持安全的距离。

(4) 应避开易受到强烈震动的地段。

(5) 应敷设在良好的地基上。

(6) 路由宜以建筑群设备间为中心向外辐射,应选择在人行道、人行道旁绿化带或车行道下。

(7) 地下通信管道的设计还应符合《通信管道与管道工程设计规范》GB 50373 - 2019 的相关规定。

2) 地下管道管材要求

对于光缆的敷设,新建项目宜采用多孔塑料管。管材的材质、规格、程式和断面的组合应符合规范的要求。

(1) 在下列情况下宜采用塑料管:

(a) 管道的埋深位于地下水位以下或易被水浸泡的地段;

(b) 地下综合管线较多及腐蚀情况比较严重的地段;

(c) 地下障碍物复杂的地段;

(d) 施工期限急迫或尽快要求回填土的地段。

(2) 在下列情况下宜采用钢管:

(a) 管道附挂在桥梁上或跨越沟渠,或需要悬空布线的地段;

(b) 管群跨越主要道路,不具备包封条件的地段;

(c) 管道埋深过浅或路面荷载过重的地段;

(d) 受电力线等干扰影响,需要防护的地段;

(e) 建筑物引入管道或引上管道的暴露部分。

(3) 常用塑料管规格型号如表 3-1 和图 3-1～图 3-3 所示。

表 3-1 塑料管规格尺寸

名 称	孔数/个	内孔直径/mm	长度/(米/根)	管连接方式	备 注
实壁管 (PVC/HDPE)	单孔	88	6	套接	敷设缆线缆径较小时,须布放子管
双壁波纹管 (PVC/HDPE)	单孔	88	6	承口插接	敷设缆线缆径较小时,须布放子管
栅格管 (PVC-U)	3～9	28 mm、33 mm(可选 32 mm),42 mm、50 mm(可选 48 mm),外形尺寸不超过 110 mm	6	套接	—
蜂窝管 (PVC-U/HDPE)	3/5/7	28 mm、33 mm(可选 32 mm),外形尺寸不超过 110 mm	6	套接	—
梅花管	3/5/6	28 mm、33 mm	6	套接	—

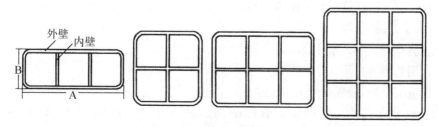

图 3-1 栅格式塑料管横断面形式

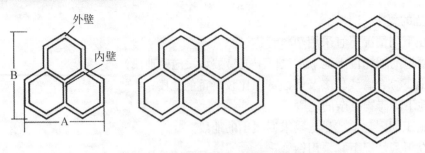

图 3-2 蜂窝式塑料管横断面形式

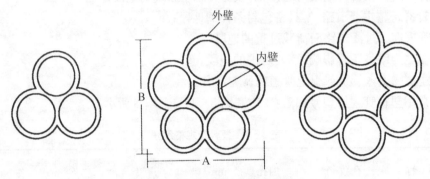

图 3-3 梅花式塑料管横断面形式

3) 管道敷设要求

(1) 塑料管道应有基础,敷设塑料管道应根据所选择的塑料管的管材与管型,采取相应的固定组群措施。

(2) 塑料管道弯管道的曲率半径不应小于 10 m。

(3) 地下通信管道敷设应有坡度,坡度宜为 3.0‰～4.0‰,不得小于 2.5‰。

(4) 引入住宅建筑的地下通信管道应伸出外墙不小于 2 m,并应向人(手)孔方向倾斜,坡度不应小于 4.0‰。

(5) 地下通信管道进入建筑物处应采取防渗水措施。

(6) 人(手)孔在园区中位置与选用

(a) 在管道拐弯处、管道分歧点、设有光交接箱处、交叉路口、道路坡度较大的转折处、建筑物引入处、采用特殊方式过路的两端等场合,宜设置人(手)孔。

(b) 人(手)孔位置应与燃气管、热力管、电力电缆管、排水管等地下管线的检查井相互错开,其他地下管线不得在人(手)孔内穿过。

(c) 交叉路口的人(手)孔位置宜选择在人行道上。

(d) 与公用通信网管道相通的人(手)孔位置,应便于与电信业务经营者的管道衔接。

(7) 人(手)孔的选用

(a) 远期管群容量大于 6 孔时,宜采用人孔。

(b) 远期管群容量不大于 6 孔时,宜采用手孔。

(8) 管道引上处、放置落地式光交接箱处,宜采用手孔。

通信管道手孔程式应根据所在管段的用途及容量合理选择,通信管道手孔程式如表 3-2 所示的要求选用。

表 3-2 通信管道手孔程式

管道段落		管道容量	手孔程式选用规格/mm			用 途
			长	宽	高	
通信管道		3 孔及 3 孔以下	1 120	700	1 000	用于线缆分支与接续
		3 孔及 3 孔以下	700	500	800	用于线缆过线
引入管道	至进线间	6 孔及 6 孔以下	1 120	700	注	用于线缆接续及管道分支
	至光交接箱	3 孔及 3 孔以下	700	500	800	用于线缆过线和引入
	至高层建筑进线间		1 120	700	注	用于线缆过线和引入
	至多层建筑物进线间		1 120	700	注	用于线缆过线和引入
衔接手孔	与公用通信网管道相通的手孔		1 120	700	1 000	用于衔接电信业务经营者通信管道

注：可根据引入管的埋深调节手孔的净深与高度。

4）管道配置

地下通信管道的总容量应根据管孔类型、线缆敷设方式以及线缆的终期容量确定。

（1）1 个 9 孔塑料格栅管能够满足一个建筑群 3 家电信业务经营企业敷设光缆的需要。

（2）1 个 9 孔塑料格栅管能够满足一个建筑群弱电系统敷设光缆的需要。

（3）改造工程中经常出现使用原有单孔管布放子管的方式敷设光缆。如采用单孔管道，每一根单孔管只能够布放 3 根子管。

（4）管道的管孔数量应留有备份余量。

（5）建筑群室外的管道总容量一般不宜超过 6 孔。

（6）光缆在各类管材中穿放时，光缆的外径宜不大于管孔内径的 90%。

5）管道埋深与净距

地下通信管道的埋深应根据场地条件、管材强度、外部荷载、土壤状况、与其他管道的交叉、地下水位高低、冰冻层厚度等因素来确定。

（1）建筑群园区内地理状况没有城市环境那样复杂与恶劣，管道最小埋深可以根据管道的敷设路由及场地状况适当放宽，但不宜低于表 3-3 的规定。

表 3-3 管道最小埋深表　　　　　　　　　　　　单位：m

类 型	管顶至路面或铁道路基面的最小净距			
	人行道下	车行道下	与电车轨道交越（从轨道底部算起）	与铁道交越（从轨道底部算起）
水泥管、塑料管	0.7	0.8	1.0	1.5
钢管	0.5	0.6	0.8	1.2

注：① 塑料管的最小埋深达不到表中要求时，应采用混凝土包封或钢管等保护措施。
② 管道最小埋深是指管道的顶部至路面的距离。

（2）在路经市政道路时埋深要求应符合现行国家标准《通信管道与通道工程设计规范》GB 50373-2019 的相关规定。

进入人孔处的管道基础顶部距人孔基础顶部不宜小于 400 mm,管道顶部距人孔上覆底部的净距不应小于 300 mm,进入手孔处的管道基础顶部距手孔基础顶部不宜小于 200 mm。

（3）地下通信管道与其他各种管线及建筑物间的最小净距如表 3-4 所示。

表 3-4　通信管道与其他地下管线及建筑物间的最小净距表

其他地下管线及建筑物名称		平行净距/m	交叉净距/m
已有建筑物		2.0	
规划建筑物红线		1.5	
给水管	$d \leqslant 300$ mm	0.5	0.15
	300 mm$<d \leqslant 500$ mm	1.0	
	$d > 500$ mm 以上	1.5	
排水管		1.0①	0.15②
热力管		1.0	0.25
输油管道		10	0.5
燃气管	压力$\leqslant 0.4$ MPa	1.0	0.3③
	0.4 Pa$<$压力$\leqslant 1.6$ MPa	2.0	
电力电缆	35 kV 以下	0.5	0.5④
	35 kV 及以上	2.0	
高压铁路基础边	35 kV 及以上	2.5	—
通信电缆(或通信管道)		0.5	0.25
通信杆/照明杆		0.5	—
绿化	乔木	1.5	—
	灌木	1.0	—

注：① 主干排水管后敷设时,其施工沟边与管道间的平行净距不宜小于 1.5 m。

② 当管道在排水管下部穿越时,交叉净距不宜小于 0.4 m,通信管道应做包封处理,包封长度自排水管道两侧各加长 2 m。

③ 在交越处 2 m 范围内,燃气管不应有接合装置和附属设备;如不能避免时,管道应做包封处理。

④ 如电力电缆加保护管时,交叉净距可减至 0.15 m。

（4）引入钢管安装方式参见《建筑电气通用图集》92DQ1 图形符合与技术资料。图 3-4 为管道由建筑物外部的人(手)孔引入建筑物做法示意图。图 3-5 所示为室外用地红线范围内综合管道(通道或隧道)引入做法。

2. 室外配线设备安装设计

室外配线设备安装主要为光缆交接箱的落地安装,应考虑引入交接箱管道管孔的数量和位置。光缆交接箱安装的底座建议采用混凝土现浇底座(强度不低于 C20),并预埋 PVC 管,使用标号 32.5 MPa 及以上的水泥,底座高度 30 cm 以上。底座的尺寸应大于箱体底座的尺寸。使用膨胀螺栓将箱体固定在混凝土底座上(配 M12 膨胀螺栓)。混凝土底座尺寸应根据光缆交接箱尺寸计算,如图 3-6 所示。

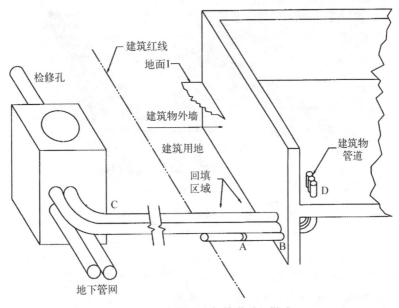

图 3 - 4　建筑物外部管道引入做法

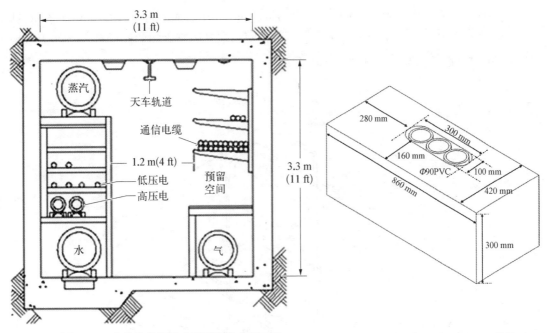

图 3 - 5　建筑物外部综合管道引入做法

图 3 - 6　光缆交接箱预埋 PVC 管管孔及尺径示意图

3.1.2　建筑物内配线管网

　　建筑内配线管网包括室外引入管、楼内弱电竖井、导管、梯架、托盘、槽盒等。梯架、托盘、槽盒统称为桥架。主要从抗电磁干扰和防火的角度出发,在建筑物内应采用密闭的金属管槽,如图 3 - 7 所示。

　　导管:密封的圆形断面的钢管或塑料管。

托盘   槽盒

图3-7 托盘与槽盒示意

梯架：形状如梯子,固定在纵向主支撑组件上的一系列横向支撑构件的走线架。

托盘：为"U"形的底盘和侧板带有连续孔洞,没有盖子的走线槽。

槽盒：四周密闭的带有可开启盖与底座的线槽。

1. 配线管网设计

建筑物内非机房的区域电信间之间,设备间之间,进线间之间,以及电信间、设备间、进线间相互之间的线缆敷设空间为主干通道。电信间与信息插座之间的线缆敷设空间为水平通道。图3-8所示为建筑物配线管网的架构。

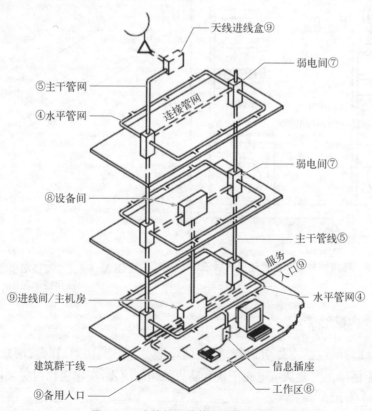

图3-8 建筑物配线管网架构示意图

1) 楼宇管槽系统设计要点

(1) 在新建的建筑中,综合布线系统水平链路线缆的敷设采用明槽＋暗敷管路以及线槽的方式,相关的箱体或盒体同样采用壁嵌或地面楼板暗装方式,以免影响内部环境美观。原有建筑改造时,可根据工程实际,尽量创造条件采用暗敷管槽系统,只有在不得已的情况下才允许采用明敷管槽系统。也可采用明装和暗敷相结合的方式。

(2) 管槽系统楼宇部分是由引入管路、上升管路(包括竖井等)、楼层管路(包括线槽和工作区管路)和联络管路等组成。它们的走向、路由、位置、管径和槽道的规格以及与设备间、电信间等的连接,都要从整体和系统的角度来统一考虑。此外,对于引入管路和公用通信网的地下管路的连接,也要做到互相衔接,配合协调,不应产生脱节和矛盾等现象。

(3) 暗敷管槽系统与建筑物同时建成后,一般不能改变其路由和位置,因此在设计时应考虑管槽系统具有一定的灵活性。可以考虑备份的路由和备用管路,以及预留孔洞、线槽的空间富余度等,以便能够适应建筑内信息业务的增加和设备位置的变化。所以在管槽系统布局中,对于某些段落应考虑增设联络管或备用管,有些房间可适当增设用户信息点的数量。

(4) 建筑中尚有各种其他管线设施,必须充分了解它们的用途、分布、位置、管径和技术要求,以便在管线综合协调时,能够密切配合、互相沟通,妥善解决工程中的问题。

(5) 根据建筑内设置的用户电话交换机,计算机主机的位置,结合引入管路和上升管路的具体路径等因素,全面确定暗敷管槽系统的分布方案(包括上升主干、楼层分布、路由、位置和管径等)。当建筑内不设置用户电话交换机时,应以建筑物配线架为中心,全面考虑管槽系统,务必使管槽系统分布合理、路由短捷、便于施工维护,并能满足综合布线系统线缆传送信息的需要。

(6) 在大型建筑中的管槽系统的上升部分是管槽系统的主干线路。因线缆条数多、容量大,且较集中,一般是利用上升管路、对绞电缆竖井或电信间设置垂直线缆线槽敷设。由于它们各有其特点和适用场合,在设计时应根据所在的建筑的具体实际情况选用。综合布线系统的水平部分暗敷管路数量最多,分布极广,涉及整幢建筑中各个楼层,所以在管槽系统设计时要细致考虑,注意与建筑设计和施工方面的配合协调,力求及早解决彼此的矛盾和存在的问题。

2) 暗配线管网设计

暗配线管网(简称暗配管)应由竖井、暗管、桥架、过路箱(盒)、信息插座底盒等组成。

(1) 暗配管的设置。

图 3-9 所示为暗管引出地面和在墙上固定的做法。

(a) 按建筑物的体型和规模确定一处或多处进线。

(b) 暗配管应与建筑物协调设计,合理布管和组网。

(c) 建筑物宜采用竖井、桥架和导管敷设相结合的方式。

(2) 暗管管材和管径的选择。

(a) 如建筑物结构、防火设计或布线路由上存在局部干扰源,且不能满足最小净距要求时,要求采用金属暗管。特殊情况下可以采用硬质塑料管。

(b) 竖井宜单独设置,上下贯通。如与强电竖井合设,管槽相互间应保持规定的间距。管槽路经每层楼板洞口空余部分应采用防火材料封堵。

(c) 竖向管外径宜为 50～100 mm,槽规格宜为 50 mm×50 mm～400 mm×150 mm(宽×高)。

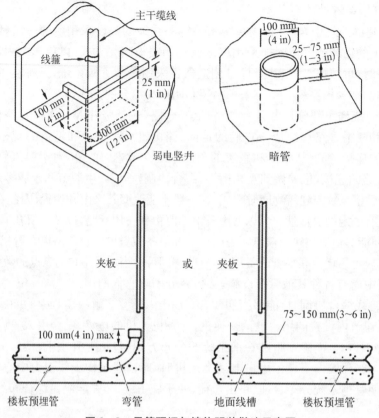

图 3-9　导管预埋与墙体明装做法示意图

（d）埋设在墙体内的导管外径不应大于 50 mm，埋设在楼板垫层内的导管外径不应大于 25 mm。

（e）过线盒和信息插座过线盒的内部尺寸宜为 75 mm×75 mm×60（50、40）mm（长×宽×深），过线盒内应采用嵌装式信息插座。图 3-10 所示为过线盒做法。

图 3-10　为过线盒做法。

（3）暗管的敷设。

（a）暗管直线敷设长度超过 30 m 时，暗管中间应加装过线盒。

（b）暗管必须弯曲敷设时，其路由长度应小于 15 m，且该段内不得有 S 形弯曲。连续弯曲超过两次时，应加装过路箱（盒）。

（c）暗管的弯曲部位应尽量靠近管路端部，管路夹角不得小于 90°。

（d）暗管弯曲半径不得小于该管外径的 10 倍，引入线暗管弯曲半径不得小于该管外径的 6 倍。

（e）在易受电磁干扰影响的场合，暗管应采用钢管并接地。

（f）暗管必须空越沉降缝或伸缩缝时，应做伸缩或沉降处理。

（4）暗配管部件的安装高度。

（a）室外内壁龛和过路箱的安装高度，宜为底边离地 500～1 000 mm。

（b）墙上信息插座底盒和过线盒的安装高度，宜为底边离地 300 mm。

（5）数据中心支持区、辅助区管槽做法。

（a）大开间网格地板槽盒做法，如图 3-11 所示。

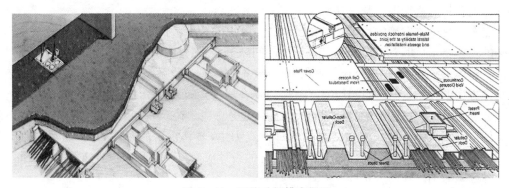

图 3-11　网格地板槽盒做法

（b）垂直槽盒（立柱）做法，如图 3-12 所示。围墙槽盒（踢角板）做法。如图 3-13 所示，此槽盒中电力线与通信线缆在一个槽盒中，中间使用金属板隔开。

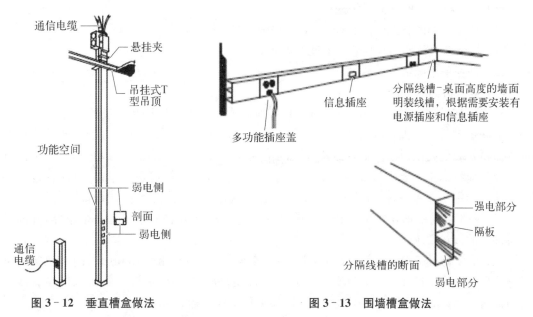

图 3-12　垂直槽盒做法　　　　　　图 3-13　围墙槽盒做法

(c) 地面明装槽盒做法,如图 3-14 所示。

3.1.3 数据中心机房管槽安装设计

数据中心楼宇的管槽系统是综合布线系统线缆敷设和设备安装的必要设施,可以包括楼宇办公区、支持区和辅助区等区域,管槽系统设计在综合布线系统的总体方案设计中是极为重要的内容。由于管槽系统设计具有涉及面广(包括建筑和其他管线系统)、技术要求高和工作烦琐等特点,所以应加以重视。管槽又属于永久性设施,可归类于隐蔽工程,管槽的使用年限应与建筑物的使用年限保持一致。而且管槽

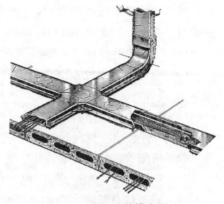

图 3-14 地面明装槽盒做法

系统的满足年限应大于综合布线系统线缆的满足年限。这样,管槽系统的规格尺寸和数量要依据建筑物的终期需要从整体和长远来考虑。

当布线总体方案确定后,对于需要预留管槽的位置和尺寸、孔洞的规格和数量以及其他特殊的工艺要求(如防火要求、与其他管线的间距等,虽然是由智能化建筑设计统一设计,但管槽的总体系统布局、规格要求等资料,还是要根据综合布线系统各种线缆分布和设备装置等总体方案的要求,向建筑设计单位提供,以便在房屋建筑设计中考虑。

数据中心的机房部分的管槽设计、施工由机房总包单位负责。对于机房内部布线系统的管线以密闭或敞开的线槽相结合的敷设方式为主,要和机房的整体布局、通风、节能、安全、防火等做统一考虑。并且和楼宇管槽系统的设计应保持一致和工程实施上的尽量同步。

1. 桥架设计

机房布线以建筑物一特定的场合,线缆的敷设主要考虑桥架的安装设计,它有自身的特殊要求,许多方面又和建筑物配线管网的设计一致。机房内桥架的安装主要考虑以下几个主要的问题。

(a) 不影响机房的气流组织通道;

(b) 桥架采用的方式(梯架、托盘、槽盒)及材质(金属为主);

(c) 综合布线桥架与其他管线的间距要求;

(d) 是否采用屏蔽的布线系统;

(e) 金属桥架的接地。

机房大都采用梯架和托盘、槽盒的明装布线方式。要求与机房装修设计和施工及机柜的安装同步进行。所以在网络架构与综合布线系统总体方案确定以后,对于桥架系统选用形式需要安装的路由、尺寸、支撑或吊挂点的位置、穿墙和楼板孔洞的防火填充处理、加固方式以及其他特殊工艺要求与资料及早提供给建筑装修设计和机房总包单位,以便在建筑相关专业设计中一并考虑,使桥架系统能满足综合布线系统线缆敷设和配线设备安装的需要。

(1) 桥架系统一般由主槽道和支槽道组成。建成后,与房屋建筑成为一个整体,并满足抗震加固的设计要求。

(2) 桥架与机房内其他管线(如电力电缆、空调冷热通道、水管、弱电系统)和建筑机电设施应保持规定的间距。必须充分了解它们的性质、分布、位置和技术要求,以便在管线综合协调时,能够密切配合、互相沟通,妥善解决工程中的问题。

(3) 与楼宇布线系统的主干路由管槽或竖井及各安装场地应保持互通。做到分布合理、路由短捷、便于施工维护。

1) 架空地板走线通道

架空地板,也称作活动地板系统。地面起到防静电的作用,在它的下部空间又可作为冷、热通风的通道,同时它又支持线缆下走线的布线方式。在下走线的机房中,线缆不能在架空地板下面随便摆放,通道可以分开设置,进行多层安装,桥架高度不宜超过 150 mm。金属桥架应当在两端就近接至机房等电位接地端子。在建筑设计阶段,安装于地板下的桥架应当与其他的地下设备管线(如空调、消防、电力等)相协调,并做好相应防护措施。考虑到有的房屋层高受到限制,尤为改造项目,情况较为复杂。因此国内的标准中规定,架空地板下空间只作为布放通信线缆使用时,地板内净高不宜小于 250 mm;当架空地板下的空间既作为布线,又作为空调静压箱时,地板高度不宜小于 400 mm。但国外 BISCI 的数据中心设计和实施(草案)中定义架空地板内净高至少满足 450 mm,推荐 900 mm,地板板块底面到地板下通道顶部的距离至少保持 20 mm,如果有线缆束或管槽的出口时,则增至 50 mm,以满足线缆的布放与空调气流组织的需要。地板下通道设置如图 3 - 15 所示。

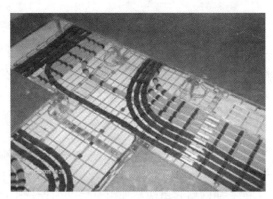

图 3 - 15　地板下通道布线示意图

2) 天花板下走线通道净空要求

在数据中心的建设中,通常还安装有抗静电天花板(或简称吊顶),但是也有很多挑高开阔的超大型或袖珍型的数据中心不使用吊顶,而使用其他的方式来解决机房顶部的抗静电及美观的问题,这通常也由各个数据中心的具体情况决定。

机房常用的机柜高度一般为 2.0 m,气流组织所需机柜顶面至天花板的距离一般为 500~700 mm,故机房净高不宜小于 2.6 m。根据国际正常运行时间协会的可用性分级指标,1~4 级数据中心的机房梁下或天花板下的净高分别要求如下。

(1) 通道形式:

天花板走线通道分为槽盒、托盘式和梯架式等结构,由支架、托臂和安装附件等组成。在数据中心的走道和其他用户公共空间上空,天花板走线通道的底部必须使用实心材料,或者将走线通道安装在离地板 2.7 m 以上的空间,以防止人员触及和保护其不受意外或故意的损坏。

(a) 一级:天花板离地板高度至少为 2.6 m;

(b) 二级:天花板离地板高度至少至少为 2.7 m;

(c) 三级:天花板离地板高度至少至少为 3 m(天花板离最高的设备顶部不低于 460 mm);

(d) 四级至少 3 m(天花板离最高的设备顶部不低于 600 mm。

(2) 通道位置与尺寸要求:

(a) 通道顶部距楼板或其他障碍物不应小于 300 mm。

(b) 通道.宽度不宜小于 100 mm,高度不宜超过 150 mm。

(c) 通道内横断面的线缆填充率不应超过 50%。

(d) 如果使用天花板走线通道敷设线缆,对绞电线缆路宜和光纤线路分开线槽敷设,可以避免损坏直径较小的光缆,如果有可能的话,也可分开多层安装,光缆最好敷设在对绞电缆的上方。

(e) 照明器材和灭火装置的喷头应当放在走线通道之间,不能直接放在通道的上面。机房采用管路的气体灭火系统(一般是采用七氟丙烷气体,当然也有卤代烷及其他混合气体)时,对绞电缆桥架应安装在灭火气体管道上方,不阻挡喷头,不阻碍气体。

(f) 天花板走线通道架空线缆托盘一般为悬挂安装,因为悬挂安装方式可以支持各种高度的机柜、机架,并且对于架、柜的增加和移动有更大的灵活性。如果所有的机柜、机架是统一标准高度时,则可附在架、柜的顶部,但这并不是一个规范操作。

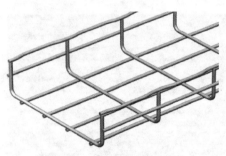

图 3-16 开放式桥架

3) 开放式桥架

数据中心布线通道分为开放式和封闭式两种。在早期的楼宇布线设计中,大多采用封闭式的走线通道方式(槽盒),随着数据中心布线对易于升级以及能耗等多方面要求的提高,工程中采用开放式的布线通道已经越来越普遍。如图 3-16 所示。

开放式桥架主要分为网格式桥架,梯架和穿孔式桥架等几大类。国标 GB50174《电子信息系统机房设计规范》也推荐在数据中心使用网格式桥架。

金属网格式电缆桥架由纵横两向钢丝组成,可以选择地板下或机柜/机架顶部或吊顶内安装。桥架为网格式的镂空结构具有轻便灵活、牢固、散热好、利于节能、安装快捷等特点。网格式桥架一般带有安全 T 形边沿,可以保护布线时线缆或光缆不会被刮伤。而且它开放的结构无论上走线还是下走线时都不会阻碍空调的气流,也提高了安装线缆的可视性,辨别容易。选择网格式桥架最要注重的是焊接工艺,因为焊接质量直接关系到网格式桥架的承载能力。无论选择开放式桥架还是封闭式桥架,桥架本体、支架和螺丝螺帽等配件的抗腐蚀性能,比如锌层的厚度(电镀锌以 6~12 μm 为好)、镀层是否均匀光滑、是否有肉眼可见的锈点等都将体现产品质量的关键。同时需要确认桥架厂家的资质、产品检测报告、认证证书等文件。

2. 光纤路由线槽管理系统

由于数据中心机房内大规模地采用机柜上方的走线方式,光纤路由的线槽管理系统也越来越引起各大运营商和企业网数据中心客户的关注。

为什么要采用光纤路由的线槽管理系统。

(1) 光纤承载的信息是重要和大量的,但光纤相比较传统的对绞线铜缆是脆弱的,挤压、弯曲、拉伸均能影响其传输性能,所以光纤光缆需要做路由的全程保护。

(2) 办公环境中的光缆可布放于 PVC 或者金属线管做较好的保护,但在数据中心机房内,光缆采用开放式的水平布放方式,同样需要考虑保护措施。

(3) 对传统布线,光纤跳线通常存在于 1 个机柜内部,但在机房内会存在较多跨机柜的光纤跳接(俗称飞线),因此对于这些外径较细的光纤跳线需要有更好的保护措施。

(4) 开放网格式金属桥架最初设计主要是应用于绞铜缆的敷设,而光缆的布放需一次性安装到位,因为在设备升级换代时,路由更改较为困难。如果桥架制作和安装过程中产生毛刺或处理不当,则易划伤光纤。而且桥架的下纤口固定,使得机柜顶位需要对准开口,不能为光缆提供足够的弯曲半径。

所以机房内对于不同功用、不同保护级别的线缆需采用不同的线缆桥架和管槽分开保护和管理,应遵照上走线和三线分离原则,也就是将对绞电缆、光缆、强电和其他功用的线缆采用分层和分离的方式分开布放。

应用光纤保护槽的目的在于为通信传输机房中的光纤提供从光纤配线架到光传输设备的高效灵活的路由,使用更少的施工时间,灵活的槽道路径配置,以实现对光缆快速、灵活、全面的保护。

它的基本部件包括直槽、水平及垂直弯头、光纤出口、连接件和支撑件。如图 3-17 所示。

图 3-17　光纤保护槽

1) 可供选择的规格

2 in×6 in(高 5.1 cm × 宽 15.2 cm):这是一种矮槽系统,专门用于高度受限的机房环境;

4 in×4 in(高 10.2 cm×宽 10.2 cm):适用于小型数据中心机房的水平部分的光纤部署;

4 in×6 in(高 10.2 cm×宽 15.2 cm):该系统适用于中大型数据中心机房的水平部分的光纤部署;

4 in×12 in(高 10.2 cm×宽 30.5 cm):该系统适用于中大型数据中心机房光纤主干的部署和光纤集中区域的光纤保护,它的直槽部分的最大支撑跨度可达 1.83 m。

4 in×24 in(高 10.2×宽 61 cm):该系统特别适用于大容量光纤配线区的光纤保护。

上述槽道的直槽部分的最大支撑跨度可达 1.83 m。

2) 光纤槽道系统特性

(1) 完整的产品组合。

产品组合提供不同尺寸的光纤直槽、直槽接头、三通或四通、变径接头、弯槽、盖板、45°连接头、90°连接头、光纤出口以及不同方式的安装套件等 100 多种的各种组件,可以满足各种数据中心机房内的环境、容量和安装的要求。

(2) 对光缆和光纤可以提供充分的保护。

(a) 槽道中光纤或光缆的每一点都得到充分的支持与保护。所有涉及拐弯的组件,例如三通、四通,45°、90°水平及向上、向下组件,变径组件等,在所有拐弯处能够全程保证 5 cm 的最小弯曲半径保护,确保光纤信号传输畅通无阻。如图 3-18 所示。

图 3-18　光纤槽道组件

（b）线缆路由拐弯组件有分隔设计，以减少大容量光纤对槽道一侧的压力，避免变形甚至坍塌。如图 3‑19 所示。

（3）高性能阻燃和抗老化材料。

产品采用高强度工程聚酯材料（ABS），具有优良的耐热性、韧性、冲击强度、阻燃性。产品坚固耐用、阻燃、抗老化、抗压无变形，具备 4 级抗震能力，UL‑94‑V0 阻燃等级，同时符合 RoHS 环保标准，如表 3‑5 所示。

图 3‑19　光纤拐角组件

表 3‑5　光纤槽道所有部分所满足的阻燃等级

各个部分名称	最终产品符合的 UL 标准
水平槽道部分	UL94V‑0 和 UL2024
固定连接部分	UL94V‑0 和 UL2024
波纹管套件	UL2024

（4）更好的强度支撑设计，满足大容量线缆路由的要求。

槽道承受线缆的机械负载，满足系统现在及未来扩容大容量线缆路由的要求。在支、吊架跨距为 1.2 m 条件下，6 in×4 in［1 in（英寸）＝2.54 cm］直槽额定均布载荷不小于 15.73 kg/m（154 N/m）；12 in×4 in 直槽额定均布载荷不小于 31.83 kg/m（311 N/m）。在受额定载荷条件下，产品垂直状态下的挠度值小于 5 mm。

光纤槽道 4×12 的直槽产品还有专门的加强筋设计，以保证整个直槽有足够的强度，如图 3‑20 所示。

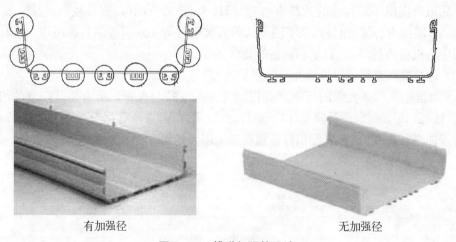

有加强径　　　　　　　　　　　　无加强径

图 3‑20　槽道加强筋设计

（5）灵活的光纤快速出口。

（a）快速出口套件的使用，无须破坏直槽道，可直接挂在直槽上，而且可以根据机柜位置和入线口位置水平和前后灵活地调整和移动，方便安装和变更，如图 3‑21 所示。

（b）快速光纤出口可提供 4 in 和 2 in 各种尺寸的快速出口套件以满足不同容量的需

求。同时快速光纤出口还可以加装波纹软管套件,以满足客户在机柜上方光缆无裸露的需求。如图 3-22、图 3-23 所示。

(6) 线缆余量存储和可伸缩套件。

线缆余量存储套件,以满足现在企业网数据中心大多使用预端接光缆产品带来的线缆余量管理问题,如图 3-24 所示。

(7) 直接的光纤配线出口,节省机柜空间占用,如图 3-25 所示。

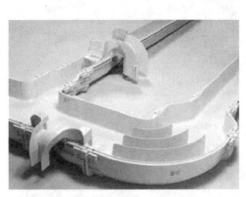

图 3-21 快速出口套件

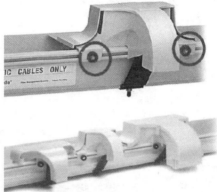

图 3-22 光纤出口组件

图 3-23 光纤机柜上部出口

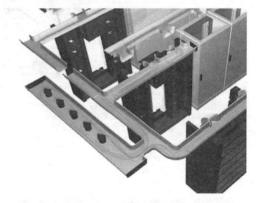

图 3-24 光纤盘留空间

(8) 光纤槽道产品套件可直接作为光纤适配器、预端接光纤模块盒的出口,以减少光纤配线架对服务器机柜空间的占用,提高空间利用率,如图 3-26 所示。

3) 安装

光纤槽道在安装过程中,摒弃了浪费时间的拧螺丝和螺母的传统固定方式,采用专利的锁扣式槽体连接件来连接各种槽道直槽、三通、四通、拐弯、变径等组件。使用快速安装螺丝,不借助螺丝刀,手动即可固定槽道系统,确保以最快的速度完成槽道的安装,如图 3-27 和图 3-28 所示。

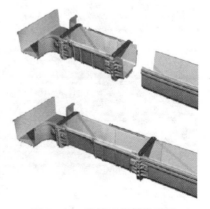

图 3-25 直接光纤槽道出口

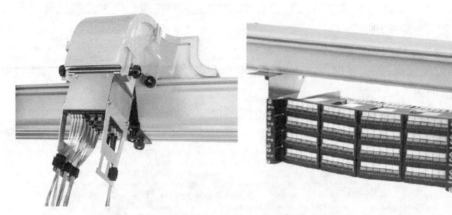

图 3 - 26　光纤槽道预端接出口

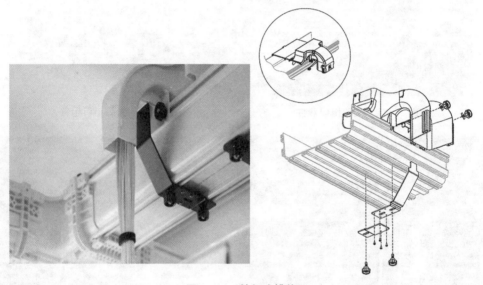

图 3 - 27　锁扣式槽体

图 3 - 28　锁扣安装整体效果

3.1.4 设备安装设计

1. 盒、箱、信息模块及面板

1) 信息插座分类

(1) 按类型分：屏蔽、非屏蔽；

(2) 按传输速率分：5 类、6 类、6A 类、7 类等；

(3) 按打线方式分：打线式和免打线式；

(4) 按卡口分：横卡口、竖卡口。

(5) 光纤适配器（光纤连接器）：

(a) 按连接头分：FC、SC、ST、LC 及 MT－RJ 等；

(b) 按类别分：单模、多模（颜色不同）；

(c) 按芯数分：单连（单工）、双连（双工）。

2) 安装信息插座面板一般要求

(1) 分类：

(a) 安装位置在墙面和地面；其中墙面式可分为国标 86 型、118(120) 型；

(b) 端口数：单口、双口、三口和四口；

(c) 按类别：包括信息面板、光纤面板；其中信息面板按卡口分：配横卡口、竖卡口模块面板。

(2) 一般安装要求：

(a) 各种不同的终端设备或适配器均安装在工作区的适当位置，并应考虑现场的电源与接地。

(b) 底盒数量应以插座盒面板设置的开口数确定，每一个底盒支持安装的信息点数量不宜大于 2 个。

(c) 光纤信息插座模块安装的底盒大小应充分考虑到水平光缆（2 芯或 4 芯）终接处的光缆盘留空间和满足光缆对弯曲半径的要求。

(d) 工作区的信息插座模块应支持不同的终端设备接入，每一个 8 位模块通用插座应连接 1 根 4 对对绞电缆；对每 1 个双工或 2 个单工光纤连接器件及适配器连接 1 根 2 芯光缆。

(e) 工作区信息插座一般安装在墙面，使用 86 型加深金属底盒。特殊场合，如大厅可考虑设置地插，无线 AP 可考虑吊顶等。

(f) 信息插座附近配备 220 V 电源插座，以便为数据设备供电，根据标准建议安装位置距信息座应保持 200 mm 的距离。并且信息插座和电源插座的低边沿线距地板水平面 300 mm，如图 3－29 所示。

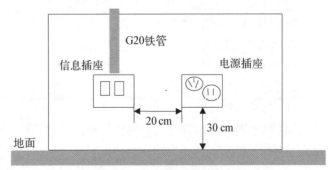

图 3－29 信息插座安装示意图

3) 信息插座的安装方式及位置

根据设计施工安装图纸和工地现场情况需求来确定。可参考以下原则：

（1）面板固定方法按施工现场条件而定，宜采用预置扩张螺钉固定等方式，固定螺丝需拧紧，不应产生松动现象。

（2）各种插座面板应有标识面板标签编号与配线架端编号一一对应。

（3）面板安装完毕后，要注意保护，可采用贴塑料模的方式，防止面板被划伤，同时注意周围物品的放置，防止受到意外损坏。

4）箱体安装

（1）楼层配线箱和过路箱宜在电信间（弱电间）、弱电竖井间内挂墙明设。无此场所时，楼层宜采用箱体在墙体内预埋的方式，配线箱底边距地面不宜小于 500 mm，过路箱底边距地不宜小于 300 mm，侧面距墙不宜小于 500 mm。

（2）墙体内预埋的楼层配线箱和过路箱应能防潮、防尘并加锁，箱体的防护等级应达到 IP53。

（3）非标配线箱应采用金属钢板制作。箱体内净尺寸应满足各种信息通信设备、配线模块安装、线缆终接与盘留、跳线连接、电源设备及接地端子板安装，并应满足业务发展需求。

（4）用户信息配线箱应根据用户信息点数量，引入线缆（含预留长度）、用户终端线缆数量、业务需求选用，并宜符合下列规定：

（a）用户信息单元配线箱安装位置，宜满足无线信号的覆盖要求；

（b）用户信息单元配线箱宜暗装在用户区域室内侧墙上，并宜靠近入户金属导管侧，箱体底边距地高度宜为 300 mm；

（c）在用户配线箱附近水平 150 mm 处，宜预留设置 2 个单相交流 220 V/10 A 电源插座，并将其中一路电源线穿管暗敷设引至配线箱内电源插座上。其插座面板底边应与信息配线箱底边距地高度一致；

（d）当采用单相交流 220 V/10 A 电源直接从室内配电箱接入信息配线箱内电源插座方式时，应在配线箱内采取强、弱电安全隔离措施。

（5）线路过线盒宜放置于导管的直线部分，当导管有下列情况之一时，中间应增设过线盒：

（a）导管长度每超过 30 m，无弯曲；

（b）导管长度每超过 20 m，有一个弯曲；

（c）导管长度每超过 15 m，有两个弯曲。

2. 机柜安装设计

1）机柜（架）布置

进线间、电信间（弱电间）、设备间、弱电竖井间安装配线设备时，宜采用标准 19 in 机柜。

（1）机柜单排安装时，柜前净空不应小于 800 mm，后面及侧面净空不应小于 600 mm。

（2）机柜面对面布置的机柜或机架正面之间的距离不宜小于 1.2 m，背对背布置的机柜或机架背面之间的距离不宜小于 1 m。

（3）机柜、机架安装时应考虑到机柜/机架和通道之间的距离。用于运输设备的通道净宽应小于 1.5 m；机列之间的距离不宜小于 1.2 m；机柜与墙面之间的距离不宜小于 1.2 m；成行排列的机柜，其长度超过 6 m 时，两端应设有走道，走道的宽度不宜小于 1 m。

（4）机柜及机架要求有足够的深度安装计划好的设备，包括在设备前面和后面预留足够的布线空间。机柜/机架最大高度为2.4 m,但是推荐机柜和机架高度不要高于2.1 m,以便于安装和管理顶部的连接硬件。

2) 行人通道设置

主机房内行人通道与设备之间的距离应符合下列规定:

(1) 成行排列的机柜,其长度超过6 m(或数量超过10个)时,两端应设有走道,当两个走道之间的距离超过15 m(或中间的机柜数量超过25个)时,其间还应增加走道,走道的宽度不宜小于1 m,局部可为0.8 m。

(2) 在工程中,机列之间通道的距离还应该考虑到架空地板板块的实际尺寸,尽量以板块的尺寸取整预留通道,这样有利于机柜抗震底座的安装和方便板块的开启。

3) 机柜/机架摆放

(1) 设备间机柜、机架排放位置需要满足机房气流组织的要求。

(a) 铺设高架地板时,电信布线线槽应铺设在热通道高架地板下或机柜顶部。

(b) 要求前面或后面边缘沿地板板块边缘对齐排列,以便于机柜和机架前面和后面的地板板块取出。

(c) 用于机柜走线的地板开口位置应该置于机柜下方或其他不会绊到人的其他位置;用于机架走线的地板开口位置应该位于机柜间的垂直线缆管理器的下方,或位于机柜下方的底部拐角处。通常在垂直线缆管理器下安置开口更可取。

(d) 地板上应按实际使用需要开出线口,出线口周边应套装索环或固定扣,其高度不得影响机柜/机架的安装。

(e) 机柜和机架的摆放位置应与照明设施的安装位置相协调。

(2) 机柜轨道调整。

机柜的每一个U(最大为42 U的空间)空间要求有可前后调整的轨道。

(3) 机柜、机架内的各种零件不得脱落或碰坏;各种螺丝不应缺少、损坏或锈蚀等缺陷;机柜底部必须焊有接地螺栓,并与保护地排连接;各种标志应完整、清晰。

(4) 机柜、机架安装宜采用螺栓固定,在抗震设防地区,设备安装应按规范抗震加固。单个机柜、机架应固定在抗震底座上,不得直接固定在架空地板的板块或随意摆放。每一列机柜、机架与桥架应该连接成为一个整体,采用加固件与建筑物的柱子及承重墙进行固定。机柜、列与列之间也应当在两端或适当的部位采用加固件进行连接。机房设备应防止地震时产生过大的位移,扭转或倾倒。

3. 安装节能设计

机房设备平面布置主要面对机房的空调气流组织不被阻挡,机房内的各种管道路由不发生重叠与交错现象,机柜的加固底座易于安装,机柜能够就近实现接地等问题,这需要在设计时综合加以考虑。

1) 机柜、机架散热设置

机柜、机架与线缆的走线槽道摆放位置,对于机房的气流组织设计至关重要,图3-30表示了各种设备的安装位置与气流组织。

以往通信机房和信息机房均采用"面对背"的机列排列方式,并没有重视机柜的摆放形式对气流组织的影响,因为当时一个机柜的发热量也就达到1.5 kW左右。现在,以交替模式排列设备机柜,即机柜、机架"面对面"排列以形成热通道和冷通道。冷通道是机架、机柜

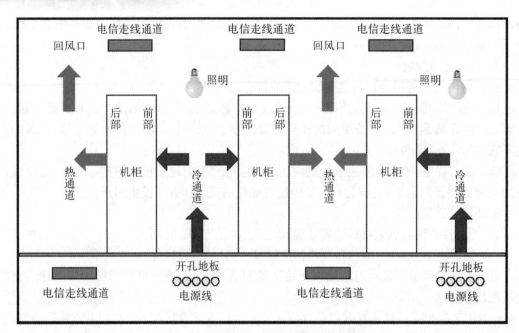

图 3-30 机房设备摆放位置与气流组织

的前面区域,热通道位于机架、机柜的后部,形成从前到后的冷却路由。设备机柜在冷通道两侧相对排列,冷气从架空地板板块的排风口吹出,热通道两侧设备机柜则背靠背,热通道部位的地板无孔,依靠天花板上的回风口排出热气。

2) 采用地板下走线的方式

(1) 电力电缆和数据线缆分布在热通道或机柜、机架的地板下面,分层敷设。如果需要在冷通道的地板下面走线,则应相应提高静电地板的高度以保证制冷空气流量不受影响。

(2) 为了提高架空地板下的净空空间,也可以将通信线缆的桥架设置于机柜顶部。既方便线缆敷设与引入机柜内,又可防止受到电力电缆的电场与磁场干扰。目前这种布置方式较为普遍。

3) 保障气流组织

地板上应按实际使用需要开走线口,调节闸、防风刷减震器或毛刷则安装在开口处阻塞气流。为更好地利用现有的制冷、排风系统,在数据中心设计和施工的时候,应避免形成迂回气流,以至于热空气没有直接排出计算机机房。为避免架空地板下空间线缆杂乱、堆放,阻碍气流的流动,避免机柜内部线缆堆放太多,影响热空气的排放,在没有满设备安装的机柜中,建议采用空白挡板以防止热通道的气流进入冷通道,造成迂回气流。

4) 对于适中的热负荷,机柜可以采用以下任何通风措施

(1) 通过前后门上的开口或孔通风,提供 50% 以上开放空间,增大通风开放尺寸和面积能提高通风效果;

(2) 采用风扇,利用门上通风口和设备与机架门间的充足的空间推动气流通风。对于高的热负荷,自然气流效率不高,要求强迫气流为机柜内所有设备提供足够的冷却。强迫气流系统采用冷热通道系统附加通风口的方式。安装机柜风扇时,要求不仅不能破坏冷热通

道性能,而且要能增加其性能。来自风扇的气流要足够驱散机柜发出的热量。

在数据中心热效率最高的地方,风扇要求从单独的电路供电,避免风扇损坏时中断通信设备和计算机设备的正常运行。

3.1.5　安装场地设计

1. 电信间

电信间主要为楼层安装配线设备(如机柜、机架、机箱等)和楼层信息通信网络系统设备的场地,并应在该场地内设置线缆竖井、等电位接地体、电源插座、UPS 电源配电箱等设施。通常大楼电信间内还需设置其他弱电设备,如安全技术防范系统、消防报警、广播、有线电视、建筑设备监控系统、光纤配线箱、无线信号覆盖等系统的布缆管槽、功能模块及柜、箱的安装。如上述设施合安装于同一场地,亦称为弱电间。

1) 电信间设置要求

(1) 电信间数量应按所服务楼层面积及工作区信息点密度与数量确定。一般情况下,综合布线系统的配线设备和计算机网络设备采用 19″(1″=1 in)标准机柜安装。机柜尺寸通常为 600(宽)mm×600(深)mm×2 000(高)mm,共有 42 U 的安装空间。机柜内可安装光纤连接盘、RJ45(24 口)配线模块、多线对卡接模块(100 对)、理线架、以太网交换机设备等。如果按建筑物每层电话和数据信息点各为 200 个考虑配置上述设备,大约需要有 2 个 19″(42 U)的机柜空间,以此测算电信间面积至少应为 5 m²(2.5 m×2.0 m)。

(2) 布线系统设置内、外网或弱电专用网或数据中心专用网络时,19″机柜应分别设置,并在保持一定间距或空间分隔的情况下预测电信间的面积。当有信息安全等特殊要求时,应将所有涉密的信息通信网络设备和布线系统设备等进行空间物理隔离或独立安放在专用的电信间内,并应设置独立的涉密机柜及布线管槽。

(3) 同一电信间内,信息通信网络系统设备及布线系统设备宜与弱电系统布线设备分设在不同的机柜内。当各设备容量配置较少时,亦可在同一机柜内作空间物理隔离后安装。

(4) 高密度配线架的推出对理线空间有了更高的要求,800 mm(宽)的 19″机柜已广泛应用。此时,需要增加电信间的面积。

(5) 根据配线设备与以太网交换机设备的数量、机柜的尺寸及布置,电信间的使用面积不应小于 5 m²。当电信间内需设置其他通信设施和弱电系统设备箱柜或弱电竖井时,应增设使用面积。电信间引出水平线缆最长敷设超出 90 m 范围等要求时,设置应符合以下规定:

(a) 超出 90 m 范围时应增设 1 个及 1 个以上电信间。

(b) 当楼层信息点数量大于 400 个时,宜设置 2 个及 2 个以上电信间。

(c) 楼层信息点数量少且水平线缆最长敷设均在 90 m 范围内时,可多个楼层合设一个电信间。

(6) 对数据中心办公区、辅助区等非机房区可以设置独立的电信间或和楼宇电信间合设,当分设时,两个电信间之间应敷设互通的管槽。

2) 电信间环境要求

(1) 各楼层电信间宜上下对齐,以利于设置不同应用业务网络的竖向线缆管槽及对应的竖井。电信间内不应设置与信息通信网络或弱电系统设备无关的水、风管及低压配电线缆管槽与竖井。

（2）电信间室内温度应保持在10~35℃，相对湿度宜保持在20％~80％之间。以满足配线设备的需求。当房间内安装有源设备时，应采取排风和满足信息通信设备可靠运行的对应措施。

（3）电信间的温、湿度按配线设备要求提出，如在机柜中安装计算机网络设备等有源设备，环境也应满足有源设备提出的安装工艺要求。温、湿度条件的保证措施由空调专业负责解决。设备安装工艺要求应执行相关规范的规定。

（4）电信间应采用外开防火门，房门的防火等级应按建筑物等级类别设定。房门的高度可与同层房门高度一致，净高不应小于2.0 m，门净宽不应小于0.9 m。特别是对超高层和250 m以上的建筑，通常电信间防火门采用乙级及以上等级的防火门。房门净尺寸宽度应满足净宽600~800 mm的机柜搬运通过。

（5）电信间内梁下净高不应小于2.5 m。

（6）电信间设置在地下室及地上各楼层时，房屋地面宜高出本层地面100 mm，或设置防水门槛。室内地面应具有防潮、防尘、防静电等措施。

（7）电信间应设置2个及以上单相交流220 V/10 A电源插座，每个电源插座的配电线路均装设保护器。这2个电源插座不是给安装于电信间的有源设备使用的，它主要解决施工器具的供电使用。对有源设备的供电电源需按照设备的用电等级、负荷、交直流等另行考虑配置。

（8）电信间平面布置如图3-31所示。

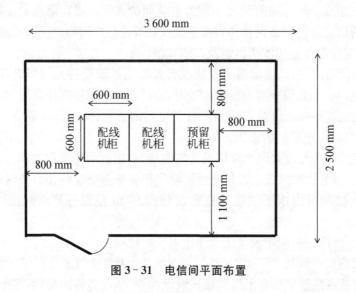

图3-31　电信间平面布置

2. 设备间

设备间是建筑物的电话交换机设备和计算机网络设备，以及配线设备（BD）安装的地点，也是进行网络管理的场所。对综合布线工程设计而言，设备间主要安装总配线设备。当信息通信设施与配线设备分别设置设备间时，考虑到设备电缆有长度限制及各系统设备运维的要求，设备间之间的距离不宜相隔太远。楼宇设备间应该和数据中心机房工程设置的电信间、进线之间设置互通的路由与管槽。

1）设备间设置要求

（1）设备间应根据安装设备的数量、规模、网络构成等因素综合考虑确定。每幢建筑物内应至少设置 1 个设备间，如果电话交换机与计算机网络设备分别安装在不同的场地，或根据安全及不同业务应用的需要，可设置 2 个或 2 个以上配线使用的设备间。

（2）综合布线系统设备间如果与建筑内计算机机房、通信机房、光纤到用户单元通信设施设备间合设时，应分别计算各系统所需的安装设备面积之和，但房屋使用空间应做分隔。

（3）设备间内应有足够的布线系统配线设备、以太网交换机机柜等设施安装空间，其使用面积不应小于 10 m²。当设备间内需安装其他信息通信系统设备机柜或光纤到用户单元通信设施机柜时，应增加使用面积。

该面积不包括程控用户交换机、计算机网络设备等设施所需的面积在内。如果 1 个设备间以 10 m²（2.5 m×4.0 m）计，大约能安装 5 个 600 mm 宽度的 19″机柜。在机柜中安装电话大对数电缆多对卡接式模块、数据主干线光缆、电配线架、理线架等，大约能支持总量为 6 000 个信息点所需（其中电话和数据信息点各占 50%）的建筑物配线设备安装空间。设备间的面积确定同样地需考虑机柜尺寸这一因素。如采用 800 mm 宽度的 19″机柜，则需要增加设备间的面积。

（4）设备间宜处于干线子系统的中间位置，并应考虑主干线缆的传输距离、敷设路由与数量。如果入口设施安装在设备间时，为了有利于外线的引入，设备间应该设置在建筑物的底层。

（5）设备间宜尽可能靠近建筑物布线主干线缆竖井位置。

（6）设备间宜设置在建筑物的首层或楼上层。当地下室为多层时，也可设置在地下一层。

2）设备间环境要求

（1）设备间应远离粉尘、油烟、有害气体以及存有腐蚀性、易燃、易爆物品的场所，有害气体指氯、碳水化合物、硫化氢、氮氧化物、二氧化碳等。灰尘粒子应是不导电的、非铁磁性和非腐蚀性的。

设备间应防止有害气体侵入，并应有良好的防尘措施，尘埃含量限值如表 3-6 所示。

表 3-6　尘埃限值

尘埃颗粒的最大直径/μm	0.5	1	3	5
灰尘颗粒的最大浓度/（粒子数/米³）	1.4×10^7	7×10^5	2.4×10^5	1.3×10^5

（2）设备间应远离供电变压器、发动机和发电机、X 射线设备、无线射频或雷达发射机等以及有电磁干扰源存在的场所。

（3）设备间不应设置在厕所、浴室或其他潮湿、易积水区域的正下方或毗邻场所。

（4）设备间室内温度应保持在 10～35℃，相对湿度应保持 20%～80%之间，并应有良好的通风。当室内安装有源的信息通信网络设备时，应采取满足设备可靠运行的对应措施。

（5）设备间内梁下净高不应小于 2.5 m。

（6）设备间应采用外开双扇防火门。房门的高度可与同层房门高度一致，净高不应小于 2.0 m，门宽不应小于 1.5 m。

(7) 设备间设置在有地下多层的地下一层及地上各楼层时,其地面应高出本层地面 100 mm 及以上,或设置防水门槛。室内地面应具有防潮、防尘、防静电等措施。

(8) 设备间应设置 2 个及以上单相交流 220 V/10 A 电源插座,每个电源插座的配电线路均装设保护电器。该电源插座同样是提供给工具仪表施工时使用的。设备间如果安装有源的信息通信设施或其他有源设备时,设备供电应符合相应的通信设施要求。

3. 进线间

进线间的设置非常重要,它是一栋建筑物或建筑群中的配线系统与外部公用通信网、园区智能化网络、园区计算机网络等配线网络互通的场合。在设有数据中心的建筑物内,楼宇的进线间和机房的进线间应该分别设置,对于机房使用的进线间还应该考虑 1~2 个备份,以保障数据中心与公用通信网线路的畅通与路由的安全。

1) 进线间设置要求

(1) 进线间设于建筑物的地下一层,主要有利于外部地下管道与线缆的引入。对洪涝多发地区,为了保障通信设施的安全及通信畅通,也可以设于建筑物的首层。

(2) 外部线缆宜从两个不同的地下管道路由引入进线间,有利于路由的安全及与外部管道的沟通。进线间与建筑用地红线范围内的人孔或手孔之间采用管道或通道的方式互连。

(3) 进线间应满足不少于 3 家电信业务经营者通信业务接入及建筑群布线系统和其他弱电子系统的管孔容量要求,设置引入管道入口。

(4) 在单栋建筑物或由连体的多栋建筑物构成的建筑群体内应设置不少于 1 个的进线间。

(5) 进线间应满足室外引入线缆的敷设与成端位置及数量、线缆的盘长空间和线缆的弯曲半径等要求,并提供综合布线系统及不少于 3 家电信业务经营者安装入口设施等设备的使用空间与面积。进线间面积不应小于 10 m²。进线间因涉及因素较多,难以统一提出具体所需面积,可根据建筑物实际情况,并参照通信行业和国家的现行标准要求进行设计。

2) 进线间环境要求

(1) 进线间宜设置在建筑物地下一层邻近外墙、便于管线引入的位置。进线间内应设置管道入口,入口位置应该与引入管道高度相对应。与进线间设备安装无关的管道不应在室内通过。

(2) 进线间应防止渗水,宜在室内设置排水地沟并与附近设有抽排水装置的集水坑相连。

(3) 进线间应与电信运营经营者的通信机房、物业管理通信等机房、设备间、电信间或垂直通信竖井间之间设置互通的管槽。

(4) 进线间应采用相应防火级别的外开的防火门,门净高度不应小于 2.0 m,净宽不应小于 0.9 m。

(5) 进线间宜采用轴流式通风机通风,排风量按每小时不小于 5 次换气次数计算。

(6) 进线间如安装配线设备和信息通信系统设施,应符合设备安装设计的要求。

4. 数据中心机房

(1) 机房的层高由安装工艺要求的净高、结构层、建筑层和风管等高度构成。机房的净高是指地面至梁下或风管下的高度。工艺生产要求的净高由设备的高度、对绞电缆走线架和施工维护所需的空间高度等因素确定。

（2）每层机房均设防静电地板，按照规范要求，机房室内净高要求不低于 3.3 m。

（3）机房内的地面、墙面、顶棚面的面层材料应按室内通信设备的需要，采用光洁、耐磨、耐久、不起灰、防滑、不燃烧、保温、隔热的材料。

（a）如果机房采用吊顶装饰，材料必须为经过降阻处理的材料，以达到防静电要求。

（b）机房均设置防静电活动地板，地面均需做防水处理。防静电地板表面应不反光、不打滑、耐腐蚀、不起尘、不吸尘、易于清扫。底座应为金属支架，并且应有可靠的接地。

（c）建筑物顶层房屋地面需做防水处理，避免有渗水产生。

（d）通信线缆和电力电缆如进入机房一层，在管线（地沟）入口处应加强引入管道的防水措施，其围护结构应有良好的整体性，在地沟内并设置漏水报警装置。

（4）数据中心机房门、窗设计工艺要求

（a）各机房门均应向外开启，双扇门的宽度不小于 1.8 m，单扇门的宽度不小于 1 m，门洞高度不低于 2.4 m，具备防火、隔热、抗风的性能。

（b）机房的外窗应具备严密防尘、防火、隔热、抗风的性能。内门应采用耐久、不易变形的材料，外形应平整光洁，减少积灰。

3.1.6　安装管理设计

1. 施工文档的 ISO 标准化管理

信息文档是整个综合布线工程的历史材料，文档是否完整是衡量综合布线系统工程是否规范的一个重要方面。信息文档管理贯穿在综合布线系统工程建设的整个实施过程中。按照 ISO 9001 的要求制定文档模板并组织实施。文档是过程的踪迹，文档管理要做到及时、真实、符合标准。同时文档归档要及时，以保证文档中的数据真实性。推荐工地的文档管理部门尽可能采用电子存档方式，以做到大幅度地减少文档管理的工作量，提高工作效率。信息文档管理主要包括以下内容：

（1）设计方案；

（2）施工组织方案；

（3）现场材料检测记录；

（4）隐蔽工程验收记录；

（5）工程变更记录；

（6）工程自测报告、工程认证检测报告；

（7）综合布线系统拓扑（结构）图、综合布线管线路由图、楼层信息点平面分布图、机柜配线架信息点布局图等竣工图纸；

（8）工程招、投标文件及施工过程中，各单位之间协调更改设计或采取相关措施的备忘等。

2. 标识设计

数据中心中，布线的系统化及管理是相当必要的。大量的线缆在数据中心的机架和机柜间穿行，必须精确地记录和标注每段线缆、每个设备和每个机柜/机架的相关数据。在布线系统设计、实施、验收、管理等几个方面，定位和标识则是提高布线系统管理效率，避免系统混乱所必须考虑的因素，所以有必要将布线系统的标识当作管理的一个基础组。

3.2　施工基本要求与施工准备

1. 遵循过的规范

在新建或扩建的数据中心,在建筑物或建筑群及园区如采用了综合布线系统,必须按照《综合布线系统工程设计规范》GB 50311 和《综合布线系统工程验收规范》GB 50312 中的有关要求进行安装工艺设计。在现有已建或改建的布线系统安装施工时,还应结合现有建筑物的客观条件和实际需要,参照规范执行。

园区或建筑群的综合布线系统工程中,其建筑群主干布线子系统部分的施工,与本地公用通信网有关。因此,安装施工的基本要求应遵循我国通信行业有关接入网通信系统相关标准中的规定。

综合布线系统工程中所用的线缆类型和性能指标、布线部件的规格以及质量等均应符合我国通信行业标准《大楼通信综合布线系统》第 1-3 部 YD/T 926、1-3 等规范或设计文件的规定,工程施工中,不得使用未经鉴定合格的器材和设备。

2. 安装工程要求

(1) 茬建筑内的综合布线系统工程安装施工时,力求做到不影响房屋建筑结构、强度,不有损于内部装修美观要求,不发生降低其他系统使用功能和有碍于用户通信畅通的事故。

(2) 施工现场要有技术人员监督、指导。为了确保传输线路的工作质量,在施工现场要有参与该项工程方案设计和熟悉设计方案的技术人员进行监督、指导,才能使得敷设线路的施工工作有效进行。如果需要委托其他技术人员进行此项工作,必须要向被委托人讲清线路敷设的具体要求,并使他熟悉该项工程方案设计中的线路设计部分内容。

(3) 有序与清晰的标记会给下一步设备的安装、调试工作带来便利,以确保后续工作的正常进行。

(4) 对于已敷设完毕的线路,必须进行随工测试检查。线路的畅通、无误是综合布线系统正常可靠运行的基础和保证,是线路敷设工作中不可缺少的一项工作。需检查线路的标记是否准确无误,检查线路的敷设是否与图纸一致等。

(5) 需要敷设一些备用线。在敷设线路的过程中,备用线的作用就在于它可及时、有效地代替这些出问题的线路。

(6) 为保证各种业务信号的正常传输和设备的安全,要完全避免电涌干扰,与电力和干扰线缆其间隔应按规范的相关规定执行。

(7) 在园区内安装时,要做好与各方面的协调配合工作,不损害其他地下管线或建筑结构物,力求文明施工,保证安全生产。

3.2.1　施工基本要求

1. 基本原则

施工可按照规范中的有关规定进行安装施工。对改、扩建工程,还应结合现有建筑物的客观条件和实际需要,力求做到不影响房屋建筑结构强度,不有损于内部装修美观,不发生降低其他系统使用功能和有碍于用户通信畅通的事故。特别是对数据中心机房部分的布线应考虑到机房的装修设计和各种机电设备的安装情况和要求施工前技术准备根据国家对弱电设计深度的要求,大多数的布线系统设计仅包括系统构架与信息点的分布图及工程概预算部分。在土建施工过程中由于经常发生变更,原设计的图纸达不到施工图纸设计的深度要求。

因此,需要针对现场实际情况,对综合布线系统进行深化设计工作,深化设计是原设计与现场实际布局及产品的结合过程。深化设计的过程:用户需求进一步的调研、方案优化、深化设计、审查合格后出施工图纸(综合管线图、系统图、信息点平面分布图、机房设备布置图、机柜设备安装图等);工程量详细清单及预算控制编制;施工阶段的技术指导及技术服务;竣工验收等工作进度安排的相关工作。

1) 需求调研

结合业主的实际需求和项目的实际状况,与业主、总设计方等相关部门和单位,确定项目的具体需求,编制需求调研文件,明确设计范围及功能划分等事项。

2) 方案优化

结合土建结构和系统设备的特点及需求编制调研文件,进行方案优化、完成初步设计。内容包括初步设计方案说明、系统材料表、设计系统图纸等。取得业主的认可后,进行下一步深化设计工作。

3) 深化设计

结合需求调研和初步设计以及施工图设计的文件进行深化设计,设计内容以建设方的实际需要为依据。主要内容包括设计总说明、设计施工平面图纸、系统拓扑图、设备安装大样及接线图,编制详细的设备材料采购清单及施工技术文件。

4) 施工前准备

(1) 准备工作要点:

(a) 为了确保工程质量,确定施工现场参与项目和熟悉设计文件的技术、督导人员。

(b) 线路的敷设路由、设备的现场安装位置等应与设计图纸一致。

(c) 工程各阶段制作的各类标记、标识一定要清晰、有序、准确。

(d) 在园区内进行管道工程建设时,要做好与各方面的协调配合工作,充分了解园区公共设施管线的路由情况。

(2) 技术准备:

(a) 熟悉、会审图纸。图纸是工程的语言,施工的依据。开工前施工人员首先应熟悉施工图纸,了解设计内容及设计意图,明确工程所采用的设备和材料,明确图纸所提出的施工要求,核对土建与安装图纸之间有无矛盾和错误,明确布线工程和主体工程以及其他安装工程的交叉配合,以便及早采取措施,确保在施工过程中不破坏建筑物的强度,不破坏建筑物的外观,不与其他工程发生位置冲突。

(b) 施工准备阶段必须完成所有施工图设计。必须具有系统图、平面施工图、设备安装图、接线图及其他必要的技术文件。

(c) 工程施工图中要清楚地绘制出有关导管、桥架的规格尺寸、安装工艺要求、设备的平面布置,并应标明有关尺寸、编号、型号规格、说明安装方式等。施工平面图上还应注明预留管线、孔洞的平面布置,开口尺寸以及标高等。例如:

进入建筑物管道位置、标高、进线方向、管道数目及管径;各机房、设备间、电信间、进线间的位置及引出线槽的位置;每层配线箱分布、数量、安装标高、位置;线缆路由及管槽材料、口径、安装方式;弱电竖井的位置。竖井内桥架规格、尺寸、安装位置;各机房、设备间、电信间、进线间等设备布置。

在图纸会审前,施工单位负责施工的专业技术人员应预先认真阅读、熟悉图纸的内容和要求,把疑难问题整理出来,把图纸中存在的问题等记录下来,在图纸会审和设计交底时逐项解决。图纸会审应由工程总包方组织建设单位、设计单位、设备供应商、施工安装承包单位有步骤地进行,并按照工程的性质、图纸内容等分别组织会审工作。会审结果应形成纪要,由设计、建设、施工三方共同签字,作为施工图的补充技术文件。

(d)熟悉和工程有关的其他技术资料。如施工及验收规范、技术规程、质量检验评定标准以及制造厂家提供的资料,即安装使用说明书、产品合格证、试验记录数据等。

2. 施工工期时间表

工程合约一旦签订,应立即由建设方组织各设备供应商、工程安装承包商进行工程施工界面的协调和确认,从而形成工程时间表。主要时间段内容包括系统施工图的确认或二次深化设计、设备选购、管线施工、设备安装前单体(进货)验收、设备安装、系统调试开通、系统竣工验收和培训等。同时工程施工界面协调和确认应形成书面文件。完成编写工程安装施工进度计划及进度节点控制要点内容。

由于工程各标段的施工进度差别很大,在开工前要首先确定各标段的实际施工进度目标和要求,对已经确定的工期目标进行分解,并结合本工程的施工特点和施工配合要求等具体情况进行进度计划安排,同时对相应的人、机、料等资源进行配置,以满足施工需要。对未确定的工程工期目标,将做好后备力量的准备工作,待工期目标确定后,再进行综合安排。工程的进度在原则上应按如下几个阶段进行施工和实施节点进度控制:

(1)中标后,项目组及有关管理人员到位,工人开始进场,同时第一批施工机械及物资启运,实施施工现场临时设施和施工物资等现场条件准备。

(2)根据目标工期和施工计划的要求,在土建混凝土结构施工时,预留孔洞、预埋安装铁件和吊杆、吊架。在钢筋绑扎过程中,根据施工图要求预埋过路盒、插座底盒及管路等施工工作。

(3)在配合土建砌筑墙体施工时,根据施工图要求,暗装管路和箱盒的施工将配合土建的施工进度开展。配合土建内装修油漆、浆活完成后,进行部分明配管的安装。在支吊架完成后进行线槽的安装施工工作。

(4)在天花板(地板)安装之前应完成线缆敷设。

(5)在最后一次刷装修油漆、浆活前应完成信息插座面板的安装工作。

以上各项施工工作将在工程施工进度计划的统筹协调下,在时间和空间上合理安排,紧凑有序地开展各项施工工作。

3. 技术交底

应分级分层次进行技术交底工作,包括对设计单位、工程安装承包商、各分系统承包商、设备供应商、工程监理方、专业工程师、工程项目技术主管等之间的技术交底工作,应分级分层次进行。

1)交底目的

设计单位与工程安装承包商之间的技术交底的目的在于以下两方面:一是明确所承担施工任务的特点、技术质量要求、系统的划分、施工工艺、施工要点和注意事项等,做到心中有数,以利于有计划、有组织地完成任务,工程项目经理可以进一步帮助工人理解消化图纸。二是对工程技术的具体要求、安全措施、施工程序、配置的工具等作详细地说明,使责任明确,各负其责。

技术交底最关键的是对施工技术员一级的交底,即专业性的技术交底,是将上级对有关工程施工的技术要求落实到实际工程项目上的重要步骤,既要交代技术要求,又要说明实际操作的过程。

2) 技术交底的主要内容

(1) 设计要求、细部做法和施工组织设计中的有关要求,工程的用料材质、施工器具、设备性能参数、施工条件、施工顺序、施工方法,施工中采用的新技术、新工艺、新设备、新材料的性能和操作使用方法,预埋部件注意事项,相关工程质量标准、成品保护和验收评定标准,施工中安全注意事项等。

(2) 技术交底的方式有书面技术交底、会议交底、设计交底、施工组织设计交底、分部(分项)工程施工技术交底和口头交底。不同的交底方式,可根据工程的实际情况因地制宜地参考选用。技术交底应遵循针对性、可行性、完整性、及时性和科学性原则,并做好交底记录纳入竣工技术档案中。

4. 施工现场勘察

现场勘察的主要任务是针对客户所提出的信息点及数量、位置进行实地考察,考察的对象包括建筑结构、设备间、电信间和进线间的位置、走线路由、电磁环境、布线设施外观以及穿墙和楼板孔洞等,并结合场地的平面图对信息点进行调整,在勘察的时候我们还需要考虑在利用现有空间的同时避开强电及其他线路,做出综合布线调研报告。施工现场勘查的主要内容如下。

(1) 物理路由情况:在工程施工中,路由是很重要的一环,包括水平线缆路由、垂直干线路由、设备间位置、电信间位置及机柜位置等,现时与客户明确线槽的使用材料及敷设方式。重点了解各楼层、走廊、房间、电梯厅和大厅等吊顶的情况;计算机网络线路可与哪些线路共用槽道;机柜的安放位置,确定主干线槽的敷设方式和大楼结构方面尚不清楚的地方。

(2) 了解该项目网络系统的结构和设计的技术参数。

(3) 确定点位图:详细统计数据节点、语音节点、光纤到桌面节点的数量和分布情况,制作成点位统计表,编制计算材料清单。

(4) 确定工程范围:在勘查过程中,要了解综合布线系统的工程范围,特别是预埋管线部分的工作量是否包含与电信业务经营者的通信设施互连部分等情况。

5. 布线工程与其他工程项目的配合

在勘察时,应了解工程的进度计划和实际情况,对布线工程的各阶段可能施工的时间做出初步的估计,以便适时调派人员,以免出现等工、误工等现象。

由工程项目部按照地块内各个单体的实际施工总进度计划,编制与本工程相配套的施工进度计划。安装工程施工计划要结合工程各个标段的总体进度计划,综合考虑进行编制。由于各标段施工进度不同,要做好配合协调工作,以保证各标段总工期的要求。

工程施工进度计划要结合专业特点、施工顺序、工程量大小、进度的要求合理编制。

由于建筑工地的工程进度表往往与实际偏差很大,因此进度分析应根据项目经理的经验,通过一段时间的观察、参加工程例会后确定,并随着工程进展进行调整。当项目经理能够预期其他工种的进度时,再制订长期施工计划和短期施工计划。

6. 编制施工组织设计

施工组织设计按编制的对象和范围不同,一般可分为施工组织总设计、施工组织设计和施工方案三类。施工组织总设计是以大、中型等群体工程建设项目为对象,其内容比较概括、粗略。施工组织设计是在施工组织总设计指导下,以一个单位工程为对象,在施工图纸到达后编制的,内容较施工组织总设计详细具体。施工方案是以单位工程中的一个分部工程或分项工程或一个专业工程为编制对象,内容比施工组织设计更为具体且简明扼要。

7. 编制施工方案

在全面熟悉施工图纸的基础上,依据图纸并根据施工现场情况、技术力量及技术装备情况,综合做出合理的施工方案。

8. 编制工程预算

按照土建或通信概预算定额要求编制,其中包括工程材料清单、单价和费用、施工定额和费用及工程其他费用等。

9. 准备施工表格

准备工程施工过程中可能用到的相关表格:开工申请表、施工组织设计方案报审表、施工技术方案申报表、施工进度表、进场原材料报验单、进场设备报验单、人工与材料价格调整申报表、付款申请表、索赔申请书、工程质量月报表、工程进度月报表、复工申请表、隐蔽工程验收申请表、工程验收申请单、工程竣工申请表等。

10. 施工人员培训与施工质管

施工现场应配备技术工程师对施工的技法和品质随时进行质量管控,这是管理施工工人的重要一环,也是维护甲方利益的保证。在工地上,质量工程师至少应进行以下工作。

1) 上岗教育与持证上岗

施工人员的素质和大量采用工厂原装产品以作为根本的质量控制手段。应该改变当前施工人员的粗放式作业模式,竭力加强对施工的管理。施工人员持证上岗就是其中的重要一环:每位施工工人都要参加施工前由布线厂商或相关部门组织的强制性施工技能培训,经考核合格后发出带照片的上岗证,每次进工地时均需检查上岗证。每位施工方的管理者均需要持有产品厂商的授证工程师证书。如果施工周期很长,上岗培训应每年进行一次。如果甲方接受工程服务,则可以对改造工程的各个环节进行指导,还可以对工人和用户的维护管理人员进行培训,为将项目质量做到最好奠定基础。其培训内容至少包含以下内容:

(1) 综合布线基础知识(应知);

(2) 与本次施工相关的施工技能(应会);

(3) 质量控制方法(应知);

(4) 施工流程及施工管理方法(应知);

(5) 安全施工规定(应知);

(6) 文明施工规定(应知);

(7) 产品保护规定,包括对不属于本次施工范围的机房设备保护等。

2) 现场质量管理人员的职责

除了施工工人自身应具有施工素质外,现场还需配备管理督导人员,对施工工人的操作进行现场管理。

经验表明,要达到好的施工质量,就需要改变个别施工人员早已习惯的施工手法和施工思维,不然施工人员会时不时地出现违规行为。对此,就需要现场督导人员对他们进行约束和教育,以免施工效果变形、下降、效率低下。

当厂商介入施工管理时,现场督导人员应参加厂商组织的授证工程师培训,持证上岗,并对督导过程形成记录。

(1) 按图施工:

施工图纸是工程语言,是甲方与施工方商定的施工内容的书面体现。当进入施工阶段后,施工方必须按签字后的施工图纸进行施工,不允许边设计边施工。如需变更也需有相应的变更单,以免施工出现随意性。

(2) 首件负责制:

每位持证上岗的施工工人在每个施工阶段中的单项施工起始时,应先做一个"首件"交技术工程师检查,如果得到认可、签字和拍照后,后续相同的施工全部按首件相同的手法和品质进行施工,这一方法称为"首件负责制"。

首件负责制是约束施工品质统一的重要手段,在每个施工阶段中的每个单项施工(如穿线、理线、终接、测试、插拔跳线等)起始时均需进行规范。如果在施工过程中甲方或管理方决定改变施工工艺,则应对相关工序重新进行首件负责制认证。

(3) 后道工序检查前道工序:

工程师的随工检查具有随机性,它的检查结果在统计学角度上可以认为是卓有成效的,但仍然不可能对整个工程的各方面都进行严格的管理。为此,施工人员之间的相互检查也就成为重要的检查方法之一,"后道工序检查前道工序"是其中常用的方法。

顾名思义,"后道工序"是在"前道工序"完成后所进行的工作,前道工序发生问题自然会导致后道工序出现操作问题、质量问题等,甚至影响下道工序的进行。

由后道工序的施工人员检查前道工序的质量,是弥补随工检查不足的重要手段,当然这需要相关的制度予以保证。

(4) 随工检查:

在施工工人的施工操作通过了首件负责制的检查后,施工进入正轨,这时技术工程师转入随工检查阶段。

随工检查是指检查人员在工地上随机或完成了一阶段工期后,对前期施工情况进行检查,及时发现问题,现场予以纠正。在发现有规律的问题时,召集相关的施工工人进行集体纠正。如果双方产生争执,则动用首件检查时的签字、照片作为依据。

(5) 竣工前自检自查:

为保证施工质量,甲方应在施工验收时进行对绞电缆链路及光缆信道的性能测试,但在这之前,施工方先应进行自检自查,其中包括100%的性能指标自测,在提交测试报告并附以全部性能测试记录。经检查全部真实后,作为甲方的竣工验收的依据。

(6) 竣工验收:

在每个阶段中,甲方都可进行随工测试和验收,以确保每个阶段的工程质量都保持完好后进入竣工验收。只有施工方附以全部性能测试记录、竣工图纸等验收文档后,方可进行竣工验收。

竣工测试为抽测。是在施工方提交的测试报告中,测试项目达不到百分之百的合格效率时,由工程验收小组根据 GB 50312 的规定,交由施工方或第三方单位进行 10% 的信息点抽检(甲方承担测试费用),如果不合格再进行加倍抽测(施工方承担测试费用)。

3.2.2 施工前环境、器材及测试仪表、工具检查

1. 器材检验

工程所用线缆和器材的品牌、型号、规格、数量、质量应在施工前进行检查,应符合设计要求并具备相应的质量文件或证书,无出厂检验证明材料、质量文件或与设计不符者不得在工程中使用。还应该具备以下条件:

(1) 进口设备和材料应具有产地证明和商检证明。

(2) 经检验的器材应做好记录,对不合格的器件应单独存放,以备核查与处理。

(3) 工程中使用的线缆、器材应与订货合同或封存产品样品在规格、型号、等级上相符。

(4) 备品、备件及各类文件资料应齐全。

(5) 器材应具备的质量文件或证书包括产品合格证(质量合格证或出厂合格证)、国家指定的检测单位出具的检验报告或认证标志、认证证书、质量保证书等。工程具体要求可由建设单位、工程监理部门、施工单位、生产厂家等共同商讨确定。

1) 线缆的检验

(1) 对绞电缆检验。

(a) 工程使用的电缆类型、规格及线缆的阻燃等级应符合设计要求。

(b) 线缆的出厂质量检验报告、合格证、出厂测试记录等各种随盘资料应齐全,所附标志、标签内容应齐全、清晰,外包装应注明型号和规格。

(c) 电缆应附有本批量的电气性能检验报告。

(2) 光缆检验。

(a) 工程使用的光缆类型、规格及线缆的阻燃等级应符合设计要求。

(b) 如有断纤,应进行处理,待检查合格才允许使用。

(c) 光缆 A、B 端标识应正确明显。

(d) 光缆外包装和外护套需完整无损。

(3) 光纤接插软线或光跳线检验。

(a) 两端的光纤连接器件端面应装配合适的保护盖帽。

(b) 光纤应有明显的类型标记,并应符合设计要求。

(4) 线缆标。

(a) 线缆标志:在线缆的护套上以不大于 1 m 的间隔印有生产厂厂名或代号,线缆型号及生产年份。以 1 m 的间距印有以 m 为单位的长度标志。

(b) 标签:应在每根成品线缆所附的标签或在产品的包装外给出制造厂名及商标、线缆型号、长度(m)、毛重(kg)、出厂编号、制造日期等信息。

(5) 抽测。

(a) 对绞电缆电气性能抽验:

施工前对盘、箱的电缆长度、指标参数应按永久链路模型进行抽验,提供的设备电缆及跳线也应抽验,并做测试记录。

可使用现场电缆测试仪按照布线链路的等级对电缆长度、插入损耗、近端串音等技术指标进行测试。首先应从本批量电缆配盘中任意抽取三盘进行电缆总长度的核准,需在电缆一端按标准终接连接器件,利用仪表的单端测长功能进行总长度核准。另外从本批量电缆中任意三盘中各截出 90 m 长度,加上工程中所选用的连接器件按永久链路测试模型进行抽样测试。对工程设备线缆和跳线可按 5% 比例进行抽样测试。在有的工程中用户还会要求对芯线的直径进行核实。

(b) 光缆传输性能抽检:

光缆开盘后应先检查光缆端头封装是否良好。光缆外包装或光缆护套如有损伤,应对该盘光缆进行光纤性能指标测试。

光纤链路通常可以使用可视故障定位仪进行连通性的测试,一般可达 3~5 km。故障定位仪也可与光时域反射仪(OTDR)配合检查故障点。

光缆光纤损耗测量:被测光纤通过光纤适配器(或 V 沟连接器)、辅助光纤与 OTDR 连接。按 OTDR 测试仪表的操作步骤进行测试,并储存曲线,读取被测光纤的平均损耗,对曲线进行分析。

单盘光缆应对每根光纤进行长度测试。单盘测试结果应与出厂测试记录一致,并符合设计规定。当确认测试结果不符合设计规定时,不得在工程中使用,并按不合格处理的程序予以处置。测试结果应保存归档。

按厂家标明的光纤折射率系数用光时域反射仪进行测量。并以厂家标明的扭绞系数(光纤与光缆的长度换算系数)计算出单盘光缆长度。厂家出厂的光缆长度只允许正偏差。当发现负偏差时应进行重点测量,以得出光缆的实际长度;当发现复测长度较厂家标称长度长时应核对,必要时应进行长度丈量。

光缆单盘检验完毕后,光缆端头应密封固定,恢复外包装。

光纤连接器端面条件直接影响光纤传输性能指标,尤其在数据中心,链路长度相对较短,连接器的损耗是链路损耗的主要组成部分,可以借助专用设备对连接器端面进行检查,进行测试准备或者故障排除。检查光纤连接器端面各区域纤芯与被覆层区域内应保持清洁,无污垢,无裂纹等。

2) 连接器件的检验

(1) 配线模块、信息插座模块及其他连接器件的部件应完整,电气和机械性能等指标符合相应产品生产的质量标准。塑料材质应具有阻燃性能,并应满足设计要求。

(2) 光纤连接器件及适配器使用型式和数量、位置应与设计相符。光纤连接器件应外观平滑、洁净,并应无油污、毛刺、伤痕及裂纹等缺陷,各零部件组合应严密、平整。

(3) 光、电缆配线设备的型式、规格、编排及标志名称应与设计相符。各类标志名称应统一,标志位置正确、清晰。

2. 仪表和工具的检验

1) 测试仪表

应事先对工程中需要使用的仪表和工具进行测试或检查,线缆测试仪表应附有检测机构的证明文件。测试仪表应能测试相应布线等级的各种电气性能及传输特性,其精度应符合相应要求。测试仪表的精度应按相应的鉴定规程和校准方法进行定期检查和校准,经过计量部门校验取得合格证后,方可在有效期内使用。测试仪表下列功能:

（a）应具有测试结果的保存功能并提供输出端口。

（b）可将所有存贮的测试数据输出至计算机和打印机，测试数据必须不被修改。

（c）测试仪表应能提供所有测试项目、概要和详细的报告。

（d）测试仪表宜提供汉化的通用人机界面。

相应检测机构的证明文件可包括国际或国内检测机构的认证书、产品合格证及计量证书等。

（1）铜缆测试仪表：应能测试 F_A 级及以下各级别铜缆布线工程的各种电气性能。按照 ISO/IEC11801 国际标准《平衡和同轴信息技术布缆测试规范　第 1 部分》和标准 IEC 61935 - 1：2009 标准的要求，测试 D、E、E_A、F、F_A 布线等级的仪表精度应分别达到 ⅡE、Ⅲ、ⅢE 和 Ⅳ 级别。

现场测试仪仅能对屏蔽电缆屏蔽层两端做导通测试，目前尚无有效的现场检测手段对屏蔽效果的其他技术参数（如耦合衰减值等）进行测试，因此，只能根据本标准或生产厂家提供的技术参数进行对比验收。

（2）光纤测试仪表：应能测试 OM1、OM2、OM3、OM4 及 OS1、OS2 光纤及光纤到用户单元通信设施工程中使用的 G.652、G.657 单模光纤的性能。

2）施工工具

电缆或光缆的接续工具：剥线器、光缆切断器、光纤熔接机、光纤磨光机、光纤显微镜、卡接工具等必须进行检查，合格后方可在工程中使用。施工工具一般如图 3 - 32 所示。

（1）线缆敷设工具：穿线器、轴装电缆放线底座、斜口钳、梯子、登高机（根据需要）、尼龙扎带、电工胶布（俗称"黑胶布"）、油性记号笔以及大型牵引工具（根据需要）。

（2）电缆或光缆的接续工具：剥线器、光缆切断器、光纤熔接机、光纤磨光机、卡接工具。特别指出：美工刀容易造成模块或配线架集成板的损坏，不可用美工刀剥线压接数据模块。

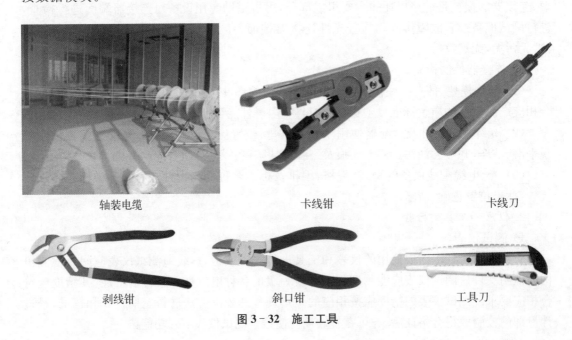

轴装电缆　　　　卡线钳　　　　卡线刀

剥线钳　　　　斜口钳　　　　工具刀

图 3 - 32　施工工具

（3）厂家指定的专用工具，如图 3-33 所示。

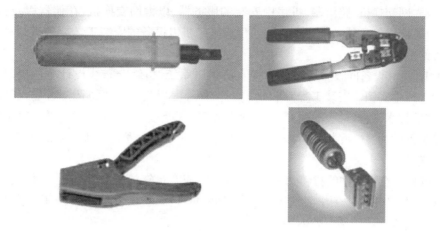

图 3-33　指定卡线工具

3. 型材、管材与铁件的检查

（1）地下通信管道和人（手）孔所使用器材的检查及室外管道的检验，应符合现行国家标准《通信管道工程施工及验收规范》GB50374 的有关规定。

（2）各种型材的材质、规格、型号应符合设计文件的规定，表面应光滑、平整，不得变形、断裂。

（3）金属导管、桥架及过线盒、接线盒等表面涂覆或镀层应均匀、完整，不得变形、损坏；室内管材采用金属导管或塑料导管时，其管身应光滑、无伤痕，管孔无变形，孔径、壁厚应符合设计要求；金属管槽应根据工程环境要求做镀锌或其他防腐处理。塑料管槽应采用阻燃型管槽，外壁应具有阻燃标记。

（4）各种金属件的材质、规格均应符合相应质量标准，不得有歪斜、扭曲、飞刺、断裂或破损。金属件的表面处理和镀层应均匀、完整，表面光洁，无脱落、气泡等缺陷。

4. 环境检查

1）房屋一般要求

（1）综合布线系统应取得不小于规范规定面积的进线间、电信间和设备间，以安装配线设备，如考虑安装其他弱电系统设备时，建筑物还应为这些设备预留机房面积。

（2）在安装工程开始以前应对进线间、电信间和设备间的环境进行检查，具备下列条件方可开工。

（a）电信间、设备间、工作区土建工程已全部竣工。

（b）房屋地面平整、光洁，门高度和宽度应不妨碍设备和器材的搬运，门锁和钥匙齐全。

（c）预留地槽、暗管、孔洞的位置、数量、尺寸均应符合设计要求。

（d）房屋内敷设的活动地板应符合国家标准 GB6650-86《计算机机房用活动地板技术条件》，地板块敷设严密坚固，每平方米水平允许偏差不应大于 2 毫米，地板支柱牢固，活动地板防静电措施的接地应符合设计和产品说明要求。

（e）电信间、设备间和进线间应提供具备可靠的施工电源和接地装置。

（f）电信间、设备间和进线间的面积，环境温、湿度均应符合设计要求和相关规定。

(g) 施工前对电信间、设备间安装有源设备(楼宇通信宽带接入网设备、电话交换机、传输设备、以太网交换机、路由器;机房中安装的服务器、以太网交换机、存储器以及机电设备等设施)对建筑物的环境条件要求应按通信设施与机电设备的安装工艺要求进行检查,不在布线工程的检查范畴。

(h) 电信间、设备间设备所需要的交直流供电系统,由综合布线设计单位提出要求,在供电单项工程中实施。安装工程除和建筑工程有着密切关系需要协调配合外,还与其他安装工程,如给排水工程、采暖通风工程等有着密切关系。施工前应做好图纸会审工作,避免发生安装位置的冲突。互相平行或交叉安装时,要保证安全距离的要求,不能满足时,应采取保护措施。

(3) 所有建筑物构件的材料选用及构件设计,应有足够的牢固性和耐久性,要求防止尘砂的侵入、存积和飞扬。工作区、电信间、设备间、进线间、机房各功能区、机房支持区和辅助区等建筑环境检查应包括下列内容:

(a) 房屋的抗震设计裂度应符合当地的要求。

(b) 房间的门应向走道开启,门的宽度不宜小于 1.5 m。窗应按防尘窗设计或不设窗。

(c) 屋顶应严格要求,防止漏雨及掉灰。

(d) 设备间的各专业机房之间的隔墙可以做成玻璃隔断,以便维护。

(e) 房屋墙面应涂浅色不易起灰的涂料或无光油漆。

(f) 地面应满足防尘、绝缘、耐磨、防火、防静电、防酸等要求。

(g) 房屋的最低高度与地面荷载满足配线设备的形式与安装要求。

(h) 地面与墙体的孔洞应和加固的构件结合,充分注意施工的方便。

(i) 房屋位于地下室或半地下室时应采取通风的措施,地面、墙面、顶面应有较好的防水和防潮性能。

(j) 环境温、湿度要求:温度为 10~30℃,湿度为 20%~80%。温、湿度的过高和过低,易造成线缆及器件的绝缘不良和材料的老化。

(k) 给水管、排水管、雨水管等其他管线不宜穿越配线机房,应考虑设置手提式灭火器和设置火灾自动报警器。

(4) 建筑物进线间及入口设施的检查

(a) 对进线间的设置、引入管道和孔洞的封堵、引入线缆的排列布放等应按照现行国家标准《通信管道工程施工及验收技术规范》GB50374 等相关国家标准和行业规范进行检查。

(b) 引入管道的数量、组合排列以及与其他设施如电气、水、燃气、下水道等的位置及间距应符合设计要求。

(c) 引入线缆采用的敷设方法应符合设计要求。

(d) 管线入口部位的处理应符合设计要求,并应采取排水及防止气、水、虫等进入措施。

(e) 进线间的位置、面积、高度、照明、电源、接地、防火、防水等应符合设计要求。

2) 施工用房检查

施工之前应熟悉工程现场总平面,协商确定施工临设,接通施工用水、用电,落实材料堆放场地、仓库、办公用房,为施工做好前期准备。施工现场要符合施工现场卫生、安全技术要求和防火规范。

项目部一般位于土建办公区,方便与各个相关工程商联系,综合布线工程所用的大量施工工具、对绞电缆、光缆、面板、模块、配线架、机柜及其他部件通常都会在施工前运到工地的临时库房中,对库房的管理就变得十分重要。对于库房的选址主要要考虑安全、水浸、库房搬迁、堆放和损坏,可选择办公区,也可选择施工区域,可根据现场实际环境灵活考虑。

5. 房屋设施及电气要求

(1)房屋预埋槽盒、暗管、孔洞和竖井的位置、数量、尺寸均应符合设计要求。

(2)铺设活动地板的场所,活动地板防静电措施及接地应符合设计要求。

(3)每个工作区宜配置不少于2个带保护接地的单相交流220 V/10 A电源插座盒。电源插座宜嵌墙暗装,高度应与信息插座一致。

(4)每个宽带接入用户单元信息配线箱附近水平70～150 mm处,宜预留设置2个单相交流220 V/10 A电源插座,每个电源插座的配电线路均装设保护电器,配线箱内应引入单相交流220 V电源。电源插座宜嵌墙暗装,底部距地高度宜为500 mm。

(5)暗装或明装在墙体或柱子上的信息插座盒底距地高度宜为300 mm,房屋上部安装时距地高度宜不小于1 800 mm。

(6)安装在工作台侧隔板面及邻近墙面上的信息插座盒底距地宜为1.0 m。

(7)配线箱体宜安装在导管的引入侧及便于维护的柱子及承重墙上处,箱体底边距地高度宜为500 mm,如在墙体、柱子上部或吊顶内安装时距地高度宜不小于1 800 mm。

(8)楼宇电信间、设备间、进线间应设置2个或2个以上单相交流220 V/10 A电源插座,每个电源插座的配电线路均装设保护器。电源插座宜嵌墙暗装,底部距地高度宜为300 mm。

(9)电信间、设备间、进线间、弱电竖井应提供可靠的接地等电位联结端子板,接地电阻值及接地导线规格应符合设计要求。

(10)机柜、配线箱、管槽等设施的安装方式应符合设计的抗震要求。

3.2.3 施工方案评审

1. 拟定施工组织设计报告书

1	工程概况	5	主要分项工程施工方案
2	技术标准	6	进度安排及工期安排
3	施工组织方案	7	施工技术组织措施
4	主要设备及施工的临时设施		

2. 施工方案评审标准表

在工程正式开工前,工程设计单位、建设单位、承建单位和监理单位的技术负责人必须对工程施工方案进行联合评审,评审内容主要包括建设内容、采用技术及性能参数、施工组织计划与进度计划等是否符合用户需求和现实可行性等要求。并且针对方案不足之处提出改进方法,形成评审意见,最终确定工程是否具备正式开工条件。通过方案评审,确保工程进度、质量和投资处于良好的平衡的关系,保证人力、设备、材料、技术等生产要素的优化组合,以提高综合效益。如表3-7所示。

表 3 - 7　施工方案评审表

条款号	评审因素	评审要点	合格标准
施工组织设计评审标准	施工方案与技术措施	施工组织设计内容应包括管桥架敷设、设备安装、设备及系统调试、系统试运行、工程检验方法	合理可行、有针对性、符合本工程特点。
	质量管理体系与措施	(1) 确保质量技术组织措施 (2) 质量控制节点 (3) 质量通病预防整治 (4) 主要工程部位的工程质量保证措施	合理可行、有针对性符合本工程特点。
	工期保证措施	(1) 详细工期安排计划,通过网络图或横道图体现 (2) 有人员、材料、设备分析表 (3) 有重点节点计划安排	合理可行、有针对性符合本工程特点。
	安全生产、文明施工措施、环境保护	(1) 有安全、文明管理组织机构树状图,树状图必须体现岗位职务 (2) 有安全生产、文明施工技术措施 (3) 有确保环境保护的技术措施,包括降低噪音与杜绝扰民现象产生 (4) 创建安全质量标准化方案	合理可行、有针对性符合本工程特点
	季节性施工措施	雨季施工技术措施和保护措施	合理可行、有针对性符合本工程特点
	劳动力安排计划	人员劳动力计划,工种等级、数量、进场时间等保证措施	合理可行、有针对性符合本工程特点
	材料及器具配备保证措施	(1) 有器具设备投入计划 (2) 拟投入本工程主要机械设备品牌、型号、数量、性能 (3) 主要材料数量及进场计划、材料,使用高峰及供应计划	合理可行、有针对性符合本工程特点
	降低成本措施	(1) 有降低成本措施 (2) 有关于现场设计变更、现场签证的管理降低成本措施	合理可行、有针对性符合本工程特点
	工程实施的重点、难点工序分析	关键施工技术难点和解决方案	合理可行、有针对性符合本工程特点

上述项目中的评审,有任一项评审不合格,则判定施工组织设计不合格。并视为实质上不响应招标文件要求,按废标处理。

3.3　线路施工

3.3.1　测量与土处理

通信管道工程的测量,应按照设计文件及城市规划部门已批准的位置、坐标和高程进行。施工前应依据设计图纸和现场交底的控制桩点,进行通信管道及人(手)孔位置复测,施工时应按规定进行校测。通信管道的各种高程以水准点为基准,允许误差不应大于 ± 10 mm。

土方工程的实施：通信管道施工中遇到不稳定土壤或有腐蚀性的土壤时，施工单位应及时提出，待有关单位提出处理意见后方可施工。管道施工开挖时，遇到地下已有其他管线时，应按设计规范的规定核对其相互间的最小净距是否符合标准。如发现不符合标准或危及其他设施安全时，应向建设单位反映，在未取得建设单位和产权单位同意，不得继续施工。

挖掘通信管道沟(坑)时，严禁在有积水的情况下作业，必须将水排放后进行挖掘工作。通信管道工程的沟(坑)挖成后，凡遇被水冲泡的必须重新进行人工地基处理，否则，严禁进行下一道工序的施工。

1) 施工现场堆土

(1) 开凿的路面及挖出的石块等应与泥土分别堆置。

(2) 堆土不应紧靠碎砖或土坯墙，并应留有行人通道。

(3) 城镇内的堆土高度不宜超过 1.5 m。

(4) 堆置土不应压埋消火栓、闸门、光电线缆路标石以及热力、煤气、雨(污)水等管线的检查井、雨水口及测量标志等设施。

(5) 堆土的坡脚边应距沟(坑)边 40 cm 以上。

(6) 堆土的范围应符合市政、市容、公安等部门的要求。

(7) 室外最低气温在零下 5℃时，对所挖的沟(坑)底部应采取有效的防冻措施。

2) 回填土

通信管道工程的回填土，应在管道或人(手)孔按施工顺序完成施工内容，并经 24 h 养护和隐蔽工程检验合格后进行。回填土前，应先清除沟(坑)内的遗留木料、草帘、纸袋等杂物。沟(坑)内如有积水和淤泥，必须排除后方可进行回填土。

通信管道工程的回填土应符合下列规定：

(1) 在管道两侧和顶部 300 mm 范围内，应采用细砂或过筛细土回填。

(2) 管道两侧应同时进行回填土，每回填土 150 mm 厚，应夯实。

(3) 管道顶部 300 mm 以上，每回填土 300 mm 厚，应夯实。

(4) 人(手)孔坑的回填土，应符合下列要求：

(a) 靠近人(手)孔壁四周的回填土内，不应有直径大于 100 mm 的砾石，碎砖等坚硬物；

(b) 人(手)孔坑每回填土 300 mm 时，应夯实；

(c) 人(手)孔坑的回填土，严禁高出人(手)孔口圈的高程。

3) 其他要求

通信管道工程所用的钢筋品种、规格、型号均应符合设计的规定；配制混凝土所用的水泥、砂、石和水应符合使用标准；不同种类、标号的水泥不得混合使用。各种标号混凝土的配料比、水灰比应适量，以保证设计规定的混凝土标号。施工时，应采用实验后确定的各种配比。

基础在浇灌混凝土之前，应检查核对钢筋的配置、绑扎、衬垫等是否符合规定，并应清除基础模板内的各种杂物；浇灌的混凝土应捣固密实，初凝后应覆盖草帘等覆盖物洒水养护；养护期满拆除模板后，应检查基础有无蜂窝、掉边、断裂、波浪、起皮、粉化、欠茬等缺陷，如有缺陷应认真修补，严重时应返工。

在制作基础时，有关装拆模板、钢筋加工、混凝土浇筑、水泥砂浆等内容，应按相关标准执行。

3.3.2 通信管道铺设

管道的荷载与强度应符合国家相关标准及规定;管道应建筑在良好的地基上,对于不同的土质应采用不同的管道基础;在管道铺设过程和施工完后,应将进入(手)孔的管口封堵严密。

1. 管群组合

(1) 管群宜组成矩形,其高度不宜小于宽度,但高度不宜超过宽度一倍。

(2) 横向排列的管孔宜为偶数,宜与人孔托板容纳的光(电)缆数量相配合。

2. 铺设塑料管道

1) 塑料管敷设

(1) 土质较好的地区(如硬土),挖好沟槽后应夯实沟底,回填 50 mm 细砂或细土。

(2) 土质稍差的地区,挖好沟槽后应做混凝土基础,基础上回填 50 mm 细砂或细土。

(3) 土质较差的地区(如松软不稳定地区),挖好沟槽后应做钢筋混凝土基础,基础上回填 50 mm 细砂或细土。必要时对管道进行混凝土包封。

(4) 土质为岩石的地区,挖好沟槽后应回填 200 mm 细砂或细土。

(5) 管道进入人孔或建筑物时,靠近人孔或建筑物侧应做不小于 2 m 长度的钢筋混凝土基础和包封。

(6) 管孔内径大的管材应放在管群的下边和外侧,管孔内径小的管材应放在管群的上边和内侧。

(7) 多个多孔塑料管组成管群时,应首选栅格管或蜂窝管。同一管群组合,宜选用一种管型的多孔管,但可与波纹塑料单孔管或水泥管组合在一起。

(8) 多层塑料管之间应分层填实管间空隙。

(9) 管群上方 300 mm 处宜加警告标识。

(10) 当塑料管非地下铺设时,对塑料管应采取防老化和机械损伤等保护措施。

2) 塑料管道的接续

(1) 塑料管之间连接宜采用承插式黏接、承插弹性密封圈连接和机械压紧管件连接。

(2) 多孔塑料管的承口处及插口内应均匀涂刷专用中性胶合黏剂,最小黏度应不小于 500 MPa·s,塑料管应插到底,挤压固定。各塑料管的接口宜错开。

(3) 塑料管的标志面应在上方。

(4) 栅格塑料管群应间隔 3 m 左右用专用带捆绑一次,蜂窝管等其他管材宜采用专用支架排列固定。

3. 钢管铺设方法与断面组合

钢管接续宜采用套管焊接,并应符合下列规定:

(1) 两根钢管应分别旋入套管长度的 1/3 以上。两端管口应锉成坡边。

(2) 使用有缝管时,应将管缝置于上方。

(3) 钢管在接续前,应将管口磨圆或锉成坡边,保证光滑无棱、无飞刺。

(4) 各种引上钢管引入人(手)孔、通道时,管口不应凸出墙面,应终止在墙体内 30~50 mm 处,并应封堵严密、抹出喇叭口。

4. 人(手)孔

(1) 人(手)孔的地基应按设计规定处理,如系天然地基必须按设计规定的高程进行夯实、抄平,采用人工地基必须按设计规定处理,遇到土壤松软或地下水位较高时,还应增设碴石垫层和采用钢筋混凝土基础。

(2) 人(手)孔基础的外形、尺寸应符合设计图纸规定,其外形偏差应不大于±20 mm,厚度偏差应不大于±10 mm。

(3) 人(手)孔内部净高应符合设计规定,墙体的垂直度允许偏差应不大于±10 mm,墙体顶部高程允许偏差不应大于±20 mm。墙体与基础应结合严密、不漏水,结合部的内外侧应用 1∶2.5 水泥砂浆抹八字,基础进行抹面处理的可不抹内侧八字角。抹墙体与基础的内、外八字角时,应严密、贴实、不空鼓、表面光滑、无欠茬、无飞刺、无断裂等。砌筑墙体的水泥砂浆标号应符合设计规定;设计无明确要求时,应使用不低于 M7.5 水泥砂浆。通信管道工程的砌体,严禁使用掺有白灰的混合砂浆进行砌筑。人(手)孔墙体的预埋件应符合规定。

(4) 管道进入人(手)孔的窗口位置,应符合设计规定,允许偏差不应大于 10 mm;管道端边至墙体面应呈圆弧状的喇叭口;人(手)孔内的窗口应堵抹严密,不得浮塞,外观整齐、表面平光。管道窗口外侧应填充密实、不得浮塞、表面整齐。

(5) 人(手)孔上覆(简称上覆)的钢筋型号、加工、绑扎,混凝土的标号、上覆外形尺寸、设置的高程应符合设计图纸的规定,外形尺寸偏差不应大于 20 mm,厚度允许最大负偏差不应大于 5 mm,预留孔洞的位置及形状,应符合设计图纸的规定。

(6) 人(手)孔口圈顶部高程应符合设计规定,允许正偏差不应大于 20 mm。稳固口圈的混凝土(或缘石、沥青混凝土)应符合设计图纸的规定,自口圈外缘应向地表做相应的泛水。人(手)孔口圈应完整无损,必须按车行道、人行道等不同场合安装相应的口圈,但允许人行道上采用车行道的口圈。

(7) 人孔口圈与上覆之间宜砌不小于 200 mm 的口腔(俗称井脖子);人孔口腔应与上覆预留洞口形成同心圆的圆筒状,口腔内、外应抹面。口腔与上覆搭接处应抹八字,八字抹角应严密、贴实、不空鼓、表面光滑、无欠茬、无飞刺、无断裂等。

(8) 人(手)孔的荷载与强度,其设计标准应符合国家相关标准及规定;人(手)孔盖应有防盗、防滑、防跌落、防位移、防噪声等措施,井盖上应有明显的用途及产权标志;对于地下水位较高地段,人(手)孔建筑应做防水处理。

3.4　建筑物内管槽施工

线缆管槽的安装位置及保护措施应符合施工图设计的规定,一般的要求如下:
(1) 桥架左右偏差不得超过 50 mm。
(2) 水平走道应与列架保持平行或直角相交,水平度偏差不超过 2 mm。
(3) 垂直走道应与地面保持垂直并无倾斜现象,垂直度偏差不超过 3 mm。
(4) 桥架的安装应整齐牢固,无明显扭曲和歪斜。
(5) 线缆走道穿过楼板孔或墙洞的地方,应加装保护装置。线缆放绑完毕后,应有阻燃材料封堵。
(6) 安装沿墙线缆走道时,在墙上埋设的支持物应牢固可靠,沿水平方向的间隔距离均匀。安装后的走道应整齐一致,不得有起伏不平或歪斜现象。
(7) 梯架、托盘、槽盒和导管穿越建筑物变形缝时,应做伸缩处理。

(8) 各段金属梯架、托盘、槽盒和导管应进行电气连接,保持良好接地。

3.4.1 导管安装

1. 一般规定

(1) 至电信间、设备间、进线间导管的管口应排列有序。

(2) 导管内应安置带线。

(3) 在墙壁内应按水平和垂直方向敷设导管,不得斜穿敷设。

(4) 导管与其他设施管线最小净距应符合设计要求。

(5) 导管明敷时,在距接线盒 300 mm 处、弯头处两端和直线段每隔 3 m 处,应采用管卡固定。

2. 暗管敷设

1) 暗管敷设的基本要求

(1) 敷设于多尘和潮湿场所的电线管路、管口、管子连接处均应做密封处理。

(2) 暗配的管宜沿最近的路线敷设并应减少弯曲;埋入墙或混凝土内的管子,离表面净距不应小于 15 cm。

(3) 进入落地式配线箱管路,排列应整齐,管口应高出基础面不小于 50 mm。

(4) 埋入地下的管路不宜穿过设备基础,在穿过建筑物基础时,应加保护管。

2) 预制加工(根据设计图)

(1) 冷弯法:KBG 导管应用专用弯管器弯管,电线管宜用手扳弯管器弯曲,当管径为 25 mm 及以上时,应使用液压弯管器。导管的弯曲半径一般不应小于管外径的 6 倍,埋设于地下或现浇混凝土楼板时,宜为管外径的 10 倍左右。

(2) 导管切割。常用钢锯、割管器、砂轮锯进行切管,断口处应平齐不歪斜,管口刮锉光滑,无毛刺。

(3) 导管套丝。采用套丝板、套丝机,根据管径选择相应板牙,丝扣不乱,不过长,消除渣屑,丝扣干净清晰。

3) 管路连接方法

(1) 管进入箱盒连接:箱盒开孔应整齐并与管径相吻合,要求一管一孔,不得开长孔,铁制盒、箱严禁用气焊、电焊开孔。导管进入箱盒应做定身弯,以利箱盒表面与粉刷或模板平齐。管口露出箱盒应小于 5 mm,露出锁紧螺的丝扣为 2～3 扣。2 根以上管入盒箱要长短一致,间距均匀,排列整齐。

(2) 管箍丝扣连接:套丝不得有乱扣现象。管箍必须使用通丝管箍。上好管箍后,管口应对严,外露丝应不多于 2 扣。

(3) 套管连接:宜用于暗配管,套管长度为连接管径的 1.5～3 倍。连接管日的对口处应在套管中心,焊口应焊接牢固紧密。

(4) KBG 导管扣压连接:管的接口应在管接头中心即 1/2 处,再使用专用扣压器扣压,其扣压点应不少于两点。压接后,在连接口处涂抹铅油,使其整个线路形成完整接地体。

(5) 金属软管与钢管和设备连接时,应采用软管接头连接;不得利用金属软管作为接地体;金属软管用管卡固定,其固定点间距不应大于 1 m。

4）管路固定

（1）现浇板中导管敷设完毕后，应用镀锌铁丝将导管与钢筋绑扎固定。方法如下：

（a）导管距箱盒 200～300 mm 处；

（b）导管管箍或套管两端 200 mm 左右处；

（c）导管直线段每隔 1～1.5 m 处；

（d）导管弯曲部位。

（2）砖砌体内敷设的导管，每隔 1 m 左右用镀锌铁丝、铁钉固定。

（3）导管敷设在楼板内时，管外径与楼板厚度应配合；厚度为 120 mm 时，管外径不应超过 50 mm。若管径超过上述尺寸，应建议导管改为明敷。

（a）多根导管在现浇板中并列敷设时，导管之间应有适当的间距。

（b）在现浇混凝土、框架结构中，向上伸出楼板的导管应尽可能短或加保护套管，以防拆模或拉翻斗车时拗断导管。向下敷在梁底的导管弯头直加装接线盒或在模板开孔将导管伸出模板，以防浇捣时移位找不到。

（4）砖砌体剔槽。剔槽前，根据导管和箱盒位置用直尺划出剔槽尺寸。易槽宽度和深度应根据导管外径合理计算，并使导管表面达到规范要求的保护层。剔槽应用专门的开槽机或石材切割机，严禁用榔头直接在墙面敲打剔槽。剔槽不宜剔横槽。

（5）导管防渗处理。在现浇板中敷设的导管，宜用黑胶布在管接头处以半圈叠绕法包扎严密，以防水泥砂浆渗入。

3. 明管敷设

1）明管敷设基本要求

（1）在多粉尘、易爆等场所敷管，应按设计和有关防爆规程施工。

（2）在潮湿场所应使用厚壁钢管。

（3）明配管应横平竖直。

2）管弯、支架、吊架预制加工

（1）明配导管弯盛半径一般不小于管外径的 6 倍

（2）导管支架、吊架的规格设计无规定时，应不小于以下规定：

（a）角钢支架 25 mm×25 mm×3 mm；

（b）镀锌扁铁支架 30 mm×3 mm；埋注支架应有燕尾，埋注深度应不小于 120 mm；

（c）各种支架严禁气割、气焊，应用切割机切割和钻床钻孔，支架焊接完毕应涂一遍防锈漆，一遍面漆。

3）固定距离

固定点的距离应均匀，管卡与终端、转弯中点、电气器具或接线盒边缘的距离为 150～500 mm；中间的管卡最大距离如表 3-8 所示。

（1）支吊架固定。固定方法有胀和法、预埋铁件焊接法、抱箍法、木砖法等。

（2）敷管时，先将管卡一端的螺丝拧进一半，然后将管敷设在管卡内，逐个拧牢。使用铁支架时，可将钢管固定在支架上；不准将钢管焊接在其他管道上。

4）金属软管和钢管与设备的连接

当金属软管和钢管与设备连接时，做法同暗管。

表 3-8　导管固定间距

敷设方式	导管种类	导管直径/mm				
		15～20	25～32	32～40	50～65	65 以上
		管卡间最大距离/m				
支架或沿墙明敷设	壁厚＞2 mm 刚性钢导管	1.5	2.0	2.5	2.5	3.5
	壁厚≤2 mm 刚性钢导管	1.0	1.5	2.0	—	—
	刚性绝缘导管	1.0	1.5	1.5	2.0	2.0

3.4.2　桥架安装

1. 安装一般要求(梯架、托盘、槽盒)

(1) 安装平整,无扭曲变形,内壁无毛刺,各种附件齐全。

(2) 线接口平齐,接缝处应紧密平直。槽盒盖装上后应平整,无翘角,出线口位置准确。

(3) 在吊顶内敷设时,如果吊顶无法上人时应留有检修孔。

(4) 允许与穿墙上的孔洞一起抹死。

(5) 非导电部分的铁件均应相互连接和跨接,使之成为一连续导体,并做好整体接地。

(6) 底板对地距离低于 2.4 m 时,必须加装保护地线。

(7) 经过筑物的变形缝(伸缩缝、沉降缝)时,盘、槽应断开,用内连接板搭接。保护地线和槽内导线均应留有补偿余量。

(8) 敷设在竖井、吊顶、通道、夹层及设备层等处的线槽应符合《高层民用建筑设计防火规范》的有关防火要求。

2. 支、吊架安装

支架与吊架所用钢材应平直,无显著扭曲。下料后长短偏差应在 5 mm 范围内,切口处应无卷边、毛刺。钢支架与吊架应焊接牢固,无显著变形、焊缝均匀平整,焊缝长度应符合要求,不得出现裂纹、咬边、气孔、凹陷、漏焊、焊漏等缺陷。支架与吊架应安装牢固,保证横平竖直,在有坡度的建筑物上安装支架与吊架应与建筑物有相同坡度。支架与吊架的规格一般应大于扁铁 30 mm×3 mm,扁钢 25 mm×25 mm×3 mm。

当设计无要求时,电缆桥架水平安装的支架间距为 1.5～3 m;垂直安装的支架间距不大于 2 m。支架与预埋件焊接固定时,焊缝应饱满;膨胀螺栓固定时,选用螺栓适配,连接紧固,防松零件齐全。

预埋吊杆、吊架采用直径不小于 8 mm 的圆钢,经过切割、调直、煨弯及焊接等步骤制作成吊杆、吊架。其端部应攻丝以便于调整。在配合土建结构施工时,应随着钢筋上配筋的同时,将吊杆或吊架锚固在所标出的固定位置。在混凝土浇筑时,要留有专人看护以防吊杆或吊架移位。拆模板时不得碰坏吊杆端部的丝扣。

3. 桥架敷设安装

(1) 直线段连接应采用连接板,用垫圈、弹簧垫圈、螺母紧固,接茬处应缝隙严密平齐,其螺丝应朝外。

（2）吊装金属桥架时，可预先将吊具、卡具、量杆、吊装器组装成一整体，在标出的固定点位置处进行吊装。

（3）线槽支线段组装时，应先做干线，再做分支线，将吊装器与线槽用蝶形夹卡固定在一起，按此方法，将线槽逐段组装成形。

（4）桥架与桥架连接

（a）可采用内连接头或外连接头，配上平垫和弹簧垫用螺母紧固。

（b）交叉、丁字、十字应采用二通、三通、四通进行连接，导线接头处应设置接线盒或放置在电气器具内，槽内绝对不允许有导线接头。

（c）弯部位应采用立上弯头和立下弯头，安装角度要适宜。

（5）出线口处利用出线盒进行连接，末端部位要装上封堵，在盘、箱、柜进出线处应采用抱脚连接。

4. 接地跨接与接地

（1）镀锌钢管采用双色软线作接地跨接，软线截面不应小于 $4\ \text{mm}^2$。

（2）电线管采用 $\phi 6$ 圆钢焊接焊跨接，焊接后作防腐处理。

（3）KBG 导管采用扣压接地跨接，扣压点应不少于两个。

（4）镀锌桥架连接板两侧至少有两个防松螺帽或防松垫圈的连接固定螺栓。

（5）镀锌桥架应用不小于 $4\ \text{mm}^2$ 的铜芯线做跨接。

（6）桥架全长应不少于两处与接地或接零干线相连接。

5. 沉降处理和伸缩处理

（1）导管在沉降缝处应断开，断开处设接线盒，两只接线盒之间可用金属软管过渡，并连接好补偿跨接地线。

（2）桥架在沉降缝处可用两个合页连接或断开，并连接好跨接地线。

（3）桥架直线段应每隔 30 m 设置一个伸缩补偿装置。

3.4.3　开放式网格桥架的安装施工

1. 地板下安装

桥架在与大楼主桥架导通后，在相应的机柜列下方，每隔 1.5 m 安装一个桥架地面托架，安装时，配以 M6 法兰螺栓、垫圈、螺母等紧固件进行固定。托架具体安装方式如图 3-34 所示。

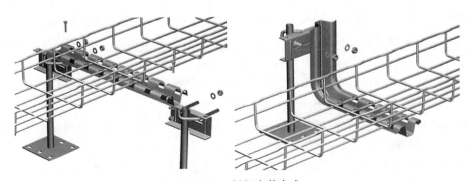

图 3-34　托架安装方式

一般情况下可采用支架,托架与支架的离地高度可以根据用户现场的实际情况而定,不受限制,底部至少距地 50 mm 安装。支架具体安装方式如图 3-35 所示。

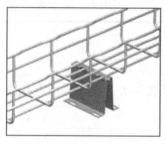

图 3-35　支架安装方式

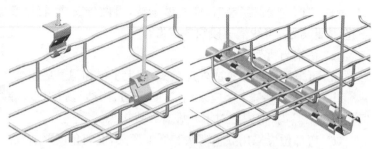

图 3-36　吊装支架安装方式

2. 天花板安装

根据用户承重等的实际需求,可选择不同的吊装支架。通过槽钢支架或者钢筋吊竿,再结合水平托架和 M6 螺栓将主桥架固定,吊装于机柜上方。在对应机柜的位置处,吊装支架具体安装方式如图 3-36 所示。

1) 开放式网格桥架的特殊安装方式

分层吊挂安装可以满足敷设更多线缆的需求,便于维护和管理,也能使现场更美观,如图 3-37 所示。

图 3-37　分层吊挂

图 3-38　机柜支撑安装

2) 机柜支撑安装

机柜安装代替了传统的吊装和天花板安装。采用这种新的安装方式,安装人员不用在天花板上钻孔,不会破坏天花板,而且安装和布线时工人无须爬上爬下,省时省力,非常方便。再加上网格式桥架开放的特点,用户不仅能对整个安装工程有更直观的控制,线缆也能自然通风散热,减少能耗,节约能源;机房日后的维护升级也很简便。如图 3-38 所示。

3) 将配线架(配线模块)直接安装在网格式桥架上

通过简单安装,配线架可以固定网格式桥架上,线缆的整理和路由在桥架上进行,而配线架自带的环形理线器可以正常进行跳线的管理。

网格式桥架因其轻便、灵活,在很多情况下可以成为梯架理想的替代品。不过,也有很多用户在项目中把网格式桥架作为梯架的补充。梯架用于主干桥架,而网格式桥架则作为分支桥架。

3.5　设备安装

3.5.1　机柜与配线架设备安装

1. 机柜（架）加固

安装前必须检查机柜排风设备是否完好，设备托板数量是否齐全，支撑柱是否完好等。机架、设备安装的位置应符合设计要求，其水平度和垂直度都必须符合生产厂家的规定，若厂家无规定时，要求机架和设备与地面垂直，其前后左右的垂直偏差度均不应大于 1 mm。

机架和设备上各种零件不应缺少或碰坏，设备内部不应留有线头等杂物，表面漆面如有损坏或脱落，应进行补漆，其颜色应与原来漆色协调一致。各种标志应统一、完整、清晰、醒目。

1）步骤

（1）将机柜（架）就位、划线、确定底脚加固螺栓（膨胀螺栓）的安装位置。

如机柜（架）底部有操作空间，可用冲击钻头通过机柜（架）底部预留的底脚螺栓固定孔直接打孔，然后用吸尘器吸去沙土后装入膨胀螺栓，经加套弹簧垫圈、平垫圈后，上好螺母。

（2）如机柜（架）底部操作空间很小，则画好固定孔位后，移开机柜（架）再用冲击钻打孔，用吸尘器吸去沙土，再将机柜（架）就位安装。

（3）校对机柜（架）位置和垂直、水平、紧固膨胀螺丝的螺母。机框（架）的垂直误差不大于 3 mm，其水平误差应不大于 2 mm（垂直：应用吊锤或用水平尺再角柱上测量；水平：应用水平尺在柜顶的角梁上测量）。

（4）调整垂直、水平应逐个进行，并以首个机柜（架）为标准，每调好 1 个，即刻固定 1 个。不可将全列都调整好再行固定，以免固定后产生偏差造成反调整。调整时可用橡皮榔头或加垫木块敲击机柜（架）底部，但不得敲击其他部位。机柜（架）两侧垂直、水平不达标时，应根据误差的大小，加垫不同厚度（0.5 mm、1 mm、2 mm、5 mm 单片）钢片，禁止使用木片，草纸板片代替。

（5）列内相邻机柜（架）间，应用螺栓连固，使整列机柜（架）形成一个整体。

（6）列内相邻机柜（架）应紧密靠拢。整列机面应为一个垂直立面，无凹凸现象。

2）抗震加固

机柜（架）安装应牢固，有抗震要求时，需按施工图的抗震设计进行加固。应符合《通信设备安装抗震设计规范》（YD5059—98）的标准要求。

机架和设备必须安装牢固可靠。在有抗震要求时，应根据设计规定或施工图中防震措施要求进行抗震加固。各种螺丝必须拧紧，无松动、缺少、损坏或锈蚀等缺陷，机架更不应有摇晃现象。

3）采用双面配线架的落地安装方式

（1）如果线缆从配线架下面引上走线方式时，配线架的底座位置应与成端对绞电缆的上线孔相对应，以利线缆平直引入架上。

（2）直列上下两端垂直倾斜误差不应大于 1 mm，底座水平误差每平方米不应大于 2 mm。

(3) 跳线环等装置牢固,其位置横竖、上下、前后均应整齐平直一致。

(4) 接线端子应按对绞电缆用途划分连接区域,方便连接,且应设置各种标志,以示区别,有利于维护管理。

2. 配线架安装

1) RJ45 配线架

(1) 若采用模块化配线架,可先将模块安装在配线空架上;使用螺丝将配线架固定在机架上,同时在配线架下方安装理线架,针对屏蔽系统,则打开屏蔽装置。

(2) 将电缆整理好并使用绑扎带固定,一般 6 根电缆作为一组进行绑扎。

(3) 根据每根电缆连接接口的位置,测量终接电缆应预留的长度,然后使用平口钳截断电缆。

(4) 根据系统安装标准选定 T568A 或 T568B 线序,将对应颜色的线对逐一压入槽内,然后使用打线工具固定线对连接,同时将伸出槽位外多余的导线截断。

(5) 将线缆压入槽位内,然后整理并绑扎固定线缆。

(6) 将跳线通过配线架下方的理线架整理固定后,逐一接插到配线架前面板的 RJ-45 接口。

(7) 根据配线架的标签管理功能,在配线架前面板制作标签。

(8) 针对屏蔽系统,终接线缆时,可参考信息模块的安装要点;保证配线架的接地装置与机柜的接地装置地有效终接。

(9) 一般安装步骤:

(a) 根据机柜布局图,查看配线架应该安装的位置,如图 3-39 所示。

(b) 使用螺丝将配线架固定在机架上,屏蔽配线架需要与机柜连接,如图 3-40 所示。

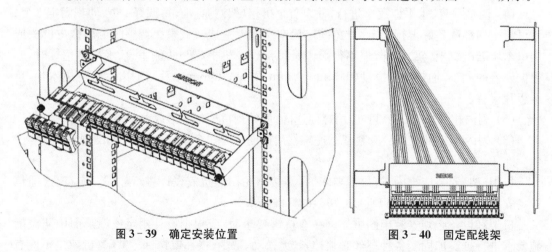

图 3-39　确定安装位置　　　　　　图 3-40　固定配线架

(c) 根据每根电缆连接接口的位置,测量终接电缆应预留的长度,线缆沿着机柜"后立柱"上来到相应配线架高度的位置,并用扎带绑捆固定好,如图 3-41 所示。

(d) 根据系统安装标准选定 T568A 或 T568B 线序,将每根线缆和模块终接好,然后将模块安装到固定座,并将固定座卡回相应的底板端口上,如图 3-42 所示。

(e) 将整个底板往回推进去。这时线缆就自然弯曲,形成了预留的抽拉长度,然后整理并绑扎固定线缆;预留的长度约为 12 cm,保证了单独模块的维护距离。

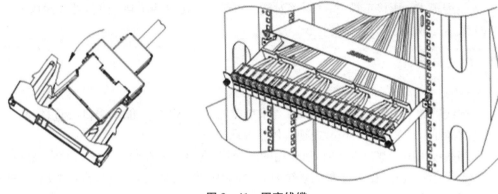

图 3‐41　固定线缆

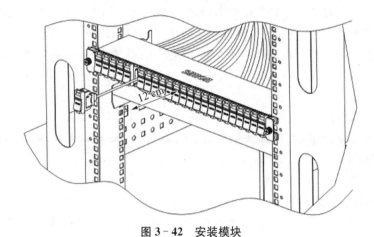

图 3‐42　安装模块

（f）将跳线通过配线架下方的理线架整理固定后，逐一接插到配线架前面板的 RJ‐45 接口。

（g）根据配线架的标签管理功能，在配线架前面板制作标签。

（h）针对屏蔽系统，终接线缆时，可参考信息模块的安装要点。

2）110 配线系统安装

110 配线架的安装步骤如下：

（1）根据 110 配线架的类型和施工要求，将 110 配线架安装在机柜或墙面上。

（2）根据 110 配线架的安装方式，在紧挨 110 配线架的垂直方向或水平下方安装理线装置。

（3）将电缆分组绑扎好，然后布放到配线架内。注意线缆不要绑扎得太紧，要让电缆能自由移动。

（4）确定线缆安装在配线架上各接线块的位置，并做好标记；同时根据线缆的编号，按顺序整理线缆以靠近配线架的对应位置。

（5）按电缆的编号顺序剥除电缆的外皮，并按照规定的线序将线对逐一压入连接模块的槽位内。

（6）使用专用的 110 压线工具，将线对冲压入线槽内，确保将每个线对可靠地压入槽内。注意在冲压线对之前，重新检查对线的排列顺序是否符合要求。

（7）使用多线对压接工具，将4对线对或5对线对连接块冲压到110配线架线槽上。

（8）最后完成标签制作，做好标识。

3.5.2 配线箱安装

1. 一般要求

（1）配线箱如采用墙上安装方式时，要求墙壁必须坚固牢靠，能承受机架重量，其机架（柜）底距地面宜为300～800 mm，或视具体情况取定。

（2）当线缆采用暗敷设方式时，所使用的配线箱、盒也应采取暗敷方式，埋装在墙壁内。为此，在建筑设计中应根据综合布线系统要求，在规定的箱、盒安装位置处，预留墙洞，并将暗敷的管槽引入箱、盒。

（3）箱、盒等配线设备采用明装方式时，以减少凿打墙洞的工作量和影响建筑物的结构强度。

（4）配线设备（架、柜、箱）、金属钢管和金属桥架的接地装置应符合安装设计要求，并保持良好的电气连接。所有与地线连接处应使用接地垫圈，垫圈尖角应对铁件，刺破其涂层。只允许一次装好，不得将已装过的垫圈取下重复使用，以保证接地回路畅通。

2. 箱、盒安装

1）测定箱、盒位置

根据设计图要求确定盒、箱轴线位置，以土建弹出的水平线为基准，挂线找平，线坠找正，标出箱、盒实际尺寸位置。

2）预埋箱、盒

（1）现浇壁板内浇筑预埋盒。

首先应根据土建弹出的水平线或基准点，确定箱盒的水平标高；其次根据土建弹出的支模墨线用挂线将箱盒找平；最后用线坠或目测方法找正。确定箱盒的实际尺寸位置后，用$\phi 6$圆钢在箱盒底部、背部、侧面与壁板筋焊接固定，以防箱盒上下、左右、前后移位。

（2）砖砌体内浇筑箱、盒

在剔槽凿洞结束后，首先应根据土建弹出的水平线，确定箱盒的水平标高；其次根据土建的粉饼厚度用直尺将箱盒与粉刷面找平；最后用线坠或目测方法找正。确定箱盒的实际尺寸与位置后，用小砖块将箱盒塞住固定，再用水泥沙灰将箱盒四周填塞固定。

（3）现浇楼板内浇筑接线盒

塑料接线盒可用2枚铁钉直接固定在木模上，钢制接线盒宜用铁丝缠绕在铁钉上固定或用2枚铁钉直接固定。

土建拆模后，塑料接线盒内铁钉可用电工钳摇动拔下；钢制接线盒内的铁钉可用电工钳摇动拔下或用钢钎铲断。

3）箱盒内填料

箱盒内宜用锯屑、废纸等填满，防止水泥砂浆或杂物进入。但锯屑、废纸等宜用塑料袋包装填入箱盒内，以防泥等锈蚀箱盒和清理箱盘时，弄得纸屑满地。

3.5.3 连接硬件安装

综合布线系统中所用的连接硬件和信息插座都是重要的零部件，其安装质量的优劣直接影响连接质量的好坏，也必然决定传输信息质量。因此，在安装施工中必须规范操作。

接线模块等连接硬件的型号、规格和数量,都必须与设备配套使用。根据用户需要配置,做到连接硬件正确安装,线缆连接区域划界分明,标志应完整、正确、齐全、清晰和醒目,以利维护管理。

接线模块、插座面板等连接硬件要求安装牢固稳定,无松动现象,设备表面的面板应保持在一个水平面上,做到美观整齐。

1. 信息模块安装

信息模块压接时一般使用打线工具压接和直接压接方式。

安装步骤:

(1) 从信息插座底盒孔中将对绞电缆拉出 20～30 cm;

(2) 使用剥线工具,在距线缆末端 5～10 cm 处剥除线缆的外皮;

(3) 剪除线缆的抗拉线,有十字骨架的线缆,距离护套 1 cm 左右处剪除十字骨架;

(4) 针对屏蔽系统,处理屏蔽对绞电缆的屏蔽层和接地线,一般是将屏蔽层和接地线向下翻折处理;

(5) 取出信息模块,根据模块色标分别把对绞电缆的 4 对线缆卡接到合适插槽中,使用打线工具把线缆压到插槽中,并切断伸出的余缆;

(6) 针对有槽帽设计的模块(免打线工具式模块),将 4 对线缆分别卡接到槽帽内,将线缆及槽帽一起压入模块插座;

(7) 屏蔽系统,将模块屏蔽层与线缆屏蔽层实现 360°接触,同时做好接地处理。

2. 信息面板、光纤面板安装

1) 面板选择注意事项

(1) 模块的匹配性:应根据使用的连接器(信息模块)选择相应的面板。

(2) 通用性:面板规格应符合国标(86 型、120 型),并与安装底盒配套,可安装铜缆模块及光纤适配器(兼容性)。

(3) 防尘:应考虑到模块在不使用时的防尘问题。

(4) 标签:面板上应设计有标签框。

(5) 卡扣合理性:面板与模块应能良好连接,安装便捷,维护方便,经多次拆装仍能连接良好。

(6) 外形及材料:信息面板应选择优质塑料制作,外形应与墙面插座、面板匹配。

2) 铜缆信息面板安装

信息插座盒体包括单口或双口信息插座盒,多用户信息插座盒(12 口)等,具体的安装位置、高度应符合设计要求。盒体可以采用膨胀螺栓进行固定。

面板的安装位置应符合工程设计的要求,既有安装在墙面的,也有埋于地板上的(地插安装在地面插座盒的面板应可开启,并具有防尘、防水和抗压的功能)以及办公桌上的(表面安装盒),安装施工方法应区别对待。固定螺钉需拧紧,不应有松动现象。

各厂家的信息面板结构有所差异,因此具体的安装方法各不相同,安装在墙体面板的几个共同技术要点如下:

(1) 将制作好的信息模块卡在面板槽位内,注意模块上下方向;

(2) 将模块的面板与暗埋在墙内的底盒接合在一起;

(3) 用螺丝将插座面板固定在底盒上;

（4）在面板上安装标签，标明所接终端类型或序号。

3）光纤面板

（1）明装信息插座的底盒安装必须牢固可靠，不应有松动现象，上面应有明显的标志，可以采用颜色、图形和文字符号来表示所接终端设备的类型，以便使用时区别，以免混淆，其安装要点与墙面安装相同，如图 3-43 所示。

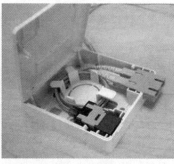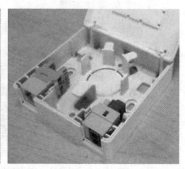

图 3-43　明装插座

图 3-44　活动地板下安装插座底盒

（2）安装在地面上或活动地板下的插座底盒（地插），其面板上的盖板应可开启。底盒均在地面下，其盖板与地面平齐，可以开启或弹起式，在不使用时，盖板与地面平齐，其安装要点与墙面安装相同，如图 3-44 所示。

（3）对于安装在办公桌上信息插座的底盒与面板，可考虑到利用家具中线缆的敷设设施。

3.6　线缆敷设

光缆与对绞电缆的接续方式不同。铜芯导线的连接操作技术比较简单，不需较高技术和相应设备，这种连接是电接触式的，各方面要求均低。光纤的连接就比较困难，它不仅要求连接处的接触面光滑平整，且要求两端光纤的接触端中心完全对准，其偏差极小，因此技术要求较高，且要求有较高新技术的接续设备和相应的技术力量，否则将使光纤产生较大的衰减而影响通信质量。

3.6.1　室外光缆敷设

当前，公用通信网络光纤的接入方式已经成为主流，建筑物之间主干线缆也大都采用光缆，而且光缆将越来越接近于用户。所以本节考虑到数据中心的光缆的应用，将不再列出室外铜缆的敷设内容。

1. 施工准备

1）工具

准备好施工中需要用到的各种工具（包括光缆施工工具），下面列出一些必要的工具：鸭嘴钳、剥线刀、打线工具、管一锁钳、斜嘴钳、钻（1/4 和 1/2 英寸钻深）、光纤测试仪、钢锯、扁嘴钳、螺丝刀（扁头的和十字花的）、板岩锯、通条、铁丝剪、多用刀、绳子或拉绳、冲击工具、线缆夹布缆支架。

2）产品和施工材料及各类相关文件

各类线缆、模块、接插件、配线架等产品以及导管、桥架和配线机柜的产品合格证、产品检测报告、技术说明书等。

2. 光缆施工

由于光缆中光纤的纤芯是石英玻璃制成的，容易破碎。因此，在光缆施工时有许多特殊要求。施工人员操作不当，石英玻璃碎片会伤害人。光纤连接不好或断裂，使人受到光波辐射，会伤害眼睛。因此，参加施工的人员必须经过严格训练，学会光纤连接的技巧，并遵守操作规程。未经严格训练的人员，严禁操作已安装好的光缆配线系统。

施工人员即使能熟练操作，也必须遵守下列操作程序。

1）安全保障

力求线缆的安装快捷迅速，不出现差错，同时保障设备、操作人员、其他参与安装的人员、终端用户的安全。

在安装过程中必须遵守安全条例，这是对安装人员自身及那些使用该系统的人的安全考虑。不遵守安全条例会导致严重的伤害甚至死亡。总而言之，应该遵守安全操作规程。在开始工作以前遵循以下安全要点：

（1）穿着合适的工作服；

（2）在计划工作时谨记安全；

（3）确保工作区域的安全性；

（4）确定电力线的位置；

（5）使用合适的工具。

2）安全措施

（1）着装：一般情况下，工装裤、衬衫和夹克就可以了。

（2）安全眼镜：在操作中要始终配戴眼镜，因为在诸如对对绞电缆进行终接或接续时，铜线有可能会突然弹出来，伤及眼睛。在终接或接续光纤时，也应佩戴眼镜。安全眼镜要经过检查，以防碰撞时爆裂。

（3）安全帽：在有危险的地方要始终戴着安全帽。例如在生产车间，在梯子高处工作，在你头顶上方有工作的人员都可能给你带来危险。在许多情况下，在新的建筑工地，会看到要求在工地上佩戴安全帽的提示性警告。

（4）手套：安装或操作时，例如，当在楼内拉缆时，或擦拭带螺纹的线杆时都可能会碰到金属刺，这时手套会保护你的手。

（5）劳保鞋：通常，应该穿劳保鞋来保护脚踝。在有重物可能落下的区域，要求穿鞋尖有护钢的鞋。

3）施工安全要点

（1）计划工作时谨记安全。

订计划时要谨记安全。注意可能会伤及你或其他人的危险情况出现。如果你发现有关的区域有安全问题，需请监工一起查看。

（2）保证工作区域的安全。

确保在工作区域的每个人的安全。在布线区域要设置安全带和安全标记。妥善安排工具以使其不妨碍他人。缺乏管理的工具是造成伤害的隐患。

（3）使用合适的工具。

在安装任何布线系统时，都会使用手工工具。保证使用合适、安全的工具。谨记以下提示：

（a）保证工具是锋利的。

（b）修整好螺丝刀以使其刀头适合螺钉帽。

（c）在需要电源工具的地方使用双绝缘电源工具。

（d）确保工具处于良好状态。如果工具磨损了，需要更换。

环境应保持干净，如果无法远离人群，则应采取防护措施。不允许直接用眼睛观看已运行的光纤及其连接器。只有在断开所有光源的情况下，才能进行操作维修。

4）光缆施工特点

（1）在装卸光缆盘作业时，应使用叉车或吊车，如采用跳板时，应小心细致从车上滚卸，严禁直接推落到地。在工地滚动光缆盘的方向，必须与光缆的盘绕方向（箭头方向）相反，其滚动距离规定在 50 m 以内，当大于 50 m 时，应使用运输工具。在车上装运光缆盘时，应将光缆固定牢靠，不得歪斜和平放。在车辆运输时车速宜缓慢，注意安全。

（2）光纤的接续人员必须经过严格培训，取得合格证明才准上岗操作。光纤熔接机等贵重仪器和设备，应有专人负责使用、搬运和保管。

（3）光纤极性判定。必须在施工前对光缆的端别予以判定并确定 A、B 端，敷设光缆的端别应方向一致，不得使端别排列混乱。根据运到施工现场的光缆情况，结合工程实际，合理配盘，充分利用光缆的盘长，宜整盘敷设，减少中间接头，不得任意切断光缆。室外管道光缆的接头应该放在人（手）孔内，其位置应避开繁忙路口或有碍于人们工作和生活处。

（4）拉力。在施工操作时不应超过各种类型光缆允许的拉力强度，在施工过程中和施工完毕后光缆在弯曲处不应超过允许的最小的曲率半径，以免损坏光缆纤芯。因此在施工的时候，光缆通常是绕在卷轴上，而不是放在纸板盒中。为了使卷轴转动以便拉出光缆，该卷轴可装在专用的支架上。

光缆的施工用线（或绳子）将光缆系在管道或线槽内的牵引绳上，再牵引光缆。牵引方式将依赖于作业的类型、光缆的重量、布线通道的质量，以及管道中其他线缆的数量。

光缆如采用机械牵引时，牵引力应用拉力计监视，不得大于规定值。光缆盘转动速度应与光缆布放速度同步，要求牵引的最大速度为 15 m/min，并保持恒定。光缆出盘处要保持松弛的弧度，并留有缓冲的余量，避免光缆出现背扣、扭转或小圈。

牵引过程中不得突然启动或停止，应互相照顾呼应，严禁硬拉猛拽，以免光纤受力过大而损害。在敷设光缆的全过程中，应保证光缆外护套不受损伤，密封性能良好。

布放光缆应从卷轴的顶部去牵引光缆，缓慢而平稳地牵引，不能急促地抽拉光缆。用线（或绳子）将光缆系在管道或线槽内的牵引绳上，再牵引光缆。用什么方式来牵引，将依赖于作业的类型、光缆的重量、布线通道的质量以及管道中其他线缆的数量。

敷放光缆应严格按光缆施工要求，从而最大限度地降低光缆施工中光纤受损伤的概率，避免纤芯受损伤导致的熔接损耗增大。光缆敷设应按要求进行，光缆施工宜采用"前走后跟,光缆上肩"的放缆方法,能够有效地防止打背扣的发生。牵引力不超过光缆允许的80%,瞬间最大牵引力不超过100%,牵引力应加在光缆的加强件上。

(5)绑扎。在建筑物内光缆与其他弱电系统线缆平行敷设时,应保持间距分开敷设,固定绑扎。

(6)光纤接续。光缆光纤的连接比较困难,不仅要求连接处的接触面光滑平整,而且要求两端光纤的接触端中心完全对准,其偏差极小,因此技术要求较高,要有技术含量较高的接续设备和相应的技术力量,满足光纤链路衰减指标要求。

(7)光缆应单独占用管道管孔,如利用原有管道和对绞电缆合管敷设时,应在管孔中穿放独立使用的塑料子管,塑料子管的内径应为光缆外径的1.5倍以上。

(8)采用吹光纤系统时,应根据穿放光纤的客观环境、光纤芯数、光纤的长度和光纤弯曲次数及管径粗细等因素,决定压缩空气机的大小和选用吹光纤机等相应设备及施工方法。

5)光缆敷设操作

(1)施工人员的配合。

敷设光缆作业需要多少施工人员,取决于牵引的是单根光缆还是多根光缆,当牵引一条光缆进入管道时,还要考虑光缆卷轴与管道的相对位置,有没有滑车轮来辅助牵引光缆等。

下面给出一些确定敷设光缆施工人员数量的建议:

(a)牵引一条光缆,要通过非空或线缆比较拥挤的管道,最好考虑用两个人,即一个人在卷轴处放光缆,另一个人用拉绳牵引光缆。如果是往一个空的管道中敷设光缆,而且光缆卷轴放在管道的入口点处,则用一个人就可以布放光缆并牵引光缆,但在这种情况下必须保证张力(4芯光缆张力小于45 kg、6芯光缆张力小于56 kg、12芯光缆张力小于67.5 kg)。

(b)经由建筑物各层楼板中的槽孔向下敷设光缆,如果光缆经建筑物弱电竖井的槽孔向下敷设,则最少需要三个人,也许还要更多。安排两个人负责从卷轴上放光缆(一个人备用),在最底层的光缆入口处需要一个人,并且还要有人在楼层之间牵引光缆。

(2)园区管道光缆敷设。

在地下管道中敷设光缆是最好的一种方法,因为管道可以保护光缆,防止挖掘、有害动物及其他故障源对光缆造成损坏。

(a)核对与清扫:

在敷设光缆前,根据设计文件和施工图纸对选用光缆穿放的管孔大小和其位置进行核对,如所选管孔孔位需要改变时(同一路由上的管孔位置不宜改变),应取得设计单位的同意。敷设光缆前,应逐段将管孔清刷干净和试通。清扫时应用专制的清刷工具,清扫后应用试通棒试通检查合格,才可穿放光缆。如采用塑料子管,要求对塑料子管的材质、规格、盘长进行检查,均应符合设计规定。

(b)单孔管中穿放塑料子管:

布放两根以上的塑料子管,管材本身颜色应有区别,如无色时,端头应做标志。布放塑料子管的环境温度应在-5~+35℃之间,在温度过低或过高时,尽量避免施工,以保证塑料子管的质量不受影响。连续布放塑料子管的长度,不宜超过300 m,塑料子管不得在管道中间有接头。牵引塑料子管的最大拉力,不应超过管材的抗张强度,牵引速度要均匀。穿放塑料子管的管孔,应采用塑料管堵头(也可采用其他方法),在管孔处安装,使塑料子管固定。塑料子管布放完毕,应将子管口临时堵塞,以防异物进入管内,本期工程中不用的子管必须在子管端部安装堵塞或堵帽。塑料子管应根据设计规定要求在人孔或手孔中留有足够长度。如果采用多孔塑料管，可免去对子管的敷设要求。

（c）制作牵引端头：

光缆的牵引端头可以预制，也可现场制作。为防止在牵引过程中发生扭转而损伤光缆，在牵引端头与牵引索之间应加装转环。光缆采用人工牵引布放时，每个人孔或手孔应有人值守帮助牵引；机械布放光缆时，不需每个孔均有人，但在拐弯处应有专人照看。整个敷设过程中，必须严密组织，并有专人统一指挥。牵引光缆过程中应有较好的联络手段，不应有未经训练的人员上岗和在无联络工具的情况下施工。光缆一次牵引长度一般不应大于1 000 m。超长距离时，应将光缆盘成倒8字形分段牵引，或中间适当地点增加辅助牵引，以减少光缆张力和提高施工效率。为了在牵引过程中保护光缆外护套等不受损伤，在光缆穿入管孔或管道拐弯处与其他障碍物有交叉时，应采用导引装置或喇叭口保护管等保护。此外，根据需要可在光缆四周加涂中性润滑剂等材料，以减少牵引光缆时的摩擦阻力。

（d）人（手）孔中光缆做法：

光缆敷设后，应逐个在人孔或手孔中将光缆放置在规定的托板上，并应留有适当余量，避免光缆过于绷紧。

光缆在人孔中没有接头时，要求光缆弯曲放置在线缆托板上固定绑扎，不得在人孔中间直接通过，否则既影响今后施工和维护，又增加光缆损害的机会。光缆与其接头在人孔或手孔中，均需放在人孔或手孔铁架的线缆托板上予以固定绑扎，并应按设计要求采取保护措施。保护材料可以采用蛇形软管或软塑料管等管材。光缆在人孔或手孔中应注意以下几点：

① 光缆穿放的管孔出口端应封堵严密，以防水分或杂物进入管内；② 光缆及其接续应有识别标志，标志内容有编号、光缆型号和规格等；③ 在严寒地区应按设计要求采取防冻措施，以防光缆受冻损伤；④ 如光缆有可能被碰损伤时，可在其上面或周围采取保护措施。

（3）架空敷设。

架空敷设即在空中从电线杆到电线杆敷设，因为光缆暴露在空气中会受到恶劣气候的破坏，数据中心工程中较少采用架空敷设方法。对于改造工程，尤其在光缆引入建筑物时，因为原有地下引入管道的拥挤或缺失，会局部地采用架空的敷设方式。对数据中心而言，新建项目为多数，大都采用管道敷设光缆，本书对架空光缆不做介绍。

3. 光缆允许接伸力和压扁力

如表3-9所示要求为光缆所允许的接伸力和压扁力。

表3-9 光缆的允许接伸力和压扁力

敷 设 方 式		允许拉伸力（最小值）/N		允许压扁力（最小值）/(N/100 mm)	
		短期	长期	短期	长期
管道、非自承架空		1 500	600	1 000	300
路面微槽	有压力填补	1 000	300	2 000	750
	无压力填补	1 000	300	1 000	300

(续表)

敷　设　方　式		允许拉伸力 （最小值）/N		允许压扁力 （最小值）/（N/100 mm）	
		短期	长期	短期	长期
蝶型引入光缆	金属加强芯	200	100	2 200	1 000
	非金属加强芯	80	40	1 000	500
	自承式	600	300	2 200	1 000
室内布线光缆 （单芯/双芯）	外径＞3.0 mm	300	150	1 000	300
	外径≤3.0～≥2.0 mm	150	80	1 000	300
	外径＜2.0 mm	80	40	1 000	300
室内外光缆	垂直布线 ＞12 芯	1 320	400	1 000	300
	垂直布线 ≤12 芯	600	200	1 000	300
	水平布线 ＞12 芯	660	200	1 000	200
	水平布线 ≤12 芯	440	130	1 000	200
	管道入户 单芯/双芯	440	130	1 000	200

3.6.2　室内线缆敷设

建筑物内的各种线缆通过建筑物内的配线管网完成敷设，其中有区域（水平）线缆和垂直（主干）线缆。

在线缆敷设之前，建筑物内的各种暗敷的管路和槽道已安装完成，因此线缆要敷设在管路或槽道内就必须使用线缆牵引技术。为了方便线缆牵引，在管路或槽道内置了一根拉绳（一般为钢绳），可以方便施工。

根据施工过程中敷设的线缆类型，一般使用四种牵引技术，即牵引单根和多根 4 对对绞电缆、牵引单根和多根 25 对或更多对的对绞电缆。主要的牵引技术由缠绕式牵引和打环式牵引两种。

线缆在建筑物内部安装时需要关注以下几个方面：

（1）确认光缆的型号、规格应与设计规定相符。

（2）光缆的布放应自然平直，不得产生扭绞、打圈接头等现象，不应受到外力的挤压和损伤，在光缆转弯处应在保证弯曲半径的前提下于弯道前、后处绑扎固定。

（3）不要使光缆变形，尤其是在使用帮扎带对线缆或硬件的固定时。

（4）不要超过光缆的最大拉伸力。

（5）不要将对绞电缆和光缆混合进行敷设。

（6）在多根光缆一同牵引时，保持相同拉力负荷和设计，不要超过多根光缆中，抗拉力最低的光缆。

（7）不要超过光缆的最小弯曲半径（安装过程和长期储存），光缆的最小弯曲半径是随着光缆直径而变化的，需要参阅相关产品说明个技术规格书，明确你所使用的光缆的最小弯曲半径（安装过程和安装完成后）。

（8）注意所有的消防的防火等级（使用适当的燃烧级别或通道）。

（9）当需要时，光缆尽可能使用可选的支撑件固定。不要让光缆处于非静止状态，以防止由于光缆摩擦而抹掉标识和印字。

（10）线缆的两端应贴有标签，标明编号，标签书写应清晰、端正，标签应选用非易损材料。

（11）布放在对绞电缆桥架上的光缆必须绑扎。宜采用黏扣带绑扎，绑扎后的光缆应互相紧密靠拢，使外观平直整齐，间距均匀，松紧适度。

（12）要求将交、直流电源线、数据对绞电缆和光缆分架走线，或在金属通道中采用金属板隔开，在保证光缆间隔距离的情况下，同通道敷设。

1. 对绞电缆导管方式敷设

对绞电缆的敷设一般采用线缆牵引技术。

1) 拉线前的理线设计程序

（1）计划好同一方向要一起拉的线缆的数量和型号。

（2）安排好线轴和线盒，这样各根对绞电缆就可以装入计划好的构型中了。从中选一根对绞电缆作头。

（3）选 2/3 根对绞电缆，因为它们处在同一个工作环境中。将它们置于离头约 1 in 的地方，用电圈将头和第一组线螺旋形地裹起来以保护对绞电缆。

（4）安排第二组的 2/3 根对绞电缆，离第一组靠后大约 6 ft（英尺，1 ft＝3.048×10⁶ m）处用电圈裹起来。在可能的地方将对绞电缆放在对绞电缆束的凹陷处，这样会尽可能地成流线型。在拉线过程中挂起来时不能有凹陷部分。

（5）如此照做直到完成计划。数量多少取决于是手工还是用曲柄，规格、长度和布线径以及为多少个工作区服务。一次最多布放 10～15 根对绞电缆。

（6）用活结将头部与拉线连起来，如果合适，布线时可以使用润滑剂。确保润滑剂是专门用于锥形线头的，因为这部分在布线中是最易受到摩擦的。

（7）一个安装者在布线工作区的一端用手或曲柄拉线。第二个人轻轻地把对绞电缆束插入管道，确保没有打结、绊住，否则对绞电缆会受损。两个安装人员应该采用有线或无线电话的方式保持联系。

（8）一旦对绞电缆束在另一端被拉出，拿掉拉线或机械蛇，再敲掉构型。剪掉 1 ft 的头部，因为这部分在拉线中很可能已被腐蚀或损坏了。

2) 牵引多根 4 对对绞电缆

多根 4 对对绞电缆同时成束敷设是工程中使用最多的情况。以此为例，可以理解单根电缆、大对数电缆的敷设方法。

（1）缠绕式牵引技术 1 的具体操作步骤如下：

（a）将多根 4 对对绞电缆聚集成一束，并使它们末端参差不齐，如图 3 - 45 所示。

（b）用电工胶带紧绕在线缆束外面，在末端外绕 5～10 cm 长，这样可形成一个锥形线缆束，在牵引线缆时可适当减小牵引阻力，如图 3 - 46 所示。

（c）将拉绳穿过电工胶带缠好的线缆，如图 3 - 47 所示。

（2）缠绕式牵引技术 2 的具体操作步骤如下：

（a）除去外皮，暴露出 5～10 cm 的线对，如图 3 - 48 所示。

（b）将所有线对分为两束，将两束导线互相缠绕在一起形成环，如图3-49所示。

（c）使用电工胶带将线对部分缠绕固定，如图3-50所示。

（d）将拉绳穿过此环，进行牵引，如图3-51所示。

　　如果管道内没有预先留置牵引绳，或者牵引绳断裂时，可以使用吊钩工具重新敷设牵引绳，如图3-52所示。假如布线的管道内不通畅，可以使用管道疏通器进行疏通，如图3-53所示。

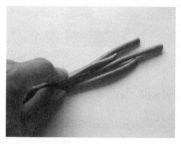

图3-45　成束

图3-46　缠胶带

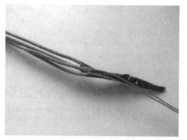

图3-47　串拉线

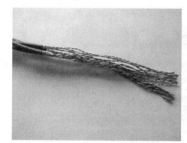

图3-48　剥外皮

图3-49　分束成环

图3-50　胶带缠绕固定

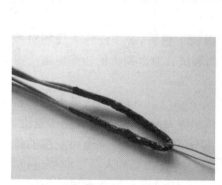

图3-51　穿拉线

图3-52　吊钩工具

图3-53　管道疏通器

　　2.光缆管道敷设（牵引多根光缆）

　　主要操作方法是将多根光缆外表皮剥除后，将多根光缆的芳纶做成环形，然后通过拉绳牵引多根光缆，具体操作步骤如下：

　　（1）把多根光缆外皮表剥除，如图3-54所示。

　　（2）多根光缆的光纤束向后弯折，并用电工胶带缠绕在后端的多根光缆外皮上，如图3-55所示。

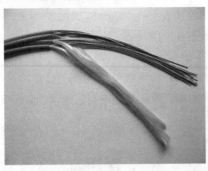
图 3-54 剥除外皮

图 3-55 缠绕胶带

（3）把多根光缆剩下的芳纶集中在一起，接芳纶向后用做成环状，如图 3-56 所示。

（4）将芳纶与多根光缆用电工胶带缠住，再用拉绳牵引多根光缆，如图 3-57 所示。

图 3-56 做环

图 3-57 穿拉线

3. 主干线缆施工

建筑物主干布线子系统的线缆较多，且路由集中，是综合布线系统的重要骨干线路。施工要点如下：

（1）对于主干路由中采用的线缆规格、型号、数量以及安装位置，必须在施工现场对照设计文件进行重点复核，如有疑问，要及早与设计单位协商解决。对已到货的线缆也需清点和复查，并对线缆进行标志，以便敷设时对号入座。

（2）建筑物主干线缆一般采用由建筑物的高层向低层下垂敷设，即利用线缆本身的自重向下垂放的施工方式。该方式简便、易行、减少劳动工时和体力消耗，还可加快施工进度。为了保证线缆外护层不受损伤，在敷设时，除装设滑车轮和保护装置外，要求牵引线缆的拉力不宜过大，应小于线缆允许张力的 80%。在牵引线缆过程中，各楼层的人员要同步进行，不要用力拽拉线缆。要防止拖、蹭、刮、磨等损伤，并根据实际情况均匀设置支撑线缆的支点，线缆布放完毕后，在各个楼层以及相隔一定间距的位置设置加固点，将主干线缆绑扎牢固，以便连接。

（3）主干线缆如在槽道中敷设，应平齐顺直、排列有序，尽量不重叠或交叉。线缆在槽道内每间隔 1.5 m 应固定绑扎在支架上，以保持整齐美观。在遭道内的线缆不得超出槽道。以免影响槽道加盖。

（4）主干线缆与其他管线尽量远离，在不得已时，也必须有一定间距，以保证今后通信网络安全运行。

（5）在智能建筑中有多个网络系统使用的综合布线系统时，各系统使用线缆的布设间距要符合规范要求。

（6）在线缆布放过程中，线缆不应产生扭绞或打圈等有可能影响线缆本身质量的现象。

（7）线缆布放后，应平直处于安全稳定的状态，不应受到外界的挤压或遭受损伤而产生故障；

1）主干电缆施工

主干电缆提供了从设备间到每个楼层的水平子系统之间信号传输的通道，主干电缆通常安装在竖井通道中。在竖井中敷设主干电缆一般有两种方式：向下垂放电缆和向上牵引电缆。相比而言，向下垂放电缆比向上牵引电缆要容易些。

（1）向下垂放电缆。

如果主干电缆经由垂直孔洞向下垂直布放，则具体操作步骤如下：

（a）首先把线缆卷轴搬放到建筑物的最高层；

（b）在离楼层的垂直孔洞处 3～4 m 处安装好线缆卷轴，并从卷轴顶部馈线；

（c）在线缆卷轴处安排所需的布线施工人员，每层上要安排一个工人以便引寻下垂的线缆；

（d）开始旋转卷轴，将线缆从卷轴上拉出；

（e）将拉出的线缆引导进竖井中的孔洞，在此之前先在孔洞中安放一个塑料的套状保护物，以防止孔洞不光滑的边缘擦破线缆的外皮；

（f）慢慢地从卷轴上放缆并进入孔洞向下垂放，注意不要快速地放缆；

（g）继续向下垂放线缆，直到下一层布线工人能将线缆引到下一个孔洞；

（h）按前面的步骤，继续慢慢地向下垂放线缆，并将线缆引入各层的孔洞。

如果主干电缆经由一个大孔垂直向下布设，就无法使用塑料保护套，最好使用一个滑车轮，通过它来下垂布线，具体操作如下：

（a）在大孔的中心上方安装上一个滑轮车；

（b）将线缆从卷轴拉出并绕在滑轮车上；

（c）按上面所介绍的方法牵引线缆穿过每层的大孔，当线缆到达目的地时，把每层上的线缆绕成卷放在架子上固定起来，等待以后的终接。

（2）向上牵引电缆。

向上牵引线缆可借用电动牵引绞车将干线电缆从底层向上牵引到顶层。具体的操作步骤如下：

（a）先往绞车上穿一条拉绳；

（b）启动绞车，并往下垂放一条拉绳，拉绳向下垂放直到安放线缆的底层；

（c）将线缆与拉绳牢固地绑扎在一起；

（d）启动绞车，慢慢地将线缆通过各层的孔洞向上牵引；

（e）缆的末端到达顶层时，停止绞车；

（f）地板孔边沿上用夹具将线缆固定好；

（g）所有连接制作好之后，从绞车上释放线缆的末端。

2）主干光缆施工

在新建的建筑物里面每一层同一或不同的位置位置都有一个电信间（弱电间），在其楼板上通常留有大小合适、上下对齐的槽孔,形成一个专用的竖井。在这个竖井内敷设光缆,敷设方式有向下垂放和向上牵引两种。通常向下垂放比向上牵引容易些,但如果将光缆卷轴机搬到高层上去很困难,则只能由下向上牵引。

(1) 向下垂放光缆。

(a) 将光缆卷轴搬到建筑物的最高层;

(b) 在建筑物最高层距槽孔 1~1.5 m 处安放光缆卷轴,以使在卷筒转动时能控制光缆布放,要将光缆卷轴置于平台上以便保持在所有时间内都是垂直的;

(c) 在引导光缆进入槽孔去,如果是一个小孔,则首先要安装一个塑料导向板,以防止光缆与混凝土摩擦导致光缆的损坏;

(d) 如果要通过大的孔洞布放光缆,则在孔洞的中心上方处安装一个滑轮,然后把光缆拉出绞绕到滑轮上;

(e) 慢慢地从卷轴上放光缆并进入孔洞向下垂放,注意不要快速地布放;

(f) 继续向下布放光缆,直到下一层布线工人能将光缆引到下一个孔洞;

(g) 按前面的步骤,缓慢地将光缆引入各层的孔洞。

(2) 向上牵引光缆。

(a) 先往绞车上穿一条拉绳;

(b) 启动绞车,并往下垂放一条拉绳,拉绳向下垂放直到安放光缆的底层;

(c) 将光缆与拉绳牢固地绑扎在一起;

(d) 启动绞车,慢慢地将光缆通过各层的孔洞向上牵引;

(e) 光缆的末端到达顶层时,停止绞车;

(f) 在地板孔边沿上用夹具将光缆固定;

(g) 当所有连接制作好之后,从绞车上释放光缆的末端。

4. 水平缆缆施工

配线子系统的水平线缆是综合布线系统中的分支部分,具有面广、量大,具体情况多,而且环境复杂等特点,遍及智能化建筑中所有角落。其线缆敷设方式有预埋、明敷导管和桥架等几种,安装方法又有在天花板(或吊顶)内、地板下和墙壁中以及它们混合组合方式。

1) 水平电缆敷设

(1) 水平线缆在布设过程中,不管采用何种布线方式,都应遵循以下技术规范要求:

(a) 为了考虑以后线缆的变更,在槽盒内布放电缆容量不应超过线槽截面积的 50%;

(b) 水平线缆布设完成后,线缆的两端应贴上相应的标签,以识别线缆的来源地;

(c) 线缆在布放过程中应平直,不得产生扭绞、打圈等现象,不应受到外力挤压和损伤;

(d) 线缆在牵引过程中,要均匀用力缓慢牵引。

(2) 水平对绞电缆在不同场合中敷设。

建筑物内水平布线可选用天花板吊顶、暗道、墙壁槽盒等多种布设方式,在决定采用哪种方法之前,应到施工现场进行比较,从中选择一种最佳的施工方案。

(a) 吊顶内托盘和槽盒敷设:

在施工时,应结合现场条件确走敷设路由,并应检查槽道安装位置是否正确和牢固可靠。在槽道中敷设线缆应采用人工牵引,单根大对数的对绞电缆可直接牵引不需拉绳。敷设多根小对数(如 4 对对绞电缆对称对绞电缆)线缆时,应组成缆束,采用拉绳牵引敷设。牵引速度要慢,不宜猛拉紧拽,以防止线缆外护套发生磨、刮、蹭、拖等损伤。必要时在线缆路由中间和出入口处设置保护措施或支撑装置,也可由专人负责照料或帮助。

天花板吊顶内布线方式是水平布线中最常使用的方式。这种布线方式较适合于新建的建筑物布线施工。在实施水平布线时,应当多箱对绞电缆同时敷设,以提高布线效率。通常情况下,水平布线应当从各信息点出口向电信间敷设。具体施工步骤如下:

(Ⅰ)将水平布线路由上的天花板板块推开。需要注意的是,由于天花板颜色往往较浅,而且大多数采用石膏材质,特别容易受到污染,因此施工时应当戴上手套。同时,为了保护眼睛不受灰尘伤害,还应当带上护目镜。

(Ⅱ)电缆的布放一般以 24 根为一束,为了提高布线效率,可将 24 箱对绞电缆放在一起并使出线口向上(见图 3-58),分组堆放在一起,每组有 6 个线缆箱,共有 4 组。其中如果对绞电缆是轴装,拆箱后可置于线缆布放架上抽出;如果对绞电缆是箱装,则只需将对绞电缆从箱中抽出即可。

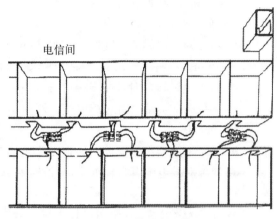

图 3-58 轴装电缆敷设

(Ⅲ)对线箱和对绞电缆逐一进行标记,以便与房间号、配线架端口相匹配。对绞电缆标记应当用防水胶布缠绕或者用缠绕粘贴型的不干胶标签,以免在穿线过程中磨损或浸湿。

(Ⅳ)将第一组多根对绞电缆拉出做好牵引接头,把拉绳绑扎和缠绕到牵引接头上,这样拉向电信间,依次类推,把第二、三、四组多根对绞电缆一起拉到电信间,并留出电信间端的对绞电缆余长(该信息点所在配线架的位置、机柜的位置和高度等因素有关),剪断对绞电缆,再进行标记。该标记应当与该对绞电缆在工作区内的标记一致。

(Ⅴ)度量起点到信息插座端长度,截断,标号。

(Ⅵ)将对绞电缆从预留的导管中穿入房间。借助预留在导管内的拉绳将对绞电缆拉到信息插座位置,如果导管内没有预留拉绳,可以先用吊钩工具沿导管穿入,然后将拉绳带入导管中,最后再把对绞电缆拉到信息插座位置。

(Ⅶ)将对绞电缆从信息插座引出,预留长度 0.5 m 左右。

重复以上各步骤操作,直至所有水平对绞电缆全部敷设完成。

(b)地板下敷设:

布线方法较多,保护支撑装置也有不同,应根据其特点和要求进行施工,选择路由应短捷平直、位置稳定和便于维护检修。线缆路由和位置应尽量远离电力、热力、给水和输气等管线。牵引方法与在天花板内敷设的情况基本相同。

(c)墙壁内敷设:

均为短距离段落,当新建的建筑中有预埋管槽时,这种敷设方法比较隐蔽美观、安全稳定。一般采用拉线牵引线缆的施工方法。如已建成的建筑物中没有暗敷管槽时,只能采用明敷槽盒或将线缆直接敷设,在施工中应尽量把线缆固定在隐蔽的装饰线下或不易被碰触的地方,以保证线缆安全。线缆布放时可选用以下辅助装置。

墙壁线槽布线方法一般按如下步骤施工：

（Ⅰ）确定布线路由；

（Ⅱ）沿着布线路由方向安装线槽，线槽安装要讲究直线美观；

（Ⅲ）线槽每隔 50 cm 要安装固定螺钉；

（Ⅳ）布放线缆时，线槽内的线缆容量不超过线槽截面积的 70%；

（Ⅴ）布放线缆的同时盖上线槽的塑料槽盖。

（d）柔性导管应用：

（Ⅰ）如果线缆需要安装在梯架之外，要使用柔性的导管将外部线缆进行贯穿保护。

（Ⅱ）在桥架/线槽转接处，使用软管或支撑件保护光缆及最小弯曲半径。

2）布放对绞电缆注意事项

（1）布放对绞电缆应有冗余。在电信间、设备间的电统预留长度一般为 3～6 m，工作区为 0.3～0.6 m。有特殊要求的应按设计要求预留长度（参见 GB/T50312）。

（2）对绞电缆转弯时弯曲半径应符合下列规定：

（a）屏蔽与非屏蔽 4 对对绞电缆的弯曲半径应至少为对绞电缆外径的 4 倍，在施工过程中应至少为 8 倍。

（b）主干对绞电缆的弯曲半径应至少为对绞电缆外径的 10 倍。

（c）屏蔽对绞电缆有多种类型，敷设时的弯曲半径应根据屏蔽方式在 4～10 倍于对绞电缆外径中选用。

（3）布放对绞电缆，在牵引过程中对绞电缆的支点相隔间距不应大于 1.5 m。

（4）拉线速度和拉力。

拉线缆的速度从理论上讲，线的直径越小，则拉的速度愈快。但是，有经验的安装者采取慢速而又平稳的拉速，原因是：快速拉线会造成线缆的缠绕或停住；拉力过大，线缆变形，会引起线缆传输性能下降。线缆最大允许拉力为：

（Ⅰ）1 根 4 对对绞电缆，拉力为 100 N（10 kg）；

（Ⅱ）2 根 4 对对绞电缆，拉力为 150 N（15 kg）；

（Ⅲ）3 根 4 对对绞电缆，拉力为 200 N（20 kg）；

（Ⅳ）n 根 4 对对绞电缆.拉力为 $(n \times 50 + 50)$ N。

不管多少根线对对绞电缆，最大拉力不能超过 400 kg，速度不宜超过 15 m/min。

（5）屏蔽对绞电缆敷设与非屏蔽电缆相同，只是要关注电缆的直径、管槽的填充效率。

3）水平光缆敷设

可参照主干光缆的敷设要求。

数据中心机房一般采用网格型桥架和梯形桥架，为防止细细的金属丝伤害光缆，宜在桥架底层先敷设一块透明的塑料板，然后将光缆平铺在塑料板上。如图 3-59 所示。

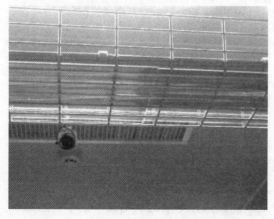

图 3-59 网格式桥架中的透明塑料板图

光缆敷设时的最佳状态是平铺在平板上,由于现在的光缆内保护层有多种材质,保护性能各不一样。当光缆底部放有平板时,不会因大量光缆所产生在重力导致底层光缆变形而影响底层光缆的长期性能。

3.6.3　接地线等线缆敷设

1. 接地导体

接地采用星形方式,即每个屏蔽配线架、光纤配线架使用单独的接地导体连至机柜内的接地铜排或铜质接地母线(一般是一根长方形铜棒)。每个机柜均使用两根不等长的接地铜导线联结到所在机房的等电位接地铜排上。而不是用一根接地导线同时联结若干个配线架或机柜(见图 3-60),图中有 2 根网状编织导线上行,联结到屏蔽配线架上,有 1 根网状编织导线下行,经下走线桥架联结到机房的弱电接地铜排上。

由于机柜的材质是铁,尽管铁也是导体,但由于铁电阻率为铜电阻率的 6 倍,所以为了使尽可能多的感应电荷泄放到大地去,铁不是理想的选择,所以配线架不能利用机柜的组件作为接地体使用。

至于接地导线,标准中仅要求铜导线、截面积大于或等于 4 mm²,事实上,对于综合布线系统而言,最佳选择是全部为 6 mm²,的网状编织导线(有利于备货),如图 3-61 所示。其理由如下:数据中心综合布线系统的传输信号已经达到 500 MHz 以上的带宽等级,亦即达到了超高频的频段。根据趋肤效应,这时接地导线中的超高频感应电流将会大量集中在导体表面,如果表面积越大则高频感应电流越容易被泄放。为此,可以选用多股铜跳线,而最佳选择则是网状编织导线,当选择了网状编织导线后,还需要使用塑料软管保护。

图 3-60　网状编织导线呈星形联结

图 3-61　网状编织导线作为接地线

2. 安装门接地导体

机柜前后门安装完成后,需要在其下端轴销的位置附近安装门接地线,使机柜前后门可靠接地。门接地线连接门接地点和机柜下围框上的接地螺钉。如图 3-62 所示。图中,数字表示为:① 机柜侧门;② 机柜侧门接地线;③ 侧门接地点;④ 门接地线;⑤ 机柜下围框;⑥ 机柜下围框接地点;⑦ 下围框接地线;⑧ 机柜接地条。

安装门接地线前,先确认机柜前后门已经完成安装。旋开机柜某一扇门下部接地螺柱上的螺母,固定接地线。一端与机柜下围框连接,另一端悬空的自由端套在该门的接地螺柱上。装上螺母,然后拧紧,完成地线的安装。按照上面步骤的顺序,完成另外 3 扇门接地线的安装。各机柜、机箱接地电阻不大于 1 Ω。

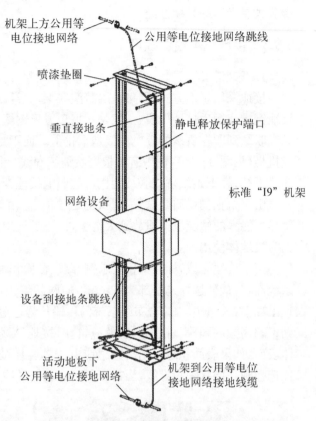

机架上方公用等电位接地网络
公用等电位接地网络跳线
喷漆垫圈
垂直接地条
静电释放保护端口
网络设备
标准"I9"机架
设备到接地条跳线
活动地板下公用等电位接地网络
机架到公用等电位接地网络接地线缆

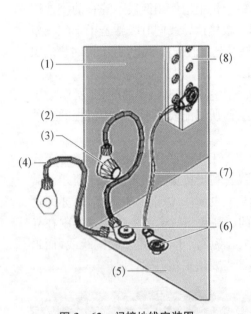

(1) (2) (3) (4) (5) (6) (7) (8)

图 3‐62 门接地线安装图

图 3‐63 配线架的接地连接方法

3. 机柜与机架接地连接

1) 配线架的接地

连接方法如图 3‐63 所示。

机架上的接地装置应当采用自攻螺丝以及喷漆穿透垫圈以获得最佳电气性能。如果机架表面是油漆过的,接地必须直接接触到金属。

在机架后部,应当安装与机架安装高度相同的接地铜排,以方便机架上设备做接地连接,通常安装在机架一侧就可满足要求。在机架设备安装导轨的正面和背面距离地面 1.21 m 高度分别安装静电释放(ESD)保护端口,并在保护端口正上方安装相应标识。

机架通过 6 AWG 跳线与网状公用等电位接地网络相连,压接装置用于将跳线和网状公用等电位接地网络导线压接在一起。在实际安装中,禁止将机架的接地线按"菊连"的方式串接在一起。

2) 机柜接地连接

机柜的接地连接方法如图 3‐64 所示。

为了保证机柜的导轨的电气连续性,建议使用跳线将机柜的前后导轨相连。在机柜后部应当安装与机柜安装高度相同的接地铜排,以方便机架上设备的接地连接。通常安装在机柜后部立柱导轨的一侧。

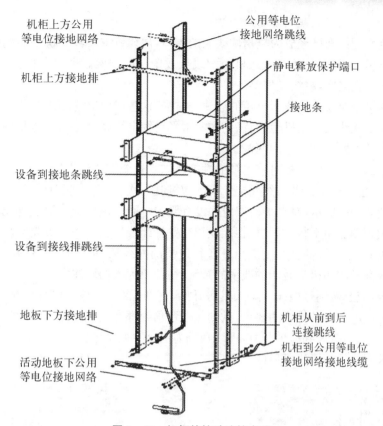

机柜上方公用
等电位接地网络

公用等电位
接地网络跳线

机柜上方接地排

静电释放保护端口

接地条

设备到接地条跳线

设备到接线排跳线

地板下方接地排

活动地板下公用
等电位接地网络

机柜从前到后
连接跳线

机柜到公用等电位
接地网络接地线缆

图 3 - 64 机柜的接地连接方法

机柜下方应当安装接地排,以充当至公用等电位接地网络的汇集点。接地排根据公用等电位接地网络的位置,安装在机架的顶部或底部。接地排和公用等电位接地网络的连接使用 6 AWG 的接地缆线。缆线一端为带双孔铜接地端子,通过螺钉固定在接地排,另一端则用压接装置与公用等电位接地网络压接在一起。

在机柜正面立柱和背面立柱距离地板 1.21 m 高度分别安装静电释放保护端口。静电释放保护端口正上方安装相应标识。背面立柱的 ESD 保护端口直接安装在接地条上。机柜上的接地装置应当采用自攻螺丝以及喷漆垫圈以获得最佳电气性能。

3) 设备接地

建议安装在机架上的设备与机房接地系统相连,设备要求通过以下方法之一连接到机架上:为满足设备接地需求,厂商可能提供专门的接地孔或螺栓。接地线一端连接到设备的接地孔或接地螺栓上,另一端连到机柜或机架的铜接地母线或铜条上。

在有些情况下,最好将设备接地线直接连接到数据中心接地网上。如果设备厂商建议通过设备安装边缘接地,并且该处没有喷漆,可直接连接到机架上。大多数厂商在安装指导中指定操作或安装网络或计算机硬件时使用静电放电腕带,腕带口系到机架上确保电连续接地。

3.6.4 数据中心机房线缆敷设与理线

对于数据中心而言,综合布线系统的室内电缆主要是水平对绞电缆,所以这一部分将以 4 对 8 芯水平对绞电缆的敷设工艺为基础展开,并辅以预端接铜缆和集束跳线的敷设工艺。

1. 区域(水平)对绞电缆的敷设和整理

由于机柜型配线架已经成为机房配线架的主体,理线将主要涉及机柜型配线架的美观。当线缆进入机房后,会沿着桥架进入机柜配线架或壁挂配线架。理线是指在机房的进线孔至配线架的模块孔之间,将线缆理整齐。

机柜内的水平对绞电缆位于机柜的后侧。过去,这些对绞电缆不进行整理,或进行简单的绑扎后立即上配线架。从机柜的背后看去,水平对绞电缆就像瀑布一样垂荡在那里,或由数根尼龙扎带随意绑扎在机柜的两侧。

大家关心的重点是每一根对绞电缆的性能测试是否能够达到指标要求。

根据国标,垂直桥架内的线缆每隔 1.5 m 应绑扎一次(防止线缆因重量产生拉力造成线缆变形),如图 3-65 所示,对水平桥架内并没有要求。而终端面板、机柜、配线架、配线箱按照标准必须做到两底角平行,因此机柜配线架或壁挂配线架已经成为布线工程中的主流。

在机柜正面,生产厂商已经制造出了各种造型的配线架、跳线管理器等部件,其正面的美观已经不成问题。而机柜后侧的线缆的杂乱,往往不为人们所注意。

在机房内,应当做到每根线从进入机房开始,直到配线架的模块为止,都应做到横平竖直不交叉。并按电子设备排线的要求,做到每个弯角处都有线缆固定,保证线缆在弯角处有一定的转弯半径,同时做到横平竖直,理线则成为主要的关注点。

上述要求同样适用于机柜后侧。

图 3-65　垂直绑扎

图 3-66　瀑布式理线

1) 理线方式

理线这一名词已经在许多施工人员口中听到,但其含意却各不一样,其原因在于理线的工艺手法不一致。在工程中,出现过三种理线效果。

(1) 瀑布造型理线。

从配线架的模块上直接将对绞电缆垂荡下来,分布整齐时有一种很漂亮的层次感(每层24~48 根对绞电缆)。在现在,仍能见到有些配线机柜后侧采用瀑布型理线工艺,即线缆不做任何绑扎,直接从配线面板后侧荡至地面。这样做的优点是节省人工、减少线间串扰。

瀑布型理线工艺是最常见的理线方法,它使用尼龙束带将线缆绑扎在机柜内侧的立柱、横梁上,不考虑美观,仅保证中间的空间可以安装网络设备使用。如图 3-66 所示。

这种造型的优点是节省理线人工,但存在的问题则比较多,例如:

(a) 安装网络设备时容易破坏造型,甚至出现不易将网络设备安装到位的现象;

(b) 每根对绞电缆的重量作用在模块的后侧。如果在终接点之前没有对对绞电缆进行绑扎,那么这一重力有可能会在数月、数年后将模块与对绞电缆分离,引起断线故障;

(c) 万一在该配线架中某一个模块需要重新终接,维护人员只能探入"水帘"内进行施工,有时会身压数十根对绞电缆,而且因机柜内普遍没有内设光源,造成终接时不容易看清楚,致使终接错误的概率上升。

(2) 逆向理线。

也称为反向理线。逆向理线是在配线架的模块终接完毕,通过测试后,再进行理线。其方法是从模块开始向机柜外和桥架内进行理线。测试后理线,不必担心机柜后侧的线缆长度,不会因某根对绞电缆测试通不过而造成重新理线,但是由于两端(进线口和配线架)已经固定,在机房内的某一处必然会出现大量的乱线(一般在机柜的底部或上部的进线口)。

逆向理线一般为人工理线,凭借肉眼和双手完成理线。由于机柜内有大量的电缆,在穿线时彼此交叉、缠绕。因此这一方法耗时多,工作效率无法提高。

(3) 正向理线。

正向理线也称前馈型理线。正向理线是在配线架终接前进行理线。在理线后再进行终接和测试。

正向理线所要达到的目标是:自机房(或机房网络区)的进线口至配线机柜的水平对绞电缆以每个 24/48 口配线架为单位,形成一束束的水平对绞电缆线束,每束线内所有的对绞电缆全部平行,在短距离内的对绞电缆平行所产生的线间串扰不会影响总体性能。各线束之间全部平行,在机柜内每束对绞电缆顺势弯曲后铺设到各配线架的后侧,整个过程仍然保持线束内对绞电缆全程平行。在每个模块后侧,从线束底部将该模块所对应的对绞电缆抽出,核对无误后固定在模块后的托线架上或穿入配线架的模块孔内。

正向理线的优点是可以保证机房内缆线在每点都整齐,且不会出现缆线交叉,但如缆线本身在穿线时已经损坏,测试通不过时,将需要重新理线。因此,正向理线的前提是对缆线穿线的质量有足够的把握。正向理线效果如图 3-67、图 3-68 所示。

(a)   (b)

图 3-67 正向理线

(a) 效果 1;(b) 效果 2

图 3-68 机柜正向理线

2) 正向理线

随着时代的演变,正向理线已经成为数据中心理线的基本工艺。所以,以下将围绕着正向理线展开。

（1）正向理线所要达到的目标。

正向理线可以使得缆线从机房的入线口至配线架之间做到整齐、平直与美观，需要施工人员要对自己的施工质量有充分的把握，只有在基本上不会重新终接的基础上才能进行正向理线施工。推荐采用机柜正向理线工艺，如图 3-68 所示。

正向理线的目标是同时具有五大效果，这五大效果对于综合布线工程而言有着非常大的意义。

（a）配线架后侧预留对绞电缆：

在早期的布线工程中，机柜式配线架上的模块终接时，施工人员往往是站在机柜内进行，如图 3-68 所示。机柜正向理线施工的，由于机柜内的空间狭小，致使施工人员难以展开，导致施工速度和施工质量下降。现在的布线工程中，施工人员大多在机柜正面进行配线架上的模块终接，他们像面板上的模块终接一样，先终接模块，然后将模块插入配线架中。这就要求模块后的对绞电缆长度应该留得比较长，如果考虑到模块在今后维护时也会从正面取出，并进行测试和检查，就有必要将这些预留的对绞电缆保留在配线架后的托架上。

配线架后侧的托架，预留对绞电缆的另一个目的是为测试不合格的模块保留再次终接的机会。做过施工的人都知道，在工程自测试工程中，模块终接出错和测试不合格的现象时有发生，在对模块进行重新终接后这些问题基本上都能够解决。但模块重新终接前需要将已经打过线的对绞电缆线头剪去，利用新的线头重新终接，这同样也需要一小段对绞电缆。

（b）提高可靠性：

早期的模块包装袋中往往有一个 100 mm 长度的尼龙扎带，在模块设计时也会在模块的尾部保留绑扎对绞电缆的托板。这一做法，屏蔽模块则仍然保留了将对绞电缆的屏蔽层固定在模块的屏蔽壳体上。可能是因为成本的原因，现在的非屏蔽模块中大多已经取消了托板和尼龙扎带，因此有必要考虑在施工工艺中让电缆终接点的模块能够承受施工所施加的压力。

模块上的对绞电缆绑扎托板可以起到固定对绞电缆，使对绞电缆所受到的外部拉力不会传导到模块终接端的部位，它可以大大提高模块终接的长期可靠性。因为施加拉力的结果可能会导致若干年后模块的终接点松动甚至对绞电缆脱落，造成断线故障。

如果能在模块背后的对绞电缆固定方式（如将对绞电缆弯曲成弧线形或圆环形等），使对绞电缆对模块形成微小的压力，就能达到提高长期可靠性的作用。

（c）机房内美观：

机房美观是施工各方都希望做到的效果，但怎样找到快速而又美观的方法却一直是一个困难的事。理线工艺的目标是能够做到在机房内和机柜内的任意一处线缆都做到平整美观。

（d）施工快捷：

机柜内无论使用哪一种理线方法施工，都会消耗一些人工。正向理线中，由于线缆的一端是可以自由活动的，因此理线速度相对比较快。根据测算，如果从桥架入口处到机柜之间的距离为 9 m、机柜高度为 2 m，24 口配线架理线时所耗费的人工为 1.5 人（其中的 1 个人全程理线。另1个人在开始时将对绞电缆穿入理线板时,帮助送线;在对绞电缆从配线架模块孔穿出时,则负责接线,并检查线号是否与标签框内预设的线号一致)。那么一束(24根)线缆的理线(从吊顶经架空地板至机柜内的配线架出口处,全长约9 m。未计入寻找线号的时间)所耗费的时间为30分钟。因此,每个机柜(200根线)的理线仅需半天就可以完成。这个时间远远少于逆向理线所需的时间,比瀑布型和简单理线所需的时间略长,但属于工程中可以接受的范围。

(e) 机柜内单侧进线:

单侧走线,即机柜内所有对绞电缆沿右侧走线,从机柜的底部上升到配线架高度后横向转,延伸到配线架的托线架上,而另一侧则安装电源插座以及敷设对强电干扰不敏感的光缆和大对数对绞电缆,也可用于敷设长跳线。如图3-69所示。

大多数综合布线机柜内的对绞电缆敷设方法为两侧走线,如图3-70所示。其目的是减少单侧线缆捆绑数量,实现两侧线缆均匀分布,方便管理。而其缺点是电源插座(或PDU)只能横向固定在两根后立柱中间(可能与对绞电缆之间的间距小于标准的要求,而导致对对绞电缆会产生的电磁干扰),或者是安装在没有走线的地方。

图3-69 单侧进线   图3-70 双侧进线

其实机柜内所有对绞电缆最好是沿一侧(一般是右侧)走线,从机柜的底部上升到配线架高度后横向转弯,延伸到配线架的托线架上。而另一侧则安装电源插座以及敷设对强电干扰不敏感的光缆和大对数对绞电缆,也可用于敷设长跳线。如图3-71所示。

上述这5个效果达到后,从机房对绞电缆入口处到配线架模块端的所有对绞电缆已经全部整理整齐。并在配线架上留有为测试失败时需要重新终接所需的预留对绞电缆。

(2) 正向理线对布线材料的要求。

正向理线的作用之一是在配线架后面预留对绞电缆,为了减少对绞电缆因弯曲半径所造成的性能损耗,屏蔽和非屏蔽预留对绞电缆的弯曲半径必须大于对绞电缆外径(缆径)的4倍,但每个1U配线架的高度仅为44 mm,所以还得利用配线架与跳线管理器的合并高度来确保对绞电缆的弯曲半径在合理的范围内。

根据这一计算,可以确定对正向理线的材料要求:1个配线架配备、1个跳线管理器;如果使用2个配线架共享1个跳线管理器,那么理线工艺应该进行比较大的调整,而且可能会造成的结果是美观特性下降。在此,将以1个配线架配备1个跳线管理器的配置方法,介绍正向理线工艺。

2. 数据中心理线造型

在数据中心内,如果抬头看开放式桥架中的线束造型,一般可以看到两种形式:圆形和方形,其中圆形一般为人工理线(线束平行)和预端接铜缆(线束扭绞)两类,而方形一般为线束绑扎和线箍固定两类。如图3-71和图3-72所示。

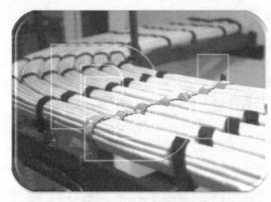

图 3 - 71 圆形理线

图 3 - 72 方形理线

理线是将机柜间的线缆进行管理,从一个机柜的配线架到另外一个机柜的配线架,中间的对绞电缆要求每一个部分都整齐平行。这样的好处是方便后期维护的同时,美观度也大大增加。在机房的上走桥架中,由于普遍采用开放型线槽,所以线槽上线缆的美观是甲方最关注的问题,同样也是施工方水平的象征。

1) 基本特点

(1) 圆形理线。

圆形理线已经有近20年的历史,具有十分成熟的理线工艺。圆形理线是将一个配线架(24口或48口)所对应的对绞电缆分成1束(单边进线)或2束(双边进线)。圆形理线有以下特点:

(a) 堆叠结构可将圆形线束呈正方形或蜂窝状堆叠在线槽上,形成美观的造型。对线槽的宽度的匹配要求不高;

(b) 每隔300~400 mm绑扎一次,每次仅需1根尼龙扎带或1根魔术贴,扎线时间约为10秒;

(c) 所有线缆自始至终都保持平行,至少是在外侧看不见任何线缆交叉的痕迹;

(d) 弯角处呈弧线型弯曲,采用内圈短外圈长的方式确保线缆在弯角处依然保持平行、圆滑、顺序分线。在配线架背后分线时,所有线缆顺序分线,保持统一的规律,不发生任何交叉现象;

(e) 不易出现配线架上的线序翻转现象。

(2) 方形理线。

方形理线是将一个配线架(24口或48口)所对应的对绞电缆分成1束(单边进线)或2束(双边进线),方形理线有以下特点:

(a) 线束组合结构,每束线呈2×6或3×4构造,通过带状叠加和平行"拼装"成大的方

形造型。当线槽尺寸与线束宽度(含扎带的厚度)匹配时,能够最大限度地提高线槽的利用率;

(b) 施工相对圆形理线耗时,每隔 300～400 mm 绑扎一次,需使用多根尼龙扎带或多根魔术贴方能绑扎成型(建议不使用钢锯条插入其中,以免影响对绞电缆的电气特性),一个 2×6 的方形线束扎线的时间约为 2 分钟;

(c) 线缆平行,所有线缆自始至终都保持平行;

(d) 在弯角处呈大弧线型弯曲,由于扁平的线束得事先制作,在侧向弯曲(如离开线槽进入机柜时)需采用大弧线弯曲构造,以防伤线;

(e) 在配线架背后分线时,所有线缆顺序分线,保持统一的规律,不发生任何交叉现象;

(f) 在施工前严格控制走线路由后,不会出现配线架上的线序翻转现象。

圆形理线是一种快捷、美观的理线形式,它的施工工艺简单、变化灵活,在大多数数据中心中采用这种形式。方形理线是一种注重美观的理线形式,它采用方方正正的矩形,使桥架上出现平平整整的美观造型,但这种形式的施工工艺相对比较复杂,理线施工时间也需延长,方形理线需要多次绑扎成型,近几年开始流行。由于这两种造型都可以采用,施工前选定了自己理想的理线形式(圆形线束还是方形线束)后,就需要采用相应的施工工艺进行施工,才能使线缆保持统一的造型与美观。

2) 圆形理线施工工艺

在正向圆形理线过程中,需要布线材料的配合,并使用理线板和理线表,配合理线工艺才能完成具有美观、可靠、快捷、预留的效果。表 3 - 10 以最常见的右进上出理线方式介绍正向理线的基本施工工艺。

表 3 - 10　圆形理线的基本工艺

序号	工 艺 说 明	工 艺 图 片
1	准备材料和工具。 理线材料及工具清单如下: (1) 理线板(木、塑料或软胶木材质) (2) 理线表(电脑制作并打印) (3) 锋钢剪刀,用于剪线、尼龙扎带或魔术贴,中号即可。也可使用斜口钳 (4) 尼龙扎带或魔术贴,用于等距绑扎和固定线束,以手拉不会被断裂为基本要求。所需规格为 100 mm、150 mm 和 250 mm (5) 手枪钻,要求配备的钻头在 8～10 mm 之间,如果购买成品理线板,则不需要手枪钻	理线板
2	将配线架固定到位,背后装好托架 正面将打印了线号的面板纸装入配线架的有机玻璃标签框内(或贴在配线架上),若配线架的模块可以卸下,则应卸下模块	

序号	工　艺　说　明	工　艺　图　片
3	理线板定位： （1）理线板在穿线前先应确定其方向，使理线板 E1 孔就近自然对准 1 号模块。此时理线板上的 2～5 孔与配线架的 2～5 号端口模块保持平行（有字的一面朝向 24 号模块） （2）手持理线板顺着线缆布放的路由走向，向机房的进线口平行移动，不发生转动 （3）当理线板到达进线口时，记下理线板的方位（主要是 A1 孔位置所在的方位）	
4	理线板穿线： （1）在服务器机柜一侧，将 2 块理线板并排摆放，并按 3 所确定的方位将板的方向调整好 （2）将水平对绞电缆按线号依理线表穿入理线板（有字的一面对着自己，线从无字的一面穿入板中），这道工序一般由两人共同完成，一人找到线号，并将其与其他线缆分离，另一人将线穿入理线板的对应孔中。应该注意的是，对绞电缆应全部穿过这 2 块理线板，也就是应该将理线板紧贴在服务器机柜的配线架旁，这样才能保证所有的对绞电缆全部被整理。也可以从列头柜向服务器机柜方向理线	
5	按路由理线： （1）将 1 块理线板停留在服务器机柜外侧，另 1 块理线板向列头柜方向按路由理线 （2）先在理线板外侧（无字侧）根部用魔术贴（或尼龙扎带）将穿入理线板的对绞电缆扎成一束 （3）将理线板沿着指定的路由向自己方向平移，平移 100 mm 后，在理线板外侧根部用魔术贴（或尼龙扎带）再绑扎一次（防止前次绑扎松动），此时应注意使线束形成圆形 （4）确定后的所有对绞电缆的相对平行一直要保持到配线架的最远端的模块后侧（即第 24 个模块后侧） （5）继续平移理线板 200 mm 左右，在理线板外侧根部用魔术贴（或尼龙扎带）绑扎，注意每根线应保持与前次绑扎时的位置相同，不容许内外层的线交错，依次平移	
6	线束固定： 在理线过程中，如果旁边遇到桥架上的扎线孔或机柜内的扎线板，则应在绑扎线束的同时将线束扎在桥架或机柜上，以免线束下滑	
7	弯角理线： 当平移过程中遇到转弯时，必须在绑扎前让理线板贴近转弯角，在弯角旁顺势转弯。这就要求所有的线束必须在现场绑扎，不可以事先绑扎后再移到现场	

（续表）

序号	工 艺 说 明	工 艺 图 片
8 列头柜配线架托架	列头柜配线架托架或服务器配线架托盘理线： （1）当理线板到达配线架背后的托架上，先将线束绑扎在托架上，然后向前平移，每到达一个模块前时，将线束绑扎一次，然后分出该模块对应的线号	
9 服务器配线架托架	（2）此工序应配备2人，1人分线，1人将线从配线架背后拉到配线架正面（如果模块可以卸下，则将线从模块孔穿到正面），同时2人唱号，核对线号与配线架上的面板编号是否一致	
10	到这一道工序时，原穿在线束中的两块理线板（见工序4）中的第一块理线板已经退出，回到理线的起始机柜（如服务器机柜），拿起第2块理线板，用与工序5～9相同的工序将线束向起始机柜方向理线，直至每根线理线完毕为止	
11	将退出的理线板重新拿到另一个服务器机柜外侧，使用下一个24口配线架的理线表，依次重复2～10工序，完成下一束线的理线工作，直到全部完成	

注：（1）理线板用于辅助理线，可以向产品制造商和施工方购买或自制的。如果自制理线板，可以采用橡胶板、纤维板、层压板、木板甚至是硬纸板，并使用相应的理线表配合理线，如表3-11所示。

（2）理线板的制作方法十分简单，测量所用对绞电缆的缆径，并附加2～4 mm，形成理线板的孔径。理线板是一块25孔方板（对应于24口配线架的合适尺寸5×5孔理线板，也可以选用2×6、4×6、7×7、8×8等规格）。

（3）单面写字，理线表可以是一张电脑制作并打印的纸张，与理线板配合。

（4）理线表是一张人为定义的表格，当使用24口配线架时，可以使用5×5理线板，该理线表为5行5列的表格，每个单元格对应一个孔，每种填写方法对应于一种排列顺序。

理线表中介绍了其中一种排列顺序（孔内数字代表配线架上的模块编号），它的特点是在配线架背后的每根线缆与理线表全部水平排列。

使用24口1U配线架，线缆从配线架的右后面（从配线架背面看）转向配线架，对绞线从线束的底部抽出转向配线架，保证顶部的对绞线一直平行的排列到最后的21～24号模块。表3-11中的1～24编号为配线架模块的编号，不是真正所需填入的，它是与配线架模块号相对应的线号。在实际填写理线表时，应将与配线架1～24口对应的线缆线号填入理线表。在一般情况下，当配线架布置图完成后，可使用Excel的联动功能，自动形成针对每个配线架的理线表。

表 3-11　理线板和理线表

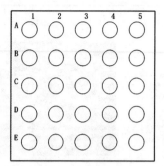

	1	2	3	4
5	6	7	8	9
10	11	12	13	14
15	16	17	18	19
20	21	22	23	24

（1）理线表排号。

理线表的线号排列可以根据机柜配线架的进线方向和出线方法双重确定。

（a）右进上出理线如表 3-12 所示。

这种理线表的排列特点是从机柜后面向前看，对绞电缆从配线架的右侧进入配线架背后的托线架上，整束对绞电缆从上方开始排列。1 号线进入最右侧的第 1 个模块孔，依次类推，最后 24 号线进入最左侧的模块孔。特点为整束线底面与托线架完全平行。

（b）右进下出理线如表 3-13 所示。

这种理线表的特点是从机柜后面向前看，对绞电缆从配线架的右侧进入配线架背后的托线架上，整束对绞电缆从下方开始排列。1 号线进入最右侧的第 1 个模块孔，依次类推，最后 24 号线进入最左侧的模块孔。特点为整束线的上平面保持完整的斜线平行，覆盖着下面所有的对绞电缆，对绞电缆进入模块时几乎看不见。

表 3-12　右进上出理线表

	1	2	3	4
5	6	7	8	9
10	11	12	13	14
15	16	17	18	19
20	21	22	23	24

表 3-13　右进下出理线表

20	21	22	23	24
15	16	17	18	19
10	11	12	13	14
5	6	7	8	9
	1	2	3	4

（c）左进上出理线如表 3-14 所示。

这种理线表的排列特点是从机柜后面向前看，对绞电缆从配线架的左侧进入配线架背后的托线架上，整束对绞电缆从上方开始排列。24 号线进入最左侧的第 1 个模块孔，依次类推，最后 1 号线进入最右侧的模块孔。特点为整束线底面与托线架完全平行。

（d）左进下出理线如表 3-15 所示。

这种理线表的排列特点是从机柜后面向前看，对绞电缆从配线架的左侧进入配线架背后的托线架上，整束对绞电缆从下方开始出现，24 号线进入最左侧的第 1 个模块孔，依次类推，最后 1 号线进入最右侧的模块孔。特点为整束线的上平面保持完整的斜线平行，覆盖着下面所有的对绞电缆，对绞电缆进入模块时几乎看不见。

表 3 - 14　左进上出理线表

20	21	22	23	24
15	16	17	18	19
10	11	12	13	14
5	6	7	8	9
	1	2	3	4

表 3 - 15　左进下出理线表

	1	2	3	4
5	6	7	8	9
10	11	12	13	14
15	16	17	18	19
20	21	22	23	24

仔细观察这四张表可以看出：表 3 - 13 和表 3 - 14 排列完全一样，表 3 - 11 则和表 3 - 14 的排列完全一样，所以合并后形成了 A、B 两张表。其中 A 表用于右进上出、左进下出，B 表用于右进下出、左进上出。

（2）机柜间路由选择。

在信息机房内，时常会出现两个机柜之间敷设为一束双绞线（24 根电缆）的要求，这时如果在两个配线架上使用相同的配线表进线及出线规则，就可能会出现线束扭转的现象。要解决这个问题，两个机柜应分别选用不同的理线表。如图 3 - 73 所示的（a）（b）、和图 3 - 74 所示的（c）（d）。4 张图中的右侧机柜（A 配线架）向左侧机柜（B 配线架）敷设双绞线为例进行分析。图中 1 号线～4 号线为第一组；5 号线～9 号线为第二组；10 号线～14 号线为第三组；15 号线～19 号线为第四组；20 号线～24 号线为第五组。一个 24 根线缆为一组的线束中，除了第一线组为四根线缆，其余各组均由五根线缆组成。

（a）图 3 - 73（a）中，右侧机柜配线架 A 与左侧机柜配线架 B 同方向，右侧机柜配线架 A 线缆上部位出线至右侧机柜上部位进配线架 B。

根据图示，在右机柜配线架 A，线缆上部出线口排列第一位的是 1 号线，在上部出线的其他号线由上往下排列整齐，按顺序出线，直至 24 号线。在左侧机柜 B 配线架上仍然是上部位 1 号线先出线，但因它排列在 B 配线架线束中第 1 组/第 4 号线的出线位置，所以每层线在出线时会有交叉。但由于五组线的交叉位置完全一致，所以在 B 配线架上不会影响美观。

（b）图 3 - 73（b）中，右侧机柜配线架 A 与左侧机柜配线架 B 同方向，右侧机柜配线架 A 线缆上部位出线至左侧机柜下部位进配线架。

根据图示，在右机柜配线架 A，排列为 1 号线的线缆为上部位最先出线，其他线缆按顺序出线，排列整齐至 24 号线。但在左侧机柜配线架 B，因为出线口变为了在下部位，并且是 24 号线最先出线，左侧机柜配线架 B 上部位的线缆全部层层压盖在下部位的线缆上，保持了一层完全平整的斜线，所以在左侧机柜的 B 配线架上依旧美观。

（c）图 3 - 74（a）中，右侧机柜配线架 A 与左侧机柜配线架 B 反方向，右侧机柜配线架 A 线缆上部位出线至左侧机柜下部位进配线架 B。

根据图示，在右机柜配线架 A，排列为 1 号线的线缆为上部位最先出线，其他线缆按顺序出线，排列整齐至 24 号线；左侧机柜配线架 B 因为出线口变为了在下部位，而且仍然是 1 号线最先出线，因它排列在左配线柜 B 配线架线束中的第 4 号线的位置，所以每层线在出线时会有交叉，由于五组线的交叉位置完全一致，所以在左侧机柜配线架 B 上不会影响美观。

（d）图3-74(b)中，右侧机柜配线架A与左侧机柜配线架B反方向，右侧机柜配线架A线缆上部位出线至左侧机柜上部位进配线架B。

根据图示，在右机柜配线架A，排列为1号线的线缆为上部位最先出线，其他线缆按顺序出线，排列整齐至24号线。左侧机柜配线架B因为出线口在上部位，而且变为24号线最先出线。由于最上层的出线压盖在下层线上，保持了一层完全平整的斜线，所以在B配线架上依旧美观。

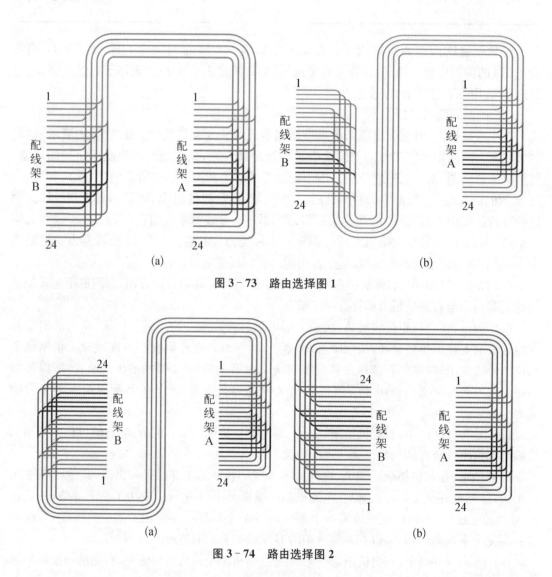

图 3-73　路由选择图 1

图 3-74　路由选择图 2

由上述这四种机柜配线架摆放方法和进线方向的理线方式进行组合，可以类推出其他多种组合的理线方式。采用这样的方法，可以确保整束双绞线不会在敷设过程中翻转，仅需要改变第2个配线架的出线方式就可以解决问题。

3）方形理线施工工艺

方形理线的基本施工工艺如表3-16所示。

表 3-16 方形理线的基本工艺

序号	工 艺 说 明	工 艺 图 片
1	准备材料和工具(理线材料及工具清单): (1) 理线板(木、塑料或软胶木材质),参见说明 (2) 理线表(电脑制作并打印),参见说明 (3) 锋钢剪刀,中号即可。也可使用斜口钳 (4) 尼龙扎带或魔术贴,用于等距绑扎和固定线束,以手拉不会被拉断为基本要求。所需规格为 100 mm、150 mm 和 250 mm (5) 手枪钻,用于在施工现场制作理线板,要求配备的钻头在 8~10 mm 之间。如果购买成品理线板,则不需要手枪钻	
2	准备放线: (1) 在施工现场准备一个空场地,将对绞电缆纸箱或线轴按顺序摆放 (2) 当使用轴装对绞电缆时,应使用支架(可用钢制脚手架材料制作)放线 注:由于对绞电线缆束基本上安装在每一列机柜上,所以线束的转弯很少,且线束的长度有限,所以利用空场地预先制成线束后到现场调整,是可行的实施方案	
3	使用理线板将线束按排列(2×6 或 3×4)整齐	
4	使用尼龙扎带先形成 2×2 的核心线束,然后在此基础上逐步扩展(如右图是采用每次向右增加 2 根绑扎一次的方式扩展,2×6 结构一共使用了 5 根尼龙扎带),直至整个线束全部形成 按等间距方式将线束一段段绑扎,直到所需线束的长度略超过所需要的长度为止	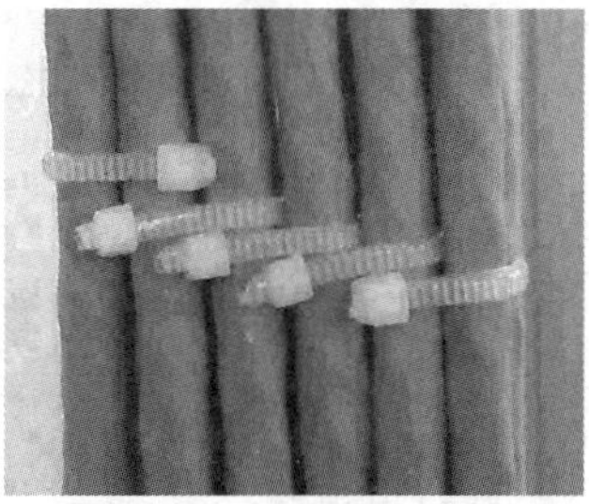
5	将线束托到桥架上,按预定的位置平铺放好。当多个线束垂直叠加时,应将上下的线束排列整齐,必要时可以使用尼龙扎带将纵向叠加、横向扩展之后的线束群绑扎固定	

（续表）

序号	工 艺 说 明	工 艺 图 片
6	当机柜内采用双侧进线时，由于线束从两侧下线，所以从机柜两侧汇聚到配线架的线束可能会形成一正一反（即一个线束的线号排列为顺序排列，而另一个线束的线号排列为逆序排列）的现象，这时需要像右图那样在进线时将其中一个线束翻转180°，以确保线束中线号的排列与配线架线号排列保持一致	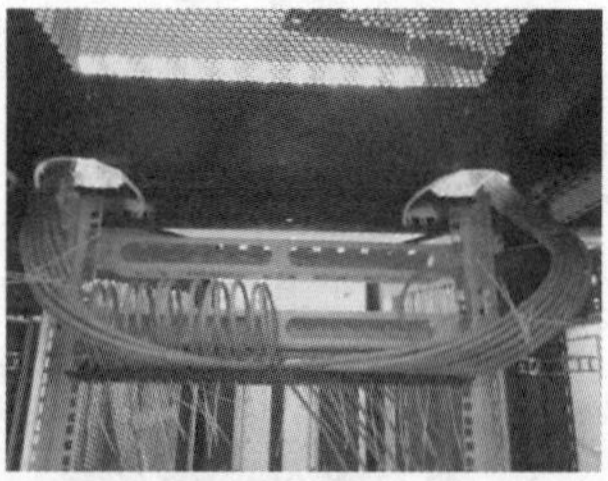
7	当大量的扁平线束进入列头柜时，需将线束按配线架的安装位置排列，一般来说，当机柜上部进线时，靠近机柜扎线板的扁平线束应终接在最下部的配线架上，以此类推 所以，方形理线工艺在施工前应使用纸面作业方式，确定所有扁平线束在桥架、机柜中的摆放位置，以免发生线束交叉而导致美观度下降	

注：在工程中自制理线板，且用完则弃，可以参考圆形理线工艺的说明制作，但由于方形理线往往采用2×6或3×4的基本集束结构，所以构成的理线板也仅需形成相应的形式即可。

另一类方法是使用市场购买的塑料线箍和金属线箍固定。

在施工时，将线箍底座固定在桥架上，如图3-75所示。然后将对绞电缆按顺序放入线箍并拉直，将线箍上盖固定（或卡住）后即可。

线箍施工方式简单易学，而且工程效果美观。

弊端：其一，线箍往往会造成对绞电缆被挤压而无法保证对绞电缆处于最为理想的不受力状态。其二，对于塑料箍而言，由于材质较软，容易引起"鼓形"变形。其三，对于金属箍而言，一旦用于非屏蔽对绞电缆，相当于增加了线与线之间的线间串扰。由于数据中心内的对绞电缆长度往往不超过30 m，所以上述问题还是在可承受的范围内。

图3-75　线箍形成的方形理线效果

3. 机柜内理线

1）机柜内线缆进线方式

在综合布线的施工方法中，机柜内的走线方式有多种。理论上不论怎么进线，能保证成束的线缆终接到对应的模块上去就可以了。但是，考虑到后期维护的问题，进线方式也值得考虑。

目前流行的几种机柜进线方式有以下几种，如图3-76所示。

四种进线方式均可，而且都比较美观。但是考虑到后期维护时，维护人员需要进入到机柜内部进行模块更换等操作。此时如果机柜内部的空间都被线束占用，将会对维护造成不便。

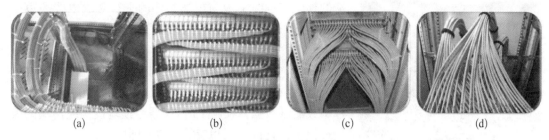

图 3 - 76　机柜内线缆进线方式

(a) 单侧进线；(b) 交叉进线；(c) 双侧进线；(d) 中心进线

单侧进线就很好地解决了这个问题。线缆都走机柜内部的一边，另一边为净空状态，可方便维护人员操作。单侧进线的另一个优点是，电源 PDU 可以单独安装在一侧，以免与对绞电缆之间形成电磁干扰。

当采用线槽吊装配线架时，跳线将从机柜的上方进入机柜，然后沿跳线路由到达各 IT 设备的网卡中。常规敷设跳线时，是将跳线自然下垂，让其因重力下垂后，通过机柜跳线孔插入服务器等设备的网络接口中。这样一种自然的做法可能会因为跳线而引起线槽侧向受力，牵动线槽安装支架向一侧倾斜，最终引起线槽歪斜。

为了避免这一现象发生，宜在线槽上设定跳线的路由，要求跳线插入配线架后，先回到线槽上，然后沿两线槽中线（线槽安装的支架旁）下垂到机柜顶盖上，再进入机柜内。这时，跳线向下的垂力会由支架中部承担，避免了线槽倾斜。而这一做法最理想的跳线则是"集束跳线"。

2) 集束跳线

集束跳线是将若干根跳线汇聚后形成的"跳线束"，按指定的机柜进线孔进入机柜，如图 3 - 77 所示。由于跳线束已经在机柜侧面固定，所以它不会再因跳线被拉动而让配线架受力。同理，如果跳线在机柜侧面已经绑扎固定，它也能收到美观、不让配线架受力的效果。只是数百根跳线如果想要在机柜侧面绑扎固定，这是一件有些困难的工作。例如：

（1）将采用集束跳线（12 根/束）成束地从配线架、网络交换机敷设到服务器机柜内的服务器设备的网络端口上；

图 3 - 77　集束跳线的一端

（2）集束跳线从配线架及网络设备两侧翻回上走线线槽后，按指定的机柜进线孔进入机柜，沿机柜后侧固定的路由分别敷设到网络端口旁，其间要求跳线路由满足横平竖直要求，两端跳线的扇出长度逐根递增。

预端接铜缆已经将若干根对绞电缆（一般为 6 根、12 根或 24 根）在制造时理成了一束，所以在施工时，仅需将其预端接铜线缆束按路由敷设和固定，处理好余长（即设计时预留的长度）的盘绕位置后，将两端的铜缆连接器（模块）插入相应的配线架，并在每根对绞电缆的弯角处用一根尼龙扎带或魔术贴固定即可。

由于成品预端接铜缆是采用笼绞技术形成，所以线束看起来成扭绞状态。故此，扭绞构

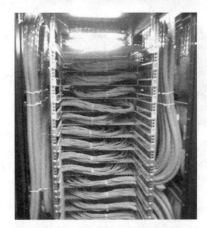

图 3 - 78　预终接铜缆安装

图 3 - 79　盒式预端接铜缆

造的预端接铜缆不应与现场制作的平行对绞电线缆束摆放在一起,以免因两种不同的造型导致美观度下降。如图 3 - 78 所示。

另外,产品预端接铜缆是在制造厂内已经测试合格的线缆,所以在预端接铜缆到达施工现场时,应确认其合格标记或测试数据。在施工时,仅需将预端接铜缆两端的模块或模块盒直接插入相应的配线架即可。

当预端接铜缆两端为模块盒时,该模块盒的尺寸往往与预端接光缆的 MPO - LC 模块盒相同,本次可以共用同一个模块盒式配线架。如图 3 - 79 所示。

当预端接铜缆两端为普通模块时,可以配备与该模块配套的空配线架,将模块插入配线架即可。集束跳线一般用于跨机柜的长跳线,这时两个机柜(网络机柜和配配线机柜)往往相邻,所以集束跳线大多沿机柜侧面的空间排线,其施工方法与预端接铜缆类似,但两端要进入跳线管理器,并插入相应的网络设备或配线架端口中,如图3 - 80所示。在集束跳线中每根对绞电缆的两端,都印有该对绞电缆在线束中的编号线束中的编号,以便施工人员快速地找到跳线。

3) 机柜跳线整理

在机柜的正面,每个配线架和网络设备都配备跳线管理器,同时配合机柜内部的竖向跳线线槽,将所有的跳线都规整到跳线管理器内,在方便跳线插拔的同时,使整个机柜看起来更加美观。水平的跳线管理器分全封闭型和环型两大类,如图 3 - 81 所示。

图 3 - 80　集束跳线

图 3 - 81　环型跳线管理器

为了美观起见,建议在整个信息机房内选用同一种跳线管理器。有时,客户会要求网络设备与综合布线系统的配线架分成为两个机柜安装,在机房内形成跨机柜的长跳线,它连接在两个机柜之间。跳线的最佳敷设方式是进入机柜顶部的线槽,跨机柜敷设,可以使用 6 根或者 12 根一束的集束跳线,使两个机柜之间的连接更整齐,效果如图 3 - 82 所示。如果不想使用集束跳线,也可以使用等长的常规跳线扎成束布局,尽管美观度和两端的编号体系不如集束跳线,但可以达到相近的效果。当上走线线槽使用网格式线槽时,缆线敷设和理线时需要注意,施工人员不允许坐在线槽上或踩在线槽上,以免线槽变形导致美观度下降。

图 3 - 82　机柜之间使用集束跳线

4. 缆线预留

对绞电缆和光缆在施工完毕后都应该有所预留,以防工程临时变更或出错时调整线缆之用。但在数据中心内,由于上走线线槽要求线缆布局美观,往往难以留出线缆盘留的空间。所以在许多的数据中心内,看不见任何预留的线缆,会给布线系统的二次施工和运维人留下隐患。

1) 第一级预留

为了预防施工过程中的局部调整(包括配线机柜内的配线架高度调整导致缆线长度变化),普通缆线或预端接缆线都会预留一个合理的长度,盘绕在不起眼的地方,形成第一级预留。第一级预留的缆线长度一般会超过 1 m,预留方式有架空地板下方环绕预留、架空地板下方 U 形预留,如图 3 - 83 所示。上走线线槽拐角盘留、双层上走线线槽预留、外部走廊吊顶上方盘留、设置专用机柜盘留、机柜侧面 U 形预留等。

图 3 - 83　U 型盘绕的预终接铜缆

图 3 - 84　机柜侧面预留

从美观角度来看,当上走线时,可以考虑在没有电源线的地方设双层线槽,利用上层线槽采用 U 形结构敷设预留的缆线。双层线槽预留的缆线位置往往距离配线架比较远,所以尽管它能够预留足够长度的缆线,但在实际使用中仍有不方便的感觉。另外,双层线槽预留方案会遇到线槽缆线敷设的美观问题,需要通过纸面设计使缆线的路由达到最美观效果后再进行理线施工。

如果机柜侧面可以预留盘绕缆线的空间,则缆线预留可以得到比较好的解决,如图 3 - 84

所示,当然预留的长度相对双层线槽预留方案而言会略少些。由于预留区域距配线架已经很近,所以即使预留长度比较少,但仍然能够满足预留的需要。

数据中心内的综合布缆线在验收合格后基本上不会进行调整,即使要进行调整,也会采用另行敷设缆线的方式进行,很少有拆下原有缆线进行调整后重新敷设的情况。由于这一特点,有些数据中心采用了不进行第一级预留的施工方式,应该说这是一种有些冒险的做法。

2) 第二级预留

为了施工过程中的局部调整,包括配线机柜内的线缆在进入配线架时,可以在配线架后侧进行第二级预留(长度约为 200~300 mm),以满足安装和运维时的应用需求:

(1) 对于铜缆配线架,当模块终接有误时,可以对线缆进行二次终接,以免拆散机柜内已经绑扎成横平竖直的线缆。而且,在运维期间,预留的线缆使得模块可以从机柜正面取出,进行检查、测试或更换,完毕后再还原(这时需采用前拆式配线架与之配合使用)。

(2) 光纤配线架背后采用盘留方式,保留一定长度的预留光缆,可以使配线架(抽屉式、旋转式或模块盒式)中的内胆或模块盒能够从机柜正面取出,以便清洁光纤连接器的端面或进行各种检查、测试和更换工作。

在理完线之后,每一束的线缆相对就固定了,从机柜的每个角度看都非常美观。但是,在后期维护需要重新打模块的时候,就非常麻烦了。因为这根线是固定在一束线里面的,无法再抽出一定的长度进行终接。

二级预留有很多种方法,常见的有以下几种,如图 3-85 所示。

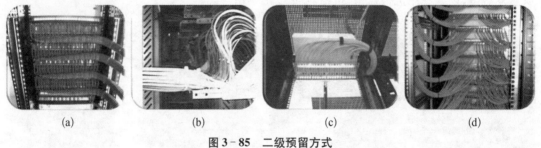

(a)　　　　　　　(b)　　　　　　　(c)　　　　　　　(d)

图 3-85　二级预留方式

(a) 环形预留;(b) 弧线预留;(c) 半圆预留;(d) 下垂预留

预留方式不尽相同,但是原理基本一致。在施工阶段终接模块的时候,就预留一段长度,并将预留的长度进行处理(比如绕环、下垂等),可以保证整体美观。

3.7　线缆终接

3.7.1　信息插座

在数据中心内,信息插座安装在支持区、辅助区和行政办公区。当然,在信息机房内的墙面、机柜等处,也会有少量的信息插座存在,只是这些信息插座大多都是用于空调、UPS、消防报警、机柜或高清摄像机等辅助区设备,少数用于运维时对外联系。

对绞电缆在护套剥离时,其中的绞距会立即散开,不再保持在原设计位置,正因为如此,工程上的最佳对绞电缆应采用紧护套型对绞电缆,即绞距被护套裹得紧紧的对绞电缆。

在模块终接时,对绞电缆被终接处的护套需要剥去一部分。在施工要求中,一般要求终接完毕后对护套与绞距有以下要求:① 三类线允许护套剥去 300 mm;② 5 类/超 5 类允许护套剥去 13 mm;③ 六类以上允许护套剥去 6.5 mm。事实上,由于对绞电缆的绞距在脱离护套后将会散开,无论散开多少,从理论上都会对造成性能指标劣化。所以,在工程实施中,如果希望达到最大的性能余量,就应该尽量少剥去护套,人为地添加绞距,并将绞距保持到终接点边沿为止。

模块终接的要领是尽量减少绞距变形以及平行线干扰的可能性。对于屏蔽模块而言,当然还需要确保屏蔽层完好无损、电磁波不易进入终接点。

在大多数种类的 RJ45 型模块中,只要学会了屏蔽模块的终接方法,就自然掌握了非屏蔽模块终接方法。

1. 通用信息插座(RJ45)终接

综合布线所用的信息插座多种多样,信息插座应在内部做固定线连接。信息插座的核心是模块化插座与插头的紧密配合。对绞电缆在与信息插座和插头的模块连接时,必须按色标和线对顺序进行卡接。插座类型、色标和编号应符合标识上的规定。信息插座与插头的 8 根针状金属片,具有弹性连接,且有锁定装置,一旦插入连接,必须解锁后才能顺利拔出。由于弹簧片的摩擦作用,电接触随插头的插入而得到进一步加强。信息插座保持 45°斜面,并具有防尘、防潮护板功能。同时信息出口应有明确的标记,面板应符合国际 86 系列标准。

(1) 对绞电缆与信息插座的卡接端子连接时,应按色标要求的顺序进行卡接。

(2) 对绞电缆与接线模块(IDC、RJ45)卡接时,应按设计和厂家规定进行操作。

(3) 屏蔽对绞电缆的屏蔽层与连接硬件终接处屏蔽罩必须保持良好接触。线缆屏蔽层应与连接硬件屏蔽罩 360°网周接触,接触长度不宜小于 10 mm。

(4) 剪除线缆的抗拉线,有十字骨架的线缆,距离护套 1 cm 左右处剪除十字骨架。

在正常情况下,信息插座具有较小的衰减和近端串扰以及插入电阻。如果连接不好,就会降低整个链路的传输性能指标。所以,安装和维护综合布线的人员,必须先进行严格培训,掌握安装技能。

1) 免工具安装

下面给出的操作步骤用于连接 4 对对绞电缆终接到墙上安装和掩埋型安装的信息插座上。注意信息插座底盒(电气 86 盒)此时已安装完毕。安装步骤如下:

(1) 将信息插座上的螺丝拧开,然后将终接夹拉出;

(2) 从墙上的信息插座安装孔中将对绞电缆拉出 20 cm,作为预留长度;

(3) 用专用剥线刀从对绞电缆上剥除 10 cm 的外护套;

(4) 将导线穿过信息插座底部的孔位;

(5) 将导线压到合适的槽位;

(6) 使用扁口钳将导线的末端割断,用扁口钳切去多余的导线头;

(7) 将终接夹放回,并用拇指稳稳地压下,将终接夹放到线上;

(8) 重新组装信息插座,将分开的盖和底座扣在一起,再将连接螺丝拧上;

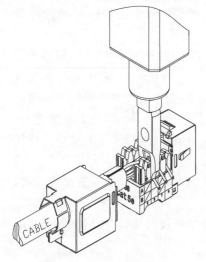

图 3-86 利用工具卡线

(9) 将组装好的信息插座放到墙上;

(10) 将螺丝拧到接线盒上,完成固定。

2) 利用工具安装(见图 3-86)

(1) 线缆处理。

(a) 剥 PVC 线缆护套: 将剥线刀快速旋转一圈,即可划破对绞电缆外护套,然后剥除对绞电缆外护套;

(b) 检查 4 对对绞电缆的绝缘层是否破损,如对绞电缆绝缘层已破损,则将剥线绳继续向下用力撕拉至完好的部位;

(c) 然后用剪刀将电缆护套撕破部分连同剥线绳一同剪去。

(2) 模块安装。

(a) 根据设计要求,确定接线方式是 T568A 还是 T568B,整个系统只能选择其中一种接线方式;

(b) 线缆的外护套应紧顶住模块端部;

(c) 将对绞电缆对从中间分开压入相应的安装槽中(不要从头部将线对分开);

(d) 把模块放入厂家提供的安装底座上,用专用打线工具打线,注意刀口的方向;

(e) 压上保护盖,然后将模块装入面板中;

(f) 将线压入模块;

(g) 将模块放入安装底座;

(h) 用专用工具与模块底座呈 90 度角垂直打线;

(i) 将保护盖压紧。

3) RJ45 跳线制作

(1) 将跳线护套套入对绞电缆内;

(2) 将线对按 T568B 接线方式排好并剪齐;

(3) 将剪齐后的线对插入水晶头内,线对应全部顶到头,外护套应进入水晶头内;

(4) 将水晶头放入压接钳内压紧;

(5) 然后将跳线护套套入水晶头。

4) 屏蔽模块终接

在数据中心中,工程选择对绞电缆+模块的组合时,需要完成线缆的终接操作。

屏蔽模块与非屏蔽模块的 8 芯线终接技巧基本一样。所不同的是,施工工艺包括了前期的对绞电缆屏蔽层处理和后期的对绞电缆屏蔽层终接两部分。

屏蔽模块的屏蔽层处理和终接有几项基本原则:

(a) 含丝网的屏蔽对绞电缆可以剪去暴露的铝箔,仅对丝网进行屏蔽终接即可;

(b) 不含丝网的屏蔽对绞电缆需将铝箔保留,并与对绞电缆护套内的接地导线进行屏蔽终接;

(c) 屏蔽终接要求实现 360°屏蔽处理。

为了说明屏蔽对绞电缆的终接特点,以下采用两种常见的屏蔽模块终接工艺为例进行分步介绍,其他类型的屏蔽模块屏蔽层的处理和终接方法雷同。

屏蔽模块终接的工艺如表3-17所示。

表 3-17 屏蔽模块终结工艺

序号	工 艺 说 明	工 艺 图 片	工时
1	准备材料和工具（材料及工具清单）如下： （1）自面板算起，需要超过 500 mm 的屏蔽对绞电缆 （2）屏蔽模块 （3）尼龙扎带（模块自带） （4）锋钢剪刀或斜口钳 （5）剥线工具（剪刀操作者可不选）		
2	（1）将屏蔽对绞电缆与总长标尺、护套标尺并排握住 （2）将两根标尺一端靠在面板（或配线架面板）上，将对绞电缆全部拉出 （3）平齐总长标尺的外端剪断屏蔽对绞电缆 （4）平齐护套标尺的外端用剥线工具划破护套 （5）将对绞电缆编号重新写在（或固定在）距新线头 100 mm 处		
3	拔下被切的护套。该位置就是对绞电缆与模块的交界处 注：取下护套时不要伤损屏蔽层		
4	将屏蔽丝网向后翻转，均匀地覆盖在护套外（先用手指插入丝网后向外张开，然后手指成环向左推丝网即可） 注：需将所有的丝网铜丝全部翻转后覆盖在护套上，不能有任何一根铜丝留在终接点附近，以免引发信号短路		
5	将剥去护套外露部分的铝箔屏蔽层平齐护套边缘剪断。目的是为了让带护套的对绞电缆能够尽可能地深入模块内		
6	（1）检查并看准模块打线色标，不能有错。模块的上盖内侧印有打线规程：568A 的色标，应该按色标施工 （2）应注意到：有两对线需穿孔终接，另两对线压入槽内终接		

序号	工 艺 说 明	工 艺 图 片	工时
7	（1）对绞电缆的四个线对平放在模块上盖 （2）旋转对绞电缆的方向，使橙、棕两对芯线紧贴模块上盖 （3）可将四芯线排好顺序后，用剪刀斜向剪出一个斜面 （4）按色标将四根芯线分别穿入四个孔内，一直推到护套紧靠塑料边为止 注：在穿线时，应注意不让丝网"跟"入穿线孔，以免短路		
8	（1）取扎带穿过上盖尾部的扎线方孔，将扎带绕回来，穿入扎带的锁扣，在收紧扎带的同时将锁扣调整到预选位置 （2）逐步收紧扎带，直到扎带将屏蔽对绞电缆固定在上盖的尾部 （3）剪去尼龙扎带上多余的部分 （4）将蓝、绿两对线按颜色标记压入相应槽口内 注：尼龙扎带收得太紧会造成对绞电缆变形		
9	使用剪刀或斜口钳将8芯线沿塑料件外边缘逐一剪断 注：剪线时，应使用刀尖平贴塑料边沿进行，不要伤到上盖中的塑料件。露出塑料的线头越少越好 不要让丝网进入尼龙扎带前方的模块区域		
10	将模块上盖放在模块的上方，将上盖对齐模块的缺口，轻轻用力，使上盖能够沿边沿进入缺口 注：不要碰到绑扎对绞电缆的尼龙扎带，也不要让尾部的丝网残留在模块内，以免引起短路		
11	（1）用两只手指（通常是拇指和手指）将上盖压入模块，由于模块两边各有一个销孔，因此手指施加的压力应平衡，保证上盖平行地被压入模块 （2）当听到"喀哒"声响时，上盖已经被压入模块，这时模块内的终接结束。从外表看，上盖已经与模块严丝合缝 注：可以使用水泵钳帮助压接，但不可使用老虎钳或尖嘴钳等工具进行终接，以免损伤屏蔽模块的表面		

（续表）

序号	工　艺　说　明	工　艺　图　片	工时
12	在终接完成后，用剪刀剪去模块尾部多余的丝网，以免这些铜丝造成其他模块中的信号短路		
13	扫尾工作： 清理工具及带来的东西、垃圾并带走		

注：（1）其中 2～5 为屏蔽层处理，5～12 为模块终接（与非屏蔽模块一致），7～8 为屏蔽对绞电缆与屏蔽模块之间的屏蔽终接。

（2）当厂商另有终接方法时按厂商的终接方法操作。

（3）工时可参考工程概预算中的工时定额，也可以自行测算出每道工艺的工时。根据"人走场清"的原则，扫尾工作应在离开场地时进行，所以工时计算时，应包括"准备工作"和"扫尾工作"两部分的工时。

　　各个综合布线厂商推出了各种形式的屏蔽模块，其外形和终接方法都有所不同。尽管如此，只要掌握了终接要领和部分模块的终接方法，就可以很容易地推理出各种模块的终接方法。

　　2. 配线架处模块终接

　　配线架是提供对绞电缆终接的装置。配线架实际上由一个可装配各类模块的空板和模块组成，用户可以根据实际应用的模块类型和数量来安装相应模块，如图 3-87 所示。

图 3-87　配线架模块安装

　　固定式配线板的安装与模块连接器相同，选中相应的接线标准后，按色标接线即可。以下介绍一下模块化配线板的安装过程。它可安装多达 24 个任意组合的配线模块，并在电缆卡入配线板时提供弯曲保护。高密度配线架可以安装更多的配线模块。

　　该配线架可固定在一个标准的 19 in(48.3 cm)配线柜内。

　　1) 配线架(RJ45)上终接对绞电缆的基本步骤

　　(1) 在终接电缆之前，首先整理电缆。松松地将电缆捆扎在配线架的任一边，最好是捆到垂直通道的托架上；

　　(2) 以对角线的形式将固定柱环插到一个配线架孔中去；

（3）设置固定柱环，以便柱环挂住并向下形成一角度，有助于电缆的终接；

（4）将电缆放到固定柱环的线槽中去，并按照上述配线模块的安装过程对其进行终接；

（5）最后一步是向右边旋转固定柱环。完成此工作时，必须注意合适的方向，以避免将对绞电缆缠绕到固定柱环上。顺时针方向从左边旋转整理好电缆，逆时针方向从右边开始旋转整理好电缆。另一种情况是在连接器固定到配线架以前，电缆可以被终接在配线模块上。通过将电缆穿过配线架孔，在配线板的前方或后方完成此工作。

2）110 型配线架终接过程

（1）将 4 对对绞电缆按照蓝、橙、绿、棕顺序依次压人相应槽内，白色在前；

（2）用专用打线工具将线头切断在架上；

（3）根据安装的对绞电缆对数，选择相应的卡接模块（4 对或 5 对），用专用工具将卡接接块压入 110 模块。

大对数对绞电缆的安装，应注意线对色序的排列。

3. 数据中心铜缆配线架终接

数据中心的配线架集中在每个机柜内、机柜上方或桥架旁边。各种线缆按照一定的规律相互连接，形成了完整的数据中心综合布线系统。

铜缆配线架分为一体化配线架（模块与架体在终接时无法分离）和模块式配线架（模块与架体在终接时可以完全分离）两大类。在掌握了模块的终接要领后，就可以推理出配线架终接方法。

对于屏蔽配线架，还需要进行配线架接地终接。

在每一个屏蔽配线架上，都有一个接地螺栓，接地使用两根不等长度的 6 mm² 铜质导线，每根接地导线的两端安装接线环后，其中一端套在配线架的接地螺栓上，添加弹簧垫圈和金属垫圈，然后使用螺母旋紧固定。另一端连至机柜的接地铜排或接地母线，同样使用上述方法。

3.7.2 光缆接续与终接

1. 安装前准备工作

1）光缆和连接器防护

光缆和连接器安装前，应适当防护，以确保其安全。

（1）光缆必须从缆盘上退绕，应该采用 8 字盘绕，以避免光缆扭绞和缠绕，超过 30 m 的长度，就应该避免单一方向盘绕。

（2）对于松套光缆，建议 8 字盘绕 4.5 m，盘绕直径约 1.5～2.4 m，如图 3-88 所示。

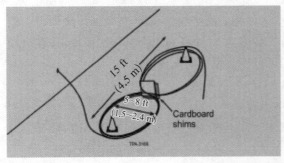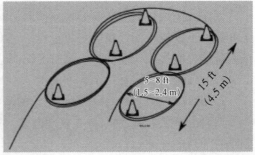

图 3-88　光纤盘绕直径

（3）退绕的光缆必须放在相对空旷的环境，设置警示区域标志防止光缆受到外界损伤。

（4）如果敷设的光缆末端有连接器，必须注意不可以直接拉拽连接器部分，这部分是不能承受外部拉力的。

（5）含有预端接安装保护管的光缆，敷设保护管应当保留到光缆与硬件连接时再移除。

（6）避免暴露于可见和不可见的光辐射中。

（7）妥善处置施工现场的光纤碎末和处理施工现场用到的危险化学品。

（8）眼睛一定要佩戴防护镜。

（9）施工要在通风良好的地方，不要在密闭空间内使用光纤熔接机等。

2）光缆安装规划和准备

检查需要熔接或终接的光缆的位置，规划连接硬件和光缆盘绕和存储，确保足够的余长可以至工作台和保障后期维护需要。

注意光缆在机柜中盘绕的安全，包括最小的弯曲半径和光缆的防护，需要考虑可能的硬件移动导致的光缆位置变化所需要的预留长度。

对于可能存在风险的区域，要加强线缆的保护，比如转换交接点，弯曲转角，拥挤的吊顶或地板处，进出口处等。

基于光缆路由查验，可利用的设备以及人员等因素，设立光缆敷设安装计划。

多数室内光缆是可以采用人工进行安装的，需要确保安装人员不要使用超过拉伸负荷的力量拖拽光缆，光缆安装时和安装后的最小弯曲半径。

3）安装过程注意事项

需要对于预端接光缆等各种光纤连接器部分在施工的过程中给予充分的保护。

2. 光纤的接续与终接

光缆终接和接续主要是指现场进行光纤之间的连接及光纤连接器与光缆互连的过程，数据中心敷设的光缆可以是普通室内紧套光缆或者预端接光缆。对于普通室内光缆，进行线缆终接或尾纤熔接是必要的过程。目前现场终接主要的方式有尾纤熔接和现场组装等方式。

在项目实施和安装应用中，敷设完成的光纤光缆为直径 $250\,\mu m$ 或者 $900\,\mu m$ 紧套护套的光纤组成，我们必须将光纤的尾端连接至可以与相关设备端口直接接插的器件，才可以使用。光纤的连接主要包含两段光纤之间互相连接的接续和用于光缆成端的与连接器连接的终接技术。

1）光纤接续

光纤的接续是完成两段光纤之间的连接。在光纤网络的设计和施工中，当链路距离大于光缆盘长、大芯数光缆分支为数根小芯数光缆时，都应当考虑以低损耗的方法把光缆的光纤相互之间连接起来，以实现光链路的延长或者大芯数光缆的分支等应用。光纤的接续主要有熔接和机械连接两种方式。

（1）光纤熔接技术。

光纤熔接技术是用光纤熔接机进行高压放电，使待接续光纤端头熔融，合成一段完整的光纤。这种接续方法，光纤的连接点衰减小，可靠性高，是目前最普遍使用的方法。在光纤熔接中应严格执行操作规程的要求，以确保光纤熔接的质量。

（a）影响光纤熔接衰减的主要因素：

影响光纤熔接衰减的因素较多，大体可分为光纤本征因素和非本征因素两类。光纤本

征因素是指光纤自身因素,主要有四点:

① 光纤模场直径不一致;② 两根光纤芯径失配;③ 纤芯截面不同;④ 纤芯与包层同心度不佳。

(b) 影响光纤接续衰减的接续技术:

(Ⅰ) 轴心错位:单模光纤纤芯很细,两根对接光纤轴心错位会影响接续衰减。当错位为 1.2 μm 时,接续衰减达 0.5 dB。

(Ⅱ) 轴心倾斜:当光纤断面倾斜 1° 时,约产生 0.6 dB 的接续衰减,如果要求接续衰减 ≤0.1 dB,则单模光纤的倾角应 ≤0.3°。

(Ⅲ) 端面分离:活动连接器的连接不好,很容易产生端面分离,造成连接衰减较大。当熔接机放电电压较低时,也容易产生端面分离,此情况一般在有拉力测试功能的熔接机中可能出现。

(Ⅳ) 端面质量:光纤端面的平整度差时也会产生损耗,甚至气泡。

(Ⅴ) 接续点附近光纤物理变形:光缆在敷设过程中的拉伸变形、接续盒中夹固光缆压力太大等,都会对接续衰减有影响,甚至重复熔接几次都不能改善。

(Ⅵ) 其他因素的影响:接续人员操作水平、操作步骤、盘纤工艺水平、熔接机中电极清洁程度、熔接参数设置、工作环境清洁程度等均会影响到熔接的衰减值。

(c) 降低光纤熔接衰减的措施:

(Ⅰ) 一条线路上尽量采用同一批次的优质名牌裸纤。同一批次的光纤其模场直径基本相同,因而光纤断开点的熔接衰减影响可降到最低。所以要求生产厂家对同一批次的裸纤,按要求的光缆长度连续生产,在每盘上顺序编号,并分清 A、B 端,且不得跳号。敷设光缆时,须按编号沿确定的路由顺序布放,并保证前盘光缆的 B 端要与后一盘光缆的 A 端相连,从而保证接续时能在断开点熔接,并使熔接衰减值达到最小。

(Ⅱ) 挑选经验丰富、训练有素的光纤接续人员进行接续。熔接机可以自动熔接,接续人员应严格按照光纤熔接工艺流程图进行接续,并在熔接过程中边熔接,边使用 OTDR 仪表测试熔接点的接续衰减。不符合要求的应重新熔接,反复熔接次数不宜超过 3 次,多根光纤熔接衰减都较大时,可剪除一段光缆重新开缆熔接。

(Ⅲ) 接续光缆应在整洁的环境中进行。严禁在多尘及潮湿的环境中露天操作,光缆接续部位及工具、材料应保持清洁,不得让光纤接头受潮,准备切割的光纤必须清洁,不得有污物。切割后光纤截面不得在空气中暴露时间过长。

(Ⅳ) 选用精度较高的光纤端面切割器加工光纤端面。光纤端面的好坏直接影响到熔接衰减大小,切割的光纤应为平整的镜面,无毛刺,无缺损。光纤端面的轴线倾角应小于 1°。高精度的光纤端面切割器不但可提高光纤切割的成功率,也可以保证光纤端面的质量。这对 OTDR 测试不到的熔接点(即 OTDR 测试盲点)和光纤维护及抢修尤为重要。

(Ⅴ) 熔接机的正确使用。熔接机的功能就是把两根光纤熔接到一起,所以正确使用熔接机也是降低光纤接续衰减的重要措施。根据光纤类型正确合理地设置熔接参数、预放电电流、时间及主放电电流、主放电时间等,并且在使用中和使用后及时去除熔接机中的灰尘,特别是夹具、各镜面和 V 形槽内的粉尘和光纤碎末的去除。每次使用前,应使熔接机在熔接工作的状态环境中放置至少 15 分钟,特别是放置在环境温差较大的地方。熔接机应根据当时的气压、温度、湿度等环境情况,重新设置与调整熔接机的放电电压及放电位置,以及使 V

形槽驱动器复位等。

（d）光纤接续点衰减的测量：

光衰减是度量一个光纤接头质量的重要指标，有几种测量方法可以确定光纤接头的光衰减，如使用光时域反射仪（OTDR）或对熔接接头的衰减评估方案等。

（e）熔接接头衰减评估：

某些熔接机使用一种光纤成像和测量几何参数的断面排列系统。通过从两个垂直方向观察光纤，通过计算机处理和分析该图像，来确定包层的偏移、纤芯的畸变、光纤外径的变化和其他关键参数，使用这些参数来评价接头的衰减。依赖于接头和它的衰减评估算法求得的接续衰减可能和真实的接续衰减有相当大的差异。

光时域反射仪（optical time domain reflectometer，OTDR）又称背向散射仪，其原理是：向光纤中传输光脉冲时，在光纤中散射的微量光返回光源侧，利用时基来观察反射的返回光程度。由于光纤的模场直径影响它的后向散射，因此在接头两边的光纤可能会产生不同的后向散射，从而遮蔽接头的真实衰减。如果从两个方向测量接头的衰减，并求出这两个结果的平均值，便可消除单向 OTDR 测量的人为因素误差。然而，多数情况是操作人员仅从一个方向测量接头衰减，其结果并不十分准确，事实上，由于具有失配模场直径的光纤引起的衰减可能比内在接头衰减自身大 10 倍。

（f）接续步骤：

类似于尾纤的终接方法和操作步骤。室内环境中熔接损耗较低且较为稳定，但室外应用时，不同地区环境和不同季节的环境温度差异较大，这可能会引起熔接过程的不稳定。经过培训的操作人员可以快速、准确地完成整个熔接，以适应相关的光缆分支交接箱和光缆接头盒对较为集中的大量光纤接合的需要。

光缆接续的主要步骤如表 3-18 所示。

表 3-18 光缆接续步骤

准备工作	技术准备	了解将要使用的光缆连接盒、配线设备的性能，操作方法和质量要求
	器材准备	器材准备，包括光缆接续盒的配套部件、熔接机、光缆接续保护材料及常用工具
光缆护层的处理		光缆外护层金属层的开剥尺寸、光纤余留所需长度在光缆上做好标记，用专用工具逐层开剥，对室外光缆缆内的油膏的清洁
加强芯、金属护层的接地处理		加强芯、金属护层的连接方法应按所选用的配线设备规定的方式进行，电气导通性能应根据设计要求实施
光纤的接续		光纤采用熔接方式连接时，通常以热缩管方式保护
光纤余留长度的盘整		光纤连接经检测，接续损耗达到要求，并完成保护后，按连接盒结构所规定的方式进行光纤余长的盘绕处理，光纤在盘绕过程中，应注意曲率半径和放置整齐
光缆接续完成后的处理		应按要求安装、放置配线设备，光缆连接盒及余缆应注意整齐、美观和有标志
施工记录与档案		填写竣工测试表，数据记录存档

（g）熔接机：

光纤熔接机［见图 3-89（a）］是结合了光学、电子技术和机械原理的精密仪器设备。主要原理是利用光学成像系统显示切割完成的需熔接的光纤端面情况,通过光纤对准系统将两段光纤对准,然后由电极放出的高压电弧熔融光纤以获得低损耗、低反射、高机械强度以及长期稳定可靠的光纤熔接接头。

光纤熔接方式非常适用相对较为集中的大量光纤终接,如配线机房、主配线设备区域。光纤的熔接需要有一个环境温度、洁净度较为理想的施工环境。同时,由于存在大量的熔接后的热缩保护管,必须提供相应的存储和放置的区域。熔接原理如图 3-89(b)所示。

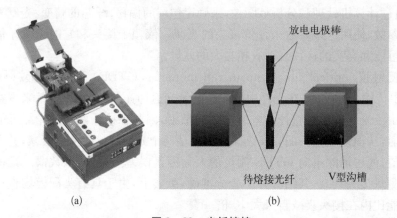

图 3-89　光纤熔接

(a) 光纤熔接机；(b) 原理图

利用光纤熔接机对光纤进行接续时对外界环境有一定的要求,在熔接前要做好与外部环境相对应的设置。并且要注意以下事项:

① 选择光纤尾纤和光纤跳线时,光纤的规格必须相同；② 严禁在多尘及潮湿的环境中露天操作；③ 光纤终接工具在每次使用前都要进行端面清洁；④ 光纤的熔接点必须要有保护装置；⑤ 盘纤的空间不能超过光纤的弯曲半径；⑥ 注明光纤标签或标识,以便维护和查找。

(2) 机械型。

在高精度的光纤熔接机出现之前,机械连接(也称冷接)作为光纤的永久或者临时连接方式在光纤连接中已经得到广泛的使用。机械接合方式有以下特点:

① 快速、低成本；② 无须特殊工具、培训、设备维护等；③ 适合的光纤包括 250 μm、900 μm 直径光纤以及各种尾纤跳线的连接；④ 高质量接续效果；⑤ 接续操作便捷,能够在 1~2 分钟内完成接续；⑥ 较高的可重复性,可反复操作,单次性价比高；⑦ 尽量少的使用工具；⑧ 工作稳定,可以长时间的使用等。

机械式光纤接续特别适用于小芯数、分散的光纤连接或应急的光纤连接应用。由于该方式为不带电的接续方法,也广泛应用在诸如石化/石油精炼、煤炭和其他禁止明火(或电弧)的制造环境中。对于传输性能,这种方式也可以较好地得到保证。光纤的机械连接原理如图 3-90 和图 3-91 所示。

2) 光纤终接

光纤的终接通常采用活动连接技术,也就是说将光缆的末端制成各种不同类型的光纤活动连接器,以实现光链路与设备的端口之间的连接,是目前使用数量最多的可以重复使用的光无源器件,已经广泛应用在光纤传输线路、光纤配线架和光纤测试仪器、仪表中。

现场组装式光纤活动连接器是在施工现场通过配套工具将光纤连接器终接到光纤上的

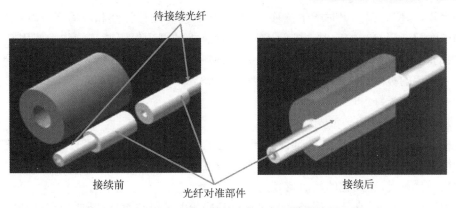

待接续光纤

接续前　　　　　　　　光纤对准部件　　　　　接续后

图 3 - 90　采用陶瓷套管技术的光纤机械接续原理图

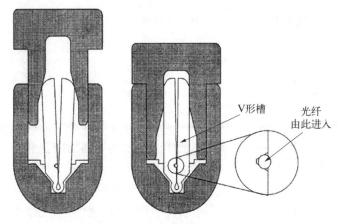

V形槽　　光纤
由此进入

图 3 - 91　采用 V 形槽技术的机械式光纤接续原理图
（右为未终接及压下上盖之后的光纤机械接续截面图）

一种技术，施工现场不需要大型设备，不需要进行注胶、固化和研磨等复杂生产工艺。现场组装式光纤活动连接器根据产品结构和终接的方式分为机械型和热熔型。

目前实现光缆终接主要包括如下方式。

（1）尾纤熔接。

尾纤熔接实际上也是光纤终接的一种形式。将在工厂已经做过连接器端面研磨处理的熔接尾纤，通过专用的光纤熔接设备（光纤熔接机）与现场敷设的室外或室内光缆的末端进行连接。熔接后的光纤接续点通过热缩套管进行保护，并将其安放和储存在相应的配线架、配线箱和接头盒中。

由于光纤尾纤器件为工厂制造的产品，相对而言，其插入损耗的指标都较好，大多数连接器的插入损耗为 0.05～0.10 dB 之间。当然，必须了解的是，插入损耗并非指单个连接器损耗，插入损耗必须在连接器配合使用的情况下才能进行测量，因此尾纤的插损和熔接的损耗并非真正意义上连接器的连接损耗。

（2）机械型。

机械型现场组装式光纤活动连接器，端面在工厂经过精密研磨处理和检验，在现场对光缆光纤进行端面切割，并通过内置对准机构和预置光纤进行机械连接，预埋在光纤接头内。预埋光纤和现场光纤在 V 形槽等装置内被固定，接头内部有预留空间，可以使光纤预先设置一定的余长,即使尾端固定时产生位移,也可在此处进行位移补偿和应力释放,内部光纤对接使用了匹配液消除光的反射,并减小连接损耗。机械型现场组装接续技术使用简单的工具,较短的时间就可以实现规定损耗内的光纤现场接续。机械型现场组装式光纤活动连接器的插入损耗的极限值≤0.5 dB,平均值要求≤0.3 dB。该活动连接器适用单模和多模以及多种护套直径的光纤。

(a) 环氧树脂型/研磨型光纤连接器:

这种方式是将光纤连接器的部件,在现场通过组装、环氧胶固化、手工研磨等步骤,完成光缆的终接,通常采用的固化方式有热固化(需要在烘炉中烘烤 20 分钟或者更长的时间)和快速固化(使用可快速固化的环氧树脂)。

应用这类方式时,在工作现场需要固化加热炉和手工研磨设备,需要稳定且训练有素的专业安装人员和相对较长的装配、固化和研磨时间。并且,对于安装人员的技术水平要求较高,否则现场研磨的连接器的性能是不能达到用户的预期的,特别是当前千兆和万兆网络的应用普遍增多的情形下。

相对于熔接设备而言,这种方法的设备投入较低,主要是依靠高素质的施工和安装人员完成高质量的光纤网络的实施。

(b) 现场终接连接器:

是当前市场上较新型的终接技术,称为非环氧树脂/非打磨型光纤连接器,即现场安装的光纤连接器。这种连接器采用工厂预置光纤设置在连接器的陶瓷插芯中,并且连接器端面经过了工厂设备处理,使其充分达到工厂制造的级别。现场安装的过程较为简单,只需要剥去光纤的外皮,将其切割并置入光纤连接器中,然后采用机械压接固定,就完成了高质量端面的光纤连接器的制作。这种终接技术最易于操作,且速度快,连接器插入损耗较小,也不需要特殊的专业培训。图 3-92 为一种现场终接的光纤连接器的示意图和其终接工具。

由于这种终接方式的工具小型化,携带和施工便利,也无需电源或者温度等要求,因此特别适用于光缆终端比较分散、每个区域光纤数量少的布局(少于 24 根光纤),例如小型建筑物主干、用户端或工作区出线端。并且该方式也较好地支持了维护、修理、移动、增加和更改。

对于不同的终接方式,总结如表 3-19 所示。

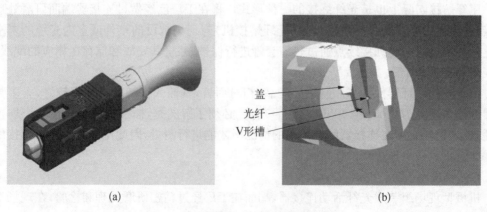

(a)   (b)

图 3-92　现场终接光纤连接器示意图

(a) 产品图示;(b) 横截面原理图

表 3‑19 终接技术总结

项 目	尾纤熔接	现场研磨连接器 (环氧树脂/研磨型)	现场终接连接器
设备/工具	熔接机以及熔接耗材	研磨工具和研磨耗材	专用压接工具
材料	通用的尾纤	通用的连接器散件	专用的连接器
终接质量	较好	一般	较好
人员要求	专业熔接机操作培训	专业、有经验的现场工程师	压接工具使用培训
适用场合	光纤数量较多	光纤点位分散	光纤点位分散
	光纤点位相对集中	每个区域点位数量不多	每个区域点位数量不多
	允许带电设备操作	允许带电设备操作	禁止带电设备操作
	环境温度相对稳定	环境温度相对稳定	环境温度无要求
	环境洁净度较好	环境洁净度较好	环境洁净度无要求
	电源系统支持	电源系统支持	无需电源系统支持
	熔接点的保护和储存	无需接合点的存储和保护	无需接合点的存储和保护

（3）施工对光纤连接损耗影响。

对于任何的光纤连接（终接和接续），无论采用何种方式，都会有损耗产生。损耗产生的原因如下：

（a）本征因素：

对连接影响较大的光纤是模场直径。当模场直径失配 20% 时，将产生 0.2 dB 以上的损耗。应尽可能使用模场直径较为接近的光纤，比如统一品牌的光纤等，对降低接续损耗具有重要的意义。

（b）外界因素：

对光纤接续损耗产生的外界主要因素为轴心错位和轴向倾斜。以单模连接器为例：

（Ⅰ）轴心错位达到 1.2 μm 时，引起的损耗可达 0.5 dB，提高连接定位的精度，可以有效地控制轴心错位的影响。

（Ⅱ）轴向倾斜达到 1° 时，将引起 0.2 dB 的损耗。选用高质量的光纤切割刀，可以改善轴向倾斜引起的损耗。

（Ⅲ）纤芯变形。熔接机的推进量、放电电流、时间等参数设置合理，可以将纤芯变形引起的损耗量降至 0.02 dB 以下。

终接和接续技术是光纤网络实施中普遍使用的、非常关键的技术。简化接续技术，提高接续质量，对扩大光纤应用领域将起到积极的促进作用。

（c）连接器清洁需要注意以下事项：

（Ⅰ）清洁对于光纤系统是非常重要的，光纤连接器端面上的灰尘和污渍会增加连接器损耗，影响光纤系统的传输。光纤连接器断面照片如图 3‑93 所示（图（a）为清洁的连接器端面，（b）和（c）为污渍的连接器端面）。

（Ⅱ）使用清洁无纤绵纸时，避免清洁前接触其他物体而被污染。

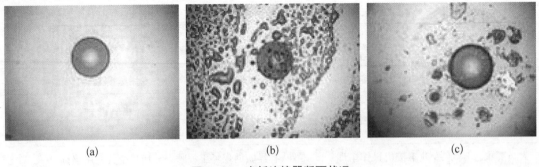

(a)　　　　　　　　　(b)　　　　　　　　　(c)

图 3 - 93　光纤连接器断面状况

（Ⅲ）将无纤绵纸浸沾酒精,轻轻地将光纤连接器插针端面压在绵纸上,旋转插针数圈,擦拭动作保持一个方向。

（Ⅳ）转换模块,12 芯 MPO/MTP 连接器和适配器等,在安装和测试过程中需要清洁可以选择以下推荐的清洁方式,如图 3 - 94(a)(b)(c)(d)所示。

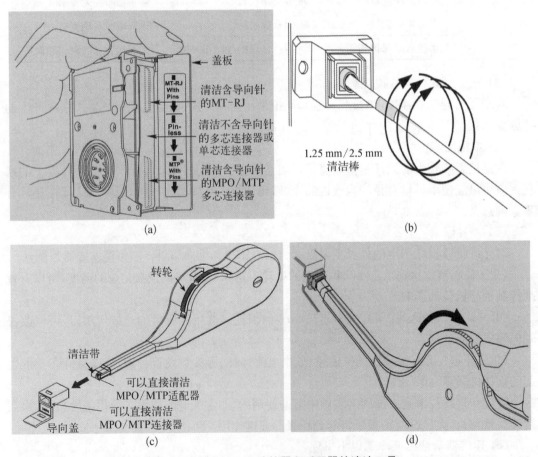

图 3 - 94　MPO/MTP 连接器和适配器的清洁工具

(a) 端面多用途清洁盒;(b) SC 或 LC 等适配器的清洁工具;(c) 连接插头清洁;(d) 插座清洁

3) 预端接光缆连接和安装

预端接光缆是两端带有工厂安装的连接器的定制化光缆,现场是不需要进行连接器的终接操作的,安装过程应根据产品附带的安装指南进行,最后将光缆末端的连接器与光纤连接硬件进行接插即可。

3. 标识制作

1)线缆标识制作

(1)将安装分成多个部分,给每层楼、每个房间和插孔唯一的标识,如果是建筑群或园区则给每个建筑物编号。

(2)所有体现于设计蓝图的工作站和所有的设备房、设备盒。

(3)布线时标识可当场制作标签。耐久的或印刷机做的或写上去的标签都行。

(4)按照蓝图标记进行布线。

(5)卡接完成后,在配线架及信息面板上标记。

(6)测试完成后,根据改动和修改的测试结果修改蓝图,做出布线竣工资料。

2)彩色标记制作

(1)设计采用具有颜色的标识系统,并将它加入改动和个性的具备测试结果的修改蓝图中。

(2)用盒子装标识带,方便又干净。

(3)可以剪下一段粘在乙烯片保护器上,携带方便。乙烯片可以很方便地放在记事本和工具箱里。

(4)剪下一段标识带,缠在对绞电缆上。至少需要缠绕两道的长度。

(5)如果对绞电缆在易受物理或化学腐蚀的地方,在结束或连接前,用一支透明的红套管将带子套起来。

注意尽量不要在靠近对绞电缆边头的部位设置颜色标识,以防在布放线缆完成后被作为剩余部分剪去。

3.8 标识与标记

3.8.1 综述

科学标准的管理方法、高效可靠的运维策略以及保证实施效度是关系数据中心运维稳定性的关键。综合布线系统作为数据中心的"通信基础设施",其重要程度如同城市间的高速公路一样。而标识系统,就像公路上的路牌一般,缺少了有效的管理,久而久之,必将导致系统运行连续性下降。因此,ISO 14763 与 TIA-606 规范在提到综合布线系统运维与管理时,均将中大型数据中心的管理难度定为最高等级,此外,数据中心运维管理的复杂性会随着连接点数量的增长呈几何级上升。当大型数据中心运维人员所要管理的端口量逐步发展到万点甚至十万点时,他所面临的管理压力也徒然增加。

1. 基础需求

数据中心通信连接管理的可行性离不开规范的综合布线系统标识与标记系统。有效的标识系统,应该满足以下方面的基础需求。

1)易读性

数据中心综合布线系统的标识系统应可以通过简明规范的规则让操作人员根据标识正确获取端口的信息。在日常维护时,易读的标识可以节省维护人员的工作时间,同时降低错误发生的概率。在故障发生时,标识信息可迅速定位近端与远端的端口,减少因维修造成的宕机时间。在设计标识时,灵活应用字母、数字与符号的组合,分层分类地让机房位置/机柜/配架/端口乃至线缆/设备端口类型等级等信息三维地展示给管理人员。

2)唯一性

既然标识的作用与路牌的作用一样,是为了提供有关连接的唯一正确信息。对设备间连接信息的追溯,使用跳线与端口的标识和端口记录表来实现,尤其是跳线和设备线缆的标识是按照端口标识所生成的,只有当端口与标识具有唯一的映射关系时才会有效。过于简单的标识都不易达到唯一性,设计标识规则时,总会考虑多种情况的组合,避免重复定义的出现,尤其是在机柜搬迁或增补时。当然,电子归档记录的标识系统有利于规避重复标识的情况出现,是标识管理的有力工具。

3)简洁性

考虑到标识条的长度与字体可辨识的限制,建议端口标识的长度不超过 15 个字符,跳线的长度不超过 30 个字符。当字符长度超过以上规定时,应考虑用额外的标识条来辅助标记。数据中心两个机柜内配线架之间通常由多链路进行连接,因此对于同一路由和配架上多个端口的标识,建议可合并路由信息。如配线架的第 1~6 端口对应另一机柜配线架上的第 1~6 端口,可将该 6 个端口的标识信息统一标注,以取代原先为每个端口标识的方式。

4)可辨识性

数据中心内注重对备份与冗余的要求,经常要求综合布线考虑主备链路的设置。比如在 EoR 或 ToR 架构下,同一个服务器机柜的铜缆与光缆上联到同一列或不同列的两个 HDA 时,配线架的端口标识可按两种不同颜色的标签加以区分。又比如当采用了条码/二维码/RFID 作为标识系统时,除了条码图形标识外,还应辅助有字符标识,以保证操作人员方便识别。

5)时效性

标识的记录和更新必须与每一次变动(增加、移除、变更)实时同步,记录得不及时将大幅度加大标识出错的风险。管理人员应设定流程,以保障端口变动的及时记录。比如,设定闭环的工作单管理方式,每次变动都以独立工作单的方式跟踪记录,定期(天、周等)对工作单完成情况做确认。此外,考虑到记录表版本的不统一可能带来的额外风险,应采用协同工作的方式管理统一的记录表,推荐采用带有数据库管理功能的智能管理软件来实现对记录表的管控

2. 扩展要求

当数据中心采用自动化方式来管控标识时,还应考虑以下扩展要求:

(1)图形化展现端口连接情况或通过与电子图纸(如 CAD 文件)的关联,对端口位置实现定位;

(2)可靠的数据库,可实现数据库备份与恢复;

(3)自动记录通信基础设施的相应部件信息;

(4)提供完整的已经联网的设备记录;

(5)辅助实现简单的线路故障排错;

(6)自动发现与记录已经联网的终端设备;

(7)自动侦测智能管理端口的跳接情况;

(8)可根据事件生成警报,并自动更新记录;

（9）可根据需要生成通信设施的报告；

（10）通过电子工单分发任务，记录跟踪任务完成情况。

3. 标识管理等级

ISO/IEC 14763 - 2 中将综合布线系统的安装与管理的复杂性分别用三个等级（Level）来划分，并对于不同 Level 的综合布线系统的标识标记系统做出了详尽的要求，这两项维度参考的主要依据为安装线缆的数量及密度、机柜及电信间数量、端口及接续点数量、布线系统性能等级等。数据中心的安装复杂性根据安装线缆总量划分为 Level 2/3，管理复杂性根据需要管理的端口数量划分为 Level 2/3，如表 3 - 20 所示。

表 3 - 20　管理分级标准

安装复杂性	固定线缆数量（铜缆、光缆、同轴电缆）	＜200	＜20 000	＞20 000
	数据中心	Level 2	Level 2	Level 3
管理复杂性	管理端口数量（铜缆、光缆、同轴电缆）	＜100	＜5 000	＞5 000
	数据中心	Level 2	Level 3	Level 3

表 3 - 21 罗列了 ISO/IEC 1476 对于不同复杂性等级的管理维度及范围。

表 3 - 21　管理维度与范围

	管理系统		
1. 标记/记录			
复杂性等级	Level 1	Level 2	Level 3
接地			是
机柜/机架	是	是	是
线缆	是	是	是
配线箱		是	是
路径			是
房间		是	是
终端点（含接续点）	是	是	是
2. 标识（固定在器件上）			
复杂性等级	Level 1	Level 2	Level 3
接地			
机柜/机架	是	是	是
线缆（标识在线缆两端）		是	是
配线箱		是	是
路径			是
房间（标识在进口处）		是	是
终端点（含接续点）	是	是	是

（续表）

3. 记录归档方式			
复杂性等级	Level 1	Level 2	Level 3
固定布线系统	人工	人工	电子

　　如上文提及，数据中心内的跳接管理常采用自动化的智能管理系统，而各类数据中心依据其建设目的、安全等级以及系统稳定性等因素的考量，很可能提出比以上列表中提到的记录归档方式更严格的要求，如自动记录新加入的连接，实时侦测信道及跳接的通断，报警等功能，这些特殊需求也可参考表 3-22。

表 3-22　高等级管理功能

	管理系统			
1. 标记				
复杂性等级	Level 1	Level 2	Level 3	增强型
跳线/跳接			是	是
2. 标识（固定在器件上）				
复杂性等级	Level 1	Level 2	Level 3	增强型
跳线/跳接（两端均标识）			是	是
3. 记录及文档管理				
跳线连接		人工	电子	自动
信道连续性侦测				自动

3.8.2　标识

1. 标识位置

　　随着信息技术的发展，未来绝大多数数据中心内的管理端口数量均将大于 100 个，必须采用电子方式记录标识文档，此类电子方式可以是电子表格（Word、Excel 等）、自建数据库和智能布线系统。

　　为了方便读者理解数据中心布线对于标识位置的需求，可参考图 3-95。

　　机柜内部件的标识含配线架与线缆、端口、跳线等。线缆与跳线的标识按要求应在两端同时提供。

2. 机房与机柜的标识

　　通常，用户为数据中心机柜内配线架端口或设备端口所设定的编码规则按机柜序—配线架序号（机柜安装 U 位）—端口类别—端口序号'的形式显示。比如，假定某个端口标识显示为 R01C15-P40F01，按规则可解读为：第一排列机柜（R01）中的第 15 个机柜（C15）于 40 U 高度（P40）上所安装的光纤配线架（F）的第 01 个端口（01）。如此编号规则简洁明了，易读性强，方便管理人员在现场根据标识就可以推断端口所在位置，节省了查表的麻烦。

　　不过，当数据中心大批量安装机柜完成时，两个机柜内配线架的安装布局极有可能完全

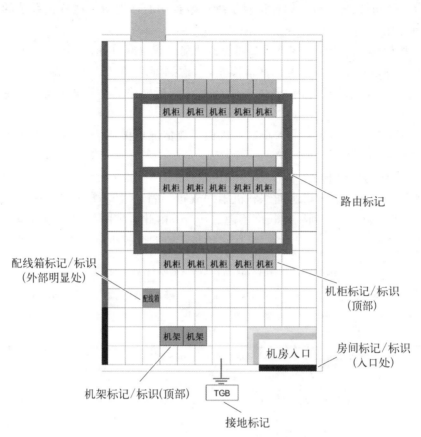

图 3‑95　标识位置要求

一致,如图 3‑96 所示。考虑 EoR 架构下的服务器机柜的布线通常可采用两个铜缆配线架
到列头柜 ZD,一个光纤配线架到 SAN 汇聚/列头柜 ZD 的方式。此时的安装方式通常
为:第 42 U 留空,第 41 U 安装光纤配线架,第 40 U 安装水平理线器,第 39/38 U 安装铜缆
配线架(可能含额外 1 U 水平理线器),或考虑 ToR 架构下服务器机柜的布线通常设计为一
个/两个光纤配线架到核心汇聚/ID 的方式,安装方式通常为第 42 U 留空,第 41 U 安装光纤
配线架。

	EOR:R01C15			TOR:R02C15	
42U	留空	42U	42U	留空	42U
41U	光纤配线架	41U	41U	光纤配线架	41U
40U	水平理线架	40U	40U	水平理线架	40U
39U	铜缆配线架	39U	39U		39U
38U	铜缆配线架	38U	38U		38U

图 3‑96　机柜内标识

　　考虑整个数据中心有多个服务器机房,每个服务器机房内可能有超过 100 个机柜,实际
管理时,线缆/跳线标识的唯一区别可能只能依靠机柜标识来区分,如 R01C15 ‑ P40F01 和
考虑整个数据中心有多个服务器机房,每个服务器机房内有超过 100 个机柜,实际管理时,
线缆/跳线标识的唯一区别可能只能依靠机柜标识来区分,如 R01C15 ‑ P40F01 和 R01C13 ‑

P40F01，由此可知，机房与机柜的标识对于维持数据中心内综合布线标识系统的唯一性起至关重要的作用。

机房与机柜标识应固定在操作人员可见的明显位置，如机房的每个入口，每个机柜的前后门顶部。标签的选用应综合考虑环境因素，考虑温湿度、风量、动态温度循环、冲击等因素。在采用架空地板的机房内，还可在墙壁上对地板网格的坐标做标记，方便操作人员定位。

机柜标识方式按机房数量及大小以及机柜摆放情况可做灵活调整，以下根据不同的数据中心的类型来举例说明。

1) 单个机房的数据中心

中小型型数据中心通常机房面积和机柜摆放布局固定，且不易改变。采用列机柜方式排列，一般含有两边走道的列机柜长度不超过 15 m，由此可推断每列机柜数量也不会超过 25 个（按服务器机柜 600 mm 宽计算）。此类机房可能的摆放布局如图 3 - 97 所示。

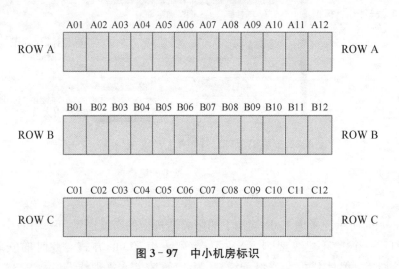

图 3 - 97　中小机房标识

在采用固定列机柜摆放的机房，尤其是机柜列较多的机房，建议在每排列机柜的走道中用明显标记来标识每列机柜的序列，方便现场查找及操作。

机柜布局固定的标识方式，可考虑用列机柜序号及机柜序号的组合来标记机柜，并指派一位固定字符表示这些机柜位于哪个机房，采用此方法的机柜标识举例如下：CA01，其中 C 表示机柜位于中心机房，A01 表示第 A 列柜的第 01 个机柜。

2) 含多个机房的数据中心

大型数据中心因受到场地、供电、制冷效率、网络架构、布线路由、节能、维护效率等限制，不宜将单个机房面积设计得太大，常见的变通办法是将机柜分配到多个机房摆放，一些实例中，还存在分楼层布设机房的情况。将超大型机房拆分成多个中小型机房的优势还在于，对于已知业务的容量可灵活调整装机数量，其余机房面积仅提供基础设施或保留机房区域二次施工，以节省前期项目投资。另一方面，随着数据中心对节能意识的日渐提升，对于未充分使用的机房区域，若能部分或全部关闭制冷机，可明显提升能源效率，避免浪费。因此，行业内也普遍认同有意识地限制机房面积的做法。

考量包含多个机房的数据中心机柜标识规则时，应确定至少 2 位字符来标识不同的机房,用机柜列序号及机柜序号的组合来标记机柜,两者的组合如下:2F-A01。

此例子中,假设数据中心每层都有唯一的机房,2F 表示机柜位于 2 楼机房,A01 表示第 A 列的第 01 个机柜。也可以表示为 2A.A01,2A 表示机柜位于 2 楼 A 机房,A01 表示第 A 列的第 01 个机柜。

3) 地板网格标识定义

这种情况常见于出租型 IDC 机房,或称电信机房。这类机房通常根据用户需求按柜出租或按面积出租。当按面积出租时,用户只租用 IDC 机房的基础设施,如制冷、电、电信接入、列头柜配线等,而机柜、机柜内设备等都是用户自己提供。因客户需求不同,机柜大小及排列参差不齐,很难沿用以上按机柜列及序号的方式标识,但机房内架空地板布局通常是确定的,因此可采用地板网格标识来标记机柜。地板网格标识方式如图 3-100 所示。具体细则可参考 TIA-942 的相关信息。

通过引入 X 与 Y 轴,分别用字母与数字组合的方式来建立一个机房平面坐标系。此时机房内的每一块地板都被指派了一个唯一的坐标,因此只要采用统一的命名规定,比如规定每个机柜的标记按机柜正面右端角座所位于的地板位置,即可定位该机房中某个机柜的位置,且该机柜标识不会随着机房的扩充而变化,从而能保持标识的唯一性。如对表示为一个冷通道机柜中,如图 3-98 所示。以左列的第一个机柜正面右边前角为参考点,标记编号为 AD12(X/Y 轴)。

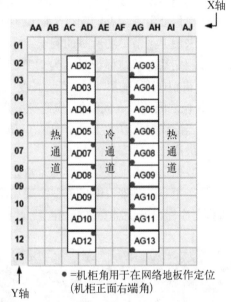

图 3-98　机房网格地板标识

举个例子,2A.AD12:2A 表示机柜位于 2 楼 A 机房,AD12 为该机柜的固定地板网格坐标。

4) 微模块数据中心

当采用数据中心微模块架构时,每个微模块可包含多个机柜,此时机房地板网格坐标的概念已模糊,可结合微模块标记的来命名每个微模块内的机柜:1CMB06.C08。

此例子中,1CMB6 为微模块标识,表示 1 楼 C 机房第 B 列 06 个微模块(用 M 来标记微模块),C08 表示该微模块内第的 08 号机柜。

当采用微模块架构时,每个微模块的主干通常汇聚到楼层的 ID 或核心 MD,而 ID 或 MD 可能并不位于微模块中。为了区分此类情况,应至少采用一位字符来表示,如微模块用 M 标记,ID 用 I 标记,核心汇聚用 C 标记:

1BI.A01:1BI 表示 1 楼 B 机房(用 I 来标记 1 楼的 ID 配线柜)。

2AC.A02:2AC 表示 2 楼 A 机房(用 C 来标记核心汇聚 MD 配线柜)。

5) 楼层电信间连接到中心机房

此例与以上类似,为了区分来自楼层电信间的垂直主干,应至少采用一位字符来表示,如 I 代表楼层 IDF,C 代表中心机房。

6) 铜缆和光纤线架的标识

机柜或机架安装的铜缆及光缆配线架标识宜遵循"机柜标识—配架安装 U 位"的方式设计,机柜标识部分可参考以上所列举的几种方案,采用配线架安装的 U 位来标识配线架是保证标识的唯一性,且简单易懂的一种通用方法。数据中心内安装完毕的铜缆/光缆配线架几乎不会遇到更换位置的情况,属于机柜内的"永久居民",而服务器等设备在机柜内的装机位置更换频繁,属于"租客"。也因为存在设备位置变动的原因,如需要定位与标识某个设备,就必须有一个可参照的固定"坐标系"(机柜安装 U 位可由顶向下递减序列:42 U,41 U,40 U,……,或由顶向下递增序列:1 U,2 U,3 U,……),而且采用安装 U 位来标识配线架的方式也保证了新增补的配线架标识不会影响已有配线架的标识。

采用上一节最初所举的例子:

假定某个端口标识显示为 R01C15 - P40F,按规则可解读为:第一排列机柜(R01),第15 个机柜(C15)的第 40 U 安装高度(P40)上所安装的光纤配线架(F)。机柜标识与配架安装 U 位之间若存在间隔符,应避免采用符号'/',以免与线缆标识内的连接符混淆。

当配线架高度大于一个安装 U 位时,比如采用 3 U/4 U 配线架标识应取该配线架安装后的最高位置所齐平的 U 位。

数据中心内配线架的连接通常是连续的。因此近端与远端端口的对应关系比较明晰,不易产生混淆。端口编号可直接采用配线架上现成的编号,若采用预端接铜缆或光缆模块时,还应标识模块所安装在的配线架上卡槽的位置。如图 3 - 99 所示。

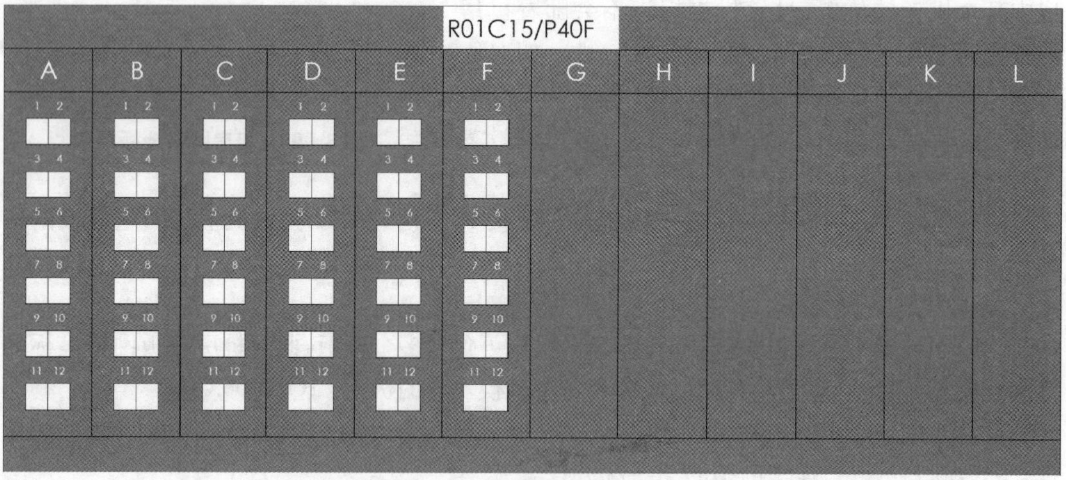

A	R01C15/P40FA01-12 至 R03C01/P40FA01-12	B	R01C15/P40FB01-12 至 R03C02/P40FA01-12	C	R01C15/P40FC01-12 至 R03C03/P40FA01-12	D	R01C15/P40FD01-12 至 R03C04/P40FA01-12
E	R01C15/P40FE01-12 至 R03C05/P40FA01-12	F	R01C15/P40FF01-12 至 R03C06/P40FA01-12	G		H	
I		J		K		L	

图 3 - 99　配线架标识

7) 线缆及跳线的标识

通过定义了端口的唯一标识,很容易推断出连接端口之间的线缆标识。原则上线缆标识应采用"近端端口标识/远端端口标识"的方式来命名,并用牢固的标签粘贴在线缆两端。

(1) 以单根的铜缆标识。

假设某根铜缆对绞线连接了 R01C15 机柜上的 P40 位的铜缆配线架端口 C01 和 R01C02 机柜上的 P40 位的铜缆配线架端口 C01,在 R01C15 机柜内线缆端的标识如下:

R01C15 - P40C01/R01C02 - P40C01。

相应地,在 R01C02 机柜内线缆端的标识如下:

R01C02 - P40C01/R01C15 - P40C01。

上面列举的同一根线缆上的标识在各机柜内是不同的,线缆两端的标识内容是一一对应的关系。在'/'的前半部分表示为本机柜内安装的位置,后半部分则表示线缆路由终接点的位置。根据规则进行命名,尤其是在将标签信息录入到表格中进行归档时,可实现电子表格自动生成标识,是一种简单的方法。

可选的另一种方法是为了保持两端的标签内容的一致,定义标签中高 1 级配线区端口信息放在'/'前,低 1 级配线区端口信息放在'/'后,如 MD(主配线架)标识/ZD(区域配线架)标识或 ID(中间配线架)标识/EO(设备端口)标识。线缆标签内容统一的好处是采用电子表格归档(如 Office Excel)时,可以同时查找到线缆两端标签。而其缺点是生成同级别配线区互联以及同机柜内互联的标识时,容易产生混淆。

(2) 多芯铜缆/光缆的标识。

假设某根 12 芯光缆连接了 R01C15 机柜内 P40 位的光纤配线架第 A 个卡槽上的端口 F01~12 与 R03C01 机柜内 P40 位的光纤配线架第 A 个卡槽上的端口 F01~12,在 R01C15 机柜内的标识如下:R01C15 - P40FA01 - 12/R03C01 - P40FA01 - 12。

在 R03C01 机柜内的标识如下:R03C01 - P40FA01 - 12/R01C15 - P40FA01 - 12。

此例中,工作人员从标识上就可推断出线缆两端的连接情况,实际操作时应注意光纤的极性问题。根据 ISO 14763 以及 TIA568 规范,光纤主干链路敷设应设计成 A - B 极性,即 1 - 2,11 - 12 的结构,来维持整个光链路中极性的统一。因此此例的标签虽然定义成 FA01 - 12 连接到远端的 FA01 - 12,其光纤的实际通路是 01 连到远端的 02。

当遇到两端连接器类型不同,如 MPO - LC 扇出跳线时,在标识体现了端口间的连接信息之外,还应额外注明两端端口的类型,必要时,可采用额外的标签来标注两端端口的特征与对应情况,如极性、公母头、厂商及型号等信息。

8) 彩色化管理

对于桥架、线缆、跳线、连接器、标识、防尘盖等彩色化管理,有助于定位与标记链路类别、子网、重要性等因素。彩色化标签是标记跳接路由的最高效方式,可以有效区分连接到核心与存储,以及连接到不同列头柜的情况。

第4章

工程测试与工程验收

4.1 验收的程序与内容

工程的验收工作对于保证工程的质量起到重要的作用,也是工程质量的四大要素"设计、产品、施工、验收"的一个组成内容。工程的验收体现于新建、扩建和改建工程的全过程,就综合布线系统工程而言,又与土建工程密切相关,而且涉及与其他行业间的接口处理。验收阶段分随工验收、初步验收、竣工验收等几个阶段,每一阶段都有其特定的内容。

工程验收是全面考核工程建设的组织工作,检验设计水平和考核工程质量的重要环节。也是对整个工程的全面验证和施工质量的评定。因此,必须按照国家规定的工程建设项目竣工验收办法和工作要求实施。

对建筑物有三个布线系统的验收内容:

(1) 光纤到用户单元通信设施工程验收内容。

建筑园区地下通信管道、建筑物内配线管网、设备间等应与建筑土建工程同时验收;光缆敷设、光纤连接器件等的安装工程应单独验收,或与弱电系统工程或综合布线系统工程同时验收。验收文档可以单独设置或作为布线工程验收文档的一个组成部分。

(2) 楼宇综合布线系统验收。

在综合布线系统工程施工过程中,施工单位必须重视质量,按照《综合布线系统工程验收规范》的有关规定,加强自检和随工检查等技术管理措施。建设单位的常驻工地代表或工程监理人员必须按照上述工程质量检查工作,力求避免一切因施工质量而造成的隐患。所有随工验收和竣工验收的项目内容和检验方法等均应按照《综合布线系统工程验收规范》的规定办理。

对园区的管道部分内容的验收还应符合国家现行的《本地网通信线路工程验收规范》《通信管道工程施工及验收技术规范》等有关行业标准的规定。

(3) 机房综合布线系统验收。

竣工验收项目内容和检验方法等均应按照《综合布线系统工程验收规范》的规定办理。但机房部分布线系统有自身的特殊性,具体可以参照系统深化设计和招投标书的技术要求。

由建设单位负责组织现场检查、资料收集与整理工作。设计单位,特别是施工单位都有提供资料和竣工图纸的责任。

在竣工验收之前,建设单位为了充分做好准备工作,需要有一个自检阶段和初检阶段。

1) 验收的依据

(1) 可行性研究报告;

(2) 工程招标书;

(3) 技术设计方案;

(4) 施工图设计;

(5) 设备技术说明书;

(6) 设计修改变更单;

(7) 现行的技术验收规范;

(8) 相关单位同意的审批、修改、调整的意见书面文件。

2) 验收检测组织

按综合布线行业国际惯例,大中型综合布线工程主要是由中立的有资质的第三方认证服务提供商来提供测试验收服务。

国内目前有几种情况:

(1) 施工单位自己组织验收测试;

(2) 施工监理机构组织验收测试;

(3) 第三方测试机构组织验收测试。

3) 竣工决算和竣工资料移交

首先要了解工程建设的合全部内容,弄清其全过程,掌握项目从发生、过程、完成的全部过程,并以图、文、声、像的形成进行归档。应当归档的文件,包括项目的提出、调研、可行性研究、评估、决策、计划、勘测、设计、施工、测试、竣工的工作中形成的文件材料。其中竣工图技术资料是工程使用单位长期保存的技术档案。因此必须做到准确、完整、真实,必须符合长期保存的归档要求。对竣工图的要求如下:

(1) 必须与竣工的工程实际情况完全符合。

(2) 必须保证绘制质量,做到规格统一,字迹清晰,符合归档要求。

(3) 必须经过施工单位的主要技术负责人审核、签认。

4.1.1　施工前检查

(1) 检验内容。

为了保障施工的顺利进行,施工前应充分做好各种准备工作,具体内容如表 4-1 所示。

表 4-1　施工前检查内容

阶段	验收项目	验　收　内　容	验收方式
施工前检查	1. 施工前准备资料	(1) 已批准的施工图 (2) 施工组织计划 (3) 施工技术措施	施工前检查

（续表）

阶段	验收项目	验 收 内 容	验收方式
施工前检查	2. 环境要求	(1) 土建施工情况：地面、墙面、门、电源插座及接地装置 (2) 土建工艺：机房面积、预留孔洞 (3) 施工电源 (4) 地板铺设 (5) 建筑物入口设施检查	施工前检查
	3. 器材检验	(1) 按工程技术文件对设备、材料、软件进行进场验收 (2) 外观检查 (3) 品牌、型号、规格、数量 (4) 电缆及连接器件电气性能测试 (5) 光纤及连接器件特性测试 (6) 测试仪表和工具的检验	施工前检查
	4. 安全、防火要求	(1) 施工安全措施 (2) 消防器材 (3) 危险物的堆放 (4) 预留孔洞防火措施	施工前检查

（2）施工资料应为设计院、工程总包方、系统集成商编制的施工图设计或深化设计文件及工程中标方编制的施工实施相关文件。产品入场抽检。

（3）环境要求，主要检查土建建设是否满足了综合布线系统提出的工艺要求。

（4）产品入场抽检。

上述（2）～（4）的具体要求在3.2节中已经做了详细描述。

4.1.2　施工中的检验

1. 检验内容

施工中的检验又称随工验收，在工程中为随时考核施工单位的施工水平和施工质量，对产品与工程的整体技术指标和质量有一个了解，部分的验收工作应该在随工中进行（比如布线系统的电气性能测试工作、隐蔽工程等）。这样可以及早地发现工程质量问题，及时地整改，避免造成人力和器材的大量浪费。

随工验收应对工程的隐蔽部分边施工边验收，在竣工验收时，一般不再对隐蔽工程进行复查，由工地代表和质量监督员负责，并完成隐蔽工程的签证。

施工中检验的内容比较多，对于管槽的安装，尤其是隐蔽工程的检验，可以和弱电系统的综合管路及土建电气一起进行。检验的内容如表4-2所示。

表4-2　随工检验内容

设备安装	1. 电信间、设备间、设备机柜、机架	(1) 规格、外观 (2) 安装垂直度、水平度 (3) 油漆不得脱落，标志完整齐全 (4) 各种螺丝必须紧固 (5) 抗震加固措施 (6) 接地措施及接地电阻	随工检验

设备安装	2. 配线模块及 8 位模块式通用插座	(1) 规格、位置、质量 (2) 各种螺丝必须拧紧 (3) 标志齐全 (4) 安装符合工艺要求 (5) 屏蔽层可靠连接	随工检验
线缆布放（楼内）	1. 线缆桥架布放	(1) 安装位置正确 (2) 安装符合工艺要求 (3) 符合布放线缆工艺要求 (4) 接地	随工检验或隐蔽工程签证
	2. 线缆暗敷	(1) 线缆规格、路由、位置 (2) 符合布放线缆工艺要求 (3) 接地	隐蔽工程签证
线缆布放（楼间）	1. 架空线缆	(1) 吊线规格、架设位置、装设规格 (2) 吊线垂度 (3) 线缆规格 (4) 卡、挂间隔 (5) 线缆的引入符合工艺要求	随工检验
	2. 管道线缆	(1) 使用管孔孔位 (2) 线缆规格 (3) 线缆走向 (4) 线缆的防护设施的设置质量	隐蔽工程签证
	3. 埋式线缆	(1) 线缆规格 (2) 敷设位置、深度 (3) 线缆的防护设施的设置质量 (4) 回填土夯实质量	隐蔽工程签证
	4. 通道线缆	(1) 线缆规格 (2) 安装位置，路由 (3) 土建设计符合工艺要求	隐蔽工程签证
	5. 其他	(1) 通信线路与其他设施的间距 (2) 进线间设施安装、施工质量	随工检验或隐蔽工程签证
线缆成端	1. RJ45、非 RJ45 通用插座	符合工艺要求	随工检验
	2. 光纤连接器件	符合工艺要求	
	3. 各类跳线	符合工艺要求	
	4. 配线模块	符合工艺要求	

2. 施工问题分析

施工中的检查，包括线缆类（对绞电缆、光纤光缆）的敷设、线缆与连接件的终接安装以及机柜机架的安装，需要边施工边验收。因此经常称为随工验收。下面重点分析一下施工易出现的问题。

1) 室内线缆的敷设

(1) 路由设计不合理或客观条件限制,造成弯曲半径小于或等于 90°;

(2) 利用率或角度不合理,导致施工中的拉力超过要求,损害线缆整体性能;

(3) 线缆和干扰源之间没有按规定保持距离,造成测试结果不合格或网络运行不正常。

2) 室外部分线缆的敷设

(1) 室外电缆与光缆在建筑物入口处没有做成端转换成室内线缆接至入口设施;

(2) 电缆接入入口设施配线设备无防浪涌保护器;

(3) 入楼接入处受客观条件限制,线缆的金属构件无法接地;

(4) 管道利用率或弯角度不合理,导致施工中的拉力超过要求,损害线缆整体性能;

(5) 线缆路由中的跨度间隔以及固定不当;

(6) 线缆和干扰源之间没有按规定保持距离,造成测试结果不合格或网络运行不正常。

3) 线缆与连接件的终接

(1) 预留长度不够,造成终接施工困难;

(2) 线缆绞距分开长度超过规定,造成性能下降;

(3) 线缆标记不规范,造成施工困难;

(4) 不采用专用工具施工,损害整体链路性能;

(5) 信息插座底盒空间过小,线缆无法预留长度或弯曲半径达不到要求,造成性能指标下降;

(6) 不采用理线架,跳线混乱,标记不全,造成管理困难。

4) 机柜机架的安装

(1) 空间狭小,造成施工困难;

(2) 与其他机电设备公用空间,没有保持规定的间隔要求,受到干扰,传输性能下降;

(3) 各种防止过流、过压、雷击、接地的措施没有得到落实;

(4) 机柜没有和地面或抗震基座进行固定。

4.1.3 初步验收

对所有的新建、扩建和改建项目,都应在完成施工调测之后进行初步验收。初步验收的时间应在原定计划的建设工期内进行,由建设单位组织相关单位(如设计、施工、监理、使用等单位人员)参加。初步验收工作包括检查工程质量,审查竣工资料、对发现的问题提出处理的意见,并组织相关责任单位落实解决。

4.1.4 竣工验收

综合布线系统接入电话交换系统、计算机局域网或其他弱电系统,在试运转后的半个月至三个月内,由建设单位向上级主管部门报送竣工报告(含工程的初步决算及试运行报告),并请示主管部分接到报告后,组织相关部门按竣工验收办法对工程进行验收。

工程竣工验收为工程建设的最后一个程序,对于大、中型项目可以分为初步验收和竣工验收两个阶段。

一般综合布线系统工程完工后,尚未进入电话、计算机或其他弱电系统的运行阶段,应先期对综合布线系统进行竣工验收,验收的依据是在初验的基础上,对综合布线系统各项检测指标认真考核审查,如果全部合格,且全部竣工图纸资料等文档齐全,也可对综合布线系统进行单项竣工验收。

1. 系统测试

（1）综合布线系统测试中的自检测试由施工单位进行，首先验证铜缆布线系统的连通性和终接的正确性。竣工验收测试则由测试部门根据工程的类别，按布线系统标准规定的连接方式与检测的指标项目完成光、电链路或信道的性能指标参数的测试。

（2）光纤到用户单元通信设施的系统性能，由房屋建设者配合电信业务经营者在光纤接入网（EPON）的通信业务接入开通前单独进行自检测试和竣工验收测试。

需要说明的是，布线系统指标参数的测试应该在施工中进行，可以完成一部分施工就进行一批次的测试。这样的好处是可以随时发现布线工程的质量问题，有利于及时整改。

布线系统指标参数测试项目如表 4-3 所示。

表 4-3 布线系统测试项目

系统测试	1. 各等级的电缆布线系统工程电气性能测试内容	A、C、D、E、E_A、F、F_A	竣工检验（随工测试）
		（1）连接图 （2）长度 （3）衰减（只为 A 级布线系统） （4）近端串音 （5）传播时延 （6）传播时延偏差 （7）直流环路电阻	
		C、D、E、E_A、F、F_A	
		（1）插入损耗 （2）回波损耗	
		D、E、E_A、F、F_A	
		（1）近端串音功率和 （2）衰减/近端串音比 （3）衰减/近端串音比功率和 （4）衰减/远端串音比 （5）衰减/远端串音比功率和	
		E_A、F_A	
		（1）外部近端串音功率和 （2）外部衰减/远端串音比功率和	
		屏蔽布线系统屏蔽层的导通	
		为可选的增项测试（D、E、E_A、F、F_A）	
		（1）TLC （2）ELTCTL （3）耦合衰减 （4）不平衡电阻	
	2. 光纤特性测试	（1）衰减 （2）长度 （3）高速光纤链路 OTDR 曲线	竣工检验

光纤到用户单元系统工程由建筑建设方承担的工程部分验收项目参照此表内容,主要测试光纤链路的衰耗指标。

2. 管理系统验收

综合布线系统工程的技术管理涉及综合布线系统的工作区、电信间、设备间、进线间、入口设施、线缆管道与传输介质、配线连接器件及接地等各方面,可以作为专项验收,如表4-4所示。

表4-4 管理系统验收

管理系统	1. 管理系统级别	符合设计文件要求	竣工检验
	2. 标识符与标签设置	(1) 专用标识符类型及组成 (2) 标签设置 (3) 标签材质及色标	
	3. 记录和报告	(1) 记录信息 (2) 报告 (3) 工程图纸	
	4. 智能配线系统	作为专项工程	

1) 标签验收

综合布线系统应在需要管理的各个部位设置标签,分配由不同长度的编码和数字组成的标识符,以表示相关的管理信息。

标识符可由数字、英文字母、汉语拼音或其他字符组成,布线系统内各同类型的器件与线缆的标识符应具有同样特征(相同数量的字母和数字等)。

标签的选用要求:

(1) 选用粘贴型标签时,线缆应采用环套型标签,标签在线缆上缠绕应不少于一圈,配线设备和其他设施应采用扁平型标签。

(2) 标签衬底应耐用,可适应各种恶劣环境;不可将民用标签应用于综合布线工程;插入型标签应设置在明显位置、固定牢固。

(3) 不同颜色的配线设备之间应采用相应的跳线进行连接,色标的应用场合应按照前已描述的原则。

系统中所使用的区分不同服务的色标应保持一致,对于不同性能线缆级别所连接的配线设备,可用加强颜色或适当的标记加以区分。

2) 记录信息

记录信息包括所需信息和任选信息,各部位相互间接口信息应统一。

(1) 管线记录应包括管道的标识符、类型、填充率、接地等内容。

(2) 线缆记录应包括线缆标识符、线缆类型、连接状态、线对连接位置、线缆占用管道类型、线缆长度、接地等内容。

(3) 连接器件及连接位置记录应包括相应标识符、安装场地、连接器件类型、连接器件位置、连接方式、接地等内容。

(4) 接地记录应包括接地体与接地导线标识符、接地电阻值、接地导线类型、接地体安装位置、接地体与接地导线连接状态、导线长度、接地体测量日期等内容。

3) 报告

报告可由一组记录或多组连续信息组成,以不同格式介绍记录中的信息。报告应包括相应记录、补充信息和其他信息等内容,竣工技术文件应保证质量,做到外观整洁,内容齐全,数据准确。验收的具体内容如表 4-4 所示。

4) 智能配线系统

智能配线系统可按照硬件和软件两部分内容进行验收。硬件部分按照综合布线链路和信道的连接方式,完成各项性能指标的测试;软件部分则需要作为专项验收的内容对系统提出验收要求和验收的内容。

3. 竣工技术文件编制

工程竣工后,施工单位应在工程验收以前,将工程竣工技术资料交给建设单位综合布线系统工程的竣工技术文件应保证质量,做到外观整洁,内容齐全,数据准确。包括以下主要内容。

(1) 竣工图纸,综合布线系统工程竣工图纸应包括说明、设计系统图及反映各部分设备安装情况的施工图。竣工图纸应表示以下内容:

(a) 安装场地和布线管道的位置、尺寸、标识符等;

(b) 设备间、电信间、进线间等安装场地的平面图或剖面图及信息插座模块安装位置;

(c) 线缆布放路径、弯曲半径、孔洞、连接方法及尺寸等;

(2) 设备材料进场检验记录及开箱检验记录。

(3) 系统中文检测报告及中文测试记录。

(4) 工程变更记录及工程洽商记录。

(5) 随工验收记录,分项工程质量验收记录。

(6) 隐蔽工程验收记录及签证。

(7) 培训记录及培训资料。

4.1.5　综合布线系统工程质量评判要求

1. 总的要求

系统工程安装质量检查,各项指标符合设计要求,则被检项检查结果为合格;被检项的合格率为 100%,则工程安装质量为合格。

竣工验收时,检查随工测试记录报告,如被测试项目指标参数合格率达不到 100%,可由验收小组提出抽测,抽测也可以由第三方认证机构实施。竣工验收需要抽验系统性能时,抽样比例不应低于 10%,抽样点应包括最远布线点。

2. 系统性能检测单项合格判定

(1) 一个被测项目的技术参数测试结果不合格,则该项目为不合格。当某一被测项目的检测结果与相应规定的差值在仪表准确度范围内,则该被测项目应为合格。

(2) 按规范规定的指标要求,采用 4 对对绞电缆作为水平电缆或主干电缆,所组成的链路或信道有一项指标测试结果不合格,则该水平链路、信道或主干链路为不合格。

(3) 主干布线大对数电缆中按 4 对对绞线对测试,有一项指标不合格,则该线对为不合格。

(4) 如果光纤信道测试结果不满足规范的指标要求,则该光纤信道为不合格。

(5) 未通过检测的链路、信道的电线缆对或光纤信道可在修复后复检。

3. 综合布线系统与光纤到用户单元指标检测合格判定

（1）对绞电缆布线全部检测时，无法修复的链路、信道或不合格线对数量有一项超过被测总数的1％，则为不合格。光缆布线检测时，如果系统中有一条光纤信道无法修复，则为不合格。

（2）对绞电缆布线抽样检测时，被抽样检测点（线对）不合格比例不大于被测总数的1％，则视为抽样检测通过，不合格点（线对）应予以修复并复检。被抽样检测点（线对）不合格比例如果大于1％，则视为一次抽样检测未通过，应进行加倍抽样，加倍抽样不合格比例不大于1％，则视为抽样检测通过。当不合格比例仍大于1％，则视为抽样检测不通过，应进行全部检测，并按全部检测要求进行判定。

（3）全部检测或抽样检测的结论为合格，则竣工检测的最后结论为合格；全部检测的结论为不合格，则竣工检测的最后结论为不合格。

（4）光纤到用户单元系统工程检测，用户光缆的光纤链路应100％测试合格，工程质量为合格。

4. 综合布线管理系统合格判定

（1）标签和标识应按10％抽检，系统软件功能应全部检测。检测结果符合设计要求则为合格。

（2）智能配线系统应检测电子配线架链路的物理连接，以及与管理软件中显示的链路连接关系的一致性，按10％抽检；连接关系全部一致则为合格，有一条及以上链路不一致时，需整改后重新抽测。

4.2 工程测试

4.2.1 电缆布线系统测试

对绞电缆布线系统永久链路、CP链路及信道测试的要求，应根据布线链路或信道的设计等级要求确定布线系统的电气性能测试项目。

（1）永久链路测试是布线系统工程质量验证的必要手段，在工程中不能以信道测试取代永久链路的测试。

（2）信道测试适用于设备开通前测试、故障恢复后测试、升级扩容设备前再认证测试等。信道测试时，由于跳线更换导致每次测得的参数不一致，因此测试的结果不宜作为永久保存的验收文本。实际上永久链路测试和跳线测试合格了，信道测试一定会合格。另外，信道验收测试应在工程完工后及时实施，否则经常会因信道的组成缺失器件而无法完成测试工作。所以，永久链路测试应作为首选的认证测试方式，其次选择信道方式。

（3）元件级测试适用于入库测试、进场测试、选型测试等。

1. 综合布线系统工程链路测试模型

对绞电缆水平线测试模型根据不同的测试需求，定义了三种测试模型，供测试者选择。3类（C级）和5类（D级）布线系统采用大对数对绞电缆时，应按照基本链路和信道进行测试。D、E、E$_A$、F、F$_A$级别布线系统应按照永久链路和信道进行测试。

1）永久链路模型（permanent link）

符合ISO11801、GB50312标准。

永久链路又称固定链路，适合5类以上的，即D、E、E$_A$、F、F$_A$级别的布线系统测试，并由永久链路测试方式替代基本链路测试。永久链路方式供工程安装人员和用户,用以测试所安装的固定链路的性能。永久链路连接方式由 90 m 水平对绞电缆和链路中的连接器件(必要时增加一个可选的 CP 集合点)组成,与基本链路测试方式不同的是,永久链路不包括现场测试仪的测试电缆和插头。对绞电缆总长度为 90 m,如图 4-1 所示。

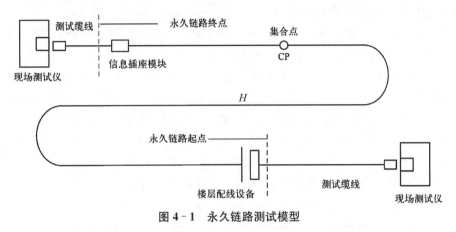

图 4-1　永久链路测试模型

　　永久链路测试方式,排除了测试连线在测试过程本身带来的误差,使测试结果更准确、合理。当测试永久链路时,测试仪表应能自动扣除测试电缆的影响。

　　在实际测试应用中,选择哪一种测试连接方式应根据需求和实际情况决定。使用信道方式更符合实际使用的情况,但由于它包含了用户的设备电缆部分,测试较复杂。一般工程验收测试建议永久链路方式进行。需要说明的是,对单端链路即"插座—水晶头链路",适用于连接无线 AP/PoE 摄像头等应用,可参照基于 BICSI 建议。

　　2) 信道模型(channel)

　　符合 ISO11801、GB50312 标准。适合于用户用以验证包括用户终端连接的设备电缆与配线设备模块之间跳线在内的整体信道的性能。该信道包括:最长 90 m 的水平缆线、一个信息插座、一个靠近工作区的可选的附属集合点连接器(CP)及楼层配线设备,总长不大于 100 m。信道测试模型如图 4-2 所示。

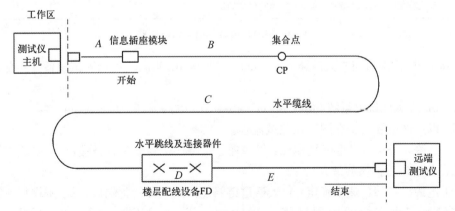

A—工作区用户终端设备连接电缆;B—用户转接线 CP 电缆;C—水平缆线;D—配线设备连接跳线;E—配线设备到通信设备连接电缆;$B+C \leqslant 90 \text{ m}$,$A+D+E \leqslant 10 \text{ m}$。

图 4-2　信道测试模型

信道在永久链路模型的基础上,包括了工作区和电信间的设备缆线和跳线在内的整体通道的性能。信道总长度不得大于 100 m。

基于 ISO11801,端到端信道,即"水晶头—电缆—水晶头"直连结构,参数包含两端水晶头参数,适用于数据机房直连链路。

3) 模块化插头端接链路模 MPTL(modular plug terminated link)

MPTL 是 modular plug terminated link 的缩写即模块化插头端接链路,结构如图 4-3。特点是 IC 端与一般布线系统相同,如采用配线架,但 F 端一般是模块化插头 MP (modular plug),用于直接插入工作设备中。这些设备可以是例如 IPC 摄像机、WiFi AP、各种 IoT 设备等。链路总长 A 限制为 90 米(非 100 米)。IC 端一般是插座,测试的时候使用永久链路适配器 C 插入进行测试(来源 TIA 568.2-D),G 一般是符合居中性要求的测试插座。F 是模块化插头(一般是现场制作,合格率 99% 以上),B 是测试用插座,一般是参数居中性的跳线适配器测试插座(例如 Cat6/6A 居中性插座)。测试结果包含 G+IC+(E1+CD+E2)+F+B 的参数在内,但不包含电缆段 C 的参数。请注意 B 不能使用通道适配器。

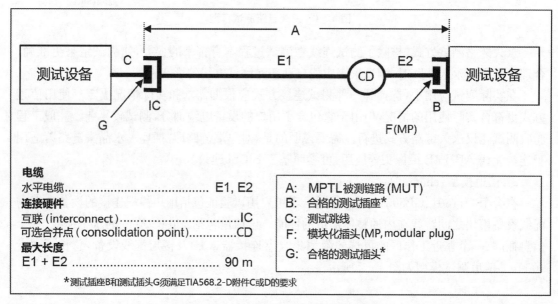

图 4-3 MPTL 模块化插头端接链路。

测试标准/极限值与永久链路 permanent link(90 m)相同。现场测试设备一般是手持式测试仪。

4) PoE 以太网供电系统测试

(1) 以太网电源设备在网工作测试流程。

(a) 电源设备端口供电级别测试:仪表通过链路连接到电源设备端口,可以通过协商确定电源设备端口可提供的最大功率。

(b) 电源设备端口速率确定:仪表通过链路连接到电源设备端口,可了解端口所支持的最大传输速率和支持的应用网络(10 MBase-T,100 MBase-Tx,1 000 MBase-T,2.5 GBase-T,5 GBase-T 和 10 GBase-T)。

(c) 链路线序图测试:仪表通过链路测试,验证电缆连接线序的准确性,及判断电缆连通性故障,如短路、开路跨接等。

(2) PoE 交换机测试。

以太网供电交换机调试包括功能测试、性能测试以及供电端口测试。以太网供电交换机功能和性能测试项目和测试方法应符合现行行业标准《以太网交换机测试方法》YD/T1141 的有关规定。

以太网供电交换机端口测试直接连接测试仪表即可。并获取以太网供电交换机供电配置报告,根据配置报告,重复完成测试步骤,测试每一个端口的实际数据,直到测试完所有端口。

(a) 打开测试仪,选择需要测量的功率等级,如果待测受电设备功率等级为4,且需要软件协商,则需要加测 LLDP - MED 软件协商过程;

(b) 记录测试报告,内容包括:请求的功率等级、接收的功率等级、实际负载功率、空载电压、实际负裁电压和供电线对;

(c) 比较测试结果与标准数据。

(3) 布线链路和信道测试:符合 GB 50312 要求。

(4) 以太网供电系统调试。

以太网供电系统调试应在带载条件下进行,测试项目应包括吞吐量,丢包率,传输速率,传输时延等网络性能传输指标。测试连接示意图如图 4-4 所示,测试步骤如下:

(a) 按照图 4-3 连接好测试仪(包括主机和远端机),辅助负载和被测以太网供电系统。

(b) 仪器连接好后,首先进行主机和远端设备的连通性测试,即在主机和远端设备两边分别设置好对应 MAC 地址和 IP 地址,在主机端运行 Ping 测试,确保两者连通。

(c) 连通测试完成后,在主机端设置相应的网络性能测试参数,设置内容主要有测试项目和测试合格判定的依据等;见图 4-4 内容。

(d) 当网络性能测试功能的相关信息设置完成后,点击测试按键开始测试,链路测试参数见 5.4.2 节内容,并将测试结果记来保存。

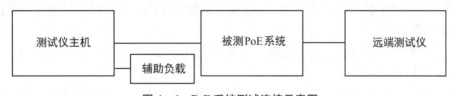

图 4-4 PoE 系统测试连接示意图

2. 工程验收采用永久链路测试的原因

1) 仿真信道测试

布线工程完工后会产生工程费用结算的问题(给布线商付款),而此时大部分链路都还不是信道,因为用户跳线和设备跳线还没有接上(有的链路甚至 20 年内也不会接上跳线)。

那么,可不可以用"准信道模式"来进行验收呢? 所谓"准信道"就是用仿真的用户端设备跳线和配线架处的设备跳线,分别接在永久链路的两端构成"仿真信道"来进行验收测试。由于仿真测试跳线和将来工程中真正使用的跳线可能是完全不同的,所以仿真信道的测试结果并不能代表今后的"真实信道",也就是说,这种测试方法是不能等效的。而且,因每根跳线和水晶头连接的结构都不相同,导致每更换测试仿真跳线后的"仿真测试"结果也会不同。其实,此时需要一根参数稳定、一致的标准跳线来做"仿真测试"才可以获得前后一致的测试结果,我们把这根跳线叫作金跳线(golden patch cord),当然,它仍然是仿真测试的结果,其测试报告不能够作为工程的验收文档。

2)信道测试不合格原因

信道不合格有两个原因,一是构成信道的永久链路不合格,二是跳线不合格(信道≈永久链路+跳线)。如果跳线不合格,只需更换合格的跳线即可。但如果永久链路不合格,则修改起来很困难。因为永久链路线缆已经敷设在密闭的管槽中,并已经捆扎成束。所以,只要永久链路合格,用户就不太担心信道不合格的问题。在网络的运行过程中,跳线甚至会被多次更换。所以,永久链路的质量和跳线的质量相比起来,用户自然更关注永久链路的质量。

3)合格的链路与信道

合格的永久链路配用的是"合格跳线"的话,则标准可以保证不需再进行信道测试,通道也会是100%合格。为此,为保证总是使用"合格跳线",可用跳线测试适配器做跳线的"进货测试",然后入库备用。安装设备时直接取用跳线即可,不用再测试通道。

3. 电缆布线系统性能指标

(1)在国际标准的制定过程中,新版本标准的内容只是在原版本的基础上进行内容补充,而不会对全文重新制定。故在国家标准GB 50311和GB 50312中,综合布线信道的性能指标参照国际标准ISO 11801 2008 4《用户建筑通用布线系统》中列出的表格内容;永久链路和CP链路的性能指标则参照了国际标准ISO 11801 2010 4《用户建筑通用布线系统》中列出的表格内容。

(2)在国际标准中的性能指标参数表格分为需执行的和建议的两种表格,在需执行的表格中列出指标计算公式,在建议表格中只是针对某一指定的频率提出指标要求。其中,需执行的表格针对永久链路和CP链路;建议的表格除非特别指出,一般只针对永久链路。从工程验收检测的应用出发,标准仅以建议的表格列出布线信道和链路的各项指标参数要求。工程中需要检测的具体性能指标项目,还应按照工程的设计要求和测试仪表能够提供的测试条件与功能确定。

(3)各指标参数的计算公式与说明可参考ISO/IEC 11801 Edition 2 02008-04与ISO/IEC 11801 Edition 2 02010-04内容。

(4)参考国际标准TIA-568-C 2《商业建筑电信布线》规定,屏蔽层直流电阻不应超过下式计算值:

$$R = 62.5/D。$$

式中:R——屏蔽层直流电阻(Ω/km);D——缆线屏蔽层外径(mm)。

屏蔽层导通性能测试可避免未导通的屏蔽层通过机架地"虚接地"。虚接地是一种常见现象,是指屏蔽层并未真正做到了接地,但屏蔽模块却经过机架地实现了端到端接地,这看似实现了"屏蔽层接地",实则是一种假象,而且将会增加外部串扰的影响。相应测试仪器应能识别"虚接地"的存在。

(5)对布线系统的屏蔽特性的检测。布线系统仪表测试功能会直接影响测试的项目,为了保持公正,当现场的测试仪表不具备测试条件时,可将厂商产品资料列出的参数与相关规范及设计对指标参数的要求进行对比,以验证布线系统对绞电缆信道屏蔽特性。

电缆布线系统的屏蔽特性指标主要包括横向转换损耗、两端等效横向转换损耗、耦合衰减、不平衡电阻等。

(6) 对 PoE 链路,可选 ISO 11801 新附件增加的不平衡电阻参数测试(亦可参见 GB 50312—2016)和电缆不平衡参数 TCL/ELTCTL,减少电磁恶劣环境或重用电负载设备的干扰信号对电缆不平衡缺陷的信号损害。通常表现为不规律的出错、丢包和设备端口重启,确保误码率稳定达标。

性能指标表格见附录 B。

4. 综合布线系统测试项目的含义

1) 接线图

这是测试布线链路有无终接错误的一项基本检查,测试的接线图显示出所测每条缆线的 8 条芯线与接线端子的连接实际状态。正确的线对组合为 1/2,3/6,4/5,7/8。布线过程中,可能在接线图上发生的错误情况包括线对交叉、反向线对、交叉线对、短路、开路、串扰线对。根据综合布线的需求,可以使用以下两种连接插座和布线排列方式,A 型(T 568A)和 B 型(T 568B),两者有着固定的排列线序,不能混用或错接。

2) 布线链路长度

布线链路长度指布线链路端到端之间对绞电缆线对芯线的实际物理长度,由于各芯线存在不同绞距,在布线链路长度测试时,要分别测试 4 对芯线的物理长度,因此 4 对芯线测试结果有所差异,并且测试结果会大于布线所用对绞电缆长度。

布缆线链路的物理长度由测量到的信号在链路上的往返传播延迟推导出来。

为保证长度测量的准确度,进行此项测试前通常需对被测缆线的 NVP 值进行校正。用长度不小于 15 m 的测试样线确定 NVP 值,测试样线越长,测试结果越精确。该值随不同缆线类型而异。

对绞电缆长度测量值自动显示,根据所选测试连接方式不同分别报告标准受限长度和实测长度值(永久链路 90 m、信道 100 m)。在综合布线实际应用中,布线长度略超过标准,在不影响使用时也是可以允许的。

3) 特性阻抗

在高频信号的传输过程中,我们需要了解传输高频信号的物理介质(如双绞线、同轴线)的传输特性,它不同于低频信号,这种传输特性与传输介质的导电材料(例如铜或银)、导电系数(电阻率)、几何形状(最常见为圆柱形)、分布电感(L_0)、分布电容(C_0)、绝缘材料(的介电常数)等都有关系。

特性阻抗是分布参数的等效值,它用来衡量介质的传输特性,且不随“均匀”传输线的长度改变而发生变化,双绞线常见的特性阻抗规格是 100 Ω 和 120 Ω。前者通常用于计算机数据通信网络,后者较多用于现场总线和工控网。

双绞线是一种传输线。理论上“均匀传输线”上沿 100 m 长度方向上每一点的分布参数的感应等效值(即特性阻抗 ρ)是不变的.这就叫阻抗的“连续性”(都是标准的 100 Ω,即分布电感和分布电容、微电阻、绝缘材料等是保持均匀一致的)。而真实条件下的双绞线都不是真正的均匀双绞线,传输线上每点的特性阻抗值会因为制造误差、安装变形等原因可能都是不一样的,存在着一定的波动(例如存在 10% 的波动)。这种现象就叫作阻抗不连续。

按照这个思路,我们就知道通常在双绞线和模块的连接点处,阻抗是有"失配"现象存在的,一条布线链路中的接插件和连接件所在的位置经常也是阻抗不连续的位置,或者说是阻抗失配的位置。失配的原因主要是传输线的几何结构(尺寸和形状)或材质发生了突变。

4) 回波损耗(RL)

阻抗失配或者说阻抗不连续会导致信号能量的反射,这会造成两个不好的结果。一是造成向前传输的信号能量减弱,最终结果就是导致链路的总衰减增加;二是在全双工时反射回来的信号会与设备端口正常接收的有用信号叠加,致使信号波形畸变,干扰正常信号的接收。

在千兆以太网(1000Base-T)中,网线中的四对双绞线都要用来传输数据,比较特别的地方在于,"每对"双绞线既要向前传输数据又要接受从对端送过来的数据,也就是说每对双绞线都具备实时双向传输能力。

所以,需要一个参数来衡量反射回来的信号的大小(相对值),这个参数就是回波损耗。反射信号就是回波,由于阻抗不连续就会产生回波,回波越大,说明阻抗连续性越差。阻抗突变越大,信号反射就越强。因此,回波损耗的大小可以近似地反映阻抗不连续的大小。

如果电缆芯线使用铜包铝(CCA)或铜包铁(CCFe)仿冒全铜双绞线,此时除了导线的电阻值会明显增大外,特性阻抗值通常也会明显偏离,回波损耗值较差,链路连接点通常也是阻抗不连续点。因此,从测试结果中你会看到电缆与水晶头连接处经常是回波损耗不合格的地方,同样的还有电缆与模块连接点、水晶头与插座的插接连接点等,都是回波损耗不合格点。这些不合格点在 HDTDR 图形上可以直观地呈现出来。

另外,电缆制造中的瑕疵点(例如"芯线脱胶")、电缆安装时的损伤破损点、弯曲过度点、捆扎过紧点、应力(受力)过大点等都可能变成比较明显的阻抗不连续点(回波干扰源)。

在新的电缆标准中一般不再测试特性阻抗而是去测试回波损耗值(return loss,RL)。

5) 插入损耗(IL)

为线对的衰减,一般传输距离越长越细则衰减越大。另一个特点是,传输的频率越高,衰减越大,所以电缆的线径须加粗,否则不能达到 100 m 的传输距离指标。

电缆的插入损耗以前标准叫衰减(attenuation),现在标准统一叫插入损耗(IL)。

6) 环路电阻(loop resistance)

参数代表线对铜线一个来回的电阻值,即双绞线两根金属芯线电阻值之和,自然,线对越长,线径越细,则阻值越大,铜包铁电缆(CCFe 线)的阻值明显偏大。环路电阻过大,也意味着链路的损耗会比较大,假冒伪劣产品的可能性较大(细线/杂质铜线/CCA/CCFe 等)。

如果有连接点接触不良,也会出现环路电阻偏大,甚至会被认为开路,需要用仪器中内置的 HDTDR 工具辅助来检查定位。

7) 不平衡电阻

低功率 PoE 常将线对分成两路向远端设备供电,理论上两路电流大小相等,实际工作中一对双绞线每根芯线的电阻值可能因为制造偏差而不同(电阻不平衡)。一方面,如果阻值差异过大,则会造成线对支持 PoE 时每根铜线的直流供电电流不相等,造成信号耦合能力失效或低效。如信号不能有效地耦合到对端设备,该设备也就不能正常接收到对端送来的信号。

另一方面,就是对"抗外来干扰"参数(即平衡参数)TCL、ELTCTL 育不良影响。标准

IS011801：2010 规定线对两根芯线的"阻值差"不应超过 0.15 Ω（永久链路）或 0.2 Ω（信道），或 3%。TIA568C：2010 规定通道不超过 0.2 Ω 或 3%。除了影响信号传输效率，还影响抗干扰能力。

8）传播时延（propagation delay）

信号从铜线对的一端传到另一端需要耗费一定时间（且比空中跑得慢），这个时延就反映了线对的长度。所以有的标准不测长度，而只要求测试传播时延值。时延值太大，就意味着网线超长，也意味着损耗容易超标，信号传输不可靠。一般地，智能建筑中水平信道的传播时延值规定不超过 555 ns（纳秒）。

9）延迟偏离（delay skew）

又叫延迟差，指信号从电缆的一端传到对端消耗的时间。因为每个线对长度都不同，故时延也不同，四对线之间的差异就叫延迟偏离，一般以最短线对作为比较基准。线对的对绞错开铰接率可以改善线对间的串扰（NEXT、FEXT）的参数值（避免了线对的空间结构平行），铰接率错开越多，改善也越多。但无止境地错开绞接率，会导致四对线上的信号同"出"，而不同"进"。时延偏离过大，对方端口收取信号后在信号方波的时间对齐处理时就会出错（帧对齐失败），从而导致数据帧在还原时出错。

很容易理解，双绞线绞得越密，这种"轮番靠近、交替远离"式的抵消效果就越好，所以电缆的等级越高，铰距越小。另外，前面将双绞线每对线的铰距故意错开，也是为了让"近场干扰"能抵消得更好。一些近场干扰是由干扰源离得非常近引起的。

10）横向转换（TCTL）

属于抗干扰核心参数。如果双绞线不平衡（例如因为制造原因一根芯线粗，一根芯线细，或者因为结构不对称，例如两根芯线各自的对地电容不相同），则因种种原因耦合到双绞线中的共模干扰信号，就有可能在到达双绞线的对端时出现累积的差信号（也就是两根线上的共信号传输到对端后其值变得不一样，有了差值）。这个差信号送到设备接收端口内的差分信号放大器，就会将原来共模信号的影响以差信号的方式，经差分放大器放大后引入到系统中来，从而造成对系统信号处理过程的干扰。如果双绞线是很"平衡"的，则共模干扰信号不会演变为累积的差信号，也就不会干扰系统了。需要特别指出的是，TCTL 的测试方法定义是反着的，在一端输入差模信号（DSA），到另一端去测量能否生成共模信号（CMV），然后相除。其定义是 TCTL=CMVM/DSA。

11）两端等效横向转移损耗（ELTCTL）

是将 TCTL 参数变形后的一个参数，目的是方便考核。TCTL 参数的特点是：电缆越长，衰减后的共模信号电平 CMV 越小，则 TCTL 也越小。为了便于考察"双绞线对"本身的平衡性，不考虑线对长度的影响（长度越长，线对本身的损耗越大，干扰信号的频率越高损耗也越大），故将 TCTL 除以电缆损耗值（IL）后再考察，就是 ELTCTL=TCTL/IL。

这是一个相对值，可以近似地认为与线对长度无关，这样便于进行参数改进和不同品牌间的参数比较。为了便于评估抗干扰性能，工业以太网中将抗干扰指标最高为 E3 级。

12）横向转移损耗（TCT）

平衡线对不仅仅要求"对绞"，还需考虑线对从接地回路或空间的辐射引入了共模干扰信号。在阻抗不连续点，共模干扰信号被反射回来，使得信号发送端也会收到这个"回波"干扰。如设备为双工端口，那么这个回波干扰在向前传输一段距离后就可能因为电缆本身不平衡(如一根芯线粗,而另一根芯线细)而衍生出差信号,也就是两根芯线上的"回波信号"强度变成不一样的了。这样生成的差信号(DMV)就会经差分放大器而进入系统造成实质性的干扰。如果线对结构非常平衡,则不会或只会产生很小的差信号,可以忽略之。工业以太网和现场总线用户对这种外来共模信号形成的差信号干扰更重视,因为工业现场干扰更强、更复杂,且更不可准确预知。测量 TCL 的目的就是测量这种线对的"不平衡性"程度。需要特别说明的是,实际实施测量的时候,却是定义:在一对线上加差分电压,而在同一对线上去测量线对不平衡产生的共电压回波(CMS)。即 TCL = CMVM/DSA

13) CMRL

属于抗干扰参考指标,目前标准暂不考核,仅供电缆制造商改进设计和故障诊断参考用。表示共模信号(CM)的回波值(RL)。CM 和 RL 合起来就是 CMRL。

14) CDNEXT

属于抗干扰参考指标,目前标准暂不考核,仅供电缆制造商改进设计和故障诊断参考用。线对从接地回路或空间的辐射引入了共模干扰信号(CMVA),经电磁感应串入邻近的另一线对。该线对有可能因为本身结构的不平衡,在其中生成差模信号(DSM)。此信号就会经差分放大器而进入接收系统(信号回送通道)造成不期望的干扰。如果线对结构非常平衡,则不会或只会产生很小的差信号,可以忽略。其定义是 CDNEXT=DSM /CMVA。

15) NVP 传输速度(电磁波传输速度的调整系数)

因为铜缆中电磁波传输的速度比真空中要慢,已知真空中传输的速度为 300 000 km/s,某一个 5 类的线缆的 NVP=0.7(70%,为 7 折),则电磁波在线缆中传输的速度为 $30 \times 70\% = 210\,000$ km/s,相当于信号的能量每纳秒沿铜线传送 0.21 m。用 TDR 法准确计算电缆长度时,会使用 NVP 系数。该系数与电缆的材质、杂质含量、绞接的方式有关。仪器中 NVP 值可手动调准。

16) 衰减

由于集肤效应、绝缘损耗、阻抗不匹配、连接电阻等因素,信号沿链路传输损失的能量称为衰减。传输衰减主要测试传输信号在每个线对两端间的传输损耗值,及同一条对绞电缆内所有线对中最差线对的衰减量,相对于所允许的最大的衰减值的差值。对一条布线信道来说,衰减量由下述各部分构成。

(1) 每个连接器对信号的衰减量。

(2) 构成信道方式的 10 m 跳线和设备电缆对信号的衰减量。

(3) 布线水平对绞电缆 90 m 对信号的衰减。

17) 串扰损耗(NEXT)

(1) 在电缆一端 A 的某一线对发送信号(例如 1 - 2 线对),由于电磁感应,则其他相邻的三对邻近线对会受到"串扰信号"。串扰信号会沿着线对向两端传送。向前传的串扰信号分别在电缆对端 B(远端)的另外三对双绞线上(例如 3 - 6/4 - 5/7 - 8)被检测到,这就是"远端串扰(FEXT)"。

(2) 而在靠近原信号发送端 A 的另外三对双绞线上检测到的串扰信号,则叫"近端串扰(NEXT)"。近端串扰 NEXT 实际测试时一般会使用一对仪器同时在链路的两端 A 和 B(常称为主端和远端)都进行测试。所以测试的结果一般会被标识为"NEXT"(主端测试结果)和"NEXT@Remote"(远端测试结果)。

这两组共十二个串扰值一般来说都是不相等的。另外,你会发现,若在链路对端 B 发送信号,同样也可以产生近端串扰 NEXT 和远端串扰 FEXT,如果链路较长,则你会看到 A、B 两端发送信号后测得的串扰值都是不一样的。因整条链路中双绞线的结构不均匀(有的地方串扰大,有的地方串扰小)、链路中使用的各个模块参数不尽相同(有的模块串扰大,有的模块串扰小)、两端跳线的参数差异(用户跳线和设备跳线串扰值都可能随机地出现不相同,不同的水晶头、不同长度的跳线串扰值也可能差异巨大)、施工中造成的链路元器件参数(如电缆)的变化等等原因造成的。

链路质量验收标准中对 NEXT 和 FEXT 都要求在网线两端分别进行测试。

(3) 综合功率近端串扰(PSNEXT)。

在 4 对对绞电缆的一侧,3 个发送信号的线对向另一相邻接收线对产生串扰的总和近似为:$N_4 = N_1 + N_2 + N_3$。其中 N_1、N_2、N_3 分别为线对 1、线对 2、线对 3 分别对线对 4 的近端串扰值。综合功率近端串扰测量原理就是测量 3 个相邻线对对某线对近端串扰总和。

18) 衰减串扰比值(ACR)

衰减串扰比值定义为:在受相邻发送信号线对串扰的线对上其串扰损耗(NEXT)与本线对传输信号衰减值(A)的差值(单位为 dB),即:$ACR(dB) = NEXT(dB) - A(dB)$。

一般情况下,链路的 ACR 通过分别测试 NEXT(dB) 和 A(dB) 可以由上面的公式直接计算出。通常,ACR 可以被看成布线链路上信噪比的一个量。NEXT 即被认为是噪声,当 ACR=3 dB 时所对应的频率点,可以认为是布线链路的最高工作频率(即链路带宽)。

通常可以通过提高串扰损耗 NEXT 或降低衰减值来改善链路或信道的 ACR。测试仪里报告的 ACR 值,是由测试仪对某被测线对分别测出 NEXT 和线对衰减 A 后,在各预定被测频率上计算 NTXT(dB) - A(dB) 的结果。体现了 ACR、NEXT 和衰减值 A 三者的一种函数关系。

19) 等效远端串扰损耗(EIFEXT)

等效远端串扰损耗是指某对芯线上远端串扰损耗与该线路传输信号衰减差,也称为远端 ACR。从链路近端缆线的一个线对发送信号,该信号沿路经过线路衰减,从链路远端干扰相邻接收线对,定义该远端串扰损耗值为 FEXT。可见,FEXT 是随链路长度(传输衰减)而变化的量。

定义:$ELFEXT(dB) = FEXT(dB) - A(dB)$($A$ 为受串扰接收线对的传输衰减)。等效远端串扰损耗就是远端串扰损耗与线路传输衰减的差值。

20) 综合功率等效远端串扰(PSEIEFXT)

综合功率等效远端串扰测量原理就是测量 3 个相邻线对对某线对等效远端串扰总和。

21) 其他指标参数

上面仅通过几个参数的含义来帮助大家正确理解它们之间的相互关系。以下几个参数并非工程验证测试项目,但也会对布线信道或链路的传输性能产生影响。而且有些测试仪表也可测试此类参数,因此一并列出,以供参考。

(1) 链路脉冲噪声电平。

由于大功率设备间断性启动,给布线链路带来了电冲击干扰。布线链路在不连接有源器件和设备的情况下,对大功率设备发生高于 200 mV 的脉冲噪声的个数统计。由于布线链路用于传输数字信号,为了保证数字脉冲信号可靠传输,为了局域网的安全,要求限制网上干扰脉冲的幅度和个数。测试 2 min,捕捉脉冲噪声个数不大于 10。该参数在验收测试中,只在整个系统中抽样几条链路或信道进行测试。

(2) 背景杂信噪声。

由一般用电器工作带来的高频干扰、电磁干扰和杂散宽频低幅干扰。综合布线链路在不连接有源器件及设备情况下,杂信噪声电平应该≤−30 dB。该指标也应抽样测试。

(3) 接地指标测量。

综合布线接地系统安全检验。当布线接地系统与楼宇接地系统采用联合接地方式时,构成等电位接地网络,其接地电阻小于 1 Ω(在等电位联合接地端子板上测量)。当存在多个接地体时,电位差应小于 l V_{rms}。

5. 数据中心"端至端"测试

在数据中心,缆线 ToR 等类型的连接通常会采用跳线直连设备的方式,这样在设备电缆两端连接器的终接处往往会出现质量问题。而且按照跳线的检测标准进行测试时,又会因测试要求过于严格,布线信道的性能指标有可能会达不到标准的要求。

为了解决这一问题,"端至端"的信道测试方式与技术要求由相关的标准提出。作为布线信道测试的一种方式,它包括了两端设备电缆的连接器(水晶头)在内。这个连接方式在信道测试模型中并没有提出。

在数据中心或工业以太网等布线项目中,关注信道两端连接质量的用户可以参考相关标准中定义的"端至端信道"模型进行测试,以确保工程的质量。

6. 测试参数小结

三个核心传输参数是:插入损耗 IL、线对间串扰(NEXT/FEXT)和回波损耗(RL);

四个核心抗干扰参数是:外部串扰 AxT、不平衡电阻、TCL、ELTCTL。

(1) 插入损耗 IL 衰减过大,信号不能传得很远。插入损耗与长度(length)和传输延迟、铜缆材质、工作频率上升、线对的环路电阻偏大及施工连接点"接触不良"有关。

(2) 串扰(NEXT/FEXT)会干扰电缆中邻近线对的正常传输,改变邻近线对中的传输信号波形,导致误码率上升甚至完全不能联网。

(a) 串扰强度与铰接率直接相关(铰接率越高,抵消干扰的能力就越强,串扰也就越小),所以在水晶头、模块和连接器中,由于存在着局部平行线结构,此处串扰值会偏大。人工打接水晶头、模块或连接器时,需特别留意(以前的要求是解开长度不超过 13 mm,现在对高速网线的建议则是尽量不解开)。

(b) 有些工业以太网和现场总线的插头和连接器因为陈旧设计其内部平行线/或平行插针过长,也会降低串扰指标值。

(c) 防雷器由于普遍存在的设计问题导致内部连线和电路板上的平行导体过长,现场测试串扰指标通常都很差,多数都不能支持高速链路。

(d) 全屏蔽线减小串扰的能力最强,但须要屏蔽接地到位,效果才最好。

(e) 错开不同线对的铰接率也会改善串扰值,但不能过度,否则延迟偏离参数就会不合格,这会导致信号波形与同步信号时间基准无法对齐,造成接收端口识读数据的错误率增加。

(3) 高速链路还要增加"缆间串扰"(即外部串扰 AXT,如 ANEXT/PS ANEXT/AACR/PS AACR 等),避免过大的成捆电缆造成相互间的辐射干扰。

"外来干扰"如邻近动力电缆可能存在的低频谐波强干扰,可以通过实地干扰脉冲计数、满载吞吐量、丢包率加压测试来确定和评估干扰危害的水平。这些方法现场测试都很难跟踪或进行现场仿真测试,无法确定是否电缆性能有问题。故一般转为对"抗外来干扰能力"的测试(如 TCL、ELTCTL 等)。

(4) PS NEXT 是线对较"真实"地收到的总串扰功率,不同于单项的 NEXT,它是端口内接收电路的实际会承受并处理串扰烈度,比 NEXT 强度大。

类似还有 PS FEXT、PS ACR、PS ACR - F、PS ANEXT、PS AACR、PS AACR - F 等。PS 的含义在此都相同的,都是"多扰一"干扰功率之和。

抗干扰指标参数含缆间串扰(如 ANEXT、PS AACR - F 等)和不平衡参数(如不平衡电阻、TCL 和 ELTCTL 等)。

缆间串扰选型时一般采用"六包一"的方式。建议施工中捆扎的电缆束最好不要超过 24 根,这同时也为了兼顾避开 PoE++供电电缆的散热问题。

(5) 回波损耗和阻抗相关。对高速网络不再测试特性阻抗,施工中应尽量保持线对的对绞状态不被破坏。

(6) ACR 值为综合参数指标,ACR 分为 ACR - N 和 ACR - F。

(7) 不平衡电阻目前主要用于防止信号变压器磁芯饱和或低效,一般要求不超过 0.15 Ω(信道为 0.2 Ω)。PoE+和 PoE++(100 W)过大的电流更容易引发磁芯的饱和,导致信号传输抵消甚至失效。考虑到散热性要求,新的 PoE++标准要求电缆捆扎根数不超过 24 根。

不平衡电阻过大除了会令支持 PoE 信号传输失败。也会因两根芯线损耗不一致而直接劣化平衡参数 TCL、ELTCTL。

(8) TCL、ELTCTL 不合格会令双绞线平衡特性下降,造成抵抗外来辐射(共模)干扰和接地(共模)干扰的能力下降。在强用电设备密集(如 10 kW 以上的高功耗机架/大型变频电机等)、空间辐射干扰过多(如强功率基站/电弧炉等/高压线路及电火花)的场合,需要特别关注双绞线的平衡参数。尤其是对工业以太网和现场总线应用,标准委员会的专家们似乎对平衡参数更加"感兴趣"。工业现场还将抗干扰能力与干扰环境分为 E1、E2、E3 三个等级(E3,即 EMI3,等级最高),在 DSX - 5000 中可以直接调用平衡参数标准进行抗干扰能力测试,还可以直接选择更严格的 E1～E3 抗干扰环境等级标准进行测试。

4.2.2 光纤布线系统信道和链路测试

早期都是靠测试链路的总衰减量来评判质量,总损耗包括链路中的机械连接点(即插头插座)、熔接点和光纤本身的损耗,损耗越小则链路质量越高。多数标准还同时要求光纤不能超过规定的长度。近年来由于高速链路的普及(如 10G、40G、100G),发现损耗值达标的链路仍有少量会出现传输出错率高、模块端口频繁重启以及丢包率高的问题,因此较新的光纤测试标准(如 ISO 11801:2009)引入了 OTDR(光时域反射计)来测试、评估链路中光纤、连接器及熔接点的质量,帮助区分是设备的问题,还是光纤链路的问题,并精确定位故障位置。

上述两类测试称作"基本测试(一级测试)"和"扩展测试(OTDR 测试)"。等级 1 测试(Tier 1)就是链路衰减量(及长度)测试;等级 1 测试后,再加上扩展(OTDR)测试,并给出判断结果,即为"等级 2 测试(Tier 2)",主要目的是发现光纤链路中各种影响高速传输性能的质量缺陷,并定位缺陷点的位置。因此,光纤通过 T2＝T1＋OTDR＋判断传输质量。

1. 测试等级

光纤布线应根据工程设计的应用情况,按等级 1 或等级 2 测试模型与方法完成测试。

1) 等级 1 测试

(1) 测试内容应包括光纤信道或链路的衰减、长度与极性。

(2) 使用光损耗测试仪 OLTS 测量每条光纤链路的衰减并计算光纤长度。

2) 等级 2 测试

除包括等级 1 测试要求的内容外,还应包括利用 OTDR 曲线获得信道或链路中各点的衰减、回波损耗值。

ISO 11801/TIA 568C 2009、GB 50312－201X 中提出,数据中心机房高速多模光纤 OM3/OM4 等须使用 EF 光源进行等级 1 测试。

高速光纤端面质量视频检测可参照 ISO/IEC 61300－3－35 的评判规则。

对 MPO 测试方法选择原则:T1 测试与双光纤相似,可用 MPO 端口的 OLTS 仪机型测试,也可以用扇形转接跳线进行双光纤测试。T2 则需要用扇形跳线(fan-out)作为补偿光纤,用于数据中心测试应事先挑选合格的扇形跳线长度,最低要求不短于 15 m。

2. 测试要求

测试前应对综合布线系统工程所有的光连接器件进行清洗,将测试接收器校准至零位。在施工前进行光器材检验时,应检查光纤的连通性,需要时宜采用光纤测试仪对光纤信道或链路的衰减和光纤长度进行认证测试。

对光纤信道或链路的衰减进行测试,同时又可以测试光跳线的衰减值作为设备光缆的衰减参考值,整个光纤信道或链路的衰减值应符合设计要求。

3. 光纤测试方法

本规范参考国际标准 IEC 61280－4－2J《光纤通信子系统基础测试程序第 4－2 部分:光缆设备 单模光缆的衰减》及 IEC 14763－3《信息技术 用户建筑物布缆的执行与操作第三部分:光纤布缆测试》规定的测试方法和要求。

光纤信道和链路测试方法可采用单跳线、双跳线和三跳线。光纤测试连接模型如下。

4. 光纤链路衰耗测试(等级 1 测试)

等级 1 测试(T1 测试)是传统测试项目,其基本原理如图 4－5 所示。被测光纤的一端是光源,另一端是光功率计。光源射出的光功率是 P_0,经过被测光纤后光功率减弱为 P_i,则被测光纤链路的衰减值就是(P_0-P_i)。常用的光功率单位是分贝·毫瓦(dB·mW,dB·m)或分贝·微瓦(dB·μW,dB·μ)。

图 4－5　光纤损耗测试原理(衰减＝P_0-P_i)

1) 测试方法 A(双跳线测试)

实际测试时一般都要加上"测试跳线",如图 4－6 所示。由于测试跳线本身也存在一定的损耗,测试后必须将其从测试结果中扣除。所以,测试前要先将两根测试跳线用测试配置的适配器"短接",测得只含测试跳线损耗在内的初始 P_0 值,以便测试后的扣除计算。如图4-6所示,设"参考零"时,包含了三个连接点(测试适配器和两端测试仪表端口)和两段测试光纤共五部分衰减。

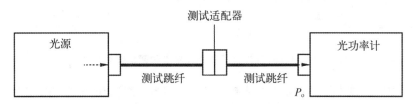

图4-6 设"参考零"时,包含了三个连接点和两段光纤共五部分衰减

然后,拿掉适配器,接入被测光纤,如图4-7所示。测得光功率 P_i 值为扣除五部分已归零衰减值后的被测光纤及一端连接器的衰减。链路的衰减量 $= P_0 - P_i$。这种测试方法叫"方法A",或称2跳线归零法。

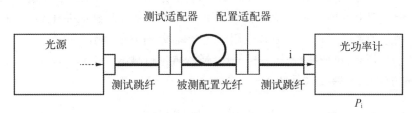

图4-7 扣除五部分已归零衰减得被测光纤及一端连接器的衰减

被测的光纤链路衰减值构成:被测链路各段光纤本身的衰减值、首端连接器的衰减值、中间连接器及熔接点衰减值、末端连接器的衰减值。

其特点如下:

(1) 方法A的特征是采用测试仪表厂商提供的两根测试光纤和一个测试光纤适配器进行仪表的校准归零后,拆开适配器。然后使用了2根测试仪表厂商提供的带有连接器的测试跳纤和一个光纤适配器,及工程中安装的另一个光纤适配器、布放的带有连接器的光纤组成的光纤信道,完成信道测试。以上的测试完毕都需要做一次减法运算。

(2) 使用测试跳线。目的是为了减少仪表端口的插拔次数(精度寿命为插拔5 000次),避免为此降低了仪表的测试精度和稳定性,并且降低仪表端口的更换成本。

(3) "归零"。使用"归零"法,在光源稳定后,测得如图4-5所示的 P_0,然后将 P_0 强行设为"相对零",即认为 $P_0 =$ 参考"零"功率。这样每次测试时仪器会自动调用事先保存的 P_0 做 $P_0 - P_i$ 运算,然后直接在屏幕上显示光纤的损耗值。衰减值的单位通常用dB(分贝)来表示,这个值可直接存入光功率计的测试报告中。采用预先设"参考零"值的测试方法,非常适合进行大批量的光纤链路生产或工程化测试。

(4) 被测的光纤链路衰减值构成包括被测链路各段光纤本身的衰减值、首端连接器的衰减值、中间连接器及熔接点衰减值、末端连接器的衰减值。

2) 测试方法B(补偿跳线)

在光纤链路较短时,连接器的衰耗值占了整个光纤链路衰耗相当大的比例,为了比较准确地测试图4-7中被测光纤链路的真正衰减值（一段光纤＋两端配置的连接器结构），测试方法需再做进一步调整和改进，如图4-8所示。

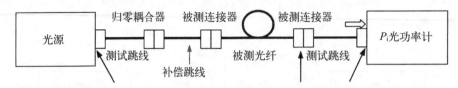

图4-8　归零时已包含了三个连接点和两段跳线的衰减

图4-8中的测试方法其特征是：先按图4-5"归零"，然后在测试时再加上一根短的测试"补偿跳线"（0.3 m左右）。这样一来，扣除五部分归零损耗值后，测试结果包含四部分衰减值：被测光纤段的衰减、首端连接器的衰减、末端连接器的衰减、补偿跳线光纤段的衰减。

但考虑到补偿跳线很短，其光纤段的衰减值完全可以忽略不计（0.3 m的衰减值一般都低于0.002 dB）。图4-8所示的测试模式通常称作"改进的测试方法B"。

由于"方法B"的测试结果包含了被测试光纤两端的连接器损耗（通常这两个连接器就是光纤两端配线架上的插座或配架插座——用户面板插座），测试误差也最小，所以工程上经常推荐使用这种测试模式。方法B也用于光纤跳线的损耗值测试。

方法B的特征是：归零后先加一根补偿跳线，再进行测试。

3）测试方法C（三跳线）（见图4-9、图4-10）

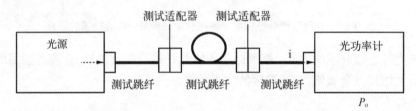

图4-9　批量测试光纤衰减：使用0.3 m归零跳线（中间段）三跳线归零

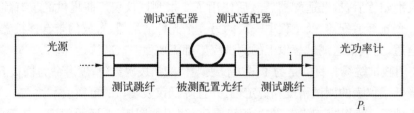

图4-10　实际被测试的是一段光纤，它不包含两端连接器的衰减

适合测试不含两端损耗的场合及对象，如检测一盘2 km进货的光缆光纤损耗。

由于测试时每次插拔适配器都有可能产生适配器衰减值的微小波动，而这些微小波动相对于光纤的衰减值来说是不能忽略的。因此，"短光纤段本身"的衰减值一般不提倡用"方法C"进行测试。

其他情形的测试连接。

（1）例如被测链路两端已经安装了短跳线，也可以用方法C来测试——测试结果不包含两端跳线的损耗，后面会提到。

方法 C 的特征是：归零后去掉一根归零跳线,再进行测试。

（2）实际的被测链路通常如图 4-11 和图 4-12 所示。

（a）图 4-10 是永久链路,被测链路可能是"配架模块—配架模块"或"配架模块—墙面板插座"结构。工程验收时最常被测试的就是这种链路结构。

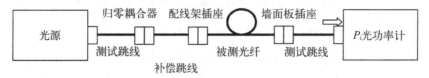

4-11 调整的方法 B：未安装跳线的实际被测光链路(验收时较常见)

（b）图 4-12 的被测链路是通道/信道,它包含用户跳线和设备跳线的损耗,还包含与光模块端口的全部连接损耗。正因为跳线也包含在被检查的链路中,故障诊断时经常会测试信道。

这两种链路都采用了"调整的方法 B",即先用"两跳线归零",再增加一根补偿跳线,然后才执行测试。这也是工程上能保证测试精度的最常推荐的测试方法之一。故障诊断时经常这样测试。

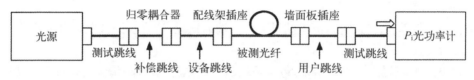

图 4-12 调整的方法 B：已安装跳线的实际被测光链路(信道)

图 4-11、图 4-12 这两种方法都采用了"改进的方法 B",即"多跳线归零"后增加一根补偿跳线再执行测试。这也是工程上能保证测试精度的最常推荐的测试方法(模式)之一。

（c）如分析怀疑链路损耗过大,可以先清洁光纤连接器连接面、更换光跳线,如仍然有问题,则通过方法 C,如图 4-13 所示的测试。

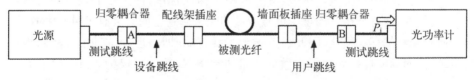

图 4-13 方法 C：不含设备和用户跳线的实际被测光链路(先短跳线归零)

先用短跳线归零,再测试两端配线架模块之间的总损耗,但不包括含跳线的插头 A 和 B 的连接损耗,跳线本身的光纤段损耗被忽略不计。

（d）"调整的方法 B"需要用到三根测试跳线,考虑到归零后插拔光功率计端口上的跳线插头对测试结果的影响甚微,所以宜可以采用更为普遍实用的方法 B 来进行测试,如图 4-14、图 4-15 所示。

图 4-14 方法 B：先归零(1 跳线)

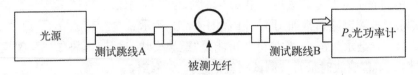

图 4-15 方法 B：归零后添加"测试跳线 B"再进行测试

如果被测链路与光源的插头型号不同，举例来说，假设图 4-15 中的被测链路两端的插座型号是 LC 的，而光源和光功率计端口型号是 SC 的，则测试前无法做到"一跳线归零"。但如果此光功率计的插座是 LC 的，则仍然可以用方法 B 来测试：归零时使用"SC-LC 测试跳线"A，归零后拔出跳线的 LC 插头，然后在此 LC 端口上补一根"LC-LC 测试跳线"就能进行测试了。

类似地，采用调整的方法 B(两跳线归零法)也可以不用改变光功率计端口型号仅靠选择合适的"测试转接跳线"来实现对不同类型被测链路的测试(如图 4-12 中，若被测链路的插座型号与光源光功率计不同时，则测试跳线可以有多种选择和搭配，具体选择何种组合需视仪器端口、被测链路两端类型而定。此略)。

4) 测试方法归纳

方法 A：归零后直接测试，测试结果不含一端的损耗，适合长距离测试及要求不含一端损耗的场合。

方法 B：归零后加一，测试结果，包含两端的损耗，适合短链路精确测试及含两端损耗的场合。

方法 C：归零后减一，测试结果，不含两端的损耗，适合两端已有跳线的链路及光纤段进货测试。

5) 光纤扩展测试(等级 2 测试(T2 测试/OTDR 测试))

测试原理及方法如下：

光纤多数是由高纯石英玻璃构成，具有晶格结构，晶格结构实际上是不均匀的，并存在着一些杂质、气泡、微弯结构。当携带信号能量的光子遇到它们时会有少量发生散射。

由于所有光纤都存在损耗，因此靠近被测光纤首端(即靠近光脉冲信号注入端)的逆向散射能量较大，而远离首端处的逆向散射能量非常微弱，数量级仅为 1 ppm(1 ppm $= 10^{-6}$)左右。我们可以把采样保存下来的逆向散射光能量数据画成逆向散射光能量曲线。这条曲线称为逆向散射曲线。实际上，逆向散射曲线是一条电信号曲线，它与光信号强度的曲线"基本上"是一一对应的，OTDR 是单端测试。

850 波长测试，类似的还有多模 1 300、单模 1 310/1 550 等常用测试波长。

通常，标准要求连接器损耗不能超过 0.75 dB。

可以看到光纤长度、连接器损耗、光纤段损耗、链路总损耗等很有用的故障信息，可帮助定位故障。缺少经验的维护人员一般会首先检查交换机/服务器的光模块(激活否？配置正确否？)及其光功率是否正常，或简单地尝试直接替换备用光模块；然后，试着重新插拔、清洁一下光纤跳线、插座等；接下来，会进一步怀疑交换机的"主机框"、下连服务器的操作系统、服务器硬件平台是否有问题，会尝试升级交换机或服务器光模块软件、驱动程序及为系统杀毒打补丁等。如果故障依旧，他们甚至会重装服务器操作系统、重启/重置交换机。

而有经验的维护人员接则会开始考虑测试这条光纤链路的损耗值,并试着清洁一下光纤链路中的每个连接器、更换光跳线、临时借用一对相邻光纤(备用光纤)或临时拉一根/一对直连光纤做比较,确认是否是光纤链路的问题。若确定是光纤链路的问题(尽管总损耗可能是合格的),接下来就需要使用 OTDR 测试仪来定位到底是哪个位置出了问题。

6. 数据中心光纤测试

1) 测试方法

数据中心的链路长度普遍比较短,链路的总衰减值中连接器损耗等占据较大比重,所以要求测试模式选用单跳线或标准定义的对应模式。单跳线较接近链路的真实损耗值,作为数据中心,光纤等级 1 测试为推荐的方法。具体内容见本节相关描述。

2) 光纤测试操作及注意的事项

(1) 测试条件。选择测试参考跳线(可先测试其损耗)、适配器、芯轴,核实型号的光源和光功率计。多模光纤一般选择 850/1 300 组合光源(LED 光源),多模光纤万兆精确测试可选择 850/1 310 组合光源(VCSEL/LD 光源),它适合数据中心光纤测试;单模光纤一般选择 1 310/1 550 组合光源(LD 光源)。

(2) 在对多模光纤进行测试时,为达到较高精度的衰减测试结果,一般会要求将测试跳线缠绕在一个测试卷轴(心轴)上。这是因为卷轴可以过滤多模光纤中常用光源的高次模,使光源更加纯净,减少干扰光功率,提高仿真光源的逼真度,测试精度也会更高。卷轴的过滤作用与光波长、光纤直径、卷轴的直径及缠绕圈数有关。

(3) 为了避免"误伤"在线未断开的光模块,测试的光源输出功率不宜太强。例如多模光源光功率建议使用 −20 dBm,单模建议使用 −7 dBm。如果使用 0 dBm 以上光源需要慎重,确保被测链路两端标签标记无误且两端均与设备断开。

(4) 将光源和光功率计开机预热 5 分钟(视环境温度适当增加),待其工作稳定后设置参考值。选择仪器特殊功能挡(有的仪器是 SET 挡),选择参考值设置(或称基准值、归零值设置)。

(5) 如果被测链路两端是适配器,则使用一根跳线连接光源和光功率计做基准设置(参考值设置),即单跳线的归零方式。接下来依照仪器提示操作即可。参考值设置完毕,保存参考值和测试准备信息。

(6) 测试完毕保存测试结果,批量测试任务完成后可将测试结果上传到 PC 中作为测试报告保存。

(7) 如果被测链路两端是连接器,则应该选择两根测试跳线进行(短接)归零。归零后加上 0.3 m 的补偿光纤后接入被测光纤链路进行测试。

3) 等级测试

(1) 等级 1 测试。

使用前述的光纤一级测试的单跳线进行,需要注意选择与被测链路材质完全相同的测试跳线(如 OM3/OM4)和光源(如 850 nm VCSEL 光源),这样才能保证测试的准确性。

(2) 等级 2 测试。

数据中心面临的都是较短的光纤链路,短链路的光纤性能的主要影响因素是连接损耗和端面反射。所以等级 2 测试仪表必须具备高分辨率的 OTDR(事件盲区短于 1 m),且必须使用发射和接收测试补偿光纤进行测试,以便准确观测链路两端(即链路第一个和最后一个)连接点的质量。被测短链路长度不应过短,一般要求不短于 1 m。同样地,OTDR 测试也需要双向测试,以便识别尺寸偏差过大的光纤或无用的异质光纤。

(3) MPO/MTP 链路测试。

(a) 等级 1 测试:

如果链路两端使用了 MPO/MTP 连接器,而测试仪只有一个测试口,则需要使用分支(fan out)测试跳线,以便分别测试 MPO/MTP 光缆中的 12 芯光纤的损耗值。测试方法仍然采用上述的改进的三跳线法。

如果测试仪器直接具备 MPO/MTP 测试端口,则可以不用分支测试跳线,而是直接插入 MPO/MTP 测试跳线进行测试,一次完成 12 芯光纤的测试,并依据输入的极限值门限给出评判结果。测试跳线归零后使用单跳线进行测试。

(b) OTDR 等级 2 测试:

如果短链路使用的是 12 芯转接模块,则测试方法同上。如果短链路两端使用的是 MPO/MTP 连接器,则 OTDR 测试有特别要求。测试仪与被测链路之间需要使用"发射补偿光纤+分支跳线"来分别测试 MPO/MTP 连接器中的 12 芯光纤,为了看清 MPO/MTP 光纤链路的始端,避开衰减盲区的影响,分支跳线的长度应大于衰减盲区的长度,以免影响 OTDR 对 MPO/MTP 始端损耗事件的检测精度。设置补偿跳线时需要选择"发射补偿光纤+跳线"复合的模式——即将发射补偿光纤(100 m)和分支跳线均纳入补偿光纤的长度。这样仪器可以自动扣除这段复合测试光纤的长度。类似地,终端也需要使用扇形跳线作为端接跳线的缓冲,长度也同样要求超过衰减盲区的长度,后面连接接收补偿光纤不短于 25 m(一般使用与发射补偿光纤同样长度的补偿光纤)。

7. 光纤测试指标

建筑物内布线系统多使用多模光纤,随着网络应用的发展及与公用通信网络的互通需要,单模光纤在满足传输带宽和传输距离上,已经越来越显优势。在保证工作网络带宽的需要下,传输衰减是光纤链路最重要的技术参数。

1) 公式计算

$$A(光) = aL = 10\lg\frac{P_1}{P_2}$$

式中: A——衰减值;

a——衰减系数;

L——光纤长度;

P_1——光信号发生器在光纤链路始端注入光纤的光功率;

P_2——光信号接收器在光纤链路末终接收到的光功率。

光纤链路衰减计算:

$$A(总) = L_c + L_s + L_f + L_m$$

式中: L_c——连接器衰减;

L_s——连接头衰减;

L_f——光纤衰减;

L_m——余量,由用户选定。

2) 光纤衰减指标

(1) 不同类型的光缆在标称的波长,每千米的最大衰减值应符合如表 4-5、表 4-6 所示的规定。光纤传输性能要满足的限制在表中规定,衰减应根据 IEC 60793-1-40 进行测量。

表 4-5　光纤线缆(最大)衰减

光纤线缆(最大)衰减/(dB/km)							
指　标	OM3 和 OM4 多模		OS1a 单模			OS2 单模		
波长/nm	850	1 300	1 310	1 383	1 550	1 310	1 383	1 550
衰　减	3.5	1.5	1.0	1.0	1.0	0.4	0.4	0.4

表 4-6　多模光纤模态带宽

类　别		最小模式带宽/(MHz·km)		
		满注入带宽		有效激光注入带宽
波长/nm		850	1 300	850
分类	纤芯直径/μm			
OM3	50	1 500	500	2 000
OM4	50	3 500	500	4 700

注:模态带宽要求用于能够生产相关光纤光缆类别的光纤,并通过按照 IEC 60793-2-10 规定的参数和实验方法被保证。仅满足满注入模式带宽的光纤可以不支持在附录 E 中规范的某些应用。

(2) 光缆布线信道在规定的传输窗口测量出的最大光衰减应不超过如表 4-7 所示的规定,该指标已包括光纤接续点与连接器件的衰减在内。

表 4-7　光缆信道衰减范围

级别	最大信道衰减/dB			
	单　模		多　模	
波长/nm	1 310	1 550	850	1 300
OF-300	1.80	1.80	2.55	1.95
OF-500	2.00	2.00	3.25	2.25
OF-2000	3.50	3.50	8.50	4.50

注:光纤信道包括的所有连接器件的衰减合计不应大于 1.5 dB。

(3) 光纤信道和链路的衰减也可用以下公式计算,光纤接续及连接器件损耗值的取定如表 4-8 的规定。

光纤信道和链路损耗＝光纤损耗＋连接器件损耗＋光纤接续点损耗

式中:光纤损耗＝光纤损耗系数(dB/km)×光纤长度(km);
　　　光纤连接器件损耗＝连接器件损耗/个×连接器件个数;
　　　光纤接续点损耗＝光纤接续点损耗/个×光纤连接点个数。

表 4-8 光纤接续及连接器件损耗

类别	光纤接续及连接器件损耗/dB			
	多 模		单 模	
	平均值	最大值	平均值	最大值
光纤熔接	0.15	0.3	0.15	0.3
光纤机械连接	—	0.3	—	0.3
光纤连接器件	0.65/0.5[①]			
	最大值 0.75[②]			

注：① 针对高要求工程可选 0.5 dB。
② 为采用预端接时，含 MPO-LC 转接器件。

上述列出的指标值参考了国际标准 ISO11801：2010 及 IEC14763：2014 修正版的相关规定。这里的 OS1 和 OS2 是指光纤成缆后的两种光缆链路类型。OS1 指的是室内应用光缆（紧套光缆），OS2 为室外应用光缆（松套光缆）。

ISO 11801-2009 标准还提出了对单模光纤 ORL 为 -35 dB，多模光纤 ORL 为 -20 dB。可选的 BICSI 建议，不同多模光纤端面研磨现场测试对应不同 ORL：FC，-20 dB；PC，-35 dB；UPC，-40 dB；APC，-55 dB。

4.2.3 测试应该注意的问题

1. 现场测试

一个优质的综合布线工程，不仅要求设计合理，选择布线器材优质，还要有一支素质高、经过专门培训、实践经验丰富的施工队伍来完成工程施工任务。但在实际工作中，业主往往更多地注意工程规模、设计方案，而经常忽略了施工质量。由于我国普遍存在着工程领域的转包现象，施工阶段漏洞甚多。其中不重视工程测试验收这一重要环节，把组织工程测试验收当作可有可无事情的现象十分普遍。或者仅做一些通断性的测试。往往等到项目需要开通业务时，发现问题累累，麻烦事丛生，才后悔莫及。

综合布线工程一定要求到现场测试，主要是因为测试是判断已经安装的综合布线系统工程是否能够满足当前和将来的网络对传输性能的严格要求。另外测试结果取决于部件的质量和性能（缆线、连接件、安装的工艺和质量、布线系统的路由环境影响）。

2. 测试环境要求

为保证综合布线系统测试数据准确可靠，对测试环境有着严格规定。

(1) 无环境干扰。

综合布线测试现场应无产生严重电火花的电焊、电钻和产生强磁干扰的设备作业，被测综合布线系统必须是无源网络，测试时应断开与之相连的有源、无源通信设备，以避免测试受到干扰或损坏仪表。

(2) 测试温度。

综合布线测试现场的温度宜为 20~30℃，湿度宜为 30%~80%，由于测试指标的测试受测试环境温度影响较大，当测试环境温度超出上述范围时，需要按有关规定对测试标准和测试数据进行修正。

（3）防静电措施。

我国北方地区春、秋季气候干燥，湿度常常为 $10\%\sim20\%$，验收测试经常需要照常进行，湿度在 20% 以下时，静电火花时有发生，不仅影响测试结果的准确性，甚至可能使测试无法进行或损坏仪表。这种情况下一定注意测试者和持有仪表者应采取防静电措施，如人身辅接接地手链等。

3. 测试仪器使用中的注意事项

有关测试仪器的设置、测试的程序、仪器的校正等问题的具体内容参考所选用的仪器的使用手册。

第5章
工程招投标

5.1 概述

在数据中心建筑工程建设中,综合布线系统是根据建筑主体的功能需求而配套设置,或作为独立的系统单独实施。因此,工程招投标工作中,通常只是包含在主体项目之内或者包含在工程的弱电系统,或单独加以考虑。由于工程招投标具有很大的专业技术特点,往往由土建建筑电气总包,或弱电集成商总承包,或进行二次分包的实施方式。对于规模大、安全保密性强的工程项目,可以采取对工程进行单项招投标。

工程的招标书只对系统提出最基本的要求,未对所有细节做出具体规定,因此,投标人应保证提供符合技术要求和合格的产品(包括设备主件、附件、软件、备件及专用工具等)及辅助器件,便于维护和管理。

关于工程项目实行招投标的必要性,国家计委和建设部分别颁布了工程设计招标和工程建设施工招标的暂行办法,此后又相继制定了一系列有关招投标的法规。

所称工程,是指建设工程,包括建筑物和构筑物的新建、改建、扩建及其相关的装修、拆除、修缮等;所称与工程建设有关的货物,是指构成工程不可分割的组成部分,且为实现工程基本功能所必需的设备、材料等;所称与工程建设有关的服务,是指为完成工程所需的勘察、设计、监理等服务。

工程实行招投标制,对降低工程造价,进而使工程造价得到合理的控制具有十分重要的意义,其影响主要表现如下:

(1)逐步推行由市场定价的价格机制,鼓励竞争,投标人必须提供优化的工程实施方案和合理的价格,通过招投标优胜劣汰,使工程造价下降趋于合理,有利于节约投资,提高投资效益。

(2)有利于供求双方更好地相互选择,使工程价格符合价值基础,进而更好地控制工程造价。

(3)有利于规范价格行为,使公开、公平、公正的原则得以贯彻,按严格的程序和制度办事,对于排除干扰,克服不正当行为和避免"豆腐渣工程"起到一定的遏制作用。

5.2 范围和原则

按照国家《招投标法》的有关规定,对勘察、设计、施工、监理以及工程建设有关重要设备、材料等采购,必须进行招标。

投标人应根据相关的国际及国内的布线标准,按标书要求提供满足工程的设计或施工、安装的二次文件(包括设计或施工流程图、实施计划、进度及报价等),投标人应负责协助业主进行系统的实施和验收工作,并与供应商协同完成培训以及系统管理、操作、保养等工作。

施工单项合同估算价、重要设备、材料等货物的采购,单项合同估算价及项目总投资额达到一定数目的,需要进行工程招投标工作。详细请参考国家《工程建设项目招标范围和规模标准规定》。

1. 工程设计招标的范围

(1) 设计招标包括基础设计(初步设计)和施工图设计招标,必要时可以分段招标。

(2) 下列情况之一,经招标主管部门批准后,不适宜招标:

(a) 工程采用涉及特定专利或专有技术;

(b) 与专利商签有保密协议,受其条款约束;

(c) 国外贷款、赠款、捐款建设的工程项目,业主有特殊要求。

2. 工程施工招标的范围

施工招标范围一般分为总承包(或称交钥匙工程)和专项工程承包(只对某项专业性强的项目,如网络测试等)。

根据设计文件编制相应的施工招标书,其内容如下:

(1) 各个子系统的布线连接器件的安装、线缆的敷设和测试。

(2) 数据中心各功能区配线设备的安装。

(3) 主要设备、材料和相应的辅助设备、器材的采购或联合采购。

(4) 管槽的敷设或委托电气专业代办。

(5) 协助业主对施工前主要设备和线缆现场开箱验收工作。

(6) 提供安装、测试、验收和随工洽商单、竣工图等完整的文件资料。

(7) 由于测试程序复杂和需备专用精密仪器而施工单位又不具备时,对测试项目可不在招标之列,允许另行委托。

3. 招投标原则

按照国家有关法规的要求,对招标单位的资质、招投标程序及方式、评定等均应本着守法、公正、等价、有偿、诚信、科学和规范等原则,从技术水平、管理水平、服务质量和经济合理等方面综合考虑,鼓励竞争。不受地区、行业、部门的限制。

监理招投标,按照建设部《工程建设监理规定》的细则要求,是对工程质量、进度和阶段投资能进行全过程控制的单位,通过招标择优选定,对其职能人员要求必须持证(监理工程师)。

采购招投标按照国家经贸委审定,上级主管机构负责监督协调。采购招投标应对设备和材料遵循认资、价格、服务等原则择优加以确定。

工程的招投标标书均应体现综合布线系统的标准化要求,并具有先进性、实用性、灵活性、可靠性和经济性等特点。

5.3 职责和管理机构

工程项目招标是业主对自愿参加该项目的承包商进行的审查、评比和选定的工程。因此,实行工程招标,业主首先提出目标要求,包括系统规模、功能、质量标准以及进度等目标要求,通过用户需求分析,经可行性研究的评估而提出。发布广告或邀请,使自愿投标者按业主要求的目标投标,业主按其投标报价的高低、技术水平、工程经验、财务状况、信誉等方面进行综合评价,全面分析,择优选定中标者签订合同后,工程招标方告结束。

进行工程招标,应该有专门的机构和人员。招投标单位的职责分明对招标的全部活动过程有重要的作用,可以对全过程加以组织和管理。实践证明,若能建立一个强有力的、内行的班子,则招标工作就有了保证成功的前提,因此,无论是招标或投标,对自己的职责明确,管理机构健全,运作高效是十分重要的。业主如不具备招标资格认定时,则应委托具有相应资质的招标代理机构代理。

1. 招标单位负责内容

关于组织和办理招标申请、招标文件的编制、标底价格和招标全过程各项事宜及管理工作,其上级主管部门、地方行政主管部门(或建设项目董事会)负责对招标单位进行资质审查。

2. 投标单位按标书要求

起草投标文件,报请招标单位审定,投标标书的侧重面应侧重在较低价格、先进的技术、优良的质量和较短的工期等方面争优。特别注意不要出现投标文件易犯的低级错误。

(1) 投标文件须有单位盖章和单位负责人签字;

(2) 投标联合体必须提交共同投标协议;

(3) 投标人必须符合国家或者招标文件规定的资格条件;

(4) 同一投标人不能提交两个以上不同的投标文件或者投标报价,但招标文件要求提交备选投标的除外;

(5) 投标报价不能低于成本或者高于招标文件设定的最高投标限价;

(6) 投标文件必须对招标文件的实质性要求和条件做出响应;投标人不能有串通投标、弄虚作假、行贿等违法行为;

(7) 投标文件中不能有含义不明确的内容、明显文字或者计算错误。

3. 招标单位职能

招标单位委托有关职能机构进行全过程监督,聘请专家组成评审委员会(或小组),对招投标文件负责审查和提出推荐建议。评标委员会成员有下列行为之一的,由有关行政监督部门责令改正;情节严重的,禁止其在一定期限内参加依法必须进行招标项目的评标;情节特别严重的,取消其担任评标委员会成员的资格,构成犯罪的,依法追究刑事责任。

(1) 应当回避而不回避;

(2) 擅离职守;

(3) 不按照招标文件规定的评标标准和方法评标;

(4) 私下接触投标人;

（5）向招标人征询确定中标人的意向或者接受任何单位或者个人明示或者暗示提出的倾向或者排斥特定投标人的要求；

（6）对依法应当否决的投标不提出否决意见；

（7）暗示或者诱导投标人做出澄清、说明或者接受投标人主动提出的澄清、说明；

（8）其他不客观、不公正履行职务的行为。

4. 中标人要求

中标人不得将中标项目转让给他人，或将中标项目肢解后分别转让给他人，违反招标与投标法和本条例规定将中标项目的部分主体、关键性工作分包给他人，或分包人再次分包。

5.4 布线工程项目招标分类

招标分为三类，即工程项目开发招标、勘察设计招标和施工招标，布线工程一般属于后两项。对数据中心，建筑和结构均是建筑物的主体专业，布线项目定位于项目的辅助工程之中。

1. 设计招标

根据批准的可行性研究报告所提出的项目设计任务书通过招标择优选择设计单位，其"标物"为设计成果，招标按照工程设计内容及深度的要求，对建筑物内各功能区信息点的配置、系统组网等均应详细完整。工程设计招投标的目的是：鼓励竞争、促使设计单位改进管理，采用先进技术，降低工程造价，缩短工程，提高投资效益。工程设计招标和投标是双方法人之间的经济活动，受国家法律的保护和监督。

（1）实行设计招标的建设项目应具备的条件。

（a）具有经过审批机关批准的可行性研究报告；

（b）具有开展设计必需的可靠设计资料；

（c）依法成立了专门的招标机构并具有编制招标文件和组织评标能力，或委托依法设立的招标代理机构。

（2）设计招投标的优点。

① 有利于设计多方案的竞争，从而择优确定优化设计方案；② 有利于控制建设工程造价，中标项目一般做出的投资估算能够在招标文件所确定的投资范围内；③ 有利于加快设计进度，提高设计质量，降低设计费用。

2. 施工招标

在工程项目的设计或施工图设计完成之后，用招标方式选择施工单位，其"标物"则是建设单位（业主）交付按设计规定的部分成品和工程进度、质量要求、投资控制等内容，作为工程实施的依据，施工安装是工程实施极为重要的环节。为此，招标单位应事前对参标单位进行全面的调研考察。工程的安装、测试、验收等内容则是对检验施工单位应标的运作能力的全面考核，特别是其技术实力、人员素质、管理质量、业绩和报价等往往成为能否中标的焦点。

（1）建设工程施工招标必须符合相关的流程与程序，并掌控各个环节的执行。

（2）建设工程招标原则，每个工程项目实施除了应有优质的设计外，施工安装则是最重要的环节。因此，工程施工招标文件编制质量的高低，不仅是投标者进行投标的依据，也是招标工作成败的关键，编制施工招标文件必须做到系统、完整、准确、明了，其原则是：按照国家《工程建设施工招标管理办法》有关规定执行。数据中心布线工程技术复杂，具有对施工安装和检测等工序专业性要求高的特点，其施工往往安排在工程后期，施工招标一般总是纳入机电设备和弱电工程统一招标，再由中标单位（或系统集成商）二次分包或分标，在编制招标技术文件的部分，布线应作为一个单项子系统分列。

5.5 招标方式

常采用的招标方式有三种。

1. 公开招标

为无限竞争性招标，由业主通过国内外主要报纸、有关刊物、电视、广播以及网站发布招标广告，凡有兴趣应标的单位均可以参标，提供预审文件，预审合格后可购买招标文件进行投标。此种方式对所有参标的单位或承包商提供平等竞争的机会，业主要加强资格预审认真评标。

2. 邀请招标

为有限竞争性招标，不发布公告，业主根据自己的经验、推荐和各种信息资料，调查研究选择有能力承担本项工程的承包商并发出邀请，一般邀请 5～10 家（不能少于 3 家）前来投标。此种方式由于受经验和信息不充分等因素，存在一定的局限性，有可能会漏掉一些技术性能和价格比更高的承包商未被邀请而无法参标。

3. 议标

为非竞争性招标或指定性招标，一般只邀请 1～3 家承包单位来直接协商谈判，实际上也是一种合同谈判的形式，此种方式适用于工程造价较低、工期紧、专业性强或保密工程。其优点可以节省时间，尽早达成协议开展工作，但往往无法获得有竞争力的报价，为某些部门搞行业、地区保护提供借口。因此，无特殊情况应尽量避免议标方式。

根据长期招投标工作在市场的运作情况，多数大、中型工程项目的工程招投标均采用邀请招标方式，对于优化系统方案，降低工程造价会起到良好的作用。

5.6 招投标文件

1. 标书

用户根据工程项目的规模、功能需求、建设进度和投资控制等条件，按有关招标法的要求，采用自行或聘请专家编制，或委托招投标公司、系统集成商等相关部门完成招标文件的编制。招标文件的质量好坏直接关系到工程招标工作是否能够顺利进行。标书提供的基础资料、技术指标、配置量化的基本内容等应准确可靠，因为招标文件是投标者应标的主要依据。

1）招标文件

（1）一般内容：

（a）投标邀请书；

（b）投标人须知；

（c）投标申请书格式，包括投标书格式和投标保证书格式；

（d）法定代表人授权格式；

（e）合同文件，包括合同协议格式、预付款银行保函、履约保证格式等。

（2）工程技术要求内容。

（a）承包工程的范围，包括工程的深化设计、施工、供货、培训以及除施工外的全部服务及工程简介；

（b）布线系统的等级基本要求、机房平面规划图、布线机柜配置位置图及配线模块统计表；

（c）采用的相关标准和规范，包括国内、国外、地区、国标、行标；

（d）布线方案，包括各子系统的设置与安装场地的大小面积要求；

（e）技术要求，包括对绞电缆、光缆、接地线缆敷设方式及各类连接硬件安装等要求；

（f）工程验收和质保；

（3）技术资格（属于投标商务条款）。

（a）报价范围、供货时间和地点；

（b）工程量表；

（c）附件（工程图纸与工程相关的说明材料）；

（d）标底（限供决策层掌握，不得外传）。

2）投标文件

投标者应认真阅读和理解招标文件的要求，以招标书为依据，编制相应的投标文件（书），投标人对标书的要求如有异议，应及时以书面形式明确提出，在征得投标人同意后，方可对其中某些条文进行修改，如投标人不同意修改，则仍以原标书为准。投标人必须在投标文件中，对招标书的技术要求的满足程度逐条应答，若有任何技术偏离时，也应提供承诺或不承诺条款的《技术要求偏离》附件，并在投标书中加以说明。

投标文件一般包括以下内容：

（1）投标申请书。

（2）投标书及其附录。

投标书提供投标总价、工程总的工期进度与实施表等，附录应包括设备及线缆材料到货时间、安装、调试及保修期限，提供有偿或免费培训人数和时间。

（3）投标报价书。

（a）以人民币为报价，如情况特殊，只允许运用一种外币计算，但必须按当日汇率折算人民币总价；

（b）产品报价包括出厂价、运费、保险费、税金、关税、增值税、运杂费等；

（c）各项目的安装工程费；

（d）设备、线缆及插接模块的单价和总价。

（4）产品合格证明。

（a）有关产品的生产许可证复印件、原产地证明文件；

（b）产品主要技术数据和性能指标；

（c）投标资格证明文件；

(d) 营业执照(复印件);

(e) 税务营业证(复印件);

(f) 法人代表证书(复印件);

(g) 建设部和信息产业部颁发的有关工程集成与施工或工程一体化的资质;

(h) 主要技术及管理人员职称及其注册资质;

(i) 投标者如为产品代理商,还必须出具厂商授权书;

(j) 投标者近几年(3年)来年主要工程业绩,用户评价信函;

(k) 设计方案(按招标文件工程技术要求提出优化方案)。

(5) 工程范围与目标。

(a) 与相关系统工程界面;

(b) 依据的设计标准规范;

(c) 技术规格书说明;

(d) 系统方案;

(e) 施工组织计划书;

(f) 施工组织设计,包括施工服务、督导、管理、文档;

(g) 工期及施工质量保证措施;

(h) 施工管理计划;

(i) 施工安全计划;

(j) 施工采用工艺及方法;

(k) 测试及骏收;

(l) 其他说明文件。

5.7 评标

1. 评标、定标

1) 评标

评标工作是招投标中重要环节,一般设立临时的评标委员会或评标小组。由招标办、业主、建设单位的上级主管部门、建设单位的财务、审计部门、监理公司、投资控制顾问及有关技术专家共同组成,评标组织按评标方法对投标文件进行严格的审查,按评分排列次序,选择性能价格比最高的投标单位推荐为中标候选者,提供领导最后决策。为此,评标组织应在评审前编制评标办法,按招标文件中所规定的各项标准确定商务标准和技术标准。

商务标准是指技术标准以外的全部招标要素,如招标人须知、合同条款所要求的格式,特别是招标文件要求的投标保证金、资格文件、报价、交货期等。

技术指标是指招标文件中技术部分所规定的技术要求、设备或材料的名称、型号、主要技术参数、数量和单位,以及质量保证、技术服务等。

评标目前主要采用打分法:按商务和技术的各项内容采用无记名的方式填表打分,一般采用百分制,统计获取最高的评分单位,即为中标者。评标结束后,评标小组提出评标报告,评委均应签字确认,文件归档。

2) 定标

业主或上级主管部门根据评标报告的建议,定标和批准由招标单位向中标单位发出中标函,中标单位接通知后,一般应在 15～30 天内签订合同,并提供履约保证。业主应同时在一周内通知未中标者,并退回投标保函,未中标单位在收到投标保函后,应迅速退回招标文件。

至此,招投标工作基本结束。

2. 评标表格(示例)

本节仅列出评标过程中经常使用的表格的格式和内容作为示范以供读者参考,在工程的评标过程中可以根据具体情况制作。

1) 唱标记录表

招标编号:

招标项目:

开标地点:

唱标记录表(示例):

序号	投标单位	投标总价	投标保证金	投标声明	竣工期	备注

主持人:　　　　　监标:　　　　　唱标人:　　　　　记录人:

说明:投标总价为工程总造价,竣工期为合同生效后开始计算。

2) 符合性检查表

序号	项　目	投　标　单　位					
1	投标方						
2	投标保证金						
3	法人授权书						
4	资格证明文件(含银行贷信证明)						
5	技术文件						
6	投标分项报价表						
7	业绩						
8	结论						

说明:(1) 投标文件由法人代表签署时,可不提供法人授权书,制造商直接投标无须提供厂家的授权书。

(2) 表中只需填写"有"或"无"。

(3) 在结论栏中仅填写"合格"或"不合格"。

3) 评分表

(1) 招标评标评分表(示例1)。

项目编号:

项目名称:

投标单位:

项　　目		得　　分	备　　注
系统技术方案(20分)			
报价(30分)			
性能 (15分)	技术指标(7分)		
	可靠性(2分)		
	先进性(2分)		
	维护(2分)		
	品牌(2分)		
施工 (20分)	施工组织(10分)		
	计划与进度(3分)		
	施工措施(7分)		
业绩(4分)			
资质(2分)			
培训(2分)			
交货方案(3分)			
售后服务(4分)			
总计(100分)			

(2) 招标评标评分表(示例2)。

项目编号:

项目名称:

投标单位:

商务部分(15分)	
(1) 投标人企业规模(2分)	投标人注册资金: (1) <人民币3 000万元(0分) (2) 人民币5 000万元~3亿元(1分) (3) 投标人注册资金>5亿元人民币(2分)
(2) 投标人企业实力(2分)	(1) 计算机信息系统集成一级资质(2分) (2) 计算机信息系统集成2级以下资质(0分)

(续表)

(3) 投标人企业-IT 服务管理体系认证(3分)	(1) 投标人具有 ISO 20000 认证资质(3分) (2) 投标人无 ISO 20000 认证资质(0分)
(4) 投标人企业—信息安全认证资质(2分)	(1) 投标人具有 ISO 27001 认证资质(2分) (2) 投标人没有 ISO 27001 信息安全认证资质(0分)
(5) 投标人企业—国家信息安全认证(工程安全类一级资质)(2分)	(1) 具有国家信息安全服务一级资质(2分) (2) 无国家信息安全服务一级资质(0分)
(6) 投标人企业—软件集成实力(2分)	(1) 具有 CMM4 级或 CMM5 级证书(2分) (2) 具有 CMM2 级或 CMM3 级证书(1分) (3) 没有证书(0分)
(7) 投标人合同案例(2分)	投标人的同类型项目合同案例以提供的合同为准,要求必须提供与最终用户签订的合同首页、金额所在页、签字盖章页及相关证明页复印件作为证明: 每提供一个投标截止日起三年内签署的合同金额大于等于人民币 1 000 万元的同类型项目合同案例加 0.5 分,最高得分为 2 分

商务部分(20分)

(1) 服务标准、年限及故障响应速度等服务内容(10分)	(1) 投标设备的所有生产厂商书面承诺软件一年、硬件三年免费用户现场服务(2分) (2) 投标设备的所有生产厂家书面承诺硬件产品质保期为原厂 15 年以上。在保修期内,投标人提供硬件故障的免费更换或维修(2分) (3) 投标人巡检服务(2分) 　　a. 投标人不提供巡检服务(0分); 　　b. 投标人每 2 年对系统进行一次巡检,并给出相应的巡检报告(2分); (4) 投标人承诺 0.5 小时响应,2 小时以内到达用户现场,保证到达现场后 4 小时内解决故障(2分) (5) 投标人为本项目提供的其他服务(2分)加分分值可由评委会共同认定确定,最高为 2 分

(2) 投标人具有完善的系统服务保障体系:最终系统运行的服务能力、服务网点的地域布点与最终用户分布的适应性在最终系统运行地有足够的售后服务机构,配备有足够的、有相应资质的工程技术人员(2分)	
(3) 质量、服务、安全体系相关认证(2分)	(1) 投标人获得 ISO 9000 系列质量体系认证(1分) (2) 投标人获得 ISO 20000:2005 IT 服务管理体系认证(1分)
(4) 项目团队素质分(4分)	(1) 对系统实施配备了合理数量的、具备专业认证资格的服务人员,组成适合本项目特点、分工明确的实施组织(0~2分) (2) 设置有项目专项小组、项目经理有 PMP 和项目经理高级证书(0~1分) (3) 投标人所安排的项目实施人员需具有主流网络产品原厂认证的系统工程师证书复印件(0~1分)

(续表)

(5) 技术培训标准和条件(2分)	(1) 不完全满足招标文件要求(0分) (2) 满足招标文件要求(1分) (3) 优于招标文件要求(2分)
技术部分(35分)	
投标产品(15分) (投标相同品牌型号产品的得分应相同)	(1) 本包主要投标产品的品牌形象及市场占有率(0~2分) (2) 本包主要投标产品的设备生产厂家对投标产品有长期的明确的升级、扩展规划(0~3分) (3) 投标产品技术性能指标(10分) 　(a) 任何一项技术指标没有实质性响应招标文件的要求(0分); 　(b) 满足招标文件要求的全部技术指标(10分); 　(c) 每一项细微负偏离扣1分,正偏离原则上不加分,其加分分值可由评委会共同认定确定,评委会共同认定
系统设计方案 (20分)	(1) 对招标方系统现状和业务需求的理解及综合分析程度,包括对系统现状、应用环境、系统体系结构需求、功能需求、性能要求、估算、系统部署方案、配套环境实施要求等内容(0~5分) (2) 对投标所需技术方案的设计深度,包括技术方案完整、合理、先进,功能完善、目标明确、充分利用现有资源、充分满足用户需求等内容(0~5分) (3) 对系统设计方案提出了合理化建议,确实对系统建设有益(0~5分) (4) 对投标产品提供安装检测的准备程度,包括按时供货、专业人员勘查与安装、成品保护、系统测试、验收方案的准备等内容(0~5)

价格分(30分)

满足招标文件要求且投标价格最低的投标报价为评标基准价,其价格分为满分。其他投标人的价格分统一按照下列公式计算:投标报价得分=(评标基准价/投标报价)×30%×100

汇总分

本项目的评标,由专家根据投标方案和投标产品的性能、价格、售后服务、投标方案的合理性及投标人的资信等因素进行评分,总分为100分,投标人的最终得分是所有评委给其的评分去掉最高和最低得分后的算术平均值

第 6 章
综合布线工程监理

　　《建设工程质量管理条例》为工程质量提供了详尽的规范,弥补了以往一些笼统的质量管理规定而产生的漏洞,可操作性得到极大提高。《工程监理企业资质管理规定》明确了从事建设工程监理活动的企业取得工程监理企业资质的合法程序。《建设工程监理规范》进一步明确了工程监理的定义,解决了建设单位与施工单位之间信息不对称和专业化监督管理缺失的问题。业主有权要求更换不称职的监理人员或解除监理合同,但不得干预和影响监理人员的正常工作,不得随意变更监理人员的指令。监理人员接受业主的委托,对项目的实施进行监督与管理,要对业主负责。监理人员的一切监理行为必须以监理合同和工程承包合同为依据,以实现三个控制为目标,以监理人员的名义独立进行,在业主与承包商之间要做到不偏不倚、独立、客观、公正。

　　综合布线系统在智能建筑领域,一般均是纳入弱电系统总包项目中考虑,其工程实施过程也由总监安排弱电监理工程师兼任,只有规模较大,投资超过千万元人民币,且技术要求复杂的单项工程才有可能安排专职工程监理。对于承担工程监理的监理工程师应该具备专业资质技能和知识,以及相应等级(甲、乙、丙级)岗位证书才能上岗。项目法人可以通过招标方式择优选定监理单位。

6.1　布线工程监理职责

　　受建设单位(业主)委托、参与和协助布线工程实施过程的有关工作,主要是控制布线工程建设规划和投资规模、建设工期和工程质量三大目标进行工程建设合同管理,协调有关单位间的工作关系。

6.2　工程监理要点

　　监理采用项目管理式方式从选定、可行性研究、规划、设计、评估、审核、准备、组织、实施(施工)直到完成是一个整体过程。监理单位利用有关知识、经验和技术对项目全过程进行规划、组织、协调和控制。一般都要建立项目管理班子,制订系统而周密的管理计划,对项目的范围、费用、时间、质量、资源。风险、环境、同项目各有关方面的关系乃至项目管理班子自身的建设诸多方面进行全方位的管理,并贯穿于项目各个阶段。

工程监理的内容比较丰富,本节只对布线工程做简单介绍。

6.2.1 监理范围

监理范围如表6-1所示。

表6-1 实施阶段与项目控制

阶段 \ 项目	投资控制	进度控制	质量控制	信息安全控制	知识产权控制	合同管理	信息管理	组织协调
方案阶段			●	●	●		●	
招投标阶段			●			●	●	
项目设施阶段	●	●	●	●		●	●	
试运行验收阶段	●	●	●	●	●	●	●	●
保修期阶段	●		●			●		

6.2.2 监理工作内容

1. 方案设计阶段

能否选择一家经验丰富、资信较深的设计单位,将直接影响整个综合布线系统的后续工作,监理工程师在协助建设单位草拟招标文件时,应该在设计资质、设计业绩、服务质量等几个方面协助建设单位对投标单位提出意见,并应具体针对本工程设计人员配置、安排方面也做出相应要求。

(1)发标前:监理工程师应该向建设单位提供一些经建设部认可的,具有建筑物智能化系统集成设计资质的设计单位的有关信息,以供建设单位有选择性地发标。

(2)设计开标后:监理工程师应该协助建设单位对投标文件进行评议,审查投标单位提交的设计方案,最终协助建设单位选定设计单位。

(3)设计评标阶段:监理工程师应协助建设单位草拟综合布线工程设计合同文件。当建设单位宣布中标单位后,协助建设单位与设计中标单位尽快签订设计合同书,并严格监督管理设计合同的实施情况。

(4)设计合同实施阶段:监理工程师应依据设计任务批准书编制设计资金使用计划、设计进度计划和设计质量标准要求,并应与设计单位进行协商,达成一致意见,圆满地贯彻建设单位的建设意图。在此期间,监理工程师还应该对设计工作进行跟踪检查、阶段性审查,对设计文件进行全面审查,主要内容如下:

(a)设计文件的规范性和完整性,技术的先进性、安全性,设计采用的标准是否准确;

(b)设计概括及施工图预算的合理性和建设单位投资能力的可行性;

(c)全面审查设计合同的执行情况,核定设计费用。

监理工程师应对设计文件如系统方案、布线方式、配置是否合理、设计深度能否满足施工要求等,协助建设单位提出意见。

设计阶段监理工作的重点应为确定工程的价值,在设计之前确定项目投资目标,自设计阶段开始对工程的投资进行宏观控制,一直持续到工程项目的正式动工。设计阶段的投资控制实施是否有效,将对项目投资产生重大影响。同时,设计质量将直接影响整个项目的安全可靠性、适用性,同时对项目的进度、质量产生一定的影响。归纳为以下工作要点:

(1) 结合工程特点,收集设计所需的技术经济资料。

(2) 协助业主编写设计要求文件(需求说明书等)及组织设计文件的报批。

(3) 配合中标的设计单位对方案设计进行技术经济分析及优化,并进行知识产权保护监督。

(4) 配合设计进度,组织设计单位与项目各参与方的协调工作。

(5) 审核技术方案,信息安全保障措施。

(6) 检查和控制设计进度。

(7) 组织各设计单位之间的协调工作。

(8) 协助业主参与及审核主要设备、材料的清单及其适用性。

(9) 审核工程估算、概算的合理性。

2. 招投标阶段

综合布线施工阶段首先遇到的就是工程施工招标。监理工程师应当在初步设计会审以后,开始协助建设单位编制综合布线工程施工招标文件。由于综合布线工程施工的专业性较强,有选择性地向一些信誉较好、技术力量较强的施工单位发出投标邀请函的邀标方式逐渐地为众多建设单位所采纳。标书编制好以后,监理工程师应协助建设单位组织招标、投标、开标、评标的活动。

选定中标单位后,监理工程师要协助建设单位和中标单位签订综合布线工程施工合同。

合同签订后,监理工程师要制订施工总体规划,察看工程项目建设现场,向施工单位办理移交手续,审查施工单位的施工组织设计和施工技术方案,并与建设单位、施工单位协商确定开工日期,下达综合布线施工开工令。归纳为以下工作要点:

(1) 协助业主拟定项目招标方案。

(2) 协助业主准备招标条件。

(3) 协助业主办理招标申请。

(4) 协助业主编写招标文件。

(5) 招标工作经主管部门审核批复后,协助业主组织项目招标。

(6) 协助业主组织招标答疑会,回答投标人提出的问题。

(7) 协助业主组织开标、评标及定标工作。

(8) 协助业主与中标单位谈判签订项目承包合同。

3. 施工阶段监理

(1) 施工前:

(a) 审核施工设计方案。开工前,由监理单位组织实施方案的审核,内容包括设计交底,了解工程需求、质量要求,依据设计招标文件,审核总体设计方案和有关的技术合同附件,以避免因设计失误造成工程实施的障碍。

(b) 审批施工组织设计。对施工单位的实施工作准备情况进行监督。

(c) 审核施工进度计划。对施工单位的施工进度计划进行评估和审查。

(d) 审核工程实施人员。确认施工方提交的工程实施人员与实际工作人员的一致性,有变更,则要求叙述其原因。

(2) 施工准备阶段:

(a) 审批开工申请,确定开工日期。

(b) 了解承包商设备订单的定购和运输情况。

(c) 了解施工条件准备情况。

(d) 了解承包商工程实施前期的人员组织、施工设备到位情况。

(3) 施工阶段:

(a) 施工前检查。

① 工程材料、硬件设备、系统软件的质量、到货时间的审核。② 布线工程的设计、实施阶段的质量进度监理,并阶段性测试验收。③ 网络系统工程实施阶段的质量、进度监理。

(b) 工程开工后。

① 施工各个工序,监理工程师正式参与检验和指导工作。② 设备器材检验,主要包括抽检、检查本工程所用的线缆器件,严禁不合格产品进入现场。③ 检查承包商的质量保证体系和安全保证体系。④ 检查承包商的保险与担保。⑤ 审查承包商提交的细部施工图。

(c) 线缆布放。

布放前应检查:

① 土建各线槽、管道、孔洞的位置、数量、尺寸是否与设计文件一致,抽查各种管道口的处理情况是否符合要求,引线、拉线是否到位。② 检查各种对绞电缆桥架的安装高度、距顶棚或其他障碍物的距离、线槽在吊顶内安装时,开启面的净空距离是否符合规范要求。③ 检查各种地面线槽、暗管交叉、转弯处的拉线盒个数和设置情况。④ 检查暗管转弯的曲率半径是否满足施工规范要求。⑤ 检查暗管管口是否有绝缘套管,管口伸出部位的长度是否满足要求,桥架水平或垂直敷设支撑间距是否符合规范要求。

线缆开始布放:

① 检查各种线缆布放是否平直,路由、位置是否与设计相一致。② 抽查线缆起始、终端位置的标签是否齐全、清晰、正确;检查电源线、信号对绞电缆、对绞电缆、光缆以及建筑物其他布线系统的线缆分离布放情况,其最小间距是否满足规范要求。③ 检查线缆预留长度是否满足设计要求和规范要求。④ 在线缆布放过程中,检查吊挂支点间距、牵引端头、进出线槽部位、绑扎是否固定;垂直是否满足规范要求。

(d) 设备安装。

① 监理工程师应检查机柜、机架底座位置安装偏差与抗震加固是否符合设计要求。② 检查跳线是否平直、整齐。③ 检查机柜、机架的各种标志是否齐全、完整。④ 检查其防雷接地装置是否符合设计或规范要求,电气连接是否良好。

(e) 线缆终接。

① 在线缆终接前,监理工程师应抽查线缆的标签和颜色是否相对应,检查无误后,方可按顺序终接。② 检查线缆终接是否符合设备厂家和设计的要求。③ 检查终接处是否卡接牢固、接触良好。④ 检查对绞电缆与插接件的连接是否匹配,严禁出现颠倒和错接。⑤ 抽查对绞电缆对的非扭绞长度是否满足施工规范的要求。⑥ 剥除对绞电缆护套后,抽查对绞

电缆绝缘层是否损坏。⑦ 对绞电缆与信息插座模块连接时,检查其按照色标和线对卡接的顺序是否正确。⑧ 检查屏蔽对绞电缆的屏蔽层与插接件终端处屏蔽罩是否可靠接触,接触面和接触长度是否符合施工规范的要求。

(f) 光缆芯线终接。

① 检查光纤连接盒中,光纤的弯曲半径是否满足施工规范的要求。② 检查光纤连接盒的标志是否清楚、安装是否牢固。③ 光纤融接或机械接续完毕,检查其融接或接续处是否固定,是否已采取保护措施。④ 检查跳线软纤的活动连接器是否干净、整洁,适配器插入位置是否与设计要求一致。检查光纤的接续损耗测试记录是否满足规范要求,必要时应进行抽测。

(4) 统测试阶段:

(a) 测试仪表必须经有关计量部门校验,监理工程师应检查其检验合格证,并验证其有效性,否则不得在工程测试中使用。检查测试仪表的精度是否满足施工及验收规范的要求,测试仪表应能存储测试数据并可以及时输出测试信息。

(b) 在进行系统测试时要注意以下几项:

① 系统测试前,监理工程师应复查布线环境(温度)是否符合测试要求。② 系统安装完成后,施工单位应进行全面自检,监理工程师应抽查部分重要环节。③ 系统整个测试过程要求快捷、准确,测试完毕,要如实填写综合布线系统工程电气性能与光传输性能测试记录表。

(5) 试运行阶段的监理:

需要集合网络的设备的试运行,监察布线各子系统的运行情况,记录各子系统试运行数据。尤其对智能配线系统还要考虑到软件的可靠性。对试运行期间系统出现的质量问题进行记录,并责成有关单位解决。解决问题后,进行二次监测。

4. 验收阶段的监理

1) 验收条件

(1) 凡新建、扩建、改建的综合布线工程,按标准的设计文件和合同规定的内容建成,对符合验收标准的工程应及体验收交付使用,并办理固定资产移交手续。

(2) 竣工验收的依据为批准的初步设计、施工图、设备技术说明书,有关建设文件以及现行的工程技术验收规范,施工承包合同、协议和洽商等。

(3) 竣工验收要求按综合布线设计要求及管理要求全部建成,并通过现场验收,检测满足使用要求。

(4) 提供各类建筑及机房平面布线系统图及机柜内信息插座模块(配线架)位置、对绞电缆与光缆等布线路由等综合布线设计图纸。

(5) 施工中遗留问题的处理,由于各种原因,部分项目暂不能完成的要妥善处理,但不要影响办理整体验收手续,应按内容及工程量留足资金,限期完成。

2) 验收文件

根据工程规模大小,也可分为初验和正式验收两个阶段。小型工程可以一次性验收。验收应提交如下文件:

(1) 全套综合布线的设计文件。

(2) 工程承包合同。

（3）工程质量监督机构核定文件竣工资料和技术档案。

（4）随着工程验收记录、工程洽商记录、系统测试记录、工程变更记录、隐蔽工程签证单，安装工程量以及设备器材明细表等。

（5）所有文件一式三份，要求整洁、齐全、完整、准确，在工程验收前，由监理单位审核以可后，提交建设单位。

3）竣工验收工作要点

竣工验收机构由建设单位、监理单位、设计单位、施工单位、并邀请有关专业专家组成，审查竣工验收报告，对安装现场进行抽查，并对设计施工、设备质量做出全面评价，签署竣工文件。验收过程中发现不合格项目，应由建设单位、承交单位和监理单位三方协商查明原因，分清责任，提出解决办法，并责成责任单位限期解决。归纳为以下工作要点：

（1）系统工程完工的验收监理。

（2）系统试运行阶段工程质量的抽验。

（3）在业主的主持下，聘请专家验收委员会，进行现场验收。

（4）系统验收完毕进入保修阶段的审核与签发移交证书。

（5）核实已完成工程的数量、质量，报送业主作为支付工程价款的依据。

5. 保修期及售后服务阶段的监理

（1）各系统、设备、软件及工程的保修以及技术支持的监理。

（2）技术培训的质量监理。

（3）工程结束后的文档移交：

（a）各系统的设计方案、设计图纸的全部移交。

（b）设备、软件、材料等的验收文档核实。

（c）工程施工文档的移交。

（d）工程竣工文档的移交。

（e）工程项目的整体移交。

此种监理应对项目实施时的关键点和全过程、全方位地开展监理工作。

第 7 章

布线工程运维

建筑智能化系统运行维护应建立运维体系,保障智能化系统正常运行,达到舒适、安全、节能的目的。应建立运维流程,使运维工作顺利执行。在实施运维工作前,应做好运行维护准备工作,确认运维工作内容及各系统需实运维工作应包括系统运行、系统维护、系统维修、系统完善四项内容。

7.1 通用基础设施运行维护技术要求

综合布线系统作为通用基础设施应该符合智能化系统运行维护技术要求,通用基础设施包括弱电间、线缆与管道、配电、接地、防雷、计算机、存储设备、网络设备和软件系统。

1. 电信间

(1) 检查各设备的供电情况,对于关键设备应检查供电质量。

(2) 定期检查电信间环境,包括温度、湿度、清洁度,使其满足设备的工作环境要求。

(3) 定期对变更线缆或跳线整理,保障线缆整齐、标识清晰。

(4) 定期对设备进行清洁处理,不得存放杂物。

2. 线缆与管道

(1) 定期巡检和维护桥架、导管,补齐缺失的重要部件。

(2) 对锈蚀的部位做防锈处理。

(3) 排除金属桥架、导管接地故障,检查和调整伸缩节、补偿装置功能,紧固松动的连接和紧固,矫正严重变形的部位。

(4) 清除建筑进线孔洞部位排水障碍;封堵气、水、虫、鼠进入漏洞;修复孔洞防火隔断、楼板防火封堵。

(5) 定期抽查外露线缆状态,检查线缆护套老化、屏蔽、机械强度等状况,更换隐患线缆,提交相关报告。抽查比例应不少于查验范围(点、处或条)的 10%,且查验样本数量不少于 20%。

(6) 定期巡检线缆、线管标识,更换不清晰的标识、紧固松动的标识和补齐缺失的标识。

(7) 定期巡检接线端子紧固状态。

(8) 对于隐蔽工程,掩埋、遮蔽无法通过非破坏措施接触的桥架、导管、线缆不在此范围之内。

3. 配电、接地、防雷

(1) 定期巡检系统的配电状况,以及防水、防潮、防小动物措施等,排除隐患。

(2) 期检查不间断电源系统(UPS)及其相关设备,包括电池充放电试验,保障其性能参数满足系统要求。

(3) 定期巡检各系统的防雷设施、机柜及主要设备接地连接状况。

(4) 定期巡检室外设备独立接地电阻值,排除隐患。

(5) 雷雨季节前,及时检查更新防雷电浪涌保护器。在遭受雷击破坏后,进行检查更换

4. 计算机、存储设备、网络设备、通信接入网设备、智能配线系统

(1) 定期检查设备包括电源供给、运行状态、各指示灯状态等,并及时分析故障原因。

(2) 在不影响系统日常运行情况下,定期适时关闭设备进行清洁、除尘。

(3) 定期监测设备环境温度、湿度,确保温湿度符合设备长期工作的要求。

(4) 计算机应定期监测工作时 CPU 温度,CPU 内存占有率。

(5) 计算机显示系统应定期进行灰尘清理、偏色检查。

(6) 存储系统应定期检查磁盘剩余空间,有坏道时,及时进行数据导出和修复。

5. 软件系统

软件系统包括各系统中的操作系统、数据库、应用软件。在维护工作中应保证软件系统的安全、稳定、持续运行,定期对软件系统进行技术维护、性能评估及安全评估,消除故障隐患。

6. 操作系统

(1) 定期对磁盘进行碎片整理和磁盘文件扫描。

(2) 系统管理员应定期查看系统日志。

(3) 联网时应对系统进行定期杀毒,及时更新病毒库,及时安装操作系统补丁程序,防止安全漏洞。

(4) 应对计算机设备驱动程序备份。

7. 数据库管理系统

(1) 应由专业的数据运维人员对数据库进行日常管理维护。

(2) 应按照要求对数据库的数据、日志及时备份或恢复。

(3) 应按照要求对数据库的安全性、完整性控制做出调整。

(4) 数据库运行一段时间后,应按照要求对数据库的重组与重构。

8. 应用软件

(1) 软件操作日志应正确、及时和如实填写。

(2) 应按照软件使用说明书、操作规程等要求定时或依次启动程序、关闭程序和日常操作,定期对软件进行例行维护和测试。

(3) 运行时发现软件缺陷,应在运行日志及时记录。

(4) 系统管理员应定期查阅软件操作日志。

(5) 应按要求进行报表输出。

(6) 应备份软件参数配置,定期备份运行相关数据,清理垃圾数据。

（7）软件重新安装后应导入正确配置，经测试确认方可投入使用。

（8）可对软件进行打补丁或软件版本升级，升级前应对原程序进行备份。

数据中心综合布线系统的施工期往往只有几个月，但数据中心的运维周期会长达数年甚至是十数年。在运维期内，综合布线系统开始发挥着"信息高速公路"的作用，为数据中心内的信息传输奠定了扎实的基础。好的项目经理所希望达到的目标是：综合布线系统在整个运维周期内始终不出故障，致使客户的运维人员将他给"忘记"，让他能够安心地、没有任何牵挂地完成一个又一个新的综合布线工程。

但是，仅仅只是优质工程所造就的综合布线系统并不可能在整个运维期间内完全没有故障，运维人员得不断地对综合布线系统进行管理、维护、故障排除和系统整改。尽管这些综合布线系统运维的原因并不是综合布线工程没有做好，但为了使综合布线系统的寿命能够达到最长，综合布线系统能够应对新的应用需求，综合布线系统的运维对网络和通信设施的正常运行将会起到关键性的作用

7.2　综合布线系统运维实施方案

运维期间，不可能改变施工时已经安装好的线缆、连接件、配线架等综合布线部件。一般情况下，综合布线工程施工完毕后，机柜正面的跳线往往都比较规整，但在使用一段时间后，跳线可能会散乱和缠绕的情况。整理好跳线便成为最基本的运维工作。

1. 数据中心布线维护的目标

综合布线系统不能重建轻管。在工程逐步走向正规运行时，就应该启动数据中心综合布线运维管理方案的制订工作，并在运维过程中加以验证和不断完善。

综合布线运维的任务是确保综合布线系统能够长期、稳定、无差错地工作，并确保无故障时间达到最大值，使数据中心的实际有效寿命得以延长。

数据中心的综合布线系统与机房内外的其他系统一样，在系统正常运行的过程中，都需要进行管理、维护，也有着发生故障的概率，甚至还会有机房改造、翻新等各种应对新需求的举措。

综合布线运维管理方案至少包含有以下方面的工作：① 日常管理；② 应急处理；③ 系统整改。

2. 布线日常运维管理

1）保养与检查

日常维护是指综合布线系统在正常运行期间，定期进行保养和检查。一般每隔数月就应该进行一次，而不是等到出现问题在进行修理。日常维护包括如下几项：

（1）清除机柜内外综合布线系统上的灰尘。

数据中心内理应完全没有灰尘，但这只是理论上而不是实际情况。所以，在维护时，应对综合布线系统的配线架、机柜等部件上进行必要的清洁工作，哪怕是一层薄薄的浮灰也应该及时清除。

如果遇到铁屑、线头等不该出现的杂质，不但需要立即清除，还要找出它们出现的原因，逆向寻源，找到这些杂质产生的根源，并排除这些杂质继续产生的可能性。

（2）检查综合布线桥架的平整度，在发现问题时予以修复。

　　桥架是承载综合布线缆线的关键部件,所以桥架不能发生变形、支架螺丝脱落、倾斜、与安装图纸不相符合等现象。一旦出现其中之一,则立即修复,以免桥架突然断裂或脱落致使信息业务异常甚至中断。如果有必要的话,可以在桥架因重力逐渐出现不平整或倾斜时,采用二次整平技术将桥架重新整理到平整状态。

　　(3) 检查并修复标签。

　　数据中心内到处都有标签标识,有些标签处于被保护状态(如那些被安装在标签框中的标签),有些是高品质的、能够保持十年不坏不化不蚀的标签,但仍然可能有些是低端的易损标签或者是在施工中没有达到规范要求的标签。

　　在综合布线系统的维护时,应检查对绞电缆上、面板上(包括信息机房区)、配线架上、跳线上、线束上、接地线上、桥架上的标签,将脱落的标签补全、将粘连不牢的标签固定好,更换有损伤的标签。为此,事先应准备好与之匹配的标签材料和打印设备,且数量充足。

　　(4) 按比例进行性能抽检。

　　综合布线系统在安装后,还应进行性能测试,并通过与安装时的性能测试记录之间的比对,确定当前的性能是否出现了劣化和劣化的发展趋势,这也是资产管理的一部分,因为它可能是确定机房改造的重要因素。

　　使用性能测试仪对铜缆信道和未使用的光纤信道(由于光纤信道比较脆弱,容易受磨损和灰尘的影响。所以对于正在使用的光纤信道,不建议进行抽检,以免因测试而损坏光纤信道或网络设备的光纤模块)进行抽检,测试方法为进行永久链路测试和所用跳线的性能测试,并与原始记录进行核对。

　　综合布线系统的性能比对的另一个方法是进行统计分析,由此找出性能的变化趋势。这一工作应该是在维护后进行,但在维护时必须获得必要的测试数据。

　　(5) 智能布线管理系统抽样检查。

　　现代的智能布线管理系统将信息传输和监测部分截然分离,其中的信息传输部分可以使用常规的性能测试方法进行抽测和统计分析,但对于监测部分却没有办法使用同样的办法进行品质抽检。

　　对于智能布线系统的监测部分,可以利用其电子工单系统、异常报警系统进行检查,亦即可以人为设置故障,检查实时报警的响应时间和报警音量的强度。

　　对于具有链路侦测功能的智能布线管理系统,还可以通过自动拓扑结构生成功能,与原有的拓扑结构进行比较,由此判断检测功能是否完好。

　　(6) 抽查管理软件的永久记录。

　　综合布线管理软件(含电子配线架中的软件)应对现有的记录包括施工完毕时保留的永久记录进行人工检查,检查范围包含施工记录和上次维护至今的日常记录。施工记录应检查其完整性,不应发生遗失或损坏。

　　一旦发现一个记录与现实不符,就意味着会有多个记录会与现实不符。这时需扩大抽检比例,全面检查记录找出全部不符的记录,并修正这些记录,让记录在维护后处于完全正确的状态。

　　事实上,日常维护工作的目的只有一个: 将隐患消除在萌芽状态。只有这样才能确保综合布线系统始终处于经久耐用的水平上。为此,一切必要且无风险的作业都可以进行,而不仅仅局限于上述的几项。

2）跳线标识管理

综合布线系统的日常管理主要是指对综合布线跳线的位置调整和标签变更,这部分的工作简单,但需要悉心操作所有的变更。变更要求先申报后作业,在实施前应填写变更单(可以采用电子版),经相关主管批准(签字、传真、邮件等无法更改的记录)后方能实施。

跳线变更时,应注意跳线的长度和端口上的标签。一般来说,跳线的长度宜长不宜短,跳线长了可以收在跳线管理器或垂直跳线线槽中,但跳线太长则会造成跳线管理器或跳线线槽内的空间被过多的占用,导致其他跳线被挤出位置。

在跳线变更时两端的标签大多也需要重新记录或更换。当跳线的标签为自然数(1、2、3、……)而不是端口编号时,需要将跳线的编号重新记录在书面记录和管理软件中;当跳线两端的标签为端口编号(单端端口编号或双端端口编号同时具备)时,注意更换和检查跳线上两端的标签所标识的内容应当一致。

在变更结束后,应完成填写变更单和检查/更改跳线记录。前者是在变更单上填写变更后的状态(正常、失效等),并将变更过程中出现的情况人工记录在变更单上。变更完成后,应将电子版的变更单及变更批复集中管理,纸质变更单则应按期装订成册;后者是在电脑中的布线管理软件中更新跳线的最新纪录,如果使用的是智能布线管理系统,则在软件中跳线的记录会自动更新,但仍有必要进行复核检查。

3）电子工单的应用

当采用智能布线管理系统时,运维人员可以在管理软件面前先将经签字确认后的变更单输入软件,启动电子工单,让电子配线架上的指示灯依次闪亮,指示着操作人员快速地找到相应拔插的跳线端口。

尽管电子工单能够帮助人们快速地找到需要拔插跳线的端口,但还是需要清楚下列两个问题:

(1)单配系统端口指示。

智能布线管理系统中有许多产品能够同时兼顾单配和双配结构,但在使用单配结构时,只有一端是具有 LED 指示灯提供电子工单指示,这时另一端口依然需要借助标签上的双端口编号中的对端编号,使用肉眼去寻找。当然,另一种方法是顺着跳线逐渐摸索到跳线对端的端口。

(2)具有链路侦测功能的双配系统在拔下一端的跳线插头后,应在另一端保持数秒的显示。有些双配型的智能布线管理系统具有链路侦测功能,在插拔跳线的操作时关注两端端口旁的 LED 指示灯点亮与熄灭的状态。当智能布线管理系统具有显示延迟功能,哪怕仅延迟数秒钟,都会给拔出另一端跳线带来很大的便捷。

4）应急运维的后补确认

按部就班的变更单确认方式需要花费不少时间进行准备,但在漫长的运维期间,有时会遇到突发事件,需要立即进行某项工作,立即启动某个应用系统。

遇到这样的突然事件,如果按照填写变更单→领导签字确认→软件界面上输入填写的信息→现场去插拔跳线→修改网管和服务器中的设置→最后到终端处检查应用系统的开通状态,可能根本不能够及时地处理事件。这时得采用应急预案:直接插拔跳线、修改设置、启动完毕后去终端处检查开通状态,全部完成后再将所有的一切记录在案,补办各种手续。但是这样一来,跳线的记录也许已经在数天后输入,此时的记录信息可能已经缺失。

如果数据中心内装有链路侦测型智能布线管理系统,就能够通过自动实时的侦测手段,记录下插跳线和拔跳线的全过程和时间,只要事后在软件界面上核对信息,并进行确认即可。

5) 智能化管理

综合布线系统中的每一个产品都存在着寿命问题,通过对产品的逐一分析可知:线缆、配线架、机柜的寿命是很长的,包括线缆与连接件之间的终接点。如果没有人为(哪怕是无意识中造成的)的破坏,它们的寿命可以长达 20 年以上,足以覆盖数据中心的整个运维期。但处于活动连接的连接件端口和跳线是有插拔次数限制的,例如:光纤跳线的端面仅仅插拔几次就会发生光纤弧形端面的破损。RJ45 型插座和跳线的插拔次数一般仅为 750 次。

跳线的插拔次数在运维中是无法预测的,而人工记录插拔次数也是不可能的。所以,能够采用智能布线管理系统自动记录跳线的插拔次数,就能及时更新插座和跳线,避免临时出现故障而措手不及,影响系统的正常运行。

3. 应急故障排除

再好的系统都有出现故障的可能性,在数据中心运行之初就有必要制订周全的故障排除预案。当然,在机房运行的任何时候制订故障排除预案也都是有价值的。

在网络管理系统、电子配线架软件报警或接到故障投诉后,当班管理人员应立即进行故障确认并将故障对机房运行的影响降至最低。在故障发生后,至少需完成以下工作:

确认故障现象并初步判定故障所发生的位置。数据中心的各个系统彼此都是关联的,只要有一台设备发生故障,运维人员收到的警告信息就可能来自许多设备的告警系统,所以对于运维人员而言,他们会根据情况设定报警的优先级并屏蔽一部分重复和连锁的报警信息,以免同时收到的信息太多,导致判断失误。

对于涉及综合布线系统的报警而言,大多来自网管系统的报警信息,如果拥有智能布线管理系统,则它也会根据自己的监测范围,如单配系统仅监视跳线的单端,双配系统则监视跳线的两端是否插接正常,但并不监视跳线中的信息传输连接件与对端连接件之间的连接是否完好无损,在发生异常时予以报警。当然,有时也会受到人为的误动作报警。

当收到报警信息时,运维人员应首先判定故障产生的原因,例如:是哪一台设备所引起的。由于数据中心的代维(代理维护)公司往往仅负责一个系统的维护工作,所以故障根源的判定只能由当班的运维人员做出。对于综合布线系统而言,运维人员的故障判定往往需精确到链路/信道,这时才有可能通知相应的代维机构/部门速来修理。否则一旦是众多代维公司同时出现,则判定工作将杂乱无章,既消耗了时间也很难收到迅速解决问题的效果。由于无法做到每位运维人员都精通各个系统,这就需要设立适合于该数据中心的应急预案,通过应急预案中的排查步骤和逻辑分析,迅速找到故障的源头。

运维人员还应该具有简单的综合布线系统排错能力,因为代维公司大多是接到通知后才开始准备设备,一般会在数小时后方能到达现场开始工作。在这段时间,对于系统而言不得不停机以待。

第8章
热点问题分析

8.1　数据中心

1. 线缆增补与维护为何需要考虑与冷热通道的关系？

随着装机密度的增加，数据中心单柜供电与制冷的需求动辄十几千伏安，由此引申出冷通道隔离、热通道隔离、柜间制冷等多种形态的机柜设计，新形态的机柜对热源的管理要求甚高，通常会对机柜内送风或回风通道做一定的密闭处理。而柜间综合布线的路由通常位于密闭冷通道或热通道内，从而引发对以下新问题的考量。

1）如何减少因综合布线扩容或维护期间制冷效率下降的影响

在传统环境下，对综合布线系统实现小面积扩容或维护所影响的机柜可局限在路由两端的两个柜，而当布线路由位于隔离的冷通道或热通道内时，任何对布线的操作将对微模块的整体制冷形成影响，都有可能影响多个机柜的运行。因此，设计机柜时应尽量考虑布线的维护可操作性，对于因设计原因无法提供相应操作环境时，应事先考虑充分备份主干，以减少打开冷/热通道的机会。

2）综合布线产品对热通道及冷通道内环境的额外需求

热通道内的温湿度要求，可能会超过常规的室内布线需求，若考虑局部极端情况下，根据 ISO/IEC TR 29106 对于环境的划分，当线缆运行环境温度范围超过 $-10\sim60℃$、湿度超过 $5\%\sim85\%$ 时，应属于轻工业环境，布线系统应遵循轻工业环境设计选型。

此外，粘贴在线缆上的标签同样应采用满足一定温度要求的材料，避免长时间高温环境下标签的脱落。

冷通道/热通道封闭区域都属于不可见顶部通风环境，按 GB 50174 标准，应充分考虑防火要求，建议采用 CMP/OFNP 防火等级。

3）如何对热通道内敷设的综合布线进行维护。

当综合布线路由位于热通道内时，其维护操作应注意以下几点：

（1）确保人员的安全性，提供充足的照明以及防跌倒措施，对可能产生的局部高温做充分的隔离防护；

（2）尽可能减少热通道开启的时间；

（3）通过临时的措施减小热源回流，如毛刷，透明隔热布帘等。

2. 标记为何需考虑清晰与维护的方便？

综合布线系统的配线架标签希望永远不改动，但事实上在运维时，会因各种原因而发生少量的改动。所以，所选用的配线架最好是能够更换其中的标签，为了达到这一目的，二十年前出现了有机玻璃标签框，将激光打印机打印的标签隐藏在标签框后，收到了可靠而易更换的效果。

当然，也可以采用粘贴式标签达到同样便于更换的效果，但粘贴式标签往往会因施工原因或胶质的原因，导致使用时间长了以后标签出现脱落的现象，而一旦标签脱落，就会导致配线架端口的标记消失。

如果干脆不使用标签，而是采用配线架上每个端口旁印刷统一的数字或字母作为标识时，那就得手持记录本（纸质或电子均可），通过查询记录弄清每个端口的连接。

3. 数据中心内线缆管理是否必要？

好的线缆管理不仅可以提高数据中心的美观程度，使网管人员对于布线系统的移动、添加和更换更加简单快速，并且有效的线缆管理会避免线缆在机柜和机架上的堆积，防止其影响冷热空气的正常流动。如果热交换的效率下降，设备的温度将上升，不仅需要消耗更多的能源，而且会使设备的传输性能以及可靠性下降。数据显示，温度上升 10℃，信号传输将衰减 4%。因此数据中心内线缆管理的设计是非常重要的。

4. 对绞电缆能支持 10G 应用到多少距离？

根据 2006 年 9 月颁布的 IEEE 802.3an 10BASE - T 标准，6 类布线可以在 55 m 的距离上传输万兆以太网。而在第二年 3 月颁布的 TSB - 155 标准中更是针对已经安装的 6 类、E 级布线系统对万兆以太网应用支持的关键因素：① 支持 10G 以太网的信道模型长度为 37 m；② 线间串扰测试合格的 37～55 m 信道，可支持 10G 以太网；③ 55～100 m 的信道，使用缓解技术后可支持 10G 以太网。到了 2008 年的 4 月份，TIA 正式颁布了在 100 m 距离的信道上传输 10G 以太网的 6A 类布线标准。综合以上标准我们可以看出，支持 10 GBase - T 的铜缆布线，关键要看传输性能，在不满足相关测试指标的情况下去确定最大传输距离是不可取的。

5. 如何处置数据中心内的废置线缆？

废置线缆是指数据中心内一端末端接到插座或设备上，且没有标注"预留"标签的已安装电信线缆。TIA - 942 标准规定，数据中心内的线缆要么至少一端端接在主配线区或水平配线区，要么就被移去。废弃后堆积在天花板上、地板下和通风管内的线缆，被认为是火、烟及有毒气体的源头，它们将会危害用户的安全。同时又会阻塞空调的气流通道，不利于机房的节能。

6. 数据中心内的交叉连接是否必要？

在 ISO 11801 标准中定义了两种配线模型。一种是互连，另外一种是交叉连接。如图 8-1 所示。

从图 8-1 可以看出，交叉连接在服务器和交换机之间多使用了一个配线架，故互连方式在提高传输性能的同时，经济性更强。但是，交叉连接所具有的管理便利性与可靠性却是互连方式所无法比拟的。使用交叉连接方式，可以将与交换机和服务器连接的线缆固定不动，视为永久连接。当需要进行移动、添加和更换时，维护人员只需变更配线架之间的跳线，

图 8‑1 配线连接模型

(a) 互连方式;(b) 交叉连接方式

而互连方式则难以避免地需要插拔交换机端口的线缆。对于数据中心,将快速恢复,降低误操作以及保证设备端口正常运行作为最基础要求的环境,尤其在电子配线架的应用中,交叉连接无疑是最佳选择。毕竟,在日常维护时尽量避开接触敏感的设备端口无疑是明智的。

7. MPO‑MPO 预端接光缆两端应采用公头还是采用母头?

当今的数据中心光纤系统普遍采用了预端接光缆,有些是为了施工简便,有些是为了今后能够升级到 40G/100G/400G。对于前者,只要当前的光纤信道上连接器能够匹配,采用公头或采用母头,可以根据厂家推荐选择;对于后者,则除了厂家产品匹配外,还需要考虑与今后可能选择的网络设备上的 MTP/MPO 光纤接口匹配。例如,当网络设备的 MPO 光纤接口为公头时,所选预端接光缆的接口宜选用母头,以免今后添加转换器时增加损耗。

8. 数据中心内的服务器可以直接连到核心区的交换机吗? 怎么连?

一般来说,EDA 区域的服务器设备,应通过分布式网络的方式,经由 HDA 的网络设备,交叉连接到位于 MDA 的核心交换机,如图 8‑2 所示。

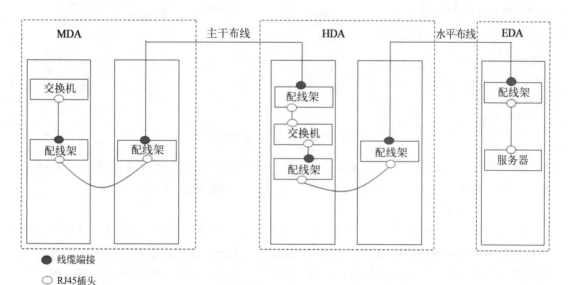

图 8‑2 分布式网络连接

如果距离允许(信道长度小于 100 m),也可以采用集中式网络架构,不经由 HDA,直接从 EDA 布水平线缆至 MDA,通过交叉连接接入核心交换机,如图 8‑3 所示。

或者在上例的基础上采用集合点或区域插座的方式,增加日后服务器变更的灵活性,如图 8‑4 所示。

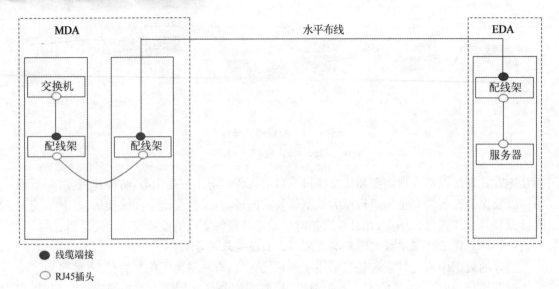

● 线缆端接
○ RJ45插头

图 8‑3　集中式网络连接

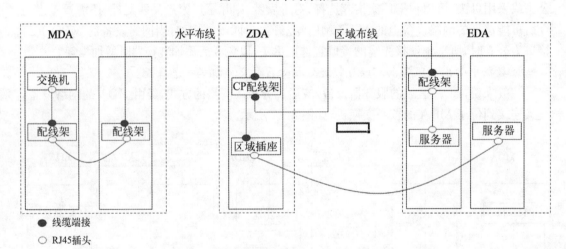

● 线缆端接
○ RJ45插头

图 8‑4　区域插座与集合点连接方式

　　但是不可如图8‑5所示,直接通过跳线在HDA把主干布线与水平布线连接起来,哪怕是距离不大于100 m也不行(不符合GB 50311—2007的四连接点模型)。

　　9.冷通道下面可以走线吗?

　　根据TIA‑942的解释,电力电缆可以敷设在冷通道下方的架空地板下面,这样一方面可以与数据线缆保持适当距离,另一方面其工作时产生的热量可以被冷通道稀释。但是随着现在机房设备耗电发热情况的日趋严重,机房布线的趋势是尽可能不占用冷通道的通风空间,以维持当初设计的空调散热功能。电力电缆可以走在热通道下或机柜的上下方,尽量不在架空地板下走线。

　　10.布线系统对数据中心的节能环保有积极的措施吗?

　　布线系统主要是从以下几方面来支持数据中心的绿色环保和节能:

　　(1)采用高密度的接口和配线设备,减少布线系统的机房占用空间;

　　(2)采用生命力长,能够支持未来2~3代网络应用的产品及解决方案,特别是支持融

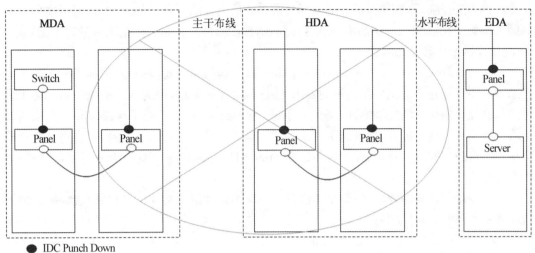

- ● IDC Punch Down
- ○ RJ45

图 8 - 5 错误连接方式

合技术的产品,推迟数据中心物理设施升级的年限;

(3) 选用更细的线缆(如 6A 的屏蔽线缆),节省走线通道的材料,减少对冷热空气对流的阻隔;

(4) 选择支持功耗相对比较小的设备的布线系统,如光纤;

(5) 选择容错性能好、抗干扰能力强的布线系统,提高网络运行效率;

(6) 选择智能管理的布线系统,实时掌控系统的使用状况,提高端口的使用率,减少闲置端口,缩短故障排查时间等。

11. 数据中心光纤测试需要达到什么样的环境?

光纤怕灰,一粒肉眼看不见的灰尘就能让光纤传输中断,而在光纤跳线插拔、光纤性能测试时,如果环境中含有比较多的灰尘就可能使光纤端面暴露在空气中的瞬间沾染到灰尘,导致测试不合格或测试后使用性能不佳。

在数据中心没有建成时,整个工地往往弥漫着大量的灰尘,这时最好不要进行光纤端接和测试,因为这时的端接和测试都可能会导致灰尘进入熔接点或污染光纤端面,从而引发返工。

在数据中心的基础建设基本建成,机柜、线缆、配线架都以安装到位后,数据中心内应构成"洁净"环境:将可能进行光纤熔接、光纤测试的机房打扫干净、清除空气中的灰尘、进入机房的人们穿上防尘服、帽子和鞋套……在这样的环境中再进行光纤熔接、光纤跳线插拔和性能测试,将会起到事半功倍的作用。同样,也只有在这样的环境中,测试的数据才是真实有效的。

12. 数据中心的线缆长度短,材料进场测试是否还有必要?

数据中心内的铜缆往往都在 30 m 之内,光纤的长度往往也会有非常大的余量,所以有相当多的人认为数据中心内的链路和信道传输性能基本上都是能够合格的。从理论上来说,这种可能性确实是比较大,但前提是产品在进场前就应该是合格的,而且工程质量也能够符合规范的要求。

在许多工程临近结束时,都会遇到部分链路或信道性能不合格的问题,这时可能引发的原因大多集中在三处:① 产品本身就存在问题,性能指标不合格;② 施工质量达不到要求;③ 测试仪器不在有效期内。

作为项目管理者而言,到这个时候要排除测试仪器的问题比较简单,但如果要区分出是产品本身不合格还是施工质量达不到要求,往往就会比较困难,因为这时的供应商和施工人员之间往往会发生立场完全不同、持久的争论,因为到这一刻,已经很难或没有时间从桥架上将绑扎整齐的线缆拆开,检查施工的质量了。这时,如果能够看到一份材料在进场时检验合格,且有现场的监理、总包、施工方签字证明的文件,那问题就会变得十分明朗,处理问题也会比较简单。

如果发生了这样的现象,但又拿不出材料进场测试合格的文件,可以利用现场剩余的同批次器材,补做材料进场测试。

13. 数据中心的线缆是否还要预留?

数据中心的线缆大多是敷设在两个机柜之间,往往是经过机柜上方的上走线桥架,少量也会利用架空地板下的下走线桥架。在这样的环境中,线缆几乎是全部暴露在人们的视野中,一旦做得不够美观,就会给人留下"不整洁"的印象,这是当今绝大多数数据中心内能够看到的普遍特点。

在这样的环境下,线缆要想预留变得十分困难,但如果不预留,则会因工程中万一改变位置导致线缆不够长而引起供货周期与施工周期的矛盾(数据中心的施工时间往往只有数月)。

为了避免线缆长度设计时考虑不周,造成施工时可能会改变部分配线架位置等常见的施工现象而造成工程周期拖延的问题,在数据中心的设计时,在可能的情况下还是应该为线缆考虑预留的空间,这样的预留是指因设备位置所需的一米至数米长的预留(第一级预留),这样的预留可以有多种储存的方法:

(1) 跨机房的线缆可以考虑在工作通道(走廊)上的桥架中设置预留空间;

(2) 下走线时利用架空地板下设储线空间(以不阻挡空调送风、易于维护为前提);

(3) 上走线桥架在弯角处设储线空间;

(4) 机柜两侧设线缆盘绕空间;

(5) 机柜内的配线架附近安装"储线器";

(6) 预留少量的机柜作为盘线机柜;

另外,由于工程测试、工程应用中总会有极少量的信息点发生故障,所以在每个端口附近还需保留数百毫米长度的"第二级预留"线缆。

8.2 万兆铜缆

1. Cat.6A 铜缆符合标准的最基本特征是什么?

① 保证信道性能达到或超过布线标准,能够支持 500 MHz;② 信道长度最长可达 100 m,能够支持有 4 个连接的应用;③ 能够支持 10 GBase-T 应用;④ 优异的外部串扰干扰抑制性能,相关产品能够提供 AXT 测试报告。

2. Cat.6A 与 Cat.6 相比在布线的时候应该注意那些方面?

① 布线施工应该更小心;② 避免过度挤压、捆扎过紧、过多,弯曲半径太小等布线不规

范问题；③ Cat.6A 比 Cat.6 缆径粗，线缆较重；④ Cat.6A 需要测试外部串扰。

3. 万兆铜缆外部串扰测试有问题时，如何改进？

① 加大线缆间距，减少或不要绑扎，不要排列整齐的线束，设计和施工时尽量避免过大的成捆电缆束；② 穿金属管布放，关键链路可以考虑单独穿管；③ 如果检测不合格，则需要将电缆束改小（比如 12 根一捆改成 6 根一捆）；④ 通过对测试结果的分析，对于由模块引起的过量外部串扰，则需要更换模块或配线架；⑤ 如果是屏蔽铜缆，需要检查屏蔽工程质量是否合格。

4. 与光缆相比，万兆铜缆存在的理由是什么呢？

（1）这一问题取决于用户 IT 设备接口的选择。铜缆和光缆的选择不单纯是布线上的问题，设备端口类型的确认是评估的前提。

（2）成本因素。光缆接口表现出功耗较低（但整体设备的功耗在电的基础上会增加）、延时低的特点，但是设备价格昂贵；铜缆表现出较好性价比。从 IT 设备的建议成本来看，光接口的设备是昂贵的。

（3）铜缆在机房内和大楼的工作区部分，表现明显的优势，易于使用，易于维护，接口兼容性好。光缆在园区和主干部分，具有长距离、高速率、抗干扰特点。

（4）现在大量终端设备采用 POE，如 IP 电话，摄像头，光缆不能支持 POE。

5. 万兆以太网是否可以选择 Cat.6 线缆？

Cat.6 线缆结构方面没有任何的消除外部串扰的设计，无法保证 10 GBase‑T 应用。通常 Cat.6 线缆只在有限的短距离和干扰不大的情况下能够支持 10G 应用，因为限制要素较多和干扰的不确定性，建议使用 Cat.6A 线缆。

6. 如何理解 10 GBase‑T 技术与 ToR 设计对数据中心的影响？

对每一种技术的评估应建立在互操作性、应用效益、未来可扩展性、维护成本和每端口总传输成本的基础上。这种分析应包括跳线、交换机端口和服务器或存储设备的网络接口的成本。ToR 解决方案具有低延迟，可降低水平铜缆成本的特点，但由于其电子设备的昂贵成本以及因此带来的高维护费用，多数情况下，它们被运用在数据中心的某些特殊应用领域。

考虑到特制跳线和有源设备的高成本，大部分数据中心仍会考虑安装支持 10 GBase‑T 的布线系统。英特尔®在 2011 年初供货的集成 10 GBase‑T 芯片的主板，大幅度降低了电能消耗。节能型以太网（IEEE 802.3az）将在不久的将来进一步降低 10 GBase‑T 端口的功耗，其原理是将闲置的端口设为"睡眠"模式（低功耗模式），从而降低每端口的净功耗。

在数据中心的 ToR 应用案例中，传统的铜缆信道只用于监控、集中式 KVM 和设备管理。ToR 技术所用到的直连跳线将根据不同应用的距离限制被用于单个机柜内或机柜列内。而新的国际标准则建议在数据中心中安装 6A 类布线来支持 10 GBase‑T，这其中包括 ISO 24764 和颁布的 TIA 942‑A。通过采用支持 10 GBase‑T 的"集中式"布线设计，可以避免端口超配及昂贵的移动、增加和变化。同样，服务器若使用集成了 10 GBase‑T 端口的主板就可以节省额外的网卡成本。另外非常重要的一点是，对于 SFP，SFP＋和 CX4 模块，由于它们本身属于收发器模块，其质保期比较短，与此相对应的交换机的端口有一年的质保期，而结构化布线系统一般至少承诺 20 年质保期。

机柜 ToR 接线的情况,交换机端口和服务器之间没有采用结构化布线方式。机柜之间为点对点的服务器到交换机的连接。虽然这些系统减少了对布线的需要,降低了初期的建设成本,但通过进一步研究,会发现其实到最后并没有实现真正的节省。

如果使用一台集中式的 KVM 交换机,仍然需要安装集中式的布线子系统。尽管一开始的信道数量较少,然而后期添置的电子设备可能有不同的最小/最大信道长度,这就产生了对新信道的需求。随着电子设备的更新扩充,结构化布线系统可能需要添加到数据中心,以支持未来的设备选择,这样就完全否定了初期点对点的节省效果。

由于在初期对走线通道、机柜空间和信道未做规划,以后再添加布线系统将花费更多,而且只能在已经启用的现场工作环境安装,这也增加了人工成本和宕机的可能性。在添加通道和空间时,可能需要移动消防系统和照明系统,以适应增加的上走线通道系统。同时还要增加楼层空间、移动机柜,以保证新的通道不会阻塞气流的正常流通。

进一步检查会发现,除了之前所述的局限以外,交换机端口专属用于一个特定机柜中的服务器,这可导致交换机端口超额配置,并无法得到充分的利用。而且还需要为这些不使用的端口支付维护费用。

若全部 48 个交换机端口同时使用时,则会发生了更大的问题。哪怕再添加一台新的服务器,也需要再购买一台 48 端口的交换机。这种情况下,假设新的服务器需要两个网络连接,则机柜内将添加 46 个端口的超额配置。即使在空闲状态,这些多余的端口也会消耗电能。机柜中要添加两个电源。额外的交换机和端口也增加了更多的维护和保修费用。

相对于 10 GBase - T,许多 ToR 技术(点对点连接)有连接长度的限制。最大长度为 2~15 m 不等,而且比结构化布线信道更昂贵。短信道长度会限制设备的位置,使其处于较短的电缆范围内。如果通过结构化布线系统,10 GBase - T 最高可支持到 100 m,并允许在数据中心内有更多的设备放置选择。

7. 如果 Cat.6A 布线测试通过,仍然网络出现异常,如何测试?

参考 GB 21671—2008,或 RFC 2544。GB 21671—2008,测试吞吐量、丢包率、最大传输速率,延迟、健康度等,并给出了通过/失败判据。

(1) 模拟"6 包 1"或"12 包 1"建立线外串扰测试模型;

(2) 通过支持 10G 测试仪表,在核心线缆(受害线缆)两端发送与接收可供计量的 10 Gb/s 仿真数据流量,并选择 GB 21671 - 2008 或 RFC 2544 中的一些测试项目,通过一定时间的持续测试,得到线外串音干扰前后的误码率、丢帧率及丢包率;

(3) 从链路层性能角度评估线外串音对网线传输性能的影响,测试并观看测试结果。

GB 21671—2008 或 RFC 2544 测试可能持续很长时间。根据不同设置,测试时间可达几小时。仪表可根据所选测试项目预估测试时间。

8.3 屏蔽布线

1. F/UTP 电缆和 S/FTP 电缆的传输性能差异在那些方面?

从电磁兼容性观点来看,S/FTP 电缆由于采用金属编织网和金属箔屏蔽层相结合的方法来抵御外界电磁干扰(EMI)或射频干扰(RFI)的影响,能够完全消除线外串扰(AXT)。另外从信道传输能力的观点来看,在同样带宽的情况下,S/FTP 电缆能够提供更高的信噪比(SNR),从而可以提供更高信道传输容量,因此 S/FTP 电缆是高速网络应用中更为理想的解决方案。

2. 屏蔽电缆的抗干扰能力是怎样的?

从布线系统耦合衰减的指标分析,对绞电缆的对绞电缆对与各种电缆屏蔽方式的抗电磁干扰的能力以 20~30 dB 的量增递。其中铝箔屏蔽对绞电缆(F/UTP)为 85 dB,丝网/铝箔双重屏蔽对绞电缆(SF/UTP)为 90 dB,丝网总屏蔽/铝箔线对屏蔽对绞电缆(S/FTP)为 95 dB。

3. 屏蔽电缆在什么情况下信息会产生误码率?

根据相关资料,国外曾经做过铝箔屏蔽对绞电缆(F/UTP)的误码率测试。如果屏蔽层不接地或没有做到良好的接地时,在一定的条件下会增加网络传输的信息产生误码率的概率。其结果将会达到约 30%。

4. 当布线系统采用的是屏蔽 6A 类系统时,现场不需要测试线外串扰吗?

屏蔽系统采用金属屏蔽层能够完全消除线外串扰(AXT),即提供足够高的线外串扰(AXT)余量,如果采用屏蔽 6A 类(Cat.6A)布线系统,现场施工不需要测试线外串扰(AXT),仅需要测试电缆内线对的电气性能参数。由于测试过程复杂、测试时间长、仪表昂贵,建议只在排查疑难故障或十分必要时测试。

5. 非屏蔽布线系统能否抑制外界干扰?

非屏蔽对绞电缆采用的制造工艺已可实现平衡传输,但不足以抑制外界干扰的影响。对绞电缆的线对传输带宽超过 30 MHz 时,非屏蔽对绞电缆易受到外部电磁干扰的影响和产生信息的泄露。如果电缆在安装过程中施工操作不规范,电线缆对物理结构发生变化,例如被拉长或压扁,上述现象将更加严重。

6. 屏蔽布线系统是否需要做两端接地?

仅需在配线架端接地。应在电信间对配线箱或配线柜做等电位联结,对工作区屏蔽信息插座而言,本身并不需要接地。但是为了实现屏蔽布线系统的两端接地,在工作区通过屏蔽信息插座和屏蔽跳线的屏蔽层与网络设备的屏蔽层互通,当设备的电源线插入电源插座后,则通过供电系统电源插座的保护导体(PE)实现接地。

7. 屏蔽布线系统如果没有接地,是否抗干扰能力仍优于非屏蔽布线系统?

根据第三方测试实验室的测试数据表明:在正常接地情况下,屏蔽系统抵制外界耦合噪声的能力是非屏蔽系统的 100~1 000 倍,即使屏蔽层在没有做到接地的情况下,屏蔽系统仍然具有屏蔽的作用,其上述所提及的能力是非屏蔽系统的 10 倍以上。

8. 当布线系统已经接地时,是否仍需要达到等电位联结要求?

只有接地,没有做到等电位联结是不安全的,接地系统必须具有等电位联结。等电位联结是为了减少不同接地系统之间的电压差。尤其对于电子信息网络,它能够改善电磁兼容性性能。等电位联结适用于各类布线系统。

9. 屏蔽布线工程中的"接地"是否做到等电位联结?

屏蔽布线工程中的"接地",如果目的在于提高电磁兼容性,应理解为将屏蔽层纳入等电位联结系统中;如果涉及防雷保护,则应理解为接入地球本身。试想,飞行中的飞机、火箭、卫星、空间站等,其内部的布线系统是无法接入大地的,但都能有很好的电磁兼容性,就是因为其内部有可靠的等电位联结。

10. 屏蔽层通过连通性检查,是否意味着没有故障了?

配线架端口屏蔽层通过机架连通后,"信道"的屏蔽层连通性测试无法发现工程中使用了 UTP 跳线或跳线屏蔽层受损或开路。所以,屏蔽布线系统更加强调的测试为"永久链路"连接模型的测试。工程中应选用合格的屏蔽跳线,如果对屏蔽跳线有疑问,可以单独对屏蔽跳线进行验证。

检查有两个方法:其一是购买合格的跳线,产品质量由厂商保证,这是工程中最常用的方法;其二是在工程中对每根跳线进行屏蔽层测试,这将大大增加施工队的工作量和工程费用。从工程角度看,前者有合同保证,后者只有在对跳线产生怀疑时才会使用。因此在产品品质有保障时,没有必要再对信道做屏蔽层的导通测试。

11. 屏蔽系统的故障如何定位?

与其他系统一样,屏蔽布线系统的故障定位是可以用肉眼看出的,也可以使用仪器仪表探知,但由于现场情况千变万化,会演变出各种各样的故障定位方法。然而,在屏蔽布线系统特有的故障中,最常见的却只有以下几种:

(1) 芯线与屏蔽层之间短路(见表 8-1)。

表 8-1　芯线与屏蔽层之间的短路

现　　象	测试时接线图显示屏蔽层与某根芯线短路
分　　析	通常是因为屏蔽层中的丝网、铝箔或汇流导线与芯线接触,或者是剪去屏蔽层时使芯线外露,造成短路
故障定位	(1) 一般发生在模块端接处,如果端接无误,则通过性能测试仪中的"时域反射"测试可确认短路是否发生在电缆中间 (2) 利用时域反射原理,能在一定程度上反映屏蔽层转移阻抗均匀性,准确定位屏蔽层开路、短路、阻抗异常等故障位置 　　将屏蔽对绞电缆全部线芯在一端短接后当作一根导体,屏蔽层作为另一根导体接入时域反射测试仪,屏蔽层完全断裂、部分破损、受外应力过大等"软故障"理论上都能在测试图线上有所反映,测试精度依赖于仪表精度和分辨率,如图 8-9 所示 图 8-9　时域反射测试结果
排除方法	首先找到故障可能出现的模块端接处,打开模块的屏蔽壳体后,将屏蔽层或汇流导线调整到正确位置(或剪去)后即可 　　如果发生在电缆中间,则需更换整根对绞电缆

（2）屏蔽层开路（见表 8‑2）。

表 8‑2 屏蔽层开路

现　象	测试时接线图显示屏蔽层开路
分　析	有三种可能： （1）屏蔽模块端接时没有将屏蔽层接好 （2）屏蔽层内的绝缘层断裂 （3）屏蔽模块内的屏蔽连接断裂
故障定位	（1）一般发生在模块端接处，用肉眼一般可以判定，也可用万用表测量 （2）使用万用表可判定屏蔽模块是否有屏蔽层开路故障 （3）通过"时域反射"测试可确认短路是否发生在缆线中间
排除方法	重新进行屏蔽端接或更换屏蔽模块 如果发生在电缆中间，则需更换整根对绞电缆

（3）屏蔽层带电（见表 8‑3）。

表 8‑3 屏蔽层带电

现　象	人体接触模块或插头的屏蔽导体时有触电感觉
分　析	屏蔽层失去等电位联结，屏蔽层感应电势已大于 $50\,V_{rms}$，远超过标准规定的 $1\,V_{rms}$
故障定位	（1）可以使用万用表或地阻仪检查屏蔽层等电位联结情况 （2）如果检查水平布线屏蔽层连通性，则由强电专业人员检查工作区电源插座的保护地连接是否可靠，或检查工作区终端设备电源线接地导体连通性是否完好
排除方法	（1）重新进行接地连接 （2）由专业人员修复交流电源的保护地线 （3）更换设备电源线

（4）屏蔽层测试的完整流程。

以上检查方法是面向已知的常见故障进行故障排查的方法。在出现未知的屏蔽故障时，通常会采用如表 8‑4 所示方式进行故障排查。

表 8‑4 屏蔽层测试流程

排除连通性故障	使用万用表、通断测试仪、性能测试仪等仪器检查屏蔽层的连通性，同时也检查屏蔽层与芯线之间是否存在短路现象
检查屏蔽层的阻抗均匀性	使用时域反射方法探查屏蔽层阻抗均匀性，对异常点展开进一步的分析
等电位联结检查	可以使用万用表或地阻仪检查屏蔽层等电位联结情况，排除设备屏蔽、电源接地等问题
电气装置检查	可以使用万用表或地阻仪等测试仪器检查相关的电气装置是否符合要求。其中包括机柜、桥架、金属管路的等电位联结状态；工作区交流电源插座是否完好接地等

8.4 光纤应用

1. 为什么数据中心要使用高密度预连接 MPO/MTP 光纤布线系统?

现代数据中心机房环境中,对于高速网络 40G/100G、绿色环保、统一网络架构的趋势、严格的环境和气流、空间密度、简化布线管理、灵活的升级和变更、提高能效 PUE 等要求,传统的 EoR(列头柜)的网络架构难以完全满足,当前一种全新的 ToR(架顶)网络架构推出并迅速受到网络设备商、服务器厂商、存储设备厂商以及布线厂商的高度重视。为更好适应这一新的网络架构和 40G/100G 应用新挑战,数据中心基础架构的光纤布线方案也从传统熔接方式过渡到高密度预连接 MPO/MTP 光纤布线系统。附图为数据中心采用 MPO/MTP 光纤布线系统的 ToR(柜顶)网络新架构。

2. MPO/MTP 高密度光纤预端接系统优势和不足有哪些?

预端接光缆系统具有很多的优势,如下所述。

(1) 节省空间。

通过增大密度提高空间利用率,并且满足多芯使用的要求,MPO/MTP 多芯接头可以满足 2 芯、4 芯、8 芯、12 芯、24 芯,目前最高可达 72 芯的要求。在同样的空间里要得到更多的传输带宽,改用高带宽、高密度的光缆传输是一个必然的选择。

(2) 高速网络和 MDI 多芯的要求应用。

在 IEEE 802.3ba 规范中,40G、100G 对光纤网络传输要求多芯传输,即 8 芯或 20 芯。目前只有 MPO/MTP 可以在微小的空间满足高速网络应用的要求。目前来看,预端接系统是解决现场施工的一种较好的方法。

(3) 节省时间。

高密度的预连接系统可以大大减少现场的安装时间和现场施工安装对性能的影响以及性能不确定性的概率,降低了施工难度且性能上更加有保障。

(4) 性能保障。

高密度的预端接系统的部件都由工厂加工,包括生产,测试等,现场的工作只是布放和插接,大大减少现场施工对系统性能的影响。相对传统解决方案而言,预端接光缆系统带给设计人员和安装商的挑战是需要在设计阶段和现场勘查阶段,确定预端接光缆的长度,以便工厂预定生产。同时,预端接光缆不一定能为用户带来链路损耗的降低,因为,如果采用 MTP/MPO 预端接光缆系统,MTP/MPO 转接模块的损耗或者 MTP/MPO 适配器的连接损耗(一般为 0.5~1.0 dB)是高于普通的 LC 或 SC 单芯光纤连接器的(一般为 0.1~0.3 dB)。

3. LC 与 Mini LC 光纤连接器的区别是什么?

以博科公司为代表的部分网络设备厂家为了提高以太网与存储网络设备的端口密度,采用了新一代 Mini SFP+的光纤接口,相比较常规的 SFP+接口,采用 Mini SFP+光接口后单位设备的端口密度可以提高 30%。常规的 SFP+光纤接口与标准 LC 双工连接器匹配。Mini SFP+的光纤接口需要与 Mini LC 双工光纤连接器相匹配。而普通双工 LC 连接器与双工 Mini LC 连接器相比,主要的差别是双工连接器两个 LC 接头之间的间距从 6.25 mm 缩减到了 5.25 mm。

4. 什么是低损耗预端接系统

随着数据中心规模扩大和应用增强,对光纤布线信道的需求越来越大。在典型距离增长、交叉连接点数量增加的前提下,又要保证 IEEE 所规定的支持 10G/40G/100G 网络的最大衰减,就必须对光纤接口的插入损耗性能进行优化。低损耗的预端接系统,是指通过器件结构的精确度控制、制作工艺上的改进以及生产流程上的控制,降低 MPO/MTP、LC 等接口的插入损耗,目前市场上有 0.5 dB 甚至 0.35 dB 的 MPO/MTP - LC 转换模块,与传统的 0.75 dB~1.0 dB 的产品相比,可以实现更长的链路或更多的连接,更好地适应新一代数据中心的规划设计和下一代网络应用。

5. MTP 与 MPO 连接器有什么不同?

MTP 与 MPO 都是基于 MT 插芯的多芯光纤连接器,通过阵列完成多芯光纤的连接,MTP 也是 MPO 连接器的一种,MPO 是多芯推进锁闭(multi-fiber push on)的行业缩写简称,MPO 型连接器是由下列行业标准定义的:

国际标准 IEC - 61754 - 7、北美的标准 EIA/TIA - 604 - 5,也就是众所周知的 FOCIS 5 MPO 是由日本电信电话株式会社(NTT)最初设计的,目前由几家公司生产和命名的多芯连接器名称,MTP 是 mechanical transfer pull off 的缩写,是美国生产连接器的公司 US Conec 公司基于 MPO 型连接器进行研发、改进和申请部分专利,并申请成功的注册商标。MTP 是基于 MPO 连接器发展而来的,因此,MTP 也兼容所有 MPO 连接器标准和规范,包括 EIA/TIA - 604 - 5 FOCIS 5 和 IEC - 61754 - 7,并且相互之间是可以互连的。

6. 光纤链路测试为什么需要做端面检查?

光纤连接器端面条件直接影响光纤传输性能指标,尤其数据中心中链路相对较短,连接器的损耗是链路损耗的主要组成部分,可以借助专用设备对连接器端面进行检查,进行测试准备或者故障排除。

检查光纤连接器端面各区域示意图如图 8-7 所示。纤芯与被覆层区域内应保持清洁,无污垢,无裂纹等,光纤连接器的内被覆层区域内不应出现裂纹,外被覆层区域内不应出现延伸超过被覆层 25% 的裂纹。在纤芯区域内的损伤与划痕数量不应超过表 8-5 中规定的数值。

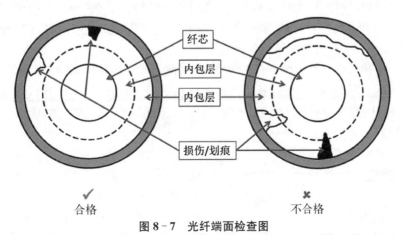

图 8-7 光纤端面检查图

表 8 - 5　光纤连接器端面目检对缺陷数量的要求

	多模光纤（放大倍数：100）	单模光纤（放大倍数：200）
损伤数量（最大）	10(2.0～5.0 μm 之间)	2.0(≤3.0 μm)
	0(>5.0 μm)	0(>3.0 μm)
划痕/缺口数量（最大）	10(2.0～5.0 μm 之间)	2.0(≤3.0 μm)
	0(>5.0 μm)	0(>3.0 μm)

注：表中所列缺陷大小可通过与纤芯直径进行近似比较来确定。

7. 在做光纤链路损耗测试时，开机预热的重要性何在？

通常情况下，光源模块的温度越高，其发出的光源功率值将越大。在测试过程中，光源模块需要一段时间预热，才能够使发送的光源功率值达到稳定。如果在光源模块预热前设置参考值，随着光源模块温度的上升，测试结果将会产生增益，从而影响测试结果的准确性。举例来说，比如最初设置参考值时，光功率计接受并存储的功率值为 −6.00 dB。这时候，在维持参考值设置模型，不加入被测链路的情况下直接进行测试，应该得到 0.00 dB 的测试结果。但是，光功率模块经过预热后，发出的功率将会加大，功率计接收到的功率值可能上升为 −6.20 dB。这时再进行测试，将得到 −0.2 dB 的增益。光源模块预热的时间与测试环境的温度相关。测试环境温度越低，需要预热的时间就越长。通常情况下，预热的时间为 5 分钟。如果仪器存储或使用在较低的温度环境中，预热时间甚至要长达 30 分钟。检验光源模块是否达到稳定的方法很简单，只要在完成参考值设定后，对参考值模型进行测试，得出的测试值在 −0.04～0.04 dB 之间就是可以接受的；如果超出这一数值，则需要再等待一会儿，重新设置参考值。

8. 测试损耗时，为何会出现负值？难道被测链路不但没有损耗，还产生了增益？

当测试单模光纤链路时，假如被测链路的长度小于 100 m，并且整条链路采用尾纤熔接方式接续，那么整条链路的损耗可能只有 0.15 dB。在这种情况下，光源模块预热时间不够，测试环境温度的大幅变化，参考跳线与测试仪表的耦合效果，参考值设定的不够精确等情况都有可能使得测试结果得到负值，比如 −0.03 dB。这个时候，需要让机器充分预热，并且重新设置。

9. G.652 纤芯与 G.657 纤芯之间的熔接该注意什么？

在单模光纤中，G.652D 光纤与 G.657A 光纤的光学性能基本一致，而 G.657A 光纤的抗弯曲特性优于 G.652 光纤，所以有些配置中会选择 G.652D 光缆与 G.657A 尾纤配对使用。这时，有时会出现无法进行光纤熔接的现象。

有些光纤熔接机会自动识别光纤的种类，对于此类光纤熔接机而言，如果是早几年购买的熔接机就会因当时 G.657A 光纤还不流行导致它不具备识别 G.657A 光纤的能力。故此，如果采用 G.652D 光缆与 G.657A 尾纤熔接的方案，得在光纤熔接时选择能够识别 G.657A 的光纤熔接机。

8.5　耐火线缆

1. 耐火线缆的作用

根据中国国家标准（如 GA 306）的划分，线缆的安全性能可分为阻燃和耐火两方面。其中,阻燃是判断线缆会不会成为火势蔓延的渠道,散发烟、热、毒、滴漏的能力;耐火是指线缆在火场中能够继续保持信息和能量传输的能力。

目前在国内耐火线缆被广泛应用于高层建筑、地下铁道、地下街、大型电站及重要的工矿企业等与防火安全和消防救生有关的地方,例如,消防设备及紧急向导灯等应急设施的供电线路和控制线路。而对于数据中心而言,因其的特殊性,数据安全可以与人员安全相提并论。大型的、重要的数据中心一般都会在异地建有灾备数据中心,主数据中心和灾备数据中心的数据不停地同步、备份。数据备份的时效性决定了数据安全的保障程度。在此前提下,如果在火灾初期,数据中心各机房互联乃至对外连接的线缆如能持续正常工作,将会为数据的备份或者安全抹除提供宝贵的时间。所以在数据中心有针对性地应用耐火线缆来提供火灾中的电力保障以及数据连接是有重要意义的。

2. 温度对线缆传输性能的影响

耐火线缆包括耐火电缆和耐火光缆。在实际的产品中,符合耐火要求的电缆仅有电力电缆,目前还没有能用于信息传输的耐火通信电缆。其原因在于随着温度的逐步升高,电缆绝缘层材料的特性随着温度发生变化,从而导致通信电缆的回波、衰减等指标大大劣坏,进而破坏了电缆的传输平衡性,传输距离相应下降,最终无法在高温下保持有效的传输距离。即使是屏蔽对绞线,在 200℃时的有效距离仅为 32 m,而非屏蔽对绞线的有效距离早已跌至 0 m。所以在火场温度条件下还没有电缆技术能够保证符合信号传输要求的耐火通信电缆。

3. 线缆的耐火性能

市场上已有的耐火线缆主要有两种类型。一种是典型的无机类耐火电缆——矿物绝缘(MI)金属护套耐火电缆,它完全是由无机材料构成耐火绝缘层。一般使用铜管或特种合金管作为线缆的外护,在外护和导体之间填充氧化镁作为绝缘材料。这种耐火线缆的防火性能优良,但价格贵,制造工艺复杂,施工比较麻烦,主要用于电力电缆。另一种是通常所说的有机类耐火线缆,它是在普通线缆的结构中,添加了特殊的耐火层(采用云母带或软性耐火材料)而制成。

根据国标,耐火线缆要求能够在 750℃的火场中继续保持传输能力达 90 分钟;而在欧洲,耐火线缆的指标则为 850℃的火场中进行保持传输能力达 180 分钟。这些耐火测试中对线缆传输能力的保持的界定都是使用安培表测量电流的变化是否超出范围,线缆能否保持通信信号的传输能力还需要有其他更加有针对性的测试来验证。

目前,国内外已有耐火光缆产品生产。

4. 耐火线缆的安装如何保持完整性?

在使用耐火光缆的时候,我们必须注意到,耐火线缆的安装方式大大影响了其在火灾中的表现效果。线缆在火场中难免会受到喷淋水的冲击,乃至高处坠物的撞击与挤压,这时的线路难以保证完好。这时,我们必须把线缆托架、挂钩、防火塞等一系列与线缆安装相关的产品都考虑进来,我们把这种系统化维持线路完整的措施称之为"系统线路完整性"措施。目前,系统线路完整性的测试标准主要是依据德国的 DIN4102 标准。系统线路完整性的检测结果一般时间都远短于线路完整性测试。

一般而言,我们建议把耐火光缆安装在最高处,且使用满足系统线路完整性标准的线缆托架,以防止上方坠物的挤压,并采取必要的措施以提高整个系统线路完整性。

5. 线缆材料起始燃烧温度对线缆安全性能分级的影响是什么?

有很多用户会把线缆的起始燃烧温度作为线缆是否安全的指标,认为线缆材料的起始燃烧温度越高,线缆越不容易燃烧,线缆的安全等级就越高。但在实际线缆测试中采用的是一种更科学的方法来评估线缆材料在热释放方面的性能表现。

目前国内外检测线缆热释放性能都是采用固定火源强度的方法,而不仅仅是火源温度。例如在欧盟电缆安全分级采用的 FiPEC 测试方法的火源强度为 22.5 kW(场景一)和 30 kW(场景二),美国电缆分安全分级 CMP 等级采用的 Steiner Tunnel 水平燃烧方法采用的是88 kW 的火源。

采用火源强度而不是温度作为测试要求的原因是达到起始燃烧温度只是线缆材料开始燃烧的一个条件,还需要有一定的持续能量保证温度维持一定的时间才能使线缆燃烧,所以和仅考虑线缆材料的起始燃烧温度相比,测试中采用的起始火源强度更客观、更全面地评估了线缆的安全特性。

8.6 管理

1. 为什么需要标识? 标识的重要性在哪里?

随着综合布线工程的普及和布线灵活性的不断提高,用户变更网络连接或跳接的频率也在提高,网管人员已不可能再根据工程竣工图或网络拓扑结构图来进行网络维护工作。那么,如何能通过有效的办法实现网络布线的管理,使网管人员有一个清晰的网络维护工作界面呢? 这就需要有布线管理。

布线管理一般有两种方式。一种是智能管理,一种是物理管理。智能管理是通过布线管理软件和电子配线架来实现的。通过以数据库和 CAD 图形软件为基础制成的一套文档记录和管理软件,实现数据录入、网络更改、系统查询等功能,使用户随时拥有更新的电子数据文档。物理管理就是现在普遍使用的标识管理系统。传输机房、设备间、介质终端、对绞线、光纤、接地线等都有明确的编号标准和方法。通常施工人员为保证线缆两端的正确端接,会在线缆上贴上标签。用户可以通过每条线缆的唯一编码,在配线架和面板插座上识别线缆。

2. 如何对于已经混乱的堆积或缠绕的线缆中查找目标线缆?

通常查找线缆的方法有下面几种:

(1) 通常维护人员通过线缆的拖拽来查找线缆,这种只适合于小范围、少量线缆的环境中操作。这种动作有可能会影响其他链路的可靠通信。

(2) 通过配线架、跳线和面板等相关标签标识查找目标线缆。这种方法的前提是遵守本文中标识和文档备案的要求。

(3) 通过音频或数字查线仪来查找,查线仪包括一对组件(一个音频发生器和一个手持式探头),将音频发生器连接到线缆的一端,然后手持探头在线缆中查找,探头会根据距离目标的远近发出不同强度的声音,同时也可以伴有指示灯的闪烁。这种查线方式只适合于铜缆。

(4) 通过智能布线系统来查找。这需要前期部分电子配线架。

3. 在选用智能布线系统时,需要综合考虑哪些因素?

不是所有的环境都一定适用于电子配线架,通常要综合下列因素:

（1）项目规模。随着管理范围的增大和管理信息点数的增加，管理的难度会加大，同时出错的概率会增加，智能管理可以提高管理效率。建议在 2 000～3 000 个信息点规模时，需要考虑智能布线系统。

（2）重要性和安全性。对于重要的网络和相关的布线系统加强监管，在第一时间发现并记录事件，是智能布线系统的主要目的之一。

（3）远程管理。智能化系统可以帮助维护人员远程地管理布线系统，在人员较少的情况下，可以大大减少工作量。

（4）投资回报。智能布线会增加初期投资，但在日常维护方面提高收益。相关维护成本涉及人员费用、时间费用、故障查找效率、现有线缆的利用率、文档备案的精确性、IT 管理流程的建立、远程报警功能等。

4. 在项目的什么阶段开始考虑标识问题？

通常在项目设计时就需要考虑布线系统的标识和标签问题，标识设计和所有布系统中的组件有关，标识设计与管槽、机柜、配线架、线缆、模块和面板的数量和位置都有关系。编码规则应在施工实施前确定，编码的建立与数据库的建立一样需要统一的规范。这是后期维护所采用的统一"语言"。

所在标识问题需要在设计、安装和维护各阶段都需要考虑。

5. 数据中心的标识方面有什么特殊要求？

在数据中心中设备密集，有大量机柜机架的使用，可以使用 XY 坐标，以网格形式来准确标识机柜机架的位置。例如机柜：1A－AJ－05，如图 8－8 所示。

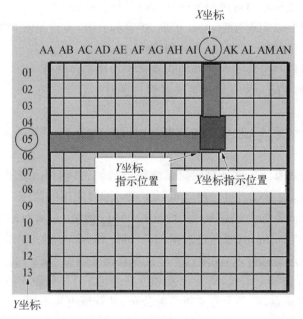

图 8－8 数据中心坐标

6. 对于布线系统，建立标识的一般原则是什么？

布线系统中有 5 个部分需要标识：线缆（电信介质）、通道（走线槽/管）、空间（设备间）、端接硬件（电信介质终端）和接地。这 5 部分的标识相互联系，互为补充，而每种标识的方法及使用的材料又各有各的特点。像线缆的标识,要求在线缆的两端都进行标识,严格的话,每隔一段距离都要进行标识,而且要在维修口、接合处、牵引盒处的电缆位置进行标识。空间的标识和接地的标识要求清晰、醒目,让人一眼就能注意到。配线架和面板的标识除应清晰、简洁易懂外,还要美观。

从材料上和应用的角度讲,线缆的标识,尤其是跳线的标识要求使用带有透明保护膜(带白色打印区域和透明尾部)的耐磨损、耐抗拉的标签材料,像乙烯基这种适合于包裹和伸展性的材料最好。这样的话,线缆的弯曲变形以及经常的磨损才不会使标签脱落或字迹模糊不清。另外,套管和热缩套管也是线缆标签的很好选择。面板和配线架的标签要使用连续的标签,材料以聚酯的为好,可以满足外露的要求。由于各厂家的配线架规格不同,有六口的、四口的,所留标识的宽度也不同,所以选择标签时,宽度和高度都要多加注意。

7. 动态标签是否可称为智能配线系统?

在智能管理产品中,也有一种对配线架进行技术创新,每个端口增加了 LED 显示屏,它取代了原来物理印刷标签的功能,可以动态显示配线架上的端口位置以及所连接跳线的标识号码。这种产品适用于双端配线架中交叉跳线(cross-connect)管理区域,需特殊跳线支持(在跳线中增加一条感应针)来跟踪跳线连接的两端信息,也可能需要软件来建立标识原则和编码规范。

但是,如果只能完成现场跳线连接信息的显示,还不能称为完整意义的智能配线系统。

8. 作为智能化系统必须完全具备哪些基本功能?

(1) 具备软件和硬件两种组件。硬件和软件之间可以实现双向通信。

(2) 具备现场管理和远程管理两重属性,远程管理更为重要。

(3) 硬件系统间可以实现互连,易于扩展、扩容和升级,支持足够大规模的项目应用。

(4) 持电子任务单(电子工单)的下发和确认。

(5) 能够开放接口与管理平台或其他智能楼宇管理平台融合。

9. 电子配线管理系统和常规布线系统有哪些区别?

主要有下列区别:

(1) 做到普通配线系统无法实现的通断实时监测功能,能对其通断端口的位置做准确定位。

(2) 做到普通配线系统无法实现的对系统端口增加、移动和改变的实时监测功能.可以有效控制和实时发现非授权的任何操作,可以实现对端口应用的监控。

(3) 能查询所有设备的上层信息(IP 地址和 MAC 地址)对所有的设备进行准确定位,并与其物理端口位置相对应,且能通过设备的 IP 地址和 MAC 地址查询设备的详细信息。

(4) 支持常用图形格式导入,能通过图形直观查询终端设备的位置。

能远程控制和管理整个系统,对于出差和远在外地的 IT 管理人员有极大的方便,并且如果对于位于不同的地点,有多个分支机构的公司,其管理更加方便。

(5) 可以实现发送电子工作单,通过现场的控制板做到对系统连接和通断任务的准确操作,任何错误的操作均能立即发现并得到更正。并在现场通过 LED 灯的显示帮助完成所有转接,避免造成错误和浪费人力;

(6) 实时并无错误的中文书面汇报。

产品选用(电与光)

布线产品选用应该考虑以下列原则:

(1) 建筑物的功能;

(2) 用户需求;

(3) 符合设计要求;

(4) 适用与发展;

(5) 符合产品标准与市场应用成熟的产品;

(6) 产品的品牌;

(7) 市场价格;

(8) 生产厂家的信誉与承诺条件;

(9) 售后服务;

数据中心产品的选用应重点考虑满足于数据中心的不同应用要求。根据各个应用的特点,选择合适的传输介质(对绞电缆或光缆)。进行选择时,需要考虑的因素如下:

(1) 所提供服务的灵活性;

(2) 所要求的布线寿命;

(3) 设施的尺寸和占用数;

(4) 布线系统内部的信道容量;

(5) 设备商建议或技术规范。

A.1 布线产品综述

A.1.1 线缆

据中心采用线缆应满足 GB 50311 和 YD/T 1019 标准要求,建议采用以下线缆类型:

(1) 4 对 100 Ω 平衡对绞电缆,非机房宜使用 6 类,机房推荐 6A 类,其性能应符合 YD/T 1019—2013 中第 5 章要求。

(2) 多模光纤光缆,宜使用 850 nm 激光优化 50/125 μm 多模光纤光缆,OM3 或 OM4、OM5,推荐 OM4;必要时可使用弯曲不敏感多模光缆。

（3）单模光纤光缆，光纤应符合 GB/T 9771 的要求，宜选用 OS2，光缆应符合 YD/T 1258 的要求，选用 OS2。

（4）75 Ω（734 和 735 型）同轴电缆（Telcordia Technologies GR-139-CORE）——仅用于 T-1、T-3、E-1 和 E-3 电路。

A.1.2　连接器件

（1）对绞电缆连接器：RJ45 8 位模块通用插座的性能应符合 YD/T 926.3 的要求。

（2）光纤连接器：在新建数据中心中，当采用一根或两根光纤建立一个连接时，必须使用 LC 连接器（YD/T 1272.1—2003）。当采用两根以上的光纤建立一个连接时，必须使用 MPO 连接器（YD/T 1272.5—2009）。连接器性能须符合上述标准要求。

（3）同轴连接器：75 Ω（734 和 735 型）同轴电缆用的同轴连接器须满足 ANSI/ATIS-0600404.2002 的要求，另外还要满足下述技术要求：① 75 Ω 的特征阻抗；② 1～22.5 MHz 下的最大插入损耗为 0.02 dB；③ 1～22.5 MHz 下的最小回波损耗为 35 dB；④ 允许使用 TNC 或 BNC 连接器，推荐使用 BNC 连接器。

A.1.3　面板、底盒与插座

（1）面板与底盒。

采用符合 86 尺寸的面板与底盒。

（2）插座：

（a）对称布线设备引出插座应符合 YD/T 926.3—2009 中 4.2.3、4.2.4 及 4.2.5 的要求。

（b）光纤布线设备引出插座应符合 YD/T 1272.1—2003 中 LC 型单芯或双芯插座及 YD/T 1272.5—2009 中 MPO 型插座的要求。

EO 的影响应在信道设计中加以考虑，其传输性能应保证信道性能符合要求。

A.1.4　配线架

配置配线架时宜使交叉软线/跳线和设备软线的最短长度，配线架的位置应使最终的线缆长度符合要求。

配线架可配置为互连或交叉连接。

对称布线配线架中连接硬件应符合 YD/T 926.3—2009 中 4.2.3 和 4.2.4 的要求，且应只提供每个导体一对一的直接连接，不应提供一个以上引入或引出导体间的连接。

配线架的影响应在信道设计中加以考虑，其传输性能应保证信道性能符合要求。

A.1.5　插接软线和跳线

插接软线和跳线应用于配线架中的交叉连接。

（1）对称插接软线应符合 YD/T 926.3—2009 中第 5 章的要求。

（2）光跳线插头类型：① LC 型（单芯或双芯）；② MPO 型（多芯）。

光跳线性能应符合：① LC 型光纤活动连接器应符合 YD/T 1272.1—2003 中 4.5 的要求；② MPO 型光纤活动连接器应符合 YD/T 1272.5—2009 中 4.5 的要求。

插接软线和跳线的影响应在信道设计中加以考虑，其长度应保证信道长度符合要求，其传输性能应保证信道性能符合第 8 章和第 9 章的要求。

（3）设备软线。

设备软线是非永久性的，也可以是设备专用的。一些设备的专用软线应符合其相应标准。设备软线的影响应在信道设计中加以考虑，其传输性能应保证信道性能符合要求。

A.1.6 机柜和机架系统

（1）数据中心机柜和机架系统应考虑根据不同的功率密度设计采用相应隔离系统以提高冷却效率：

（a）带有隔离气源的机柜；

（b）带有隔离回风口的机柜；

（c）带有柜内冷却系统的机柜；

（d）热风通道密封系统或冷风通道密封系统；

（e）能使设备和机柜之间空气气流最短的机柜。

（2）构件功能。

（a）机柜和机架的线缆和线缆通道的布放不应该影响隔离系统的效率。进出机柜的线缆空隙应该用刷子或垫圈以减小气流损失。

（b）空白面板应该置于设备机柜中未用单元处，以避免将热风和冷风混在一起。

（c）对环境有不同要求的设备应该隔离到机柜内不同的空间。

（d）考虑为高密度设备分配和设计专用的独立空间。

（e）一些非标气流方向的设备可能需要特别设计的隔离机构，以避免对正常的气流造成干扰。

（f）带有可以监测功率水平的配电盘的备用机柜和机架应保证内部功率水平不超过设计的功率和冷却水平。

（3）进线间机柜选用。

（a）进线间、MDA、IDA 和 HDA 应该为接插面板和设备采用 19 英寸(in, 1 in=2.54 cm)的机柜或机架。服务提供商在进线间将他们自己的设备安装在 23 in 的机架中或专门的机柜中。

（b）在进线间、MDA、IDA 和 HDA，建议在每对机柜之间、每一排机架两端安装一个垂直的线缆管理器。通过计算预计的线缆占用率，再加上至少 50% 的附加增长系数，从而确定垂直线缆管理器的尺寸（见 TIA - 569 - C）。没有预计线缆填充率数据时，考虑安装 250 mm (10 in)宽的垂直线缆管理器。线缆管理器应该从地板延伸到机架顶部。

（c）在进线间、MDA、IDA 和 HDA，水平线缆管理面板应该被安装在每一个接插面板之上或之下。水平线缆管理和接插面板的首选比例是 1:1。一些厂家设计好的高密度接插面板（如角型配线架）可以按厂家推荐不配置水平线缆管理单元。

（4）垂直线缆管理、水平线缆管理和余量储存的线缆长度应该是足够的，以确保线缆能够被整齐布置，而且能满足 GB 50311 规定的弯曲半径要求。

（5）机柜产品可按以下几种方式进行分类：

（a）按机房空调送风冷却方式不同，机柜可分为前进风机柜、下进风机柜和上进风机柜。

（b）按机柜门的有无和密封程度不同，机柜可分为封闭式机柜、半封闭式机柜和敞开式机柜。

（c）按所采用电源类型不同，机柜可分为交流机柜和直流机柜。

(d) 按通信线缆和电源线缆进入机柜位置的不同,机柜可分为上走线机柜、下走线机柜和上下走线机柜。

(6) 机柜外形尺寸:

(a) 机柜高度(H)一般分为 2 000 mm、2 200 mm、2 600 mm 3 种。下进风机柜高度不宜大于 2 200 mm。

(b) 机柜宽度(W)一般分为 600 mm 和 800 mm。

(c) 机柜深度(D)一般分为 600 mm、800 mm、1 000 mm、1 100 mm 和 1 200 mm 几种。特殊情况可根据用户需求尺寸定制机柜。

A.2 对绞电缆

综合布线系统对绞电缆的特点是线对均采用对绞的形式,对绞电缆可以分为屏蔽与非屏蔽两大类,并包括 4 对绞中缆与大对数对绞电缆(可以为 25 对、50 对和 100 对几种),一般用 305 m 的配盘。

按照标准要求,对绞电缆的表示方法如图 A-1 所示。布线系统对绞电缆统一命名推荐的方法,使用 XX/Y/ZZ 编号表示。

XX 表示对绞电缆整体结构(U 为非屏蔽、F 为箔屏蔽、S 编织物屏蔽、SF 编织物+箔屏蔽);Y 为线对屏蔽状况(U 为非屏蔽,F 为箔屏蔽);ZZ 为线对状态(TP 两芯对绞电缆对、TQ 四芯对绞电缆对)。

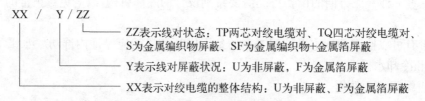

图 A-1 对绞电缆表示法

按照图 A-1 规定,对绞电缆可以分为 8 种类型:U/UTP、F/UTP、U/FTP、SF/UTP、S/FTP、U/UTQ、U/FTQ 及 S/FTQ。

A.2.1 对绞电缆分类

1. 屏蔽对绞电缆(包括 3 类、5 类、5e 类、6 类、7 类、8 类)

1) 箔屏蔽(F/UTP)

5 类和 5e 类对绞电缆 4 对线的外部采用 1 层金属箔纵向包在线对的外部,并且在箔屏蔽层上压了一根金属的导体,该导体与接插件的屏蔽罩连通,起到排流的作用。对于 5 类和 5e 类的箔屏蔽对绞电缆,共采用两层箔屏蔽层包在线对的外部,在两层屏蔽层的中间夹了一根金属导体。6 类对绞电缆在 4 对线的中间设置有"+"字骨架,并带有螺旋状。

2) 箔屏蔽+网屏蔽(SF/UTP)

该对绞电缆在 4 对线的外部加了两层不同形式的屏蔽层,对对绞电缆起到了全频段的屏蔽作用。

3) 箔屏蔽＋网屏蔽＋线对箔屏蔽(S/FTP)

该对绞电缆在 SFTP 的基础上每一对线又采取了屏蔽措施,7 类布线就是采用此种对绞电缆。另外,还有 STP -/型(或称 STP - A 型)对绞电缆,该对绞电缆为 2 对线对,阻抗为 150Q 的 STP 对绞电缆。4 对屏蔽对绞电缆在选用时,应考虑对绞电缆的耦合衰减指标,即其屏蔽能力,从 FTP、SFTP、STP 的对绞电缆屏蔽层结构的不同分析,其耦合衰减值以 20 dB 的量递增。目前在屏蔽的布线工程中一般选用 FTP 和 STP 对绞电缆的较多。在选用屏蔽对绞电缆时,特别要注重对绞电缆的直径和结构,并以此因素考虑其管线和对绞电缆敷设的设计。

4) 大对数 3 类屏蔽对绞电缆(FTP)

3 类多对屏蔽对绞电缆有 25 对、50 对和 100 对,主要用于高速通信网络的应用。

2. 非屏蔽对绞电缆(包括 3 类、5 类、5e 类、6 类)

4 对对绞电缆,3 类产品因为已无应用市场,所以在工程中未被采用,5 类布线逐渐提高了性能指标,已经涵盖了 5e 类布线的性能,但国内的布线厂家仍在生产 5e 类。6 类有一定的发展前景。但非屏蔽对绞电缆中不包括 7 类及以上产品。

(1) 5 类、5e 类 4 对对绞电缆由 4 对线绞合而成,而且每一对线的绞距是不一样的,因为电缆的这种结构特征,使得信号在对绞电缆中能实现平衡传输。

(2) 6 类 4 对对绞电缆与 5 类对绞电缆的不同之处就是在 4 对对绞电缆的中间设置了一个"＋"字骨架,有的产品还将每对线对绞以后加以黏合,以防止对绞电缆松开。

(3) 大对数非屏蔽对绞电缆。

大对数非屏蔽对绞电缆一般有 3 类 25 对、3 类 50 对、3 类 100 对、5 类 12 对、5 类 25 对、5 类 50 对、5 类 100 对等,主要用于建筑物内与建筑群的语音主干电缆。

A.2.2　主要指标

1) 电气特性

对绞电缆的电气特性主要考虑线对支持的带宽(Hz)、衰减、近端串扰、ACR 值、近端串扰功率和、等效运端串扰、等效远端串扰功率和、时延、特性阻抗、面损、耦合衰减等。

2) 物理特性

对绞电缆的物理特性主要可以作为施工安装设计的依据。可以包括以下内容。

(1) 护套材料：PVC;低烟无卤;低烟无卤阻燃和阻燃。

(2) 物理性能：重量;直径尺寸(导体、绝缘体、对绞电缆);变曲半径;承受拉力;温度(安装和操作)。

A.2.3　对绞电缆的业务应用

1) 语音水平对绞电缆选用

(1) 5 类对绞电缆：可以支持语音和 1 Gb/s 以太网的应用,别外在 568B 的标准中已建议采用 5e 类产品以取代 5 类产品。在国际标准和 GB50311 中,已将 5e 类产品归属于 5 类产品,而不再会提及 5e 类产品。

(2) 6 类对绞电缆：可以支持语音及 1G～n 个 Gb/s 以大网络应用,能适应终端设备的变化。

(3) 大对数(50 对、100 对)3 类、5 类对绞电缆使用于电话业务的主干电缆。

2）数据水平对绞电缆选用

（1）六类布线系统应用分析。

6 类布线系统在经过长达 5 年的酝酿和磋商之后，于 2002 年 6 月 5 日，美国电信工业协会（TIA）TR-42 委员会的会议上通过了 6 类布线标准，该标准被正式命名为 TIA-568B.2-1，TIA 宣布于 6 月 24 日正式出版 6 类布线标准，作为商业建筑综合布线系列标准 TIA-568B 中的一个附录。该标准也将被国际标准化组织（ISO）批准，标准号为 ISO 11801-2002。在此之前，综合布线界一直在期盼着这一天的到来。目前，6 类布线系统开始在国家的一些政府部委及重点程及民用建筑中得到了广泛的应用，并得到认可。但在一些小区中的应用还稍显逊色。

现在市场主要是 5e 类与 6 类布线系统的选择与应用，应该说网络的发展已从 10 Mb/s 以太网发展到了目前的 100 GM/s 以太网。对于 5 类布线系统主要支持 1 000 Mb/s 以太网应用，如果大于 1 000 Mb/s 以太网络时，就可以看到 6 类布线系统的优势。另外 6 类线缆的结构承受的拉力相对较大对保证链路的特性有益处，在技术上较 5e 类布线系统有着绝对的优势。可预见随着新技术、新产品的推广及市价下降，6 类布线系统将会被市场接受和认可。

（2）6 类布线的应用。

经调查统计，在楼宇布线工程中 6 类布线产品所占比例平均约为 80%，可见 6 类布线产品已占到了相当的市场比重。

（3）6 类布线系统的应用问题。

近年来，厂商生产 6 类布线系统是按厂家的标准制造和测试的，而这些厂家标准比正式的国际的 6 类布线标准要求更加严格，同时品牌之间的性能指标也可能存在一定的区别。为此，按 6 类布线标准要求，不同厂商的 6 类布线产品应互相匹配，彼此配套使用。

真正的 6 类布线系统产品应该是一个完整的解决方案，不应只是某些布线部件，只有在布线系统中每个布线部件（包括传输媒介和连接硬件等）都是真正 6 类布线产品，这才是真正的 6 类布线系统。6 类布线系统产品必须按标准规定具有两个兼容性，即相互兼容性和向下兼容性。如果不具备上述兼容性，不能称为具有开放性能的产品。相互兼容性允许不同厂商的 6 类布线产品混合使用，且满足传输要求。此外，6 类布线系统产品应具备向下兼容性的要求，能够兼容 3 类、5 类和超 5 类。确保所采取的低等级和 6 类布线系统混合应用时，布线系统可以安全可靠地满足较低等级性能的通信传输要求。

6 类布线标准颁布后，对于 6 类布线系统的测试，必须选用通用的 6 类测试适配器和通用标准测试软件进行测试。

由于 6 类对绞电缆的外径要比一般的 5 类线缆粗，要使 6 类布线系统工程质量安装优良，对施工工艺提出了非常严格的要求。在 6 类布线系统施工时，必须按照标准要求去执行。

不合理的管线设计，不规范的安装施工，不到位的管理体制，都会对 6 类布线系统工程质量产生重大影响，甚至发生难以弥补的问题。因此，如果准备采用 6 类布线系统的业主或用户，一定要特别关注设计和施工，尤其是施工单位或承包商的施工质量。

由于综合布线系统的类别越高，其工程建设投资也会相应增加。目前，6 类布线系统的产品价格远远高于 5 类或 5e 类产品。如果在国内广泛选用 6 类布线系统产品，甚至 7 类及更高类别的产品，虽然其技术性能较高，但不是实际工程所需要的配置方案，必然会使近期工程建设投资增加很多，在经济上应进行评估。同时，有的业主对于综合布线 6 类、5e 类的一些技术参数并不了解，只是单纯从经济利益上考虑，尤其是当点数多时，更能体现出 6 类布线系统的成本要高于 5 类、5e 类。因此，价格是限制 6 类布线系统应用的主要因素之一。

现在，国际标准已经推荐办公楼宇平衡电缆布线系统中的水平线缆达到 6A 类的 E_A 等级，因此 6A 类的布线系统将会在工程的应用中占有主导的单位。

下面列出了各类电缆的照片，如图 A－2 所示，以供参考。

带"＋"字骨架的F/UTP对绞电缆

带"＋"字骨架的F/FTP对绞电缆

大对数UTP对绞电缆

S/FTP对绞电缆

U/UTP对绞电缆

带"＋"字骨架的U/UTP对绞电缆

图 A－2　各类对绞电缆

A.3　光缆

A.3.1　光缆分类方法

光缆结构的主旨在于想方设法保护内部的光纤，不受外界机械应力和水、潮湿的影响。因此光缆设计、生产时，需要按照光缆的应用场合、敷设方法设计光缆结构。不同材料构成了光缆不同的机械、环境特性，有些光缆需要使用特殊材料从而达到阻燃、阻水等特殊性能。光缆可以根据不同的分类方法加以区分，通常的分类方法如下。

（1）按照应用场合分类：室内光缆、室外光缆、室内外通用光缆等。

（2）按照敷设方式分类：架空光缆、直埋光缆、管道光缆、水底光缆等。

（3）按照结构分类：紧套型光缆、松套型光缆、单一套管光缆等。

现以应用环境来对不同的光缆做以说明。

1）室外光缆

由于室外环境条件的恶劣，针对自然环境的机械应力、温度变化和气候、雨水等作用，室外光缆大都采用松套光缆。松套光缆有如下特性：

（1）松套管为光纤提供加强部件，如中心加强元件、尼龙纤维或玻璃纤维纱线加强等保护。

（2）松套管可容纳填料、干式吸水材料、高分子材料或阻水油膏等阻水部件。

（3）松套管使光纤处在松弛状态。

（4）可以选择不同结构的光缆以分别适用架空、管道或直埋安装环境。

（5）适用温度幅度大。

（6）通常光纤芯数较大。

通常松套光缆可以分为以下三种基本结构，如图 A-3 所示。

类　型	优　点		缺　点
中心束管式光缆	结构简单、制造容易、价格便宜	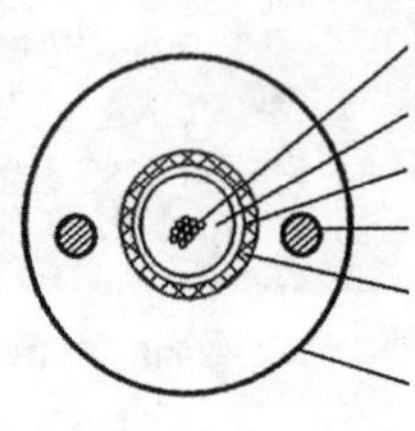 光纤 阻水纤膏 光纤束管 玻璃纤维加强单元 阻水材料 外护套	容纳纤芯少（几十芯）
层绞式光缆	容纳纤芯较多（几十～一百多芯）、应用范围广、施工方便、机械性能好	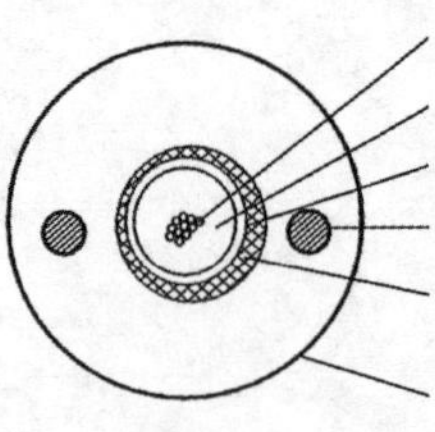 光纤 阻水纤膏 光纤束管 玻璃纤维加强单元 阻水材料 外护套	结构复杂、价格较贵
层绞式带状光缆	容纳纤芯多（几十几百甚至几千芯）、外形尺寸小、接续快捷	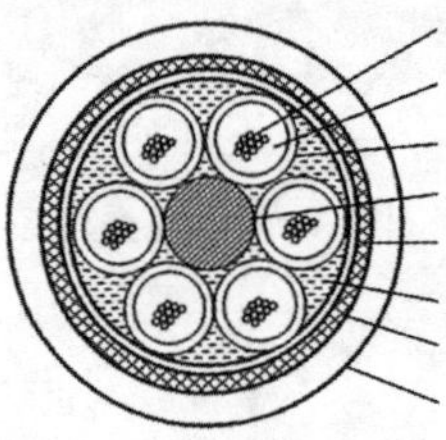 光纤 阻水纤膏 光纤束管 金属中心加强件 内护套 阻水缆膏 钢带 外护套	制造难度大、价格较贵

图 A-3　松套光缆结构

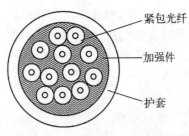

图 A-4　12 芯室内光缆典型结构

紧包光纤
加强件
护套

2）室内光缆

通常对于室内光缆应当考虑以下特性，室内光缆的结构如图 A-4 所示。其特点为缆线灵活性高，弯曲半径更小；通常采用 900 μm 紧套结构，易于实现终接；加强部件通常采用芳纶或玻璃纤维；护套等级依据应用环境选择；以 24 芯以下光缆应用为主。

对于特定场所的光缆需求，也可以选择金属铠装、非金属铠装的室内光缆，这种光缆松套和紧套的结构都有，类似室外光缆结构，其机械性能要优于无铠装结构的室内光缆，主要用于环境、安全性要求较高的场所。金属铠装紧套室内光缆如图 A-5 所示。

3）引入及户内光缆

引入光缆是指由楼内光纤配线设备至用户端光纤配线箱或光纤信息插座之间的光缆。

由于楼层间或者楼道中存在各种复杂状况,因此引入光缆宜具备以下特征:① 结构简单、操作方便;② 光缆有较高的抗侧压和抗张力,自承式结构能满足 50 m 以下飞跨拉设、便于楼内穿管布放;③ 光缆外径小、重量轻、成本低、施工成本低;④ 具有容易终接、灵活快捷的施工方式;采用玻璃增强纤维(G-FRP)或芳纶增强纤维(K-FRP)加强材料,保证光缆柔软、弯曲性能好;⑤ 满足光缆在室内使用对阻燃性能的要求等。

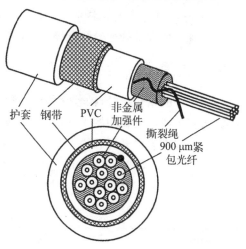

图 A-5　金属铠装紧套室内光缆

根据引入光缆的特征要求和应用场合的不同,设计时根据现场环境条件选择合适的光缆,通常可以选择室内紧套多芯光缆或者皮线光缆,皮线光缆是一种新型的户内光缆,俗称 8 字缆。在两根 FRP 的加强元件中间夹入了 250 μm 的光纤,弯曲半径较小(约 15 mm),施工时根据现场的距离进行裁剪,提高了工程施工效率。引入及户内光缆的结构与特点如表 A-1 所示。

表 A-1　引入及户内光缆的结构与特点

光 缆 结 构	光 缆 类 型	光 缆 特 点
抗拉伸纺纶 900 μm紧包光纤 低烟无卤护套	室内紧套光缆 1~12 芯	弹性软光缆,适用于室内及终端安装等经常需要弯曲光缆的情况,900 μm 光缆保护
抗拉FRP 250 μm光纤 无卤阻燃PE护套	皮线光缆 1~4 芯	体积小,有 FRP 加强元件,适用于在现有管道中添加线路的情况下。缆线开剥、施工便利

4)吹光纤系统

吹光纤系统适用于楼内和建筑物之间,通过压缩空气对有特殊深层的光纤吹入预埋好的塑料微管,光纤可包括多模与单模光纤。

(1)微管。

有外径为 5 mm/内径 3.5 mm 和外径 8 mm/内径 6 mm 可选择,一般为蓝色。多微管是将多根微管的外层护套平直扎束在一起。微管分为室内和室外型,可以由单微管和 2~7 路多微管组成,一般微管最远可将光纤吹到 1 000 m。

也可将微管和对绞电缆复合面成为复合对绞电缆,对绞电缆可采用 PVC 和低烟无卤护套。

(2)光纤。

用于吹光纤的光纤是经过独特深层处理后制成的,表面的材料增强了可吹动性和终接性能,每根微管可吹入 8 芯光纤。光纤由芯、包层,1~3 级深层,颜色深层组成。

微管参数有微管数量及管径;总外径(mm);重量(kg/km);弯曲半径(mm)和拉力(N)。

A.3.2 色谱

光缆中的紧包光纤、松套管和松套管中的光纤,应采用全色谱来识别,并且不褪色、不迁移。若缆中或松套管中的光纤多于 12 根,可用带颜色的标记纱将多根光纤组成光纤束来识别。也可以在着色光纤和松套管外再作色环标记。标志颜色应符合 GB/T 6995.2 规定,优先顺序如表 A-5 所示,原始的色码在整个缆的设计寿命期内应可清晰辨认。除了松套管内的光纤,对于层绞光缆,也可以用红或红蓝两色为领示色,其余用本色。

表 A-2 全色谱的优先顺序

优先序号	1	2	3	4	5	6	7	8	9	10	11	12
颜色	蓝	橙	绿	棕	灰	白	红	黑	黄	紫	粉红	青绿

综上所述,光纤是光信号的物理传输媒质,其特性直接影响光纤传输系统的带宽和传输距离,针对本白皮书研究的光纤应用领域,从技术实现的角度来看,G.652 光纤和 G.655 光纤对于单通路速率为 2.5 Gb/s、10 Gb/s 的 WDM 系统都适用,根据设备制造商的系统设计不同,均可达到较好的性能。对于通路非常密集的 WDM 系统,G.652 光纤对于非线性效应的抑制情况较好,而 G.655 光纤对于 FWM 等非线性效应的抑制较差。综合这两种光纤应用的成本来看,采用 G.652 光纤开通基于 2.5 Gb/s 的 WDM 系统是最经济的选择,对于基于 10 Gb/s 的 WDM 系统需要进行色散补偿,常用的方法是使用色散补偿光纤,这不可避免地要增加系统成本,而 G.655 光纤开通基于 10 Gb/s 的 WDM 系统时也需要进行少量的色散补偿,但色散补偿成本相对较低。

对于 G.652 和 G.655 光纤的特性分析,我们可以得出以下结论:

(1) 对于单波速率为 2.5 Gb/s 或 10 Gb/s 的传输系统,G.652 和 G.655 光纤均能支持。

(2) 对于基于 2.5 Gb/s 及其以下速率的 WDM 系统,G.652 光纤是一种较好的选择,在 G.652B 和 G.652D 光纤价格相差不大的情况下,可选用 G.652D。

(3) 对于基于 10 Gb/s 的 WDM 系统,G.652B/C/D 和 G.655B 光纤均能支持。

(4) 在考虑光纤选型时应综合性能及成本等多方面因素。

A.3.3 光缆护套等级

室内光缆的防火性能应是基本要求之一,应主要关注三个方面:线缆燃烧的速度、释放烟雾的密度和有毒气体的强度。通常光缆的保护层在物理上分为两部分:隔离层和外护套,其中防火性能主要取决于外护套材料。

1) NEC 标准规定

光缆的护套材料要求,主要以美国国家电工规范 NEC 770 的防火等级标准和欧洲的低烟无卤标准为主,NEC 规范中有专门针对通信线缆的防火标准与测试方法。欧洲线缆标准则强调线缆材料的无卤特性。在对线缆的防火性能测试方面,不同地区的标准从内容来讲,虽然侧重点与阻燃等级的划分分类名称不同,但标准之间仍然有着等同的关系。从 NEC 中明确规定,线缆材料必须使用含卤素的材料,其目的是提高燃点,从而达到阻燃的目的。NEC 标准关于阻燃的光缆分类如表 A-3 所示。

表 A-3 NEC 标准中阻燃光缆的分类

NEC 770 名称	通 用 名 称	测 试 方 法	说 明
OFNP	填充型绝缘光缆	UL910(NFPA262)	用于强制通风环境
OFCP	填充型非绝缘光缆		
OFNR	垂直型绝缘光缆	UL1666	用于不同楼层垂直竖井
OFCR	垂直型非绝缘光缆		
OFNG,FT4	一般型绝缘光缆	CSA C22.2 No.0.3-M (垂直桥架)	用于同一楼层,协调美国与加拿大标准
OFCG,FT4	一般型非绝缘光缆		
OFN-LS	一般型绝缘光缆,低烟	UL 1685	用于同一楼层
OFN	一般型绝缘光缆	UL1581 VW-1 (垂直桥架)	用于同一楼层
OFC	一般型非绝缘光缆		

2) 欧洲标准规定

(1) 欧洲线缆标准包含以下 3 个规范: IEC 60332-3 或者 IEC 60332-1(火焰扩张和阻燃);IEC 61034(烟雾发散);IEC 754(腐蚀性和毒性)。

(2) 其中对于火焰扩张和阻燃的两个规范:

(a) IEC 60332-1(只能用于水平)是采用单根线的垂直燃烧测试,防火等级较低,较容易燃烧,且燃烧时产生的一氧化碳含量很高。

(b) IEC 60332-3(适用于垂直和水平)是采用线簇的垂直燃烧测试,防火等级比 IEC 60332-1 的高很多,并且无毒素,同时救生器件会更容易将火焰隔离,从而降低火灾引起的连锁的危险。

不过,随着耐火光缆的出现,低烟无卤光缆系列也出现了可以在 800℃温度下工作 180 分钟的耐火阻燃低烟无卤光缆。

A.4 连接器件

A.4.1 电连接器件

1. 电基本电气特性

(1) 导线在线径小于 0.5 mm 或大于 0.65 mm,应考虑与连接器件的兼容。

(2) 线对支持的业务应用。

(a) 对 568A 连接图业务应用:

1#对(蓝)普通电话;

1#对(蓝)BRI(2B+D)U 接口 ISDN(综合业务数字网);

1#、2#对(蓝—橙)BRI(2B+D)S/T 接口 ISDN(综合业务数字网);

3#、4#对(绿—棕)56 bit/s、64 Kb/s 传输速率接口;

1♯、3♯对(蓝—绿)E1/T1(2 Mb/s、155 Mb/s 传输速率接口);

2♯、3♯对(橙—绿)10 M/100 M(以太网接口)。

(b) 568B 连接图业务应用:

1♯对(蓝)普通电话;

1♯对(蓝)BRI(2B+D)U 接口 ISDN(综合业务数字网);

1♯、3♯对(蓝—绿)BRI(2B+D)S/T 接口 ISDN(综合业务数字网);

2♯、4♯对(橙—棕)56 b/s、64 Kb/s 传输速率接口;

1♯、2♯对(蓝—橙)E1/T1(2 Mb/s、155 Mb/s 传输速率接口);

2♯、3♯对(橙—绿)10 M/100 M(以太网接口)。

2. 连接图

对 5 类~6A 类插座采用 RJ45 连接方式。需要说明的是,对 7 类布线系统的插座采用非 RJ45 连接方式.如图 A-6 所示,插座连接方式符合 IEC 60603-7 标准的描述。插座使用插针 1、2、3、4、5、6、7 和 8 时,能够支持 5/6/6A 类布线应用,使用插针 1、2、3'、4'、5'、6'、7 和 8 时,能够支持 7/7A 类布线应用。如图 A-7 所示,符合 IEC 61076-3-104 标准的模块连接图要求,模块可以使用转换跳线兼容 IEC 60603-7 标准类型模块。

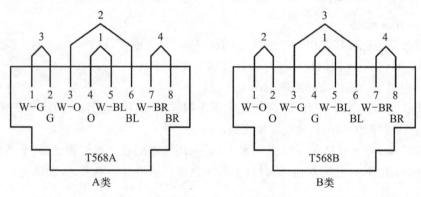

G(Green)—绿;BL(Blue)—蓝;BR(Brown)—棕;W(White)—白;O(Orange)—橙

图 A-6 8 位模块式通用插座连接

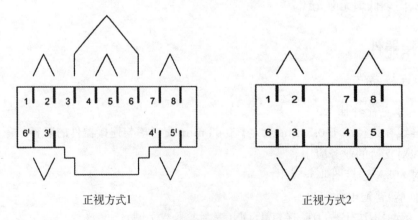

图 A-7 7/7A 插座连接(正视)

在方式 1 中,7/7A 类中使用的插针 3'、4'、5' 和 6' 与 5 类和 6/6A 类使用的插针 3、4、5 和 6———一对应。方式 2,该模块的插针与 IEC 60603-7 系列模块———一对应。

连接器件性能指标应符合相关的标准要求,对应的标准如表 A-4 所示。

表 A-4　连接器件对应标准

布线系统类别	符合的标准
3 类　非屏蔽布线系统	IEC 60603-7
3 类　屏蔽布线系统	IEC 60603-7-1
5 类　非屏蔽布线系统	IEC 60603-7-2
5 类　屏蔽布线系统	IEC 60603-7-3
6 类　非屏蔽布线系统	IEC 60603-7-4
6 类　屏蔽布线系统	IEC 60603-7-5
6_A 类　非屏蔽布线系统	IEC 60603-7-41
6_A 类　屏蔽布线系统	IEC 60603-7-51
7 类　屏蔽布线系统	IEC 60603-7-7
7_A 类　屏蔽布线系统	IEC60603-7-7、IEC 61076-3-104 或 IEC 61076-3-110 等

3. 电配线设备

电信间 FD 的配线模块可以分为水平侧、设备侧和干线侧几类模块,模块可以采用 IDC 连接模块(以卡接方式连接线对的模块)和快速插接模块(RJ45)。FD 在配置时应按业务种类分别加以考虑。

1) IDC 模块

(1) 110 型。

IDC 模块有 3 类、5 类、5e 类和 6 类产品可以用来支持语音和数据通信网络的应用。各生产厂家所生产模块的容量会有所区别,在选用时应加以注意,如图 A-8 所示。

110 型100 对卡线模块

4 和 5 对 IDC 卡线模块

8 回线/10 回线终接模块

图 A-8　110 模块

一般容量为 100 对至几百对卡接端子,此模块卡接水平对绞电缆和插入跳线插头的位置均在正面。但水平对绞电缆与跳线之间的 IDC 模块有 4 对与 5 对端子的区分。如采用 4 对 IDC 模块,则 1 个 100 对模块可以连接 24 根水平对绞电缆;当采用 5 对 IDC 模块时则只能连接 20 根水平对绞电缆。此种模块在 6 类布线系统中,端子容量减少以拉开端子间的距离可减弱串音的影响。对语音通信通常采用此类模块。

(2) 25 对卡接式模块。

此种模块呈长条形,具有 25 对卡线端子。卡接水平对绞电缆与插接跳线的端子处于正、反两个部位,每个 25 对模块可卡接 5 根水平对绞电缆,如图 A-9 所示。

图 A-9　25 对卡线模块

(3) 回线式(8 回线与 10 回线)终接模块。

该模块的容量有 8 回线和 10 回线两种,每回线包括两对卡线端子、1 对端子卡接进线、1 对端子卡接出线,称为 1 回线。此种模块按照两排卡线端子之间的连接方式可以分为断开型、连通型和可插入型三种。在综合布线系统中断开型的模块使用在 CD 配线设备中,当有室外的对绞电缆引入楼内时可以在模块内安装过压、过流保护装置以防止雷电或外部高压和大电流进入配线网。连通型的模块因为两排卡接端子本身是常连通的状态,则可使用于开放型办公室的布线工程中作为 CP 连接器件使用。

2) RJ45 插座模块

为单个的信息插座面板安装的 RJ45 非屏蔽和屏蔽模块,直接和终端设备通过设备线缆相连接,如图 A-10 所示。

RJ45 非屏蔽模块　　　　　　　　　　　RJ45 屏蔽模块

图 A-10　RJ45 信息模块

3) 配线架模块

此种模块以 12 口、24 口、48 口为单元组合,通常以 24 口为一个单元。由于 RJ45 端口有利于跳线的位置变更,因此常使用在数据网络中。该模块有 5 类、5e 类、6 类、7 类产品,如图 A-11 所示。

RJ45模块单元   RJ45水平/燕型配线架

图A-11　RJ45配线架模块

A.4.2　光纤连接器

1. 一般结构

光纤连接器的主要用途是用以实现光纤的接续,其种类众多,结构各异。通常使用的单芯光纤连接器的结构基本是一致的,采用高精密组件(由两个插针和一个适配套管共三个部分组成)实现光纤的对准连接。连接器结构如图A-12所示。

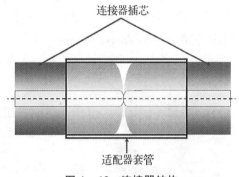

图A-12　连接器结构

这种方法是将光纤穿入并固定在连接器插芯中,并将插针表面进行研磨抛光处理后,在适配器中实现对准。目前使用的插针的外组件通常使用陶瓷加金属托架的材料制作,适配器套管由陶瓷材料制成的"C"形圆筒形构件做成,为精确地对准光纤,对插针和适配套管的加工精度要求很高。

光纤连接器的性能,首先是光学性能、连接器端面几何平面,此外还要考虑光纤连接器的互换性、重复性、抗拉强度、温度和插拔次数等。

1)光性能

对于光纤连接器的光性能方面的要求,主要是插入损耗和回波损耗这两个最基本参数。

(1)插入损耗:插入损耗即连接损耗,是指因连接器的导入而引起的链路有效光功率的损耗。插入损耗越小越好,一般要求应不大于0.5 dB。

(2)回波损耗:回波损耗是指连接器对链路光功率反射的抑制能力,其典型值应不小于25 dB。实际应用的连接器,插针表面经过了专门的抛光处理,可以使回波损耗更大,一般不低于45 dB。

2)其他性能

(1)光纤连接器的互换性和重复性:光纤连接器是通用的无源器件,对于同一类型的光纤连接器,一般都可以任意组合、多次重复使用,且由此产生的附加损耗小于0.2 dB。

(2)抗拉强度:一般要求其抗拉强度应不低于90 N。

(3)温度:一般要求光纤连接器必须在-40~+70℃的温度下能够正常使用。

(4)插拔次数:目前使用的光纤连接器不应少于1 000次以上插拔。

（5）影响光学性能的因素：

（a）连接器端面是确保连接性能的主要因素，包括曲率半径、顶点偏移和光纤凹陷等关键参数。

（b）曲率半径：所谓曲率半径，就是从插芯主轴开始测量的端面几何半径。正确的曲率半径能够有效抵御施加在连接器表面的压力。通常需要曲率半径达到 $10 \sim 30$ mm，既避免损伤光纤，又能确保低回波损耗和低插入损耗。

（c）顶点偏移：顶点偏移是插芯球面顶点与光纤轴心的偏移量，顶点偏移会导致损伤光纤和插入损耗和反射损耗的增加。建议顶点偏移值要 $\leqslant 50$ μm。

（d）光纤凹陷/凸起：光纤凹陷是指光纤的高度高于或低于插芯表面的距离。光纤凹陷/凸起不应超过 ± 50 nm，过度凹陷可能增大回波损耗和插入损耗，过度凸起会损伤端面导致插损，使回波损耗剧增。

2. 光纤连接器件

包括如下类型。在我国目前基本上采用 SC 和 LC 连接器件，但 LC 已被国际标准作为推荐使用的光纤连接器件，可以应用于 40G、100G 网络。

（1）LC 接头的特性因采用传统的陶瓷面接触，而具有纤芯距离宽、对位精确、耦合准确、清洁简易及单、双工的配置等优越性。LC 可以支持 10 Mb/s 到 100G Mb/s 以太网络的应用，如图 A-13 所示。

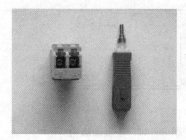  

图 A-13　LC　光纤连接器件　　图 A-14　MT-RJ 光纤连接器件　　图 A-15　VF-45 光纤连接器件

（2）MT-RJ 光纤连接器件。

为针状形光连接头，具有芯距较小，是一种双芯固化的光纤连接，对制作工艺要求较高，如图 A-14 所示。

（3）SG（VF-45）光纤连接器件。

该连接器为双 T 光纤连接品，它的插座类似 RJ45 的结构，可以连接 62.5 μm、50 μm 多模光纤或 9 μm 的单模光纤，施工简单易操作，连接插座安装于底盒面板侧面，不易碰落，如图 A-15 所示。

（4）SC/ST 光纤连接器。

SC 与 ST 光纤连接器由接头和适配器配套组成，分为单工和双工两类。因为连接器相连部位为陶瓷接触，因此连接头采用传统的研磨制作方式或利用光尾纤融接。

（a）ST 光纤连接器（单工）：为旋转后在适配器上固定，主要用于低速网络，现在工程中基本不被采用，如图 A-16 所示。

（b）SC 光纤连接器（双工）：为插入后在适配器上卡位固定，主要用于低速或高速网络，现在数据中心工程中基本被 LC 取代，如图 A-17 所示。

ST光纤连接器　　　　　　ST光纤适配器

图 A-16　单工 ST 光纤连接器/适配器

SC光纤连接器　　　　　　SC光纤双工适配器

图 A-17　双工 SC 光纤连接器/适配器

(5) 光纤连接器分类汇总(见表 A-5)。

表 A-5　光纤连接器分类汇总

连 接 器 类 型	图　　例
FC 型光纤连接器:Ferrule ConnecToR 的缩写,外部采用金属套,紧固方式为螺丝扣;FC 型连接器采用的陶瓷插针的对接端面通常采用呈球面的插针(PC),使得插入损耗和回波损耗性能有了较大幅度的提高	
SC 型光纤连接器:外壳呈矩形,采用的插针与适配套筒的结构尺寸与 FC 型完全相同;紧固方式是采用插拔销闩式,不需旋转。插拔操作方便,介入损耗波动小,抗压强度较高,安装密度较高	
ST 型光纤连接器:外部采用金属套,紧固方式为刀式转锁的连接器,端面多采用 PC,类似 BNC 连接器,在原有的系统中应用较为广泛,目前应用已逐渐减少	
MT-RJ 型连接器:MT 连接技术,带有与铜缆 RJ-45 型连接器相同的闩锁机构,通过插芯两侧的导向销对准光纤,便于与光收发信机相连,连接器端面光纤为双芯(间隔 0.75 mm)排列设计,用于高密度光连接	

（续表）

连 接 器 类 型	图　　例
LC 型连接器：采用操作方便的模块化插孔(RJ)闩锁机理制成。其所采用的插针和套筒的尺寸为 1.25 mm。这样可以提高光配线架中光纤连接器的密度。目前，在小型化连接器方面占据了主导地位，应用在增长迅速	
SG(VF‑45)型连接器：属于小型光纤连接器(SFF)。它的外观与 RJ‑45 相似，尺寸是双工 SC 连接器的一半。它运用 V 形槽技术，采用精密的几何学原理实现光纤端面的准确接续，不需要陶瓷芯和陶瓷套管。光纤的连接由插头和插座实现，不需要法兰盘	
MTP/MPO 连接器：是目前在用的最高密度的光纤连接器类型，一个连接器可同时进行 12 芯光纤的连接，结构和原理与 MT‑RJ 连接器类似，通过光纤阵列两侧的导向针实现两个连接器的精密对接，是主要用于数据传输的下一代高密度光连接器	
MU 型连接器：以 SC 型连接器为基础开发的小型化单芯光纤连接器，采用 1.25 mm 直径的套管和自保持机构，其优势在于能实现高密度安装	

　（6）按连接器的插芯端面可分为 PC、UPC 和 APC。

　PC 和 UPC 是指插芯端面为球面的，它们之间的差别仅在于反射损耗的数值分别为 40 dB 和 50 dB；APC 端面是指将插芯端面研磨为斜 8°的角，这样的方式为光纤终接提供更好的反射损耗。其反射损耗通常大于 60 dB，APC 型的光纤连接器是单模连接器，主要应用在视频传输系统中。需要注意的是，由于 APC 光纤连接器的光纤终接端面有角度，产品的优劣和安装的正确与否会对系统造成较大的影响。

A.5　跳接

　跳线是完成电、光配线模块之间的互通与连接，按照连接器的不同类型可以组成不同种类的跳线，

A.5.1　电跳线

　电跳线可为 RJ45‑RJ45、110‑110、110‑RJ45 类型，语音为 2 对或 1 对电缆双色 3 类跳线，数据使用 4 对对绞电缆。

　（1）双 110 型连接头跳线，如图 A‑18 所示。

　（2）双 RJ45 型连接头跳线，如图 A‑19 所示。

图 A-18 双 110 跳线　　图 A-19 双 RJ45 跳线　　图 A-20 ST 光跳线

(3) 一端为 110,另一端为 RJ45 连接头跳线。

A.5.2 光跳线

光跳线可为 SC-SC、ST-ST、ST-SFF、SC-SFF、SFF-SFF 类型。

(1) 双 ST 连接头光跳线,如图 A-20 所示;

(2) 双 SC 连接头光跳线;

(3) 一端为 ST,另一端为 SC 光跳线;

(4) 双 LC 连接头光跳线;

(5) 双 MT-J 连接头光跳线;

(6) 双 VF-45 连接头光跳线,如图 A-21 所示;

(7) LC、MT-J、VF-45、ST、SC 之间任意组合的连接头光跳线。

图 A-21 VF45 光跳线

A.6 机房布线产品选用

A.6.1 线缆

布线标准认可多种介质类型以支持广泛的应用,但是建议新安装的数据中心宜采用支持传输高带宽的布线介质,并保持基础布线的使用寿命。

1. 推荐使用的布线传输介质

(1) 100 欧姆对绞电缆:建议采用 6 类/E 级(GB 50311-2007)、6A 类/E_A 级(TIA-568-C,ISO/IEC 11801:2008)、或 7 类/F 和 7A 类/F_A 级(GB 50311-2007,ISO/IEC 11801:2008)、8.1 类和 8.2 类/I 和 II 级。

(2) 多模光缆:62.5/125 μm 或 50/125 μm(TIA-568-C),建议选用 50/125 μm 的激光优化多模光缆(TIA-568-C)。

(3) 单模光缆(TIA-568-C)。

除以上介质外,认可的同轴介质为 75 Ω(型号是 734 和 735)同轴电缆(符合 Telcordia GR-139-CORE)及同轴连接头(ANSI T1.404)。建议这些电缆和连接头用于支持 E1 (2 Mb/s)及 E3(32 Mb/s)传输速率接口电路。

2. 在数据中心机房线缆选择原则

设计时,应根据机房的等级、网络的传输速率、线缆在网络应用时的传输距离、线缆的敷设场地和敷设方式等因素选用相应的线缆,使其①支持所对应的通信业务服务;② 有较长久的使用寿命;③ 减少占用空间;④ 传送带宽与性能指标有较大的冗余;⑤ 满足工程的实际需要与听取设备制造商的推荐意见。

对应于万兆以太网,线缆应选择 6A 类对绞电缆和 OM 3 万兆多模光纤/OS 1 单模光纤。为了支持未来的 4G 以太网和 10G 以太网,OM 4 多模和 OS 2 单模零水峰光纤应属于最佳选择。

另外,在数据中心内,为保障信息的可靠传输,为了更好地适应高速网络传输带宽的需要,对 10G/40G/100G 以太网,7 类/7A 类/8.1 类/8.2 类对绞屏蔽电缆比 6A 类具有更大的带宽余量,有助于提高传输线上的信噪比,进而确保万兆级以太网的误码率达到规定的范围内。

A.6.2　光纤和光收发器

布线标准认可多种光纤类型以支持广泛的应用,但是建议新安装的数据中心宜采用支持传输高带宽的布线介质,并保持基础布线的使用寿命。

1. OM3/OM4 激光优化 50/125 μm 多模光纤

数据中心的 LAN 和 SAN 网络应设计成为支持未来更高速率传输应用的系统,类似 10/40/100G 以太网和 8/16G 光纤通道等高速系统将推动数据中心中 OM3/OM4 的应用。

TIA - 492AAAC OM3 光纤标准是 2002 年 3 月发布,TIA - 492AAAD OM4 是 2009年 8 月发布。由于是激光优化 850 nm 波长的光纤,具备了 2 000 MHz·km(OM3)和4 700 MHz·km EMB(OM4)的有效模式带宽。"OM"系列的命名方式源自 ISO/IEC -11801,目前也被 TIA 标准采用,如 TIA - 568 - C.3。关于 OM1、OM2、OM3 和 OM4 光纤标准,如表 A - 6 所示。

表 A - 6　OM3/OM4 光纤指标

多模光纤类型		光纤标准	波长/nm	满注入带宽/(MHz·km)	有效模式带宽/(MHz·km)
OM1	62.5/125 μm	TIA - 492AAAA - A IEC 60793 - 2 - 10 Type A1b	850 1 300	200 500	不要求 不要求
OM2	50/125 μm	TIA - 492AAAAB IEC 60793 - 2 - 10 Type A1a.1	850 1 300	500 500	不要求 不要求
OM3	50/125 μm 激光优化多模	TIA - 492AAAC - A IEC 60793 - 2 - 10 Type A1a.2	850 1 300	1 500 500	2 000 不要求
0 M4	50/125 μm 激光优化多模	TIA - 492AAAAD IEC 60793 - 2 - 10 Type A1a.3	850 1 300	3 500 500	4 700 不要求

当前的线缆、连接器、连接硬件和系统设备都是支持这些 50 μm 光纤的,同时,相关的标准如 IEEE 40/100G、Fibre Channel 4/8/16G 传输标准和 TIA - 568 - C.3 布线标准等都收录和接受 OM3/OM4 光纤。

2. 光纤收发器

光纤收发器是进行光/电信号转换和发送、接收的有源设备。对于 ≥1 Gb/s 的速率应用,多模光纤使用 850 nm VCSEL,单模光纤使用 1 310 nm FP 或者 DFB 激光器。超过622 Mb/s 的传输数码率,都使用激光器件。VCSEL 较单模 FP/DFB 激光器来说,具有更显著的成本优势。正是这样的适用和经济的解决方案推动了 OM3/OM4 更加广泛的应用。

（1）SFP/SFP＋光纤收发器。SFP/SFP＋是数据中心 1G 到 16G 传输应用最多的光纤收发器,也是相关标准定义的标准器件,多数收发器采用 LC 光纤接口。

（2）QSFP 收发器将用于 40G OM3/OM4 并行光学的以太网,光纤连接器接口是 12 或 24 芯 MPO/MTP 形式的连接器,CXP 收发器将会用于 100G 并行光学以太网中,这种光纤连接器将是 24 芯 MPO/MTP 形式。与 SFP/SFP＋收发器类似,QSFP 和 CXP 收发器性能和属性也被收录在 40/100G 以太网标准中,用以规范系统的要求和性能。

A.6.3　预连接系统

预连接系统是一套高密度,由工厂终接、测试的,符合标准的模块式连接解决方案。预连接系统包括配线架、模块插盒和经过预连接的对绞电缆和光缆组件。预连接线缆两端既可以是插座连接,也可以是插头连接,且两端可以是不同的接口。预端接光缆在数据中心普遍得到采用。数据中心光缆可以选择普通室内紧套光缆,与通用布线系统的光缆类似。

1. 预端接解决方案

工厂预端接方案是指光缆长度、连接器类型、芯数等都是由工厂进行定制化,将现场安装中诸如剥除光缆外护套、光缆分支、连接器安装和硬件组装等耗时的步骤都可以在工厂内完成,产品运送到工地现场,只需要敷设和进行便捷的接插和连接就可以了。

预端接系统解决方案提供了更高芯数的密度,降低了安装时间和更佳便利的移动,增加和改变(MACs),是主要推荐的解决方案。

通常预端接系统的构成如图 A－22 所示。

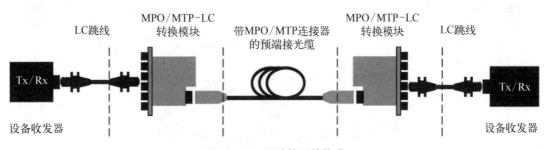

图 A－22　预端接系统构成

预端接的光缆和硬件已经成为数据中心应用的主要选择方式。相比现场安装解决方案,预端接系统比传统熔接等方式仍具有明显的优势:

（1）光纤链路可以快速地安装。对于希望将系统宕机概率降至最低或地板下空间紧张的项目,这是最大优势。因此,对于面临紧急修复或不影响在用系统正常运行的布线翻修,预端接解决方案是非常实用的。

（2）预端接解决方案对于项目成本控制非常有利。在工厂中完成了许多人工装配步骤可以显著地减少现场安装的成本。

（3）预端接解决方案只要少许的专业工具和安装技能便可实施,因此工作人员的通用性和工作效率大大提高。

（4）预端接部件在出厂前经过完整的组装和测试,可以显著减少原先采用传统安装方式进行的现场终接和硬件装配所带来的诸多问题。

光纤预连接组合器件能够保障光纤相连时的极性准确性。预连接系统的构成如图 A-23 和图 A-24 所示。光纤终接在数据中心中的应用技术比较如表 A-7 所示。

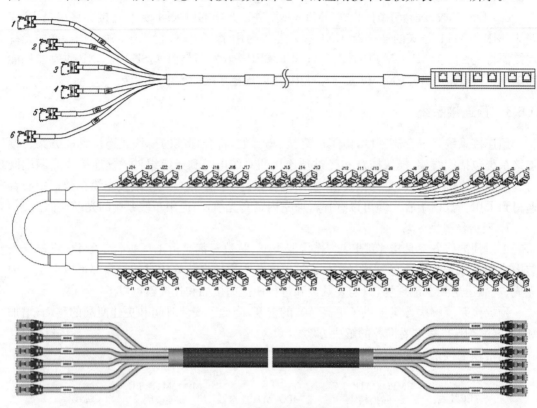

图 A-23 对绞电缆预连接系统

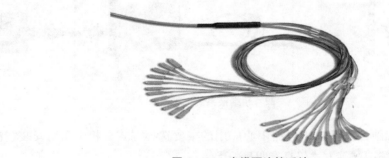

图 A-24 光缆预连接系统

表 A-7 光纤终接技术数据中心应用比较

项　　目	预连接	熔　接	压　接
性能(插入损耗)	优	优	中
订货时间	长	短	短
安装时间	短	适中	适中
材料成本	高	低	中
安装成本	低	高	中

（续表）

项　　　目	预连接	熔　接	压　接
可靠性	好	一般	一般
环保（包装、材料损耗）	好	差	好
极性管理	容易	复杂	复杂
灾难恢复	好	一般	一般
安装空间	高密度	中密度	中密度
扩容	易	难	难
重复利用	好	中	中
管道占用	少	多	多
安全	高	中	中
40/100G 支持（多模）	有	无	无

在各光纤预连接系统的性能表现中，LC/SC 预连接线缆＋LC/SC 适配器模块＞MPO/MTP 预连接线缆＋MPO/MTP 适配器模块＞MPO/MTP 预连接线缆＋MPO/MTP－LC/SC 适配器模块。

2. MXC 连接器

基于硅光子芯片技术的设备外部接口的光纤密度非常高，如果采用现有的光纤连接器，目前 MPO 的接口密度相对比较高，常用 1 个 MPO 可以支持 12 芯、24 芯甚至 48 芯。不过市场上极少有使用 48 芯密度的 MPO 连接器。主要是因为 MPO 基于 MT 平面接触的插芯，当插芯表面有灰尘时，将会产生较大衰减的风险，超高密度的稳定性还需要提升。而与硅光子技术配套的设备外部接口将采用下一代高密 MXC 连接器，如图 A－25 所示。

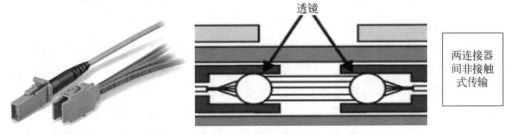

图 A－25　MXC 连接器

这类连接器采用非接触式连接，连接器的端面采用透镜技术将光束放大，一个 MXC 连接器可以实现 64 芯光纤密度的连接，而且对灰尘不敏感，增加了连接的稳定性与可靠性。MXC 的连接器不再采用传统研磨工艺，而是采用专用激光设备进行安装，产品组装效率很高。

单个 MXCTM 接口的光纤芯数达到 $16 \times 4 = 64$ 芯，支持 8 个 100G 通道。核心交换一块板卡接口如果按 48 口的密度来计算，一块板卡的数据交换量基于单通道 25G 的情况下的极限传输容量可以达到 $800G \times 48 = 38.4$ Tb/s。

3. 新型连接器件的应用

以往的可插拔光模块通常在 PCB 板卡边缘界面的顶部和底部采用单列连接器,而模块热管理则基于 riding 散热器及其相关的高热阻等。然而,400 GbE 模块尺寸规格的主要挑战是电接口增加了一倍,达到 8 通道,热管理需要改进,这使得现有的模块规格无法接受。正如我们将在下面看到的,一些新兴的可选模块建立在 SFP 或 QSFP 的基础上,以满足400 GbE 得预期需求。

1) CFP8 连接器

CFP8 是对 CFP4 的扩展,通道数增加为 8 通道,尺寸也相应增大,为 40 mm×102 mm×9.5 mm,如图 A-26 所示。该方案的成本较高。

16×25G 电接口的使用为 CFP8 提供了首先投放市场的优势。如果无法及时从业界获得 50 Gb/s 电信号或光组件,则可以使用现有 25 Gb/s 组件来实现 400 GbE 的 CFP8。但这是以付出更大模块体积的代价来容纳 16 通道的电与光元件。也就是说,由于相对较大的物理尺寸,热管理是良好的,因为更多的空间意味着它具有更大的表面面积,以使热量扩散并使空气流动从而热负荷可以传播出去。以此为代价,CFP8 作为最大的 400 GbE 互连模块规格只提供了本文讨论的四个规格中的最低端口密度。CFP8 采用的电连接器还是传统的在顶部和底部有单排接触点。

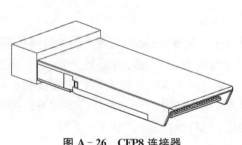

图 A-26 CFP8 连接器

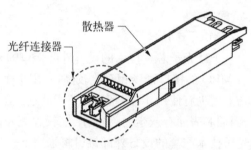

图 A-27 OSFP 连接器

2) OSFP 连接器

八进制小型可插拔规格(octal small formfactor pluggable, OSFP)为新的接口规格,与现有的光电接口不兼容,其结构示意如图 A-27 所示,其尺寸为 100.4 mm×22.58 mm×13 mm,它比 QSFP-DD 的尺寸略大,因而需要更大面积的 PCB。其电接口的引脚不同于QSFP-DD,上下各有一排(见图 A-28),虽然 OSFP 外形规格不向现有规格提供向后兼容性,但其设计可提供最大的热性能和电气性能。"O"代表着"八进制",它被设计为使用8 个电气通道来实现 400 GbE,而"SFP"代表着"小型可插拔规格"。OSFP 旨在用于即将到来的、标准还在制定中的 50 Gb/s 电信号工作的设备。OSFP 是一种传统的 OSFP 连接器。

电气互连方式,借鉴了业界从 SFP 和 QSFP 连接器中获取的最佳实践。OSFP 中的电连接器在顶部和底部都有一行触点,它提供了强大的电气和信号完整性性能。由于它是面板可插拔和现场可更换,它有一个单插座电连接器。

OSFP 的一个非传统方面是,它将热管理(散热)直接集成到物理外形中,以帮助冷却模块,类似于早期的 microQSFP 规格。一个 OSFP 集成散热器是为了使交换机柜内的高达

15 W 功率的模块可以实现传统的前向后的空气流通。这超越了一个更传统的 riding 散热器而完成了两件事：它消除了模块和散热器之间的高热阻，此外，一旦空气流出模块的背面，还可用于冷却设备外壳内部后方的交换机芯片或计算芯片。OSFFP 插座不向现有模块提供反向交互能力，因为有利于优化电气、封装和热方面。

3) QSFP‐DD 连接器

QSFP‐DD 的全称是 quad small form factor pluggable‐double density，该方案是对 QSFP 的拓展，将原先的 4 通道接口增加一行，变为 8 通道，也就是所谓的 double density。该方案与 QSFP 方案兼容，这是该方案的主要优势之一。原先的 QSFP28 模块仍可以使用，只需再插入一个模块即可。如图 A‐28 所示。

由于增加了 4 个通道，其上下两面电接口的引脚增加了一排，为 pad 引脚。

QSFP 规格是当今业界提供 40 和 100 GbE 的主力。"Q"代表"Quad"——四通道电气接口，每个通道

图 A‐28　QSFP‐DD 连接器

以 25 Gb/s 速度运行实现 100 GbE。QSFP‐DD 采用与它的前身相同的基本概念，但将电气触点的密度加倍，通过每对能够达到 50 Gb/s 的 8 个差分对，以实现 400 GbE，同时允许现有 QSFP 模块插入同一机架。QSFP‐DD 插座和笼子需要看起来和被配置成可接纳现有的 40 和 100 GbE 模块。这是通过稍微扩展 QSFP‐DD 模块的长度来实现的，以便在连接器的顶部和底部添加额外的凹进的触点。QSFP‐DD 规范定义了笼/连接器系统的单层配置和叠加配置，两者都通过标准的一排触点来支持 QSFP 模块并通过增加的一排凹进的触点来支持 QSFP‐DD 模块。

连接器的凹入触点是用于 I/O 电气互连的一个替代方法，并且它要求在信号完整性方面的显著创新以满足当前由 IEEE 和光互连论坛(OIF)定义的 50 Gb/s 信道要求。此外，为向现有的 40 和 100 GbE 模块提供向后兼容性的基准要求意味着，机械外壳受限于新的 400 GbE 光电子组件的可能扩展。

QSFP‐DD MSA 已经指定了两个版本。类型 1 是延伸的长度只够容纳电气接口的额外的凹进排触点；类型 2 是在设备面板外进一步加长 15 mm 来增加模块内的封装体积。基于 QSFP 的系统设计经验，通过改进笼子设计来实现热管理。模块可使用 riding 散热技术。外部非集成散热器可以被纳入优化系统设计的一部分。该规范的设计目的是支持至少 12 W 的模块。在过去 riding 散热器的热阻一直在 5 W 的功率水平，达到 10~12 W 是技术性能的显著提升。

4) COBO

COBO 的全称是 consortium for on board optics(板载光模块联合体)，也就是将所有光学组件放置在 PCB 板上。该方案的主要优势是散热好，尺寸小，如图 A‐29 所示。但是由于不是热插拔，一旦某个模块出现故障，检修比较麻烦。

嵌入式光模块是 COBO 的一个关键的不同点，可能解决热管理的挑战。

该光模块在受控环境中被安装到线路卡设备的内部(与上述其他三种可插拔模块相反)。目标是促进更高的模块端口密度、改进的热管理和更好的功率效率。这是通过将模块

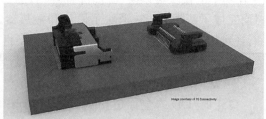

图 A‑29　COBO 连接器

安装在交换机芯片周围并且仅将光连接器放置在面板上以改善设备气流来实现的。COBO 规格对新的云市场具有潜在的关键优势,但改变了已建立的设备构建模式。

　　由于模块不受面板密度挑战的影响,在定义其占用空间方面存在更多的自由度。因此,COBO 开发了 400 GB/s 和 2×400 GB/s 能力占用空间。与 OSFP 和 QSFP‑DD 规格一样,它的目标是支持用于 400 GbE 的 8 个电气接口,并且旨在支持类似的光接口阵列。COBO 选择的高速连接器类似于 OSFP,是在顶部和底部具有单排触点的连接器,其可以提供实现良好信号完整性所需的设计简单性。一个单独的低速连接器用于管理接口和电源触点。COBO 规格旨在支持 15 W 以上的功率。

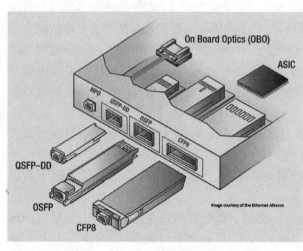

图 A‑30　四种连接器直观比较

　　下面如图 A‑30 所示,直观地提供了上面介绍的四种(图 A‑26～图 A‑29)模块规格的比较。

　　总结:IEEE P802.3bs 标准开发项目将定义 400 GbE 传输,用于云数据中心、互联网交换、多地服务、无线基础设施、服务提供商和运营商网络以及视频分发架构等关键应用领域的聚合和高带宽互连。事实上,随着以太网创新的新时代正在进行,IEEE 802.3 工作组正在进行一系列前所未有的标准化工作。IEEE P802.3bs 标准开发项目将定义 400 GbE 传输。

　　用于云数据中心、互联网交换、多地服务、无线基础设施、服务提供商和运营商网络以及视频分发架构等关键应用领域,所有这些规格都将支持行业标准化的电气和光接口,以确保使用它们构建的系统的相互操作。

　　5) CWDM8

　　该标准是对 CWDM4 标准的扩展,每个波长的速率为 50 GB/s,也可以同样实现 400 GB/s。其波长定义如表 A‑8 所示。新增加了四个中心波长,即 1 351/1 371/1 391/1 411 nm。波长范围变得更宽,对 Mux/DeMux 的要求更高,激光器的数目也增加一倍。最大输入功率为 8.5 dBm。Intel 公司在此次 OFC 会议上展示了其基于硅光芯片的 CWDM8 方案。

表 A-8　波长分配

通　道	中心波长/nm	波长范围/nm
L_0	1 271	1 264.5～1 277.5
L_1	1 291	1 284.5～1 297.5
L_2	1 311	1 304.5～1 317.5
L_3	1 331	1 324.5～1 337.5
L_4	1 351	1 344.5～1 357.5
L_5	1 371	1 364.5～1 377.5
L_6	1 391	1 384.5～1 397.5
L_7	1 411	1 404.5～1 417.5

A.6.4　设备线缆与跳线

在数据中心中通过设备线缆与跳线实现端口之间的连接。设备线缆与跳线可采用对绞电缆或光纤。它们的性能指标应满足相应标准的要求。

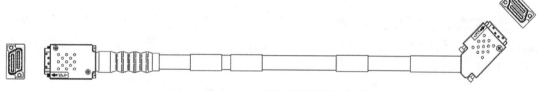

图 A-31　高密度线缆跳线

光、电设备线缆与跳线应与水平或主干光(电)缆的类型和等级保持一致,还应与网络设备、配线设备端口连接硬件的等级保持一致,并且能够互通,达到传输指标的要求。

在端口密集的配线和网络机柜和机架上,可以使用高密度的连接器件组成的对绞电缆和光纤跳线。这些跳线通过对传统插拔方式或接口密度的重新设计,在兼容与标准化插口的前提下满足了高密度环境中的插拔准确性和安全性。线缆跳线和连接器/适配器的构成如图 A-31 和图 A-32 所示。

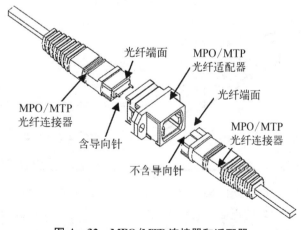

图 A-32　MPO/MTP 连接器和适配器

A.6.5　配线架

为降低企业的投资成本和提高运营效益,数据中心采用高密度的配线设备以提高应用空间,同时在结构上又要方便理线与端口模块在使用中的更换,并且模块还具备符合环境要求的清晰显示内容的标签。

1. 高密度配线架

模块化的配线架可以灵活配置机柜/机架单元空间内的终接数量,提高端口的适用性与灵活性。配线架的构成如图 A-33 所示。

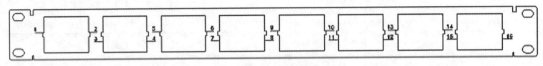

图 A-33 配线架

常用的配线架,通常在 1U 或 2U 的空间可以提供 24 个或 48 个标准的 RJ45 接口,而使用高密度配线架可以在同样的机架空间内获得高达 48 个或 72 个标准的 RJ45 接口,从而节省了机柜的占用空间,同时也保持端口的可操作性和标识功能。高密度配线架的构成如图 A-34 所示。

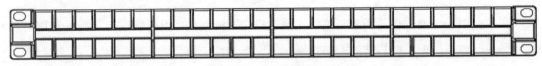

图 A-34 高密度配线架

角型配线架允许线缆直接从水平方向进入垂直的线缆管理器,而不需要水平线缆管理器,从而增加了机柜的安装密度,可以容纳更多的信息模块数量。角型高密度配线架的构成如图 A-35 所示。

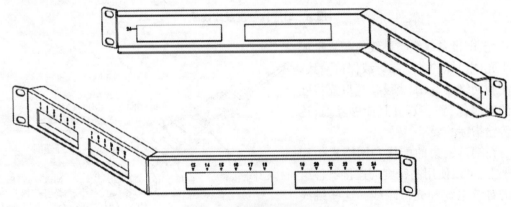

图 A-35 角型高密度配线架

凹型配线架主要应用在需要在服务器机柜背部进行配线的情况下,配线架向下凹陷,使得模块的正面留有更多的空间,从而即使关闭机柜的前后柜门,也不会压迫到任何的终接线缆和跳线,且方便维护人员的跳线管理操作。凹型高密度配线架的构成如图 A-36 所示。

机柜内的垂直配线架,充分利用机柜空间,不占用机柜内的安装高度(所以也叫 0U 配线架)。在机柜侧面可以安装多个对绞电缆或者光缆配线架,它的优点是可以节省机柜空间,满足跳线的弯曲半径要求和更方便地插拔跳线。

高密度的光纤配线架,配合小型化光纤接口,可以在 1U 空间内容纳至少 48 芯光纤,并

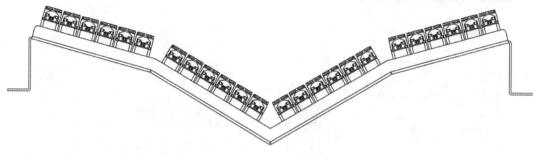

图 A-36　凹型高密度配线架

具备人性化的抽屉式或翻盖式托盘管理和全方位的裸纤固定及保护功能。更可配合光纤预连接系统做到即插即用,节省现场施工时间。光纤高密度配线架的构成如图 A-37 所示。

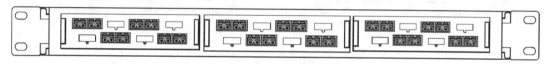

图 A-37　光纤高密度配线架

2. 光纤配线架

根据数据中心对于光纤数量的需求和小型化光纤连接器的广泛应用,当前数据中心较多地采用高密度的光纤配线设备以提高利用空间,同时在结构上也保证线缆维护和管理的便利性以及相关标识的使用。

根据不同的应用位置,目前可以选择的配线架有机架安装、墙上安装、地板下安装、桥架吊装等,通常 MDA、HDA、服务器机柜等都是采用机柜安装,而非标的设备会使用地板下安装或桥架吊装等方式,如存储、高端小型机等设备。

下面以机柜安装的标准 19 英寸配线架为例说明,目前高密度的光纤配线架,配合小型化光纤接口,一般可以在 1 U 空间内容纳至少 48 芯光纤,并具备人性化的抽屉式或翻盖式托盘管理和全方位的裸纤固定及保护功能,也可以配合光纤预端接系统做到即插即用,节省现场施工时间。光纤高密度配线架的构成如图 A-38 所示。

模块化的配线架可以灵活配置机柜/机架单元空间内的终接数量,提高端口的适用性与灵活性。此外,选择配线架时,对以下问题也需要给予关注: ① 固定光缆的装置需要方便和可靠;② 配线架前后移动的位置和合理性;③ 配线架内部要有足够的盘纤空间;④ 线架前面板的适配器,跳线的使用,维护的合理性;⑤ 配线架前面要有光纤跳线的保护和走线装置等。

3. 线缆管理器

在数据中心中通过水平线缆管理器和垂直线缆管理器实现对机柜或机架内空间的整合,提升线缆管理效率,使系统中杂乱无章的设备线缆与跳线管理得到很大的改善。水平线缆管理器主要用于容纳机柜内部设备之间的线缆连接,有 1 U 和 2 U、单面和双面、有盖和无盖等不同结构组合,线缆可以从左右、上下出入,有些还具备前后出入的能力。垂直线缆管理器分机柜内和机柜外两种,内部的垂直线缆管理器主要用于管理机柜内部设备之间的线缆连接,一般配备滑槽式盖板。机柜外的垂直线缆管理器主要用于管理相邻机柜设备之间的线缆连接,配备可左右开启的铰链门。线缆管理器的构成如图 A-39、图 A-40 所示。

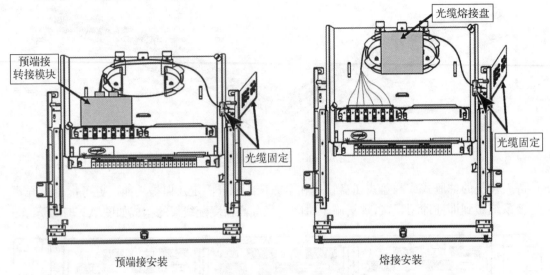

预端接安装　　　　　　　　　　熔接安装

图 A‑38　光纤高密度配线架的构成

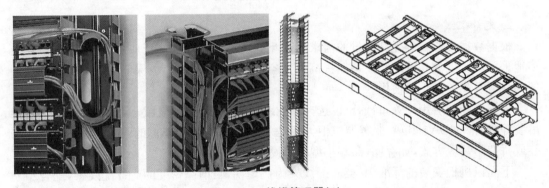

图 A‑39　线缆管理器(1)

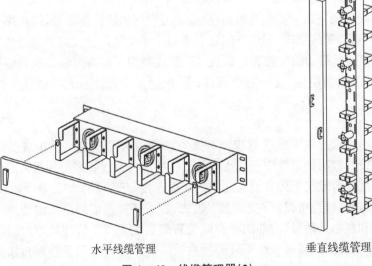

水平线缆管理　　　　　　　　　垂直线缆管理

图 A‑40　线缆管理器(2)

A.7 机柜/机架

1. 尺寸要求

工程通常使用标准 19 in 宽的机柜/机架。机架为开放式结构,一般用于安装配线设备,有 2 柱式和 4 柱式;机柜为封闭式结构,一般用于安装网络设备、服务器和存储设备等,也可以安装配线设备,有 600×600、600×800、600×900、600×1 000、600×1 200、800×800、800×1 000、800×1 200 等规格。宽度为 600 mm 的机柜没有垂直线槽,一般用于安装服务器设备;宽度为 800 mm 的机柜两侧有垂直线槽,适合跳线较多以及使用角型配线架的环

境,一般作为配线柜和网络柜,对于集中式配线模式数据中心的配线机柜,还可以增加垂直线槽的深度以加强跳线管理的能力。对一列机架而言,放置于中间位置的机架可以是无侧板的,使得每一列机架形成一个整体。通常机架和机柜最大高度为 2.4 m,推荐的机架和机柜最好不高于 2.1 m,以便于放置设备或在顶部安装连接硬件。推荐使用标准 19 英寸宽的机柜/机架。机柜、机架的构成如图 A‐41 所示。

机柜内的部位应能满足设备的安装空间需求,包括在设备前、后预留足够的布线、以及安装线缆管理器、电源插座、接地装置和电源线的敷设空间。为确保充足的气流,机柜深度或宽度至少比设备最深部位多出 150 mm(6 in)。

机架 机柜

图 A‐41 机柜、机架

机柜中要求有可前后调整的轨道,并提供满足 42 U 高度或更大的安装空间。

2. 开孔率计算

网孔门开孔率是衡量机柜散热与制造工艺水平的一项重要指标。开孔率是指网孔门的开孔区,开孔的面积占整个开孔区的百分比。计算方法如下:在开孔区任取 200 mm×200 mm 面积的区域,开孔率＝开孔面积(mm²)/200×200(mm²)×100%(见图 A‐42)。

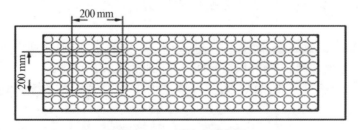

图 A‐42 开孔率示意图

3. 机柜外观高度和安装 U 数对应关系

如表 A‐9 所示。

表 A‑9　机柜高度与 U 数对应关系

机柜外观高度和安装 U 数的一般对应关系		
机柜外观高度/m	机柜最小安装 U 数	机柜最小安装高度/mm
2.6	54	2 403
2.4	50	2 225
2.2	47	2 092
2.0	42	1 869
1.8	38	1 691
1.75	36	1 602
1.2	24	1 068

注：表中高度不含底轮和水平调节角的高度。

A.8　标签

布线标签标识系统的实施应为用户今后的维护和管理带来最大的便利，提高其管理水平和工作效率，减少网络配置时间。所有需要标识的设施都要有标签，每一线缆、光缆、配线设备、终接点、接地装置、敷设管线等组成部分均应给定唯一的标识符。标识符应采用相同数量的字母和数字等标明，按照一定的模式和规则来进行。建议按照"永久标识"的概念选择材料，标签的寿命应能与布线系统的设计寿命相对应。建议标签材料符合通过 UL969（或对应标准）认证以达到永久标识的保证；同时建议标签要达到环保 RoHS 指令要求。所有标签应保持清晰、完整，并满足环境的要求。标签应打印，不允许手工填写，应清晰可见、易读取。特别强调的是，标签应能够经受环境的考验，比如潮湿、高温、紫外线，应该具有与所标识的设施相同或更长的使用寿命。

聚酯、乙烯基或聚烯烃等材料通常是最佳的选择。

作为线缆专用标签要满足清晰度、磨损性和附着力的要求，TIA‑606A 标准中规定黏性标签要适用于 UL969 标准描述的易辨认，耐破损和黏性要求。

UL969 试验由两部分组成：暴露测试、选择性测试。

(1) 暴露测试：暴露测试包括温度测试（从低到高）、湿度测试（37℃/30 天，95％RH.）和抗磨损测试。

(2) 选择性测试：选择性测试包括黏性强度测试、防水性测试、防紫外线测试（日照 100/30 天）、抗化学腐蚀测试、耐气候性测试以及抗低温能力测试等。

只有经过了上述各项严格测试的标签才能用于线缆上，在布线系统的整个寿命周期内发挥应有作用。

A.8.1　线缆标识

标识本身应具有良好的防撕性能，并且符合 ROHS 对应的标准。

(1) 单根线缆/跳线标签最常用的是覆膜标签，这种标签带有黏性并且在打印部分之外带有一层透明保护薄膜,可以保护标签打印字体免受磨损。除此之外,单根线缆/跳线也可以使用非覆膜标签、旗式标签、热缩套管式标签。单根线缆/跳线标签的常用的材料类型包括乙烯基、聚酯和聚氟乙烯。如图 A-43 所示。

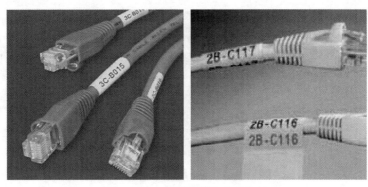

图 A-43 单跟线缆和跳线标识

(2) 对于成捆的线缆,建议使用标识牌来进行标识。这种标牌可以通过尼龙扎带或毛毡带与线缆绑扎固定,可以水平或垂直放置。配线架标识主要以平面标识为主,要求材料能够不受恶劣环境的影响,在侵入各种溶剂时仍能保持良好的图像品质,并能粘贴至包括低表面能塑料的各种表面。配线架标识有直接粘贴型和塑料框架保护型。

单根线缆/跳线通常使用旗式标签、热缩套管式标签,通常使用的是覆膜标签(可以使用非覆膜标签),这种标签带有黏性并且在打印部分之外带有一层透明保护薄膜,可以保护标签打印字体免受磨损。这类标签的常用的材料类型包括乙烯基、聚酯和聚氟乙烯。

对于成捆的线缆,建议使用标识牌来进行标识。这种标牌可以通过尼龙扎带或毛毡带与线缆绑扎固定,可以水平或垂直放置。如图 A-44(a)所示。

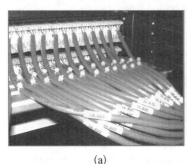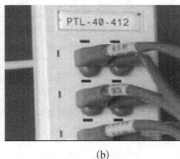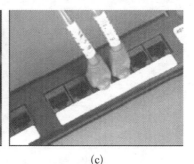

(a)   (b)   (c)

图 A-44 水平线缆标识

线缆标识最常用的是覆盖保护膜标签,这种标签带有黏性并且在打印部分之外带有一层透明保护薄膜,可以保护标签打印字体免受磨损。除此之外,单根线缆/跳线也可以使用非覆膜标签、旗式标签、热缩套管式标签。

A.8.2 配线架和出口面板的标识

配线架标识主要以平面标识为主,要求材料能够不受恶劣环境的影响,在侵入各种溶剂时仍能保持良好的图像品质,并能粘贴至包括低表面能塑料的各种表面。配线架标识有直接粘贴型和塑料框架保护型。

标签应打印，不允许手工填写，应清晰可见、易读取。所有标签应保持清晰、完整，并满足环境的要求，如图 A-45(b)(c)所示。

A.8.3 捆扎带的选择

捆扎带可以分为活动式或固定式，材料有塑料捆扎带和尼龙捆扎带。通常采用宽带扣或尼龙黏扣带优于固定式捆扎带，有利于对线缆的保护。建设采用尼龙黏扣捆扎带，耐酸、碱，不易老化。如图 A-45 所示。

图 A-45 尼龙粘扣捆扎带图例

A.8.4 标签材料分类

如表 A-10 所示。

表 A-10 标识的种类和用途

标识的种类和用途	建议使用材料	使用环境	材 料 特 性
对绞电缆光缆	乙烯，聚丙烯（旗形）	−40～70℃ 室内	符合 UL969 认证，带永久性丙烯酸胶，适合热转移打印，良好的防水防油和防溶剂性能，透明性良好，柔软易弯曲适应性强，是覆盖保护膜线缆和电线标识。对于旗形线缆标签方案，具有良好的防撕扯和优秀的耐化学溶剂性能和打印效果(激光和热转移)，尤其适合光纤线径较小的线缆标识，也需要符合 UL969 认证
配线架	聚酯	−40～100℃ 室内	热转移打印，带永久性丙烯酸胶，良好的材料附着性能，符合 UL969 认证
面板	聚酯	−40～100℃ 室内	热转移打印，带永久性丙烯酸胶，良好的材料附着性能，符合 UL969 认证
设备铭牌	聚酯	−40～100℃ 室内	热转移打印，带永久性丙烯酸胶，良好的材料附着性能，材料要有一定厚度，需要有立体感，符合 UL969 认证
吊牌	聚乙烯，聚亚安酯	−40～80℃ 室内	适合热转移打印，良好的防撕扯性和抗化学性。良好的耐温性，耐湿性。在接触化学溶剂后仍能保持清晰的可读性
热缩套管	聚烯烃	−55～125℃ 室内(或室外)	热缩标记套管，可以热转移打印，无卤阻燃，适用于高人口密度场合的行业应用，同时满足 UL224 和 CSA 标准

A.8.5 标识选用

1) 粘贴型和插入型

建议标签材料符合通过 UL969(或对应标准)认证以达到永久标识的保证；同时建议标签要达到环保 RoHS 指令要求。聚酯、乙烯基或聚烯烃都是常用的粘贴型标识材料。

插入型标识需要可以用打印机进行打印,标识本身应具有良好的防撕性能,够经受环境的考验,并且符合 ROHS 对应的标准。常用的材料类型包括聚酯、聚乙烯、聚亚安酯。

线缆的直径决定了所需缠绕式标签的长度或者套管的直径。大多数缠绕式标签适用于各种尺寸的线缆。贝迪缠绕式标签适用于各种不同直径的标签。对于非常细的线缆标签(如光纤跳线标签),可以选用旗型标签,如图 A - 46 所示。

图 A - 46 旗形标签

2)覆盖保护膜线缆标签

可以在端子连接之前或者之后使用,标识的内容清晰。标签完全缠绕在线缆上并有一层透明的薄膜缠绕在打印内容上。可以有效地保护打印内容,防止刮伤或腐蚀。

3)管套标识

只能在端子连接之前使用,通过电线的开口端套在电线上。有普通套管和热缩套管之分。热缩套管在热缩之前可以随便更换标识,具有灵活性经过热缩后,套管就成为能耐恶劣环境的永久标识。

4)标签打印方式

(1)现场打印标识:用户可以根据自己的需要打印各种内容的标签;可供便携式打印机、热转移打印机、针式打印机、激光或喷墨式打印机打印的各种标签材料;可以适合打印较长字符;并有适合不同应用要求的标签尺寸。

(2)预印标识:有多种各样的预印内容可供用户选择;若用户对标识的需求量比较大,还可以提供定制预印内容的产品,可以提供装订成卡片式、本式和套管式等;预印标识使用方便,运输便利,适用于各种应用场合。

A.8.6 标签打印机选择

1)热转移打印机

热转移打印机是一种热蜡式打印机,它利用打印头上的发热元件加热浸透彩色蜡或树脂的色带,使色带上的固体转印到打印介质上。其优点是打印字迹清晰,打印速度快,打印噪声低。民用常见于火车票、超市价签等纸制标签的打印;工业上主要用于打印线缆标识、套管标识、资产标识、设备铭牌标识、集成电路元器件标识、管道标识、安全警示等等。

2)激光打印机

激光打印机工作原理是利用电子成像技术进行打印的。调制激光束在硒鼓上沿轴向进行扫描,使鼓面感光,构成负电荷阴影,鼓面在经过带正电的墨粉时,感光部分就会吸附上墨粉转印到纸上,纸上的墨粉经加热熔化形成永久性的字符和图形。激光打印机的优点是打印质量好、分辨率高、噪声小、速度快、色彩艳丽。民用主要是办公室的文件打印;工业上常用批量打印线缆标识、资产标识、设备铭牌标识和集成电路元件标识。

3)喷墨打印机

喷墨打印机价格低廉、色彩亮丽、打印噪声低、速度快、应用普遍,主要在办公室和家庭中使用。工业上常用于打印单色标签,如集成电路元件标识、条形码标识和线缆标识等。

4) 针式打印机

针式打印机是最早使用的打印机之一,它的优点是结构简单、节省耗材、维护费用低、可打印多层介质。缺点是噪声大、分辨率低、打印速度慢、打印针易折断。民用常见于各种票据的打印;工业上常用于打印大批量使用的集成电路元件标识和电力线缆标识。

A.9 管理软件

管理软件是智能化布线系统中的必要组成部分。布线管理软件通常包括数据库软件,它把综合布线系统中的连接关系、产品属性、信息点的位置都存放在数据库中,并用图形的方式显示出来,使网管人员通过对数据库的操作就能详细了解布线系统的结构、各信息点及端口的属性,不用再去翻阅以前的图纸、资料,就能轻松改变跳线的连接,而不必担心拔错跳线。网管人员通过对数据库软件操作,实现数据录入、网络更改、系统查询等功能,使用户随时拥有更新的电子数据文档。布线管理软件把网管人员的交接工作也变得很简单。总之,布线管理软件是现有综合布线系统管理的更新和补充,可以缩短查找布线链路的时间,提高综合布线系统管理的效率,降低用户维护成本。

附录 B

性能指标表格

B.1 对绞电缆布线工程接线图与电缆长度

B.1.1 接线图的测试

主要测试水平电缆终接在工作区或电信间配线设备的 8 位模块式通用插座的安装连接的正确或错误。接线图正确的线对组合为 1/2、3/6、4/5、7/8,分为非屏蔽和屏蔽两类;非 RJ45 的连接方式应符合产品的连接要求。

布线链路及信道缆线长度应在测试连接图所要求的极限长度范围之内。

B.1.2 100 Ω 对绞电缆组成的永久链路或 CP 链路的各项指标值

应符合下列规定:

(1) 回波损耗(RL)。在布线的两端均应符合回波损耗值的要求,布线系统永久链路的最小回波损耗值应符合表 B-1 的规定。

表 B-1 回波损耗(RL)值

频率 /MHz	最小 RL 值/dB					
	等　级					
	C	D	E	E_A	F	F_A
1	15.0	19.0	21.0	21.0	21.0	21.0
16	15.0	19.0	20.0	20.0	20.0	20.0
100	—	12.0	14.0	14.0	14.0	14.0
250	—	—	10.0	10.0	10.0	10.0
500	—	—	—	8.0	10.0	10.0
600	—	—	—	—	10.0	10.0
1 000	—	—	—	—	—	8.0

（2）布线系统永久链路的最大插入损耗（IL）值应符合表 B-2 的规定。

表 B-2　插入损耗（IL）值

频率/MHz	最大 IL 值/dB							
	等　级							
	A	B	C	D	E	E$_A$	F	F$_A$
0.1	16.0	5.5	—	—	—	—	—	—
1	—	5.8	4.0	4.0	4.0	4.0	4.0	4.0
16	—	—	12.2	7.7	7.1	7.0	6.9	6.8
100	—	—	—	20.4	18.5	17.8	17.7	17.3
250	—	—	—	30.7	28.9	28.8	27.7
500	—	—	—	—	42.1	42.1	39.8
600	—	—	—	—	—	—	46.6	43.9
1 000	—	—	—	—	—	—	—	57.6

（3）线对与线对之间的近端串音（NEXT）。在布线的两端均应符合 NEXT 值的要求，布线系统永久链路的近端串音值应符合表 B-3 的规定。

表 B-3　近端串音（NEXT）值

频率/MHz	最小 NEXT 值/dB							
	等　级							
	A	B	C	D	E	E$_A$	F	F$_A$
0.1	27.0	40.0	—	—	—	—	—	—
1	—	25.0	40.1	64.2	65.0	65.0	65.0	65.0
16	—	—	21.1	45.2	54.6	54.6	65.0	65.0
100	—	—	—	32.3	41.8	41.8	65.0	65.0
250	—	—	—	—	35.3	35.3	60.4	61.7
500	—	—	—	—	—	29.2 27.9[注]	55.9	56.1
600	—	—	—	—	—	—	54.7	54.7
1 000	—	—	—	—	—	—	—	49.1 47.9[①]

① 为有 CP 点存在的永久链路指标。

（4）近端串音功率和（PSNEXT）。在布线的两端均应符合 PSNEXT 值要求，布线系统永久链路的 PSNEXT 值应符合表 B-4 的规定。

表 B‑4 近端串音功率和(PS NEXT)值

频率/MHz	最小 PS NEXT 值/dB				
	等 级				
	D	E	E$_A$	F	F$_A$
1	57.0	62.0	62.0	62.0	62.0
16	42.2	52.2	52.2	62.0	62.0
100	29.3	39.3	39.3	62.0	62.0
250	—	32.7	32.7	57.4	58.7
500	—	—	26.4 24.8注	52.9	53.1
600	—	—	—	51.7	51.7
1 000	—	—	—	—	46.1 44.9[①]

① 为有 CP 点存在的永久链路指标。

(5) 线对与线对之间的衰减/近端串音比(ACR‑N)值是 NEXT 与插入损耗分贝值之间的差值,在布线的两端均应符合 ACR‑N 值要求。永久链路的 ACR‑N 值应符合表 B‑5 的规定。

表 B‑5 衰减/近端串音比(ACR‑N)值

频率/MHz	最小 ACR‑N 值/dB				
	等 级				
	D	E	E$_A$	F	F$_A$
1	60.2	61.0	61.0	61.0	61.0
16	37.5	47.5	47.6	58.1	58.2
100	11.9	23.3	24.0	47.3	47.7
250	—	4.7	6.4	31.6	34.0
500	—	—	−12.9 −14.2注	13.8	16.4
600	—	—	—	8.1	10.8
1 000	—	—	—	—	−8.5 −9.7[①]

① 为有 CP 点存在的永久链路指标。

(6) ACR‑N 功率和(PS ACR‑N)为 PS NEXT 值与插入损耗分贝值之间的差值。布线系统永久链路的 PS ACR‑N 值应符合表 B‑6 规定。

表 B-6　衰减/近端串音比功率和(PS ACR-N)值

频率/MHz	最小 PS ACR-N 值/dB				
	等　级				
	D	E	E_A	F	F_A
1	53.0	58.0	58.0	58.0	58.0
16	34.5	45.1	45.2	55.1	55.2
100	8.9	20.8	21.5	44.3	44.7
250	—	2.0	3.8	28.6	31.0
500	—	—	−15.7 −16.3注	10.8	13.4
600	—	—	—	5.1	7.8
1 000	—	—	—	—	−11.5 −12.7①

① 为有 CP 点存在的永久链路指标。

(7) 线对与线对之间的衰减/远端串音比(ACR-F)值是 FEXT 与插入损耗分贝值之间的差值,在布线的两端均应符合 ACR-F 值要求。永久链路的 ACR-F 值应符合表 B-7 的规定。

表 B-7　衰减/远端串音比(ACR-F)值

频率/MHz	最小 ACR-F 值/dB				
	等　级				
	D	E	E_A	F	F_A
1	58.6	64.2	64.2	65.0	65.0
16	34.5	40.1	40.1	59.3	64.7
100	18.6	24.2	24.2	46.0	48.8
250	—	16.2	16.2	39.2	40.8
500	—	—	10.2	34.0	34.8
600	—	—	—	32.6	33.2
1 000	—	—	—	—	28.8

(8) ACR-F 功率和(PS ACR-F)为 PS FEXT 值与插入损耗分贝值之间的差值。布线系统永久链路的 PS ACR-F 值应符合表 B-8 的规定。

表 B-8 衰减/远端串音比功率和(PS ACR-F)值

频率/MHz	最小 PS ACR-F 值/dB				
	等 级				
	D	E	E_A	F	F_A
1	55.6	61.2	61.2	62.0	62.0
16	31.5	37.1	37.1	56.3	61.7
100	15.6	21.2	21.2	43.0	45.8
250	—	13.2	13.2	36.2	37.8
500	—	—	7.2	31.0	31.8
600	—	—	—	29.6	30.2
1 000	—	—	—	—	25.8

（9）布线系统永久链路的直流环路电阻应符合表 B-9 的规定。

表 B-9 永久链路直流环路电阻

最大直流环路电阻/Ω							
等 级							
A	B	C	D	E	E_A	F	F_A
530	140	34	21	21	21	21	21

（10）布线系统永久链路的最大传播时延应符合表 B-10 的规定。

表 B-10 传播时延

频率/MHz	最大传播时延/μs							
	等 级							
	A	B	C	D	E	E_A	F	F_A
0.1	19.4	4.4	—	—	—	—	—	—
1	—	4.4	0.521	0.521	0.521	0.521	0.521	0.521
16	—	—	0.496	0.496	0.496	0.496	0.496	0.496
100	—	—	—	0.491	0.491	0.491	0.491	0.491
250	—	—	—	—	0.490	0.490	0.490	0.490
500	—	—	—	—	—	0.490	0.490	0.490
600	—	—	—	—	—	—	0.489	0.489
1 000	—	—	—	—	—	—	—	0.489

（11）布线系统永久链路的最大传播时延偏差应符合表 B-11 的规定。

表 B-11　传播时延偏差

等　级	频率/MHz	最大时延偏差/μs
A	$f=0.1$	—
B	$0.1\leqslant f\leqslant 1$	—
C	$1\leqslant f\leqslant 16$	$0.044^①$
D	$1\leqslant f\leqslant 100$	$0.044^①$
E	$1\leqslant f\leqslant 250$	$0.044^①$
E_A	$1\leqslant f\leqslant 500$	$0.044^①$
F	$1\leqslant f\leqslant 600$	$0.026^②$
F_A	$1\leqslant f\leqslant 1\,000$	$0.026^②$

① 为 $0.9\times0.045+3\times0.001\,25$ 计算结果。
② 为 $0.9\times0.025+3\times0.001\,25$ 计算结果。

　　(12) 外部近端串音功率和(PS ANEXT)。在布线的两端均应符合 PS ANEXT 值要求,布线系统永久链路的 PS ANEXT 值应符合表 B-12 的规定。

表 B-12　外部近端串音功率和(PS ANEXT)值

频率/MHz	最小 PS ANEXT 值/dB	
	等　级	
	E_A	F_A
1	67.0	67.0
100	60.0	67.0
250	54.0	67.0
500	49.5	64.5
1 000	—	60.0

　　(13) 外部近端串音功率和平均($PS\ ANEXT_{avg}$)值。在布线的两端均应符合 PS ANEXTavg 值要求,布线系统永久链路的 PS ANEXTavg 值应符合表 B-13 的规定。

表 B-13　外部近端串音功率和平均($PS\ ANEXT_{avg}$)值

频率/MHz	最小 $PS\ ANEXT_{avg}$值/dB
	等　级
	E_A
1	67.0
100	62.3
250	56.3
500	51.8

（14）外部 ACR－F 功率和（PS AACR－F）。在布线的两端均应符合 PS AACR－F 值要求，布线系统永久链路的 PS AACR－F 值应符合表 B－14 的规定。

表 B－14 外部 ACR－F 功率和（PS AACR－F）值

频率/MHz	最小 PS AACR－F 值/dB	
	等　级	
	E_A	F_A
1	67.0	67.0
100	37.0	52.0
250	29.0	44.0
500	23.0	38.0
1 000	—	32.0

（15）外部 ACR－F 功率和平均（PS AACR-Favg）值。在布线的两端均应符合 PS AACR-Favg 值要求，布线系统永久链路的 PS AACR-Favg 值应符合表 B－15 的规定。

表 B－15 外部 ACR－F 功率和平均（PS AACR-F_{avg}）

频率/MHz	PS AACR-F_{avg}值/dB
	等　级
	E_A
1	67.0
100	41.0
250	33.0
500	27.0

B.1.3 100 Ω 对绞电缆组成的信道各项指标值

综合布线系统工程设计中，100 Ω 对绞电缆组成信道的各项指标值应符合以下要求。

（1）回波损耗（RL）：在布线的两端均应符合回波损耗值的要求，布线系统信道的回波损耗值应符合表 B－16 的规定。

表 B－16 回波损耗（RL）值

频率/MHz	最小 RL 值/dB					
	等　级					
	C	D	E	E_A	F	F_A
1	15.0	17.0	19.0	19.0	19.0	19.0
16	15.0	17.0	18.0	18.0	18.0	18.0
100	—	10.0	12.0	12.0	12.0	12.0

(续表)

频率 /MHz	最小 RL 值/dB					
	等 级					
	C	D	E	E_A	F	F_A
250	—	—	8.0	8.0	8.0	8.0
500	—	—	—	6.0	8.0	8.0
600	—	—	—	—	8.0	8.0
1 000	—	—	—	—	—	6.0

(2) 布线系统信道的插入损耗(IL)值应符合表 B-17 的规定。

表 B-17　插入损耗(IL)值

频率 /MHz	最大 IL 值/dB							
	等 级							
	A	B	C	D	E	E_A	F	F_A
0.1	16.0	5.5	—	—	—	—	—	—
1	—	5.8	4.2	4.0	4.0	4.0	4.0	4.0
16	—	—	14.4	9.1	8.3	8.2	8.1	8.0
100	—	—	—	24.0	21.7	20.9	20.8	20.3
250	—	—	—	—	35.9	33.9	33.8	32.5
500	—	—	—	—	—	49.3	49.3	46.7
600	—	—	—	—	—	—	54.6	51.4
1 000	—	—	—	—	—	—	—	67.6

(3) 线对与线对之间的近端串音(NEXT)。在布线的两端均应符合 NEXT 值的要求，布线系统信道的近端串音值应符合表 B-18 的规定。

表 B-18　近端串音(NEXT)值

频率 /MHz	最小 NEXT 值/dB							
	等 级							
	A	B	C	D	E	E_A	F	F_A
0.1	27.0	40.0	—	—	—	—	—	—
1	—	25.0	39.1	63.3	65.0	65.0	65.0	65.0
16	—	—	19.4	43.6	53.2	53.2	65.0	65.0
100	—	—	—	30.1	39.9	39.9	62.9	65.0
250	—	—	—	—	33.1	33.1	56.9	59.1
500	—	—	—	—	—	27.9	52.4	53.6

（续表）

频率/MHz	最小 NEXT 值/dB							
	等 级							
	A	B	C	D	E	E$_A$	F	F$_A$
600	—	—	—	—	—	—	51.2	52.1
1 000	—	—	—	—	—	—	—	47.9

（4）近端串音功率和（PS NEXT）。在布线的两端均应符合 PS NEXT 值要求，布线系统信道的 PSNEXT 值应符合表 B-19 的规定。

表 B-19　近端串音功率和（PS NEXT）值

频率/MHz	最小 PS NEXT 值/dB				
	等 级				
	D	E	E$_A$	F	F$_A$
1	60.3	62.0	62.0	62.0	62.0
16	40.6	50.6	50.6	62.0	62.0
100	27.1	37.1	37.1	59.9	62.0
250	—	30.2	30.2	53.9	56.1
500	—	—	24.8	49.4	50.6
600	—	—	—	48.2	49.1
1 000	—	—	—	—	44.9

（5）线对与线对之间的衰减/近端串音比（ACR-N）值是 NEXT 与插入损耗分贝值之间的差值，在布线的两端均应符合 ACR-N 值要求。信道的 ACR-N 值应符合表 B-20 的规定。

表 B-20　衰减/近端串音比（ACR-N）值

频率/MHz	最小 ACR-N 值/dB				
	等 级				
	D	E	E$_A$	F	F$_A$
1	59.3	61.0	61.0	61.0	61.0
16	34.5	44.9	45.0	56.9	57.0
100	6.1	18.2	19.0	42.1	44.7
250	—	−2.8	−0.8	23.1	26.7
500	—	—	−21.4	3.1	6.9
600	—	—	—	−3.4	0.7
1 000	—	—	—	—	−19.6

(6) ACR-N 功率和(PS ACR-N)为 PS NEXT 值与插入损耗分贝值之间的差值。布线系统信道两端的 PS ACR-N 值应符合表 B-21 规定。

表 B-21 衰减/近端串音比功率和(PS ACR-N)值

| 频率/MHz | 最小 ACR-N 值/dB | | | | |
| | 等 级 | | | | |
	D	E	E$_A$	F	F$_A$
1	56.3	58.0	58.0	58.0	58.0
16	31.5	42.3	42.4	53.9	54.0
100	3.1	15.4	16.2	39.1	41.7
250	—	−5.8	−3.7	20.1	23.7
500	—	—	−24.5	0.1	3.9
600	—	—	—	−6.4	−2.3
1 000	—	—	—	—	−22.6

(7) 线对与线对之间的衰减/远端串音比(ACR-F)值是 FEXT 与插入损耗分贝值之间的差值,在布线的两端均应符合 ACR-F 值要求。信道的 ACR-F 值应符合表 B-22 的规定。

表 B-22 衰减/远端串音比(ACR-F)值

| 频率/MHz | 最小 ACR-F 值/dB | | | | |
| | 等 级 | | | | |
	D	E	E$_A$	F	F$_A$
1	57.4	63.3	63.3	65.0	65.0
16	33.3	39.2	39.2	57.5	63.3
100	17.4	23.3	23.3	44.4	47.4
250	—	15.3	15.3	37.8	39.4
500	—	—	9.3	32.6	33.4
600	—	—	—	31.3	31.8
1 000	—	—	—	—	27.4

(8) ACR-F 功率和(PS ACR-F)为 PS FEXT 值与插入损耗分贝值之间的差值。布线系统信道的 PS ACR-F 值应符合表 B-23 规定。

表 B-23 衰减/远端串音比功率和(PS ACR-F)值

| 频率/MHz | 最小 ACR-F 值/dB | | | | |
| | 等 级 | | | | |
	D	E	E$_A$	F	F$_A$
1	54.4	60.3	60.3	62.0	62.0
16	30.3	36.2	36.2	54.5	60.3

（续表）

频率/MHz	最小 ACR-F 值/dB				
	等　级				
	D	E	E_A	F	F_A
100	14.4	20.3	20.3	41.4	44.4
250	—	12.3	12.3	34.8	36.4
500	—	—	6.3	29.6	30.4
600	—	—	—	28.3	28.8
1 000	—	—	—	—	24.4

（9）布线系统信道的直流环路电阻应符合表 B-24 的规定。

表 B-24　信道直流环路电阻

最大直流环路电阻/Ω							
等　级							
A	B	C	D	E	E_A	F	F_A
560	170	40	25	25	25	25	25

注：直流环路电阻不得超过表中规定的 3% 或 0.2 Ω。

（10）布线系统信道的传播时延应符合表 B-25 的规定。

表 B-25　信道传播时延

频率/MHz	最大传播时延/μs							
	等　级							
	A	B	C	D	E	E_A	F	F_A
0.1	20.0	5.0	—	—	—	—	—	—
1	—	5.0	0.580	0.580	0.580	0.580	0.580	0.580
16	—	—	0.553	0.553	0.553	0.553	0.553	0.553
100	—	—	—	0.548	0.548	0.548	0.548	0.548
250	—	—	—	—	0.546	0.546	0.546	0.546
500	—	—	—	—	—	0.546	0.546	0.546
600	—	—	—	—	—	—	0.545	0.545
1 000	—	—	—	—	—	—	—	0.545

（11）布线系统信道的传播时延偏差应符合表 B-26 的规定。

表 B‑26　信道传播时延偏差

等　级	频率/MHz	最大时延偏差/μs
A	$f=0.1$	—
B	$0.1 \leqslant f \leqslant 1$	—
C	$1 \leqslant f \leqslant 16$	$0.050^{①}$
D	$1 \leqslant f \leqslant 100$	$0.050^{①,③}$
E	$1 \leqslant f \leqslant 250$	$0.050^{①,③}$
E_A	$1 \leqslant f \leqslant 500$	$0.050^{①,③}$
F	$1 \leqslant f \leqslant 600$	$0.030^{②,③}$
F_A	$1 \leqslant f \leqslant 1\,000$	$0.030^{②,③}$

注：① 为 $0.045+4 \times 0.001\,25$ 计算结果。
　　② 为 $0.025+4 \times 0.001\,25$ 计算结果。
　　③ 布线信道受环境温度的影响,在给定的传播时延偏差值上不得超过 $0.010\ \mu s$。

(12) 外部近端串音功率和(PS ANEXT)。在布线的两端均应符合 PS ANEXT 值要求,布线系统信道的 PS ANEXT 值应符合表 B‑27 的规定。

表 B‑27　外部近端串音功率和(PS ANEXT)值

频率/MHz	最小 PS ANEXT 值/dB	
	等　级	
	E_A	F_A
1	67.0	67.0
100	60.0	67.0
250	54.0	67.0
500	49.5	64.5
1\,000	—	60.0

(13) 外部近端串音功率和平均(PS ANEXTavg)值。在布线的两端均应符合 PS ANEXTavg 值要求,布线系统信道的 PS ANEXT 值应符合表 B‑28 的规定。

表 B‑28　外部近端串音功率和平均(PS ANEXT_{avg})值

频率/MHz	最小 PS ANEXT_{avg} 值/dB
	等　级
	E_A
1	67.0
100	62.3
250	56.3
500	51.8

(14) 外部 ACR‐F 功率和(PS AACR‐F)。在布线的两端均应符合 PS AACR‐F 值要求,布线系统信道的 PS AACR‐F 值应符合表 B‐29 的规定。

表 B‐29　外部 ACR‐F 功率和(PS AACR‐F)值

频率/MHz	最小 PS AACR‐F 值/dB	
	等　级	
	E_A	F_A
1①	64.7	64.8
100	37.0	52.0
250	29.0	44.0
500	23.0	38.0
1 000	—	32.0

① PS AACR-F_{avg}值在 1 MHz 时,计算值受插入损耗影响。

(15) 外部 ACR‐F 功率和平均(PS AACR-F_{avg})值。在布线的两端均应符合 PS AACR-F_{avg}值要求,布线系统信道的 PS AACR-F_{avg}值应符合表 B‐30 的规定。

表 B‐30　外部 ACR‐F 功率和平均(PS AACR-F_{avg})值

频率/MHz	PS AACR-F_{avg}值/dB
	等　级
	E_A
1①	64.7
100	41.0
250	33.0
500	27.0
500	27.0

① PS AACR-Favg 值在 1 MHz 时,计算值受插入损耗的影响。

B.1.4　屏蔽布线系统电缆对绞线对的传输性能

要求同表 B‐1~表 B‐30 的内容。电缆布线系统的屏蔽特性指标应符合设计要求。